国家卫生健康委员会"十三五"规划教材

全 国 高 等 学 校 教 材

供健康服务与管理专业及相关专业用

健康养生学

Health Cultivation

主　编　傅南琳

副主编　谢　甦　夏丽娜　程绍民

编　　者（以姓氏笔画为序）

王琼芬	成都医学院第一附属医院	施旭光	广州中医药大学中药学院
石艺华	广东药科大学附属第一医院	贾爱明	大连医科大学附属第二医院
伍志勇	南方医科大学中医药学院	夏丽娜	成都中医药大学养生康复学院
杨钦河	暨南大学中医学院	高　潇	黑龙江中医药大学附属第二医院
吴夏秋	浙江中医药大学基础医学院	曹亦菲	杭州师范大学医学院
张　聪	北京中医药大学中医学院	程绍民	江西中医药大学中医学院
胡　静	上海中医药大学基础医学院	傅南琳	广东药科大学附属第二医院
胡跃强	广西中医药大学第一附属医院	谢　甦	贵州医科大学附属医院

学术秘书

陈　佳　广东药科大学中医学院

人民卫生出版社

图书在版编目（CIP）数据

健康养生学/傅南琳主编. —北京：人民卫生出
版社,2020

全国高等学校健康服务与管理专业第一轮规划教材

ISBN 978-7-117-30130-5

Ⅰ.①健…　Ⅱ.①傅…　Ⅲ.①保健-高等学校-教材

Ⅳ.①R161

中国版本图书馆 CIP 数据核字（2020）第 114049 号

| 人卫智网 | www.ipmph.com | 医学教育、学术、考试、健康，购书智慧智能综合服务平台 |
| 人卫官网 | www.pmph.com | 人卫官方资讯发布平台 |

健康养生学

主　　编：傅南琳

出版发行：人民卫生出版社（中继线 010-59780011）

地　　址：北京市朝阳区潘家园南里 19 号

邮　　编：100021

E - mail：pmph @ pmph. com

购书热线：010-59787592　010-59787584　010-65264830

印　　刷：三河市宏达印刷有限公司

经　　销：新华书店

开　　本：850×1168　1/16　印张：25

字　　数：705 千字

版　　次：2020 年 8 月第 1 版　2024 年 8 月第 1 版第 4 次印刷

标准书号：ISBN 978-7-117-30130-5

定　　价：85. 00 元

打击盗版举报电话：010-59787491　E-mail：WQ @ pmph. com

质量问题联系电话：010-59787234　E-mail：zhiliang @ pmph. com

全国高等学校健康服务与管理专业
第一轮规划教材编写说明

《"健康中国 2030"规划纲要》中指出,健康是促进人的全面发展的必然要求,是经济社会发展的基础条件。实现国民健康长寿,是国家富强、民族振兴的重要标志,也是全国各族人民的共同愿望。推进健康中国建设,是全面建成小康社会、基本实现社会主义现代化的重要基础,是全面提升中华民族健康素质、实现人民健康与经济社会协调发展的国家战略。

要推进落实健康中国战略,大力促进健康服务业发展需要大量专门人才。2016 年,教育部在本科专业目录调整中设立了"健康服务与管理"专业(专业代码 120410T);本专业毕业授予管理学学位,修业年限为四年;目前逐步形成了以医学类院校为主、综合性大学和理工管理类院校为辅、包括不同层次院校共同参与的本科教育体系,各院校分别在不同领域的专业比如中医、老年、运动、管理、旅游等发挥优势,为本专业适应社会发展和市场需求提供了多样化选择的发展模式,充分体现了健康服务业业态发展充满活力和朝阳产业的特色。

我国"健康服务与管理"专业理论和实践教学还处于起步阶段,具有中国特色的健康服务与管理理论体系和实践服务模式还在逐渐完善中。为此,2016 年 4 月和 8 月,人民卫生出版社分别参与"健康服务与管理"专业人才培养模式专家研讨会和"健康服务与管理"专业教材建设会议;2017 年 1 月,人民卫生出版社组织召开了"健康服务与管理"专业规划教材编写论证会议;2018 年 2 月,人民卫生出版社组织召开了"健康服务与管理"专业规划教材评审委员会一届一次会议。在充分调研论证的基础上,根据培养目标、课程设置确定了第一轮规划教材的编写品种,部分编写品种也与《"健康中国 2030"规划纲要》中"要积极促进健康与养老、旅游、互联网、健身休闲、食品融合,催生健康新产业、新业态、新模式,发展基于互联网的健康服务,鼓励发展健康体检、咨询等健康服务,促进个性化健康管理服务发展,培育一批有特色的健康管理服务产业;培育健康文化产业和体育医疗康复产业;制定健康医疗旅游行业标准、规范,打造具有国际竞争力的健康医疗旅游目的地;大力发展中医药健康旅游"相对应。

本套教材编写特点如下:

1. 服务健康中国战略 本套教材的编撰进一步贯彻党的十九大精神,将"健康中国"战略贯穿教材编写全过程,为学科发展与教学改革、专业人才培养提供有力抓手和契机,为健康中国作出贡献。

2. 紧密围绕培养目标 健康服务与管理专业人才培养定位是为健康服务业培养既懂业务又懂管理的实用性管理型人才。人才培养应围绕实际操作技能和解决健康服务问题的能力要求,用医学和管理学手段为健康服务业健康、有序、科学发展提供专业支持。本套教材的编撰紧密围绕培养目标,力求在各部教材中得以体现。

3. 作者团队多样 本套教材的编者不仅包括开设"健康服务与管理"专业院校一线教学专

家,还包括本学科领域行业协会和企业的权威学者,希望能够凝聚全国专家的智慧,充分发挥院校、行业协会及企业合作的优势,打造具有时代特色、体现学科特点、符合教学需要的精品教材。

4. 编写模式创新　为满足教学资源的多样化,教材采用了"融合教材"的编写模式,将纸质教材内容与数字资源内容相结合,教材使用者可以通过移动设备扫描纸质教材中的"二维码"获取更多的教材相关富媒体资料,包括教学课件、思考题解题思路、高清彩图以及视频等。

本套教材共16种,均为国家卫生健康委员会"十三五"规划教材,预计2019年秋季陆续出版发行,数字内容也将同步上线。希望全国广大院校在使用过程中能够多提供宝贵意见,反馈使用信息,为下一轮教材的修订工作建言献策。

全国高等学校健康服务与管理专业
第一届教材评审委员会

主任委员

郭　姣　广东药科大学

副主任委员

郭　清　浙江中医药大学
曾　渝　海南医学院
杨　磊　杭州师范大学
杨　晋　人民卫生出版社

委员（按姓氏笔画排序）

于恩彦　浙江省人民医院
王　锦　华录健康养老发展有限公司
王中男　东北师范大学
王彦杰　新乡医学院三全学院
毛　瑛　西安交通大学
毛振华　武汉大学
孔军辉　北京中医药大学
冯毅翀　成都医学院
朱卫丰　江西中医药大学
向月应　广西师范大学
邬　洁　人民卫生出版社
刘世征　中国健康管理协会
刘忠民　吉林大学
江启成　安徽医科大学
孙宏伟　潍坊医学院
杜　清　滨州医学院
李卫东　广东药科大学
李浴峰　武警后勤学院
杨　华　浙江中医药大学
张会君　锦州医科大学
张志勇　山东体育学院
张智勇　武汉科技大学
范艳存　内蒙古医科大学
金荣疆　成都中医药大学
周尚成　广州中医药大学
俞　熔　美年大健康产业集团股份有限公司
钱芝网　上海健康医学院
倪达常　湖南医药学院
曹　熠　贵州医科大学
曾　强　中国人民解放军总医院
魏　来　遵义医科大学

秘书

关向东　广东药科大学
黑启明　海南医学院
曹维明　浙江中医药大学
肖宛凝　人民卫生出版社

全国高等学校健康服务与管理专业
第一轮教材目录

序号	书名	主编		副主编			
1	**健康服务与管理导论**	郭 清		景汇泉	刘永贵		
2	**健康管理学**	郭 姣		王培玉	金 浪	郑国华	杜 清
3	健康经济学	毛振华		江启成	杨 练		
4	**健康保障**	毛 瑛		高广颖	周尚成		
5	健康信息管理	梅 挺		时松和	牟忠林	曾 柱	蔡永铭
6	**健康心理学**	孙宏伟	黄雪薇	于恩彦	孔军辉	朱唤清	
7	健康运动学	张志勇	刘忠民	翁锡全	骆红斌	吴 霜	徐峻华
8	**健康营养学**	李增宁		夏 敏	潘洪志	焦广宇	叶蔚云
9	健康养生学	傅南琳		谢 甦	夏丽娜	程绍民	
10	**健康教育与健康促进**	李浴峰	马海燕	马 莉	曹春霞	闫连秋	钱国强
11	职业健康服务与管理	杨 磊	李卫东	姚 华	汤乃军	刘 静	
12	**老年健康服务与管理**	曾 强	陈 垦	李 敏	武 强	谢朝辉	张会君
13	社区健康服务与管理	曾 渝	王中男	李 伟	丁 宏	任建萍	
14	**健康服务与管理技能**	许亮文	关向东	王淑霞	王 毅	许才明	
15	健康企业管理	杨大光	曹 煜	何 强	曹维明	邱 超	
16	**健康旅游学**	黑启明	向月应	金荣疆	林增学	吴海波	陈小勇

主 编 简 介

傅南琳

教授,主任中医师,硕士生导师,全国第六批老中医药专家学术经验继承工作指导老师,广东省名中医,广东省第二批名中医师承项目指导老师,广东药科大学中医学院院长,广东药科大学附属第二医院(云浮市中医院)院长。

1993 年获医学硕士学位,师从首届国医大师、新安医家李济仁终身教授(主任医师);2002—2005 年师从国家名老中医孔昭遐教授(主任医师),为第三批全国老中医药专家学术经验继承工作学术继承人。从事中医临床、教学、科研工作 30 余年。主持或主研"十五"国家科技攻关项目、广东省中医药局和教育厅课题 6 项,发表论文 40 余篇,其中 SCI 收录多篇,最高影响因子 47.661(*JAMA*)。主编或参编教材、著作 10 余部,包括《中医学导论》《瘀病通论》《中医药学概论》(第 1 版、第 2 版)《中医学基础》《中医药营养学》《肾病名方》《营养学》(上、中、下册)《食疗食补食美》和《现代医院诊疗常规》等。

兼任广东省中医药学会常务理事、广东省本科高校中医学类专业教学指导委员会委员、广东省中医药学会药膳食疗研究专业委员会主任委员、广东省社会学学会健康研究专业委员会副主任委员、广东省基层卫生协会常务理事、广州市慢性病防控与管理专业委员会常务理事。

副主编简介

谢 甦

贵州医科大学附属医院中医教研室及中医科主任,医学博士,主任医师,硕士生导师,全国中医临床优秀人才,国家级老中医药专家继承人。世界中医药学会联合会肿瘤经方治疗研究专业委员会常务理事,中华中医药学会综合医院中医药工作委员会常务委员,中华中医药学会肿瘤分会委员,贵州省中医药学会肿瘤分会副主委。

从事教学工作至今26年,担任中医学及中医食疗学等10余门课程教学工作。副主编国家"十二五""十三五"规划本科教材《中医学》。主持国家自然科学基金1项,主持参与省部级课题多项,发表SCI及北大核心论文10余篇,贵州省第二届"百名优秀医生",贵阳市名老中医传承工作室指导老师。

夏丽娜

博士,教授,硕士研究生导师,成都中医药大学养生教研室主任,从事教学工作至今15年。中华中医药学会养生康复分会常务委员,四川省中医药管理局学术和技术带头人,四川省拔尖中青年中医师,四川省学术和技术带头人后备人选,第六批全国老中医药专家学术经验继承人,世界中医药联合会养生专委会常务理事,四川省中医药适宜技术研究会常务理事,成都市营养学会理事。

主持主研国家级、省部级、厅局级等各级课题30余项;发表论文60余篇,其中SCI 3篇;近3年作为主编,编写教材1部、专著1部;作为副主编,编写国家级规划教材3部、专著1部;发明专利2项。目前,对中医养生治未病、中医养生技术与方法、养生旅游和养生农业等有较深入研究。

副主编简介

程绍民

博士,教授,硕士生导师,江西中医药大学中医学院"中医诊断学"教研室主任,兼任中国中西医结合学会诊断专业委员会常务委员、世界中医药学会联合会中医诊断学专业委员会常务理事、世界中医药学会联合会中医临床思维专业委员会常务理事和中华中医药学会中医诊断学分会委员等。国家中医药管理局首批全国中医基础优秀人才,国家中医药管理局中医师资格认证中心命审题专家,国家中医药管理局"十二五"中医药重点学科学术带头人、后备学科带头人,教育部高等学校中医学类专业教学指导委员会专家库专家,江西省中医药中青年人才,江西省高校中青年骨干教师,江西、湖南、山西等省科技专家库专家,江西省发展升级引导基金专家库专家。

从事教学工作至今 23 年。主要从事中医证候本质研究与亚健康中医药防治。先后主持江西省自然科学基金、江西省教育厅科技研究项目和江西省卫生厅中医药科研项目等 11 项,参与国家自然科学基金、省自然基金等 10 余项;获国家级奖励 2 项、省部级奖励 3 项、校级奖励 3 项;发表学术论文 86 篇;副主编教材 4 部、参编教材 12 部。

前　言

　　《"健康中国 2030"规划纲要》提出，调整优化适应健康服务产业发展的医学教育专业结构，加强健康人力资源建设。2016 年教育部批准设置健康服务与管理专业后，全国已有 60 余所不同类型的高等院校开设健康服务与管理专业。鉴于该专业尚无系列规划教材，人民卫生出版社组织编写了这套系列规划教材。本教材为健康服务与管理专业规划教材之一，除了供健康服务与管理专业使用外，还可供西医护理、临床医学及相关专业、中医养生康复专业、针灸推拿等相关专业的本科生及专科生使用；也可作为健康管理领域的管理人员、从业人员的培训教材。

　　健康养生学最大的特点是实践性强。教师在教学过程中，应以国内外健康养生领域的典型事例引导组织教学，以利于加强理论与实践的联系、师生在课堂上的互动、激发学生的学习兴趣、培养学生的创新性思维、加强学生对教学内容和知识点的理解和掌握、培养高素质和创新型及实用型人才。

　　健康养生学的另一个显著特点是以科学知识为基础，以法律法规、政策措施为依据，解决健康管理领域存在的实际问题。近年来，随着社会和经济的发展，社会各界更加重视公众的健康。习近平总书记把"推进健康中国建设"摆到重要地位和工作日程，提出"没有全民健康，就没有全面小康"。2016 年以来，党中央、国务院制定实施了包括《"健康中国 2030"规划纲要》在内的一系列法律法规、政策措施。教师在教学过程中，应当融会贯通地将其与健康养生学的知识相融合，组织教学。

　　本教材编委会由全国多所院校在教学、科研方面积累了丰富经验的专家、教授组成。在贯彻人民卫生出版社健康服务与管理专业规划教材编写建议的基础上，编委会确定了本教材编写的重点：①教材要符合学科和行业发展的方向，围绕"以健康为中心"构建相应的知识结构和技能要求，培养能适应健康服务产业需求的实用性技能人才。②打破中西医的界限，融入更多的现代医学有关疾病预防（包括临床预防）、保健、康复及健康管理在健康养生方面的知识和技能，中西医结合，构建教材的框架体系，突显健康服务与管理专业的特色，建立适合非医疗资质人员从事健康服务行业所需的技能和知识体系。③在保证"三基""五性""三特定"的基础上，力求知识点明确，学生好学，教师好教。为了使学生在尽可能短的时间内掌握本课程的知识点，在每章的前面列出"本章要点"，后面附有"思考题"。④注重教材内容与健康服务业发展方向紧密联系，注重与实际工作的结合；将健康服务与管理领域成熟的新理论、新知识、新技术引入教材，特别是消除影响健康的危险因素以及健康监测与评估方法，提高个体和群体健康的技术和干预手段，以及将该领域新颁布实施的法律法规、政策、标准和指南引入教材；体现临床医学、预防医学、管理学和中医学的学科交叉，以满足学生毕业实习及毕业后从事该领域实际工作的需求，实现学生发展需要和社会需要相统一。⑤在全书最后有"推荐阅读"，供学生课后查阅，以拓展知识面。

　　本教材突出的特点是：在传统中医养生学的基础上，融入现代医学的相关理论和方法。全书共分九章。第一章主要从中外两个方面介绍健康养生学的发展简史、健康养生学的基本概念、健康养生文化的形成和发展及内涵、养生流派。第二章主要介绍现代医学健康相关理论、中医养生学基本理论。第三章主要介绍治未病的原则、健康养生教育、健康筛查和评估方法。第四章主要介绍现代卫生保健的原则和作用、医疗卫生保健服务系统、卫生保健政策、健康行为、保健方式。第五章主要介绍中医养生方法,包括饮食养生、起居养生、情志养生、艺术养生、部位养生、药物养生、经络养生及环境养生。第六章主要介绍三因养生,包括因人养生、因时养生、因地养生。第七章主要介绍健康养生避忌,包括常见健康养生误区、健康养生避忌。第八章为中外名人健康养生法。第九章为中医经典养生名篇精选。

最后,对大力支持本教材编写的主编所在单位广东药科大学的领导及所有帮助本教材编写和出版工作的领导、编者表示衷心的感谢。因学科发展迅速,同时也受编者水平所限,本教材难免存在缺点或不当之处,希望同行专家、使用本教材的师生和其他读者将意见和建议反馈给我们,以便进一步改进。

傅南琳

2020 年 5 月于广州

目 录

第一章 | 绪　论

本章要点

1. **掌握**　养生、衰老的概念；养生的目标。
2. **熟悉**　健康的标准；健康养生文化的发展状况。
3. **了解**　生命的基本特征。

健康养生学(health cultivation)是研究健康养生的理论、方法和应用的综合学科,是研究人类却病延年、增进人类健康的科学。健康养生学以人为研究对象,应用科学的理念和手段研究影响健康的因素(factors affecting health),通过具体的方法指导实践,达到维护健康(protecting health)、保养生命(maintaining life)、延年益寿(promoting longevity)的目的,以维护人类的身心健康(physical and mental health)。

第一节　健康养生学发展简史

在人类文明的初始阶段(initial stage of mankind civilization),人们对健康的认识是肤浅的,认为健康就是无病。为了生存和生命的延续,出现了一些原始的、被动的养生活动(health cultivation activities)。随着社会文明的进步和科技的发展,尤其是随着医药知识不断地积累和医药科学迅猛地发展,使消除病痛和健康危险因素(health risk factors)成为可能时,人类的健康观(health views)也随之发生改变,养生活动也由被动的行为逐渐转变为积极主动的行为。

在与疾病作斗争的过程中,人类积累了大量而丰富的经验。随着社会经济不断发展,生存质量和文明程度不断提高,人们越来越认识到健康的生活方式(healthy lifestyles)对疾病预防(disease prevention)的重要性,越来越重视影响健康的各种因素,对健康的需求也更加全面、更加系统。随着健康观、医学模式(medical models)、疾病谱(disease spectrum)的改变,人们开始重视与健康有关的生命质量问题,认识到健康(health)不仅仅是没有疾病,而是在生理、心理、社会适应性各个层面均应处于和谐统一的完美状态。由于传统健康评价方法仅关注人能否生存(survival)或生理功能(physiological function)是否改善,但是不能体现具有生物、心理和社会属性的人的整体性和全面性,其缺陷和不足日益明显。因而医学界提出了生命质量的概念,并建立了一套新的评价指标体系。该概念最初由美国卫生经济学家加尔布雷斯(John Kenneth Galbraith)在20世纪50年代提出。到了20世纪70年代末,医学界在疾病及治疗对生命质量的影响方面展开了广泛的研究,又提出了健康相关生命质量的概念,并建立了评价指标体系,通过测定与个人生活事件(life events)相联系的健康状态和主观满意度,全面评价疾病及治疗对患者生理、心理、社会生活造成的影响。这一评价方法不仅关注患者的存活时间,还关注患者的存活质量;不仅考虑客观的生理指标和功能状况,还强调患者的主观感受;不仅用于指导临床治疗,还用于指导患者的康复

（rehabilitation）和卫生决策（health decision）。世界卫生组织（World Health Organization，WHO）将生命质量（quality of life）定义为：不同的文化和价值体系中的个体对与他们的生活目标、期望、标准，以及所关心事情有关的生活状态的体验。健康相关生命质量（health-related quality of life，H-RQoL）是指在病伤、医疗干预、老化和社会环境改变的影响下，人们的健康状态以及与其经济、文化背景和价值取向相联系的主观体验。H-RQoL 评价最初用于乳腺癌化疗前后的健康评价，现已广泛应用于临床医学（clinical medicine）、预防医学（preventive medicine）、药学（pharmacy）、卫生管理（health management）等领域，并开始用于各个年龄和各种疾病。当人类对健康的需求由被动转为主动、由单一发展到多样的时候，医学研究者则要解决如何维护健康、促进健康，以及研究健康养生方法（health cultivation methods）、健康养生学理论依据（theoretical basis of health cultivation）等问题。

养生，又称摄生、养性、卫生、保生，是保养、护养生命以长寿的意思。对于老人养生，又称为"寿老""寿亲""寿世"等。在我国，"养生"一词最早见于战国时期的《庄子·养生主》，文惠君通过庖丁解牛的启发得了"养生之道（way to preserve health，way to maintain good health）"。文惠君曰："善哉！吾闻庖丁之言，得养生焉。"意思是说：太棒了！我听了丁姓厨师的这番话，就知道怎样养生了。《吕氏春秋》（Lü's Commentaries of History）卷十《孟冬纪·节丧》对养生的阐释是："知生者也，不以害生，养生之谓也。"意为知晓生命规律（law of life）的人养生，其起居（daily life）、饮食（diet）、行为举止（behavior and conduct）均不可有害健康、有害生命，这就叫作"养生"。在欧美国家，wellness（养生）是一个新生词汇，产生于 1961 年，由美国医师哈伯特·邓恩（Halbert Dunn）将 wellbeing（幸福）和 fitness（健康）结合而成。邓恩认为，自我丰盈的满足状况为较高的养生境界。Ardel、Travis 等学者在有关健康的出版物中采用了这一理念，Travis 强调养生的动态性，认为养生是一种状态、过程与态度，而不是静止不变的状态。对于养生概念的剖析，国外学者尚无定论。2003 年，Adams 提出了养生的 4 个基本点：①养生是多维度、多空间的；②养生研究应以保养、保健而非疾病病理为导向；③养生是平衡；④养生是相对的、主观的、感知的。

纵观古今中外，自从有了人类，人们就在自觉或不自觉地寻求拥有健康的身体。医学科学的发展历史（development history of medical science），就是人类与疾病作斗争的历史，也是人类追求健康和维护健康的历史。人类的繁衍和延续，需要健康的身体作为保障，疾病却是影响健康的主要因素，与人类相伴而生的就是医学。起初，医学主要是解决疾病的治疗问题，但随着现代社会经济的发展，人们生活水平的提高，营养摄入的增加，生活节奏的加快，加之工作压力加大，生活和工作环境改变，我国居民的疾病谱发生了很大的变化。危害人群健康的疾病由原来的以传染性疾病（communicable diseases）、急性感染性疾病（acute infectious diseases）为主转向现在的以慢性非传染性疾病（non-communicable chronic diseases，NCDs）简称慢性病（chronic diseases）为主，如心脑血管疾病（cardiocerebrovascular diseases，cardiovascular and cerebrovascular diseases）、高血压（hypertension）、糖尿病（diabetes mellitus）、肿瘤（tumors）等全球性生活方式类疾病（global lifestyle diseases）和各种心理疾病（mental diseases）已成为当前影响我国居民健康的主要疾病（major diseases currently affecting the health of Chinese residents）。疾病产生的原因（causes of disease）由以传染、感染为主转向以不健康的生活方式（unhealthy lifestyles）为主，医学的重心（focus of medicine）由以治病为主转向以防病为主，预防医学由关注公共卫生为主转向关注健康为主；医学研究者认识到医学的重心和主要任务应从以治病为中心转变到以维护人民健康为中心。

医学是研究发现疾病、预防疾病、治疗疾病、促进康复、保护健康的学问和艺术，健康离不开医学。20 世纪以来，医学科学获得了极大的发展，人们对疾病和健康的认识发生了很大的变化。在研究层次上，既向微观方向发展，又向宏观方向发展，分子医学（molecular medicine）和整体医学（holistic medicine）并进；在学科体系上，学科的分化和学科的融合与交叉并进，观察疾病和健康问题的视角由单纯的生物学（biology）领域向心理学（psychology）和社会医学（social medicine）领域扩展。医学科学研究日益呈现出全球化、国际化的倾向，中外医学的交融汇通，使得健康养生理论（health cultivation theories）、健康养生方法（health cultivation methods）日趋完善，也得到了广泛应用。但医药费却逐年增加和膨胀，我国 2015 年的医疗费用约为 1990 年的 50 倍，2020 年达 100 倍。疾病的发生是一个极其复杂的过程，在许多情况下，从健康到疾病是一个由量变到质变的过程。其实，现代很多疾病是可以预防的，通过早期干预（early intervention），可以保全健康、养护生命，达到延年益寿的目的，可以满足人们日益增长的健康需求和提高生活质量的需求。应用健康养生学的理论和方法指导民众健康生活、保养身体，投入较少的费用，防病于未然，提高人民的健康素养（health literacy），不生病、少生病，既可以减少国家医疗费用的支出，又可以提高民众的生活质量，实现民康国强，缓解医药费的恶性膨胀，为国家创造出更多的社会财富。

现今，人们的健康意识（health consciousness）、要求保护健康权益的意识（awareness of the need to protect health rights and benefits）日益增强，国民健康素质（national health diathesis）不断提高，人人享有卫生保健（health for all）、不断增进人民的健康也是社会经济发展（socioeconomic development）和精神文明建设（spiritual civilization construction）的标志。新医改提倡预防为主（prevention first，giving priority to prevention），国家中医药管理局明确提出了"治未病"的医疗指导原则（medical guideline for "preventive treatment of diseases"），健康中国（healthy China）上升为国家战略。随着大健康时代（great health era）的到来，健康服务与管理专业应运而生。健康养生学是健康服务与管理的重要组成部分。大健康（comprehensive health）是根据时代发展、社会需求与疾病谱的改变，提出的一种全局的理念。它就是围绕着人们的生老病死以及人的衣食住行，关注各类影响健康的危险因素和误区，提倡自我健康管理（heath self-management），对生命全过程（the whole life）予以呵护，使民众达到精神、心理、生理、社会、环境、道德的全面健康。本节从中外两个方面介绍健康养生学发展简史（brief history of development of health cultivation）。

一、中医养生学及其发展历史

中医学（traditional Chinese medicine）是中华文化（Chinese culture）的载体，是打开中华文明宝库（treasure house of Chinese civilization）的钥匙，所以中医养生学蕴含着丰厚的中华文化底蕴和至精至纯的传统色彩。中医养生学是传统中医学的组成部分，扎根于祖国传统文化，具有人文精神（humanistic spirit），主要来源于人民群众的实践总结以及探索，其目的是颐养身心、增强体质、预防疾病、延年益寿，采用的主要方法包括养精神（nurturing spirit）、调饮食（regulating the diet）、服药饵（taking tonics）、练形体（body shape training）、慎房事（moderating sexual life，temperance in sexual life）、适寒温（adapting oneself to cold and heat）等。中医养生学以中医基础理论（basic theories of traditional Chinese medicine）为指导，以"天人相应"（correspondence between man and nature，correspondence between man and universe，relevant adaptation of the human body to natural environment）和"形神合一"（unity of body and soul）的整体观为出发点，主张从综合分析的角度去看待生命和生命活动，养生方法以保持生命活动的动静互涵、平衡协调为基本准则，主张"正气为本"（vital qi is the primary），提倡治未病（preventive treatment of diseases，preventative treatment of disease），强调辨证施养（cultivating health based on syndrome differentiation），要求人们用持之以恒的精神，自觉地、正确地运用养生保健的知识和方法，通过自养自疗，提高身体素质和抗衰防病的能力，达到延年益寿的目的。

劳动创造了一切，劳动也创造了养生。人类在从猿进化到人的过程中，出于生存的本能，要寻找食物、制造和使用工具等，即便是过着一种衣不蔽体、茹草、茹毛饮血的生活，也都是为了养生，为了保护生命和维持生命。人类从被动地适应自然，到自觉地或不自觉地改造自然，都离不开养生这一活动，也因此才使历史不断地向前发展，使人类繁衍昌盛。

我国是四大文明古国之一，有着灿烂的文化和悠久的历史，历经数千年生产、生活和医疗实践，积累了丰富的中医养生理论（health cultivation theories of traditional Chinese medicine）和中医养生方法(health cultivation methods of traditional Chinese medicine),为中华民族的繁衍昌盛做出了不可磨灭的贡献。经历代医学家、养生家之传承以及不断丰富、完善和发展,我国已形成了具有自身特色的较完整的养生学理论基础、方法和使用效验的养生体系。中医养生学的发展历史(development history of health cultivation in traditional Chinese medicine)经历了以下几个时期。

（一）中医养生学的萌芽期

中国古代养生学的起源(origin of health cultivation in ancient China),可追溯至上古时期。从原始群居人类算起,到公元前21世纪的夏代,包括原始群、母系氏族公社、父系氏族公社等几个历史阶段,是中医养生学的萌芽期(germination period of health cultivation in traditional Chinese medicine)。自从最早的人类出现,中医健康养生学(health cultivation of traditional Chinese medicine)的萌芽便开始在古老文明中生根长苗。远古人类过着群居流动的生活,为了御寒保暖,以兽皮、树皮当衣,为了生存,要抵御猛兽的袭击,使用最多的工具就是石头,在北京周口店发现的距今约70万年至20万年前北京人的遗址中有灰烬、石器、骨器、角器等,石器有用于刮削、砍砸、割刺不同用途的形状,而灰烬中有许多被火烧过的兽骨,说明远古人已经掌握和使用了火,用火烤烧兽肉食用。熟食可以改变食物的味道,使其易于消化,而且利用火,可以御寒、驱散山洞中的寒湿,改善居住条件,减少胃肠、肢体等疾病的发生。火的使用对人类的养生保健具有重要的意义,为后来的熨法(hot medicated compress)、灸法(moxibustion,moxibustion therapy)、中药汤剂(traditional Chinese medicine decoction,Chinese herbal decoction)等的产生创造了条件,制作的石器工具,可以说是后来医用砭石(medical stone needle)的雏形,为后世刀针工具的原始形式。

饮食是人类生存的3大本能之一。为了生存,要狩猎,采食野菜、野果或植物根茎等。在觅食过程中,发现某些食物除了能果腹以外,还有增强体质、促进疾病康复的作用,这是饮食养生(dietary health cultivation, dietetic life-nourishing, life cultivation of food)、药食同源(homology of medicine and food,food and medicine coming from the same source,affinal drug and diet)理论的萌芽。在生产和生活中遭遇外伤、受疾病困扰的时候,则有意识地"尝百草(taste a hundred grasses,tasted all kinds of herbs)",如此反复地实践,尝到了植物有酸、苦、甘、辛、咸不同的味道,发现了一些动物的脂肪、血液、骨髓、内脏的治疗作用,认识了更多的植物药(vegetation medicinal materials)、动物药(animal medicinal materials),积累了动植物药知识,在文字出现之前,人们把积累的经验通过口口相授、代代相传保存了下来。

从发现的周口店龙骨山北京人遗址考证,天然洞穴曾被鬣狗占据,也曾因大水被淹没。《礼记·礼运》说:"昔者先王未有宫室,冬则居营窟,夏则居橧巢。……衣其羽皮。"人们认识到恶劣的居住环境(dwelling environment,residential environment)不利于生存,而且寒冷、潮湿、虫兽的侵扰容易使人产生病痛和受到外伤,因此便不再只是适应自然,而要改变环境,改善生存的条件,因而从穴居发展到构木为巢、栖身树上。后来,随着社会的进步、生产力的发展,人们建起固定的住所(dwelling place,shelter)。在距今约7 000年前的浙江余姚河姆渡遗址中,发现有大面积长条形的木结构"干栏式"建筑,在陕西半坡村遗址中发现有六七千年前较完整的房屋等,这种居所的改进在当时防病养生保健方面起到了积极的作用。

远古时期,生产力水平是极低的,狩猎不易。在获得较多的猎物、丰收之时,或婴儿降生之后,为了庆祝,人们常自发地聚集,一起跳跃舞蹈,长此以往,发现这样可以愉悦身心、解除疲劳、舒筋壮骨,从而模仿一些动物的姿态和动作以减轻或解除身体不适,这可能就是导引术(guidance,guiding technique)最原始的形式。

（二）中医养生学的形成期

中医养生学的形成期(formation period of health cultivation in traditional Chinese medicine)始于先秦时期。从华夏王朝建立到秦始皇一统中国,随着社会生产力的发展,人们对于世界本源、生命学说及人生现象有了较为客观的认识。先秦诸子(pre-Qin philosophers,scholars in the pre-Qin period)也正是在探讨自然规律及生命奥秘的过程中,提出了有关养生观念(concept of health culti-vation)的。他们的哲学思想(philosophical thoughts)作为中华民族传统文化和精神的体现,对中医养生学产生了深刻的影响,尤其是先秦时期的哲学思想(philosophical thoughts in the pe-Qin peri-od)与中医养生学核心理论(core theory of health cultivation in traditional Chinese medicine)的形成有着直接的渊源关系。

在我国现存最早的殷商时代的甲骨文残片中,有"沐""浴""寇帚"的记载,说明当时洗头、洗澡、打扫已经成为人们日常清洁卫生活动的主要内容。在1935年于河南安阳出土的殷商时期的盥洗用具中,有洗脸、洗脚的盆、壶、勺、盘,有制作考究的头梳、陶搓。在陕西宝鸡出土的商周时代的青铜器上,有洒扫人的象形铭文,生动地描绘了清扫的状况。成书于西汉时期的《礼记·内则》是后世研究上古社会生活的重要资料,其中说:"鸡初鸣,咸盥漱,衣服,敛枕簟,洒扫室堂及庭,布席,各从其事。""五日,则燂汤清浴,三日具沐,其间面垢,燂潘清靧;足垢,燂汤清洗。"这些都说明当时人们已经有了很好的个人起居卫生习惯。甲骨文还记载有色美味香的药酒(medicinal liquor,medicated wine):"鬯其酒"。酒(alcoholic drink,wine,liquor)的发明,开启了后世药酒养生(health cultivation with medicinal liquor,health cultivation with medicated wine)的历史,繁体的"醫"字从"酉",可见医与酒的关系,自古以来就密不可分。

西周时期注重养生之道,《周易·系辞下》中说:"乾,阳物也;坤,阴物也。阴阳合德,而刚柔有体,以体天地之撰,以通神明之德。""天地氤氲,万物化醇;男女构精,万物化生。"世界上的万事万物都可分为阴、阳两种事物,万物的产生、成长、兴盛,都是阴阳相互作用的结果。人的生命也是自然界阴阳两种力量作用的结果,所以人的养生,就是要遵从大自然的规律,维护身体内的阴阳平衡(yin and yang in equilibrium),最终达到"天人合一"(unity of the heaven and humanity,har-mony between man and nature)的境界。《周易》的养生主张为中医养生学提供了丰富的哲学观念和理论基础。

据《周礼·天官》记载,周朝的医官分"食医""疾医(physician,general medicine)""疡医(sore and wound doctor,royal surgeon)""兽医(veterinarian)"。食医(dietetician,one of the specialists of medicine in Zhou dynasty,equivalent to the nutritionist at the present time)就是专门主管各类饮食的服食方法、四时调味的宜忌,运用百馐、百酱、八珍等为帝王调配膳食,供帝王食用,以保证饮食卫生(dietetic hygiene)和营养(nutrition)。《礼记·内则》记载了四季饮食养生(dietary health cultiva-tion in four seasons)应"凡食齐视春时,羹齐视夏时,酱齐视秋时,饮齐视冬时。凡和,春多酸,夏多苦,秋多辛,冬多咸,调以滑甘。""牛宜稌,羊宜黍,豕宜稷,犬宜粱,雁宜麦,鱼宜菰。春宜羔豚膳膏芗,夏宜腒鱐膳膏臊,秋宜犊麛膳膏腥,冬宜鲜羽膳膏膻。"在饮食养生方面,管仲在《管子》中提出:"凡食之道:大充,伤而形不臧;大摄,骨枯而血冱。充摄之间,此谓和成,精之所舍,而知之所生,饥饱之失度,乃为之图。饱则疾动,饥则广思,老则长虑。饱不疾动,气不通于四末;饥不广思,饱而不废;老不长虑,困乃速竭。"

《周礼》还记载了用火烧的方法防疫,用莽草、嘉草烧熏的方法驱虫,用蛤壳炭、草木灰杀虫,用焚石投入水中消灭病虫害等,说明周朝在养生方面又前进了一步,认识到环境、水的洁净对健康的作用,并掌握了一定的环境治理(environmental governance)、水污染防治(water pollution pre-vention and control)的方法。

在婚姻卫生方面,《周礼》提倡"男三十而娶,女二十而嫁""礼不娶同姓"。《左传·僖公二十三年》已经认识到近亲婚配(consanguineous marriage,consanguineous mating)的危害,对于同姓不能结婚有相关解释,理由是"男女同姓,其生不蕃",意为男女如果同姓通婚,那么他们的子孙后代不会繁盛。

《尚书》是战国时期的"五经"之一,《尚书·洪范》有"五福""六极"之说。"五福:一曰寿,二曰富,三曰康宁,四曰攸好德,五曰考终命";意思是说第一福是长寿,第二福是钱财富足,第三福是身体健康、内心安宁,第四福是心性仁善且顺应自然,第五福是善终,即没有痛苦、没有遗憾地安详离世。"六极:一曰凶、短、折,二曰疾,三曰忧,四曰贫,五曰恶,六曰弱",即这6种穷极恶事(即不幸)包括意外死亡、短寿、夭折(即早死),疾病,忧虑,贫困,凶险及发育不全而身体衰弱。这里把长寿(long life,longevity)列为五福之首,而早死(early death)则被列为六不幸中第一位。"五福""六极"除了"富""贫"之外,都涉及人体的健康和养生,可见当时人们已经从理念上清醒地认识到了养生、长寿的重要意义。

《左传》中记载,晋平公有疾,向秦国求医,秦景公派医和出诊,这是史载最早的医案。医和指出,晋侯之疾是"近女室,疾如蛊"的结果,其疾不可治,认为房室起居影响着人的健康,是我国古代最早提出外感六淫致病因素(six exogenous pathogenic factors)的人,也反映当时对疾病病因的认识水平。六淫(six climatic exopathogens,six evils,six exogenous factors which cause diseases,six exopathogens)即风(wind)、寒(cold)、暑(heat)、湿(wetness)、燥(dryness)、火(fire)。

春秋战国时期,我国进入封建社会,生产力快速发展,人们的生活水平也迅速提高,学术上出现了"诸子蜂起,百家争鸣"现象,形成了"九流十家"等学术派别。特别是《黄帝内经》(*Yellow Emperor's Inner Canon*)的成书,其理论体系为后来的中医养生学奠定了坚实的基础。在这一时期,养生特点体现在以下几个方面:第一,崇尚自然,顺应自然,如老子在《道德经·道经》第二十五章中提出了"人法地,地法天,天法道,道法自然"的顺应自然的养生法则(principles of health cultivation),意为人类依据于大地而生活劳作,繁衍生息;大地依据于宇宙的规律而寒暑交替,化育万物;宇宙依据于大"道"而运行变化,排列时序;大"道"则依据自然规律,顺其自然而成其所以然。《吕氏春秋·尽数》也说:"天生阴阳、寒暑、燥湿,四时之化,万物之变,莫不为利,莫不为害,圣人察阴阳之宜,辨万物之利以便生,故精神安乎形而年寿得长焉。长也者,非短而续之也,毕其数也。毕数之务,在于去害。"并进一步指出,所谓害,乃指在饮食方面的大甘、大酸、大苦、大辛、大咸等;在情志(emotions)方面的大喜、大怒、大忧、大恐、大哀等;在气候(climates)方面的大寒、大热、大燥、大湿、大风、大雾、大霖等。意思是说,天产生阴阳、寒暑、燥湿、四时的更替,万物变化,没有不借助它而获得益处的,没有不因为它而产生坏处的。圣人洞察阴阳变化的合宜之处,辨别万物有利的一面来方便自己的生存,因此精神在形体中安放,得以使生命长久。而生命长久,就是不夭折,同时让生命延续终其天年。而终其天年的重点在于去除害处,因为过甜、过酸、过苦、过辣、过咸充斥于身体中,就会对身体产生危害;过于高兴、生气、担忧、惊恐、悲伤,会对人的生命产生害处;过于寒冷、酷热、干燥、潮湿、刮风、下雨、降雾,扰动了人的精气,就会对人的生命产生害处。因此,只要是保养生命的事,没有比了解生命这个根本更重要的了。懂得根本之所在,病痛就没有机会来了。人生于天地,长于天地,与天地一体,必定与天地相应,因此,顺应天地四时,便成为养生术的基本法则。第二,强调和重视"精(essence)、气(qi vital energy)、神(spirit)"在养生中的作用,如《庄子·知北游》说:"人之生,气之聚也。聚则为生,散则为死",认为气是生命的源头,生命活动是自然界最根本的物质——气的聚、散、离、合,生命是物质运动的形式。人的生死,只不过是气的聚散,没有什么灵魂存在。《管子·内业》则说:"精存自生,其外安荣,内藏以为泉原",认为精气不仅是构成万物的原始材料,而且是万物一切功能属性的唯一源泉。精气是维持人体稳定平衡、生理活动正常的源泉,精、气、神是人身的三宝,失去了这三宝,生命就难以保全。第三,主张静态养生,提倡"返璞归真""清静无为""少私寡欲"。老子在《道德经》(*Moral Classics*)中指出:"淡然无为,神气自满,以此将为不死药",是说心神宁静、不轻举妄动、情态淡泊、不要有过多的欲望,精气便会内安并有益于延年。庄子在《天道篇》中也说:"静则无为……无为则俞俞,俞俞者忧患不能处,年寿长矣。"《庄子·刻意篇》说:"吹呴呼吸,吐故纳新,熊经鸟伸,为寿而已矣。此道引之士、养形之人、彭祖寿考者之所好也。"这吸取真气、吹呴排废气的调气法,后来被发展成"六字诀(six healing sounds,six syllable formula Qigong,six-word Qigong,medical exercise based on the six-charactered formula)"而广泛应用于养生锻炼,"熊经鸟伸"则成了华佗"五禽戏(Wuqinxi,five mimic-animal exercise)"的基础。韩非子也认为静养精神对养生十分重要,他在《解老篇》中说:"圣人爱精神而贵处静。"意思是说,贤达之人重视心灵静养,让心灵得到平静,崇尚置身于安静淡泊。

　　先秦诸子百家有关养生的思想、原则和方法,渗透到了医学领域,充实、丰富和发展了中医养生学的内容。创作于战国、秦、汉之际,大约汇编成书于西汉中后期的《黄帝内经》,则全面总结了秦以前的实践经验和医学成就,是我国现存最早的中医典籍(classics of traditional Chinese medicine);它不仅是中医学理论体系(traditional Chinese medicine theory system)形成的标志性著作,也为中医养生学的形成奠定了理论基础。后世的养生方法和养生术的蓬勃发展,其理论依据都脱离不了先秦时期总结的养生思想(thoughts of health cultivation),尤其是《黄帝内经》的养生理论体系(theoretical system of health cultivation)。可以说《黄帝内经》的诞生,标志着中国的健康观走向系统和成熟。关于宇宙万物的起源,对生命起源(origin of life)的认识,一直是亘古研究的课题。太极说(Taiji theory)是中国古典哲学的思想探源,先秦哲学家多遵从太极说,如《易传·系辞上》的"是故易有太极,是生两仪,两仪生四象,四象生八卦,八卦定吉凶,吉凶生大业",以及老子道生万物学说"道生一,一生二,二生三,三生万物"(道是独一无二的,道本身包含阴阳二气,阴阳二气相交而形成一种适匀的状态,万物在这种状态中产生)。受此影响,《黄帝内经》较客观地阐述了生命的起源是"太虚(great void,the universe,supreme vacuum)",《素问·天元纪大论》说:"太虚寥廓,肇基化元,万物资始,五运终天,布气真灵,揔统坤元,九星悬朗,七曜周旋,曰阴曰阳,曰柔曰刚,幽显既位,寒暑弛张,生生化化,品物咸章。"宇宙的运动,主要是气的运动,气分阴阳,阴阳互动而化生万物,人是气运动所化生的万物之一,所以《素问·宝命全形论》说:"人以天地之气生,四时之法成。"《素问·五常政大论》说:"气始而生化,气散而有形,气布而蕃育,气终而象变,其致一也。"《素问·阴阳应象大论》说:"阴阳者,万物之能始也。"《黄帝内经》将人出生后的生命周期总结为生(birth)、长(growth)、壮(maturity)、老(aging)、已(death)5个阶段,在《黄帝内经·上古天真论》中说:"女子七岁,肾气盛,齿更发长。二七,而天癸至,任脉通,太冲脉盛,月事以时下,故有子。三七,肾气平均,故真牙生而长极。四七,筋骨坚,发长极,身体盛壮。五七,阳明脉衰,面始焦,发始堕。六七,三阳脉衰于上,面皆焦,发始白。七七,任脉虚,太冲脉衰少,天癸竭,地道不通,故形坏而无子也。……丈夫八岁,肾气实,发长齿更。二八,肾气盛,天癸至,精气溢泻,阴阳和,故能有子。三八,肾气平均,筋骨劲强,故真牙生而长极。四八,筋骨隆盛,肌肉满壮。五八,肾气衰,发堕齿槁。六八,阳气衰竭于上,面焦,发鬓颁白。七八,肝气衰,筋不能动。八八,天癸竭,精少,肾脏衰,形体皆极,则齿发去。"这里把女性用七的倍数、男性用八的倍数详细精辟而准确地阐述了男女性别不同的生理特点,历经几千年时间的反复应用和检验,依然指导着现在的临床和养生实践。

　　《黄帝内经》分散在多个篇章中讨论了养生法则,如《素问·上古天真论》在讨论长寿原因时道:"上古之人,其知道者,法于阴阳,和于术数,食饮有节,起居有常,不妄作劳,故能形与神俱,而尽终其天年,度百岁乃去。"除此以外,还要做到"虚邪贼风,避之有时,恬淡虚无,真气从之,精神内守""志闲而少欲,心安而不惧,形劳而不倦,气从以顺,各从其欲,皆得所愿""美其食,任其服,乐其俗,高下不相慕"和"嗜欲不能劳其目,淫邪不能惑其心,愚智贤不肖,不惧於物"等。《黄帝内经》将长寿尽天年的秘诀归纳为饮食有节(eating a moderate diet,eating and drinking in moderation,be abstemious in eating and drinking)、起居有常(living a regular life with certain rules,maintaining a regular daily life)、适度劳作(doing moderate work)、精神内守(keeping the spirit in the interior,keeping a sound mind)4个方面,后来诸家的养生理论和内容大多以此为准绳。

　　《素问·四气调神大论》中的天人相应的整体观把人看作是自然的一个组成部分,人和自然是一个整体,因此天人是相应的,所以养生要顺应四时(adaptation to seasonal changes),即"春夏养阳,秋冬养阴(nourishing yang in spring and summer,nourishing yin in autumn and winter)"。

《素问·生气通天论》根据"阳气者,一日而主外,平旦人气生,日中而阳气隆,日西而阳气已虚,气门乃闭",建议一天中宜采用"无扰筋骨,无见雾露"的昼夜养生法(diurnal regimen,day and night health cultivation method),否则"反此三时,形乃困薄"。《素问·异法方宜论》阐述了不同地域的地理环境(geographical environments)、气候特点(climatic feature)、体质(physique,constitution)、常见疾病(common diseases)等,可据此确定不同的养生方法。

《黄帝内经》重视未病先防(prevention before disease onset)、既病防变(guarding against pathological changes when falling sick,preventing the development of the occured disease,preventing disease from exacerbating)。在《素问·四气调神大论》中提出了"治未病"的思想:"圣人不治于已病治未病,不治已乱治未乱",并在这一原则指导下应用。《素问·刺热篇》中说:"病虽未发,见赤色者刺之,名曰治未病"。《灵枢经·逆顺》(Miraculous Pivot)中说:"上工刺其未生者也;其次,刺其未盛者也,……上工治未病,不治已病,此之谓也"。这些成为后来预防疾病理论的渊源。

(三)中医养生学的发展期

汉唐时期是中医养生学的发展期(development period of health cultivation in traditional Chinese medicine)。在汉唐时期,我国的社会经济发展迅速,尤其是大唐盛世,生产力水平显著提高,经济文化空前繁荣,炼丹(concocting magic pills,alchemy)、服石(taking minerals)之风盛行,最有代表性的是儒、道、佛不同养生流派的出现。这一时期出现了许多养生家和养生书籍。

1972—1974年间,湖南长沙马王堆汉墓出土了一批约公元前168年之前著成的简帛医书,其中有《养生方》《导引图》《却谷食气》等有关养生方面的帛书,它们都是迄今发现最早的养生书籍(health cultivation books),其中的简书《十问》中提到了"君若欲寿,则察天地之道"的中医整体养生观念(the whole concept of health cultivation in traditional Chinese medicine),意思是要养生延寿,须掌握自然规律。帛画《导引图》描绘了44个不同性别、不同年龄的人在做各种导引动作,其姿态各异,服装各殊,形态逼真,栩栩如生。

东汉哲学家、思想家王充在他的《论衡·气寿》中说:"人之禀气,或充实而坚强,或虚劣而软弱。充实坚强,其年寿;虚劣软弱,失弃其身。"他继承了先秦以来"精气"的唯物观,创造性地提出了关于气的完整的理论——"元气自然论(natural view on vitality,naturalism of primordial qi)",他说:"天地含气之自然也。""天地和气,万物自生。下气蒸上,上气降下,万物自生其中矣。"就是说,"气"是世界的本原,天地万物都是由"气"的不同变化而形成的。他认为,人是由"气"构成的,禀赋气的厚薄决定了体质的强弱,影响着人的寿夭,并且人的生、长、壮、老、已的生命过程是客观的不可避免的自然规律,他说:"有血脉之类无有不生,生无有不死……死者,生之效;生者,死之验也。"这和当时盛行的寻觅长生不死方、学仙成神的现象形成鲜明的对照。对于胎教,他在《论衡·命义》中写道:"故礼有胎教之法,子在身时,席不正不坐……非正色目不视,非正声耳不听。"这对现今的优生优育,仍然有一定的现实指导意义。

据《后汉书·方术传下·华佗》记载,东汉末年著名医家华佗"晓养性之术,年且百岁而犹有壮容,时人以为仙",意思是说,华佗通晓休养生息的门道,年龄已经百岁了而脸面还像是壮年的样子,当时的人都以为他是神仙。华佗的养生秘诀(health cultivation tips)可以归纳为一个字——"动",包含体育运动(physical exercises)和劳动锻炼(labor training,manual labour)两个方面。他重视运动(exercises)在养生中的作用,他告诫其弟子:"人体欲得劳动,但不当使极耳。动摇则谷气得消,血脉流通,病不得生,譬犹户枢不朽是也"(见晋·陈寿的《三国志·魏书·华佗传》)。在继承远古导引功法的基础上,他编创了"五禽戏"运动养生操。

东汉医家张仲景不仅是一位临床医学家,也是一位养生家,可谓是"留神医药,养生有道"。他的养生方法分散体现在他的《伤寒杂病论》(Treatise on Febrile Diseases and Miscellaneous Illnesses,Treatise on Cold Pathogenic and Miscellaneous Illnesses)中,尤其体现在《金匮要略》(Synopsis of Golden Chamber)脏腑经络先后病脉证第一、禽兽鱼虫禁忌并治第二十四和果实菜谷禁忌并治第二十五等篇中。如果说《黄帝内经》确立了养生法则,那么张仲景则是践行了《黄帝内经》的法则,并充实和发展了《黄帝内经》的养生内容。张仲景在饮食养生法(dietary regimens)上提出,要趋利避害食知宜忌,注意食物的搭配,注意进食时间和食量,若误食有毒食物(poisonous foods)应立即采取解毒措施。从张仲景重视饮食在治病防病方面的作用来看,也体现出他对后天脾胃的重视。除此以外,张仲景还强调神(spirit)和仁爱(kindheartedness)的情志养生(emotional health cultivation)作用以及房事有节勿令竭乏,倡导守法养生。在养生方法方面,他也常用避邪养生(avoiding evils for health cultivation)、调神养生(regulating spirit for health cultivation, regulating mentality for health cultivation)、饮食养生、运动养生(sports for health cultivation)、爱心养生(loving kindness health cultivation)、导引养生(physical and breathing exercise for health cultivation)、按摩养生(massage for health cultivation)、房事养生(health cultivation through sex life, sexual health cultivation, restraining sex to preserve health, health cultivation through sexuality)、守法养生(rules abiding health cultivation)、女性养生(female health cultivation)、治未病养生(preventative treatment for health cultivation)及吐纳(expiration and inspiration)、针灸(acupuncture and moxibustion)、膏摩(ointment rubbing)等运动或外治方法。

《神农本草经》(Sheng Nong's herbal Classic, Shengnong's Classic of Materia Medica)是我国现存最早的中药学专著,载药365味,分上中下三品,其中上品为补药(tonics, restoratives),即滋补中药材(Chinese medicinal materials for nourishing),有120多味,多数具有"增年""长年""不老"作用,成为后世应用补益正气、增强体质、防病延年以养生的依据。

东晋葛洪对养生的研究颇多,在防病养生方面给后人留下了许多精辟的论述。他提倡"养生以不伤为本"。他所著的《抱朴子》分为内、外篇;今存"内篇"20篇,"外篇"50篇。《抱朴子·内篇·极言》中有"是以善摄生者,卧起有四时之早晚,兴居有至和之常制"的记载,并列举了许多伤身损寿之事,认为这类事最初不易察觉,但积累日久,便要伤生。他提出一系列不损伤气血的养生之道,其中包括:唾不及远;行不疾步;耳不极听;目不久视;坐不及久;卧不至疲;先寒而衣,先热而解;不欲极饥而食,食不过饱;不欲极渴而饮,饮不过多;不欲甚劳甚逸;不欲起晚;不欲汗流;不欲多睡;不欲奔车走马;不欲极目远望;不欲多啖生冷;不欲饮酒当风;不欲数数沐浴;冬不欲极温;夏不欲极凉;不露卧星下;不眠中见肩;大寒大热,大风大雾,皆不欲冒之;五味入口,不欲偏多等。在精神保健和心理卫生上,葛洪提出要除六害:一曰薄名利,二曰禁声色,三曰廉财物,四曰损滋味,五曰除佞妄,六曰去沮嫉。他明确告诫:"夫善养生者,先除六害,然后可延驻千百年。"《抱朴子·内篇·养生论》有"早起不在鸡鸣前,晚起不在日出后"的记载。这些养生方法多为后世沿袭和遵从。

梁代医学家陶弘景博学多才,通释、道之学,主张儒、道、释三教合一,夙好养生,其养生理论采百家之长,撰《养性延命录》,分上下两卷、六篇,是现存最早的一部养生学专著。该书收录了上自炎黄、下至魏晋的养生理论与方法,有《教诫篇》《食诫篇》《杂诫忌让害祈善篇》《服气疗病篇》《导引按摩篇》及《御女损益篇》,共6篇。《教诫篇》讲的是养生的理论,总论养生的必要性;《食诫篇》讲饮食的注意事项;《杂诫忌让害祈善篇》讲日常起居的注意事项;《服气疗病篇》讲行气术;《导引按摩篇》讲导引按摩术;《御女损益篇》讲房中术(sex arts, sexual skills)。在老子、庄子"无为"思想的渗透下,更是将其发挥得淋漓尽致。《教诫篇》引用《小有经》的主张,"少思、少念、少欲、少事、少语、少笑、少愁、少乐、少喜、少怒、少好、少恶,此十二少,养生之都契也。多思则神殆,多念则志散,多欲则损志,多事则形疲,多语则气争,多笑则伤脏,多愁则心慑,多乐则意溢,多喜则忘错惛乱,多怒则百脉不定,多好则专迷不治,多恶则憔煎无欢,此十二多不除,丧生之本也。无多者,几乎真人大计。"他在《养性延命录》中将各类书籍所载的养生法则和养生学家的方术归纳为顺应四时、调摄情志(adjusting emotions)、节制饮食(be temperate in eating and drinking, stint oneself of food)、适当劳动(appropriate labour)、节欲保精(check sexual activities to protect essence)

和服气导引(gulping qi and breathing exercise)6个方面,其呼气六字诀:"吹、呼、唏、呵、嘘、呬"至今被广泛应用。

唐朝医家孙思邈是历史上的长寿学者之一,他博学多闻,一生著书颇丰,有《备急千金要方》(*Essential Formulas for Emergencies Worth a Thousand Pieces of Glod*,*Valuable Prescriptions for Emergencies*)、《千金翼方》(*Supplement to Valuable Prescriptions*)、《五脏旁通明鉴图》、《明堂经图》、《千金髓方》、《福禄论》、《摄生真录》、《神枕方》及《银海精微》等。他注重养生,历经北周、隋、唐三朝,高寿百余岁,被尊称为"孙真人"。孙思邈的养生思想和方法散见于其著作中。在吸收儒、释、道学的基础上,他继承了《黄帝内经》的养生原则,又有自己的经验和实践。首先,他强调"养性(nature-cultivation,cultivating mind)"祛百病的思想,详细的养性内容见于他所著的《千金翼方》中,总结为:"一曰啬神,二曰爱气,三曰养形,四曰导引,五曰言论,六曰饮食,七曰房室,八曰反俗,九曰医药,十曰禁忌",共十条。第二,他提倡食宜(food suitability)、食养(health cultivation with food)、食疗(dietetic therapy),提出了很多食养食治原则,认为养性之道当明饮食宜忌,"不知食宜者,不足以存生也""勿食生菜、生米、小豆、陈臭物";反对暴饮暴食(craputence,binge eating),宜少食多餐;要因时而宜,五味调和,食不过饱,尤其要禁夜食;要"食上不得语,语而食者,常患胸背痛"(《备急千金要方·道林养性第二》),饮食应"美食须熟嚼,生食不粗吞""欲细细而缓,不得粗粗而急"(《千金翼方·服水第六》);就餐时应"人之当食,须去烦恼。如食五味,必不得暴嗔,多令人神惊,夜梦飞扬"(《备急千金要方·道林养性第二》);要注重口腔卫生(oral hygiene),餐后应漱口,还需摩腹(rubbing abdomen)、散步(walking)以助消化;老年饮食应忌多忌杂,尤其是长夏之际,不可进食肥甘厚腻食物;饮食要卫生,倡导"辟谷"法。第三,他提倡天人相应、依时摄生,生活起居要有规律,应随四时气候变化安排作息时间(work-rest time);对房中术有精辟的论述,强调"欲有所忌",要房中知"闭固",注重性卫生(sexual hygiene)、性保健(sexual health care),如"夫房中之术,其道甚近,而人莫能行。其法一夜御十人,闭固为谨。此房中之术,毕也。非欲务于婬佚,苟求快意;务存节欲,以广养生也。非苟欲强身,以行女色,以纵情意,在补益以遣疾也。此房中之微旨也(房中术离道很近,少有人能做到,方法就是一夜御女十人闭固慎泄,房中术才算掌握了。不要一个心意只想着要过度地放纵一下自己,求得一时的快活;而应该想着通过节制自己的欲望,达到在更高的层次上颐养天年,延长寿命的目的。不要因为某种一时的想法使自己的身体强壮起来,用来进行男女之间的性交合,放纵自己的性欲望,而在于通过正常的男女性交合,补益身体里必需的元精和血气,预防疾病发生。这就是进行男女性交合的基本原则)","凡新沐、远行及疲、饱食、醉酒、大喜、大悲、男女热病未差、女子月血、新产者,皆不可和阴阳。热病新差,交者死(刚洗完头、远行疲劳、饱食、醉酒、情绪激动、男女热性病刚痊愈、女子月经来潮或刚生孩子后,都不宜性交,特别是热病初愈,如强行交合则可致死)"。第四,他非常重视居处,认为居处要雅素清洁,居家有戒。孙真人说:"凡居处不得过于绮靡华丽,令人贪婪无厌,损志。但令雅素清洁,能避风雨暑湿为佳";并强调要搞好个人卫生。第五,他强调动以养形(use movement to nurture the body)、静以养神(achieve tranquility by nourishing spirit),要适当活动,动静结合,可常用调气导引、老子按摩法、天竺国按摩法等,这在今天对老年人养生保健和慢性、老年性疾病的防治,都具有很好的实用价值。第六,他重视食养、食疗,把饮食列为"养生十要"之一,在《备急千金要方》里留下了大量关于食养、食疗的记载,主张宜通过服食补药,延年益寿。

(四)中医养生学的完善期

宋金元时期是中医养生学的完善期(perfect period of health cultivation in traditional Chinese medicine)。宋代的社会、经济、科技、文化进一步发展,北宋时期,被现代人称为三大发明的火药(gunpowder)、罗盘针(compass needle)、活字印刷术(typography,movable-type printing)对世界经济起到了巨大的推动作用,尤其是活字印刷术。加上宋代朝廷重视医学,设置了校正医书局,为中医典籍的校正、刊行提供了很好的条件,集中了一批著名医学家及其他学者,有计划地对历代重

Note

要医籍进行搜集、整理、考证、校勘。很多医籍如《素问》(*Plain Questions*)、《神农本草经》、《脉经》(*Pulse Classic*)及《针灸甲乙经》(*A-B Classic of Acupuncture and Moxibustion*)都是经那时的校订、刊行后流传下来的。此外，还对著名医籍进行了大量的研究工作，例如对《黄帝内经》、《伤寒论》(*Treatise on Cold Pathogenic Diseases*)等注释的著作也相继出版，使很多古籍得以流传后世。这一时期，有关养生的内容形成了百家争鸣、学术流派纷呈的局面，养生学也因之取得了明显的进步。

北宋的《圣济总录》(*General Records of Holy Universal Relief*)首论"运气学说(doctrine of five evolutive phases and six climatic factors)"，专设养生门，书中详述了导引方法，包括躯干四肢、脏腑、头面五官各部位导引。《圣济总录》辑录的一些养生方法还有神仙导引、神仙服气、神仙炼丹、服饵药膳、服气辟谷等，对治疗虚劳、补益养生有很好的实用性。

宋代陈直所著的《养老奉亲书》是我国现存最早的老年养生(health cultivation for the elderly)专著，主要论述老年保健(health care for the elderly, gerocomy, geriatric health care)、四时摄养措施(conserving health measures in the four seasons)、疾病预防理论及治疗方法。主张老人有病，先食疗之，未愈则命药疗之。饮食宜温热熟饮、忌粘硬生冷。药饵(tonics)宜用扶持之法。该书对后世老年养生理论影响较大。其养生内容上承孙思邈的《备急千金要方》、王怀隐的《太平圣惠方》(*Taiping Holy Prescriptions for Universal Relief*)，下启丘处机的《摄生消息论》、高濂的《遵生八笺》等，上部论述了老年常见病(common diseases in the elderly)的食疗方法，精选的方剂(prescription, formula)简便实用，下部论述老年医学的理论、治疗、护理要点。他还继承发扬了《黄帝内经》以来的四时顺养思想，提出四季养老论，对先秦时期"春多酸，夏多苦，秋多辛，冬多咸"的原则进行了一定的修正。在具体运用上明确提出了"当春之时，其饮食之味宜减酸增甘，以养脾气；当夏之时，宜减苦增辛，以养肺气；当秋之时，其饮食之味宜减辛增酸，以养肝气；当冬之时，其饮食之味宜减咸增苦，以养心气"(《寿亲养老新书·卷一》)，并根据五行生克关系(the relations of generation and restriction in five elements)阐述了因季而食味的调养方法。在老年人养生方法上，他除了倡导要重视食养、四季调摄(health maintenance in four seasons)外，对老年人的生理、心理和长寿老人的特征，以及起居、心理、戒忌保护等都作了详细的阐述，将具体的细节与养生结合，包括日常的衣、食、住、行、孝亲技术和孝亲情感的表达，展现了《养老奉亲书》的独特之处。南宋以后，《养老奉亲书》逐渐为后人所重视，邹铉在此基础上，广搜博采颐养之法，续增篇幅后写成《寿亲养老新书》，内容颇为详尽，大凡老年人应当如何保养、饮食调养(diet aftercare)、服用哪些药物，直到如何照顾老年人，几乎可以说是应有尽有。

金元时期，四大家之一刘完素(公元 1110—1200 年)所著的《素问病机气宜保命集》共分为上、中、下三卷。上卷为医理总论，分原道、原脉、摄生、阴阳、察色、伤寒、病机、气宜、本草等 9 篇。在摄生篇中，他把《黄帝内经》的阴阳五行学说(theory of yin-yang and five elements)拓展为五运六气理论(the theory of five circuit phases and six climatic factors)。他重视人体的"和平"状态和"神""气"在养生中的作用，他认为，人体"皆备五行，递相济养，是谓和平；交互克伐，是谓兴衰；变乱失常，患害由行(《三消论》)"。他重视人体五运六行的兴衰变化，提出"养生之道，正则和平，变则失常"以及"持满御神，专气抱一，以神为车，以气为马，神气相合，可以长生(《素问病机气宜保命集·原道》)"的养生论点。他阐述了人生各个阶段各个时期的内外致病因素及血气盛衰状况，提出了"养、治、保、延"的摄生思想。

金元四大家中的张子和(公元 1156—1228 年)在《儒门事亲》(*Confucians' Duties to Parents*)中主张"养生当论食补，治病当论药攻"，根据五脏之所宜，以饮食调养，"病蠲之后，莫若以五谷养之，五果助之，五畜益之，五菜充之，相五脏宜，毋使偏颇可也。"《儒门事亲》载食疗方十余首，另外还有用水果及海产品(marine products)治疗疾病的记载。所用药食，性味多甘平、甘凉、甘温，以自然食物作甘补，使人之精气得以补益，精气得旺，而形体五脏亦可得到充养，人体各方面机能也能正常运转。在小儿养生(children's health cultivation)方面，他认为小儿食量应适中，不能过饱，否则容易形成积滞,积久成疳;小儿乃纯阳之躯,不可衣着过暖;提倡对小儿穷养,"不得纵其欲";主张小儿轻病不服药等。张子和的小儿养生说是呵护儿童身心健康的肺腑箴言,对今天的儿童成长仍具重要的指导作用。在情志养生方面,张子和认为音乐是一味良药,音乐不仅可以营造外部环境的良好气氛,也能调节人体的内心世界。对于情志、精神的郁闷不舒所引起的疾病,可以用音乐治疗,依据以情胜情(one kind of sentiment pressing other emotion)的原理,利用一种情绪的音乐去克服或纠正另一种偏胜的情绪,即依据五行相胜的互相制约关系,用一种情志去纠正相应所胜的另一种情志,有效地治疗这种情志所产生的疾病。

金元四大家之一的李东垣(公元 1180—1251 年),继承《黄帝内经》《难经》(*Classic of Questioning*)等经典学术思想,总结张仲景、钱乙、张元素等前辈的医学经验,结合自身的临床体会,创立了脾胃学说(the spleen and stomach theory),并提出"内伤脾胃,百病由生(internal damage of the spleen and stomach will result in the occurrence of various diseases)"的论点。李东垣所著的《脾胃论》(*Treatise on Spleen and Stomach*)撰于公元 1249 年,共三卷,是李东垣脾胃学说的代表著作,其中指出饮食不节(improper diet)、劳倦内伤(overstrain and endogenous injury)、暴喜(over-joy)和暴怒(violent rage)等均可伤及脾胃,这些观点也体现在他的养生、摄生理论和实践中,在顺应四时、起居有时、饮食有节、淡泊情志、劳役适中、医药无伤等方面都以脾胃为核心。李东垣在《兰室秘藏·劳倦所伤论》(*Secret Book of Orchid Camber*)中提到夜半收心静坐(quiet sitting,sitting meditation)片刻,为生发全身元气之大要,主张"甘温补其中气"与"安心静坐"相结合的综合养生方法。

元代朱丹溪(公元 1281—1358 年)的代表著作《格致余论》(*Further Discourses on the Properties of Things*)集中反映了他的"相火论(ministerial fire theory)""阳有余阴不足论(theory of yang excess and yin deficiency)"和"阴升阳降论(theory of yin-ascending and yang-descending)"的学术思想。这些思想也反映在他的养生理论和应用上。他以天地日月的变化类比人体的阴阳消长(waning and waxing of yin and yang,ebb and flow of yin and yang),提出了"阳常有余,阴常不足(yang is often enough,yin is often deficient)"的论点,提倡晚婚,节欲保精,强调保护阴气的重要性。他认为老年人的生理特点是"人生至六十、七十以后,精血俱耗,平居无事,已有热证(《格致余论·养老论》)",在养老(care for the elderly,the support for the aged)方面除注重养阴外,还应敬、孝老人。在饮食养生方面,他强调饮食有节,调养有常,无论有病无病、病中病后、老人幼儿,均应调节有度;灵活运用食疗方法;提倡食、养、医结合的食疗方法;主张养阴茹淡,能食勿药,反对辛热厚味以伤阴碍胃;因时令(seasons)施以饮食调养和食补。在妇幼养生保健(maternal and child health cultivation)方面,朱丹溪曰:"儿之在胎,与母同体,得热则俱热,得寒则俱寒,病则俱病,安则俱安"。在哺乳期,母体的饮食、情志等变化都会通过乳汁和乳脉传递给小儿,常引起小儿出现吐泻、疮疡、发热、口糜、惊搐、夜啼、腹痛等症,他在《慈幼论》中曰:"饮食下咽,乳汁便通。情欲动中,乳脉便应。病气到乳,汁必凝滞。儿得此乳,疾病立至。不吐则泻,不疮则热。或为口糜,或为惊搐,或为夜啼,或为腹痛。"小儿的身体健康状况与母亲关系密切,所以"母之饮食起居,尤当慎密";童子应不衣裘帛,不食发热之物。朱丹溪的这些育儿方法,对指导现代优生优育有着很现实的指导意义。

元代的忽思慧兼通蒙汉两种医学,延祐年间任宫廷饮膳太医,在我国食疗发展史上占有较为重要的地位,所著的《饮膳正要》(*Principle of Correct Diet*)一书,是我国现存最早的营养学专著。全书共三卷,卷一讲的是诸般禁忌,聚珍异馔,如养生避忌、妊娠食忌、饮酒避忌和乳母避忌,如何制订汤羹饭菜食谱(recipe),并详细说明烹饪方法(cooking methods);卷二讲的是诸般汤煎、食疗诸病及食物相反中毒等;卷三选载米谷品、兽品、禽品、鱼品、果菜品和料物等 195 种食物,详述气味、性能,并有插图。他提倡单味的药食两用之品可长期服用,指出药膳(Chinese medicated diets,Chinese herbal diets)、食疗可改善虚劳、疲劳症状。该书将食养理论与实际结合,继承了食、养、医结合的传统,具有较强的实用性。

（五）中医养生学的再发展期

明清时期是中医养生学的再发展时期（re-development period of health cultivation in traditional Chinese medicine）。明清时期处于封建社会的晚期，社会发展呈现错综复杂的局面。明末瘟疫（epidemic infectious disease）流行，促成了温病学说（theory of epidemic febrile disease）的形成和发展，对防治传染病（infectious diseases）起到了积极的作用，也积累了很多宝贵的经验，出现了温病四大家和其著作。天花病在东汉初传入我国，明代我国发明了"人痘接种（human-pox vaccination）"的预防方法，到清代，康熙皇帝积极推动，使该术在宫廷和民间得以推广，并取得了显著效果，最终被传播到海外，这是我国医学在世界防病医学史上书写下的光辉灿烂篇章。这一时期，一些士大夫和知识分子弃士从医或转儒为医，政府加强地方中医教育机构的建设和太医院医生的继续教育，实行世医制度，使中医学从业人员的素质整体得到提高，在宋元学术理论发展的基础上，养生学更加完善和系统，医家和文人都重视养生保健，主张把静养、动养、食养、药养综合起来以调养。随着中外文化科技的交流和发展，一些中医典籍被翻译成外文并出版发行。

明代温补学派（warm-recuperation school）的代表人物张景岳（公元 1563—1640 年）兼收易、儒、道、释各家学说之所长，不仅精于医术，养生的造诣也颇深。他在《景岳全书》（*Jingyue's Complete Works*）的"先天后天论""治形论""中兴论""传忠录"等篇中讨论人的寿夭，集诸家养生之大成，指出人的寿命"禀受于天，制命于人"；预防早衰有赖于后天"养生家必当以脾胃为先""善养生者，必宝其精，精盈则气盛，气盛则神全，神全则身健，身健则病少，神气坚强，老而益壮，皆本乎精也""形伤则神气为之消""善养生者，可不先养此形以为神明之宅，善治病者，可不先治此形以兴复之基乎？"他的"中兴"养生理论（"Zhongxing" health cultivation theory，"resurgence" health cultivation theory）认为："人于中年左右，当大为修理一番，则再振根基"，从养元气、养元阳、养脾胃、养慎 4 个角度分析其"中兴"之法。他善用气功（Qigong，Chinese deep-breathing exercises）养生防病，延年益寿（cultivating health，preventing disease and prolonging life），并说："此道以多为贵，以久为功，但能于日夜行得一两度，久之耳目聪明，精气充固，体健身轻，百病消矣"。他注重防劳慎色调情养性、调神养心；护养胎元以滋先天，认为"盖胎种先天之气，极宜清楚，极宜充实，而酒性淫热，非惟乱性，亦且乱精。精为酒乱，则湿热其半，真精其半耳。精不充实，则胎元不固，精多湿热，则他日痘疹惊风脾败之类，率已受造于此矣。故凡欲择期布种者，必宜先有所慎。与其多饮，不如少饮，与其少饮，犹不如不饮。此亦胎元之一大机也。"

明代著名旴江医家龚廷贤年少时先业儒，后随父学医，所著《寿世保元》（*Longevity and Life Cultivation*），意为保得人身之元神、元气，从而能达到"仁寿之域"。其养生思想主要体现在：养生防病重在护养元气，摄养（conserving health）之要是保养元气，元气损伤则变病百端；从脾肾立论探讨衰老（aging，senescence）之理，"人以胃气为本"，脾胃和命门之火（vital gate fire）关联，先后天之本是相辅相成的，宜调护脾肾益寿养元；清心寡欲调神养性。饮食得宜，食养调息，"饮食无论四时，常令温暖，夏月伏阴在内，暖食尤宜，不欲苦饱，大饮则气乃暴逆；不欲食后便卧及终日稳坐；食后常以手摩腹数百遍，缓行数百步，谓之消化；食饱不得速步走马，登高涉险，不欲夜食；不欲极饮而食，食不过饱，不欲极渴而饮，饮不过多""饮温暖而戒寒凉，食细软而远生硬，务须减少，频频慢餐，不可贪多，慌慌大咽"。他认为，人的饮食须和气候相适宜，要注意控制饮食及脏腑病的饮食禁忌（dietetic contraindication）；要调息养元，摄生延年。对于老年养生，他创制了多种健脾胃、养精血的延寿保健食疗方剂，所著的《寿世保元·摄养》把养生之道归纳为 11 条，提出老年摄养应"薄滋味，省思虑，节嗜欲，戒喜怒，惜元气，简言语，轻得失，破忧沮，除妄想，远好恶，收视听"的三字真言。

明清气功普及，被民众广泛地应用。明代著名医药学家李时珍在《奇经八脉考》中说："然内景隧道，惟返观者能照察之。"意思是说，人体内的景象及气血运行的情景，只有通过某种练功修炼（cultivating and practicing）的人，才能内视（返观）体察认识到，这对以后的气功理论研究有一定的启示作用。针对道家内丹功(Taoist inner alchemy)奥涩难懂的状况,明代后期著名内丹家伍守阳改用通俗语言表述内丹功理。明代医家胡文焕将道家周天功(heavenly circuit Qigong)易化,使之易学易行,流传甚广。由明末清初的武术名家陈玉廷创造、经杨露禅等发展的太极拳(Taijiquan,shadow boxing)成为后世经久不衰的健身方法。

在明清时代,采矿、冶炼、纺织工业较为发达,使职业病(occupational diseases)增加,引起了人们的重视,对劳动卫生(labor hygiene)、职业病的病因和防治积累了一定的经验,如李时珍在《本草纲目》(Compendium of Materia Medica)中记述了职业病铅中毒(lead poisoning,plumbism)的原因和症状:"铅生山穴石间,人挟油灯,入至数里,随矿脉上下曲折砍取之,其气毒人,若连月不出,则皮肤痿黄,腹胀不能食,多致疾而死。"清代赵学敏在《本草纲目拾遗》(Supplement to Compendium of Materia Medica)中记载,对慢性铅中毒(chronic lead poisoning)可食用鹅肉防治,"工人无三年久业者,以醋铅之气有毒,能铄人肌骨,且其性燥烈,坊中人每月必食鹅一次以解之"。明代宋应星所著的《天工开物》是世界上第一部关于农业和手工业生产的综合性著作,书中指出烧炼砒必须严密封固,"烧砒之人"经两载即改徒,否则须发尽落。

（六）中医养生学的繁荣期

近现代是中医养生学的鼎盛弘扬期(prosperous period of health cultivation in traditional Chinese medicine)。

自1840年鸦片战争开始至中华人民共和国成立,其间社会动荡不安,尤其在民国期间,随着西方医学的传入,中医学的生存发展遭受挫折、面临危机。新中国成立后,国家政治局面稳定,社会经济、文化科技不断发展,毛泽东主席于1958年在对卫生部党组《关于西医学中医离职学习班的总结报告》的批示中指出:"中国医药学是一个伟大的宝库,应当努力发掘,加以提高(Chinese medicine and pharmacology are a great treasure-house;efforts should be made to explore them and raise them to a higher level)",中医学日益受到重视并得以发展。新中国成立以来,中医养生技术(health cultivation skills of traditional Chinese medicine)在人们的保健(health care)、疾病预防和治疗(prevention and treatment of diseases)方面都发挥了很大的作用,其突出的成就之一是2004年严重急性呼吸综合征(severe acute respiratory syndrome,SARS)流行期间,中医药的介入发挥了非常重要的作用。自1956年开办中医学院以来,中医药高等院校已全国覆盖,学术机构和学术交流活动日益增多和繁荣,推动了中医养生学的发展。在中医养生学专业人才培养方面,1987年,国家教委决定开设中医养生康复专业,2017年又新添中医养生专业,教材建设也不断加强。

随着科技文化的发展,媒体更加多样化,报刊、户外广告、广播、电视等传统媒体(traditional media)不断推陈出新,数字杂志、数字报纸、数字广播、手机信息、移动电视、网络、桌面视窗、数字电视、数字电影、触摸媒体等新媒体(new media)飞速发展,利用数字技术和网络技术,通过互联网、宽带局域网、无线通信网、卫星等渠道,电脑、手机、数字电视机等终端为社会性养生保健工作(social health cultivation and health care work)提供了便利条件,极大地推动了养生保健事业(health cultivation and health care career)的发展,提高了民众的整体养生素质。

为了贯彻落实《中共中央国务院关于深化医药卫生体制改革的意见》(Opinions of the CPC Central Committee and the State Council on Deepening the Reform of Medical and Health System)〔中发(2009)6号〕、《国务院关于扶持和促进中医药事业发展的若干意见》(Some Opinions of the State Council on Supporting and Promoting the Development of Traditional Chinese Medicine)〔国发(2009)22号〕和《国务院关于促进健康服务业发展的若干意见》(Some Opinions of the State Council on Promoting the Development of Health Service Industry)〔国发(2013)40号〕,促进中医药健康服务的发展,国务院于2015年4月24日和2016年2月22日相继印发《中医药健康服务发展规划(2015—2020年)》(Development Plan of Chinese Medicine Health Service,2015—2020)和《中医药发展战略规划纲要(2016—2030年)》(Outline of the Strategic Plan on the Development of Traditional Chinese Medi-

cine,2016—2030),又一次把中医药发展上升到国家发展战略的高度,提出从提升中医养生保健服务能力、发展中医药健康养老服务、发展中医药健康旅游、加快中医养生保健服务体系建设等方面大力发展中医养生保健服务(health cultivation and health care services in traditional Chinese medicine)。2016 年 12 月 25 日第十二届全国人民代表大会常务委员会第二十五次会议通过的《中华人民共和国中医药法》(*Law of the People's Republic of China on Traditional Chinese Medicine*),自 2017 年 7 月 1 日起施行,这是为继承和弘扬中医药,保障和促进中医药事业发展,保护人民健康制定的大法,为中医药的发展提供了法律保障。2018 年 8 月 19~20 日,习近平总书记在全国卫生与健康大会(national conference on hygiene and health)上强调,"没有全民健康,就没有全面小康",把人民健康放在了优先战略地位,党和政府发出了建设健康中国的时代最强音,给卫生工作者指明了工作方向和奋斗目标。

二、外国健康卫生学及其发展

自从有了人类以来,就有了追求健康的需求,但在不同的国家、不同的历史发展阶段,由于政治、经济、文化、地域、历史背景的不同,人们对健康的认知、防病重点也有所不同,健康的内容也不断更新,但总体来说,外国健康卫生学的发展(development of health and hygiene in foreign countries)都经历了萌生、形成、发展和提高的过程。

(一)古代的健康卫生

远古时期,社会生产力水平、人类的文明程度都很低下,在最初的生产和生活实践中,虽然各国古代的健康和卫生(ancient health and hygiene in various countries)得以发展,但人民的健康水平和保健水平是原始的、粗糙的,人们积累的是一些零散的保健经验。

1. **古埃及的健康卫生** 埃及是四大文明古国之一,地处非洲东北部,位于亚非欧三大洲的交汇地,古埃及的健康卫生(health and hygiene in ancient Egypt)及其古埃及的医药文化(medicinal culture in ancient Egypt)对东西方产生过较深的影响。古埃及的医学史料都记录在纸草文献(papyrus documents)中,著于公元前 1552 年的《埃伯斯纸草书》(*Georg Ebers Papyrus*)等文献,不仅记录着内、外、妇、儿、皮肤、眼科各科疾病的治疗,还记录着卫生防疫等卫生法内容。由于埃及的公共卫生(Egyptian public health)非常好,一直在埃及医学(Egyptian medicine)中扮演着非常重要的角色。

古埃及第三王朝左赛王的宰相伊姆霍特普(Imhotep),同时也是一位医生、祭司、作家和埃及天文学以及建筑学的奠基人,传说是第一位建筑金字塔的人。他能治病、能使不孕者怀孕、能减少不幸给人以新生,被后世尊为"医药之神"(god of medicine)。

古埃及的医学理论认为,许多影响健康的因素是可以避免的,但"肠道的腐败物"是持久的、不可避免的危险因素,所以规定每个月有 3d 专门用催吐剂和灌肠液清除体内的腐败物,也因此特别强调饮食卫生,屠宰的动物肉要经过祭司的检查,才能决定是否可以用于祭祀,如果不适于祭祀,则也不准食用。

古埃及的婴儿卫生(infant hygiene in ancient Egypt)理论提出,新生儿要用白麻布包裹,但不宜缠紧。断乳后,要加青菜,用牛乳喂养。埃及的法令严禁弃婴。古埃及的卫生法规明确规定,室内外环境要卫生,对于掩埋尸体也有明确的规定。古埃及有人死后制成木乃伊(mummy)的传统,一方面是因为他们认为把尸体保存下来,可使其灵魂回归,另一方面也说明他们的防腐等技术较高。也可能是他们认识到环境卫生(environmental hygiene)对健康的作用,将尸体制成木乃伊,可起到保护环境、减少某些疾病发生的作用。

2. **古印度的健康卫生** 印度是世界古代文明发祥地之一,公元前 2500 年至公元前 1500 年创造了印度河文明。它位于亚洲南部,人口密集,有众多种族、文化、语言、宗教和信仰。公元前 1500 年左右的印度文献对结核、天花等传染病症状有详细的描述,并明确了疟疾(malaria)是由蚊子叮咬,鼠疫(plague)由老鼠传播所致。

印度寻求健康、康复的路径是非常值得探索和研究的。公元3~4世纪,亚历山大大帝占领印度。在他之后,旃陀罗笈多建立了印度孔雀王朝。考底利耶(Kautilya)是旃陀罗笈多的老师,著有一部论述治国安邦策略的著作《政事论》(the Arthashastra),其中就有医药、卫生设施和公共卫生的管理条例。

印度草医学(Ayurveda,Ayurvedic medicine)和中国传统中医类似,是现如今在印度广泛应用的传统医学的基础。同样,印度草医学对健康与疾病的观点涉及的范围也很广。Ayurveda为梵文,Ayus指的是生命,Veda指的是知识或者智慧,两者结合在一起,意思就是"生命的科学",或是指生命或长寿的知识。Ayurveda实际上是在印度次大陆上流传了数百年的医疗保健体系。印度草医学体系由医生、护理人员、患者、药物四大支柱组成。印度草医学认为,生命科学的主要目的是维护健康,而非治疗疾病。健康不仅仅是指没有疾病,而是一种只有在实行了印度草医学医生开出的、详尽的个体化预防疾病方案(individualized scheme of disease prevention)后才能获得和享受到的状态。

传说生活在公元前1000年到公元前800年间的阇罗迦,是古印度最负盛名的内科医学家,著有《阇罗迦集》(Charaka Samhita),被认为是印度医学史上第一本伟大的论著,书中描述了几百种药物,包括草药、少量矿物药和动物药,并按治疗的疾病进行分类。阇罗迦认为,获得并且维持健康是一种必然的、高尚的追求,他重视卫生保健,认为营养、睡眠(sleep)、节食(dieting)是保健的3大要素,是古印度的健康卫生(health and hygiene in ancient India)的重要内容,他重视运动对健康的作用,认为适当的运动能使身体发育均衡、关节筋骨强健、身心快乐,并提到特殊的健身术"瑜伽",可锻炼身心、保持健康。

印度的草医学理论认为,机体的功能可用气、胆、痰三要素来解释,健康是基本体液精密协调的结果,疾病就是气、胆、痰这三种体液的太过或不足,使身体的平衡遭到破坏,进而引起对特定疾病的易感性,引起血液的失衡,所以治疗用水蛭吸血法,去除"坏血",然后通过饮食调理(dietetic regulation)来恢复体液平衡。具有传统印度草医学健康、营养原理特色的健康疗养和游乐胜地普及,表明印度草医学的概念遍布世界。

卫生在古印度医学中占有重要的地位,按照《摩奴法典》(Mānava-Dharma-śāstra,Manu-smrti,Manavadharmasastra,The Laws of Manu),严厉的卫生条例和经常洗涤是宗教崇拜的基本事项,每次饭后要洗涤,与他人订约后要沐浴,所有排泄物需立即倾倒于室外。在每日清洁身体方面规定,要清洁牙齿,用凉水漱口,经常洗脸,并有沐浴和按摩的常规,用一种带香味的油涂抹身体等。这些卫生条规放到今天,也是值得提倡的卫生保健方法。

古印度的智者们创造了许多融入自然的生活方式,通过与自然的合一,人们将变得更健康、更平衡。印度哲学认为,五官是吸收各种信息的门户,如果吸收了正确的东西,就能保持身心健康。印度人从古代起就具有利用五官,通过嗅花香、尝食味、视颜色、听音乐、用药物或药膏触肤按摩,来保持生命健康的传统。这种生活方式代代相传,成为一种传统,从衣食住行到节日庆典,深入印度人生活的方方面面。

3. 巴比伦和亚述的健康卫生　古巴比伦医学(Babylonian medicine)是阿拉伯地区最早的医学。底格里斯河(Tigris)和幼发拉底河(Euphrates)之间的流域(中下游地区)——苏美尔(Sumer)地区,是人类文明发祥地之一。古巴比伦(ancient Babylon)和亚述位于这"两河"流域("Two Rivers" basin),相当于现在的伊拉克境内,古希腊人称这一地区为"美索不达米亚"(希腊语:Μεσοποταμία,意为"两河之间")。苏美尔人在公元前5世纪已居住在这一地区,在公元前3世纪初已建起城邦国家。此后,塞姆语系的阿卡德人在这里建立起苏美尔、阿卡德、古巴比伦、亚述、新巴比伦等王国,其中古巴比伦、亚述曾是西亚强国,创造了美索不达米亚文明(Mesopotamian civilization),又称两河文明(Two Rivers civilization),或古巴比伦文明(ancient Babylonian civilization），或巴比伦和亚述文明（the civilization of Babylonia and Assyria），主要由苏美尔（Sumerian）、阿卡德（Akkad）、巴比伦（Babylon）、亚述（Assyrain）等文明组成，对希腊、罗马及波斯的古代文化的发展均有重大影响。古巴比伦与中国、古埃及、古印度一并称为"四大文明古国"。在公元前4 000年，南美索不达米亚人开始形成有系统的医学思想，从而产生了古巴比伦和亚述医学。古巴比伦和亚述医学（medicine in Babylonia and Assyria，medicine of the Babylonians and Assyrians）是被魔术和僧侣支配的，重视星象学，研究星辰与季节、星辰季节与疾病的关系，认为一切皆依赖星辰的玄妙力量，如星辰影响自然力、月球的盈亏影响海潮一样。古巴比伦和亚述医学认为，人生的一切现象与自然现象一致，死后可以再生，人死后变成另一种形式。在亚述巴尼拔皇宫的考古发掘中发现的泥板文献有关于医学的记述，提到了各种发热病、卒中、肺痨、鼠疫等。现在尚有医疗摘要保存在一个用楔形文字刻的陶片上，包括病名、药名和用法3部分。在一些古城下发掘出了供水管和黏土制的排水管以及石头做的厕所、石制的大阴沟。法律规定，凡麻风病患者（leper）要远离城市，可见古巴比伦人注重清洁卫生和防病意识及采取的措施，古巴比伦和亚述人的健康卫生（health and hygiene of Babylonians and Assyrians）在古巴比伦和亚述医学中占有重要的位置，其中包括许多古巴比伦和亚述人的社会生活和习俗（the social life and customs of Babylonians and Assyrians）。在现在的土耳其境内的亚美尼亚高原发源的幼发拉底河、底格里斯河两河流域居民的历史中，从他们对自然现象的观察评价中，都可以看到古巴比伦人已经产生了卫生和社会医学最初的重要观念。

4. 古罗马的健康卫生　　公元前2世纪，古罗马用武力征服了古希腊后，古希腊医生纷纷涌入罗马，他们带来了高超的医术和丰富的医学经验，提高了罗马的医学水平。他们对卫生、环境、水供应和公共健康问题颇有有价值的见解，特别强调水供应和水管管道安装的重要性，使古罗马的健康卫生（health and hygiene in ancient Rome）达到了较高的水平。

作为最早的百科全书之一的《学科要义九书》（*Disciplinarum libri IX*）由古罗马的瓦罗（Marcus Terentius Varro）编写，书中详尽地描述了科学事项，提出了关于建筑房屋的一系列卫生规则，特别是通风（ventilating）和患者的隔离（isolation of patients）。古罗马较重视公共卫生，为了防止流行病，修建了城市水道（以14条水渠的完善供水系统向居民供水，所供水的卫生状况，高于现今的卫生学要求几倍）、下水道和浴场。古罗马在共和国时期的公共浴室不多，在帝国时期大量增加，还有冷热浴池。沐浴的人在前厅集聚，经过客厅，到更衣室，再到冷浴池，也可以去热浴池，热浴池配备有蒸汽浴。公共浴室有供按摩的房间、单间，供开会、锻炼的房间。早年，罗马的排渠工作由警察官兼管，对沟渠问题有详细而严格的规定并立法予以保障；在当时，铺设水管被认为是城市规划者所面临的问题中得到最完美解决的问题。《十二铜表法》（*Law of the Twelve Tables*）是古代罗马共和时期制定的最早的成文法典，因刻在12块铜表上而得名。其中明确规定，保护饮用水卫生，禁止市内埋葬。罗马人建立了收费厕所，公共厕所通常合并建在浴室中，而独立的公厕一般建立在城镇最繁忙的地段。从罗马建筑师和工程师维特鲁威（Vitruvius）的著作《建筑十书》（*De Architectura*，*Ten Books on Architecture*）中可以发现，罗马的净水技术和居民对环境卫生的讲究是令人称赞的。

方法论者（Methodist）是古罗马帝国极盛时期的最重要的学派，其中被称为方法论学派之王的索兰纳斯（Soranus），是妇科和产科的创始人，他对哺乳、断乳、饮食、沐浴、牙齿的护理，以及婴儿疾病的护理均有详细的论述。

约生于公元前10年的拉丁文医学作家塞尔苏斯（Aulus Cornelius Celsus）是希波克拉底的忠实信徒，也是意大利古典医学史上最有才干的人，他吸取了希腊、埃及和罗马的哲学思辨和实际经验，是罗马百科全书的编纂者。全书包括农业、军事技术、修辞学、哲学、法律学和医学，其中第六册《论医学》（*De Medicina*）是谈论医学的，他试图将所有的医学知识都包括在这部百科全书中，他根据对疾病的不同治疗法将其分为三部分：饮食、药物、外科。他尤其注意饮食和卫生，这是塞尔苏斯治疗法的基础。他推荐轻微运动、常旅行、乡居、节制性欲,禁剧烈运动,避免饮食和生活方式的突然改变,注意气候的骤然变化。对于减轻体重,其处方是:每天一餐、经常泻下、运动、按摩等。对痛风、风湿病等都附有应遵守的详细生活守则(rules of life)。他的书中对水疗(hydro-therapy)的作用和适应证有详细的介绍。

赛尔苏斯是罗马最高贵门第之一的成员,他把希腊人的知识和学问收集在一起,并摘要地介绍给罗马人。他认为,人们生活中需要医生的指导来合理安排作息,每个人都有必要理解疾病与生命各阶段之间的关系,并进一步解释了这种关系,全面概括了维系健康生活最好的方法是保持变化和平衡,注意适当的休息和锻炼,听从医生的劝告。

(二)中世纪的健康卫生

在欧洲中世纪,从公元 5 世纪到 15 世纪被称为"黑暗时代",流行病传播猖獗,卫生状况恶化,卫生设施低劣,经济衰落,文化进步很少,全欧洲出现了非卫生状态,使中世纪的健康卫生(medieval health and hygiene,health and hygiene in the middle ages)更加恶化。由于传染病的流行给人类带来了灾难,医院、大学、公共卫生制度等相继在欧洲建立起来。加上物理学、化学、解剖学、生理学等知识技能的始创和显微镜、望远镜、温度计、气压计的发明,对发病因素的观察和机体变化有了新的认识,医学进入到黎明和变革时期,所以有人认为中世纪医学(medieval medicine,medicine in the middle ages)的发展是从病理畸形到一个崭新篇章的出现。

希腊人崇尚健康,认为人的身体是美丽的、庄严的,他们把对健康的追求看作是高尚的目标,所以人们总是渴望健康和疾病的康复,医生和学者不会放弃希波克拉底的传统。

中世纪的创新之处是建立了正规的大学教育,医学成为一门专业,有正规的教育、标准化的课程、行业执照、合法的规章。富人可以获得健康和维持健康的指导,在医生的指引下,接受一个正确的养生之道,用详细的计划,来管理空气和环境、活动和休息、食物和饮酒、睡眠和觉醒、排泄和充实、精神这 6 种非自然因素。这一时期最好的、最流行的健康手册是中世纪欧洲医学中心意大利医学家萨勒诺(Salerno)撰写的韵文体养生歌诀《养生训》(*Regimen Sanitatis*),从人们日常生活的各个方面包括饮食、睡眠、休息、娱乐、性生活及精神状态等阐述养生保健问题,对今天人们的养生保健依然具有现实的指导意义。

这一时期,传染病如鼠疫、麻风(leprosy)、梅毒(syphilis)等盛行,为此许多优秀的医生参与编写了《鼠疫养生指导》,以阻止被称作"黑死病(black death)"的鼠疫带来的浩劫,保护健康。意大利的一些城市政府组织制定了一些公共健康措施,如颁布了强制性汇报疾病、隔离患者、焚烧鼠疫死亡者的衣服被褥,在疾病流行期间,关闭学校和市场、软禁掘墓者、禁止医生离开疫区等法令,这对减少疫病的传染流行起到了一定的积极作用。

中世纪伊斯兰教的"阿拉伯医学王子"阿维森纳(Avicenna,980—1037 年)撰写的医学论著《医典》(*Canon of Medicine*),记载有很多关于治疗疾病、维护健康的建议。他认为,幼儿期形成的生活习惯(life habits)将为一生保持健康奠定基础,老年患者的养生之道在于加温加湿的措施,令人放松的橄榄油浴(olive oil bath)等。中世纪伊斯兰教成功地吸收了希腊、波斯和印度的传统医学,到 20 世纪 80 年代,印度和巴基斯坦两国则努力地将伊斯兰医学(Islamic medicine)的传统合并到现代卫生保健(modern hygiene and health care)的计划中。

(三)西方现代的健康卫生

西方现代医学(western modern medicine),一般是指从公元 16 世纪到 19 世纪的欧洲医学,通常是指文艺复兴以后逐渐兴起的医学,即现代西方国家的医学体系。欧洲文艺复兴运动彻底地改变了欧洲的文化,标志着艺术和科学的复兴。尼古拉·哥白尼(Nicolaus Copernicus,波兰语:Mikolaj Kopernik,1473—1543 年)的《天体运行论》(*De Revolutionibus Orbium Coelestium*)的出版,开启了科学史上的欧洲文艺复兴(the renaissance in Europe),医学界也发生了革命性的变化,人们不再墨守成规,不再照本宣科,也促进了西方现代健康卫生观念的形成(formation of western modern health and hygiene concepts)和相关学科的发展。

四大发明之一的活字印刷术改变了世界的面貌,"印刷革命"加速了文字化趋势、思想传播和地域文学建立,给医学书籍的传播带来了有利条件,出现了大量的有关饮食、健康的文献,指导人们用医学理论选择食物,传播健康的家庭生活方式,给怀孕、分娩、哺乳、育儿等予以保健指导。

18 世纪下半叶,受工业革命推动,欧洲、北美国家出现了工业化(industrialization)和城市化(urbanization)现象,人口涌入城市,导致城市人口剧增,使人们的居住条件、生活和工作环境遭到破坏,公共卫生状况(public health situation)恶化,霍乱、结核等传染病流入城市,居民的死亡率迅速增加。此时美国的预防医学和医疗实践都很活跃,南北战争爆发时,医生们在编写保健书籍时,则强调对疾病的管理,强调要有经验丰富的医生指导疾病管理(disease management)。

直到 19 世纪,传染病的流行才引起一些国家对预防医学和保健医学的立法和政策制定的重视。英国于 1848 年设立历史上第一个公共卫生机构——中央卫生委员会(Central Board of Health),通过了《1848 年公共卫生法案》(*The 1848 Public Health Act*),制定了一些预防疾病的法令,立法规定,城市必须设立上下水道,聘请专家参与地方卫生行政部门的工作,并逐步颁布了有关童工、孕妇、职业病和卫生保健(hygiene and health care)的法规。在不久之后发生的霍乱大流行中,经统计死亡约 6 万人,调查显示饮用水是疾病的传染媒介,于是采取了适当的预防措施,终使疫情逐渐得到遏制。英国的公共卫生观念和改革改变了英国政府在公共卫生事务中的自由放任思想,强化了中央干预公共卫生的职能,凸显了国家责任,英国公共卫生的理论和实践影响了整个欧洲和美国。

德国的佩滕科弗(Max Joseph von Pettenkofer,1818—1901 年)是使卫生学(hygienics)成为一门精确科学的人,是现代卫生学(modern hygienics)的主要奠基人之一。他应用物理和化学的方法研究空气、水、土壤对人体健康的影响,发明了测定空气中二氧化碳含量的方法,重视土壤、空气、水等环境因素对卫生的重要性。1882 年,他与人合作出版了名为《卫生学指南》的巨著。在此之后,许多卫生专家开始研究职业与疾病的关系,从而使劳动卫生学(labour hygienics)成为独立的学科,研究食品与疾病的关系,则产生了食品卫生学(food hygienics)。19 世纪的美国催生了水疗法、顺势疗法(homeopathy)、整骨疗法(osteopathy)、按摩疗法(massotherapy)等,这些疗法对疾病的治疗和保健起到了一定的积极作用。自 19 世纪下半叶开始,有些较发达的资本主义国家也开始注意学校卫生(school hygiene),从 1890 年开始,伦敦教育委员会制订规划,对新入学儿童进行体检,并定期复查。19 世纪末至 20 世纪初,又出现了社会卫生学(social hygienics),以后发展为社会医学,它的目的是研究人民的健康情况,患病和死亡的原因以及与它们斗争的方法。

20 世纪末,医学统计资料表明,30% 以上的美国人采用替代医学方法(alternative medical methods),包括整骨疗法、按摩疗法、自然疗法(naturopathy)、顺势疗法、针刺疗法(acupuncture therapy)、磁疗法(magnetotherapy)、反射疗法(reflexology)、草药疗法(herbal therapy)、食疗等,来替代药物治疗,创造了几亿美元的大市场。1994 年,美国国会通过《膳食补充剂健康和教育法》(*Dietary Supplement Health and Education Act*,DSHEA)。1998 年,美国国立卫生院提高了替代医学办公室(The office of Alternative Medicine,OAM)的级别,同时建立了美国国家补充和替代医学中心(National Center for Complementary and Alternative Medicine,NCCAM),以评估补充和替代医学(complementary and alternative medicine,CAM),支持临床实验,给公众提供信息和建议。2002 年,美国白宫下属的补充和替代医学政策委员会号召增加研究投入,医疗保险(medical insurance)要关注替代医学。同年,WHO 创建了第一个全球战略规划,推进替代医学成为卫生保健的一部分。2014 年底,美国国立卫生研究院将 NCCAM 改名为国家补充与综合健康中心(National Center for Complementary and Integrative Health),目前主要关注整体或综合健康(integrative health),例如瑜伽对疼痛的效应,作为药物治疗的补充。

20 世纪,自然科学的进步促进了医学的发展,各学科和专业间交叉融合,形成了现代医学的特点(characteristics of modern medicine):一方面向微观发展,如分子生物学;一方面又向宏观发展,认识到人本身是一个整体,人与自然环境(natural environments)和社会环境(social environments)也是密切相关、相互作用的整体。20世纪以来,基础医学(basic medicine)的发展有力地推进了临床医学和预防医学的发展,出现了许多预防和治疗疾病的有效手段。

自然科学的进步是建立在实验基础之上的,但后来人们认识到,仅从生物学角度来考虑健康和疾病,有很大的局限性。1977年,美国医学家恩格尔(George L Engle,1913—1999)提出,应该用生物-心理-社会医学模式(bio-psycho-social medical model)取代生物医学模式(biomedical model),即从生物学、心理学和社会学(social sciences)3个方面综合考察人类的健康和疾病问题,以弥补过去单纯从生物学角度考察的缺陷,对医疗卫生事业的发展产生了重大影响,成为当代医学模式(contemporary medical model)。

(傅南琳)

第二节　健康养生学基本概念

一、生命

(一)对生命的认识

生命(life)是具有生长(growth)、发育(development)活力,并按自然规律发展变化的过程。生命的内涵丰富多彩。在我国古代,《淮南子》首次提出人体生命由形(physique,soma)、气、神3个要素构成。《淮南子·原道》中说:"夫形者,生之舍也;气者,生之充也;神者,生之制也。一失位,则三者伤矣"。这也是中医学认可的"形气神三位一体生命观(life-view of trinity of physique,qi and spirit)"。其中"形"包括脏腑组织、四肢百骸、皮肉筋脉骨等,凡有形实体均属"形"的范畴;"气"是指人体生命活动的特殊物质,它充斥于人体周身,《黄帝内经·灵枢·刺节真邪论》曰:"真气者,所受于天,与谷气并而充身者也";"神"指人的意识。这种生命观包含三部分内容:其一,即指"三位":人体由形、气、神这3个要素构成;其二,即指"一体":形、气、神三者构成一个相互关联、相互影响的整体;其三,由于形、气、神三者构成人体生命的一个整体,故而其中的任何一方出现了异常均会导致生命整体出现偏态或病态。

随着现代自然科学的发展,各个学科对生命也有了各自不同的理解:

1. **生理学**　生命是具有进食、代谢、排泄、呼吸、运动、生长、生殖和反应性等功能的系统。生命系统与外界经常进行物质交换和能量交换,但不改变其自身的性质。

2. **生物化学**　生命系统包含储藏遗传信息的核酸和具有生物学功能的蛋白质。

3. **遗传学**　生命是通过基因复制、突变和自然选择而进化的系统。

4. **热力学**　生命是个开放系统,它通过与环境进行物质交换和能量交换而维持或提高自身体系的内能。

(二)生命的起源

关于生命的起源(origin of life),《内经》认为,生命与自然界息息相关。《素问·宝命全形论篇》说:"夫人生于地,悬命于天,天地合气,命之曰人",认为自然界的阴阳精气是生命之源。生命物质是宇宙中的"太虚元气",在天、地、日、月、水、火的的相互作用下,由无生命的物质演变化生而成。这些物质不断地运动和变化,随着时间的推移逐渐形成了品类无限多样的物种,《素问·天元纪大论篇》所说的"太虚廖廓,肇基化元,万物资始……生生化化,品物咸章",就是这个含义。人是最高等的动物,但也不过是"物之一种"。

《素问·宝命全形论篇》曰:"人以天地之气生,四时之法成"。"人以天地之气生"是说人类的生命源于天地日月,其中主要源于太阳的火和地球的水(包括溶解其中的各种营养物质)。太阳是生命能量的源泉,地球的水是生命形质的原料。有生命的万物必须依靠天上的太阳和地上的水才能生存,人类当然也不例外。"四时之法成",是说人类要适应四时阴阳变化的规律才能发育成长。因为人生于天地之间,自然界中的一切运动变化,必然会直接或间接地对人体的内环境(internal environment of human body)产生影响,而人体内环境的平衡协调和与外界环境的整体统一,是人体得以生存的基础。在正常情况下,人体通过内部的调节可使内环境与外界自然环境的变化相适应,保持正常的生理功能。如果人的活动违反自然变化的规律,或外界自然环境发生反常的剧变,而人体的调节功能又不能适应时,人体内、外环境的相对平衡就会遭到破坏而产生疾病。人类只有认识自然,才能更好地改造自然、适应自然。

《内经》不仅从朴素哲学的角度对人类的起源进行了探索,还从医学的角度对人类个体的生命起源进行了阐述,它认为:人的生命来源于父母之精的结合。《灵枢·天年》说:"人之始生……以母为基,以父为楯。"《灵枢·决气》说:"两神相搏,合而成形,常先身生,是谓精。"中医学所说的"精(essence)",泛指体内一切精华物质,据其来源,可分为先天之精和后天之精。先天之精(congenital essence,prenatal essence),由父母生殖之精的结合体发育而成,它与生俱来,是构成生命个体的本原物质,也是人体结构与功能的基础。因此,《灵枢·经脉》说:"人始生,先成精,精成而脑髓生,骨为干,脉为营,筋为刚,肉为墙,皮肤坚而毛发长。"明确指出人体的各种器官,如脑髓、骨、脉、筋、肉、皮肤、毛发等均由父母的生殖之精化育而成。后天之精(acquired essense,post-natal essence)由肺吸入的清气和脾胃化生的水谷精微(cereal essence,essence of water and food,nutrients of water and food)结合而成,是人出生后赖以生存的物质基础。先天、后天之精相互依存、相互为用,先天之精为生身之本,是后天之精得以摄入的动力基础;后天之精为养身之源,不断充实先天之精,使之具备生殖能力。

对生命起源的认识,西方早就有各种不同的解释,包括上帝创世说、自然发生说、生源说、微生物自然发生说、宇宙胚种说和化学进化说等,尽管不尽相同,但可归于生命进化和生命永恒两大传统。

（三）生命的周期

《黄帝内经》认为,人的生命周期(life cycle)经历"生、长、壮、老、已"几个阶段。《素问·上古天真论篇》对男女的生命过程有详细的阐述。

WHO 指出,每个人的生命历程包括从受孕到婴儿期、儿童期和青春期、成人期和老年期,各个阶段对养生的需求各有不同。2017 年,WHO 经过对全球人体素质和平均寿命进行测定,对年龄的划分标准作出了新的规定:44 岁以下为青年人(the youth);45~59 岁为中年人(the middle-aged);60~74 岁为年轻老年人(the young old);75~89 岁为老老年人(the old old);90 岁以上为非常老的老年人(the very old)或长寿老年人((the longevous)。可见,人类的衰老期在旧标准的基础上推迟了 10 年,这对人们的心理健康(mental health)和抗衰老意志将产生积极的影响。

《"健康中国 2030"规划纲要》(Outline of the Healthy China 2030 Plan)中重点阐述了全生命周期健康(whole-of-the-life-cycle health,full life cycle health)的基本含义:"要覆盖全生命周期,针对生命不同阶段的主要健康问题及主要影响因素,确定若干优先领域,强化干预(intervention),实现从胎儿到生命终点的全程健康服务和健康保障,全面维护人民健康"。全生命周期(whole-of-the-life-cycle,full life cycle)指"从胎儿到生命的终点",即人的生命从生殖细胞的结合开始一直到生命的最后终止,包括孕育期、成长期、成熟期、衰老期直至死亡的整个过程。按照不同的目的和方法,全生命周期可以划分为不同的生命阶段,如按年龄的划分标准可分为胎儿期、儿童期、青少年期、中年期和老年期。全生命周期健康的含义强调以下 3 方面:

1. 强调以人为本,以人民健康为中心,突出促进全民的健康长寿,将工作重点从疾病治疗(treatment of disease)转移到健康危险因素防控(prevention and control of health risk factors),从以临床为重点的下游战略转变为以健康促进(health promotion)为重点的上游战略。

2. 强调疾病预防和健康促进始于生命的开始,突出生命早期阶段预防的重要性。Barker 等发现,成年后心脑血管疾病的发生源于胎儿期宫内发育不良,并经一系列流行病学研究证实,形成了"成人疾病胎源说(fetal origins of adult disease hypothesis,FOAD)",即"Barker 学说";更为深入研究形成的"健康与疾病的发育起源学说(developmental origins of health and disease,DOHaD)"即"DOHaD 理论"认为,除了遗传因素(genetic factors)和环境因素(environmental factors),如果生命在发育过程的早期(包括胎儿期和婴幼儿期)经历不利因素(子宫胎盘功能不良、营养不良等),将会增加其成年后患肥胖(obesity)、糖尿病(diabetes mellitus)、心血管疾病(cardiovascular disease)等慢性疾病的发生率,这种影响甚至会持续几代。基于"Barker 学说(Barker hypothesis)"和"DOHaD 理论",认为整个生命早期都是发育的关键期,对后期整个生命过程和健康走向有着重要影响。2006年,联合国营养执行委员会就提出,生命早期 1 000 天是预防成年慢性疾病的机遇窗口期。

3. 强调共建共享,突出个人健康责任、社会环境和政策的重要性,要构建"自我为主、人际互助、社会支持、政府指导"的健康管理模式。

全生命周期健康概念的提出,对于从整个生命历程的角度防控重大疾病具有极其重要的理论价值和实践指导意义。与健康中国相关的计划、规划和条例,如国务院办公厅印发的《国民营养计划(2017—2030 年)》《中国防治慢性病中长期规划(2017—2025 年)》《国家残疾预防行动计划(2016—2020 年)》及 2017 年国务院颁发的《残疾预防和残疾人康复条例》,均将全生命周期健康纳入指导思想或基本工作理念。例如,《国民营养计划(2017—2030 年)》指出,要"关注国民生命全周期、健康全过程的营养健康",提出的重大行动包括针对不同生命阶段的计划,如"生命早期 1 000 天营养健康行动"、"学生营养改善行动"和"老年人群营养改善行动"。

《"健康中国 2030"规划纲要》把"共建共享、全民健康"作为建设健康中国的战略主题,指出:"立足全人群和全生命周期两个着力点……使全体人民享有所需要的、有质量的、可负担的预防、治疗、康复、健康促进等健康服务,突出解决好妇女儿童、老年人、残疾人、低收入人群等重点人群的健康问题。"

（四）生命的基本特征

所有生物或大多数生物表现出的共同特征叫作生命特征(life characteristics,vital signs)。虽然地球上的生物多种多样,但是它们都具有共同的生命特征。

1. **中医学的认识**　中医学对生命特征的认识(cognition of life characteristics in traditional Chinese medicine)如下:

（1）形神合一:中医学认为,人体生命运动的特征之一是"形神合一(unity of body and soul)"。从本原上说,神生于形,但从作用上说,神又主宰形,形与神既对立又统一,便形成了人体生命这一有机统一的整体。《黄帝内经·灵枢·天年篇》说:"血气已和,营卫已通,五脏已成,神气舍心,魂魄毕具,乃成为人"。只有血气、五脏、精神、魂魄毕具,才会表现出生命力,才会是一个活体的人。同篇又说:"五脏皆虚,神气皆去,形骸独居而终矣",明确指出了死亡的概念就是形神分离。可见,人体生命的特征,即是精神活动和生理活动的统一体,形和神不能分离,否则人的生命终结。

（2）气化:中医学认为,生命的另一个基本特征是气化。气化(qi transformation)即气的运行变化,《庄子·知北游》说:"人之生,气之聚也,聚则为生,散则为死"。就是说,生命活动是自然界最根本的物质——气的聚、散、离、合运动的结果。《素问·六微旨大论篇》进一步指出,气化的基本形式(the basic form of qi transformation)是"升降出入(ascending,descending,exiting and entering)",即"出入废则神机化灭,升降息则气立孤危,故非出入,则无以生长壮老已;非升降,则无以生长化收藏,是以升降出入,无器不有"。升降出入运动,是人体气化功能的基本形式,也是脏腑经络、阴阳气血矛盾的基本过程。因此,在生理上人体脏腑(Zang-fu viscera)、经络(meridians,channel)的功能活动无不依赖于气机的升降出入,如肺的宣发与肃降,脾的升清与胃的降浊,心肾的水火相济,都是气机升降出入运动的具体体现。在预防疾病方面,同样要保持人体气机升降正常,才能防御邪气,免生疾病。

2. **现代科学的认识**　现代科学对生命特征的认识(cognition of life characteristics in modern sciences)如下:

(1) 新陈代谢:新陈代谢(metabolism)是指有生命的生物体与周围环境之间不断进行物质交换和能量交换,进行自我更新的过程。新陈代谢包括同化作用和异化作用两个方面。在生命活动进行的过程中,机体不断从外界环境中摄取营养物质,并把这些营养物质转化为自身的物质,这一过程叫作同化作用(assimilation);同时又将自身的成分及摄入的一部分营养物质进行分解氧化,释放出能量供自身生命活动的需要,并把物质分解氧化后产生的代谢产物不断地排出体外,这叫作异化作用(dissimilation)。同化作用和异化作用是新陈代谢过程的两个方面,二者紧密联系,缺一不可。新陈代谢是生命的最基本特征。新陈代谢一旦停止,生命也就停止,所以说机体的一切机能活动都是以新陈代谢为基础的。

(2) 应激性:应激性(irritability)是指机体对外界各种刺激所发生的反应。环境中存在各种各样的刺激因素,如温度、光、电、声音以及其他机械的、化学的因素等。对这些因素的刺激,机体的反应形式有两种:兴奋(excitation),刺激后由相对静止转为活动,或由活动弱变为活动强;抑制(inhibition),由活动变为静止,或由活动强变为活动弱。例如,机体遇到太热的东西,就会回避,否则就被烫伤,甚至导致死亡。

(3) 生殖:生殖(reproduction)指生物产生与自己相似的新个体以延续种系的生命活动过程。任何生物,其个体的生命过程都要经过生长、发育、衰老、死亡等阶段,也就是说个体的生命总是要死亡的。人类通过生殖繁衍后代,遗传信息得以代代相传。

(4) 遗传和变异:亲子之间以及子代个体之间性状存在相似性,表明性状可以从亲代传递给子代,这种现象称为遗传(inheritance)。亲子之间以及子代个体之间性状表现存在差异的现象称为变异(variation)。生物能在繁衍过程中将遗传信息传递给后代是生命的重要特征。

(5) 适应性:机体所处的环境无时无刻不在发生着变化。比如自然界的气压、温度、湿度等在不同季节变化很大。人类在长期的进化过程中,已逐步建立了一套通过自我调节以适应生存环境改变的反应方式。机体能根据内外环境的变化调整体内的各种活动,以适应变化的能力称为适应性(adaptability)。

二、健康

(一)健康的概念

1. **中医学对健康的认识**　中医学对健康的认识(understanding of health in traditional Chinese medicine):虽然在中医学理论体系中没有明确的健康的概念,但是有一些相关的阐述。《素问·平人气象论篇》曰:"平人者不病也",这里的"平人(healthy person)"就是指健康人。没有疾病只是健康的要素之一。只有血气、五脏、精神、魂魄毕具,才会表现出生命力,才会是一个健康的人。正如《素问·金匮真言论》曰:"夫精者,身之本也";《素问·刺法论》曰:"正气存内,邪不可干(sufficient vital qi inside the body will prevent invasion of pathogenic factors)";《素问·评热病论》曰:"邪之所凑,其气必虚";《素问·通评虚实论》曰:"邪气盛则实,精气夺则虚";《素问·上古天真论》曰:"食饮有节,起居有常,不妄作劳,故能形与神俱""调于四时,去世离俗,积精全神""形体不敝,精神不散";《灵枢·天年》曰:"得神者生""血气已和,营卫已通,五脏已成,神气舍心,魂魄毕具,乃成为人"。总而言之,《素问·生气通天论》中的"阴平阳秘,精神乃治"描述了精与气,即阴与阳二者相通、相互滋生的健康的理想态和目标态。"平秘"是侧重于过程、渐进的表达。精、气、神是这个过程发生、发展的基础和主要内容。综上所述,中医学认为,健康是指人体无病、精充气足神旺、阴阳平衡和顺应四时变化的良好状态。

2. **WHO 关于健康的定义**　健康(health)是指一个人在身体、精神和社会等方面都处于良好的状态。传统的健康观(traditional health views)是"无病即健康"。现代的健康观(modern health views)是整体健康观(views of entire health),体康曰健,心怡曰康。WHO 对健康的定义(WHO definition of health)有一个观念更新的过程。WHO《宪章》在序言中对健康的表述为:健康是指一种躯体、精神和社会适应能力的完好状态,不仅仅是没有疾病或虚弱(Health is a state of complete physical,mental,and social well being,and not merely the absence of disease or infirmity),1948 年4 月 7 日该定义生效。1978 年,WHO 在国际初级卫生保健大会上发表了《阿拉木图宣言》,提出:健康是基本人权,人人享有健康是全世界的一项重要社会性目标。1989 年,WHO 又优化了健康的内涵,除躯体健康(physical health)、心理健康(mental health)、社会适应良好(good social adaptation)之外,追加了道德健康(ethical health)的维度,既考虑到了人的自然属性,又考虑到了人的心理、社会和道德属性。1992 年,WHO 发表的《维多利亚宣言》则明确提出健康的四大基石,即"合理膳食、适量运动、戒烟限酒、心理平衡"。因此,现代的健康内涵包括:躯体健康、心理健康、社会健康、智力健康、道德健康、环境健康等。健康是人的基本权利,是人生的第一财富。2001 年,WHO 在世界健康报告中强调重视和评估精神卫生。2017 年,WHO 重申"一个健康"行动,旨在调动食品、农业、动物和环境等方面的项目,通过政策、立法和研究保障食品安全、防治人兽共患病、控制抗生素使用,建立人与动物良好的生态系统。

70 多年来,WHO 的健康定义一直存在争议,并被广泛讨论。争议主要表现在:将人分为"健康"和"疾病"两种对立的状态;对健康的判断没有结合社会、经济和环境等因素,过于笼统,在不同社会、经济和环境等情况下的针对性和指导性不强。

3. 健康理论的研究与发展　与对 WHO 健康定义的讨论相伴而行的是健康理论的研究与发展(research and development of health theory)。1943 年,Canguilhem 提出不能用简单的统计学方法判断个体健康与否,而是看个体适应环境的能力;不能只考虑器官的功能,还要考虑个体对自己所处环境的适应能力;健康不应仅由医生来判断。20 世纪 70 年代,Burnet 质疑单纯生物学研究和生物医学模式的作用,强调要重视环境对健康的影响。1977 年,Engel 提出著名的生物-心理-社会医学模式。2007 年,Law 等提出健康是有能力应付生活的需求,并建议健康服务领域采纳"能力健康"概念。2010 年,荷兰健康委员会和荷兰健康研究发展组织召开题为"健康是一种状态还是一种能力"的研讨会,会议要求反思和重新审视 WHO 的健康定义。2011 年,Huber 等指出,健康是个体在面临社会、生理和心理挑战时的自我管理和适应能力。2009—2013 年,Sturmberg 强调健康的综合属性,认为健康是适应社会的综合能力。2014 年,Bircher 提出了一种更为综合的健康模式——迈基希健康模式(Meikirch health model)。该模式认为,健康是一种个体潜能、生命需要、社会和环境因素良性互动的状态。Sturmberg 和 Bircher 都认为,健康是一个综合的适应系统。可见,健康的理论研究与 WHO 的健康定义有针锋相对的地方,却又对应补充。

(二) 健康的标准

1. 中医学的健康标准　中医学的健康标准(health standards of traditional Chinese medicine)如下。

(1) 生理健康特征:中医学生理健康的特征(characteristics of physical health in traditional Chinese medicine)如下。

1) 眼睛有神:眼睛是脏腑精气汇集之地,眼神的有无反映了脏腑的盛衰。因此,双目炯炯有神,是一个人健康的最明显表现。

2) 呼吸微徐:微徐,是指呼吸从容不迫,不疾不徐。《难经·四难》认为:"呼出心与肺,吸入肝与肾",说明呼吸与人体脏腑功能密切相关。

3) 二便正常:《素问·五藏别论篇》在论述脏腑的功能、特点之后指出:"魄门(肛门)亦为五藏使,水谷不得久藏",是说魄门的启闭功能受五脏之气的调节,经过肠胃消化后的糟粕不能藏得太久,久藏则大便秘结。而大便通畅则是健康的反映。小便是排除水液代谢产生的糟粕的主要途径,与肺、肾、膀胱等脏腑的关系极为密切。小便通利与否,直接关系着人体的脏腑功能活动是否正常。

4)脉象缓匀:指人的脉象要从容和缓,不疾不徐。"夫脉者,血之府也(《素问·脉要精微论篇》)",气血在脉道内运行,所以脉象的正常与否,能够反映气血的运行是否正常。

5)形体壮实:指皮肤润泽,肌腠致密,体格壮实,不肥胖,亦不过瘦。因为体胖与体瘦皆为病态,常常是某些疾病带来的后果。

6)面色红润:面色是五脏气血的外荣,而面色红润是五脏气血旺盛的表现。

7)牙齿坚固:因齿为骨之余,骨为肾所主,而肾为先天之本,所以牙齿坚固是先天之气旺盛的表现。

8)双耳聪敏:《灵枢·邪气藏腑病形篇》说:"十二经脉,三百六十五络……其别气走于耳而为听",说明耳与全身组织器官有密切关系,若耳鸣、听力减退、失听,是脏器功能衰退的表现。

9)腰腿灵便:肝主筋(liver governing tendons),肾主骨(kidney governing bones),腰为肾之府(the waist is the home of the kidney),四肢关节之筋皆赖肝血以养,所以腰腿灵便、步履从容,则说明肝肾功能良好。

10)声音洪亮:声由气发,《素问·五藏生成篇》说:"诸气者,皆属于肺"。声音洪亮,反映肺的功能良好。

11)须发润泽:发的生长与血有密切关系,故称"发为血之余"。同时,发又依赖肾精的充养。《素问·六节藏象论篇》说:"肾者……其华在发"。因此,头发的脱落、过早颁白,是一种早衰之象,反映肝血不足(deficiency of liver-blood),肾精亏损(deficiency of kidney essence)。

12)食欲正常:中医学认为,"有胃气则生,无胃气则死",饮食的多少直接关系到脾胃的盛衰。食欲(appetite)正常,则是健康的反映。

(2)心理健康特征:中医学心理健康的特征(characteristics of mental health in traditional Chinese medicine)如下。

1)精神愉快:《素问·举痛论篇》说:"喜则气和志达,营卫通利",可见良好的精神状态,是健康的重要标志。七情和调(coordination of seven emotions)、精神愉快,反映了脏腑功能良好。

2)记忆力良好:肾藏精(kidney storing essence)、精生髓(essence producing marrow),而"脑为髓之海(the brain being the reservoir of the marrow)"。髓海充盈,则精力充沛,记忆力良好;反之,肾气虚弱,不能化精生髓,则记忆力减退。

2. 现代医学的健康标准 在现代医学的健康标准(health standards of modern medicine)方面,WHO关于个体健康曾经提出10条标准。

(1)精力充沛,能从容不迫地担负日常生活和工作的压力,而且不感到过分紧张和疲劳。

(2)处事乐观,态度积极,勇于承担责任,事无巨细不挑剔,工作有效率。

(3)善于休息,睡眠良好。

(4)应变能力强,能适应外界环境的各种变化。

(5)具有抗病能力,能够抵御一般性感冒和传染病。

(6)体重(body weight)适当,身材匀称,站立时头、肩、臂位置协调。

(7)眼睛明亮,反应敏捷,眼睑不易发炎。

(8)牙齿清洁,无龋齿,不疼痛,牙龈颜色正常,无出血现象。

(9)头发有光泽,无头屑。

(10)肌肉丰满,皮肤有弹性。

这10条标准,具体地阐述了健康的定义,体现了健康所包含的体格方面、心理方面和社会适应能力方面的内容:首先阐明了健康的目的,在于运用充沛的精力承担起社会任务,而对繁重的工作不感到过分的紧张和疲劳;其次,则强调心理健康,处事表现出乐观主义精神和对社会的责任感及积极的态度。现代研究认为,人若精神恬静,大脑皮质的兴奋与抑制作用就能保持正常状态,从而发挥对整体的主导作用,自能内外协调,疾病就不易发生;再次,应该具有很强的应变能力,即对外界环境(包括自然环境与社会环境)的各种变化有很强的适应能力,以保持同各种变化不断趋于平衡的完美状态;最后,又从能够表现体格健康的几个主要方面提出标准,诸如体重(适当的体重可表现出良好的营养状态)、身材、眼睛、牙齿、头发、肌肉等状态。值得注意的是,健康标准对不同年龄、不同性别的人又有一些不同的要求。

（三）健康的影响因素

影响健康的因素(factors affecting health)是多方面的,主要有环境、生物、生活方式和保健服务因素。

1. **中医学的认识**　在中医学对健康影响因素的认识(cognition of health affecting factors in traditional Chinese medicine)方面,《素问·上古天真论篇》在讨论影响长寿的因素时说:"上古之人,其知道者,法于阴阳,和于术数,食饮有节,起居有常,不妄作劳,故能形与神俱,而尽终其天年,度百岁乃去。"除此以外,还要做到"虚邪贼风,避之有时,恬淡虚无,真气从之,精神内守""志闲而少欲,心安而不惧,形劳而不倦,气从以顺,各从其欲,皆得所愿""美其食,任其服,乐其俗,高下不相慕""嗜欲不能劳其目,淫邪不能惑其心,愚智贤不肖不惧于物"等。此外,《素问·四气调神大论篇》描述了四时环境因素对养生的影响。可见,《黄帝内经》认为,长寿的因素在于饮食有节、起居有常、适度劳作、精神内守、顺应四时五个方面,后来诸家的养生理论和内容大多以此为准绳,又在"动以养形"等方面有所补充。动形的方法多种多样,如劳动锻炼、舞蹈(dancing)、散步、导引(physical and breathing exercise)、按跷(Anqiao,massaging/stepping on the body)等,以动形来调和气血(harmonizing qi and blood)、舒筋活络(relieving rigidity of muscles and activating collaterals)、疏通经络(dredging meridians and collaterals)、防病(preventing diseases)和健身(bodybuilding)。

2. **现代医学的认识**　现代医学对健康影响因素的认识(cognition of health affecting factors in modern medicine)如下:

（1）环境因素:环境(environments)对人类健康的影响极大。在环境因素(environmental factors)中,无论是自然环境还是社会环境,人类一方面要享受它们的成果,一方面要接受它们带来的危害。自然界养育了人类,同时也随时产生、存在和传播着危害人类健康的各种有害物质。气候、气流、气压的突变,不仅会影响人类健康,甚至会给人类带来灾害。在社会环境中,政治制度的变革,社会经济的发展,文化教育的进步与人类的健康紧密相连。例如:在经济发展的同时带来的废水、废气、废渣和噪声,对人类健康的危害极大。不良的风俗习惯、有害的意识形态,也有碍人类的健康。因此,人类要健康,就必须坚持不懈地做好改善环境、美化环境、净化环境和优化环境的工作。

（2）生物因素:在生物因素(biological factors)中,影响人类健康最重要的因素是遗传因素(genetic factors)和心理因素(psychological factors,mental factors)。现代医学发现,遗传病不仅有二三千种之多,而且发病率高达20%。因此,重视遗传因素对健康的影响具有特殊的意义。心理因素与疾病的产生、防治也有密切的关系,消极心理因素(negative psychological factors)能引起许多疾病,而积极的心理状态(positive mental state)是保持和增进健康的必要条件。临床医学实践和科学研究证明,消极情绪,如焦虑、怨恨、悲伤、恐惧、愤怒等,不仅可以使人体的各系统机能失调,还可以导致失眠(insomnia)、心动过速、血压升高、食欲减退、月经失调等病证。积极、乐观、向上的情绪,能经得起胜利和失败的考验。总之,心理状态(psychological states)是社会环境(social environments)与生活环境(living environments)的反映,是影响健康的重要因素。

（3）生活方式因素:生活方式(life styles)是指人们长期受一定文化、民族、经济、社会、风俗、家庭因素影响而形成的一系列生活习惯、生活制度和生活意识。人类在漫长的发展过程中,虽然很早就认识到生活方式与健康有关,但由于危害人类生命的各种传染病一直是人类死亡的主要原因,就忽视了生活方式因素对健康的影响。19世纪60年代以后,人们才逐步发现生活方式因素在全部死因中所占的比重越来越大。可见,养成良好的生活习惯对于健康是多么重要。

(4)保健服务因素:决定健康的因素十分复杂,卫生保健服务是极为重要的因素。WHO把卫生保健服务(health care services)分为初级、二级和三级,实现初级卫生保健(primary health care,PHC)是当代世界各国的共同目标。卫生保健服务的基本内容(basic elements of health care services)是:

1)开展健康教育(health education),使人们懂得维护健康的"知、信、行"基本知识。

2)供给符合营养要求的食品。

3)供给安全用水和基本环境卫生设施。

4)实施妇幼保健和计划生育(family planning,birth control)。

5)开展预防接种(vaccination)。

6)采取适用的治疗方法。

7)提供基本药物。

(四)亚健康

1. **概述** 亚健康(sub-health)是介于健康和疾病之间的一个中间状态。亚健康状态(sub-health status)的首次提出是在20世纪80年代中期,被苏联学者N·布赫曼称为"第三状态",又称"灰色状态"。同年WHO和我国政府先后提出了医学新概念——亚健康,指出它是"健康与疾病之间的临界状态"。1999年,WHO宣告:亚健康与艾滋病(acquired immunodeficiency syndrome,AIDS)是21世纪人类健康最大的敌人。我国很多学者都提出过亚健康的评价方法或诊断标准。2007年,中华中医药学会发布了《亚健康中医临床指南》(*Clinical Guidelines of Chinese Medicine on Subhealth*),从中医的角度对亚健康的概念、常见临床表现、诊断标准等进行了明确描述,产生了较为广泛的影响,其中指出:处于亚健康状态者,不能达到健康的标准,表现为一定时间内的活力降低、功能和适应能力减退的症状,但不符合现代医学有关疾病的临床或亚临床诊断标准。

2. **流行病学** WHO的一项全球性调查表明,按照上述健康标准,全世界真正处于健康状态(第一状态)的人仅占5%,患有疾病(第二状态)的人占20%,而75%的人都处于由健康向疾病过渡的状态(亚健康状态),WHO将这种状态称为人的生命状态的第三状态。国内对亚健康的研究多限于横断面调查,使用的工具多为自评量表或调查问卷。这些调查涉及教师、公务员、企业人员、社区居民、医务人员等不同人群。亚健康的检出率在不同性别、不同年龄、不同职业人群中有一定的差异。一般女性的检出率高于男性,40~50岁年龄段较其他年龄段高发,教师、公务员高发。导致亚健康的主要原因有:饮食不合理、缺乏运动、作息不规律、睡眠不足(lack of sleep,sleep deprivation)、精神紧张、心理压力大、长期情绪不良等。

3. **亚健康的范畴** 《亚健康中医临床指南》指出,亚健康的范围(scope of sub-health)包括:①身心上不适应的感觉所反映出来的种种症状,如疲劳、虚弱、情绪改变等,在很长时期内难以找出原因;②与年龄不相适应的组织结构或生理功能减退所致的各种虚弱表现;③微生态失衡状态;④某些疾病的病前生理、病理学改变。

亚健康的临床表现多种多样,躯体方面可表现为疲乏无力、肌肉及关节酸痛、头昏头痛、心悸胸闷、睡眠紊乱、食欲缺乏、脘腹不适、便溏或便秘、性功能减退、怕冷怕热、易于感冒、眼部干涩等;心理方面的表现有情绪低落、心烦意乱、焦躁不安、急躁易怒、恐惧胆怯、记忆力下降、注意力不能集中、精力不足、反应迟钝等;社会交往方面的表现:不能较好地承担相应的社会角色,工作、学习困难,不能正常地处理好人际关系(interpersonal relationships)、家庭关系(family relationships),难以进行正常的社会交往等。

4. **分类** 根据临床表现,亚健康的分类(classification of sub-health)如下:①以疲劳,或睡眠紊乱,或疼痛等躯体症状表现为主;②以抑郁或焦躁不安、急躁易怒、恐惧胆怯或短期记忆力下降、注意力不能集中等精神心理症状表现为主;③以人际交往频率减低或人际关系紧张等社会适应能力下降表现为主。上述 3 条中的任何一条持续出现 3 个月以上,并且经系统检查排除可能导致上述表现的疾病者,可分别被判断为处于躯体亚健康、心理亚健康、社会交往亚健康状态。临床上,上述 3 种亚健康表现常相兼出现。

三、衰老

（一）概念

1. **衰老**　衰老(aging,senescence)是指机体对环境的生理和心理适应能力进行性降低、逐渐趋向死亡的现象。衰老可分为两类:生理性衰老和病理性衰老。生理性衰老(physiological aging)指机体随年龄的增长,到成熟期以后所出现的生理性退化,也就是人体在体质方面的年龄变化,这是一切生物的普遍规律。另一类为病理性衰老(pathological aging),是指由于内在的或外在的原因使人体发生病理性变化,使衰老现象提前发生,这种衰老又称为早衰(premature aging,premature senility)。两者实际上很难区分。

由于生命的周期是一个渐变的过程,壮年到老年的分界线往往是很模糊的。因此,不同的国家、不同的年代,对于老年有着不同的定义。《黄帝内经·灵枢·卫气失常》认为:"人年五十已上为老",老则生育能力下降。《素问·上古天真论》说:"女子……七七……形坏而无子也。丈夫……八八,则齿发去……而无子耳。"可见,女子较男子发育早,衰老早。60 岁称为"花甲",我国现阶段以 60 岁以上为划分老年人(the aged,the elderly)的通用标准。就年龄阶段而言,45~59 岁为老年前期,称之为中老年人;60~89 岁为老年期,称老人;90 岁以上为长寿期,称长寿老人;而 100 岁以上称百岁老人。

一般计算年龄的方法分为两种,一种是时间年龄(chronological age),又称历法年龄,是指人出生以后经历多少时期的个体年龄,我国常配以生肖属性,以出生年份来计算其岁数,一般以虚岁或足岁计算年龄。另一种是生物学年龄(biological age),表示随着时间的推移,其脏器的结构和功能发生演变和衰老的情况。在生物学上又可分为生理年龄(physical age)与解剖年龄(anatomical age)。

国外在确定退休准则时,设想应用生理年龄作为指标,可能比时间年龄更胜一筹。因为时间年龄和生物年龄是不完全相同的,前者取决于生长时期的长短,而后者取决于脏器功能及结构的变化过程。由于每个人的先天性遗传因素与后天性环境等因素不同,因此时间年龄和生物学年龄有时并不完全相同。

此外,还有"心理年龄(mental age,psychological age)",即主观感受年龄,也称"社会心理年龄"。心理年龄是人的整体心理特征所表露的年龄特征,是按照记忆、理解、反应、对新鲜事物的敏感程度等计算的年龄,是指由社会因素(social factors)和心理因素所引起的个体主观感受到的老化程度,用以表示随着时间的推移,机体结构和功能的衰老程度。

2. **天年**　人的生命是有一定期限的。"天年"是我国古代对人的寿命提出的一个有意义的命题。天年(natural span of life),就是天赋的年寿,即自然寿命(natural life)。我国古代养生家、医家认为,人的自然寿命在一百岁到一百二十岁间。如《老子》说:"人之大限,以百二十为限";《黄帝内经·灵枢·天年篇》说:"人之寿百岁而死""百岁乃得终";《素问·上古天真论篇》说:"尽终其天年,度百岁乃去";先秦诸子所撰的《尚书·洪范篇》说:"寿,百二十岁也";三国嵇康所撰的《养身论》说:"上寿百二十,古今所同"。唐代著名医学家王冰对《黄帝内经》中"百岁"作注解指出:"度百岁,谓至一百二十岁也。"事实上,120 岁的天年期限与一般的长寿调查资料相符。

中国自古以来就追求长寿,《尚书·洪范》把"寿"列为"五福"的第一福,把"凶短折(寿命不长)"作为"六极"的第一极。寿命的长短一方面受社会经济条件和卫生医疗水平的制约,另一方面由于体质、遗传因素、生活习惯、生活条件等个体差异的存在,使个体寿命的长短相差悬殊。

Note

3. **寿命** 寿命(life span, longevity)是指人类生命期的最大长度。早在 1961 年,美国学者海尔弗列克(Hayflick)就发现,人胚肺二倍体成纤维细胞在体外培养时传代次数是有限的。这些细胞从胚胎开始分裂 50 次后,就不再分裂,开始萎缩、衰老,然后死亡。正常的二倍体细胞在体外分种传代的次数有一个极限值,人们将此值称为海尔弗列克极限(Hayflick limit)。虽然海尔弗列克极限是在体外获得的,但后来的研究者发现在体内也遵循这个规律。他还提出遗传钟学说,认为每种动物细胞分裂次数不同,其寿命也不同。这种事前安排好的分裂次数和周期就是所谓遗传钟。人是由一个受精卵分裂而来,一个成年人大约由 50 万~60 万亿个细胞组成,卵子大约经过了几十次的分裂,除神经等不增殖的细胞外,人体组织大约每 6~7 年就要全部换成新细胞。人到70 岁时,细胞分裂的代数接近海尔弗列克极限值,所以人衰老了。根据海尔弗列克极限推算,人类的寿命大概是 120 岁。德国学者弗兰克(H. Franke)在 1971 年提出:"如果一个人既未患过疾病,又未受到外源性因素的不良作用,则单纯性高龄老衰要到 120 岁才出现生理性死亡"。近年来,也有少数科学家推翻了海尔弗列克极限。此外,生物学家 Buffon 认为,哺乳动物的寿命是生长发育期的 5~7 倍左右,这个倍数称为寿命系数(life factor)。

由于人与人之间的寿命有一定的差别,因此在比较某个时期、某个地区或某个社会的人群寿命时,通常采用平均预期寿命。平均预期寿命(average life expectancy)常用来反映一个国家、社会或某一地区人口的健康状况,是衡量人口素质的重要指标之一。有时也用来计算预期寿命中位数。

随着人类平均寿命的延长,人们发现长寿不一定就健康。由于健康和长寿经常是不匹配的,那么继续单纯用平均预期寿命指标来反映健康,是不合适的。因此,健康预期寿命指标就应运而生。健康预期寿命(healthy life expectancy)简称健康寿命。健康预期寿命指标(indicators of healthy life expectancy)既能测量生命的长度同时又能测量生命的质量,能够客观地反映人口的健康状况和水平。1971 年萨利文(Sullivan)首次提出了健康预期寿命的测量和计算方法。Sullivan生命表法(Sullivan life table approach)是在生命表计算技术的基础上,结合某一时期的分年龄患病人口的比例,最终将人口的平均预期寿命分解为健康预期寿命和不健康(或带病)预期寿命两部分。近年来有学者认为,萨利文方法只有在健康状况比较稳定的情况下才能较好地反映真实情况,否则该方法得到的结果将是有偏估计(Barendregt, 1994)。另一种方法被称为多状态生命表法(multi-state life table method),法国学者 Nicolas Brouard 已经将其编写成统计软件,免费供人使用。人们通常认为,多状态生命表法比萨利文方法更能真实、客观地反映健康寿命。也有人使用随机实验的健康寿命微观仿真法(microevolution of healthy life)计算健康寿命(Laditkaand Wolf, 1998 年),取得了更为理想的效果。此后,美国学者利用贝叶斯方法来计算带有控制变量的健康寿命表,对健康寿命的作用因素研究起到了非常大的作用(Lynch and Brown, 2005 年)。

1997 年,WHO 在世界健康报告的引言中明确强调:"单纯寿命的增加而不是生命质量的提高是没有价值的,即健康寿命比寿命更重要"。WHO 在雅加达宣言中进一步强调:"最终目的是提高人口的健康寿命,缩小国家或各组织间人口健康寿命的差距"。为此,WHO 已经开始用健康预期寿命这一指标,而不是单纯用平均预期寿命的指标来反映各国人口的健康状况。

随着社会的发展,医学的进步,人类的健康寿命不断增长,如何提高人类的健康寿命,仍然是一个重要的课题。因为它与先天禀赋(natural endowment)体质的强弱,后天的营养摄入、居住条件、社会制度、经济状况、医疗卫生条件、环境、气候、体力劳动、个人卫生等多种因素的影响有关。

(二)衰老的影响因素

1. **早衰的病因** 早衰的病因(etiology of premature senility, causes of premature aging)是多方面的:

(1)社会因素:《素问·疏五过论篇》指出:"故贵脱势,虽不中邪,精神内伤,身必败亡"。社会地位的急剧变化,会给人带来精神和形体的衰老。

现代医学研究表明,很多精神疾病和躯体疾病,都与激烈地竞争、过度紧张的社会生活有直接关系,如美国综合医院(general hospitals)的门诊部(out-patient department)对患者进行的随机研究发现,65%的患者与社会逆境、失业、工作不顺利、家庭不和等因素有关。不合理的社会制度、恶劣的社会习俗、落后的意识形态,以及人与人之间种种斗争和矛盾等,都可使人体代谢功能紊乱,导致早衰。

(2) 自然环境:《素问·五常政大论篇》指出:"高者其气寿,下者其气夭"。高,是指空气清新、气候寒冷的高山地区;下,是指平原地区。因为"高者气寒",生物生长缓慢,生长期长,寿命也就长。而"下者气热",生物生长较快,寿命就相应短促。

现代研究认为,自然环境对人体健康影响很大。当有害的环境因素长期作用于人体,或者超过一定的限度,就会危害健康,促进早衰。如空气污染(air pollution)可使其中的过氧化物增加,衰老就是在体内过氧化脂质生成的同时发展的。受污染的空气中可含有众多的致癌物质,如苯并(a)芘、联苯胺、α-萘胺等。有些工业废水被上百万吨地倾入江湖,可导致鱼类大量死亡,而严重的水污染也可引起人的慢性铅、砷、镉中毒。

(3) 遗传因素:大量事实证明,人类的衰老和遗传有密切的关系,因遗传特点不同,衰老的速度也不一样。正如汉·王充在《论衡·气寿篇》中所说的:"强寿弱夭,谓禀气渥薄也……夫禀气渥则其体强,体强则寿命长;气薄则其体弱,体弱则命短,命短则多病寿短。"明·张景岳在《类经》中云:"先天责在父母。"先天禀赋强则身体壮盛,精力充沛,不易变老。反之,先天禀赋弱则身体憔悴,精神萎靡,就会早衰。

(4) 七情太过:七情太过(excess of seven emotions)是指长期的精神刺激或突然受到剧烈的精神创伤,超过人体生理活动所能调节的范围。七情太过会引起体内阴阳气血失调,脏腑经络功能紊乱,从而导致疾病发生,促进衰老来临。我国民间有"笑一笑,十年少""愁一愁,白了头"的谚语,就是这个道理。正如《吕氏春秋》中所说的:"年寿得长者,非短而缓之也,毕其数也。毕数在乎去害。何谓去害?……大喜、大恐、大忧、大怒、大哀,五者损神则生害矣。"

(5) 劳逸失度:劳逸失度(maladjustment between work and rest)是导致衰老的原因之一。《素问·上古天真论篇》曰:"以妄为常,醉以入房,以欲竭其精,以耗散其真,不知持满,不时御神,务快其心,逆于生乐,起居无节,故半百而衰也",明确指出,把"妄作妄为"当作正常的生活规律,只活到50岁就已显得很衰老了。所谓妄作妄为,是指不健康的生活方式,包括的范围很广,如劳伤过度,房劳过度(excess of sexual intercourse, indulgence in sexual activities),简称房劳(excessive sexual intercourse),过于安逸,等等。故应当劳逸适度(moderation of work and rest, balanced labor and rest)。

2. 中医学对衰老机制的认识　　中医学在对抗老防衰的认识上非常重视脏腑功能和精气神的作用,同时强调阴阳协调对人体健康的重要意义。中医学对衰老机制的认识(understanding of aging mechanism in traditional Chinese medicine)如下:

(1) 肾阳亏虚:肾阳亏虚(insufficiency of the kidney-yang)可导致衰老。肾为先天之本,人的生长、发育、衰老与肾脏的关系极为密切。《素问·上古天真论篇》中"女子七七""丈夫八八"的论述,即是以肾气的自然盛衰规律来说明人体生长、发育、衰老的过程与先天禀赋的关系,从而提示衰老的关键在于肾气的盛衰。

肾属水,主藏精(the kidney stores the essence),为元气之本,一身阴阳生化之根。肾的盛衰影响着元气的盛衰和生化功能的强弱。肾虚则元气衰,元气衰则生化功能弱,人的衰老就会加速到来。

(2) 脾胃虚衰:脾胃为后天之本,水谷皆入于胃,五脏六腑皆禀气于胃。若脾胃虚衰,饮食水谷不能被消化吸收,人体所需要的营养得不到及时补充,便会影响机体健康,从而加速衰老,甚至导致死亡。《内经》明确指出,阳明为多气多血之经,而"阳明脉衰,面始焦、发始堕"是衰老的开始表现。

脾胃属土,为一身气机升降之中枢,脾胃健运,能使心肺之阳降,肝肾之阴升,而成天地交泰。若脾胃虚损,五脏之间升降失常,就会产生一系列的病变,从而影响健康长寿。

（3）心脏虚衰:心藏神(heart storing spirit),主血脉,《素问·灵兰秘典论篇》称其为"君主之官",认为"主明则下安,以此养生则寿……主不明则十二官危。"

心为生命活动的主宰,协调脏腑、运行血脉。心气虚弱,会影响血脉的运行及神志功能,从而加速衰老,故中医养生学尤其重视保护心脏。

（4）肝脏衰惫:肝藏血(liver storing blood),主疏泄,在体为筋,关系到人体气机的调畅,具有贮存和调节血量的作用。如《素问·上古天真论篇》说:"丈夫……七八,肝气衰,筋不能动",说明人体衰老的标志之一即活动障碍,是由肝虚而引起的。

（5）肺脏衰弱:肺主一身之气,《素问·六节藏象论篇》说:"肺者,气之本。"肺气衰,全身机能都会受到影响,出现不耐劳作,呼吸及血液循环功能逐渐减退等衰老表现。

（6）精气衰竭:精气是人体生命活动的基础,人的四肢、九窍和内脏的活动以及人的精神思维意识,都是以精气为源泉和动力的。因此,尽管人体衰老的影响因素繁多,表现复杂,但都必然伴随着精气的病变,精气虚则邪凑之,邪势猖獗则精损之,如此恶性循环则病留之。《素问·阴阳应象大论篇》曰:"年四十,而阴气自半也,起居衰矣;年五十,体重,耳目不聪明矣;年六十,阴痿,气大衰,九窍不利,下虚上实,涕泣俱出矣。"具体阐述了由于阴精阳气的亏损,人体发生的一系列衰老的变化。

（7）阴阳失调:阴阳的盛衰是决定寿命长短的关键,保持阴阳运动处于平衡状态是延年益寿的根本。《素问·阴阳应象大论篇》就明确指出,人的衰老同阴阳失调有关,即"能知七损八益,则二者可调,不知用此,则早衰之节也。"可见,阴阳失调能导致衰老,而调节阴阳有抗衰老的作用。人到中年以后,由于阴阳平衡失调,机体即可受到各种致病因素的侵袭,从而疾病丛生,出现衰老。

（三）衰老的生物学机制

衰老这个词意味着,随着年龄增长,机体逐渐出现退行性变化。衰老的普遍性、内因性、进行性及有害性作为衰老的标准被普遍接受。自 19 世纪末应用实验方法研究衰老以来,关于衰老的生物学机制(biological mechanism of aging),先后提出的学说不下 20 余种,很多学说并没有得到实验研究的支持。目前的研究认为,衰老是干细胞衰退、DNA 退化、饮食精神因素、衰老基因活跃等综合作用的结果,尚未形成统一的衰老理论。

1. 体细胞突变学说 衰老的体细胞突变学说(theory of somatic cell mutation in aging)认为,在生物体的一生中,物理因素(physical factors)如电离辐射、X 线,化学因素(chemical factors)及生物因素等诱发的突变和遗传因素决定的自发的突变破坏了细胞的基因和染色体,这种突变积累到一定的程度,就会导致细胞功能下降,达到临界值后,细胞就会死亡。支持该学说的证据有:X 线照射能够加速小鼠的老化,短命小鼠比长命小鼠的染色体畸变率高,老年人染色体畸变率较高。有人研究了转基因动物在衰老过程中出现的自发突变的频率和类型,也为该学说提供了一定的支持依据。

2. 自由基学说 衰老的自由基学说(the free radical theory of aging)是 Denham Harman 在 1956 年提出的。该学说认为,衰老过程中的退行性变化是细胞正常代谢过程中产生的自由基所致。生物体的衰老过程是机体的组织细胞不断产生自由基积累的结果,自由基可以引起 DNA 损伤从而导致突变,诱发肿瘤形成。自由基是正常代谢的中间产物,其反应能力很强,可使细胞中的多种物质发生氧化,损害生物膜。自由基(free radical)是在外层轨道上具有不成对电子的原子或基团,它们一般都非常活泼,存在的时间短暂,参与正常生化过程,只有当自由基反应异常或失控才会引起组织的损害或机体的衰老。其危害主要如下:①氧化人体内大量的不饱和脂肪酸

（unsaturated fatty acids），使脂肪变性，形成过氧化脂质，并进一步分解产生醛，而醛能交联蛋白质、脂类及核酸；②引起核酸变性，影响它们传递信息的功能以及转录、复制的特性，导致蛋白质合成能力下降，并产生合成差错；③引起蛋白质变性，导致某些异性蛋白的出现，从而引起自身免疫反应；④引起细胞外可溶成分的降解，如可使关节滑液中的黏多糖发生氧化降解，结果滑液失去滑润作用，对关节产生明显的损害。

3. **生物分子自然交联学说** 衰老的生物分子自然交联学说（natural crosslinking theory of biomolecules in aging）由鲁齐卡于 1924 年最早提出。此学说认为，胶体异常的交联随年龄的增长而增多，促使细胞丧失整体性。机体中蛋白质、核酸等大分子可以通过共价交叉结合，形成巨大分子。这些巨大分子难以酶解，堆积在细胞内，干扰细胞的正常功能。这种交联反应可发生于细胞核的 DNA 上，也可以发生在细胞外的胶原纤维中。生物体内大分子中发生异常的或过多的交联，影响细胞功能，导致衰老。该学说与自由基学说有类似之处，亦不能说明衰老发生的根本机制。

4. **自身免疫学说** 依据衰老过程中产生的变异细胞既能激发免疫反应，又能损害实质细胞的现象，沃尔弗德等人于 1962 年提出了自身免疫学说，并以此解释衰老。衰老的自身免疫学说（the autoimmune theory of aging）从细胞、脏器和个体水平解释衰老的原因。大量的资料证实以下两点：①老年期正常免疫潜能减少；②自身免疫活动增加。在正常情况下，机体的免疫系统不会与自身的组织成分发生免疫反应，但机体在许多有害因素（如病毒感染、药物、辐射等）的影响下，免疫系统把某些自身组织当作抗原而发生免疫反应。这种现象对正常机体内的细胞、组织和器官产生许多有害的影响，使机体产生自身免疫性疾病，从而加速机体的衰老。

5. **端粒与端粒酶学说** 衰老的端粒与端粒酶学说（telomere-telomerase hypothesis of aging）由 Olovnikov 提出。该学说认为，细胞在每次分裂过程中都会由于 DNA 聚合酶功能障碍而不能完全复制它们的染色体，因此最后复制的 DNA 序列可能就会丢失，最终造成细胞衰老死亡。端粒是真核生物染色体末端的 DNA 重复序列，能维持染色体的稳定性和基因的完整性。端粒酶是一种逆转录酶，由 RNA 和蛋白质组成，以自身 RNA 为模板，合成端粒重复序列，加到新合成的 DNA 链末端。细胞有丝分裂一次，就有一段端粒序列丢失，当端粒长度缩短到一定的程度，就会使细胞停止分裂，导致细胞开始衰老，甚至死亡。因此，端粒被称作决定细胞衰老的"生物钟（bioclock）"。

6. **神经内分泌学说** 衰老的神经内分泌学说（neuroendocrine theory of aging）认为，人体内分泌系统在生长、发育、成熟、衰老和死亡的一系列过程中具有重要作用，这些调节作用主要通过内分泌腺分泌的激素来完成。一方面，衰老个体内分泌功能减退，尤以性激素分泌水平降低最为明显；另一方面，有人认为不是激素本身，而是靶细胞上的受体缺陷导致衰老个体对反馈的敏感性下降；最后，有人认为衰老可能是各种激素的平衡失调所致。维持激素平衡有赖于神经内分泌的反馈机制，反馈的中心在下丘脑，下丘脑中存在着"生物钟样调控机构"，控制细胞分裂的速度和次数。这就说明，衰老在机体内类似于一种"定时钟"，即衰老过程是按一种既定程序逐渐推进的。

还有一种见解认为，一种激素对另一种激素的功能可以通过未知方式阻断。有人认为，垂体定期释放出"衰老激素"，该激素使细胞利用甲状腺素的能力降低，从而影响细胞的代谢能力，导致细胞衰老，甚至死亡。但迄今还不知垂体是否确有这类"衰老激素"。

7. **衰老的色素学说** 衰老的色素学说（pigment theory of aging）形成于 20 世纪初。1892 年汉诺涕在动物神经细胞内发现一种自发荧光的褐色不溶性颗粒，1911 年博斯特将它命名为脂褐素（lipofuscin）。这种脂褐素在动物及人体组织内分布广泛，且随年龄的增长而逐渐增加，因而有人称之为"衰老色素（aging pigment）"或"老年色素（age pigment，senile pigment）"，并认为它是衰老的原因。这种增多的脂褐素可分布于体表而成色素斑，也可分布于神经、心肌、骨骼、肌肉的细胞之中,导致细胞质中的 RNA 持续减少,终致 RNA 不能维持代谢需要,使细胞萎缩或死亡。

总之,衰老是一个复杂的生命过程,是许多病理、生理和心理过程综合作用的必然结果,目前尚没有一种学说能够完全涵盖和阐释衰老的机制。但可以利用这些学说所研究发现的生理生化指标来进行抗衰老的观察和评价。

四、养生

（一）养生的概念

养生(health maintenance,health preservation),又称摄生(conserve one's health,keep fit),是通过养精神、调饮食、练形体、慎房事、适寒温等各种方法颐养生命、增强体质、预防疾病,从而达到延年益寿的一种医事活动。

如本章第一节所述,养生一词最早见于《庄子·养生主》。所谓养,即保养、调养、培养、补养、护养之意;所谓生,就是生命、生存、生长之意。《庄子》认为,养生首先要秉承事物的中虚之道,顺应自然的变化与发展。"中虚之道"为一个整体,但又分为两层,一为"中道",二为"虚道"。"中道"为准则、手段,"虚道"为目标境界。秉承事物的"中虚之道",善于以"中道"巧妙地进入"虚道",便可凝神寂志,不受外物的拘滞,抛却名利的追逐,避害善生,保身全生,尽享天年。其次是处世、生活都要遵循事物的规律,从而避开是非和矛盾的纠缠。再次是不凝滞于事物,与世推移,以游其心,安时处顺,穷天理、尽道性,以至于命的生活态度。

现代意义的"养生"是指根据生命发展的规律,主动进行物质与精神的身心养护活动,包括保养、涵养和滋养。

1. **保养** 是指遵循生命法则,通过适度运动,加之外在护理等手段,让身体机能及外在皮肤得以休养生息,恢复应有的机能,这是养生的第一层面。

2. **涵养** 是指开阔视野、通达心胸、广闻博见,通过对自身的道德和素质的修炼和提升,让身心得到一种静养与修为,从而达到修心修神的目的。

3. **滋养** 是指通过适时、适地、适人,遵循天地四时之规律,调配合宜食疗,以滋养调理周身,达到治未病而延年的目的。

（二）中医养生学的概念

中医养生学(health cultivation of traditional Chinese medicine)是在中医理论(theories of traditional Chinese medicine)的指导下,探索和研究中国传统的颐养身心,增强体质,预防疾病,延年益寿的理论和方法,并用这种理论和方法指导人们保健活动的一门实用科学。

自古以来,人们把养生的理论和方法叫作"养生之道"。例如《素问·上古天真论篇》说:"上古之人,其知道者,法于阴阳,和于术数,食饮有节,起居有常,不妄作劳,故能形与神俱,而尽终其天年,度百岁乃去"。此处的"道",就是养生之道。能否健康长寿,不仅在于是否懂得养生之道,更为重要的是能否把养生之道贯彻应用到日常生活中去。由于各自的实践和体会不同,历代养生家的养生之道在静神、动形、固精、调气、食养及药饵等方面各有侧重,各有所长。从学术流派来看,又有道家养生、儒家养生、医家养生、释家养生和武术家养生之分,他们从不同的角度阐述了养生的理论和方法,丰富了养生学的内容。

在中医理论指导下,养生学吸取各学派之精华,提出了一系列养生原则,如形神共养、协调阴阳、顺应自然、饮食调养、谨慎起居、和调脏腑、通畅经络、节欲保精、益气调息、动静适宜等,使养生活动有章可循、有法可依。例如,饮食养生强调食养、食节、食忌、食禁等;药物保健则注意药养、药治、药忌、药禁等;传统的运动养生更是功种繁多,动功(dynamic Qigong)有太极拳、八段锦(Baduanjin,eight-sectioned exercise,eight-section exercise)、易筋经(Yijinjing,changing tendon exercise,muscle-tendon strengthening exercise)、五禽戏、保健功(health cultivation Qigong)等;静功(static Qigong)有放松功(relaxation Qigong)、内养功(inner nourishing Qigong)、强壮功(roborant

Qigong)、意气功(will-control Qigong)、真气运行法(true qi circulation method)等;动静功结合的有空劲气功(Kongjin Qigong,blank Qigong)、形神桩(Xingshenzhuang Qigong)等。无论选学那种功法,只要练功得法,持之以恒,都可收到健身(bodybuilding)、防病(preventing diseases)、延年益寿之效。针灸、按摩(massage)、推拿(Chinese traditional manipulation,Chinese medical massage)、拔罐(cupping)等,亦都方便易行,效果显著。诸如此类的方法不仅深受我国人民喜爱,而且远传世界各地,为全人类的保健事业作出了应有的贡献。

（三）中医养生学的特点

中医养生学是从实践经验中总结出来的科学,是历代劳动人民智慧的结晶,它经历了5 000年亿万次实践,由实践上升为理论,归纳出方法,又回到实践中去验证,如此循环往复,不断丰富和发展,进而形成了一门独立的学科。从内容上来看,中医养生学涉及现代科学中的预防医学、心理医学、行为科学、医学保健、天文气象学、地理医学、社会医学等多学科领域,实际上它是多学科领域的综合,是当代生命科学中的实用学科。

中医养生学以其博大精深的理论和丰富多彩的方法而闻名于世,具有独特的东方色彩和民族风格。中医养生学是在中华民族文化为主体背景下发生发展起来的,故有它自身的特点。中医养生学的特点(characteristics of health cultivation in traditional Chinese medicine)如下:

1. **独特的理论体系**　中医养生理论,都是以"天人相应""形神合一"的整体观念为出发点,去认识人体生命活动及其与自然、社会的关系。特别强调人与自然环境、社会环境的协调,讲究体内气化升降,以及心理与生理的协调一致。并用阴阳形气学说、脏腑经络理论来阐述人体生老病死的规律。尤其把精、气、神作为人体之三宝,作为养生保健的核心,进而确定了指导养生实践的种种原则,提出养生之道必须"法于阴阳,和于术数""起居有常"。即顺应自然,遵循自然变化的规律,使生命过程的节奏随着时间、空间的移易和四时气候的改变而调整。

2. **和谐适度的宗旨**　养生保健必须整体协调,寓养生保健于日常生活之中,贯穿在衣、食、住、行、坐、卧之间,事事处处都有讲究。其中一个突出的特点就是和谐适度,使体内阴阳平衡,守其中正,保其冲和,则可健康长寿。例如,情绪保健要求不卑不亢,不偏不倚,中和适度。又如,节制饮食、节欲保精、睡眠适度、形劳而不倦等,都体现了这种思想。晋代养生家葛洪提出"养生以不伤为本"的观点,不伤的关键即在于遵循自然及生命过程的变化规律,掌握适度,注意调节。

3. **综合、辨证的调摄**　针对人体的各个方面,采取多种调养方法,持之以恒地进行审因施养(health cultivation according to different conditions),才能达到健康长寿的目的。因此,中医养生学一方面强调从自然环境到衣食住行,从生活爱好到精神卫生,从药饵强身(taking tonics in order to build up one's strength)到运动保健(movement health care,sports health-care,exercise care),进行较为全面的、综合的防病保健;另一方面又十分重视按照不同情况区别对待,反对千篇一律、一个模式,而是针对各自的不同特点有的放矢,体现中医养生的动静结合、综合调养和审因施养的思想。历代养生家都主张,养生要因人、因时、因地制宜(full consideration of the individual constitution,climatic and seasonal conditions,and environment),全面配合。例如,因年龄而异,注意分阶段养生;顺乎自然变化,注意四时养生(health cultivation in four seasons);重视环境与健康长寿的关系,注意环境养生(environmental health cultivation,choice and creation of healthy environment)等。又如,传统健身术提倡根据各自的需要,可分别选用动功、静功或动静结合之功,又可配合导引、按摩等法。这样,不但可补偏救弊、导气归经,有延年益寿之效,又有开发潜能和智慧之功,从而收到最佳摄生保健效果。

4. **适应范围广泛**　养生保健活动可贯穿于每个人的一生。人生自妊娠于母体之始,直至耄耋老年,每个年龄段都存在着养生的内容。人在未病之时、患病之际、病愈之后,都有养生的必要。不仅如此,对不同体质、不同性别、不同地区的人也都有相应的养生措施。因此,养生学的适应范围是非常广泛的。它应引起人们高度重视,进行全面普及,提高养生保健的自觉性,把养生保健活动看作生活的重要组成部分。

（胡 静）

第三节 健康养生文化

追求健康是人类永恒的话题。随着医疗技术的突飞猛进,人民生活水平的不断提高,全民的健康观念(health perceptions,health concepts)逐渐升级,即人们不再满足于疾病的治疗(treatment of diseases),而是通过多种途径来进行疾病的预防(prevention of diseases),健康养生的理念(health cultivation concepts)深入人心,人类逐步进入大健康时代,大力弘扬健康养生文化成为重要的策略。

健康养生学是一门集中医养生理论和国外健康理念(foreign health concepts)为一体,研究健康养生理论、方法和应用的综合学科。在以往的文献中,对于健康养生(health cultivation)虽没有形成科学界定的基本概念,但健康养生的理念由来已久,具有悠久的历史。健康养生文化融合了中医养生文化和国外保健文化,集针刺(acupuncture)、拔火罐(cupping)、艾灸(moxibustion)、敷贴(application)等中医养生方法与国外保健技术(foreign health care skills)为一体,内容丰富,方法多样。经过国内外长时间的研究积累,健康养生理论体系(theoretical system of health cultivation)不断完善,尤其是近些年来,随着医学模式的转变,健康逐渐成为现代医学的关注点,逐渐衍生出了预防医学、健康管理学等新的学科,健康养生文化(health cultivation culture)日渐成熟。

一、健康养生文化的形成

健康养生文化的形成(formation of health cultivation culture)深受中国传统文化(Chinese traditional culture)和国外健康保健文化(foreign health care culture)的影响,集中医养生理论和国外保健理论为一体,中西合璧,呈现了内容的多元化、方法的多样化。

（一）中医养生文化的形成

中医养生文化的形成(formation of health cultivation culture of traditional Chinese medicine)经历了漫长的过程。在远古时期,中华祖先生活方式的改变,初显人们的求生意识。到春秋战国时期,随着中医文化(Chinese medicine culture)的迅速发展,医学经典著作(medical classics)的诞生,健康养生理论才初步形成。中医养生文化(health cultivation culture of traditional Chinese medicine)受《黄帝内经》养生学术思想及其中医"治未病"思想的影响,以中医基础理论为指导,融合道、儒、释学派养生文化,结合医家临床经验,逐步趋于成熟。

1. **先秦诸子思想促进中医养生文化形成** 春秋战国时期,诸子蜂起,百家争鸣,中医养生文化及中医养生理论体系(theoretical system of health cultivation in traditional Chinese medicine)在这一时期初步形成。诸子百家(the hundred schools of thought,the various schools of thought and their exponents during the period from pre-Qin times to the early years of the Han dynasty)在当时盛行的五行(five elements)、阴阳(Yin-Yang)、中和(balanced harmony,neutralization,mean and harmony)等观念的基础上,结合医疗实践和上古养生经验,形成了较为系统的以医养生、养生为医的养生观念,即在遵循生命发展规律的基础上,采取一系列方法,以达到改善生命质量、延续生命长度的目的。其中就有了以老庄为代表的道家学派(Taoism school,Taoist school),以孔子(Confucius)为代表的儒家学派(Confucian school)。儒家代表人物荀况在《荀子·天论篇》中云:"养备而动时,则天不能病……;养略而动罕时,则天不能使之全。"这种动以养生观,强调人的主观能动性,强调运动对人体健康的意义。儒家学派在《论语·季氏》(*The Analects*)中提到:"君子有三戒:少之时,血气未定,戒之在色;及其壮年也,血气方刚,戒之在斗;及其老也,血气既衰,戒之在得。"被后人奉为房事养生的重要信条。《论语·雍也》中云："知者乐,仁者寿。"强调养生要从养心、养德开始。

2.《黄帝内经》为中医养生文化的形成奠定理论基础　公元前221年,秦统一天下,建立了封建帝国,中国暂时进入了一段较为平稳的时期,人民过着较为安定的生活,医学得到快速发展。在这一时期内,出现了不少著名医家和养生家,以及养生专论、专著,对中医养生文化的发展做出了重要贡献。

创作于战国、秦、汉之际,大约汇编成书于西汉中后期的《黄帝内经》,不仅是中医理论的奠基之作,还是一部经典养生著作。《黄帝内经》对秦汉以前的养生经验加以总结归纳,进一步完善了中医养生文化及中医养生理论体系,首次提出中医"治未病"理论,强调疾病重在防,提出"起居有常,食饮有节、不妄作劳",倡导从饮食、起居、运动、情志等方面调养身体,使五脏俱和、正气充实,达到延年益寿的目的。

（二）国外健康保健文化的形成

国外对于健康的认识,是以认识"机体""健康""疾病"之间的关系为起点,探讨生命的构成以及疾病发生发展的原理。国外健康保健文化的形成（formation of foreign health care culture）也经历了漫长的阶段,从最初"人的寿命由上帝主宰"的神学论（theology）到古希腊时期,随着西方文明的显现,人们对于生命的认识开始脱离神学的束缚,逐步走向科学。这也是国外健康保健文化开始形成的标志。

1. 古希腊时期——从神学走向科学　随着古希腊唯物主义医学体系的出现,人们的思维方式发生了深刻的变化,原始的医学逐渐从神性向科学转变,人们不再将生命的衰老凋亡归因于神的指令。在此期间,探索生命科学的浪潮涌起,对欧洲医学（european medicine）产生了深远的影响。

被西方称为"医学始祖"的古希腊医生希波克拉底（Hippocrates,公元前460—公元前370年）为探究生命的本质,提出了"体液学说（humoral theory）",他认为人体由血液、黏液、黄胆汁、黑胆汁4种体液组成,这4种体液相互调和、协调,共同维持人体生命的平衡。希波克拉底还提出"水火理论（water-fire theory）",认为万物皆由水和火构成,只有保持水和火的平衡,人体才可达到养生的效果。亚里士多德（Aristotole,公元前384—公元前322年）提出"宇宙论（cosmology）",认为地球上的物质是由水、气、火、土构成的,他提出的"凡是动物生长发育期较长,其寿命也较长"的观点已被现代科学证实;塞尔萨斯（Aulus Cornelius Celsus,约公元前10年）提倡养生之道,推崇适量运动、旅游、乡居、节制性生活、注重气候与环境的变化、水浴、水土养生法和情志调养等来保持健康和长寿。西方传统医学理论以《希波克拉底文集》（The Hippocratic Corpus）为重要标志。

2. 中世纪时期——健康观念普及　到了中世纪,随着许多大学和医学院校的涌现,人们的知识理论更加科学严谨。而随着人本主义逐渐代替教条主义成为主流,以人为中心的意识逐渐显现,健康观念逐渐大众化。

罗格·培根（Roger Bacon,1214—1292）是近代实验科学的思想先驱,他采取实验的手段来验证自然科学、医学、炼金术和天地间的一切事物。他运用药理学来论证"内湿的丢失是可以中止,甚至可以逆转"的观点,他倡导的保健方法包括控制饮食、体操运动、呼吸、排泄、性生活、休息和情绪等方面。

3. 文艺复兴时期——西方保健的新时代　欧洲文艺复兴运动带来了人们思想的解放,使人们对生命的认识更加深入,养生方法更加丰富,西方文明从此进入了一个崭新的时代。医学知识的积累为人类对生命的认识逐步深入到更高的层次做了准备,同时也加速了自然科学的发展。至此,较为科学的健康保健体系初步形成。

二、健康养生文化的发展

健康养生文化融合了中医养生文化和国外保健文化。随着中医养生文化和西医健康理念的发展,健康养生文化和健康养生理论体系初步形成,使健康养生文化的发展(development of health cultivation culture)更加符合当今世界科学的发展趋势。健康养生融合了国内外的养生、保健文化,求同存异,既尊崇中医养生"恪守顺应、柔中带刚"的特点,又汲取国外运动保健"战胜自然,追求生理极限"的思想,融合各家养生思想、国内外保健技术,其内容得到了充实,理论体系逐渐完善。

（一）中国健康养生文化的发展

后世医家不断总结新经验,提出新见解,无论在理论上,还是在养生方法上,都取得了新的进展,促进了中国健康养生文化的发展(development of health cultivation culture in China)。与此同时,科学技术的蓬勃发展,为医疗保健知识的传播和应用提供了有利条件。因此,健康养生得到了较好的传承和总结,并有了进一步发展。

1. 隋唐"三家之说"补充了中医健康养生文化的内容 秦汉之际,道家思想(Taoist thought)、儒家思想(Confucianism,Confucian thought)有了新的发展。佛教自东汉开始传入中国后,佛家思想(Buddhist thought)也逐渐影响了我国意识形态及医学的发展。自隋代王通提出儒、佛、道"三教归一"(unity of three religions,amalgamation of the three religions,Confucianism,Buddhism and Taoism)的纲领后,三家之说便成为官方的正统思想推行于世,并且互相渗透、相互融合。其中,有关健康养生方面的内容,便被当时的医家、方士所继承,从而进一步充实和发展了中医健康养生文化的内容。

2. 对健康卫生事业的重视,促进了中医健康养生的发展 宋、金、元时期,官府尤其重视发展医学卫生事业,在全国建立了医学管理和教育体系,完备了医药职官品级和稽考擢用制度,设立了"校正医书局",对历朝历代和当时的中医药文献(traditional Chinese medicine literatures)进行专门编辑、校注和印刷,倡导官修本草和大型方书,将中医典籍列入医官院学习和科考课目等。对前代医学的总结、中医典籍的校正和刊行,是宋代及金元时期卫生事业进步和学术繁荣的重要原因,也为中医养生学的发展奠定了坚实的基础。如宋代太医院编撰的医家方书《圣济总录》,收集了许多道家气功资料,大量论述了当时流行的"运气"学说,而且对一些养生保健方法做了详尽的介绍,对后世有一定的影响;金元医家和养生家根据阴阳五行等理论对药物的性味功用等的整理和创新,使其既适用于疾病辨治,又便于防病保健。主张依据不同时间选择不同穴位(acupoints)的子午流注针法(midnight-midday ebb flow acupuncture,midnight-noon ebb-low acupuncture)的出现,促进了针灸学的发展,也促进了针灸在养生治疗保健方面的应用。此外,宋代医家整理的《正统道藏》及其辑要本《云笈七签》中记述的很多导引、气功、按摩等有关方法,对于养生学的发展也具有重大的价值。

3. 理学的形成影响了健康养生的研究方向 宋明理学(Confucian school of idealist philosophy of the Song and Ming dynasties)是一种既贯通宇宙自然(道教)和人生命运(佛教),又继承孔孟正宗(根本),并能治理国家(目的)的新儒学(Neo-Confucianism),是宋明时代占主导地位的儒家哲学思想体系(Confucian philosophical thought system)。宋明理学是儒学发展的一个重要阶段,是继承和发扬易道儒释文化的结晶。北宋时期,儒家学者掀起了抨击佛道、复兴儒学的思潮,他们既批判佛教的出世主义思想,又汲取融合佛道思想,以阐释儒家义理,最终形成了以"理"为核心的新儒学体系——宋明理学。在宋明理学中,"重生"思想突显于整个思想体系中,因为"重生",所以更要"养生"。理学家王珪借鉴"理学",把道德修养(moral cultivation)视为养生的重要内容,认为在养护肉体生命的同时,更要讲究诸如"静坐""内省""居静""养心""养德""寡欲"等道德修养工夫。宋明理学的肇兴与发展,丰富了中医养生思想,对健康养生学研究和发展的影响颇深。

4. 医家养生学派的形成丰富了健康养生方法 宋、金、元时期特殊的社会与文化背景孕育了新的医学理论和学说,逐渐形成了特点鲜明的养生派别,成为中医养生学发展的坚实力量。如金元四大家分别从和平(mild)、食补(taking tonic foods,dietetic invigoration)、补脾(invigorating the spleen,tonifying spleen,reinforcing the spleen)、养阴(nourishing Yin)等不同角度论述养生之道。

在这个时期,涌现出了不少养生学家及养生专著,尤其是金元的学术争鸣,更促进了中医养生学的发展。如金元四大医家之一的朱丹溪,提出"使道心常为一个身之主""中正仁义而主静",反对道教的房中补益之术,倡导静心节欲,以制妄动相火。宋元时期不仅充实和发展了前人的养生理论、原则和方法,而且对老年病的防治和摄生保健有了突出的发展,形成了比较完备的体系。养生学发展至此,其理论渐趋完备,其方法更加丰富。

5. **食养方法逐渐丰富**　饮食养生是防病治病、健体延年的基础,深受历代医家和养生家的重视。这一时期,由于实践经验的不断积累,饮食养生在理论上和方法上都有了新进展,取得了显著的成就。元代养生家李鹏飞,明代养生家万密斋、高濂等都赞同顺时养生,注重四时调摄之法。

南宋时期,周守忠重视顺时养生,认为四季阴阳不断消长变化,人们应顺从季节、月令的变化调养身体,从而达到延年益寿的目的。他在《养生月览》中按月令顺序安排生活,逐月阐述日常生活的宜忌,服食、饮酒、制粥、汤浴、房事(sexual intercourse between a married couple)、疗疾(curing illness)等方面的内容,是顺时养生理论发展成熟的重要标志。此外,蒲虔贯依据五味入五脏,五脏分别旺于四时以及五行生克理论,提出了四时的饮食五味要求:"故四时无多食所旺并所制之味,皆能伤所旺之胜也。宜食相之味助其旺气。"认为"旺盛不伤,旺气增益,饮食合度、寒温得益,则诸疾不生,遐龄自永矣"(《保生要录·论饮食门》),在饮食养生发展史上有着一定的意义。

宋代陈直在理论上秉承了《黄帝内经》的养生思想,在实践上借鉴了孙思邈的养生方法,并根据老年人的生理病理特点,制订出较为全面系统的老年养生方案。《养老奉亲书》对老年人的饮食、起居、情志以及防病治病等方面都进行了详细的阐述,指导民众如何侍奉双亲的老年生活。陈直的养老防老思想为后世中医老年病学、老年养生流派的形成奠定了理论与实践基础。

6. **养生著作的出版促进了健康养生的发展**　明清时期,我国人口的平均寿命显著提高与中医养生学的发展密不可分。这一时期涌现了不少著名的养生学家,撰辑和出版了许多中医养生保健专著。据统计,从明代到新中国建立前夕出版和刊行的健康养生类著作比明清以前发行的总量还多,可见其发展和传播的势头是空前的。此外,在明清末期,由于中外交流活动增多,医学交流学习亦日益频繁,部分养生专著被译成外文出版发行,不少西方医药学著作也传到中国,健康养生文化中西合璧,内容实现多样化。

自《黄帝内经》构建藏象学说(doctrine of viscera and their manifestations,theory of visceral manifestations,theory of visceral outward manifestations)后,历代多有补充发挥,不断完善。明清时期,藏象学说又有新的突破。至明代,随着命门学说(Mingmen theory,theory on vital gate)的发展,产生了以赵献可、张景岳为代表的温补派(warm-tonification school,the group of tonic mildness,warming and recuperating school),他们反对滥用寒凉药物(herbs of cold and cool in nature),主张用温补真元(warming and recuperating vital spirit)的方法来养生防病治病。与此同时,赵献可强调命门(vital gate)的重要性,认为命门是主宰十二官的"真君真主",十二官的功能活动皆以命门之火为原动力,他在《医贯·内经十二官论》(*Key Link of Medicine*)中说:"吾有一譬焉,譬之元霄鳌山之走马灯,拜者、舞者、飞者、走者,无一不具,其中间惟是一火耳。火旺则动速,火微则动缓,火熄则寂然不动,而拜者、舞者、飞者、走者,躯壳未尝不存也。"主张养生及治病,均以保养真火为要。李中梓、万全、汪绮石等人在总结前人经验的基础上提出了养心说、养肝说、养脾说、养肺说、养肾说,为五脏调养的完善做出了一定的贡献。

藏象学说与养生理论的结合,夯实了养生的内在依据,使养学说有了质的飞跃。

7. **养生方法不断完善**　明清时期的养生家对于中医养生理论的认识,都有了进一步的深化。尽管在精气神的保养上各有侧重,但都强调全面综合调理,尤其重视调理方法的研究和阐述,表现在以下几个方面:

（1）药饵、饮食养生方法的丰富：从明代开始，药饵学说（theory of tonics）的发展进入了鼎盛时期，万密斋、龚廷贤、李时珍、李梴等医家，继承了前人的成就，并且在理论上和方药的运用原则和方法上，都有提高，对药饵养生形成比较完整的体系做出了贡献。药饵养生（taking tonics for health cultivation），就是指通过口服具有调和阴阳、补精益气、通补血脉的药物以达到延年益寿、涵养精神、强身健体、防病治病效果的养生方法。万密斋的《养生四要》指出："无阳则阴无以长，无阴则阳无以化，阴阳互用，如五色成文而不乱，五味相济而得和也。"这个中和平衡既济的制方原则，对老年的药饵养生有直接的指导意义。万氏认为这种保健方法，要从中年开始，未老先防，重点在于调补脾肾。同时，他还提出了老年用药禁忌。

（2）运动保健方法的完善：历代养生家都十分重视运动养生，导引、气功、按摩成为动形养生的三大支柱。经过上古、春秋战国、汉魏、晋唐、宋元历代的发展衍变，导引养生功到了明清时期已积累了大量的资料，理论趋于成熟。但动静结合的养生理论和方法（theory and method of health cultivation with dynamic and static combination）则在明清时期才明确提出来。李梴在《医学入门》中指出："精神极欲静，气血极欲动。"并阐述了静养精神、动养形体的辨证关系。方开在《摩腹运气图考》（又名《延年九转法》）中指出："天地本乎阴阳，阴阳主乎动静，人身一阴阳也，阴阳一动静也。动静合宜，气血和畅，百病不生，乃得尽其天年。"他认为，人身之阴需要静，人身之阳需要动，从而提出了静以养阴，动以养阳的主张。人体要保持"阴平阳秘（relative equilibrium of Yin-Yang）"的健康状态，就必须动静适宜，切忌过动过静，否则就会引起阴阳偏颇，导致疾病。

（3）优生优育思想的发展：明清时期在优生优育（aristogenesis, improve postnatal care）的思想与措施方面有颇多建树。明代张介宾的《景岳全书》卷三十九《妇人规（下）》的《宜麟策（六七）》专门设男病篇，在男病（疾病一）中指出，胎孕不仅关乎女子，还关乎男子："或以阳衰，阳衰则多寒；或以阴虚，阴虚则多热。若此者是皆男子之病，不得尽诿之妇人也。"另外，《景岳全书》卷三十九《妇人规（下）》的《述古篇（七十）》引《褚氏遗书》说："合男女必当其年，男虽十六而精通，必三十而娶，女虽十四而天癸至，必二十而嫁。皆欲阴阳完实然后交而孕，孕而育，育而子坚壮强寿。"提倡男女身体健康，适时婚嫁，有利于子嗣的孕育。万全在《养生四要》卷一"寡欲"篇中，也从优生学（eugenics）和养生防病学方面论证了早婚之害，认为未成年男女婚配过早会损耗阴精，不仅影响发育成长，严重地影响身体健康，且易早衰夭折，痛陈纵欲之害："少之时，气方盛而易溢……欲动情胜盛，交接无度，譬如园中之花，早发必先痿也。况禀受怯弱者乎。古人三十而娶，其虑深矣。""佳丽之色，利于刃也；膏粱之味，毒于鸩也。远而避之，不可押也。"

中医养生专著的大量发行出版，养生方法的全面发展，促进了中医养生学的深入和普及，使中医养生学发展成为既有理论，又有实践的较为正统的、科学的、完整的专门学说。

8. 健康养生文化的振兴时期 中国近代史是从 1840 年第一次鸦片战争到 1949 年南京国民党政权迁至台湾、中华人民共和国成立的历史。中国进入近代社会，中华民族文化遗产（cultural heritage of the Chinese nation）逐渐被全盘否定，对中医采取民族虚无主义态度，排斥、限制和消灭中医政策的出台，使祖国医学横遭摧残，在这一时期，养生理论和方法几无发展。

中国现代史是从 1949 年 10 月开始的，也是中华人民共和国成立至今的历史，其间，祖国医学获得了新生，中医养生学也得到较大、较快的发展，是健康养生文化的振兴时期（revival period of health cultivation culture）。特别是近年来，随着医学模式的转变，医学科学研究的重点已开始从临床医学逐渐转向预防医学和康复医学，传统的养生保健得到更加迅速的发展，出现了蓬勃向上的局面。

在学术理论方面，通过校勘注释大批古代中医文献，总结大量现代临床经验和学术成果，近几十年来出版了很多现代养生专著。此外，养生康复学界积极开展学术交流活动，对养生康复理论和技术的发展起到了较大的推动作用。

在科学研究方面，近几十年来，相继成立了很多老年病防治研究所（室）及老年保健委员会等组织机构,广泛开展了老年病防治的科研工作,在探索衰老与长寿的奥秘、老年病学基础和临床研究等方面都取得了新进展。此外,还借助现代研究手段,对传统健康养生理论和方法进行了大量的研究,相继成立了一些中医养生康复研究所(室)等,全面研究养生康复的理论与技术,有效地指导了人们的养生康复活动。

在人才培养方面,各地中医高等院校相继为传统养生保健相关专业开设了有关课程。从1987年开始,部分中医院校开设了中医养生康复专业,并把"中医养生学"和"中医养生康复学概论"列为中医高校的课程之一。除此之外,各地还开办了多种培训班,如养生康复班、老年养生保健班等,传授传统健康养生理论和技术。总之,通过多种层次、多种渠道、多种形式来培养人才,为建立健康养生康复体系提供基础。

（二）国外健康养生文化的发展

国外健康养生文化的发展(development of foreign health cultivation culture)主要体现在以下几个方面:

1. 健康观念逐渐成熟　随着现代科学技术的发展,人们对于健康的认识也不断完善,逐渐意识到人是一个整体,与自然环境和社会环境都有密切关系。1946年,WHO在其宪章(该宪章于1948年生效)中把健康定义为:"健康不仅为疾病或羸弱之消除,而是躯体、精神与社会和谐融合的完美状态。"1986年,首届国际健康促进大会制定了《渥太华宪章》,更明确地阐述了健康的定义,强调了健康的重要性,认为健康是生活的资源而非生活的目标,健康是一种积极的概念,是个人、经济和社会发展的重要源泉。1999年WHO提出了最新的健康观念:"四维健康",即生理健康、心理健康、道德健康以及社会健康,只有同时具备这四个方面的健康才是真正的健康,这一健康新概念(health new concept)强调遵守社会公共道德,维护人类共同健康。

2. 养生保健方法日渐丰富　基于对健康的认识,人们注重健康管理(health management),即对健康危险因素(health risk factors)的检查监测、评价、干预,其中干预是核心,调动管理对象的积极性,利用有限资源取得最大效果,预防疾病的发生发展,从而提高生活质量,促进人类的健康。

（1）美国"新起点"生活方式的形成:在这样的前提下一种被称为"新起点(NEWSTART)"的健康生活方式(healthy lifestyles)在美国成为新时尚。"新起点"是八个要素的缩写:

1）N-nutrition(营养):提倡素食主义,推广未加工的绿色食品。

2）E-exercises(运动):提倡人们每天做0.5h以上的有氧运动(aerobic exercises)。

3）W-water(水):少量多次饮水,给予身体充足的水分来进行新陈代谢。

4）S-sunlight(阳光):要有适量的阳光照射。

5）T-temperance(节制):自我节制,远离危害健康的物品。

6）A-air(空气):保持室内空气流通。

7）R-rest(休息):保证充足的睡眠。

8）T-trust(信任):正确认识自己,善于发现自身与他人的优点,与人为善。

（2）泰国按摩术的发展:泰式按摩术(Thai massage)起源于古印度西部,创始人为施瓦格·考玛帕。泰式按摩术源于印度草医疗法和瑜伽,是传统泰医学的重要组成部分。因地理环境的不同有南方和北方派别之分,南北方派别虽然按摩操作顺序、按压力量有所不同,但皆注重功能的调养。泰式按摩术遵循佛教的基本道德:戒杀生,戒偷窃,戒不当性行为,戒虚伪,戒毒品和戒烈酒,促进人与人之间的和谐。泰式按摩日渐火热,成为泰国旅游业的重要支柱。

（3）印度瑜伽的兴起:瑜伽(yoga)诞生于印度,流行于世界,是具有代表性的健康养生术。瑜伽从印度梵语"yug"或"yuj"而来,其含意为"一致""结合"或"和谐"。瑜伽通过肢体伸展配合呼吸完成坐、卧、跪、立等姿势下的不同动作,达到形神合一的目的。瑜伽的精髓在于身力与心力的结合,强调在完成动作的同时配合意念、呼吸。在瑜伽的整个过程中,要求体验者逐渐深化自己的意识,从外到内,从客观外在的感知到主观意识,达到天人合一的状态。瑜伽因其具有"调心

（regulating mental activities）""调身（regulating physical activity）""调息（regulating breathing）"的特点吸引着大众，其实用价值也得以证明，为健康养生做出了巨大的贡献。

3. 健康产业的不断兴起 20世纪30年代，随着人们对养生保健、休闲养生（leisure health cultivation）需求的增加，养生保健旅游产业开始出现，之后经济快速发展，使得健康旅游产业（health tourism industry）迅速崛起，成为全球增长最快的产业之一，包括保健旅游（healthcare tourism）、特色医疗旅游（featured medical tourism）和高端医疗旅游（high-end medical tourism）3种模式。

据调查研究显示，2012年美国、德国、日本、法国、奥地利成为世界保健旅游支出前五的国家。其中阿尔卑斯山的盐水浴（salt water bath，brine bath）和地热水浴（geothermal water bath）以及来自阿尔卑斯牧场的藤叶和草药深受欧洲人的喜爱。除了休闲旅游养生（leisure traveling health cultivation）之外，医疗旅游养生（medical traveling health cultivation）也吸引了大量的游客。医疗旅游养生集医疗、休养、旅游为一体，在游客旅游的过程中为其提供医疗服务，如运动疗伤、物理治疗等。健康产业（health industry）的快速发展为人们提供了多样化的服务，形成了全球产业链，大大促进了健康养生文化的发展。

三、健康养生文化的内涵

（一）健康养生学的基本概念

健康养生学的基本概念（basic concept of health cultivation）：健康养生学是研究健康养生理论、技术方法和应用的综合学科，是研究人类却病延年、增进人类健康的科学。健康养生学以人为研究对象，应用科学的理念和手段研究影响健康的因素，通过具体的方法指导实践，从而达到维护健康、保养生命、延年益寿的目的，以维护人类的身心健康。

健康养生学凝聚了前人的养生智慧和经验结晶，同时也融合了现代新的学术理论及科研成果，是一门综合科学。早在先秦时期的《道德经》《庄子》等经典著作中，对养生思想已有专门的论述。《黄帝内经》的问世，更是养生学历史上一块重要的里程碑，它广泛吸取、总结、归纳了秦汉以前的养生成就，为中医养生学奠定了理论基础，加之国外健康理念不断进步，对健康养生学的形成与发展起到了承前启后的作用。在此之后，历朝历代养生专著、专篇的问世，如《遵生八笺》《养生三要》等，以及国外健康保健文化的不断发展，使健康养生学逐渐成为一门富有鲜明特色的学科，而在此基础上，根据现代社会经济发展带来的人们生活方式的转变，健康养生学吸收了宗教养生理念（religious health cultivation concepts）、更新颖的中医学学术理论，并引进和采用了国外科学的医学技术，其理论体系逐渐趋于完善。

健康养生学的学科体系以医学理论为基础，融合了中医养生学和西方保健文化的知识，确立了预防为主、扶正祛邪（strengthening vital qi to eliminate pathogenic factors）、形神合一、三因制宜（treatment in accordance with three categories of etiologic factors）等准则。由于时代的不同，社会环境与生活方式亦有着明显的差别，健康养生学更为注重慢性病的预防与控制，在学科体系上，更是涉及天文地理、现代物理化学、哲学宗教、现代社会及人文科学、心理学、分子生物学等多个领域，是一个多学科交叉融合的新型学科。健康养生学所采用的养生技术手段和方法更是丰富多彩，不胜枚举。丰富多彩的养生方法，充分利用自然环境的有利因素和科技进步转化的高新技术，在调动人体自身调节能力的同时，运用人工干预措施规范生活方式，提出指导建议，使人与自然更为和谐，是人类却病延年的理想手段。

综上所述，健康养生学具有科学性、时代性，它是引导人们规范生活方式、提升生活质量、达到延年益寿的学科。

（二）健康养生学的基本特征

健康养生学基于医学基本理论，结合各时期不同的社会特点、社会环境、生活方式、疾病防治重心等,集中医养生的生命观、寿夭观、健康观、和谐观等基本观念,结合国外保健技术,形成了一套独特的预防体系,健康养生学的基本特征(basic characteristics of health cultivation)具有独特的时代性与科学性。

1. **整体性** 整体性(integrity,wholeness)是健康养生学的重要准则,健康养生理论受中医文化和国外健康理念影响,追求"四维健康"。从整体出发,根据生活环境、生活方式、生活水平的不同对人的健康状况进行综合判定。健康养生学强调人与外界自然环境的协调,即人类的生命活动要与自然环境与社会环境协调一致,才能达到健康养生的目的;强调内外协调,人体体内气机与外在活动相协调;强调"法于阴阳,和于术数",人类只有顺应自然环境、生命变化的自然规律,随着时间、空间和气候的改变来调整生活方式,与大自然和谐统一,整体律动,才能做到延年益寿。

2. **和谐性** 和谐性(harmony,concordance)是健康养生学的另一大特点。从理论上说,健康养生追求躯体、心理、道德、社会适应能力上的健康,强调人与自然相和谐,与万事万物相和谐,正如《素问·上古天真论篇》中提到的:"有圣人者,处天地之和,从八风之理,适嗜欲于世俗之间,无恚嗔之心,行不欲离于世,被服章,举不欲观于俗,外不劳形于事,内无思想之患,以恬愉为务,以自得为功,形体不敝,精神不散,亦可以百数。"从方法上说,健康养生学贯穿于人日常生活中的衣食住行等各个方面,寓养生于日常生活中,强调整体和谐,人与人之间和谐相处,人与社会和谐相处,人与自然和谐相处。各方面和谐有度,才能保证体内阴阳平和,形神皆俱。

3. **综合性** 任何事物都具有多样性,影响人体健康的因素也是复杂多样的,且处在不断变化的过程中。因此,想要达到健康养生的目的,就不能片面地看问题,而需要对个体的情况和所处的周围环境进行具体分析,根据各个方面的不同情况,分别采取有针对性的多种调养方法辨证调摄,这就是综合性(comprehensiveness)。例如,即使是同一个体,在不同的年龄阶段,也需要采取不同的措施,选择药物与物理养生,或两者相结合,或内调与外养相结合,都体现了健康养生学综合观(comprehensive view)的特点。在强调辨证调摄、综合施养的同时,健康养生学认为,养生长寿并非一朝一夕之功,需持之以恒、坚持不懈地进行。因此,养生活动的便利性和可操作性就显得尤为重要,将养生方法寓于日常生活的衣食住行之中,注重食疗、瑜伽、按摩等方便效廉、操作简单的养生保健措施,使得养生活动在日常生活中更便于开展,更容易被人接受。

4. **广泛性** 养生并不限于患者、老年人,养生事业是贯穿每一个人一生的事业。在每个年龄阶段,每个个体的身体状况不同,养生的内容也不同。人在未病之时、患病之中、病愈之后都有养生的必要。不同性别、不同地区、不同体质的人适宜采用的养生方法也各异。因此,健康养生学应具有广泛性(pervasiveness,universality)。随着社会的不断发展和进步,人们对于健康的要求已经从"活下去"转变为"活得好",即在追求生命延长的同时,对于生存和生活质量有了更高的要求,所以健康养生学有了更广泛的适用范围。

（三）健康养生的目的和意义

1. **健康养生的目的** 健康长寿始终是人类对生命的最高愿望与追求,人类始终在不断地探索与研究能够健康长寿的途径与方法。健康养生的目的(purpose of health cultivation)是使人拥有健康的身体和快乐的心态,并且延年益寿。具体而言,健康养生的目标是使健康养生活动贯穿人一生的每个阶段,在孕胎期就打好健康的基础;出生后,规范生活方式,通过各种养生活动强身健体,保持健康状态;出现亚健康状态时,应积极地选择有针对性的养生调摄方法防止临床疾病的发生,及时恢复身心健康状态;当人体发生疾病后,以祛病康复为目的,早发现、早诊断、早治疗,通过临床诊治与养生调理的综合干预,降低疾病对健康的不利影响;若疾病治愈难度高或不可治愈,则在带病生存的同时,以延缓疾病发展和提高生存质量为目标,结合健康养生与临床治疗,控制疾病发展进程,提高生存生活质量,达到"带病延年"的目的。

2. **健康养生的意义** 健康养生的意义(significance of health cultivation)表现在以下方面:

（1）康寿的意义：追求更长的生存时间与更好的生活质量始终是养生的根本意义所在，善养生者多长寿，这是几千年来无数先贤以亲身经历告诉人们的道理。从古至今，坚定不移地贯彻笃行养生者多高寿，例如"药王"孙思邈，虽然自幼体弱多病，但却活了 101 岁，葛洪活到 81 岁，巢元方活到 81 岁，王冰活到 94 岁，这样的长寿老人不胜枚举。长寿者多精于养生。精于养生对寿命的延长具有显著的益处。善养生者身体各部位的机能良好，健康水平高，患病的概率小，疾病发生的可能性更低。健康养生以治未病为最高战略。《黄帝内经》中提到："不治已病治未病"，阐明了预防的重要性。健康养生重要的是为了延长生存时间和提高生存质量，主动积极地干预人的日常生活，而达到防范身心疾病（somatopsychic diseases）发生的目的。在精神、饮食、起居、运动等生活中的方方面面做出科学、适宜的指导与建议，辅以药物、针灸、按摩，综合采用身体健康水平监测和评价等手段，使人体处于或尽量处于阴阳平和、积精全神、正气充盈、"形与神俱（inseparability of the body and spirit）"的理想健康状态。即使随着年龄的不断增长，身体机能不断退化而不可避免地患上某些疾病，也能保持一定的自理能力。因此，养生对于寿命的延长与生活质量的提高有着重要的意义。

（2）社会意义：随着人类社会的发展，竞争亦日趋激烈。随着工作、生活节奏不断加快，人们面临的压力（stress）越来越大，心理负担越来越重。巨大压力下导致的生活方式的改变，如经常熬夜、睡眠减少、失眠、久坐不动、不吃早餐、饮食无规律、常吃夜宵、吸烟等，使很多人长期处于亚健康状态，并且容易诱发疾病的发生。一个良好社会的发展必定是健康的、可持续的，人类的健康与社会的进步不能成为单选题而应齐头并进。健康养生学恰恰可以为人们提供保持健康、保养身体与心理状态的方法与途径。健康养生对精神健康的看重对当今快节奏社会环境下人们所产生的心理问题有着积极的舒解作用，可以帮助人们在喧嚣浮躁的社会中调节情绪、怡情悦志；健康养生将道德修养纳入养生的范畴，对人们的道德、行为可以起到引导作用；健康养生学的和谐观，追求和谐的思想，可以促进人与人之间关系的良好运转，促进和谐社会的构建。所以说，健康养生对于现代社会是必不可少的，通过健康养生活动，有助于个体良好人格的建立，亦有利于人类社会在快速发展的同时处于和谐、健康的状态。

（3）医学意义：随着人们物质生活水平的不断提高和精神生活的日益丰富，人们的平均寿命得到延长，人们对健康的要求也随之发生变化，越来越重视身体与心理的整体健康。科学技术的突飞猛进带动了现代医学技术的迅速发展，使在以前被认为发病率高、治疗难度大、预后较差的传染性疾病和营养不良性疾病已经得到很好的控制，不再成为人类日常生活中的主要疾病。在世界各地尤其是发达国家及地区，以心脑血管疾病、糖尿病、恶性肿瘤等为主的慢性非传染性疾病成为主要的发病类型，医疗卫生事业也从以控制和诊疗急性病、传染病为重心逐渐转向以防治慢性病及社会心理疾病为中心，医学诊疗模式亦随着疾病谱的变化而变化，由过去单纯针对单个疾病或症状的诊疗转向以关注人体整体健康状况为目的的检测、监测、评估与诊疗。人们的健康观念也从"有病治病"向"无病防病"转变，更为关注身体健康，注重平日的保养。健康养生学的发展符合当前医疗卫生服务重心的转移和人们健康观念的转变。因此，近年来我国医疗卫生服务的重心在不断地转移，这与健康养生学的理念与原则不谋而合，养生的科学性、可操作性及可持续性已逐渐得到我国乃至世界各国的认同与接受，受到了更多的关注。另外，我国是人口大国，且人口老年化趋势越来越严重，使我国医疗卫生与养老工作的压力较大、负担较重。因此，旨在对人们日常生活方式予以引导的健康养生，对疾病防患于未然，通过科学的方法使人们少生病、晚生病，与疾病和谐共存，亦是最符合我国国情的医学发展方向。

（四）健康养生学与相关学科和领域的关系

1. **健康养生学与中医养生学** 中医养生学是我国先贤古人几千年来的文化智慧与经验的结晶，是一门科学、实用、有效的学科。健康养生学在吸取传统中医养生学经验的基础上，又融合了宗教养生思想、近现代养生学术流派的新理论、现代高新医学技术、国外养生保健技术，并根据现代社会环境、自然环境、人类生活方式、疾病类型的改变等多个因素,对每一个个体进行全面、整体的健康水平的综合评估与检测,根据每个个体不同的状况,来采取相应的引导、建议、干预或治疗。因此,健康养生学是中医养生学的发展、创新和提高。

2. 健康养生学与康复学　养生和康复,都是增强人体自身素质、恢复健康、治愈疾病的医学手段,在疾病发生后的恢复阶段,养生与康复常相互配合、齐头并举,因此健康养生学与康复学(rehabilitation)是交叉领域较广、交叉程度较深的两个学科。但二者针对的人群不同,健康养生学广泛适用于普遍人群,无论现阶段健康与否,都需要关注自身的身体状况,采取适当的措施保养生命,而康复学主要针对病后患者及残障人群。因而,二者的范围不同,健康养生学涵盖的范围更广,贯穿了疾病的病前、病中、病后全过程,乃至贯穿人的一生。康复学则主要针对疾病发生后人体机能、生理、心理的复健与护理。

(夏丽娜)

第四节　养 生 流 派

经历了先秦、汉唐、宋元、明清时期几千年的发展,我国形成了许多在理论和方法上各有侧重、自成体系的养生流派(schools of health cultivation)。这些养生流派相互影响、相互融合,共同构建起中华传统养生学的文化宝库(cultural treasure house of traditional Chinese health cultivation)。其中比较重要的有道家、儒家、佛家养生流派。

一、道家养生

道教(Taoism)是世界上最看重生命存在的宗教。与其他宗教不同,道教强调现世生活之价值与理想天国间的密切联系,而非倾向于划分现世与理想国度间的界限。

道教(Taoism)是中国本土宗教,以“道”为最高信仰。道家(Taoists)是春秋战国诸子百家中最重要的思想学派之一。道家基于对“道”的认识,从哲学上阐述了养生的根本原则和意义,注重自身修炼,追求长生不老,道教经书《道藏》既是一部大型道教丛书,也是一本养生百科全书(encyclopedia of health cultivation)。中医“养生”一词最早便来源于道家经典《庄子·内篇·养生主》。道教在多年的发展中整理演绎出了一整套养生的修炼体系,其具体方法有导引、服饵、内丹(internal alchemy)、外丹、符箓(talisman)、房中术、辟谷等,深刻影响了中国养生学和中医学的发展。

(一)道家健康养生的源流与形成

1. 萌芽期　道家养生的萌芽期(budding period of Taoist health cultivation)可归溯于第一部经典《太平经》产生之前的阶段,约为春秋战国至东汉时期。《太平经》成书于东汉中晚期,它既是道教最早的一部经典,也是第一部系统涉及养生的著作,所以也可以把它看作是道家养生学(Taoist health cultivation)产生的标志,其主要养生思想就是主张通过人体精、气、神的修炼来达到养生的目的。春秋战国至东汉时期是中华文化产生和形成的重要时期,各学派林立,百家争鸣,从各个角度对社会、人生、养生进行探讨,尤其是道家和医家,在养生探索中投入了极大的热情。该阶段虽尚未形成完整的养生理论体系,但为后来道家养生的建立提供了理论上的资源和技术方法上的借鉴。

2. 形成期　道家养生的形成期(the formation period of Taoist health cultivation)约为东汉至东晋时期,即《太平经》的出现到葛洪的《抱朴子内篇》完成这一时段。继《太平经》后,出现了一些涉及养生的道教著作,如《周易参同契》《老子想尔注》《老子河上公注》等,但都只涉及单方向养生问题的讨论,未进行系统整理,直至《抱朴子内篇》出现。葛洪从整体角度出发,以人的本质特点论述,对养生追求之意义、价值及具体方法和技术进行详细讲解,较为全面地阐述了养生相关理论及方法,使道家养生(Taoist health cultivation)的脉络变得清晰,形成了一套较为完整的学科理论结构,标志着道家养生流派的形成(formation of Taoist school of health cultivation)。

3. 成熟期 道家养生的成熟期(maturity period of Taoist health cultivation)约从东晋开始,经过南北朝、隋朝,至唐代结束。在晋代的葛洪之后到南北朝的陶弘景之前,道教创出了许多经典,其中不乏涉及探讨养生的著作,但所有的探讨都处于零碎化状态。继葛洪之后,陶弘景把养生术(regimens)向前推进了一步,他撰写的《养性延命录》和《导引养生图》总结了前人的养生言论,并加以系统归纳提炼,构建了以养神炼形为核心的道家养生学体系(Taoist system of health cultivation),使之走向成熟。其后,唐代道士、医家孙思邈对道家养生予以进一步完善,结合自己的医学研究进行了深入探索,在养生方法方面总结出一系列的养生原则,同时还对调气法、居处法、服食法、房中补益、按摩法等一系列的养生方法进行了详细阐述,使道家养生从理论到方法都更趋自然、成熟。

4. 发展完善阶段 道家养生的发展完善阶段(development and perfection period of Taoist health cultivation)是成熟后的进一步发展和完善阶段,其时限则是从唐代以后直到现在。这一阶段道家养生的学科体系及结构并未发生根本性的改变,但理论进一步完善,养生方法出现了重心的转移。该阶段的特点是:内炼和内丹养生术(internal alchemy regimen)的倔起,并逐渐成为道家养生修炼的主流。由于服食外丹的弊端渐渐显露,道教养生家们将养生重心转入内丹修炼,以张伯端的《悟真篇》为代表,唐末至宋元时期,涌现出大量的内丹学著作,数量不下千种,并形成了包括南、北、东、西、中在内的不同内丹学派(school of internal alchemy)。内丹养生研究既丰富和发展了对人体精、气、神及性与命的认识,又使道家养生理论日趋具体化、系统化,其养生方法更是成为中华养生学(Chinese health cultivation science)中一朵绚丽的奇葩。进入20世纪后,受西方文化和近现代自然科学的影响,道家养生也开始从西方文化和近现代自然科学中寻求发展的养料,这也是道家养生当今发展的特点。

(二)道家健康养生的基本原则

形气神理论(theory of form, qi and spirit)、脏腑理论(theory of Zang-fu)和经络理论(theory of meridians)是道家养生的基本理论(the basic theory of Taoist health cultivation)。道家健康养生的基本原则(the basic principles of Taoist health cultivation)也根据相应理论提出,直接指导养生实践。道家养生的核心思想(core ideas of Taoist health cultivation)可总结为:"形神合一"之生命观、"天人合一"之宇宙论、"动静相兼"之运动观、"少私寡欲"之生活态度四条。

1. "形神合一"之生命观 "形神合一"之生命观(the life view on integration of form and spirit)通过以下方面体现:上古时期养生思想的重要特点之一是将人的生命看成是形神统一体,这种生命观被同时代的医学所吸收。《黄帝内经·素问》之《上古天真论》云:"形与神俱,而尽终其天年",要以静养神。《黄帝内经·素问·痹论》指出:"静则神藏,躁则消亡"。汉代刘安的《淮南子·原道训》亦云:"夫精神志意者,静而日充者以壮,躁而日耗者以老。"这些论述都表明了以静养神的道理和必要性。道家养生注重凝练内在生命力,这便要求将神放在优先考虑的位置。《太平经合校》提出了存思守神以颐养的观点。东汉魏伯阳著的《周易参同契》把精气神确立为内炼之"三宝",并提出从"耳目口"进行修炼。道教之生命观传承至今,仍焕发着独特的生命力。

2. "天人合一"之宇宙论 "天人合一"之宇宙论(cosmology of the unity of heaven and man)通过以下方面体现:天人合一是道家文化的主要特征之一。世上一切事物都有其自身运行及发生发展的规律,可被人认识、利用,人若合乎天地,道法自然(man should observe the law of the nature),便可达到天人合一。老子在《道德经》中指出:"人法地,地法天,天法道,道法自然。"庄子在《庄子·齐物论》中说:"天地与我并生,而万物与我为一。"从中可以看出,在道教创立的早期阶段天人合一即已成为道家追求的目标。宋末元初俞琰在《周易参同契发挥》中用"法天象地"理论证明天人合一的可行性。天人合一意味着天地万物与人的和谐统一。唐代陆羽所著《茶经》的内在核心便是寻求天人合一,以求达到天人合一之和谐:一种人与环境、人身体和精神的和谐。

3. "动静相兼"之运动观　"动静相兼"之运动观(the view of motion on the combination of dynamic and static exercises,movement concept of "both movement and stillness")通过以下内容体现。道家养生的另一个重要原则是动功修炼与静功炼养相结合(the combination of dynamic and static exercises)。《老子》强调静以修身之原则,认为人处于"虚静(quietness,virtual stillness)"状态与大道最为契合。动功修炼(dynamic exercises)是上古养生家的重要修养方式,张家山汉简《引书》说:"治身欲与天地相求,犹橐籥(即风箱)籥也,虚而不屈,动而愈出。"其中的"治身"即养生,将生命哲学思想与养生相结合。陶弘景在《养性延命录》的"导引按摩篇"中对历代导引按摩之术进行了介绍。同时,对运动养生的原则亦作了新阐释。《养性延命录》之"食戒篇第二"说:"人食毕,当行步踌躇,有所修为为快也。故流水不腐,户枢不蠹,以其劳动数故也。""养性之道,不欲饱食便卧及终日久坐,皆损寿也。人欲小劳,但莫至疲及强所不能堪胜耳。"将"小劳"养生理念与动功养生思想进一步挖掘。动功作为重要的养生方式,适用于各年龄段人群,成为经过实践验证并传承数千年的一种传统养生观。

4. "少私寡欲"之生活态度　"少私寡欲"之生活态度(life attitude of less selfishness and less desire)通过以下方面体现。少私寡欲之内涵(connotation of less selfishness and fewer desires)为:个人通过自我克制(self-restraint),以消除不必要的私心和贪欲。老子在《道德经》中说:"绝圣弃智,民利百倍;绝仁弃义,民复孝慈;绝巧弃利,盗贼无有;此三者以为文,不足。故令有所属,见素抱朴,少私寡欲,绝学无忧。"他说的"见朴抱素,少私寡欲",就是倡导为人要质朴,不要私心太重、欲望太多。人生活在社会中,不可能无私无欲,但应该适当地控制自己的欲望,不能迷失自我。贪欲(greediness)是人类痛苦的根源,若能做到少思少欲,便能淡泊名利,心胸开阔,性格开朗,有助于心神的清静内守,保持良好的心理状态。《太上老君养生诀》说:"且夫善摄生者,要当先除六害,然后可以保性命,延驻百年。何者是也? 一者薄名利,二者禁声色,三者廉货财,四者损滋味,五者除佞妄,六者去妒嫉。去此六者,则修生之道无不成耳。若此六者不除,盖未见其益,虽心希妙理,口念真经,咀嚼英华,呼吸景象,不能补其短促,盖损于其本而妄求其末,深可诫哉。"教导人们要淡名利,戒淫欲,不贪财,不嗜食,不思邪,戒嫉妒,以保证心身健康。六害不除,万物纠心,神岂能内守?

（三）道家健康养生方法

道家养生法(Taoist regimens)是理论的实践运用,属技术和操作范畴,其内容丰富多样,独具特色,且经过实践证明卓有成效。具体方法包括饮食养生与功法养生两大类。

1. 饮食养生法　道教深受先秦文化的影响,将饮食视为性命之基,认为饮食是维持人体生命活动的主要物质来源,故注重通过饮食的调养来达到延年益寿、保养生命的目的:"先除欲以养精,后禁食以存命"(《太清中黄真经》)。道家在摄食养生过程中遵循"阴阳调和,饮食有节"的原则,指出食应有所宜,有所忌,"日啖百果能成仙",宜以素食(vegetarian diet)为主,多食水果;忌荤腥及辛辣刺激之物。

自古而来,道家通行的饮食养生法可总结为以下几个方面:

（1）饮食有节:饮食有节中的"节",是对饮食质量、数量、进食时间节点的节制、控制。道教认为,饮以养阳,食以养阴。凡事皆有度,无度则为害,饮食亦如此。食物有寒(cold)、热(hot)、温(warm)、凉(cool)之四性(four properties)以及酸(sour)、苦(bitter)、甘(sweet)、辛(acrid)、咸(salty)之五味(five tastes,five flavours)的不同,五味调五脏,适之则养,过之则伤,饮食养生当五味调和,全面搭配。如宋代刘词所撰的《混俗颐生录》中所说:"食不欲苦饱,苦饱即伤心,伤心气短烦闷。"良好的饮食习惯(good eating habits)是质量与数量的统一,强调节制,不宜过饥过饱。另外,道家的饮食养生强调四季饮食(diets of the four seasons)按照季节的变换而转换五味。元代丘处机在其撰写的《摄生消息论》中提到,"当春之时,食味宜减酸益甘以养脾气。""当夏饮食之味,宜增辛减苦以养肺。""当秋之时,饮食之味,宜减辛增酸以养肝气。""冬三月……饮食之味,宜减酸增苦以养心气。"中医认为,一年四季每个季节都有各脏腑相对盛衰的差别,季节与五脏、五味相对应:春-肝-酸,夏-心-苦,长夏-脾-甘,秋-肺-辛,冬-肾-咸,在特定的时段,专对某一脏器有针对性地调理可以达到很好的养生目的。由于养生和食疗结合,道家对中国传统医学的发展做出了重要的贡献。道家饮食养生的季节观、环境观,围绕着"天人合一"的原则,体现了人与外在条件互动变化的辨证思想。

（2）多食果蔬:古时商品经济不发达,人们的生活水平低下,在那样的环境下,人们就已经意识到食物全面搭配的重要性,提出要多食果蔬,少食荤腥。如《遵生八笺》说:"蔬食菜羹,欢然一饱,可以延年……一粥一菜,惜所从来,可以延年。"现在的研究也证明,多食果蔬可以促进新陈代谢。蔬菜中不仅含有很多人体所需的营养素(nutrients),特别是水溶性维生素(water-soluble vitamins)和矿物质(minerals),还含有很多被称为植物化学物(phytochemicals)的有益成分,如类胡萝卜素、植物固醇、皂苷、芥子油苷、多酚、萜类、植物雌激素、含硫化合物、植酸等,它们具有抗氧化、免疫调节、降血脂、降胆固醇、降血压、抗血栓形成、抑制炎症过程、调节血糖、促进消化、保护神经等多种作用。

（3）五禁三厌:五禁,即禁五荤。五荤在道家指的是韭、薤、蒜、芸薹、胡荽诸类味辛温发散之品,被称为"辛臭"之物,其中薤是薤头野蒜,芸薹是油菜,胡荽是芫荽。道家认为,"辛臭"之物既会伤及身体,又会增加邪念,令人发淫易怒,所以忌食。除了忌食辛臭之物,道家更主张五味淡泊,也就是不注重口味,食物不是为了满足口腹之欲,而是让人身轻体健、长生不老的媒介。

老子在《道德经·第十二章》中说:"驰骋畋猎,令人心发狂。"意即驱马奔驰,围捕田猎,会让人心智狂乱而纵情放荡。道家主张清静无为,顺应自然规律,尊重生命,善待动物,反对虐杀。故道教的"全真"教派(Quanzhen religious sect)食素,"正一"教派(Zhengyi religious sect)只是在非斋日可饮酒茹荤(喝酒吃肉)。道家皆有慈善爱之心,认为动物乃有情有义之品,应与之结伴,不宜食之。张天师是世袭的正一道(即"天师道")领袖,张天师世家有"三不吃"的规矩,三不吃指的就是三厌。道教的三厌分别是:天厌鸿雁,地厌狗,水厌乌鱼。这三种肉,是绝对不能吃的。孙思邈在《孙真人卫生歌》中说:"雁有序兮犬有义,黑鲤(乌鱼)朝北知臣礼,人无礼义反食之,天地神明终不喜。"失偶孤雁,终生独居,处境凄凉,矢志不渝,不再婚配,此乃"节"也;狗终生随主,为主效劳,此乃"忠"也;乌鱼产仔的时候,身体极为虚弱,两眼昏花,什么也看不见,只待饿死升天,乌鱼鱼崽最有孝心,宁可自己游入母嘴,给娘充饥,也不能让娘饿死,此乃"孝"也。雁有夫妇之伦,狗有庖主之谊,乌鱼有君臣忠敬之心,故不忍食。道教徒素食既体现了道教和慈善爱的精神,又体现了养生之道。

（4）辟谷:辟谷(inedia,breatharianism,refraining from eating grain,abstinense from cereals),又称"绝谷法(diet-stopping exercise)""断谷法""绝粒""休粮""清肠"等。但辟谷并不是完全绝食,而是慎食、节食,即改善饮食结构(dietary structure),避免或减少谷类(cereal grains)、肉类(meats)的摄入,辅以其他的修炼方法,是道家特有的修炼之道。道家所称的"三尸九虫",类似于现今的蛔虫。道教认为,"三尸九虫"作祟会使人速死,或鼓动疾病的发生,而三尸虫是赖以人体内谷气生存的,如果人不食五谷,断其谷气,那么三尸虫在人体中就不能生存了。故道教借鉴前人的经验,承袭辟谷养生之术,提出在辟谷期间节制食量,以药饵、药水、药石等物来代替谷物,清空肠胃,去除糟粕,减少疾病的发生,从而将辟谷术发扬光大。根据葛洪在《抱朴子内篇·杂应》中的记载,辟谷大致分为:服气辟谷、服饵辟谷、服石辟谷、服水辟谷四类。服气辟谷,即以服气与辟谷相配合,并以服气为基础,通过服气达到辟谷的目的,又称绝谷行气法(diet-stopping respiration exercise)。所谓服气(gulping qi,turtle breathing),是一种以气息吐纳为主,辅以导引、按摩的养生修炼方法。服饵辟谷,即服药辟谷,就是服食滋补药以代替谷食,使用的药物一般营养价值较高,消化时间较长,能够起到"不饥"的效果,且经常服用有益气健身之功效。服石辟谷,即服用一些矿物药。服水辟谷,此"水"就是酒。服气辟谷是辟谷术中最难修炼者。通常情况下,并非只凭呼吸而不食用任何食物和药物,而是各种辟谷方法合用,服气只是作为辅助手段而起到养生保健作用。现代医家,继承先贤遗法,也有很多辟谷的理论与实践。现代研究发现,适度的饥饿能使自主神经、内分泌系统和免疫系统受到冲击,然后通过机体生理功能和内环境稳态(homeostasis)的重新调整,提高人体承受生理负担的能力,使各种身心疾病得到改善。

(5) 服食:服食(take Taoist pills),指服食药物(草木药石和丹药)以养生,是道教的修炼方式。服食起源于战国方士,由道教承袭。《史记·封禅书》载,神仙家倡言:海中有蓬莱、方丈、瀛洲三神山上有仙人和"不死之药",人如求得此药服之,可长生不死。于是齐威王、宣王、燕昭王派方士入海求之,不得。其后,秦始皇派人率童男、童女入海求之,未能至。再后,汉武帝除继续"遣方士入海求蓬莱安期生之属"外,又受方士李少君的怂恿,"亲祠灶""而事化丹砂诸药齐(剂)为黄金",即令方士从事炉火烧炼,企图用人工炼制出不死药,促成了炼丹术的产生。"不死之药"即包括人迹罕到之处的奇药(实为野生菌类、草木药),又包括金石药和用金石炼成的丹药(道士称金丹)。魏晋南北朝时,倡服金丹,同时,服食草木药也较普遍。《抱朴子》有专篇论服食,多为草木药服食方。至唐代,外丹术大盛,服食丹药者众多,因草木药石大多加入丹药烧炼,单服草木药石者相对减少。服食也称服饵(taking tonics, taking Chinese medicinal materials for nourishing or taking tonic foods),包括两大类:一是服食具有补益作用的草木药石药物类,二是服食具有补益作用的食物类。如今,服食既包括食养,也包括食疗,服食文化掀起的药膳食疗热潮正为食养文化添光增彩。道家认为,四时服食,各有宜忌,体魄盛衰与滋补得当与否有密切的联系。服食多与练功相配合,通过吐纳导引调节中腑,再佐以草木药石,讲究三分用药,七分内养,以调整全身气机与经脉循环,濡养脏腑,充实筋骨,抵抗外来邪气(pathogenic qi),补充体内正气(vital qi),最终达到却病延年的目的。

外丹是在服食基础上发展而成,本用于长生不老,最终却走向另一个极端。"外丹(Taoist external alchemy, outer alchemy)",也称炼丹术(alchemy),就是用铅汞与其他药物配制后,放在特制的鼎炉中烧炼而成的化合物。该技术最早见于两汉时期,在魏晋南北朝时期迅速发展。葛洪在《抱朴子内篇·金丹》中说:"长生之道,不在祭祀鬼神也,不在道引与屈伸也,升仙之要,在神丹也。"外丹术在唐朝时趋于鼎盛,一度成为道教的重要修炼方术,服食丹药者日益增多。但由于不了解其毒性,多人误食中毒而亡。直至南唐烈祖服金石药,患疽致死,众人才对外丹术产生了怀疑,外丹慢慢走向衰落。道教外丹术虽然在养生学上以失败而告终,但为我国古代药物学和化学的发展作出了不可磨灭的贡献。

2. 功法养生法 功法养生法(exercise regimen, cultivating health through exercises)是通过锻炼人体精、气、神,使人与自然更为和谐统一,达到延年益寿目的的养生方法。梁代陶弘景在《养性延命录》序中说:"若能游心虚静,息虑无为,候元气于子后,导引于闲室,摄养无亏,兼饵良药,则百年耆寿是常分也。"强调功法养生在道家实践、运用、总结、发展的过程中的特色与风格。

(1) 行气:"行气(promoting qi, promoting the circulation of qi)"也称"服气""调气""炼气""食气""吐纳"等,是以意念控制呼吸吐纳或内气运行为特点的一种修炼养生方法,主要作用是疏理气机,调达人体气血,通利脏腑,使人体维持健康状态。行气这一养生术在道教产生前就已出现,战国初期的《行气玉佩铭》就有相关记载:"行气,深则蓄,蓄则伸,伸则下,下则定,定则固,固则萌,萌则长,长则退,退则天。天几春在上,地几春在下,顺则生,逆则死。"《楚辞》和《庄子》均提到了服气、辟谷。马王堆汉墓帛书《却谷食气篇》则记载了行气、辟谷的方法。道教先师葛洪在《抱朴子内篇·释滞》中记录了行气的具体方法:"初学行气。鼻中引气而闭之,阴以心数至一百二十,乃以口微吐之,及引之,皆不欲令已耳闻其出入之声,常令人多出少,以鸿毛著鼻口之上,吐气而鸿毛不动为候也。渐习渐增其心数,久久可以至千。至千则老者更少,日还一日矣。"

(2) 守一:守一(concentrated tranquilization)属道家早期的功法修炼养生方术。守一思想来源于老庄思想。老子的《道德经》说："昔之得一者:天得一以清;地得一以宁;神得一以灵;谷得一以盈;万物得一以生,侯王得一以为天下正。"《太平经》继承了老庄思想,强调守一的重要性:"古今要道,皆言守一,可长存而不老。人知守一,名为无极之道。"其修炼的具体方法及要领是:修炼时选择安静的地域环境(regional environments),采取打坐(Dazuo, sitting in meditation)或静卧(reposing)体态,使身心安静,避免外界的干扰因素,将意念集中于体内神之舍并保证身心的安宁,对神进行虚静炼养,以意念守持神,使精、气、神三者合一,不外耗散,从而达到健康长寿的目的。

（3）导引:导引(physical and breathing exercise)是道家修炼功法中最普遍的方法,以意念用自力带动肢体运动,使内气顺畅、气血平和,达到强身健体的目的。导引术早在春秋战国时期就已成为一种却病延年的方术,并初见端倪。《庄子·刻意》说："吹响呼吸,吐故纳新。熊经鸟申,为寿而已矣。此导引之士,养形之人,彭祖寿考者之所好也。"道家的导引之术虽然也伴随肢体运动,但与现代体操相比有根本的差异,因为它在运动肢体的同时,还伴随有气机、神志的调节,可将之归入气功动功的范畴。导引的具体方法各式各样,种类繁杂,常见的引导功法有五禽戏、八段锦、易筋经、太极拳、六字诀等。

（4）存思:"存思(meditation, mental concentration)",也称"存想(concentration of mind on something, mental visualization)",即集中意识在心中默想某一特定对象,也是一种道家功法修炼的养生方法。道家认为,人体各部位都有神存在其中,神在则身体安康,魂不守舍则疾病缠身,甚至有生命危险。通过存想,使神不外游,肉体之身自然百病消除,灾厄不现,可避灾保体延年。存思的目的是使外游之神返回身中,以及接引外界五行诸神入人身中。故无论"正一"教派还是"全真"教派,法事中都离不开默想,其特殊性在于对人体或天地各尊神的存想,这种方法也称"存神(mental concentration)"。南北朝时期,存思为上清派的主要修炼方法之一,《黄庭内景经·脾长章》认为:"可用存思登虚空"。《老君存思图十八篇》进一步强调了存思的重要性及其机制:"师曰:修身济物,要在存思。存思不精,漫澜无感。感应由精,精必有见""习事超伦,谓之大觉。觉者,取微昧图证验,得鸟之罗在其一目如左本文内所说形图画像元阙。"存思的具体方法分为三类:存思身体内的形气神、存思身外神及存思身内外某种特殊景象。《云夏七签》卷四十三论坐朝存思时说:"坐朝者,端坐而修礼也。凡有公事私碍,或在非类之间,不得束躬上堂展敬,但自安坐,不使人知,香火非嫌,乃可然之,人见致笑,亦即可阙,将护彼意,勿增他忿,初夕向晓,依时修之。"可见,存思的具体方法是通过对某一对象的存想,使神静于内,与形相守,达到形神和调,延年益寿的目的。

（5）调摄:"调摄(take good care of oneself as in poor health or after an illness, build up one's health by rest and by taking nourishing food, be nursed back to health)"也称"调养(rehabilitation)",指调养身体(nursing one's health),包括日常生活调养(daily life recuperation)和精神调养(mental rehabilitation)两方面。《黄帝内经·素问·上古天真论篇》说:"上古之人,其知道者,法于阴阳,和于术数,食饮有节,起居有常,不妄作劳,故能形与神俱,而尽终其天年,度百岁乃去。"《抱朴子·内篇·极言》谓:"是以养生之方,唾不及远,行不疾步,耳不极听,目不久视,坐不至久,卧不及疲,先寒而衣,先热而解。不欲极饥而食,食不过饱,不欲极渴而饮,饮不过多。凡食过则结积聚,饮过则成痰癖。不欲甚劳甚逸,不欲起晚,不欲汗流,不欲多睡,不欲奔车走马,不欲极目远望,不欲多啖生冷,不欲饮酒当风,不欲数数沐浴,不欲广志远愿,不欲规造异巧。"调摄涉及日常生活的各个方面,其宗旨为根据个人形气神和脏腑的特点进行养护,以保形、气、神和脏腑、形体的健全,维持人体健康状态,达到长寿的目的。

二、儒家养生

当代新儒家代表人物牟宗三先生在《生命的学问》中说："察业识莫若佛,观事变莫若道,而知性尽性,开价值之源,树价值之主体,莫若儒。"在源远流长、博大精深的中国传统文化中,春秋战国时期形成的儒家文化(Confucian culture)一直占据着主流地位。儒家思想对中华民族文化的形成有着非常重大的影响,儒家健康养生思想(Confucian health cultivation thoughts)在发展的过程中不断充实完善,构建了独特的儒家养生学理论体系(Confucian health cultivation theory system),从而形成了独特的儒家健康养生理念(Confucian health cultivation concepts),对后世健康养生理念的发展有深远的影响。

（一）儒家健康养生的基本原则

显学(prominent school,famous school,notable doctrine),指盛行于世而影响较大的学术派别。儒教(Confucianism)和佛教、道教并称为三教,以"儒家思想(Confucianist thought)"为最高信仰,为先秦两大显学之一,为春秋时期孔子所创立的学派,战国时期被孟子及荀子发扬,至汉代董仲舒"罢黜百家,独尊儒术"之后,为2000年来中国最主流的学术流派。儒家文化(Confucian culture)对中华民族的文化有着非常重大的影响,同时对健康养生也有独特的见解,对健康养生学的形成与发展有着深刻的影响。儒家健康养生的基本原则(basic principles of Confucian health preservation)如下。

1. **重视生命** "仁""孝"为儒家的核心思想。在儒家看来,"仁(benevolence)"是人的本质,人之所以为人其根本在于"仁"。儒家的仁学思想(Confucian thought of benevolence,"benevolence"thought of the Confucianists),就是重视人的生命,认为天地之间最珍贵的就是生命,故在儒家经典《诗经》《尚书》《仪礼》《乐经》《周易》《春秋》中被尊为六经之首的《周易》提出:"天地之大德曰生"。《礼记·礼运》也记载:"故人者,其天地之德、阴阳之交、鬼神之会、五行之秀气也。""故人者,天地之心也,五行之端也。"可见珍视人的生命是儒家仁学的核心思想,维护和保养人的生命是仁学(doctrine of benevolence,belief of kindness)的重要内容。儒家重生的思想在基于仁学的同时又建立在孝道之上,《孝经·开宗明义》开篇即云:"身体发肤,受之父母,不敢毁伤,孝之始也。立身行道,扬名后世,以显父母,孝之终也。"其认为人的身体是父母赋予的,父母把自己健全地生下来,人的一生也要保全自己的形体健康,要"不亏其体",因此,在有生之年必须保持身体的健全。因而,儒家认为人的地位高于一切,《大戴礼记·曾子大孝》有言:"曾子闻诸夫子曰:天之所生,地之所养,人为大矣。父母全而生之,子全而归之,可谓孝矣;不亏其体,可谓全矣。"这些论述都是儒家对人的生命和健康重视的体现。

儒家养生(Confucian health cultivation)也与个人的修养紧密相连。因此,儒家强调,在重视生命的同时也不能罔顾国家、道义,重视养生全形与不苟且偷生都是儒家思想观念与道德标准的显示。故而与道家特别重视生命的自然本性,将个体生命置于高于一切的位置,甚至置于国家与政治之上不同,儒家认为:"志士仁人,无求生以害仁,有杀身以成仁(《论语·卫灵公》)",面对大道大义时不能苟且偷生。

2. **中庸之道** "中庸之道(doctrine of the mean,golden mean,middle course/way)"既是儒家的道德标准,也是儒家基本的方法论原则,历来为人们所推崇,被奉为为人处世的圭臬。"中庸"一词是由孔子首先提出的,始见于《论语·雍也》:"中庸之为德也,其至矣乎!民鲜久矣。"认为中庸之道为至德,即最高的德行。中庸(moderation)有用中、执中、中和及平常、普遍之道等义。但是中庸文化(culture of moderation,golden mean culture)并不是庸碌无为、模棱两可,而是对人生万事万物一种平衡的把握。"中庸"作为至高的人生智慧,其本质在于追求事物的平衡与和谐,把握好"度",做到无过无不及,不偏不倚,恰到好处。平衡是万事万物互依互存的法则,中庸则是对这一法则的贯彻。对于中庸之道,《论语·子路》论述道:"子曰:不得中行而与之,必也狂狷乎?狂者进取,狷者有所不为也。"其中谈到狂与狷便是没有做到中庸,狂的人志向高远,但过于偏激,狷的人拘谨自守,而过于保守,各有缺点。因此,最好的做事态度就是中行,如《论语·尧曰》所言,"允执其中",即不偏不倚,恰到好处,即中庸是最高理想。

中医理论虽然没有直接引用"中庸"这个词,但是中庸的思想内涵已经广泛深入地渗入中医理论体系(theoretical system of traditional Chinese medicine)之中。中医理论认为,阴阳平衡者为健康人,故《素问·生气通天论》云:"阴平阳秘,精神乃治;阴阳离决,精气乃绝。"《素问·调经论》亦云:"阴阳匀平,以充其形,九候若一,命曰平人。"外界环境的失衡和人体自身的失衡都是导致疾病产生的重要原因。因此,外感六淫(six climatic exopathogens, six evils, six exogenous factors which cause diseases, six exopathogens)、食饮不节、七情内伤(internal injury due to emotional disorder, internal injuries caused by seven emotions, internal injury caused by excess of seven emotions, seven emotions stimulating)、过劳(overstrain)等,以及环境的失衡都会导致疾病的发生。如《素问·经脉别论》所言:"故春秋冬夏,四时阴阳,生病起于过用,此为常也。"由此可见,平衡的中庸之道是日常调养精神、保养身体的重要原则。在用中庸的平衡思维去预防疾病、调养身体时应做到:人与自然环境平衡,顺应自然,天人相应;心理情绪平衡,喜怒有节;饮食五味平衡,味无偏嗜,食饮有节(eating a moderate diet, eating and drinking in moderation);张弛有度;动静平衡,劳逸适度,起居有时。

（二）儒家健康养生方法

儒家健康养生方法(Confucian regimens)有如下几个方面:

1. 饮食养生法　《汉书·郦食其传》说:"王者以民为天,而民以食为天。"古人早就认识到了饮食与生命的重要关系。儒家对饮食养生也非常重视,在长期的实践中积累了丰富的饮食养生知识和宝贵的经验,也逐渐形成了独有的养生见解。

（1）食物的选择和比例应适当:正确选择食物是饮食养生的重要一步,在食物的选择和比例分配上儒家有自己的一些见解,即应当选用新鲜、清洁、加工方法正确的食物。《论语·乡党》中有"食饐而餲,鱼馁而肉败,不食。色恶,不食。臭恶,不食。失饪,不食。不时,不食。割不正,不食。不得其酱,不食。肉虽多,不使胜食气。唯酒无量,不及乱……不撤姜食,不多食"的论述,认为粮食陈旧变味了,不可吃;鱼和肉腐烂了,不可吃;食物的颜色改变了,不可吃。食物的气味改变了,不可吃;若食物烹调不当,不可吃;若不是当季所产的食物,不可吃。若肉食切得不方正,加工不当,不可吃;若佐料放得不适当,不可吃。同时,对于肉与米面量的比例都有规定,对于酒也认为不可过量,即若席宴上的肉食较多,摄入的肉食量应当不超过米面和蔬菜的量;若是饮酒,饮入量虽没有具体限制,但不能喝醉。此外,提出每餐必须有姜,但也不可多食。

（2）进食宜专致:《论语·乡党》中提到:"食不语,寝不言。"主张进食时,不要谈论问题,不要大声说话,应该将各种琐事尽量抛开,将注意力集中到饮食上。《灵枢·脉度》说:"五藏常内阅于上七窍也。故肺气通于鼻,肺和则鼻能知臭香矣;心气通于舌,心和则舌能知五味矣;肝气通于目,肝和则目能辨五色矣;脾气通于口,脾和则口能知五谷矣。"进食时专心致志,减少情绪波动,既可以品尝食物的美味,又有助于消化吸收,更可以有意识地将主食(staple foods, staples)与蔬菜、肉类等副食(subsidiary foods, non-staple foodstuffs)合理地搭配,控制食物的摄入量。若进食时心不在"食",思绪万千,情绪波动,或边看书报、电视,边吃饭,不将注意力集中在饮食上,不仅不易激起食欲,纳食不香,影响食物的消化吸收,还有发生呛咳的危险。现代研究发现,进食中情绪波动过于剧烈,会影响消化液的分泌,长此以往则可引起胃肠道疾患。

2. 精神健康养生法　知者乐,仁者寿。"乐"与"仁"是儒家的重要精神健康养生法(mental health regimen, spirit regimen)。

（1）"乐以忘忧":保持乐观的情绪既是人体生理功能的需要,也是人们日常生活的需要。《素问·举痛论》云:"喜则气和志达,营卫通利。"精神乐观可使营卫流通,气血和畅,生机旺盛,从而身心健康。《论语》中说:"发愤忘食,乐以忘忧,不知老之将至云尔。"可见,乐观的情绪是调养精神、舒畅情志、防衰抗老的最好养生方式。现代研究表明,人的性格、情绪与人体的健康、疾病的关系非常密切。保持乐观的情绪对人的健康是十分重要的。资料显示:性格开朗、活泼乐观、精神健康的人,患病的概率相对较低,即使患病,也较易治愈,容易康复。相反,情绪悲观的人,患病的概率相对较高,患病后恢复亦较情绪乐观的人慢。

(2)"仁者长寿":儒家认为,道德修养是健康养生的一项重要内容。儒家创始人孔子早就有"德润身""仁者寿"的理论。《中庸》进一步指出:"修身以道,修道以仁。""大德必得其寿"。修身(self-cultivation,cultivate the mind,cultivate one's moral character,cultivate one's morality),就是要修道,而修道(monasticism,cultivate oneself according to a religious doctrine),就是要修"仁",仁慈、仁爱是修道的根本。讲道德的人,待人宽厚大度,才能心旷神怡,体内安详舒泰,得以高寿。《孟子·告子上》云:"仁,人心也;义,人路也。舍其路而弗由,放其心而不知求,哀哉。"《孟子·尽心上》亦云:"尽其心者,知其性也。知其性,则知天矣。存其心,养其性,所以事天也。夭寿不贰,修身以俟之,所以立命也。"把养性养德列为摄生首务,一直影响着后世历代养生家。唐代孙思邈在《千金要方》中说:"性既自善喜,内外百病皆悉不生,祸乱灾害亦无由作,此养性之大经也。"明代的龚廷贤在《寿世保元》中说:"积善有功,常存阴德,可以延年。"明代的王文禄也在《医先》中说:"养德、养生无二术"。由此可见,古代养生家把道德修养视作健康养生之根,健康养生和养德是密不可分的。儒家的养性、道德观虽有其历史的局限性和认识上的片面性,但其积极的一面对道德修养、摄生延年还是颇有益处的。

孔子比《内经》早几百年就提出了"仁者寿"的观点,即养生要从养德开始,要修身,发扬人的善性,以清除心理障碍,取得心理平衡。明代吕坤的《呻吟语·卷三养生》曰:"仁者寿,生理完也。"道德高尚,光明磊落,性格豁达,心理宁静,有利于神志安定,气血调和,人体的生理功能才能正常而有规律地进行,精神才能饱满,形体才能健壮。东汉儒家荀悦在《申鉴·俗嫌》中指出:"仁者,内不伤性,外不伤物,上不违天,下不违人,处正居中,形神以和,故咎征不至,而休嘉集之,寿之术也。"即仁义之人,由于道德修养高尚,故不会违背本心,做违背良心之事,则内不伤;仁义之人,和于自然之理,不会损害别人,不会伤害其他的生物,不违背自然规律;仁义之人,在社会上不违背社会道德规范,不会与人发生矛盾,心情自然平和,便不会为外物所扰。这与《素问·上古天真论》"是以嗜欲不能劳其目,淫邪不能惑其心,愚智贤不肖不惧于物,故合于道,所以能年皆度百岁而动作不衰者,以其德全不危也(因而任何不当的嗜好和欲望都不会引起他们注目,任何淫乱邪僻的事都不能扰乱他们的心。无论是愚笨的,聪明的,能力大的,还是能力小的,都不会因外界事物的变化而动心、焦虑,所以符合养生之道。他们之所以能够年龄超过百岁而动作不显得衰老,正是由于领会和掌握了修身养性的方法而身体不被内外邪气干扰危害)"的观点是一致的。说明道德修养可以养气(cultivating qi)、养神(cultivating spirit,spiritual cultivation),使"形与神俱",促进健康。正如《素问·上古天真论》所言:"内无思想之患,以恬愉为务,以自得为功,形体不敝,精神不散,亦可以百数(在内,没有任何思想负担,以安静、愉快为目的,以悠然自得为满足,所以他的形体不易衰惫,精神不易耗散,寿命也可达到一百几十岁)"。现代养生实践证明,注重道德修养,塑造美好的心灵,助人为乐,养成健康高尚的生活情趣,可以获得巨大的精神满足,是保证身心健康的重要方法之一。

3. 起居健康养生法   儒家有一些独特的起居健康养生法(regimens in daily life),如《论语·乡党》中所说:"寝不言",即睡觉前应该安静养神,不能交谈、说话,以免影响入睡和睡眠质量。在日常穿着上,《论语·乡党》中也有详细的论述:"君子不以绀緅饰。红紫不以为亵服。当暑,袗絺绤,必表而出之。缁衣,羔裘;素衣,麑裘;黄衣,狐裘。亵裘长,短右袂。必有寝衣,长一身有半(君子不用深青透红和黑中透红的布镶边,不用红色或紫色的布做平常在家穿的衣服。夏天穿粗的或细的葛布单衣,但一定要套在内衣外面。黑色的衣配羔羊皮袍,白色的衣配幼鹿皮袍,黄色的衣配狐皮袍。平常在家穿的皮袍做得长一些,右边的袖子短一些。睡觉一定要有睡衣,长度为身长的一半)"。在睡觉姿势上,《论语》中说:"寝不尸""睡不厌屈,觉不厌伸。"意思是说,睡觉不要像死尸那样,睡姿(sleeping posture)以侧身屈曲为好。在房事上,被后世引为养生重要信条的是著名的"君子三戒"。《论语·季氏》说:"君子有三戒:少之时,血气未定,戒之在色;及其壮也,血气方刚,戒之在斗;及其老也,血气既衰,戒之在得。"认为少年时气血没有安定,不可沉溺于女色,否则容易肾亏而伤身;中年时,气血方刚,易于发怒,喜欢争强斗胜,应注意不要与人争斗,否则容易受到损伤,同时引来灾祸;老年时,应注意不要过于贪心,这时气血亏虚,不可过于贪欲,否则会损害身心。此外,北齐颜之推的《颜氏家训·养生篇》说:"若其爱养神明,调护气息,慎节起卧,均适寒暄,禁忌食饮,将饵药物。"并指出在爱养精神、慎于起居、注意饮食禁忌的同时,可以适当服药综合调养,这样才能尽其天年。

作为特有的学派,儒家思想在中华民族悠久的传统文化中占有主导地位,对中国文化各方面的影响都是巨大的,包括在健康养生方面的影响和特点,对于健康养生的研究有着非常重要的借鉴和指导作用,是中华传统文化(Chinese traditional culture)中的瑰宝。

三、佛家养生

佛教(Buddhism)是世界 3 大宗教之一,以追求"见性成佛"为终极目的,在以精神解脱为最高目标的同时,同样重视身体的健康,因此,佛教在千年的发展中也积累了丰富的养生方法,佛家健康养生方法(Buddhist regimens)备受历代僧人推崇。

(一)佛家健康养生的基本原则

佛家健康养生的基本原则(basic principles of Buddhist health cultivation)是:欲得到最高的成就,必须脱离尘罗世网,必须脱离社会,甚至脱离"生"。只有这样,才可以得到最后的解脱。这种哲学,即"出世哲学(other-worldly philosophy)"。佛教倡导出世哲学,讲究通过修炼脱离俗世。其修炼的目的是制心一处,参究佛理,以求开悟,静定生慧,彻见法性,解脱自在,达到涅槃的境界。虽然佛教并不刻意追求养生的功效,但佛家健康养生(Buddhist health cultivation)却病延年的作用却很显著。

佛教认为,人生必须经历"生老病死"四大苦。其中"病"苦分为两大类,一类是"身病",一类是"心病",其中大部分"病"苦来源于错误的思想和行为,可以通过修行身心两个方面预防和治疗。

佛教继承了印度的传统观念,认为地、水、火、风是构成人体的 4 大要素,4 大要素不平衡就会产生"身病(body diseases)"。4 大要素和谐,疾病自然而愈。这与中医阴平阳秘、阴阳平衡的观点类似。佛教认为,"身病"的致病原因主要有以下几种:外感风寒(external wind-cold)、内伤湿热(internal dampness-heat)等引起的 4 大要素不协调;不良情绪引起的生理功能紊乱,如忧愁、焦虑或大悲大喜等;贪、嗔、痴等烦恼导致的不良行为(unhealthy behaviors)和不良生活习惯(unhealthy life habits),如过劳、饮食不节或酗酒(alcoholic intemperance,excessive drinking)等。

佛教中的"心病(mental worries)"是指错误的认识和不健康的精神活动,主要由烦恼产生,无尽的烦恼分为八万四千种,也可浓缩为"贪、嗔、痴"。佛教认为,世间万象皆因缘而起,本质是空幻的,若妄起贪爱执着,就会产生各种烦恼。因此,需要通过对佛法的闻、思、修,致力于持戒、习定、修慧,才能转烦恼为菩提(觉悟)、转凡夫为圣人。

(二)佛家健康养生方法

佛家健康养生方法有如下几个方面:

1. 精神健康养生法　佛教认为:"人性本自净""万法在自性",故非常注重精神方面的修持,修持的原则以修心养性(cultivate the moral character and nourish the nature)为主。要修心(cultivating one's mind,culture of the mind),就必须放下一切而不离一切。唐代净觉禅师说:"真如妙体,不离生死之中;圣道玄微,还在色身之内。色身清净,寄住烦恼之间;生死性起,权住涅槃之处。故知众生与佛性,本来共同。以水况冰,体何有异? 冰由质碍,喻众生之系缚;水性通灵,等佛性之圆净。"净觉禅师要人们像冰化成水一样,挣脱"质"的障碍,求"心净""圆净",以证佛道。但人在天地之中,不可避免天灾人祸、人情冷暖、言语冲突等,这些都可能使人心理失衡,产生怒(anger）、喜（joy）、忧（anxiety）、思（worry）、悲（sadness）、恐（fear）、惊（surprise）等负性情绪（negative emotions），久而久之，就会对人的身心造成伤害。所以，佛教的修心方法是人安身立命、延年益寿的重要方法。此外，佛教认为，修心还须具备良好的品德，即清净心灵、弃恶行善、约束行为、慈悲为怀。

2. 饮食养生法 佛教亦强调饮食的重要性，《大智度论》卷三中说："比丘以乞食资养色身，清净延命。"真正的修道是由心而悟，若想求法，首先就需要用饮食来保障身体的生存，才能潜心修道。故佛教寺院，在力所能及的情况下，都会为僧众备办"三德俱足，六味调和"的饮食，使人身心安适，道心增长。因此，佛教在饮食养生方面也有一些独特的认识和方法。

（1）吃素食：佛教教义认为，素食是一个人具有真正的慈悲心的根本特征。因此，佛教反对吃肉，认为一切动物皆有情众生，而这些众生皆是上一世的父母，吃众生肉等同于吃父母之肉，尽管这些众生是过世的父母，但无论过去现在还是将来，儿女都应该恭敬孝养，吃他们的肉是对人类道德禁忌的极大践踏，也违反了人世间的良心规则。因此，佛教从这个角度来劝众生要食素，禁食肉。佛教认为，"酒为放逸之门""肉是断大慈之种"，吃肉喝酒，"即同畜生豺狼禽兽，亦即具杀一切眷属，饮啖诸亲。"罪过可谓大矣！

但早期佛教传入中国时，其戒律中并没有不许吃肉这一条。即便是现在，除了出家的僧徒以外，在家修行的居士也只是根据自身的情况选择少吃或不吃肉。吃肉时，提倡吃"三净肉"，即不自己杀生、不叫他人杀生和未亲眼看见杀生的肉。而在我国西藏、内蒙古等地区，由于历史习惯、地域特征、气候特点等原因，蔬菜、水果种植不易，所以这些地区的佛教徒一般都会吃肉，这是在特殊环境下的"开戒"。

从现代营养学的角度来看，纯吃素可能会使人患营养不良（malnutrition），但从人类的起源角度来分析素食，也具有一定的科学意义。研究认为，人起源于灵长类动物，无论是牙齿还是胃肠道的结构，都适合以素食为主。现代的文明病如高血压、冠心病、糖尿病、肿瘤以及过度肥胖等，均与饮食高糖、高脂、高盐等息息相关，而素食清淡、鲜美、营养丰富，不易伤脾胃，从这一角度来讲，食用素食还是有一定的益处的。许多僧人神清气爽、健康、长寿，少有现代文明病，也许与他们长期食素有一定的关系。

（2）有节制：佛教认为，饮食要有节制，不能过饱，亦不能过饥。若饮食过饱，则会增加胃肠负担，导致气血淤滞，不利于修习；而进食过少又会导致身体羸弱、心神躁动，也不利于潜心修习。

（3）重卫生：在饮食卫生方面，佛教要求制作饮食要绝对卫生。在佛教讲的"三德俱足，六味调和"饮食中，其中"三德"是指置办斋厨之人应当具有"清净、柔软、如法"三德。"清净"德，便是要讲究饮食卫生。"清净"德是指参与做饭的人不仅要讲究卫生，还应心灵清净，在置办食物之时，要拣择清洗干净的食料，厨房及各种器皿也应清洗干净，使之清净无染，甚至柴草也应是干净的。对作供养和做法事时用的食物更应卫生并恭敬，不讲究卫生而置办饮食，在佛教看来是不如法的，不仅得不到福佑，甚至会得到因果报应。如《根本说一切有部毗奈耶》第三十六卷中，佛说："若诸比丘曾所触钵，未好净洗。若小钵，若匙，若铜盏，若安盐器，而用饮用食者，皆得波逸底迦罪。"梵语"波逸底迦"意为应忏悔、令堕等。是说，所犯的罪比较轻，如果及时忏悔，罪业可以消除；如果犯罪的人不及时忏悔，这些罪能够令犯罪的人堕落恶道。除对饮食制作有卫生要求外，佛教要求吃饭时也应讲究卫生，如在《根本说一切有部毗奈耶》第三十六卷中提出："若手触钵袋，若拭巾、锡杖，若户钥及锁，如是等物。若触捉已，不净洗手，捉余饮食，乃至果等，吞咽之时，皆得波逸底迦罪。"

柔软德，是指厨中之人在置办饮食时，要有一颗柔软的心，不宜带着怒气或者怨气工作，要带有愉悦或者平和的心态做事，同时，所置办的食物亦当柔软适口，不宜生硬或者焦糊。厨中之人，要考虑大众，而不能依照个人的口味来置办食物，使之过咸或者过辣。

如法德，是指厨中之人在置办饮食的时候，能够应时合理，与教规不相违背。比如应该火煮的食品,必须以火如法煮熟;应该除去皮和核的果实,必须去之;不要在非食时食;不要吃不干净的食物……。佛在《佛说护净经》中云:"如法作斋食,可得福德。诸天欢喜,百神庆悦,天神拥护。"

（夏丽娜）

思考题

1. 健康养生学的研究内容有哪些?
2. 请根据你的理解,阐述养生的目标是什么?
3. 秋季饮食应当遵循哪些原则?
4. 《黄帝内经》对健康养生文化产生哪些影响?
5. 道家学派健康养生基本原则有哪些?

| 第二章 | 健康养生学的基本理论

本章要点

1. **掌握** 环境污染物的分类、职业病的特点;中医养生学的基本理论。
2. **熟悉** 社会因素影响健康的基本特点、青少年健康危险行为;天人相应的整体观念、平衡阴阳的具体方法。
3. **了解** 国家基本公共卫生服务规范 12 项内容;调养气息、节欲保精的具体方法。

本章介绍的健康养生学基本理论(basic theories of health cultivation),包涵现代医学健康相关理论和中医养生学基本理论。

第一节 现代医学健康相关理论

现代医学(modern medicine)包括基础医学(basic medicine)、临床医学(clinical medicine)、预防医学(preventive medicine)、康复医学(rehabilitation medicine)、社会医学(social medicine)、环境医学(environmental medicine)等学科,从未病先防(prevention before disease onset)的角度看,预防医学对于预防疾病(preventing diseases)、维护健康(maintaining health)发挥着重要作用。而人生活在天地间,受自然环境、生活环境和社会环境的影响是巨大的,环境因素对于人类健康的影响是不容忽视的,甚至很多疾病就是由不良环境直接导致的,这些疾病既包括躯体疾病也涵盖心理疾病。了解现代医学健康相关理论(health related theories of modern medicine)以及环境对人类健康的影响,对于预防疾病和改善机体健康是十分必要的,也是非常重要的。

按照世界卫生组织(World Health Organization,WHO)的定义,环境(environments)是指在特定时刻由物理、化学、生物及社会各种因素构成的整体状态,这些因素可能对生命机体或人类活动直接或间接地产生现时或远期影响。通常根据环境要素属性的不同,将环境划分为自然环境和社会环境。自然环境(natural environments)是指围绕人们的各种自然条件(natural conditions)的总和,包括大气圈、岩石圈、土壤圈、水圈和生物圈等,自然环境恶化(natural environment deterioration)会对人类健康产生明显影响。社会环境(social environments)是指人们通过长期、不间断地改造自然,以及在生产劳动过程中逐渐形成的社会关系、生产体系和物质文化的总和,包括政治、经济、文化、教育、人口、宗教、风俗习惯等社会因素。

人类作为环境中的成员,其健康状况(health status)与环境密切相关。无论是自然环境还是社会环境的改变,对人类健康都可能产生一定程度的影响。对人类健康产生影响的环境因素(environmental factors)根据其属性的不同,划分为生物因素(biological factors)、物理因素(physical factors)、化学因素(chemical factors)和社会心理因素等。环境因素对人体健康的影响具有多样性和复杂性的特点。自然环境中大气、土壤、水、食物中的物理因素、化学因素和生物因素对全体公民的人体健康产生影响;职业环境中的职业性有害因素对相关职业作业人员的健康产生影响;社会环境因素中的社会政治制度、社会经济和文化等对全体公民的生理、心理产生影响。

环境问题(environmental problems,environmental issues,environmental concerns)是指人类生存和发展的环境遭到破坏,这是人类同自然界相互作用的结果。环境问题包括原生环境问题(primary environmental problems)、次生环境问题(secondary environmental problems)和社会环境问题(social environmental problems)。目前,对人类健康影响较大的主要是次生环境问题和社会环境问题,特别是次生环境问题中的环境污染和生态平衡被破坏的问题。这类环境问题和人类的生活、生产及健康有直接的关系。

一、自然环境与健康

自然环境对健康的影响(effects of natural environments on health)是明显的。自然环境可以分为原生环境和次生环境。原生环境(primary environments)是指天然形成的、未受人类活动影响,或影响较少的自然环境。地球的原生环境是人类的起源、发生和发展的必需条件。适宜的太阳辐射、气候条件、空气中的氧离子、森林以及草原等绿化环境对健康有良好的促进作用。但在原生环境中也存在一些对健康不利的因素,如某些地区原生环境中的水或土壤中某些元素含量过多或过少,长期生活在这些地区的人们由于摄入这种元素的数量超过或低于人体生理需要,而对其健康产生不良影响,甚至导致疾病,这类疾病称为生物地球化学性疾病(biogeochemical diseases)。由于这类疾病有明显的地区性,故又称为地方病(endemics,endemic diseases)。例如在原生环境中缺乏碘元素导致的地方性甲状腺肿(endemic goiter)就是典型的地方病。次生环境(secondary environments)是指受到人类生产或生活活动影响而形成的新环境。人类的生活和生产活动不同程度地影响着自然环境,引起环境的次生变化。这种变化对人类社会的影响是双向的,例如植树造林使沙漠变成绿洲,对人类健康的影响是良性的;而对自然环境的过度开发和利用,使地下水水位急剧下降,出现缺水城市,这种改变则会对人类健康产生负面影响。由于生产活动使人类的生活环境(living environments)中出现大量的废气、废水和废渣,使大气、土壤和水源受到严重污染,也会危害人类的健康。目前,人类健康受到次生环境的影响越来越明显。

(一)自然环境的组成

从自然环境的组成(composition of natural environments)来看,自然环境可以分为大气圈、水圈、土壤圈、岩石圈和生物圈。人类与其他生物共同生活在地球表层,这个有生物生存的地球表层叫作生物圈。大气圈、水圈、土壤圈、岩石圈为整个生物圈提供了生物生存所需的必要的物质条件。生物群落与周围环境通过能量流动和物质循环,共同组成生态系统。

1. **生态系统** 生态系统(ecosystem,ecological system)是由互相依存并相互影响的生物与非生物环境之间,以及生物群落与生物群落之间在物质、能量和信息上处于连续流动状态的完整系统。生态系统由环境介质、生产者、消费者、分解者4部分组成。

环境介质(environmental media)是人类赖以生存的物质条件,是指自然环境中各个独立组成部分中所具有的物质,通常以气态、液态、固态三种形式存在,环境介质的运动可携带污染物向远方扩散。绿色植物利用空气、水、土壤、日光等环境介质中的化学物质和太阳辐射进行光合作用,将环境介质中的各种无机物合成为自身的组织并储存能量,是生产者。绿色植物以外的其他生物是消费者,它们通过食物链传递物质和能量,与此同时环境介质中的污染物也可通过食物链转移和富集。环境介质中的细菌、真菌等数量庞大的微生物是分解者,它们把动植物的残骸和代谢产物分解为简单的化合物,回归到环境介质中,完成物质的自然循环。在这个系统中,每一个环节的存在都是以其他环节的正常存在和发展为基础,任何一个环节出现问题,都会影响到整个生态系统的平衡。人类作为生态系统中的重要成员,受到该系统各个环节的影响是显而易见的。

2. **生态平衡** 生态系统在某个时间段内物质和能量的输入量和输出量相等,表现为一种稳态,称为生态平衡(ecological balance)。

生态平衡是相对的,任何制约生态平衡的因素一旦被打破,就会使这种平衡遭到破坏,导致一系列的连锁反应。制约因素包括季节变化、火山爆发、地震、森林火灾等自然因素,也包括生产和生活活动等人为活动因素。例如,过度开荒、破坏森林,会使草原、湿地的沙漠化进程加速,出现沙尘暴等危害人类健康的自然现象。由于工业化、现代化进程加速,对能源的需求量增大,煤炭、石油和天然气被大量开采和使用,使大气中的 CO_2 含量不断增加。CO_2 使太阳辐射到地球上的热量无法向外层空间发散,其结果是地球表面变热起来,产生温室效应(greenhouse effect, hot house effect),导致全球气候变暖,地表温度升高,两极冰川融化,造成海平面上升,一些地势较低的地区正面临着被上升的海水淹没的危险。而这些自然环境的变化对人类的健康不可避免地会产生影响。

3. 通过食物链的物质转移   在生态系统中,物质和能量的转移是通过食物链和食物网来完成的。所谓食物链(food chain),就是生态系统中各种生物为维持其本身的生命活动,以其他生物为食物,彼此通过食物连接起来的锁链关系,又称为"营养链"。生态系统中存在着许多条食物链,由这些食物链彼此相互交错连结成的复杂营养关系,称为食物网(food web)。物质和能量通过食物链和食物网不断地传递和转化,伴随着一系列的重要变化,主要包括生物放大作用、生物蓄积作用、生物浓缩作用。

(1)生物放大作用:污染物含量在食物链的高端生物体内比在低端生物体内逐渐增加、放大,这种现象称为生物放大作用(biological magnification)。生物放大作用使污染物在高端生物体内的绝对量和浓度均增加。人作为食物链顶端的成员,生物放大作用在人群中体现得更加明显,因此环境污染对人类健康的影响是巨大的。

(2)生物蓄积作用:生物个体对某种物质的摄入量大于排出量,导致这一物质在生物体内的绝对量不断增加,这种现象称为生物蓄积作用(bioaccumulation,biological accumulation)。例如,在铅浓度超标地区生活的儿童,血铅含量常常超标。有严重肝肾功能障碍的人群要警惕某些环境污染物的生物蓄积作用造成的不良影响。

(3)生物浓缩作用:生物个体摄入某种物质后,由于浓度的分配不均,以致该物质在生物体的某些部位浓度不断增加,这种现象称为生物浓缩作用(biological concentration),也称生物富集作用(biological enrichment)。如人体摄入的碘元素在甲状腺中的浓度最高。

生物放大、生物蓄积和生物浓缩作用是环境污染物对人体健康产生危害的基础和条件。单纯的低浓度甚至是微量的环境污染物一般不会产生大的影响,但是在生物放大、生物蓄积和生物浓缩作用的影响下,环境污染物通过食物链被逐渐传递,在传递过程中会增加对人类健康的影响。即使人类长期暴露在环境污染物当中,如果浓度较低,摄入的量较少,并不一定对健康造成危害。但是,如果人类摄入了经生物富集的生物体,就可能缩短了人类与环境之间的距离,增加了环境污染物对人类健康的危害性。典型的例子如发生在日本水俣县的水俣病(Minamata disease),就是由于人类摄入了高度富集甲基汞的水产品(aquatic products)所导致。甲基汞(methyl mercury)对胎儿的发育,特别是神经系统的发育,尤为有害,因甲基汞污染而诱发的出生缺陷,不但严重危害了儿童的生存和生活质量,也给家庭和社会带来了巨大的经济负担。

人类生活在环境当中,是环境的组成部分,人和环境之间既相互依存又相互影响,二者是对立统一的关系。其统一性表现在两方面:一方面,人类通过新陈代谢与环境进行物质交换和能量交换,从环境中获取生产和生活所需要的资源,然后将代谢产物和生产、生活废物排泄到环境当中;另一方面,经过长时间与环境相互作用,人类身体的结构和功能逐渐得到改造,对环境有了一定的适应性。例如,为适应高原缺氧环境,满足人体对氧气的需要,生活在我国西藏地区的居民,体内红细胞绝对值和血红蛋白含量增加。其对立性表现为环境对于人类的反作用。例如,在环境发生剧烈变化后,像地震、洪涝、海啸等自然灾害发生后,由于人生活的环境生态平衡被破坏,形成了易于传染病流行的条件,灾害地区的传染病往往增加,甚至流行,导致大量人员患病,甚至死亡。

（二）环境污染

由于各种人为的或自然的原因使环境的组成发生重大变化,并造成环境质量恶化,破坏了生态平衡,对人类健康造成直接的、间接的或潜在的有害影响,称为环境污染(environment pollution, environmental contamination)。严重的环境污染称为公害(public nuisance)。因公害而引起的区域性疾病称为公害病。

环境污染物(environmental pollutants,environmental contaminants)是指进入环境并能引起环境污染的物质,按其属性可以将环境污染分为生物性污染、物理性污染和化学性污染。

环境的生物性污染(biological pollution of environment,biological contamination of the environment)包括来源于动物、植物、微生物等各种生物体的污染。某些生物可能成为人类疾病的致病因素或者疾病的传播媒介,如鼠疫、霍乱、疯牛病(mad cow disease,bovine spongiform encephalopathy,BSE)等的传播与致病性微生物有关,而某些蚊虫也在疾病的传播过程中起到关键的作用,如蚊子对疟疾(malaria)的传播起到关键作用。

环境的化学性污染(chemical pollution of environment,chemical contamination of the environment)是指由于化学物质进入环境后造成的环境污染。在自然环境中,组成空气、水、土壤的各种化学组分的构成一般是比较稳定的,但在某些条件下,如石油化工生产、有色金属冶炼、使用燃煤火力发电等,常常使原有稳定的化学组分发生变化,产生工业“三废”,污染周围的农田,使种植的水稻中重金属含量显著增多,长期食用这种重金属超标的稻米,对人体健康会产生不利影响,特别是对儿童的生长发育产生不利影响。

环境的物理性污染(physical pollution of environment,physical contamination of the environment)是指环境中对生命活动产生影响的各种物理因素如太阳辐射、气候变化、电离辐射、微波辐射、电磁辐射、噪声等超标,对人体健康产生影响。例如切尔诺贝利核电站爆炸引起的核泄漏,造成了欧洲上空的放射性物质污染;微波、电视、电话、激光的普遍使用,使环境中的微波辐射量增加,这些都在某种程度上对人类健康造成了影响。

环境污染按其来源分为生产性污染、生活性污染(living pollution)和其他污染。生产性污染(productive pollution)一般是有组织排放的污染,污染物量大,污染物成分复杂,毒性大,是环境污染的最主要来源,但易于治理。常见的生产性污染物(production pollutants)主要来源于工业生产产生的工业“三废(industrial ‘three wastes’)”,即废气(waste gas)、废水(waste water)、废渣(waste residue)。如金属冶炼产生含有铬、砷等的有害粉尘(dust),造纸、印染等工业产生含有化学毒物的废水;生物制品、皮革制造等行业产生含有动物尸体、皮毛等的有机废渣。而在农业生产过程中可能引发的环境污染主要包括农药、化肥以及废水、污水、粪便等。各种农药的长期、大量应用,不仅导致农作物的农药残留,而且造成周围土壤、水源不同程度的污染。环境的生活性污染物(living pollutants of the environment)来源于生活“三废(life ‘three wastes’)”,包括生活垃圾(household waste,domestic garbage)、生活污水(domestic wastewater)、人或牲畜的粪便(human or livestock excrement)。其中,随着生活水平的不断提高,人口数量的增加,生活垃圾的产量大幅度上升,包括大量塑料及其他高分子化合物等在内的垃圾增加了无害化处理的难度。含有氮、磷的废水流入水体,使水中的藻类大量生长繁殖,水中溶解氧大幅减少,藻类在厌氧菌的作用下开始分解,使得水体感官性状和化学性状迅速恶化,即所谓的“水体富营养化(water eutrophication)”。在富营养化的水体中藻类大量繁殖,聚集在一起,影响水体中鱼虾贝类的生长。有些藻类还能产生毒素,如麻痹性贝类毒素、腹泻性贝类毒素、神经性贝类毒素、记忆缺损性贝类毒素等,贝类(蛤、蚶、蚌等)能富集这类毒素,人食用毒化的贝类可能发生中毒,甚至死亡。从医院里流出的含有病原微生物(如肠道病原菌、病毒、寄生虫卵等)的污水,可能造成环境污染,甚至造成某些疾病的流行。

其他污染包括使用微波炉、手机等产生的电磁辐射,交通运输产生的汽车尾气排放和环境的噪声污染(noise pollution),医用和军用的原子能和放射性同位素机构所排放的废弃物等。这些都可以使环境受到不同程度的污染,直接或间接对人体健康造成不良后果。

（三）环境污染对人类健康的影响

人类长期生活在环境当中,环境污染对于人类健康会产生各种直接或间接的影响。环境污染对人类健康的影响(impacts of environmental pollution on human health)表现在以下方面:

1. 环境污染对健康影响的特点　环境污染对人类健康影响的特点(characteristics of the impacts of environmental pollution on human health)表现为作用的广泛性、途径的多样性、对机体危害的复杂性、低浓度长期作用,以及环境污染物的多变性和综合作用。

2. 环境污染对健康影响的主要表现形式　环境污染对健康影响的主要表现形式(major manifestations of the impacts of environmental pollution on health)分为特异性损害和非特异性损害。

（1）特异性损害:环境污染对健康的特异性损害(specific damages to health caused by environmental pollution)表现为急性损害、慢性损害和对免疫功能的影响。

1）环境污染对健康的急性损害(acute damage to health caused by environmental pollution):环境污染物在短时间内大剂量进入人体,可引起严重的不良反应、急性中毒,甚至死亡。这种环境污染引起中毒的范围大可波及整个城市,小则仅局限于工厂附近的居民点。发生急性中毒时往往有一个比较严重的污染源或存在事故排放,同时有不良的气象条件或特殊的地形存在。环境污染对人类健康的急性危害以大气污染(atmospheric pollution, atmospheric contamination)最为多见。例如发生在英国的伦敦烟雾事件(London smog episode),发生在美国的洛杉矶光化学烟雾事件(Los Angeles photochemical smog episode)等。这些事件对人群健康造成了严重危害和巨大的精神损失。在急性危害发生的同时,还常常伴有大批的食物、水源被污染,以及大批的牲畜和动物死亡,使生态环境遭到进一步破坏。随着现代核工业的发展,核能源作为一种清洁的新型能源,正在世界各国广泛地普及和应用,随之而来的是要警惕核泄漏和核污染可能给周边的环境造成的严重影响。例如,在切尔诺贝利核电站周围,人群癌症的患病率急剧增加。

2）环境污染对健康的慢性损害(chronic damage to health caused by environmental pollution):环境中有毒有害污染物低浓度、长期、反复对机体作用所产生的危害称为慢性危害。环境污染物对人体的慢性危害是由于污染物本身或其代谢产物在体内蓄积(物质蓄积)或由于污染物对机体微小损害的逐次积累(机能蓄积)所导致的的。

环境污染物造成的慢性损害主要包括慢性中毒、致癌作用、致畸作用、致突变作用。

①环境污染引起的慢性中毒(chronic poisoning caused by environmental pollution, chronic intoxication):环境污染物长期、低浓度的作用,不仅可以影响人体生长发育和生理功能,还能降低人体的抵抗能力,增加感染的可能性,增加人群慢性疾病的发病率和死亡率。例如,大气中 PM2.5 的增加使患有慢性阻塞性肺疾病居民的死亡率有所增加。

②环境污染物的致癌作用(carcinogenic effect of environmental pollutants, carcinogenesis):癌症的发生与环境污染有密切的关系。环境中的致癌因素主要包括生物因素(EB 病毒、乙肝病毒、黄曲霉毒素等)、物理因素(放射线、紫外线)和化学因素,其中最主要的是化学致癌因素。根据其性质及致癌作用,将化学致癌因素分为:直接致癌物,即化学物本身具有直接致癌作用,在体内不需要经过代谢活化即可致癌;间接致癌物,即化学物本身并不直接致癌,必须在体内经过代谢活化后才具有致癌作用,大多数致癌物为间接致癌物;促癌物,即化学物本身并不致癌,但具有促进癌症发生和发展的作用。

③环境污染物的致畸作用(teratogenic effect of environmental pollutants, teratogenesis):出生缺陷又称为先天缺陷或先天畸形。虽然先天的遗传因素对出生缺陷的发生具有重要的影响,但后

天的环境因素导致的胚胎发育畸形越来越受到人们的关注。引起胚胎发生结构和功能异常,称为致畸作用,具有致畸作用的物质称为致畸物。环境因素对于致畸会产生非常明显的影响。控制环境污染物的致畸作用是关系人类健康的重大问题。环境致畸物是否导致胚胎发育畸形,受到了暴露浓度、暴露时间及母体易感性差异等因素的影响。环境致畸物经过饮水、食物和空气等途径进入母体,通过两种途径对胚胎产生致畸作用:其一,干扰妊娠过程,影响胚胎的正常发育,引起致畸,这是主要机制。致畸物进入妊娠的母体后,通过胎盘干扰胎儿的正常发育过程,使胚胎异常发育而出现先天畸形。受精卵在妇女怀孕 25~40 天的时候处于高度分化阶段,对致畸物最敏感,称为致畸危险期,此时致畸物最容易导致胎儿畸形,因此尽量不要让孕妇在致畸危险期接触化学毒物。其二,通过生殖细胞引起致畸。环境致畸物进入人体,作用于生殖细胞的遗传物质,通过影响生殖机能和妊娠过程而致畸。这种致畸往往不是形态致畸,而是机能畸形,如痴呆、智力低下等,而且其子代细胞将携带这种突变基因,具有遗传性。

④环境污染物的致突变作用(mutagenic effect of environmental pollutants,mutagenesis):生物细胞内的遗传物质和遗传信息突然发生改变,称为突变。环境化学物引起生物体细胞的遗传物质发生可遗传改变的作用,称为环境化学物的致突变性(mutagenicity of environmental chemicals)。能引起生物体发生突变的物质,称为致突变物(mutagens)或诱变剂。随着环境致突变物(environmental mutagens)种类和数量的增加,其对人类健康产生的危害也日趋严重。

3) 对免疫功能的影响:环境污染对免疫功能的影响(effects of environmental pollution on immune functions)主要表现为环境污染物的致敏作用(sensitization of environmental pollutants,allergization)和环境污染物的免疫抑制作用(immunosuppressive effect of environmental pollutants)。不少环境污染物可以作为致敏原引起变态反应性疾病。例如,一些花粉、尘螨等生物性致敏源,可以引起过敏性哮喘和皮疹。某些环境污染物还可能对机体的免疫功能起到抑制作用,使机体在免疫反应过程中的某一个或多个环节发生障碍。常见的铅、镉、镍等化学物质对免疫功能均有影响。

(2) 非特异性损害:环境污染物引起的非特异性损害(non-specific damage caused by environmental pollutants),主要表现为人体的抵抗力下降,一般的常见病(common diseases)、多发病(frequently-occurring diseases)的发病率增加,劳动能力下降等。

3. **环境污染引起的疾病**　环境污染引起的疾病(diseases caused by environmental pollution)包括以下几个方面:

(1) 公害病:公害病(public nuisance disease)是指由严重的环境污染引起,经过政府认定的一类地区性环境污染性疾病。公害病具有明显的地区性、共同的病因、相同的症状和体征。公害病的确定十分严格,一旦确定为公害病,患者有权得到有关部门和社会福利的照顾。伦敦烟雾事件、洛杉矶光化学烟雾事件、切尔诺贝利核电站事件都是世界上发生的比较有代表性的公害事件(public nuisance events,public nuisance incidents),对人类健康产生了严重影响,这些事件也是工业化社会高速发展的产物,未来仍应高度警惕公害病的发生。

(2) 职业病:职业病(occupational diseases)是指企业、事业单位和个体经济组织等用人单位的劳动者在职业活动中,因接触粉尘(dust)、放射性物质(radioactive substances,radioactive materials)、其他有毒有害因素而引起的疾病。例如,开采矿山的工人在操作过程中吸入空气中的二氧化硅粉尘引起的硅沉着病(silicosis),就属于典型的职业病。

(3) 传染病:环境污染引起的传染病(infectious diseases caused by environmental pollution)是由环境中各种病原体引起的,能在人与人、动物与动物或人与动物之间相互传播的一类疾病。病原体(pathogens,pathogenic agents),又称病原微生物(pathogenic microorganisms),以细菌和病毒的危害性最大。含有大量病原微生物的废水(特别是医院排放的废水)排放到水体中,可能引起痢疾、伤寒、霍乱等传染病的暴发流行。

4. 环境污染物对健康损害的影响因素　环境污染物对机体是否造成危害以及造成危害的严重程度受到多种因素的影响,这些影响因素称为环境污染物对健康损害的影响因素(influence factors of environmental pollutants on health damage)。其中主要影响因素包括污染物的理化性质、污染物的剂量以及污染强度、作用时间、环境条件、机体的健康状况以及个体易感性等。其中,个体易感性又与机体的健康状况、性别、年龄、遗传、营养与膳食等因素有关。

5. 环境污染的防治　环境污染的防治(prevention and control of environmental pollution)包括以下内容:

(1) 合理制订环境保护规划:在国民经济和社会发展的总体规划当中,要把环境保护(environmental protection)的内容和要求考虑进去,合理地制订环境保护规划(formulating reasonable environmental protection plan),避免出现亡羊补牢的情况。我国政府很早就确立了"经济建设、城乡建设、环境建设要合理布局,同步规划、同步发展、同步实施"的三同步策略。

(2) 积极治理工业三废及生活三废污染:工业三废(废气、废水、废渣)是环境污染的主要来源,治理工业三废是防治环境污染的主要措施。具体包括工业企业合理布局,改革工艺流程,综合利用,以及加强工业三废的净化处理。同时要预防农业性污染,合理使用农药,减少农药残留,加强农田灌溉污水的卫生管理。生活三废(垃圾、污水、粪便),特别是其中的有机污染物,需要得到无害化处理(innocent treatment,harmless treatment)。同时要减少燃料污染,开发清洁能源,预防交通性污染。

(3) 完善环境管理体制(environmental management system),加强环境监督管理(environmental supervision and management):20 世纪 80 年代,我国就把环境保护确定为一项基本国策,制定了《中华人民共和国环境保护法》《中华人民共和国水污染防治法》《中华人民共和国大气污染防治法》等 5 部法律和 9 部与环境密切相关的资源法律。此外,还制订了一系列的政策方案和计划,但我国的环境污染问题仍然很严重,俗话说"绿水青山,就是金山银山。"为了我国社会的可持续发展,造福子孙后代,一定要把环境保护放到十分重要的地位来抓。

(4) 通过健康教育提高民众的环保意识:充分利用各种传播媒介和教育方式提高全民族的环保意识和可持续发展意识,这是环境保护的长期基础。环境保护不仅仅依赖于先进的科学技术,更需要提高人们的环保意识,发挥主观能动性来积极参与环保。需要通过持续的健康教育来提高人民群众的环保意识,主动参与环境管理(environmental management),使人们的行为与环境和谐统一,使环保成为一种社会公德固定下来,形成良好的全社会参与环保的风气。

此外,尚需不断提高科学技术水平,促进高新技术的应用,消除和减少污染物的排放,提高对污染物的无害化处理能力,合理利用能源和资源,推行清洁能源,发展生态农业(ecological agriculture,ecoagriculture),落实可持续发展战略。相关的工作者要深入开展环境污染与健康关系的研究,为环境污染的治理、环境管理及决策提供科学依据。

二、社会环境与健康

WHO 于 1948 年提出的健康的概念(concept of health)是指身体上、精神上、社会适应上完全处于良好的状态,而不是单纯地指没有疾病。而人类的医学模式(medical models)也已经由生物医学模式(biomedical model)转变为生物-心理-社会医学模式(bio-psycho-social medical model),这种医学模式加深了人们对环境-人群-健康关系的认识。研究社会环境、社会心理因素、生活行为方式等因素对健康的影响,对于现代社会的健康促进十分重要。

社会环境是人类在生产和生活活动中逐渐创建的。人是社会环境因素的主导者,同时又受到社会环境因素的影响。社会环境因素(social environment factors)包括人类社会特有的政治、经济、文化、教育、宗教、人口、家庭、就业、行为、风俗等社会因素,它们对人们的世界观、人生观、价值观、行为规范等会产生直接影响,影响着人们的行为习惯(behavioral habits),并直接或间接地对人们的心理状态(psychological states)产生影响。而这些行为习惯和心理状态又常是某些精神和躯体疾病的致病因素,例如酗酒(alcoholic intemperance,excessive drinking)、吸烟(smoking)、吸毒(narcotic taking)、多个性伴侣(multiple sexual partners)等不良行为(unhealthy behaviors)常是肝脏疾病、呼吸道疾病和艾滋病(acquired immunodeficiency syndrome,AIDS)的发病因素。因人的心理状态常与社会环境密切相关,也应列为社会环境因素。社会环境因素对于人类健康产生的作用是持久的。

（一）社会因素与健康

1. 社会因素的定义　社会因素(social factors)有广义和狭义之分。广义的社会因素(social factors in a broad sense,broadly defined social factors)是指社会的各项构成要素,包括环境、人口、社会制度、社会群体、社会交往、道德规范、国家法律、社会舆论、风俗习惯、文明程度(政治、经济、文化等)。狭义的社会因素(social factors in the narrow sense)主要包括社会的政治因素(政治制度及政治状况)、经济因素(经济制度和经济状况)、文化因素(教育、科技、文艺、道德、宗教、价值观念、风俗习惯等)等。

2. 社会因素影响健康的基本特点　社会因素影响健康的基本特点(basic characteristics of social factors affecting health)包括以下几个方面:

（1）泛影响性:是指社会因素对人们健康的影响非常广泛。

（2）恒常性:是指社会因素可对人们的健康产生稠密和持久的影响。

（3）累积性:是指社会因素以一定的时序作用于人生的各个阶段,且可形成应答累加、功能损害累加或健康效应累加作用。

（4）非特异性:是指社会因素对人们健康的影响并不是单因素作用的结果,而是多种因素综合作用的结果,一般表现为单因多果、多因单果或多因多果现象。

（5）交互作用:指各种社会因素既可以直接影响人们的健康,也可以作为其他因素的中介或以其他因素为中介作用于人们的健康。

3. 社会因素影响健康的作用机制　社会因素包括的内容是多方面的,对于健康的影响也是多方面的。社会因素影响健康的作用机制(mechanism of social factors affecting health)包括以下几个方面:

（1）社会因素影响生物遗传:生物遗传因素(biogenetic factor)对人类健康的影响是确定的,而广泛的社会因素如社会制度、风俗习惯、宗教信仰、法律法规、科学技术等,对遗传也都会产生直接或者间接的影响,例如禁止近亲结婚对一些遗传疾病的预防起到重要的作用。

（2）社会因素影响生存环境:社会因素如政治、经济、科技等因素对自然环境的影响是巨大的。工业化生产的高速发展导致对自然资源的过度开采,不仅造成资源匮乏,还导致空气、水源和土壤等污染出现,这些环境污染对人类的生存环境(human living environment,survival environment of mankind)和健康的影响是确切和巨大的。环境污染也会通过食物和药物对健康产生影响,例如蔬菜、粮食作物、中草药(Chinese medicinal herbs,Chinses herbal medicines)等从土壤和水源中摄取的重金属,可以直接或间接转移到人体当中,对健康产生影响。而为了防治病虫害、提高产量,投放的农药、化肥等物质,也在影响着食品营养和安全,从而影响着人类的健康。生活的微小环境(micro environment of life)也对人体健康产生影响。

（3）社会因素影响医疗卫生保健服务:医疗卫生保健服务是与人类健康最密切相关的因素。不同社会、不同时期、不同国家和地区等社会因素对医疗卫生资源的分配(distribution of medical and health resources,allocation of health resources)和医疗卫生保健服务网络的建立和完善会产生不同的影响,从而影响人们获得医疗卫生资源的公平性(equity in access to health resource),以及获得医疗卫生保健服务的机会,进而影响人群健康水平(population health level)的提高和维护的效果。

（4）社会因素影响心理过程并改变行为习惯:社会因素作为应激源,对人们的心理产生影响。不良的心理因素(unhealthy mental factors)则会产生不良的精神刺激,并在一定程度上影响躯体健康。而法律、道德等社会因素对行为习惯具有一定的约束性或激励性,从而通过培养人们的健康行为(health behaviors),进而影响人们的健康。

4. 社会因素对健康的影响　社会因素对健康的影响(impacts of social factors on health)如下:

(1) 政治制度对健康的影响:政治制度对健康的影响(impacts of the political system on health)表现在以下方面:

1) 政治制度(political system)对卫生政策(health policy)和人群健康的影响是最为广泛和深远的,尤其是政治制度对卫生发展方针和卫生政策的制定(formulation of health development guidelines and health policy)产生决定性的影响。人群健康水平的提高依靠经济作为基础条件,而政治制度是最重要的经济保障。

2) 社会分配制度(social distribution system)对人群健康产生明显的影响。不合理的社会分配制度易导致社会财富分配不合理,产生贫富差距,影响人群的基本生活条件,从而影响人群获得医疗卫生保健服务的机会。因病致穷是每个社会都会面临的问题。

3) 社会制度(social system)对人的行为习惯产生影响通过约束人们的行为模式,如禁止某些不良行为和不良生活习惯(unhealthy life habits),从而保持和促进社会的协调发展。如通过禁止吸毒、禁止酒驾等维护社会秩序,促进人群健康。

(2) 社会经济对健康的影响:社会经济对健康的影响(socio-economic impact on health)表现在:健康状况的改善与人们的经济收入和社会地位的提高密切相关。不同社会、不同时期的经济状况,对人群健康都会产生影响。人们身处经济繁荣和社会福利公平的社会,会拥有更高的健康水平。良好的医疗卫生保健服务也需要强大的社会经济作保障。

1) 社会经济状况对健康有明显的影响。发展中国家与发达国家的疾病类型(disease type)和死因谱(death cause spectrum, death chart)有明显的差异,这与社会经济状况(socioeconomic status, socioeconomic situation)不同直接相关。发展中国家的健康问题主要表现为由于生活贫困导致的营养不良(malnutrition)及其相关疾病、医疗卫生设施不足、缺乏健康教育,主要死亡原因是传染性疾病和呼吸系统疾病。而发达国家的主要死亡原因则是癌症和心脑血管疾病等富贵病。

社会经济状况的改善可以促进人群健康水平的提高。物质生活水平提高能够给人们提供充足的粮食、合理的营养、安全的饮用水等,这些都是保证健康的基础,特别是对儿童的身体健康尤其重要。而社会经济的发展,能够极大地推动生产和工作条件的不断提高,为保证人们的健康提供了有利的条件,例如为高温作业人员提供防暑降温的环境条件、增加职业福利等。

2) 经济发展有助于增加医疗卫生保健事业的资金投入。保障人群健康需要大量的人力、财力和物力的投入,经济发展能够使政府和相应组织机构对医疗卫生保健事业的投入增加。

3) 经济发展提高了人们的受教育程度,而文化水平的提高,能够使人们更清醒地认识到健康的重要性,从而主动增加对健康的投入,关注健康知识,加强自我健康教育,不断提高健康水平。在经济发展提高人们受教育程度的同时,人们的收入也直接或间接发生了一定的变化,促进了社会阶层的划分。总体上讲,社会阶层较低的人群收入低,生活相对贫困,其居住环境(dwelling environment, residential environment)、卫生条件和食品营养等都相对较差,患病的机会相对较大,获得优质医疗卫生保健服务的机会则相对较少。在遭遇重大应激事件的时候,社会低阶层人群应对应激事件的能力也较差,容易在心理上产生不良影响。

4) 社会经济发展(socioeconomic development)也导致了一些不良习惯的产生,对健康也带来了一定的负面影响。如较多进食快餐(fast food)导致脂肪摄入过高,久坐的生活方式(sedentary lifestyle)增加了肥胖症(obesity)、糖尿病(diabetes mellitus)、高脂血症(hyperlipidemia)等疾病的患病风险。而由于工作节奏的加快和压力的增加,各种心理疾病(mental diseases, psychological illnesses)也大幅度增加。电子设备的发展、过度用眼导致儿童近视的发病率急剧上升。经济发展还可能对自然环境造成破坏,导致环境恶化,直接或者间接影响健康。

(3) 社会关系对健康的影响:人具有社会属性,每个人都是复杂的社会关系网中的一员。常见的社会关系(social relations)主要包括家庭关系、邻里关系、同事关系、同学关系、朋友关系等。社会关系对健康的影响(impacts of social relations on health)是非常明显的,个人通过社会关系找到同伴、获得信息交换,使个人从中获得精神和心理支持、物质帮助,进而影响人们的健康。

1) 家庭支持与健康:家庭(family)是以婚姻和血缘关系为基础建立起来的社会基本单位。家庭成员(family members)在家庭中扮演着不同的角色,由于家庭成员角色和数量不同,不同家庭的家庭结构不一,家庭功能存在一定的差别,家庭关系(family relationships)也存在和谐与不和谐的差别。家庭结构(family structure)主要是指家庭的人口构成。在我国出台独生子女政策之前,家庭成员人口相对较多,在执行独生子女政策之后,三口之家是常见的家庭结构。家庭结构完整是家庭支持的重要基础,也是幸福家庭的必要条件。一旦家庭结构被破坏,就可能损害家庭成员的健康。如亲人离世、离婚、丧偶等,其中,离婚和丧偶对家庭结构的破坏是非常严重的,对其他家庭成员产生的健康影响较大。在离婚后的单亲家庭中成长的孩子,往往在心理和人格发育上存在一定的问题,对其未来的生活可能产生一定程度的影响。而丧偶的家庭,特别是突发事件造成的丧偶,可能对丧偶一方的健康产生严重的影响。家庭功能(family function)包括生育与教育、生产与消费、赡养、休息和娱乐等,家庭的经济状况对家庭功能有很大影响,家庭经济状况好的,无论是儿童教育、营养状况、老人健康等,都比经济条件较差的家庭更具有优势。家庭的经济条件在家庭成员寻求家庭支持的时候,特别是在家庭成员患病的时候,能够起到至关重要的作用。家庭支持对健康的影响(impacts of family support on health)表现在:家庭关系是否和谐,对家庭成员的心理和身体健康具有巨大影响,尤其是对老人和儿童。和谐的家庭环境和氛围有赖于家庭每一个成员的努力,也是家庭成员能够更好地发挥社会角色的重要保障。

2) 社会支持与健康:社会支持(social support)是指一个人从社会网络(人的社会接触和社会联系)所获得的情感、物质和生活上的帮助。社会支持主要包括 4 个方面:①物质支持,包括从社会中获得的实质性的财和物的帮助,也包括帮助做家务和生病时给予照顾等其他帮助形式,例如在自然灾害面前,社会各界对受灾群众捐款捐物、爱心志愿者提供的帮助等。②情感支持,指从社会网络中获得友谊、爱情、关心等非物质的支持和体验,如癌症病友自发组织的爱心互助群体,相互之间的情感交流和支持。③信息支持,指从社会网络中获得知识和个人需要的信息,如同学之间、朋友之间经常进行的信息交流、知识分享。④评价性支持,是指从社会网络中获得对自己的价值观、信念、选择行为等的肯定性看法和反馈,如社会对于劳动模范、英雄楷模的评价。社会支持对健康的影响(impacts of social support on health)表现在:社会支持使社会成员获得物质和精神、情绪上的支持和理解,良好的社会支持不仅能保证社会成员在遇到包括健康问题在内的困难时能够获得及时和有效的帮助,也能不断加强和促进社会成员发挥个人在社会关系中的作用,不断促进其对其他社会成员在健康上的支持和帮助。

(4) 医疗卫生事业发展对健康的影响:人群的健康与医疗卫生事业发展水平(development level of medical and health services)密切相关,国民健康水平(national health level)是一个国家经济社会发展水平的综合反映。医疗卫生事业发展对健康的影响(influence of the development of medical and health services on health)表现在:人群健康水平的提高是伴随着医疗卫生事业的发展而提高的。

1) 医疗卫生资源分配对健康的影响:医疗卫生资源分配对健康的影响(impact of medical and health resource allocation on health)主要通过医疗卫生资源的投入量是否充分、分配是否公平合理来反映。政府和相关组织机构需要通过完善的制度将医疗卫生资源进行合理的配置,以保证人们获得医疗卫生保健服务的公平性。

2）医疗卫生保健制度对健康的影响：医疗卫生保健制度对健康的影响（impacts of medical and health care systems on health）通过以下两个方面反映：①医疗卫生保健制度（medical and health care system）是一个国家或地区为解决居民的防病、治病、保健问题而筹集、分配和使用医疗卫生保健费用，以及提供医疗卫生保健服务的综合性制度。②医疗卫生保健制度是从制度上对人群的健康进行保障，有赖于政府对医疗卫生保健服务系统（medical and health care service system）不断地完善和加强。医疗卫生保健服务系统提供医疗卫生保健需要的各种条件，如医务人员、医疗设备、药品、医疗技术、预防接种技术、健身器材等。医疗卫生保健服务系统以及医疗卫生保健制度关系到人们对医疗卫生保健服务的可及性，也影响着人们健康的公平性。

3）健康投资对健康的影响：健康投资对健康的影响（impacts of health investments on health）也是明显的。政府、组织、家庭、个人对健康投资的总量以及构成比例对医疗卫生保健事业的整体发展水平、人群健康的公平性影响很大。

（5）社会文化因素对健康的影响：文化包括人们的思想意识、宗教信仰、道德规范、科学教育、法律法规、历史传统、风俗习惯以及行为规范和生活方式等，即包括意识形态在内的一切精神产品。文化是社会历史不断沉淀的产物，社会文化因素对健康的影响（impacts of sociocultural factors on health），承载了不同国家、不同时期、不同民族、不同价值观等多种因素的影响。

1）思想意识对健康的影响：行为受到思想意识（ideology）的支配。一个具有积极向上的文化氛围的社会往往引导人们具有健康的思想意识，而健康的思想意识往往引导人们采纳合理和健康的行为。反之，一个充斥着负向能量、丧失积极进取精神、急功近利的社会，则往往使人们产生负面的思想意识，进而产生负面行为（negative behaviors），例如多个性伴侣、吸毒等，甚至可能导致某些社会成员出现自杀（suicide）、自残（self-mutilation, self-harm）等行为，不仅极大地损害了其本身的身体和心理健康，也给家人带来了沉重的心理负担。

2）受教育程度对健康的影响：受教育程度对健康的影响（influences of educational background on health）非常明显。接受过高等教育的人往往更关注身体健康，更重视健康知识的主动获取，更愿意改正不健康的生活行为习惯，采取更为合理的生活方式，对生活中的健康危险因素（health risk factors）具有更好的辨别能力。一般来讲，教育水平（educational level）越高的人理性化程度也会越高，更为看重生活、工作条件的改善及精神生活的丰富，在遇到健康问题的时候，更懂得和运用社会支持，从而对健康产生积极的作用。

3）风俗习惯对健康的影响：风俗习惯（customs）是特定地域的特定人群在长期日常生产生活中自然形成的，并世代沿袭与传承的习惯性行为模式，它贯穿于人们的衣、食、住、行各个方面。风俗习惯对健康的影响（influences of customs on health）是多方面的，良好的风俗习惯不仅能够锻炼身体，并能够愉悦心情，对人们的健康起到促进作用，如重阳节登高、三月三放风筝、端午节赛龙舟等，而不良的风俗习惯则对人们的健康产生危害，如我国有些地区的一些人习惯食用过多腌渍酸菜和咸菜，摄取了过多的盐分和亚硝酸盐，增加了患高血压和癌症的风险。

4）宗教信仰对健康的影响：宗教（religion）是不同历史时期的产物，具有历史因素，是维持社会秩序的巨大精神力量，宗教信仰对健康的影响（impacts of religious beliefs on health）是明显的。宗教信仰（religious faith）可以给予信教群众强烈的精神力量。世界主要的宗教有佛教（Buddhism）、基督教（Christianism）、伊斯兰教（Islamism），都在各自的信教群众中发挥着巨大作用，很多人希望通过祈祷和信仰来获得健康。宗教信仰通过让信教群众产生精神寄托、宣扬不同人生观等方式影响着人们的心理过程，对人们的人生观、世界观、价值观的建立也同时产生影响。健康的宗教信仰能够给予人们精神支持，使人们在精神上、行为上和生理上达到有益的适度状态，特别是在人们经历应激事件的时候，信教群众比非信教群众往往在心理上能更好地自我调节。宗教信仰也有负面效应。例如，一些极端组织利用宗教信仰控制信众，制造各种恐怖事件，极大地影响了人们的生理和心理健康。另外，尚有部分邪教的存在，危害着社会，也危害着人们的生理和心理健康。人们在获得宗教支持的时候,需要增强辨识能力。

　　5）科学技术对健康的影响:科学技术对健康的影响(impacts of science and technology on health)在近年来更加明显。科学技术的发展也是文化发展的一部分。科学技术的每一次进步,都会对人们的社会生活产生一定的影响,特别是有些科学技术能够创造更优越的生产、生活和工作条件,从而有利于人们的身心健康(physical and psychological health),例如科学技术的发展,减少了职业病的发生。但不可否认,现代科技的发展促进了脑力劳动者的大量产生,久坐的工作方式对人们的身体健康会产生不利影响,需要通过健康教育不断提高人们的健康意识(health consciousness),增加主动运动,改善身体健康状况。在众多的科学技术中,医学科学技术的发展,更是极大地促进了人群健康水平的提高。

　　（二）社会心理因素与健康

　　社会心理因素对健康的影响(influences of social-psychological factors on health)主要通过人的心理感受来发挥作用,不同的心理感受会导致人们产生不同的行为。社会心理因素(social-psychological factors)作为应激源,引起人的心理改变和行为的改变。不良的社会心理因素(bad social psychological factors)往往导致一系列不良的行为习惯和后果,从而对身体和精神产生不良影响,甚至导致疾病的发生。例如,过度紧张或压抑常是心脑血管疾病的诱因,吸烟、酗酒、吸毒等不良行为常是呼吸道疾病、肝脏疾病和艾滋病的发病因素。社会心理因素对人类健康的影响越来越受人们的普遍关注。

　　1. 社会心理应激因素与健康　社会心理应激因素(psychosocial stress factors)包括生活事件、认知因素、对应方式、社会支持、个性特点、身心反应及其他有关心理的社会和生物学因素,这些因素也可称为应激有关因素,或简称应激因素。社会心理应激因素对健康的影响(influences of social psychological stress factors on health)更加明显。社会心理应激(psychosocial stress, social psychological stress)是指社会生活变化和刺激与机体相互作用的过程。任何外界刺激都可能成为应激源。应激因素多种多样,不同的年龄构成也有不同的社会心理应激因素,如儿童期间遭受性虐待是导致成年期抑郁、创伤后应激障碍、进食障碍等的重要危险因素;而成年人有适度的压力,则往往有利于健康的发展,但是如果长期遭受来自于工作、社会和家庭的多重压力,如财产损失、下岗、晋升受挫,等等,将引起一系列不良情绪反应,如紧张、焦虑、抑郁、沮丧、愤怒等,这些不良情绪都将进一步通过神经心理机制、神经内分泌机制和免疫机制作用于人体,引起相应的躯体疾病。

　　2. 个性心理特征与健康　个性心理特征(individual mental characteristics)是指一个人整体的精神面貌,即具有一定倾向性的、稳定的心理特征的总和,包括能力(capacity)、气质(temperament)和性格(personality)3个方面。个性心理特征对健康的影响(influences of individual psychological characteristics on health)表现在具有敏感多疑、内向、自卑、过度依赖他人、以自我为中心的个性心理特征的人,以及具有好胜心强、善妒、期望过高、攻击性强的个性特征的人,在遇到挫折时通常容易出现大量的负面情绪,表现为心理承受能力差、脆弱、抑郁、心胸狭窄及孤独感强等,甚至走向极端,出现自杀、伤人等过激行为。而具有极端思维、认知僵化、绝望、问题解决不良等个性心理特征的人易产生抑郁、焦虑等不良情绪。

　　3. 心理应对方式与健康　心理应对方式对健康的影响(impacts of psychological coping styles on health)日益得到重视。心理防御机制(psychological defense mechanism)是人们面临困难或心理压力时所采用的一种潜意识的心理适应性应对策略,其防御方式与个体的感知和认知评价有关,并因此影响机体的内部调节。按照其性质,心理防御机制可分为积极的防御和消极的防御两种。消极的心理防御机制是心理疾病产生的重要因素。

　　身心疾病(somatopsychic diseases)是生物和心理社会因素共同作用的结果,生物躯体因素是生理基础,个体人格特征是易感因素,生活事件(life events)所引起的负性情绪(negative emotions)

及应激状态(stress state)则是诱发因素,而社会支持系统对身心疾病起着重要的缓冲作用。

三、学校环境与健康

在此学校主要是指小学(primary school)和中学(secondary school),学生主要是指中小学生,包括学龄儿童(2~12岁的小学生)和青少年(13~15岁的初中生和16~18岁的高中生)。《中国学龄儿童膳食指南》所称的学龄儿童是指6岁到不满18岁的未成年人,包括高中生(senior high school student)、初中生(junior high school student)、小学生(primary school student, elementary school student, pupil)。学校是学生除家庭外生活最久的场所,学生每天在学校中共同学习和活动,学校环境对学生健康的影响(effects of school environment on students' health)甚至比家庭环境更加重要。以人体生理、心理功能为依据,应用人体工程学原理,创设良好的学校环境,是保证师生身心健康和正常开展各项活动的重要保证。

(一)学校物质环境设施与学生健康

中小学生尚处于生长发育的重要阶段,学校环境(school environment)的优劣直接关系到学生身体和心理发育。良好的学校环境有利于学龄儿童(school-age child)、青少年(teenager, juvenile)的生长发育,有助于疾病的预防控制(disease prevention and control),良好的学校环境也是心理健康的基础。与生长发育(growth and development)和疾病预防控制相关的校园环境建设(campus environment construction)涉及身体的形态发育、营养状况、视力以及卫生病(沙眼、蛔虫)、传染病的预防控制等多方面,这些均有赖于学校物质环境设施(material environment and facilities in schools)的配合。在学校物质环境设施中,教育教学设施是与学生学习和各项活动密切相关的设施,符合卫生要求的教育教学设施对广大学生德、智、体、美、劳的全面发展具有重要作用。

学校教育教学设施(educational and teaching facilities in schools)是指开展学校教育工作所必需的物质资料,这些设施主要包括校舍、教学及教学辅助用房、办公用房及设施等。教室的大小、采光(lighting)、照明、通风(ventilating)、采暖和室内微小气候等,是学校教育教学设施卫生评价(health evaluation of school education and teaching facilities)的重要参数。

1. 校址选择的卫生要求　校址选择的卫生要求(hygiene requirements for school site selection)应着重在以下内容:校址应选在阳光充足、空气流通状况好、场地干燥、地势较高、排水通畅的地段,同时校址应当与居民区距离适中,以方便学生就近上学。

(1)服务半径:学校的服务半径合理是学生能够入学的保证,也是学生健康的基本保证。学校的服务半径(service radius of the school)是指学校与生活区(living quarters, utility area)的距离,即学生的就学距离。可根据居民区的大小以及不同年龄段学生在居民中的比例来规划中小学的布局,本着小学就近入学,中学相对集中的原则。以城市学校确定服务半径,小学生上学走路需10min左右,中学生走读的路程控制在15~20min左右。中小城镇的就学距离最好控制在小学500m,中学1 000m。学校距离居民区太远不仅增加了学生上学时候的体力消耗,也增加了学生在上学路上遇到意外事件,例如交通事故的风险。

(2)学校外部环境:学校外部环境(school external environments)对学生的健康也有重要影响。学校应设在地势相对较高并且地势平坦、通风良好及日照充分的地段上,且应远离工业污染区(如无法回避,可根据当地气候情况,选在工厂常年主导风向的上风侧)。学校应避免建设在机场、车站、码头、铁路及产生强烈噪声的场所(喧嚣的街道、工厂、车道、集贸市场、娱乐场所)附近。学校不得建在与市场、公共娱乐场所、殡仪馆、医院太平间相毗邻的地方,也不得与储藏危险化学品、易燃易爆物品的仓库相毗邻。同时,为了减少噪声和交通性尘埃的影响,要求教学用房与马路干道边线的距离不少于15m,并以绿化带相隔离。教学用房周围环境的噪声不大于50dB,教室内噪声不大于40dB。在条件允许的情况下,学校应尽量建在科学、教育、文化、体育等设施附近,方便学校教育相关活动的开展。另外,学校毗邻公园、绿地等场所也有利于学校周围空气的净化,有利于学生身体健康。

（3）学校内部环境:学校内部环境的建设(construction of school internal environment)应当注意以下方面。校园应有足够的面积,学校内不应有高压电线、长输天然气管道、输油管道穿越。校园内应进行广泛的绿化,以吸纳灰尘,减少噪声,改善微小环境。一般绿化面积占总面积的40%~50%。在进行绿化时要注意对教室采光、空气流通的影响,如注意在教学用房周围不宜种植高大的乔木,以防遮光。操场要能容纳全体学生同时进行课间操,小学生人均操场面积应≥2.3m²,中学生人均操场面积应≥3.3m²。运动场宜选长轴为南北走向的场地,应设置400m环形跑道,包括8条直线跑道。体育场地的设置还应包括足球、篮球、排球场,有条件的还应建设游泳馆。

2. 教学用房的卫生要求　教学用房是学生在校期间最重要的场所,教学用房的卫生环境与学生的健康关系密切。教学用房的卫生要求(hygienic requirements for teaching rooms,sanitary requirements for educational occupancy)应着重以下方面:

在教学用房的设计上:教室、实验室应以南向为宜;生物实验室需要阳光,所以以南向或东南向为宜;生物标本室应尽量避免阳光,以利标本的保存;美术教室以北向开窗最好,可以保持光源柔和稳定,避免直射阳光。走廊、楼梯的设计应符合保障安全、便于行走和疏散的原则,要有有效的安全防护措施,避免人流拥挤的情况发生。

3. 教室的卫生要求　教室是学生在校园学习和活动的主要场所,与儿童青少年的发育和健康密切相关,良好的教室设计也能提高学生学习的效率。教室的卫生要求(classroom hygiene requirements)应着重以下几个方面:

教室设计的原则(principles of classroom design)应遵循:足够的室内面积;方便学生就座和通行;良好的采光照明和室内微小气候;避免和减少噪声干扰;便于清扫。

（1）教室的内部布置及卫生要求:教室内部布置的卫生要求(hygienic requirements for internal layout of the classroom)如下:教室的大小应根据同时在教室内上课的学生人数决定,一般班级为45~50人。如果班级容量过大,教室内部面积过小,空间相对拥挤,学生活动受限,易发生意外伤害,如磕碰伤,不仅不利于安全疏散,降低学习效率,而且也会影响空气流通,容易导致疾病特别是呼吸系统疾病的发生。可以说,学习环境拥挤对学生生理和心理发育均是不利的。以下以班级为45~50人为例:普通教室的单人课桌的平面尺寸应为0.6m×0.4m,每名中小学生在教室内占地面积分别为1.39m²和1.36m²,教室内安全出口的门洞宽度不应小于1m。教室的内部布置应有利于教师讲课和巡回辅导,便于学生通行、就座和疏散。教室内课桌椅的排距小学不应小于0.85m,中学不应小于0.9m,便于学生就座及离座。教室后面应设置不小于1.10m的横行走道,各列课桌椅之间的纵行走道宽度不应小于0.60m。教室的布置还应保证学生能看清黑板上的字,便于学生书写和听讲。因此,要求教室前排桌的前缘距离黑板应有2.20m以上的距离,最后一排课桌后沿距黑板的水平距离不大于8.5m。

（2）教室自然采光和人工照明的卫生要求:教室的自然采光和人工照明条件,对保护学生视力、提高学习效率均有直接的影响。在设计中小学教室时,必须严格执行相关的标准和规定,同时加强卫生监督(sanitary supervision)。教室自然采光(natural lighting in classrooms)是指照明所使用的光源来自大自然,而不是人工的电灯之类。良好的采光不仅可以创造一个明亮的教室环境,有利于提高学生的学习效率,而且明亮的教室能够为学生提供良好的视觉环境,有利于预防近视等眼病。教室自然采光的卫生要求(hygienic requirements for natural lighting in classrooms):设计满足采光标准;课桌面和黑板上有足够的照度(illuminance),照度分布均匀;单侧采光的光线应从学生座位左侧进入,双侧采光也应将主要采光窗设在左侧;教室的采光窗应适当加大,窗上缘尽可能高些,避免产生较强的眩光。一般学生习惯右手握笔,左侧采光可以保证书写区域光线明亮,有助于保护学生的视力。要避免使用毛玻璃等透光性较差的玻璃,选用纯透光玻璃,减少窗外树木等对光线的遮挡,学生的座位尽量安排在靠近采光侧,室内墙壁尽可能采用白色空墙。良好的室内照明是对自然光线(natural light)的补充,对于保护学生视力必不可少。教室人工照明的卫生要求(hygienic requirements for artificial lighting in classrooms):采用人工照明(artificial lighting)时,要保证室内的照明灯数量足够且完好,照明灯灯管方向如果平行于黑板,很容易在黑板上产生眩光,影响学生观看板书,对学生视力保护不利。灯管垂直于黑板可以避免眩光的产生,从而保证学生不受黑板眩光的影响。灯桌距是照明灯管与桌面的垂直距离。灯桌距一般为1.70~1.90m,灯桌距过大不能保证桌面有足够的照度,不利于学生进行看书、书写等活动;灯桌距过小桌面又太亮,光线刺眼,不利于学生看书和书写。要及时更换老旧灯管和毁损的灯管。

(3) 教室教育教学设备的卫生:教室教育教学设备的卫生(classroom education and teaching equipment hygiene,sanitation of education and teaching equipments)应注意以下方面:教室的黑板、课桌椅与学生的学习和身心健康关系最为密切。黑板的长度小学不宜小于3.6m,中学不宜小于4m,黑板的宽度均不小于1m。黑板下缘到讲台面的垂直距离小学为0.8~0.9m,中学为1.0~1.1m,水平视角(观察角)不小于30°,垂直视角不小于45°。黑板表面应采用耐磨且光泽度低的材料,例如采用墨绿色的磨砂玻璃。黑板的表面要光滑,保证书写流畅,无破损,无眩光,同时易擦拭。有些陈旧的老黑板板面磨损严重,平面反射增强,易产生眩光,不利于学生观看板书,要及时更换。悬挂在黑板前上方、补充入射光、增加黑板亮度的灯具叫黑板灯。黑板灯灯管方向应平行于黑板,无特殊情况黑板灯应设置两个。课桌椅是学生在校学习必用的工具,适合学生的课桌椅可以促进学生良好坐姿(sitting posture)的养成,保护脊柱,保护视力。而不合适的课桌椅容易使学生产生疲劳感,身体长期处于强迫体位,并可能出现趴桌子等情况,不仅影响学习效率,也不能保持用眼卫生,容易导致近视;身体坐姿也容易因为课桌椅的匹配不良等问题出现不利的改变,甚至出现脊柱弯曲、驼背等疾患。符合卫生要求的课桌椅应当:满足写宁、看书和听课等教育的需要;适合就座学生的身材,确保坐姿良好,减少疲劳发生,促进生长发育,保护视力;安全、美观、造价低;便于清洁,不妨碍教室的清扫。一般原则是同型号桌椅相搭配,如果无法保证搭配的原则,则应本着就大(如大一号)不就小的原则。学校的校医及班主任应在每学年的开学季根据学生的个体情况排好座位,身高低的在前面,身高高的在后面,但要注意定期(一般是12周左右)横向轮换座位,以免经常向一侧扭曲身体导致姿势不良。视力、听力不良的学生可以靠前排就座。教师要经常进行正确坐姿的教育,在课堂上及时纠正学生出现的不良坐姿。

(4) 微小气候:教室内微小气候(microclimate in classroom)包括气温、气湿和气流等,可以直接影响人体的体温调节机能和自我感受,进而影响学习效率和身心健康的发展。教室的温度、湿度要合适。冬季如果教室温度过低,学生容易受凉感冒,且身体僵冷,不利于书写,因此严寒地区的中小学冬季教室内的温度应通过采暖等方式达到18~20℃。夏季教室内温度过高,则容易使学生困倦或烦躁不安,因此要有一定的降温措施,如挂窗帘、使用空调或风扇等。教室内要经常通风换气,保持空气流通,降低室内CO_2浓度,这样不仅能够提高脑供氧,有利于提高学习效率,并且有利于预防呼吸道传染病,有电脑的教室尤其应注意通风换气。

(二) 校园文化与健康

青少年是健康危险行为的主要发生群体。青少年健康危险行为(adolescent health risk behaviors)是指给青少年健康、完好状态乃至成年期健康和生活质量造成直接或者间接损害的行为。青少年健康危险行为可以分为7大类:①易导致非故意伤害的行为(behaviors contributing to unintentional injuries),如跌落伤、中毒、砸伤等;②导致故意伤害的行为(behaviors contributing to intentional injuries),包括校园暴力行为(campus violent behavior)以及由此引发的不安全感、容易造成自我伤害的行为(如离家出走、自杀等)、反映内在心理-情绪障碍的外在行为表现(如孤独、精神压力等);③物质滥用行为(substance abuse behaviors),包括吸烟、酗酒、药物滥用(drug abuse)以及吸毒等;④精神成瘾行为(psychoactive addictive behaviors,mental addictive behaviors),如网络成瘾（internet addiction）、电子游戏成瘾、赌博等；⑤危险性行为（risk sexual behaviors），包括导致性传播疾病和非意愿妊娠的性行为（sexual behaviors leading to sexually transmitted diseases and unwanted pregnancies）；⑥不良饮食和体重控制行为（unhealthy dietary and weight-control behaviors），如过多摄入高能量饮食、偏食（food preference，diet partiality，monophagia）、盲目减肥等；⑦缺乏体力活动行为（physical activity-absent behavior）。

由于青少年的大脑认知控制能力不如成年人完善，而皮质下中枢活跃，容易导致青少年出现冒险行为（risk-taking behaviors）和危害健康行为（health risk behaviors），这些不良行为往往会导致生理和心理疾病高发，如吸烟、酗酒，甚至药物滥用等不良行为，常常在青少年时期养成。而这些行为又会在这一时期损害大脑边缘系统的正常发育，致使这些健康危害行为往往与精神疾病共存。有研究显示，吸烟的青少年发生抑郁的风险是不吸烟者的 6 倍。校园暴力是世界各国共同存在的问题，校园暴力（campus violence）是指在校学生之间、师生之间、学生和社会其他人员之间，发生在校园内外并且是故意的，有欺凌、敲诈、伤害等性质的暴力或非暴力行为，可导致学校成员身体和心理受到伤害。躯体暴力、言语（情感）暴力、性暴力是校园暴力的主要形式。近年来，发生在我国的校园暴力越来越受到关注。校园暴力最明显的后果是不同程度的躯体损伤（somatic damage）和残疾（disabilities），更严重的是给受害者造成心理上的创伤后应激障碍，使青少年丧失安全感，常常表现为焦虑、抑郁、人际关系紧张、缺乏自尊和自信，极大地危害了青少年的身心健康。

校园文化（campus culture）是指一所学校经过长期发展积淀而形成的共识，是一种价值体系。校园文化建设包括物质文化建设、精神文化建设和制度文化建设。校园文化对学生健康的影响（influences of campus culture on students' health）已经受到各方的关注。良好的校园文化建设能够让学生感受到积极向上的氛围，是一个团结、有爱、互助的集体，能够让学生们积极地融入到校园生活中去，来自于教师、同学的帮助能够让遇到困难和挫折的学生从中获得社会支持。良好的校园文化建设，有助于学生自觉杜绝不良习惯、不良思想的侵蚀，有助于未来减少身心疾病的发生。

在校园文化建设上，需要确立科学的学习、生活制度，发展和谐的人际关系，培养高尚的思想品德，创造有利于学生身心健康发展的精神环境。另一方面，要营造健康成长的环境，完善教学和生活设施，维护校园周边社会文化环境健康安定。学校应从校园文化建设上不断完善，尽量杜绝校园暴力的产生。学校应转变教育观念，为所有学生提供受关注和被接纳的机会。要加强学校管理，维护学校治安；相关主管部门应协助学校不断清理、整顿校园周边的文化环境，减少歌厅、酒吧、网吧等不利于学生健康发展的娱乐场所。学校有责任发现问题同学（students that have negative psychological problems，students with psychological problems），通过心理辅导，帮助学生进行愤怒情绪的管理，同时应当向学生提供解决问题和冲突所必需的生活技能教育。学校可以通过组织形式多样、丰富多彩的文体活动，净化学校的环境和学生的心灵，阻止暴力文化在学校滋生和蔓延。

（三）学校健康教育及卫生管理与健康

学校健康教育（school health education）和学校卫生管理制度（school health management system）与学生的健康发展密切相关。学校应当把健康教育作为素质教育的重要内容，纳入教育教学体系，通过开设健康教育课，使学生了解健康的重要意义。针对儿童及青春期学生的健康促进（health promotion）及健康保护（health protection），是成年期慢性非传染性疾病（non-communicable chronic diseases，NCDs）预防的一项重要工作。中小学健康教育（health education in primary and secondary schools）的内容主要包括：健康行为与生活方式、疾病预防、心理健康、生长发育与青春期保健、安全应急与避险。

大学生的年龄一般在 18~24 岁，是青少年向成年过渡的阶段，也是生活方式和行为习惯的定型期。大学生健康教育(undergraduate health education,health education of college students)的重点应包括日常保健、如何处理人际关系、安全性行为以及如何预防艾滋病等性传播疾病(sexually transmitted diseases),简称性病(venereal diseases)等。学校应以多种形式有计划、有组织地开展健康教育,如课程整合、同伴教育(peer education),开展社团活动,促进休闲教育。充分利用学校现有设施、资源和条件,开展健康咨询(health consultation),不定期开设专题讲座;利用学校多媒体设施,广泛传播健康信息;通过多种形式,如学校开放日、家长学校、家长会议、开设校长热线等,加强家校联系,优化家庭教养方式,鼓励家长参与,并与社区开展合作,组织学生走出校园,开展社区健康促进活动,参与社会服务和交流等。良好的学校健康教育有助于学生获得必要的健康知识,树立正确的健康价值观,培养和巩固健康行为,达到预防疾病、促进身心健康的目的。

为了减少学生的健康危险行为,有必要对学生开展学校生活技能教育(education of the life-skill in school)。生活技能不是泛指日常生活能力,而是专指人的心理社会能力。心理社会能力(psychosocial competence)是指人能有效处理日常生活中的各种需要和挑战的能力,是个体保持良好的心理状态,并在与他人、社会和环境的相互关系中表现出的适应和积极的行为,又称社会心理承受能力(social psychological endurance)。学校生活技能(school life skills)包括自我认识能力和同理能力;有效的交流能力和人际关系能力;调节情绪能力和缓解压力能力;创造性思维能力和批判性思维能力;决策能力和解决问题能力。学校应开展以学校生活技能教育为基础的健康教育,以提高青少年的心理社会能力、预防和减少青少年健康危险行为,促进青少年身心健康。

学校应针对学生进行健康管理(health management)。学生健康管理的内容(contents of student health management)包括:①提供各种常见疾病和伤害的基本诊疗服务;②帮助办理医疗保险实务;③预防传染病、感染性疾病及学生常见病,开展免疫接种;④提供与学生常见病有关的行为、环境危险因素的监测和控制服务;⑤定期组织学生进行健康筛查(health screening),做好学生因病缺课、休学的统计工作;⑥妥善保管学生及教职员工的健康资料,建立健康档案(health records);⑦为有慢性病(chronic diseases)及健康缺陷的学生提供监测和康复服务;⑧为有心理-情绪困扰及社会行为问题的学生提供咨询和支持服务。学校的卫生管理工作(school health management)应做到:加强对校园卫生、食品安全的检查及校园卫生的美化;加强校园传染病、常见病、多发病、地方病的预防和防控工作,配合卫生防疫部门做好学生的体检工作,防治常见病;进一步加强有关传染病预防知识的宣传教育,重点从学生个人卫生行为习惯的养成入手,强化学生的卫生意识;保护视力,预防近视;均衡营养;做好控烟(tobacco control)工作,提高学生的健康素养(health literacy);开展心理健康教育,提供心理咨询帮助,培养学生乐观向上的心理素质;开展学生体育锻炼的卫生与安全教育;在高中开展性与生殖健康教育,普及性传播疾病、性侵害的预防方法,提高学生维护性与生殖健康的能力;将学生体质健康检查情况反馈给家长。

四、职业环境与健康

生产环境、生产过程和劳动过程与人们的健康密切相关,良好的生产环境、生产过程和劳动过程不仅是保证人类生存的基本条件,也是维护人类健康的主要条件之一。某些职业环境(occupational environments)对人类健康会产生不良影响。职业病是劳动者在职业活动中接触职业性有害因素所引起的疾病的总称。在生产和劳动过程中,应当通过各种措施,减少职业性有害因素的影响,避免职业病和职业损害的发生。

1. 职业性有害因素　在生产环境、生产过程、劳动过程中存在的可能危害劳动者健康和影响劳动者劳动能力的不良因素,称为职业性有害因素(occupational hazard factors,occupational hazards)。工业和农业生产的高速发展导致职业性有害因素增多,在职业环境中可能有多种职业性有害因素同时存在,且相互作用和影响,而科学技术的发展、科技手段的发展会减少职业性有害因素。对于从业者来说,职业性有害因素可能导致某些职业病的发生,影响其身体健康。

职业性有害因素包括生产过程中的有害因素、劳动过程中的有害因素和生产环境中的有害因素。

(1) 生产过程中的有害因素:生产过程中的有害因素(harmful factors in production process)主要是指生产过程中产生或存在于工作环境中的、可能对人体健康产生有害影响的物质,即生产性毒物(productive toxicants)。生产性毒物主要来源于工业生产的原料、辅助材料、生产过程中的中间产物、半成品、成品、副产品或废弃物。生产性毒物可能是固体、液体或者气体,按其性质主要划分为以下几种:

1) 化学性有害因素:包括生产性毒物中的金属、类金属及其化合物、有机溶剂、苯的氨基和硝基化合物、刺激性气体、窒息性气体、高分子化合物及农药等;生产性粉尘中的无机粉尘(石棉尘、煤尘、滑石尘等)、有机粉尘(动物性粉尘、植物性粉尘、人造有机粉尘)及混合型粉尘。

2) 物理性有害因素:如高气温、强热辐射、高气湿、低气温等异常气象条件;可导致减压病、高山病的高气压、低气压;紫外线、可见光、红外线、激光等非电离辐射;X 射线、β 粒子、γ 射线等电离辐射;噪声与振动。

3) 生物性有害因素:包括处理动物尸体、皮毛行业以及皮革制造业的从业人员容易受到感染的布氏杆菌、炭疽杆菌;在森林工作的人员容易受到蜱虫叮咬而感染的远东型脑炎病毒、森林脑炎病毒等。

(2) 劳动过程中的有害因素:劳动过程中的有害因素(harmful factors in labor process)包括劳动组织和制度不合理、劳动作息制度不合理、劳动强度过大、精神性职业紧张、长时间处于不良体位等,这些有害因素对人体的生理和心理都会产生影响。

(3) 生产环境中的有害因素:生产环境中的有害因素(harmful factors in production environment)如厂房面积过小、厂房建筑或配置不合理、通风条件差、采光不佳、安全防护措施不完善,以及炎热季节的太阳辐射、高原环境的低气压等。

2. 职业性损害 职业性有害因素对劳动者可能产生的职业性损害(occupational damages)又称职业相关疾病(occupation-associated diseases),包括职业病、职业性多发病和职业性外伤 3 大类。

(1) 职业病:劳动者在职业活动中接触职业性有害因素所引起的疾病称为职业病(occupational diseases)。当职业性有害因素作用于劳动者机体的强度超过一定限度时,机体已不能代偿其所造成的损害,从而导致一系列功能性和/或器质性病理变化,出现相应的临床症状和体征,即成为职业病。在受职业性危险因素侵害,机体发生生理、病理变化的早期,通过及时发现和有效处理,可预防职业病的发生。

1957 年,我国卫生部公布了《职业病范围和职业病患者处理办法的规定》。该规定将危害职工健康比较严重的 14 种职业性疾病列为我国法定职业病(statutory occupational disease),以后又陆续补充了 3 种。1987 年,我国卫生部、劳动人事部、财政部及全国总工会联合颁布了新的《职业病范围和职业病患者处理办法的规定》。2002 年 4 月 18 日,我国卫生部与劳动和社会保障部颁布《职业病目录》,将法定职业病分为 10 大类 115 种。2013 年,国家卫生和计划生育委员会、人力资源和社会保障部、安全监管总局、全国总工会修订并颁布了新的《职业病分类和目录》,将法定职业病调整为 10 大类 132 种,包括:①职业性尘肺病及其他呼吸系统疾病,其中尘肺病 13 种:硅沉着病、煤工尘肺、石墨尘肺、碳黑尘肺、石棉肺、滑石尘肺、水泥尘肺、云母尘肺、陶工尘肺、铝尘肺、电焊工尘肺、铸工尘肺、根据《尘肺病诊断标准》和《尘肺病理诊断标准》可以诊断的其他尘肺病;其他呼吸系统疾病 6 种:过敏性肺炎、棉尘病、哮喘、金属及其化合物粉尘肺沉着病(锡、铁、锑、钡及其化合物等)、刺激性化学物所致慢性阻塞性肺疾病、硬金属肺病。②职业性皮肤病 9 种:接触性皮炎、光接触性皮炎、电光性皮炎、黑变病、痤疮、溃疡、化学性皮肤灼伤、白斑、根据

《职业性皮肤病的诊断总则》可以诊断的其他职业性皮肤病。③职业性眼病3种:化学性眼部灼伤、电光性眼炎、白内障(含放射性白内障、三硝基甲苯白内障)。④职业性耳鼻喉口腔疾病4种:噪声聋、铬鼻病、牙酸蚀病、爆震聋。⑤职业性化学中毒60种:铅及其化合物中毒(不包括四乙基铅)、汞及其化合物中毒、锰及其化合物中毒、镉及其化合物中毒、铍病、铊及其化合物中毒等,以及该条目未提及的与职业有害因素接触之间存在直接因果联系的其他化学中毒。⑥物理因素所致职业病7种:中暑、减压病、高原病、航空病、手臂振动病、激光所致眼(角膜、晶状体、视网膜)损伤、冻伤。⑦职业性放射性疾病11种:外照射急性放射病、外照射亚急性放射病等,以及根据《职业性放射性疾病诊断标准(总则)》可以诊断的其他放射性损伤。⑧职业性传染病5种:炭疽、森林脑炎、布鲁氏菌病、艾滋病(限于医疗卫生人员及人民警察)、莱姆病。⑨职业性肿瘤11种:石棉所致肺癌、间皮瘤等。⑩其他职业病3种。

纳入目录的职业病是临床诊断的依据,有别于其他疾病的诊断。职业病不仅是一个医学概念,还具有法律意义。

职业病的特点(characteristics of occupational diseases)有以下4个方面:病因明确;有明确的剂量-效应关系;接触同一种职业性有害因素的人群中常出现同一种职业病;绝大多数情况下,职业病如果能早期发现、及时处理,一般都预后良好。

(2) 职业性多发病:职业性有害因素能够导致机体免疫力降低、抵抗力下降,导致潜在的疾病显露或已患的疾病加重,表现为接触人群中某些常见病的发病率增高或病情加重,这类与职业有关的非特异性疾病统称为职业性多发病(occupational frequently-encountered-diseases),又称工作有关疾病(work-related diseases)。职业性多发病有多重病因,职业性有害因素仅是病因之一。

(3) 职业性外伤:职业性外伤(occupational injuries,occupational trauma)又称工伤(work-related injuries,industrial injuries),是指劳动者在劳动过程中,由于外部因素直接作用而引起机体组织的突发性意外损伤。

3. 职业性损害的防控措施　职业性有害因素以及职业性损害产生的原因是多方面的,预防职业性损害也应采用综合措施,从多方面加以防控,从根本上消除或减少职业性有害因素对机体健康的影响,预防职业病、职业性外伤等。职业性损害的防控措施(prevention and control measures of occupational damages)包括如下内容:

(1) 从政策、法规和组织措施上防控:完善职业性损害的政策、法规、组织措施(improving policies,regulations and organizational measures on occupational damages)是根本。职业病涉及劳动保险(labour insurance)、劳动补偿(labour compensation)、劳动能力鉴定(assessment of labor ability,working capability appraisal)等多项问题,关系到国家、企业、职工切身利益等一系列问题,故许多国家都以法律法规的形式对职业病范围作出明确规定。各个国家关于职业病的规定名单不尽相同,职业病的规定名单需要根据本国的经济条件和科技水平而拟订。职业病的诊断应根据国家颁布的职业病诊断标准及有关规定,防止出现误诊、漏诊。职业病的诊断依据是国家卫生健康委员会颁布的诊断标准,它概括了职业病的主要临床表现和实验室检查阳性结果,对其诊断及分级指标都有明确的规定,是诊断及处理职业病的根据。对已确诊为职业病的患者应及时给予治疗。根据我国政府的规定,经诊断的法定职业病须向主管部门报告。凡属法定职业病患者,在治疗和休息期间及在确定为伤残或治疗无效而死亡时,均按劳动保险条例有关规定享受应有的待遇。

(2) 技术措施:改进职业环境中的生产技术条件(improving the technical conditions of production in the occupational environment)是预防职业性有害因素对健康影响的关键。采用先进技术手段,更新设备,改革生产工艺和生产流程,使生产工序的布局既能满足生产上的需要,又能符合职业卫生要求,消除或减少职业性有害因素的危害。例如,在工业生产的原材料上用无毒或低毒原料代替有毒或高毒原料;通过技术革新及采取通风排毒措施,降低职业环境中毒物的浓度,减少人体接触毒物的水平,使接触者不产生或尽量降低产生的健康危害等。

（3）职业健康监护：职业健康监护（occupational health surveillance）是对接触职业性有害因素人群的健康状况进行系统检查和分析，从而发现早期健康损害的重要措施。职业健康监护包括就业前健康检查、定期健康检查和职业病普查。

1）上岗（就业）前健康检查：上岗（就业）前健康检查（pre-employment health examination）是指对准备从事某种作业的人员在参加工作前进行的健康检查，包括基础健康问答和全面的体格检查。其目的在于掌握被检者就业前的健康状况及有关基础数据，特别是与从事该作业可能产生的健康损害有关的状况和基本生理、生化参数，便于发现早期健康受损情况。此外，通过就业前健康检查，要发现职业禁忌证。职业禁忌证（occupational contraindication）是指就业者具有不适合从事某种作业的疾病或解剖生理状态，在此种状态下如接触该种职业性有害因素，可导致原有病情加重，或诱发疾病的发生，或对某些职业性有害因素特别敏感，甚至有时还可能影响子代健康。对这类人群，不建议其从事相关工作。例如，活动性肺结核、慢性肺疾病、严重的支气管疾病人员不适宜从事粉尘环境中的职业；神经系统疾病、肝肾疾患、贫血、高血压人员不适宜从事生产和工作环境中长期接触铅的职业。

2）定期健康检查：职业人员定期健康检查（periodic health examination of employees）即每间隔一定时间对从事某种职业的人员的健康状况进行医学检查，及时发现职业性有害因素对从业者健康早期损害的亚临床状态（subclinical state）。定期检查的时间间隔可根据有害因素的性质和危害程度、作业人员的接触水平以及生产环境是否存在其他有害因素等而确定。一般认为，危害较大的职业性有害因素或通过过量接触可能引起严重后果的职业从业人员，每半年或1年体检1次；低水平接触或职业性有害因素对健康影响不严重的职业从业人员，每2~3年检查1次；生产场所同时存在其他有害因素，应考虑职业性有害因素的联合作用。定期健康检查的项目，包括一般检查以及主要以有害因素可能损害的器官或系统的检查。为了提高定期健康检查对职业性有害因素导致的早期健康损害的检出率，应尽可能采用早期检测方法。这类方法应力求具有较高的敏感性、特异性和可靠性，并兼有简便、快速、费用低等优点。

3）离岗或转岗时体格检查：如果劳动者接触的职业病危害因素具有慢性健康影响，则所致职业病或职业肿瘤常有较长的潜伏期，在脱离职业病危害因素接触后仍有可能发生职业病，需进行离岗或转岗时体格检查（occupational medical examination befor leaving the post）。

4）职业病健康筛检：职业病健康筛检（health screening for occupational diseases）即在接触某种职业性有害因素的人群中普遍进行健康检查，以检出职业病患者和观察对象。通过职业病普查，还可检出具有职业禁忌证的人。

5）应急健康检查：当发生急性职业病危害事故时，对遭受或者可能遭受急性职业病危害的劳动者应及时组织应急健康检查（emergency health check），依据检查结果和现场职业卫生学调查结果确定危害因素，为急救（first-aid）和治疗提供依据，控制职业病危害的继续蔓延和发展。从事可能产生职业性传染病作业的劳动者，在疫情流行期或近期密切接触传染源者，也应对其及时开展应急健康检查，随时监测疫情动态。

6）职业健康监护档案管理：职业健康监护档案（occupational health surveillance archives）是健康监护全过程的客观记录资料，也是系统观察劳动者健康状况的变化、评价个体（individuals）和群体（groups，populations）健康损害的依据。资料的完整性和连续性是健康监护档案的主要特征。用人单位应当建立劳动者职业健康监护档案和用人单位职业健康监护管理档案。

（4）职业卫生服务：职业卫生服务（occupational health services）是以职业人群和职业环境为对象的一种特殊形式的医疗卫生服务。其内容包括以下几个方面：①作业场所的环境监测；②职业工人的健康监护；③职业有害因素的收集、判别、评价、上报、发布；④职业环境急救设备（first-aid equipments）的配置与急救组织的建立；⑤职业健康教育与职业人群健康促进（health promotion for working population）等。

五、医疗卫生保健与健康

医疗卫生保健水平对健康的影响(influences of medical and health care level on health)非常明显。与健康相关的医疗卫生保健服务(medical and health care services)是指医疗卫生保健机构和专业人员为了防治疾病、增进健康,运用医疗卫生资源(medical and health resources)和各种手段,有计划、有目的地向个人、群体和社会提供必要服务的活动过程。

在医疗卫生保健服务中,不仅要兼顾公平、合理配置及利用各级医疗、预防、保健机构(medical treatment,disease prevention or healthcare institutions)及社区卫生服务机构(community health service institutions),即社区卫生服务中心(community health service centers)或社区卫生服务站(community health service stations)等医疗卫生资源,而且要具有完备的、有质量的医疗卫生保健服务网络(medical and health care service networks),特别是在较为边远的地区,要注意服务的可及性。这些需要政府以健全医疗卫生保健制度作为保障,加大经济的投入,建立健全以人为本,以健康为中心的医疗卫生保健机构(medical and health care institutions)及服务网络,从而促进人群健康。任何一项相关因素的缺失或者缺陷,都会阻碍对人群健康的防护。

(一)国家基本公共卫生服务

为了保证人群健康,从制度上建立健全医疗卫生保健服务,各国都根据自身的国情建立了国家基本公共卫生服务策略(national basic public health service strategy)。目前,我国的国家基本公共卫生服务(national basic public health services)主要为所有人群、特殊人群、患病人群这三大人群提供服务,有条件的地区还开展重型精神病患者的健康管理和除产后访视外的孕产妇健康管理。2017年2月,我国国家卫生计生委颁布了《国家基本公共卫生服务规范(第三版)》(以下简称《规范》)。《规范》包括12项国家基本公共卫生服务内容(contents of basic national public health services),即居民健康档案管理、健康教育、预防接种、0~6岁儿童健康管理、孕产妇健康管理、老年人健康管理、慢性病患者健康管理(包括高血压患者的健康管理和2型糖尿病患者的健康管理)、严重精神障碍患者的管理、肺结核患者的健康管理、中医药健康管理、传染病及突发公共卫生事件报告和处理、卫生计生监督协管。并要求各地在实施国家基本公共卫生服务项目过程中,要结合全科医生制度建设(general practitioner system construction)、分级诊疗制度建设(hierarchical diagnosis and treatment system construction)和家庭医生签约服务(contractual services from family doctors)等工作,不断改进和完善服务模式,积极采取签约服务的方式为居民提供基本的公共卫生服务:

1. 居民健康档案管理　居民健康档案管理(management of resident health records)是为居民提供基本公共卫生服务的基础工作。居民健康档案(resident health records)是居民健康状况的资料库,内容包括个人基本信息、健康体检、重点人群健康管理记录和其他医疗卫生服务记录。个人基本情况包括姓名、性别等基础信息和既往史、家族史等个人基本健康信息(personal basic health information)。健康体检(health physical examination)包括一般健康检查、生活方式、健康状况及其疾病用药情况、健康评价等。重点人群健康管理记录(health management records of key population)包括国家基本公共卫生服务项目要求的0~6岁儿童、孕产妇、老年人、慢性病、严重精神障碍和肺结核患者等各类重点人群的健康管理记录。其他医疗卫生服务记录包括上述记录之外的其他接诊、转诊、会诊记录等。健康档案是陪伴居民终生的全面、综合、连续性的健康资料,通过建立健康档案,能够详实、完整地记录居民一生各个阶段的健康状况、预防(prevention)、医疗(medical treatment)、保健(health care)、康复(rehabilitation)等健康相关信息。居民建立健康档案有两种途径:其一,辖区居民到乡镇卫生院(health clinics in towns and townships)、村卫生室(village clinic)、社区卫生服务中心(站)接受服务时,由医务人员负责为其建立居民健康档案,并根据其主要健康问题和服务提供情况填写相应记录,同时为服务对象填写并发放居民健康档案信息卡。建立电子健康档案的地区,逐步为服务对象制作发放居民健康卡,替代居民健康档案信息卡,作为电子健康档案(electronic health records)进行身份识别和调阅更新的凭证;其二,通过入户服务(调查)、疾病筛查(disease screening)、健康体检等多种方式,由乡镇卫生院、村卫生室、社区卫生服务中心(站)组织医务人员为居民建立健康档案,并根据其主要健康问题和服务提供情况填写相应记录。

已建档居民到乡镇卫生院、村卫生室、社区卫生服务中心(站)复诊时,由接诊医生在调取其健康档案后,根据复诊情况,及时更新、补充相应记录内容。卫生服务人员在开展入户医疗卫生服务时,应事先查阅服务对象的健康档案并携带相应表单,在服务过程中记录、补充相应内容。已建立电子健康档案信息系统的机构应同时更新电子健康档案。

2. 健康教育　　健康教育(health education)是有组织、有计划实施的教育活动,是通过信息传播(information dissemination)和行为干预(behavior intervention),帮助个体和群体掌握卫生保健知识、树立健康观念(health perceptions,health concepts),自愿采纳有益健康的行为(healthy behaviors)和生活方式的教育活动。健康教育的对象为辖区内常住居民(permanent residents),包括户籍居民(registered residents)和非户籍居民(non-registered residents)。健康教育服务(health education services)通过向辖区居民提供健康教育资料、设置健康教育宣传栏、开展公众健康咨询活动、举办健康知识讲座、开展个体化健康教育等形式实现。常住居民健康教育的基本内容(basic contents of health education for permanent residents)包括以下方面:

(1) 宣传普及《中国公民健康素养——基本知识与技能(2015年版)》。配合有关部门开展公民健康素养促进行动(citizen health literacy promotion action),提高公民的健康素养。

(2) 对青少年、妇女、老年人、残疾人、0~6岁儿童家长等人群进行健康教育。

(3) 开展合理膳食、控制体重、适当运动、心理平衡、改善睡眠、限盐、控烟、限酒、科学就医、合理用药、戒毒等健康的生活方式(healthy lifestyles)和可干预危险因素(modifiable risk factors)的健康教育。

(4) 开展心脑血管疾病、呼吸系统疾病、内分泌系统疾病、肿瘤、精神疾病等重点慢性非传染性疾病和结核病、肝炎、艾滋病等重点传染性疾病的健康教育。

(5) 开展食品安全(food safety)、职业卫生(occupational hygiene)、放射卫生(radiation hygiene)、环境卫生(environmental hygiene)、饮用水卫生(drinking water hygiene)、学校卫生(school hygiene)和计划生育(family planning,birth control)等公共卫生问题(public health problems,public health issues)的健康教育。

(6) 开展突发公共卫生事件应急处置、防灾减灾、家庭急救等健康教育。

(7) 宣传普及医疗卫生法律法规及相关政策(medical and health laws and regulations and related policies)。

3. 预防接种　　预防接种的目的(purpose of vaccination)是通过给适宜的对象接种疫苗,使个体及群体获得并维持高度的免疫水平,逐渐建立一道免疫屏障,以期预防和控制特定传染病(specific infectious diseases)的发生和流行。预防接种的对象一般为辖区内0~6岁儿童和其他重点人群。预防接种服务(vaccination services,prophylactic immunization services)包括预防接种管理、预防接种、疑似预防接种异常反应处理。根据《国家免疫规划疫苗儿童免疫程序及说明(2016年版)》[*Childhood immunization schedules and instructions for vaccines of the national immunization program*(2016 *version*)],预防接种对适龄儿童(0~6岁)进行常规接种(routine vaccination),并建立预防接种证和预防接种卡(簿)等儿童预防接种档案(children's vaccination records)。在部分省份对重点人群接种出血热疫苗。在重点地区对高危人群(high risk population)实施炭疽疫苗、钩端螺旋体疫苗应急接种。根据传染病控制(infectious disease control)需要,开展乙肝、麻疹、脊灰等疫苗强化免疫或补充免疫、群体性接种工作和应急接种工作。

4. 0~6 岁儿童的健康管理   0~6 岁儿童的健康管理(health management for children aged 0 to 6 years)的服务对象是为辖区内常住的 0~6 岁儿童。0~6 岁儿童健康管理服务的内容(contents of health management service for children aged 0 to 6 years)包括以下几个方面:

(1) 新生儿(newborn,neonate)家庭访视:出院后 1 周内,医务人员到新生儿家中进行新生儿家庭访视,同时进行产后访视。通过新生儿家庭访视,了解出生时情况、预防接种情况,在开展新生儿疾病筛查的地区应了解新生儿疾病筛查情况等。

(2) 进行新生儿满月健康管理:在新生儿出生后第 28~30 天,结合接种乙肝疫苗第 2 针,在乡镇卫生院、社区卫生服务中心进行随访。

(3) 满月后进行婴幼儿健康管理:随访时间分别在第 3、第 6、第 8、第 12、第 18、第 24、第 30、第 36 月龄时,共 8 次。

(4) 学龄前儿童健康管理:为 4~6 岁的学龄前儿童(preschoolers,preschool children)每年提供 1 次健康管理服务。

(5) 健康问题处理:对健康管理过程中发现问题的儿童进行处理,必要的时候及时转诊并追踪随访转诊后结果。

5. 孕产妇的健康管理   孕产妇的健康管理(maternal health management)的服务对象为辖区内常住的孕产妇(pregnant and lying-in women)。孕产妇健康管理服务的内容(contents of maternal health management services)包括以下几个方面:①孕早期健康管理;②孕中期健康管理;③孕晚期健康管理;④产后访视;⑤产后 42 天健康检查。

《孕产妇保健手册》的内容(contents of the maternal health manual)包括孕产妇的基本信息、既往史、家族史、个人史及一般的体检,包括妇科检查和血常规、尿常规、血型、肝功能、肾功能、乙型肝炎检查等,梅毒血清学试验、HIV 抗体检测等实验室检查。

6. 老年人的健康管理   老年人的健康管理(elderly health management)的服务对象是辖区内 65 岁及以上的老年人(the aged)。老年人健康管理服务的内容(contents of health management services for the elderly)为:每年为老年人提供 1 次健康管理服务,包括生活方式和健康状况评估、体格检查、辅助检查和健康指导(health guidance)。凡是在社区居住半年以上的老年人,无论户籍或非户籍人口,都能在居住地的乡镇卫生院、村卫生室或社区卫生服务中心(站)享受到老年人健康管理服务。开展老年人健康管理服务能使疾病早发现、早诊断、早治疗,可以预防疾病的发生、阻止其发展,减少并发症,降低致残率及致死率。

7. 高血压患者的健康管理   高血压患者的健康管理(health management of hypertensive patients)的服务对象是辖区内 35 岁及以上常住居民中的原发性高血压患者(patients with primary hypertension)。高血压患者的健康管理服务内容(contents of health management services for patients with hypertension)包括高血压筛查、对原发性高血压患者每年要提供至少 4 次面对面的随访评估、对血压控制情况不同的居民进行分类干预、对原发性高血压患者每年进行 1 次较全面的健康检查。

8. 2 型糖尿病患者的健康管理   2 型糖尿病患者的健康管理(health management of patients with type 2 diabetes mellitus)的服务对象是辖区内 35 岁及以上常住居民中 2 型糖尿病患者(patients with type 2 diabetes mellitus)。2 型糖尿病患者的健康管理服务内容(contents of health management services for patients with type 2 diabetes mellitus)包括糖尿病筛查(screening for diabetes mellitus):对工作中发现的 2 型糖尿病高危人群进行有针对性的健康教育,建议其每年至少测量 1 次空腹血糖,并接受医务人员的健康指导;对 35 岁及以上常住居民中 2 型糖尿病患者每年提供 4 次免费空腹血糖检测,至少进行 4 次面对面随访评估;对血糖控制情况不同的居民进行分类干预;对患者每年进行 1 次较全面的健康检查。通过对糖尿病患者的全面监测、分析和评估、综合性健康管理,以期达到控制疾病发展、防止并发症的发生和发展、提高生命质量、降低医疗费用的目的。

9. **严重精神障碍患者的健康管理**　严重精神障碍患者的健康管理(health management of patients with severe mental disorders)的服务对象是辖区内常住居民中诊断明确、在家居住的严重精神障碍患者(patients with severe mental disorders),主要包括精神分裂症、分裂情感性障碍、偏执性精神病、双相情感障碍、癫痫所致精神障碍、精神发育迟滞伴发精神障碍。严重精神障碍患者的健康管理服务内容(contents of health management services for patients with severe mental disorders)包括患者信息管理,严重精神障碍患者每年至少随访4次,每次随访应对患者进行危险性评估;根据患者的危险性评估分级、社会功能状况、精神症状评估、自知力判断,以及患者是否存在药物不良反应或躯体疾病情况对患者进行分类干预;在患者病情许可的情况下,征得监护人与(或)患者本人同意后,每年进行1次健康检查。

10. **肺结核患者的健康管理**　肺结核患者健康管理(health management of pulmonary tuberculosis patients)的服务对象是辖区内确诊的常住肺结核患者(patients with pulmonary tuberculosis)。肺结核患者健康管理服务的内容(contents of health management services for pulmonary tuberculosis patients)包括:

(1) 筛查及推介转诊:对辖区内前来就诊的居民或患者,如发现有肺结核可疑症状,填写"双向转诊单",推荐其到结核病定点医疗机构检查。1周内电话随访,了解是否前去就诊,督促其及时就医。

(2) 第1次入户随访:乡镇卫生院、村卫生室、社区卫生服务中心(站)接到上级专业机构管理肺结核患者的通知单后,要在72h内访视患者,进行督导和健康教育。

(3) 督导服药和随访管理:医务人员和家属共同督导患者服药。对于由医务人员督导的患者,医务人员至少每月记录1次对患者的随访评估结果;对于由家庭成员督导的患者,基层医疗卫生机构(community-level medical and health institutions)要在患者的强化期或注射期内每10d随访1次,继续期或非注射期内每1个月随访1次。对于患者不同病情及服药情况进行分类干预。

(4) 结案评估:当患者停止抗结核治疗后,要对其进行结案评估。

11. **中医药健康管理**　中医药健康管理的内容(contents of health management of traditional Chinese medicine)包括以下几个方面:

(1) 每年为65岁及以上老年人提供1次中医药健康管理服务(traditional Chinese medicine health management services),包括中医体质辨识(recognition of traditional Chinese medicine constitution)和中医药保健指导(traditional Chinese medicine health care guidance)。根据不同体质从情志调摄(health maintenance in emotion)、饮食调理(dietetic regulation)、起居调摄(health maintenance in living)、运动保健(movement health care)、穴位保健(acupoint health care)等方面进行相应的中医药保健指导。

(2) 针对0~36个月儿童的中医药健康管理服务:在儿童第6、第12、第18、第24、第30、第36月龄时,对儿童家长进行儿童中医药健康指导(health guidance of traditional Chinese medicine),向家长提供儿童中医饮食调养(Chinese medicine diet aftercare for children)、起居活动指导,在儿童第6、第12月龄给家长传授摩腹和捏脊方法,在第18、第24月龄传授按揉迎香穴、足三里穴的方法,在第30、第36月龄传授按揉四神聪穴的方法。

12. **传染病及突发公共卫生事件报告和处理服务**　传染病防控的目的是阻断各种病原体在人与人、动物与动物或人与动物之间相互传播及其疾病控制。常见的传染病(common infectious diseases)有:①经空气传播的呼吸道传染病,如流行性感冒、肺结核、腮腺炎、麻疹、百日咳等;②通过饮食传播引起的消化道传染病,如细菌性痢疾、甲型肝炎等;③经蚊虫、血液等传播的传染病,如乙型肝炎、疟疾、流行性乙型脑炎、丝虫病等;④由接触体表传播的传染病,如血吸虫病、沙眼、狂犬病、破伤风、淋病等。公共卫生事件的定义见本节相关内容。

具体服务内容包括以下几个方面：

（1）传染病疫情和突发公共卫生事件风险管理（risk management of infectious disease epidemic situation and public health emergencies）：在疾病预防控制机构（disease control and prevention institutions）和其他相关专业机构指导下开展传染病疫情和突发公共卫生事件风险排查、收集和提供风险信息，参与风险评估和应急预案制（修）订。

（2）传染病和突发公共卫生事件的发现、登记：首诊医生在诊疗过程中发现传染病患者及疑似患者后，按要求填写《中华人民共和国传染病报告卡》或通过电子病历、电子健康档案，自动抽取符合交换文档标准的电子传染病报告卡；如发现或怀疑为突发公共卫生事件时，按要求填写《突发公共卫生事件相关信息报告卡》。

（3）传染病和突发公共卫生事件相关信息报告：发现甲类传染病和乙类传染病中的肺炭疽、传染性非典型肺炎、埃博拉、出血热、人感染禽流感、寨卡病毒病、黄热病、拉沙热、裂谷热、西尼罗病毒等新发输入传染患者和疑似患者，或发现其他传染病、不明原因疾病暴发和突发公共卫生事件相关信息时，应按有关要求于2h内报告。发现其他乙类、丙类传染病患者、疑似患者和规定报告的传染病病原携带者，应于24h内报告。

（4）传染病和突发公共卫生事件的处理：对传染病患者及突发公共卫生事件伤者进行救治及防控，密切接触者进行防护及观察，应急接种和预防性服药，进行流行病学调查，疫点疫区处理及宣传教育。

（5）协助上级专业防治机构做好结核病和艾滋病患者的宣传、指导服务以及非住院患者的治疗管理工作，相关技术要求参照有关规定。

（二）重大公共卫生服务

国家和地方根据传染病、慢性病、地方病、职业病等重大疾病和严重威胁妇女、儿童、老年人等重点人群的健康问题以及突发公共卫生事件预防和处置需要，开展重大公共卫生服务（major public health services），制订和实施重大公共卫生项目，并实时充实和调整。

2009年，国家设置了重大公共卫生服务项目（major public health service projects），包括农村育龄妇女免费领取叶酸项目，农村妇女孕产妇住院分娩补助项目，孕产妇乙肝、梅毒（syphilis）、艾滋病免费筛查（free screening）项目，农村妇女乳腺癌、宫颈癌免费筛查项目等。2015年，列入国家医改重大公共卫生服务项目共6大类，主要包括重点疾病预防控制、妇幼健康服务、卫生人员培养培训、食品安全保障、健康素养促进和综合监督管理。地方可以根据居民疾病流行特征进行调整。

（三）突发公共卫生事件

突发公共卫生事件（public health emergencies，outburst public health events）是指突然发生，造成或者可能造成社会公众健康严重损害的重大传染病疫情、群体性不明原因疾病、重大食物中毒（food poisoning）和职业中毒（occupational poisoning），以及其他严重影响公众健康的事件，常表现为短时间内发生，波及范围较广，出现大量患者或死亡病例，例如2003年严重急性呼吸综合征（severe acute respiratory syndromes，SARS），即非典型肺炎的暴发就属于突发公共卫生事件，诱发了全球对于公共健康的恐慌。

为应对突发公共卫生事件，卫生行政部门（health administrative departments）应制订突发公共卫生事件应急预案；卫生行政主管部门应当组织专家在突发公共卫生事件后进行综合评估，初步判断突发公共卫生事件的类型，提出是否启动突发事件应急预案的建议，并上报上一级行政机构批准后实施。对有明确病因或危险因素的疾病实施健康保护措施（如免疫接种），对新发和复燃的传染病流行、突发的食品污染（food contamination）、食物中毒、药物不良反应事件、化学中毒、核辐射核泄漏、医源性事件、生物恐怖事件等进行动态监测，开展流行病学调查，采取预防和控制措施。

（四）社区卫生服务

社区卫生服务在发达国家已有半个多世纪的历史,在落实公共卫生保障、基本医疗、控制医药费用及促进社区和谐方面发挥了不可替代的重要作用。1997 年,我国为应对城市化(urbanization)、人口老龄化(population aging)、人群疾病谱(population disease spectrum)的改变及医药费上涨的挑战,国务院做出"改革城市卫生服务体系,积极发展社区卫生服务,逐步形成功能合理、方便群众的卫生服务网络"的决策。自此我国开始发展社区卫生服务。

社区卫生服务是社区建设的重要组成部分。社区卫生服务(community health service)是在政府领导、社区参与、上级卫生机构指导下,以基层卫生机构为主体,全科医师为骨干,合理使用社区资源和适宜技术,以人的健康为中心、家庭为单位、社区为范围、需求为导向,以妇女、儿童、老年人、慢性病患者、残疾人等为重点,以解决社区主要卫生问题、满足基本卫生服务需求为目的,融合预防、医疗、保健、康复、健康教育、计划生育技术服务等为一体的,有效、经济、方便、综合、连续的基层卫生服务(basic level health service,primary health service)。

社区卫生服务的对象为辖区内的常住居民、暂住居民及其他有关人员,具体包括健康人群(healthy population)、高危人群、重点保健人群(healthcare priority population)及患者。

社区卫生服务的内容(contents of community health services)主要包括基本公共卫生服务和社区基本医疗服务。其中,社区基本公共卫生服务的内容(contents of basic community public health services)包括 12 项:卫生信息管理;健康教育;传染病、地方病、寄生虫病预防控制;慢性病预防控制;精神卫生服务;妇女保健(women health care);儿童保健(child health care);老年保健(gerocomy,geriatric care);残疾康复指导和康复训练;计划生育技术咨询指导,发放避孕药具;协助处置辖区内的突发公共卫生事件;政府卫生行政部门规定的其他公共卫生服务。社区基本医疗服务的内容(contents of basic community medical services)包括:一般常见病、多发病诊疗护理和诊断明确的慢性病治疗;社区现场应急救护;家庭出诊、家庭护理、家庭病床等家庭医疗服务;转诊服务;康复医疗服务;政府卫生行政部门批准的其他适宜医疗服务。

社区卫生服务由基层卫生服务人员完成,全科医师(general practitioners)在社区医疗服务(community medical service)中扮演重要角色。社区基本医疗服务为社区居民提供了方便、及时、有效的医疗服务,为保障社区居民健康起到了重要作用。

（张　聪）

第二节　中医养生学基本理论

中医养生学基本理论(basic theories of health cultivation of traditional Chinese medicine)主要有整体观念、辨证施养、平衡阴阳、协调脏腑、畅通经络、调养气息。

一、整体观念

整体观念(the concept of viewing the situation as a whole),就是具有统一性和完整性的哲学观,是指人体本身的完整性和人与自然的统一性,是中医学的主导思想和基本特点之一。它是中国古代唯物论和辨证思想在中医学中的体现,贯穿于中医学的生理、病理、诊法、辨证、治疗以及养生(health cultivation,health preservation,wellness)等各个方面。中医学非常重视人体本身的统一性、完整性及其与自然界的相互关系,认为人体是一个有机的整体,构成人体的各个组成部分之间在结构上不可分割,在功能上相互协调、互为补充,在病理上则相互影响;人体与自然界是密不可分的,自然界的变化随时影响着人体,人类在能动地适应自然和改造自然的过程中维持着正常的生命活动。整体观也是中医养生学(health cultivation of traditional Chinese medicine)最基本的思想体系。具体而言,整体观念可以分为以下几个方面:

（一）天地万物一体观

天地万物一体观（view of the unity of all things under heaven）认为，自然界的万事万物是一个有机的统一整体。自然界的万物不是孤立存在的，它们之间不仅相互依存、相互联系，还能相互影响、相互作用。《素问·阴阳应象大论》指出："天有四时五行，以生长化收藏，以生寒暑燥湿风。人有五脏化五气，以生喜怒悲忧恐……天地者，万物之上下也。"天地之间有四时五行的变化，产生各种不同的气候。在不同的气候条件下，一切生物处于不同的状态，如春温主生，夏热主长，秋凉主收，冬寒主藏。四季更迭（the rhythm of the seasons, alternation of the four seasons）是一个连续变化的过程，是不可分割的整体。没有生长，就无所谓收藏，也就没有第二年的再生长。正因为有了寒热温凉、生长收藏等消长变化，才有了生命的生长、发育、消亡的过程。同样，无论五志（five minds, five emotions），指与五脏（five Zang viscera）相对应的喜（joy）、怒（anger）、思（worry）、忧（anxiety）、恐（fear）5 种情志，还是六气（six climatic factors），指自然界中的风（wind）、寒（cold）、暑（summer-heat）、湿（dampness）、燥（dryness）、火（fire）6 种气候（climates），都是在一年四季气候的消长中应运而生，虽然各有特点，但也是相互影响的，和万物的生长发育息息相关，并使整个自然界形成一个有机的整体。这种万物之间的密切关系，普遍存在于大自然界中，正如《素问·宝命全形论》所云："帝曰：人生有形，不离阴阳，天地合气，别为九野，分为四时，月有小大，日有短长，万物并至，不可胜量，虚实呿吟，敢问其方。岐伯曰：木得金而伐，火得水而灭，土得木而达，金得火而缺，水得土而绝，万物尽然，不可胜竭。"用五行生克制化（inter-promotion and inter-restraint of the five elements）的规律可以解释和说明万物之间的内在联系和运动变化规律。正是由于天地万物之间的有机统一，才使整个自然界充满了欣欣向荣的生机。因此，人的养生也应遵循万物一体的规律。

（二）人体自身的整体观

人体自身的整体观（holistic view of human body itself）认为，人体的各个组成部分都是有机联系的，中医学把人体的 12 个脏腑（Zang-fu viscera）按照古代朝廷的架构分属君臣 12 官，它们之间有主从之别，心主宰全身，是君主之官。同时，心主血脉（heart controlling blood circulation, heart governing blood and vessels），在心的主导下，各个脏腑既分工协作，各司其职，又相互协调，相互促进。《素问·灵兰秘典论》说："心者，君主之官也，神明出焉……故主明则下安，以此养生则寿，殁世不殆，以为天下则大昌。主不明则十二官危，以此养生则殃，使道闭塞而不通，形乃大伤，以为天下者，其宗大危，戒之戒之！"《灵枢·邪客》云："心者，五脏六腑之大主也，精神之所舍也……故悲哀愁忧则心动，心动则五脏六腑皆摇。"中医认为，心藏神（the heart stores the spirit），由此可见心神在人的生命活动中的统帅作用和情志太过对心神的直接危害。同时，结合五行学说（theory of five elements），根据金（metal）、木（wood）、水（water）、火（fire）、土（earth）这五行（five elements）的属性进行归类，中医学把肝、心、脾、肺、肾五脏与五腑（five hollow, five Fu organs）、五体（five body constituents）、五官（five sense organs）、五音（five tones）、五志（five minds）、五液（five humors）、五味（five tastes, five flavors）、五色（five colors）等联系起来，通过经络，表里联系，上下沟通，组成了人体五大系统。全身的脏腑与组织器官之间，在生理功能或病理变化方面，虽各有不同，但又密切相关、不可分割。《素问·经脉别论》指出："饮入于胃，游溢精气，上输于脾，脾气散精，上归于肺，通调水道，下输膀胱，水精四布，五经并行……。"就是说，水谷入胃后，水精上输于脾（即升清），再经过肺的宣发肃降，将清者布散四周，浊者下输膀胱，简明扼要地表述了脏腑之间配合精微物质的化生、转输、排泄的过程。在这一过程中，任何一个脏腑环节出现问题，都可能导致新陈代谢功能的异常或障碍，即所谓"牵一发而动全身"。情志活动也是如此。《灵枢·天年》指出："血气已和，荣卫已通，五脏已成，神气舍心，魂魄毕具，乃成为人。"人在发育过程中，在形体具备的同时心神始生，继而魂（肝所主）魄（肺所主）形成，出生后出现意（脾所主）志（肾所主），才构成了一个完整的人。此外，胆（gallbladder）主决断，胃、小肠（small intestine）、大肠（large intestine）、三焦（triple energizer/burner）、膀胱（bladder）亦在心神的主导下，各司其职，共同协调人的生命活动。这些都体现了中医形神一体(union of body and spirit)、形与神俱(the body and the spirit exist simultaneously, inseparability of the body and spirit)的整体观念,故养生大家认为,调养心神(adjusting the mind and emotion)是养生之宗。

中医养生学认为,人有三宝:精(essence)、气(qi, vital energy)、神(spirit),是构成人体正常生命活动的基础。三者之间,不是孤立割裂的,而是相互作用、互为因果的一个整体。《灵枢·本神》曰:"故生之来谓之精,两精相搏谓之神。"神来源于先天之精(prenatal essence),有赖于后天之精(postnatal essence)的滋养。精作为生命之基础,可以化生气血津液,也是神产生和活动的物质基础。精能生神,精充则神足,精亏则神衰,精竭则神灭。气作为构成人体和维持人体生命活动的基本物质,也是生命的原动力;而神是生命活动的外在表现,因此气能生神,神能御气。正如《图书编·神气为脏腑之主》所云,"气载乎神""孰知气充乎体,赖神以宰之。"神也是一身之主宰,是全身脏腑组织功能活动的外在反映。由上可知,精、气、神,三位一体,兴衰与共。精充气足则神旺,抗病力强,是健康的标志,即使有病也多属轻病,预后较好;精亏气虚则神衰,抗病力弱,是病老的表现,预后较差,即《素问·移精变气论》所谓的"得神者昌,失神者亡。"因此,益气、保精、养神(cultivating spirit)历来被认为是养生大法。这种精、气、神统一的观点正反映了机能与形体的统一性和整体性。

整体观是在阴平阳秘(relative equilibrium of yin-yang)理论指导下的中医养生基本原则(basic principles of health cultivation in Chinese medicine)之一。《素问·生气通天论》指出:"生之本,本于阴阳。"《素问·宝命全形论》云:"人生有形,不离阴阳。"中医学认为,人体的生长壮老已的演化现象可以归结为阴阳的变化,人的形成、出生、生长、发育、壮盛、衰老、死亡等生理功能和病理变化,始终不离阴阳。人体的整体性就表现在保持阴阳动态平衡(dynamic balance between yin and yang),维持机体的生化不息,这是重要的养生原则之一。在生理状态下,阴阳相对平衡;而在病理状态下,就会出现阴阳的偏盛或偏衰,即《素问·生气通天论》所说的"阴平阳秘,精神乃治;阴阳离决,精气乃绝。"所以,无论是从饮食、起居(daily life)、精神来调摄,还是自我锻炼,亦或服用药物,其根本都是调整阴阳,补偏救弊,促使阴平阳秘。

(三)天人相应的整体观

"天人相应(correspondence between man and nature, correspondence between man and universe, relevant adaptation of the human body to natural environment)",是指自然界与人相呼应,是中国古代哲学(ancient Chinese philosophy)的重要命题,也是中医养生学说的重要指导思想,其理论基础是天人合一(unity of the heaven and humanity, harmony between man and nature)。这一思想起源于《庄子·达生》的"天地者,万物之父母也。"后被西汉董仲舒发展为天人合一的哲学思想体系。中医学认为,人的生理、病理和自然界有相似的方面或相似的变化。在这一整体观念指导下,中医学认为,物质世界的整体性表现在自然界的一切事物都是阴阳对立的统一,人体不但要维持体内阴阳的平衡,还要保持与整个自然界的动态平衡。东汉王冲在《论衡·寒湿》中也指出:"天气变于上,人物应于下。"中医的阴阳学说(theory of yin and yang)是以人为中心,把自然界的万物、生态、自然环境作为一个整体看待,认为这一整体是不断运动变化的,是有规律的。若是遵循规律,维持阴阳动态平衡,对人类则有益;反之,若是违背规律,破坏平衡,则会产生病患。因此,养生、预防、诊治疾病时,应注意自然环境及阴阳、四时(four seasons)、气候等诸因素与健康与疾病的关系及其对健康与疾病的影响。认识与重视这个规律对于人体养生保健是很有裨益的。

1. **季节气候对人体的影响**　自然界中的一切事物都是运动不息的,其变化有一定的内在规律,其中最明显的就是季节和气候的阴阳消长变化(waning-waxing change of yin-yang in seasons and climates)。中医十分重视季节气候对人体的影响(influences of seasons and climates on human body),认为人体健康与否和季节、气候不能分开,人必须与自然环境相适应才能无病和长寿。中医认为,由夏至秋,气候由热变凉,是一个阳消阴长(yang waning and yin waxing)的过程;由冬至春,气候由寒变暖,是一个阴消阳长的过程,把四季的变化规律概括为春生(germination in spring)、夏长(development in summer)、秋收(harvest in autumn)、冬藏(storage in winter)。即春夏阳气发泄,气血易趋于表;秋冬阳气收藏,气血易趋于里。人体的生理功能与病例特性与之相适应。如五脏应于五时,肝旺于春、心旺于夏、脾旺于长夏、肺旺于秋、肾旺于冬。在诊脉方面,有春弦、夏洪、秋毛、冬石的生理规律。在病因方面,有春季多风邪(wind evil),夏季多暑邪(summer-heat evil),长夏多湿邪(wetness evil),秋季多燥邪(dryness evil),冬季多寒邪(cold evil)的致病特点。在病位方面,有春气者,病在头;夏气者,病在脏;秋气者,病在肩背;冬气者,病在四肢的论述。《素问·脉要精微论》指出:"冬至四十五日,阳气微上,阴气微下,夏至四十五日,阴气微上,阳气微下。"《灵枢·五癃津液别》说:"天暑衣厚则腠理开,故汗出……天寒则腠理闭,气湿不行,水下留于膀胱,则为溺与气。"反映了自然环境对人体生理的影响。

根据上述规律,应该选择和采用适宜的养生方法和治病手段来适应客观环境,切不可违背季节气候的变化规律。例如,老年人常见的痰饮咳喘,多属脾肾阳虚,湿浊凝聚为痰,春夏减轻,秋冬加重,临床上常用温药调养,可以利用夏季阳气最旺的时期来调理和预防,即冬病夏治(winter disease being cured in summer)。又比如,春应温而反寒或热,即非其时而有其气,是不正之气,称为"虚邪贼风",必须及时回避,以免疾病的发生或加重。

2. **昼夜晨昏对人体的影响**　一日之内,昼夜晨昏也存在着阴阳二气的消长盛衰变化,这种变化虽不如季节和气候那样明显,但对人体的生理和病理也有明显且规律的影响。中医也重视昼夜晨昏变化对人体的影响(influences of changes in day,night,morning and dusk on human body)。在生理方面,《素问·生气通天论》说:"故阳气者,一日而主外,平旦人气生,日中而阳气隆,日西而阳气已虚,气门乃闭。"意思是说,人身的阳气,白天主司体表:清晨的时候,阳气开始活跃,并趋向于外,中午时,阳气达到最旺盛的阶段,太阳偏西时,体表的阳气逐渐虚少,汗孔也开始闭合。人体的阳气与自然界阴阳消长的变化密切相关。早晨天刚亮,阳气上升,气温开始转暖,光线开始转亮;上午阳长阴消,气温越来越高,光线越来越强,正午阳气最盛;午后盛极转衰,阳消阴长,气温逐渐降低,光线由明转暗;夜晚气温越来越低,光线越来越暗,子夜阴气最盛;而后,周而复始。这是一天中阳气消长盛衰的过程。在病理方面,《灵枢·顺气一日分为四时篇》指出:"朝则人气始生,病气衰,故旦慧。日中人气长,长则胜邪,故安。夕则人气始衰,邪气始生,故加。夜半人气入脏,邪气独居于身,故甚也。"这段话描述了随着昼夜晨昏的变化而出现的人体气血盛衰的规律,影响了邪正斗争的趋势,一般疾病,多是白天病情较轻,夜晚较重。因而,养生保健、防病治病时必须考虑"顺气",才能取得较好的效果。现代医学研究也证实,人的体温、血压、脉搏、呼吸、尿量与尿的成分、激素的分泌、酶的含量,甚至于智力、精神状态等都有内源性生理节律,这种人体生理功能近似以24h为一个周期的内源性生理节律,称"昼夜节律(diurnal rhythm)",即人体生理功能的周期性变化与环境的昼夜交替保持着"同步化"。根据对这一生理节律的研究,逐渐形成了时间生物学,进而分化为时间诊断学、时间治疗学、时间免疫学等。由此可见,了解和掌握机体的生理节律,有助于科学合理地安排工作、学习和生活,提高人体对自然环境的适应能力,从而避免发生疾病,达到健康长寿的目的。

3. **日月气象对人体的影响**　《灵枢·岁露》说:"人与天地相参也,与日月相应也。"在自然界中,太阳有升落,月亮有盈亏,形成了风雨寒热晦明的周期性气象变化,这些都会影响人体气血的运行和各个脏腑的正常运作,使其呈现出相应的盛衰起伏的周期性变化,而这些变化与人体的生理和病理变化密切相关。四时气候的变迁是由太阳的相对运动(实际上是地球的运动)引起的。天气温暖则地之经水易于流动,人之气血也易于运行;反之,天气寒冷则地之经水易于凝结,而人之气血也涩滞不行。正如《素问·离合真邪论》指出的:"天地温和,则经水安静;天寒地冻,则经水凝泣;天暑地热,则经水沸溢;卒风暴起,则经水波涌而陇起……夫邪之入于脉也,寒则血凝泣,暑则气淖泽。"月亮绕地球的运动形成了月节律,由缺到圆、由圆到缺,渐次变化,人体的气血也随之而盛衰。月圆(望)之时,人的气血流畅,肌肤致密,外邪不易侵入;月缺(朔)时体内气血流行较慢,肌肤疏松,外邪易乘虚而入。由于气血有盛衰,肌肉也随之肥瘦,膝理皮毛也随之致密或疏松。月亮运行影响人体生理活动的明显例子,是女子的月经。月经周期与月节律是一致的,故称之为"月经"。月经来潮的时间也与人体在月节律中的气血盛衰相一致。虽然有些人因个体差异而有偏移,但经统计仍可发现,大多数妇女的经期在朔日前后,而排卵期在望日前后。《灵枢·岁露》云:"故月满则海水西盛,人血气积,肌肉充……至其月郭空,则海水东盛,人气血虚,其卫气去,形独居,肌肉减……。"《素问·八正神明论》曰:"月始生,则血气始精,卫气始行;月郭满,则血气实,肌肉坚……是以因天时而调血气也。"

因此,养生时一定要注意并用好日月运动变化对人体生理病理的影响(influences of sun-moon movement changes on human physiology and pathology),根据月亮圆缺的变化,及时调整不同时段的养生重点和方式。

4. 地理环境对人体的影响 地理环境是自然环境中的重要因素。地理环境(geographical environments)包括自然地理环境(natural geographical environment)和人文地理环境(humanistic geographical environment),前者如地形、气候、水文、地理位置、地质等各种自然地理要素(natural geographical elements),后者如政治、人口、民族、宗教、文化、风俗习惯、经济、科学技术等人文地理要素(humanistic geographical elements)。地理环境的差异,在一定程度上影响人们的生理功能和心理活动,使人们在生活习性和体质方面也存在差异。中医也很重视地理环境对人体的影响(effects of geographical environment on human body)。《素问·五常政大论》说:"生长有南北,地势有高低,体质有阴阳,奉养有膏粱藜藿之殊,更加天时有寒暖之别。"《素问·五常政大论》提出:"一州之气,生化寿夭不同。"就我国而言,虽地居温带,而南北地区却分别接近热带和寒带,西北地区,地势高,气候寒冷,高寒多燥;东南地区,气候温和,地势较低,地湿多瘴,所以人们的体质和发病情况亦随之而异。人们长期生长在特定的地理环境之中,逐渐产生了功能方面的适应性变化。一旦易地而居,因环境突然改变,生理功能难以迅即发生相应的适应性变化,故初期有的人会感到不太适应,有的人甚至会因此而发病。所谓"水土不服(non-acclimatization)",指的就是这种情况。《素问·异法方宜论》说:"东方之域……鱼盐之地,海滨傍水,其民食鱼而嗜咸……故其民皆黑色疏理,其病皆为痈疡,其治宜砭石……西方者,金玉之域,砂石之处……其民陵居而多风,水土刚强……其民华食而脂肥,故邪不能伤其形体,其病生于内,其治宜毒药……北方者……其地高陵居,风寒冰冽,其民乐野处而乳食,藏寒生满病,其治宜灸焫……南方者……其地下,水土弱,雾露之所聚也,其民嗜酸而食胕。故其民皆致理而赤色,其病挛痹,其治宜微针……中央者,其地平以湿,天地所以生万物也众。其民食杂而不劳,故其病多痿厥寒热,其治宜导引按跷。"以上论述,说明中医学非常重视地区方域对人体的影响。

5. 人适应自然,改造自然 中医的天人合一观强调人与自然的和谐一致,人和自然有着共同的规律。人的生长壮老已受自然规律的制约,人的生理病理也随着自然的变化而产生相应的变化。人不能被动地适应自然,而应通过养生等手段积极主动地适应自然。《素问·宝命全形论》说:"天复地载,万物悉备,莫贵于人。"《素问·上古天真论》也指出:"提挈天地,把握阴阳。"人不但可以认识天地自然的变化规律,而且还可以逐步地掌握它。诚然,人的适应能力是有限的,一旦环境变化过于剧烈,或个体适应调节能力较弱,不能对社会环境或自然环境的变化作出相应的调整,则会进入非健康状态,乃至发生病理变化而罹病。所以,还要发挥人的主观能动性,合理利用、改造、保护自然。此外,还要加强人性修养,培养"中和(balanced harmony, neutralization, mean and harmony)"之道,建立理想人格(personality),与社会环境相统一。

(四)人与社会的统一观

《素问·气交变大论》说:"夫道者,上知天文,下知地理,中知人事,可以长久。"明确把天文(astronomy)、地理(geography)、人事(human affairs)作为一个整体看待。中医人与社会的统一观

(idea of unity between human and society in traditional Chinese medicine)认为,人既有自然属性,又有社会属性。人的本质,在现实上是一切社会关系的总和。社会是生命系统的一个组成部分。人从婴儿到成人的成长过程就是由生物人变为社会人的过程。人生活在社会环境之中,社会变迁与人的身心健康和疾病的发生有着密切的关系。中医从"天人相应"和"七情六欲"等观点出发,从人与社会的关系中去理解和认识人体的健康和疾病,十分重视心理因素对健康和疾病的作用(roles of psychological factors in health and disease),并贯穿于疾病的预防、诊断、治疗、康复及保健等各个环节,突出强调社会因素对人的情志产生的作用。社会角色、地位的不同,社会环境的变动,不仅影响人们的身心健康,而且使疾病谱的构成也不尽相同。

东汉末年,战火频仍,尸横遍野,致使伤寒(cold pathogenic disease)等外感病大肆流行蔓染,出现了张仲景《伤寒论》所载的"家家有僵尸之痛,室室户户有号泣之哀,或阖门而殪,或覆族而丧"的悲惨景象。宋金元时期,烽火连天,战争所造成的饥饿和灾荒,使老百姓食不果腹,罹患脾胃病者甚众,由此李杲创立了"补土派(school of reinforcing the earth, school of invigorating the spleen)"。明清以后,自然环境和社会环境都发生了一定的变化,气温升高,商业繁荣,交通发达,人员集中,经常发生疫病流行,温病学派(school of epidemic febrile diseases)应运而生。现在,随着科学的发展,社会生产的不断进步和人民生活水平的不断提高,人们对健康和疾病的认识发生了重大变化。现代医学正由传统的生物医学模式向生物-心理-社会医学模式演进,人们愈来愈重视社会因素和心理因素对疾病和健康的影响,使人们的健康观(health views)和疾病观(views of disease)发生了根本性的变化。同时,社会人口结构也发生了巨大变化,疾病谱也发生了变化。过去危害人们健康的各种传染病、寄生虫病及营养缺乏所造成的疾病已占次要地位。国内外大量的统计资料表明,目前危害人类健康和生命的主要原因排在前列的是心脑血管疾病、恶性肿瘤和意外死亡(车祸、自杀等),这3种原因导致的死亡人数占总死亡人数的80%以上。其中在死于心脑血管疾病与恶性肿瘤的患者中,又有近80%的致病和死亡原因与社会、心理、环境等因素有关。这充分说明,人类的疾病的发生、发展和转归及健康状况受生物、心理、社会诸因素及其相互作用的影响,并随着社会的发展变化而呈现相应的变化。人生活在社会之中,社会的道德观念、经济状况、生活水平、生活方式、饮食起居、思想情绪、政治地位、人际关系等,都会对人的精神状态和身体素质产生很大影响。所以,现代医学领域中的防病保健问题,已不单纯是医学本身的问题,必须结合社会学(social sciences)的基本理论和研究方法来全面地认识疾病和健康。当代防止疾病发生,提高健康素质,既不应单靠服药保健,也不能单靠打预防针来解决,要靠全社会动员起来,保护环境,防止污染,养成健康的生活方式,才能提高人类的健康水平。毋庸置疑,人类的寿命随着科学的发展和社会的进步而增长,这是一个历史发展的总趋势,并且已被人类历史所证实。中华人民共和国成立前,我国人民的平均寿命仅35岁左右,到20世纪50年代增长到54岁,到20世纪80年代达到69岁。中医学的养生保健的医学模式正是把生物、心理、社会等内容融为一体,把人体、社会、自然环境密切地联系起来,全面认识它们的相互关系。可见,中医养生学认识问题的方法论,正好弥补了传统生物医学模式的内在缺陷,具有显著的先进性和前瞻性,在当代医学模式演进过程中必将发挥更大的作用。

二、辨证施养

辨证施养(cultivating health based on syndrome differentiation),是指在整体观念指导下,要根据时令(seasons)、地域(region)以及人体的体质、性别、年龄等方面的不同,而制订相应的养生保健方法。它是运用因人、因时、因地制宜(full consideration of the individual constitution, climatic and seasonal conditions, and environment)的养生原则,按照时令节气、地方区域、不同体质的阴阳变化规律,保持自身的阴阳相对平衡,来防病养生和治病。这是中医养生(health cultivation of traditional Chinese medicine)的基本出发点,自始至终都贯穿于养生、保健甚至治疗的全过程。

（一）因时制宜

养生保健应按照中医因时制宜（treatment in accordance with seasonal conditions）的治疗原则，根据时令的不同，制订相应的方法。中医养生学认为，人与自然的关系，首先是人与四时六气的关系。四时气候的变化，对人体的生理功能、病理变化都产生一定的影响。根据不同季节的气候特点，来考虑养生保健，即为"因时制宜"。春生、夏长、秋收、冬藏，是生物顺应四时（adaptation to seasonal changes）及阴阳消长（waning and waxing of Yin and Yang）的规律，养生也必须顺应四季的变化。如《素问·四气调神大论》提出"春夏养阳，秋冬养阴（cultivating yang in spring and summer, nourishing yin in autumn and winter）"，是养生不可忽视的一个方面。一般而言，春夏时节，自然界阳气升发，养生者应该顺时养生，去护养体内的阳气，使之保持充沛。其中春为四季之首，其特点是阳气升发，风气当令、乍暖还寒，在人则是阳亦升发，肝强脾弱，体内郁热，故养生原则就是养阳气，助阳升发，避风寒，清解郁热，养脾胃，防肝克脾。夏季烈日炎炎，自然界万物生长得很茂盛，人体要顺应夏季阳盛于外的特点，注意养护人体的阳气方能得养生之道。此外，夏夜人们喜纳凉，很容易受寒湿之邪，寒湿会伤到人体阳气，而且由于天气炎热，人们通常喜欢吃冷饮，最容易伤阳，所以夏季既要注意避暑，又要避免过食冷饮。秋冬时节，万物收藏，阴长阳消，养生宜护藏阴精，凡有损失阴精的情况皆应避免。秋冬是阴气旺盛的季节，秋时阴收，冬时敛藏，秋冬燥邪为患，易伤阴，故秋冬的时候适宜吃滋补之品，以防燥邪。立秋至处暑，温度较高，有时阴雨绵绵，湿气较重，天气以湿热并重为特点，故有"秋老虎"之说。白露过后，雨水渐少，天气干燥，昼热夜凉，气候寒热多变，稍有不慎，容易伤风感冒，许多旧病也易复发，正所谓"多事之秋"，此时可根据实际情况选择不同的食物来调和气血（harmonizing qi and blood），滋补身体。冬季草木凋零，气候寒冷，是大自然生机潜伏闭藏的季节，同时也是身体养藏的最好时刻。应当注意保护阳气，养精蓄锐，做到早睡晚起，以待日光。要注意避寒就温，不要导致闭藏的阳气频频耗伤，这是冬季闭藏养生的要点。

由上可知，中医养生学认为，起居、饮食、运动等都应顺应自然，根据四季气候变化的规律，确立四时养生法（regimens in different seasons）。

（二）因地制宜

按照中医因地制宜（treatment in accordance with local conditions）的治疗原则，用在养生保健方面，是指养生保健要考虑所处地域对人体的影响，制订相应的方法。人与自然的关系，还表现在地域对人体的影响。不同的地域，由于地势高低、气候条件及生活习惯（life habits）各异，人的生理活动和病理特点也不尽相同。《素问·五常政大论》说："地有高下，气有温凉，高者气寒，下者气热。"因此，不同地区、不同民族的饮食起居、运动锻炼等生活习惯各有不同。如草原牧民多食鲜美的酥酪、骨肉和牛羊乳汁，多居住于温暖的毡房，擅长骑术；江南水乡或沿海民众则多食鱼虾、蔬菜，居住的环境常是依山傍水，喜爱游泳；西南边陲地区的百姓常食飞禽走兽，居住于竹楼，喜好打猎。这些生活方式、劳动条件的不同，使人呈现出不同的体格、体能和适应能力等体质特点（constitutional characteristics）。一旦易地而居，环境突然改变，个体生理功能难以迅速发生相应的适应性变化，故初期会感到不太适应，有的甚至会因此而发病，即所谓"水土不服"。总之，所处地理环境不同的人们，在生理上、体质上形成了不同的特点，因而不同地区的发病情况也不尽一致。因此，中医在养生防病时必须考虑到地域这一重要因素。

（三）因人制宜

按照中医因人制宜（treatment in accordance with the patient's individuality）的治疗原则，用在养生方面，是指养生保健不仅要充分注意人与自然的密切关系，还要高度重视个体差异，根据年龄、性别、体质等不同特点，来制订相应的养生保健方法。

1. 年龄因素　人的生命周期（life cycle）一般包括胎儿、婴儿、幼儿、儿童、少年、青年、中年和老年等不同阶段，处于不同阶段的人群在生理、心理上都有着不同于其他阶段的自身特点，加之生活、工作环境各不相同，所以养生也应有所区别，才能有益于健康。如孕期的保健，包括经络养胎、起居环境、情志、心理卫生、饮食营养调理及各种禁忌，尤其要重视孕妇的精神调摄，加强孕妇的品质修养，培养其高尚的情操，使其保持良好的精神状态，以利于胎儿的良好发育。幼儿的脏腑娇嫩，气血未充，但其身心发展迅速，模仿力强，对以后的心理、性格、体质的发展影响极大。要顺应其蓬勃生机进行教养，注意身心发展的平衡和协调。首先要对其给予心理上的爱抚，使其有安全感，同时要引导教育，既不能百般溺爱、迁就、放任，也不能滥施惩罚，以免伤及孩子的自尊，对其心理的发育产生不良影响。其中很重要的一点就是家长应当以身作则，言传身教，逐步培养孩子优良的道德品质。青少年的生理功能日趋成熟，气血旺盛，人格基本定型。青少年对周围事物有一定的观察、分析和判断能力，但易情绪化，行事易偏激。对他们不能一味地命令、指责，应循循善诱，说服教育，使他们具有积极进取、刻苦奋斗的精神，树立正确的人生观，并在实际工作中锻炼坚强的意志。此外，通过性知识教育，使他们对性持有正确的认识，树立科学的性道德观念。人到中年，上有老、下有小，肩负着工作和家庭两副重担，倍感压力，"亚健康状态（sub-health states）"占了上风，常出现腰酸背痛、记忆力下降、睡眠不佳、耳鸣头晕，甚至罹患胃溃疡、冠心病、高血压、糖尿病、椎间盘突出、前列腺增生、心肌缺血、心肌劳损、心肌梗死、脑血管意外、癌症等病证，即所谓的"人到中年万事多"。中年人在心理上易产生紧迫感，常处于紧张疲劳状态。所以说中年时期既是人体生理功能的全盛时期，又是进入衰老（aging, senescence）的关键阶段。事实证明，很多老年慢性病源于中年，注重中年养生保健显得至关重要。在中年时期，必须建立健康的生活方式，纠正不良的行为习惯，生活要有节律，情绪要乐观，保持心理平衡，饮食注意营养，坚持适量运动，合理安排工作和生活节奏，劳逸结合，防止积劳成疾。老年人的生理功能和代谢逐渐衰退，适应自然环境的能力下降，易产生孤独感、垂暮感、遗弃感、失落感，这些心理变化常易产生不良的情绪，如焦虑、紧张、沮丧、悲伤、痛苦、难过、不快、忧郁、狭隘、多疑、烦躁、易怒，如果和各种外界因素刺激叠加，就可能诱发多种疾病。因此，老人的养生保健首先要改善心境，加强心理修养，做到老有所为，身心愉悦。

2. **性别因素**   养生保健还应注意性别的差异。男女性别不同，生理特点、病理变化亦有差异。中医学认为，"女子以肝为先天""男子以肾为先天"。肝主血海（liver controlling blood），体阴而用阳，女性属阴，以血为体为用，有经、带、胎、产等情况及乳房、胞宫之病。从心理特点来看，不同的性别也存在相对的偏向性，女性偏于感性、记忆；男性偏于理性、思维等。在病理方面，女性的月经病应注意调经，带证应注意祛邪；妊娠期而患他病，则当慎用或禁用峻下、破血、重坠、开窍、滑利、走窜及有毒药物；产后诸疾则应注意审查有无气血亏虚或恶露不尽等情况，从而采用适宜的治法。男子以精气为主，精气易亏，而有精室疾患及性功能障碍等，如阳痿、早泄、遗精以及精液异常等疾患，宜在调肾的基础上结合具体情况而治，实证应注意祛邪，虚证则应注意补肾或调理相关脏腑。因此，无论养生保健，还是治疗疾病，必须注重性别之间的不同及其个体差异。

3. **体质因素**   由于先天禀赋与后天因素的不同，人的体质（constitution）有强弱、阴阳、寒热之别。明代赵献可在《医贯》（*Key Link of Medicine*）中说："有偏阴偏阳者，此气禀也。太阳之人，虽冬月身不须绵，口常饮水，色欲无度，大便数日一行……太阴之人，虽暑月不离复衣，食饮稍凉，便觉腹痛泄泻……此两等人者，各禀阴阳之一偏者也。"体质壮实或阳热偏胜者，发病多表现为实证、热证，其体耐受攻伐，泻实清热，药量稍重也无妨；体质虚弱或阴寒偏胜者，发病多表现为虚证、寒证或虚中夹实，其体不耐攻伐，则应采用补益或温补之剂，即或有邪而夹实，也只宜选用气味较薄、毒性较小的方药来治疗。了解体质的偏颇，对于有针对性地保健很有价值。一般而言，阳盛（yang excessiveness）之体，慎服温热燥烈之品；阴盛（yin excessiveness）之体，慎服苦寒伤阳之物。

此外，不同患者因所患疾病性质不同，导致体质有所差异，养生保健时也应区别对待。众所周知，坚持运动锻炼（physical exercises）是增强体质、提高抗病能力、预防疾病、促进身体康复的有

Note

效措施。只有锻炼得法,功夫有素,才会提高锻炼的效果,有益于健康;如果盲目地剧烈运动,可能会给某些疾病患者带来危害。所以,必须有针对性地选好运动项目,安排好不同的运动量,遵循科学锻炼身体的原则和要求。例如,胃肠道疾病患者应以按摩(massage)、气功、医疗体操(medical gymnastics)为主,亦可配合散步(walking)、慢跑(jogging)、打太极拳(practicing shadow boxing)等活动。科学的锻炼可以助消化,除积滞,改善消化道症状。冠心病患者宜选择打太极拳、散步、气功、保健功(health cultivation Qigong)、打乒乓球(playing table tennis)、登山(mountain-climbing, mountaineering)等运动项目,但须量力而行,循序渐进,才能收到养生保健之功。

综上所述,因时、因地制宜,强调了自然环境对人体的影响;因人制宜,则既要看到人是有机统一的整体,又要看到不同年龄阶段、不同体质的差异等特点。归根结底,季节气候、地方区域最终都会影响到人的体质,故而因异制宜,体现了中医以人为本的根本理念。只有将各方面结合起来,全面综合,具体分析,才能真正做到顺应自然,法于阴阳,增进健康,延年益寿。

三、平衡阴阳

阴阳平衡(yin and yang in equilibrium),就是阴阳双方的消长转化保持协调,维持动态平衡,既不过分也不偏衰,呈现着一种协调的状态。《素问·阴阳应象大论》说:"阴阳者,天地之道也,万物之纲纪,变化之父母,生杀之本始,神明之府也。治病必求于本。"中医养生学认为,阴阳平衡是人体健康的基本标志。《素问·调经论》提出了相应的人体健康标志:"阴阳匀平,以充其形,九候若一,命曰平人。"《灵枢·终始》又说:"所谓平人者不病,不病者,脉口、人迎应四时也。上下相应而俱往来也,六经之脉不结动也。本末之寒温之相守司也,形肉血气必相称也,是谓平人。"既然机体阴阳平衡标志着健康,那么平衡的破坏自然也就意味着疾病的发生。只有协调阴阳,纠其偏胜,才能阴平阳秘,健康长寿。协调阴阳的具体方法包括以下几个方面:

(一)顺应四时

基于"阴阳学说"和"天人相应"理论,自然界四时阴阳消长的变化有春生、夏长、秋收、冬藏的规律,人应顺应这一规律,养生应注重"春夏养阳,秋冬养阴":强调春之"养生"以益其亢气,供奉夏长之令;夏之"养长"以益其亢气,供奉秋之令;秋之"养收"以益其亢气,供奉冬藏之令;冬之"养藏"以益其亢气,供奉于春生之令。奉生、奉长、奉收、奉藏,其目的即在于顺应四时,护养阴阳,维持平衡状态,保持机体健康和促进疾病康复。

(二)补其不足

阴阳两气的虚损是阴阳偏颇失衡的常见原因,也是人体早衰(premature aging)的根本原因。适当滋阴补阳(nourishing yin and tonifying yang)、温阳益气(warming yang and benefiting qi),可以养生保健、延年益寿。在滋阴补阳时要注意以下两个方面:一是辨察体质之偏颇,有针对性地滋阴或补阳;二是重视阴阳互根(mutual rooting of yin-yang),以期做到"善补阳者,必于阴中求阳(obtaining yang from yin),则阳得阴助而生化无穷;善补阴(invigorating yin)者,必于阳中求阴,则阴得阳升而泉源不竭。"

(三)泻其有余

谈起养生之道,百姓往往会与进补联系起来。辨证、科学地进补,确是养生保健的重要组成部分。但是,进补应遵循中医补偏救弊、调节阴阳的观点,以阴阳平衡为目标。虚者当补,但是对实者,适当地采用泻法,以调节机体偏差,恢复脏腑的正常生理功能,亦是正确的养生之道。补可养生,多知常行;泻亦养生,鲜知少行。尤其是现代人,生活优越,但往往缺乏锻炼,体质是实而非虚,如果盲目进补,会导致代谢后的糟粕排出不畅,残存并滞积在体内,引起不适,甚至诱发疾病。因此,维护补与泻的平衡就必须要重视体内代谢废物对健康的危害,应及时将代谢垃圾排出体外,减少危害。泻法(purgation)不一定要通过药物,饮食也可达到良好的效果。比如常吃海带可减少放射性物质对身体的影响,因为海带中的胶质成分能促进体内的放射性物质随尿液排出,减少其在体内积聚。绿豆能帮助排泄体内毒物,促进正常代谢。常喝绿豆汤可以解百毒。黑木耳和菌类含有丰富的硒,常吃这些食物不仅可以抗癌,还能降血压、降胆固醇,防止血管硬化,提高机体的免疫功能。新鲜的水果和蔬菜是人体内的"清洁剂",能清除体内堆积的毒素和废物。

（四）舒畅情志

七情（seven emotions）是指怒、喜、忧、思、悲（sadness）、恐、惊（surprise）七种情志活动,是个体对外界环境刺激的心理活动和情绪体验。中医学将人的心理活动统称为情志（emotions）。七情六欲,人皆有之。情志活动（emotional activities）属于人类正常的生理现象,是对外界刺激和体内刺激的保护性反应,有益于身心健康。正常情况下,一定强度的情志活动对机体生理功能起着协调作用,不会致病。乐观的情绪是调养精神、舒畅情志、防衰抗老的最佳方式,情志乐观可使营卫通、气血和、生机旺,身心健康。适度的喜悦能使心情舒畅,气血通达调和。喜则心康泰,而悦则神清爽,喜悦之情可以使气和志达,故《素问·举痛论》说:"喜则气和志达,荣卫通利,故气缓矣。"当程度强烈或作用时间持久超过了机体的生理和心理能够承受的阈值时,则会导致机体脏腑精气损伤,气机运行失调。或在人体正气虚弱,脏腑精气虚衰,对情志刺激的承受能力下降时,则会诱发或导致疾病的发生。情志变化过激,会造成人体阴阳、气血的逆乱,从而引起或加重疾病,宋代陈言所撰的《三因极一病证方论》（*Treatise on Three Categories of Pathogenic Factors*）将喜、怒、忧、思、悲、恐、惊列为致病内因。《素问·举痛论》说:"余知百病生于气也。怒则气上,喜则气缓,悲则气消,恐则气下……惊则气乱……思则气结。"如过喜可使心气涣散,精神不集中,情绪激动,甚至心神散越不敛,出现如痴、如狂、嬉笑不休等症。故《灵枢·本神》说:"喜乐者,神惮散而不藏。"《内经》强调开朗、乐观的性格是调摄情志（adjusting emotions）的基础。要想永保乐观,首先要性格开朗,心胸宽广,精神才能愉快;其次要淡泊名利,知足常乐;再者,要培养幽默风趣感,幽默可以产生笑意,令人愉悦。《素问·上古天真论》主张"恬淡虚无,真气从之,精神内守,病安从来。"以调摄精神情志为养生第一要义,从调节精神活动,避免情志过激,保持精神、守持于内等方面在方法上进行了概括,为后世所遵循。因此,养生宜舒畅情志,怡养性情,从而和养阴阳,尽其天年。

（五）合理饮食

民以食为天,日常生活离不开一日三餐。合理调配饮食,才能有利于人体健康。常言道:药补不如食补（herb nourishing is inferior to food nourishing,food is better than medicine）。饮食养生（dietary health cultivation,dietetic life-nourishing,life cultivation of food）是中医养生的重要理论之一,在长期生活实践中积累了极为丰富的经验。李东垣的《脾胃论》（*Treatise on Spleen and Stomach*）有云:"若胃气之本弱,饮食自倍,则脾胃之气既伤,而元气亦不能充,而诸病之所由生也。"可见诸病皆生于脾胃饮食不当。脾、胃是元气（primordial qi）之本,而元气是健康之本,脾胃伤则元气衰,元气衰则疾病生,这是李东垣"脾胃学说（the spleen and stomach theory）"的基本观点。食物（food）与中药（Chinese material medica,Chinese medicinal herb）一样,具有寒（cold）、热（hot）、温（warm）、凉（cool）这四性（four properties）之异和酸（sour）、苦（bitter）、甘（sweet）、辛（acrid）、咸（salty）这五味（five flavours）之分。如果食物的性味（properties and flavors of food）配合得当,则有助于保持人体的阴阳平衡状态,从而对健康有益;反之,若食物的性味配合失宜,则会打破机体的平衡,从而损害健康。《素问·生气通天论》说:"阴之所生,本在五味,阴之五宫,伤在五味。"再看看现代人的饮食方式,出于各种主观和客观的原因,肥甘厚味酒一直是餐桌常见之品,由此也导致了湿热痰浊之证（syndromes of damp,hot and turbid phlegm）——现代医学中的"三高"即高血压（hypertension）、高血脂（hyperlipidemia）、高血糖（hyperglycemia）或糖尿病的发生。可见,饮食养生在养生中必不可少。养成良好的饮食习惯（good eating habits）,尤其是注重谨和五味（coordination of five flavors,harmony of five flavors）、食饮有节（eating a moderate diet,eating and drinking in moderation）、重调脾胃（harmonizing spleen and stomach）这三个原则,适量、定时进食,对于延年益寿很重要。

四、协调脏腑

人体是以五脏为中心，与六腑（six Fu viscera）相配合，以精气血津液为物质基础，密切联系，构成的有机整体。脏腑（Zang-Fu viscera）间的协调，是通过相互依赖，相互制约，即生克制化的关系来实现的。有生有制，维持动态平衡，从而保证生理活动的顺利进行。脏腑的生理特性是藏泻有序。五脏的主要生理功能是化生和贮藏精、气、血、津液等精微物质；六腑的主要生理功能是受盛化物和传导、排泄糟粕。藏泻得宜，机体的新陈代谢才能正常，方能健康。否则，任何环节发生问题，都会影响人体的生命活动、诱发疾病。

正是脏腑协调对于健康如此重要，因而养生时必须十分重视。如何养生协调脏腑，不外乎两方面：一是纠偏，若脏腑出现偏颇，及时予以调整，以纠正其偏差。二是强化脏腑的协同作用，增强机体新陈代谢的活力。协调脏腑的方法（methods of coordinating viscera）包括：四时养生（health cultivation in four seasons）强调春养肝（胆）、夏养心（小肠）、长夏养脾（胃）、秋养肺（大肠）、冬养肾（膀胱）；情志养生（emotional health cultivation）强调情志舒畅，避免五志过极伤害脏腑；饮食养生强调五味调和，不可过偏；运动养生（sports for health cultivation）中的"六字诀（six healing sounds, six syllable formula Qigong, six-word Qigong, medical exercise based on the six-charactered formula）""八段锦（Baduanjin, eight-sectioned exercise, eight-section exercise）""五禽戏（Wuqinxi, five mimic-animal exercise）"等功法，都遵循协调脏腑的原则。中医的藏象学说（doctrine of viscera and their manifestations, theory of visceral manifestations, theory of visceral outward manifestations）尤其强调五脏功能，《灵枢·天年篇》认为："五脏坚固，血脉和调，肌肉解利，皮肤致密，营卫之行，不失其常，呼吸微徐，气以度行，六腑化谷，津液布扬，各如其常，故能长久。"明确指出健康的根本因素决定于五脏是否坚固。

（一）心

五脏养生，心（heart）为首要。因为心为五脏六腑之大主，又为君主之官。《素问·灵兰秘典论》云："故主明则下安，以此养生则寿……主不明则十二官危……以此养生则殃。"因其主血脉，血脉喜温恶寒，遇温则行，得寒则凝，夏季阳气旺盛有助于鼓动心脏、畅通血脉，因此，养心是夏季养生的重点，不可逆势受寒经冷。心又主神志，神有所养，就能头脑清楚、思维敏捷、睡眠香甜；反之，情志失调（emotional maladjustment），神失所养，就易出现失眠多梦、记忆力下降。因此，平时遇事尽量保持心平气和，不过喜也不过忧，与人交往不计较得失，该舍便舍，以保持心神宁静。因心活动最活跃的时候是在午时，且此时也是阴阳交合之时，所以养生还要重视午休，以保心气。按照五行理论，赤色、味苦者皆归于心，所以饮食上可以适当吃些赤色食物（如红枣、红椒、赤豆、樱桃、桂圆等）来补心，吃些苦味食物（如莲子心、苦瓜等）来泻心火。

（二）肾

《素问·上古天真论》论述了男子以八岁为周期、女子以七岁为周期的生（birth）、长（growth）、壮（maturity）、老（aging）、已（death）整个生命过程。人的生长、发育、衰老与肾气关系极为密切，主要是因为肾藏精（kidney storing essence），为先天之本，又是水火之宅。肾中所藏阴阳又称为元阴、元阳，是一身阴液、阳气之根本。所以肾（kidney）是人体生命之中枢，全身调节之中心。肾所藏之精能化生骨髓，骨为髓府（house of marrow），髓藏于骨腔中以营养骨骼，称为"肾主骨生髓"。肾精充足，藏精气而不泻（storing essence without leaking），则骨髓充盈，骨骼得到骨髓的充分滋养，则坚固有力。如果肾精虚少，骨髓的化源不足，不能营养骨骼，便会出现骨骼软弱无力，甚至发育不良；而齿为骨之余，也是由肾精所充养，因此肾精不足（insufficiency of kidney essence）会导致小儿牙齿生长迟缓、成人牙齿松动或早期脱落。发为血之余，其营养虽源于血，但生机却根源于肾。因为肾精能化血，精血旺盛，则毛发多而润泽，即所谓"其华在发（its bloom is in the hair of the head)"。冬季主藏,与肾的封藏特性相同,固肾是冬季养生的重点,忌躁动不安,扰动封藏。由于肾精关系着人的生命全过程,因此注意养肾精(nourishing kidney essence)为历代养生大家所推崇。按照五行理论,黑色、味咸者属于肾水,所以饮食上可以适当吃些黑色(如黑芝麻、黑豆、乌鸡等)和咸味(如海参、海虾等海产品)食物来补肾。

（三）脾

脾(spleen)、胃(stomach)是人体最重要的器官,为仓廪之官。胃为水谷之海(reservoir of food and drink),后天之本,是气血生化之源。人体的生长发育、维持生命活动所需的精微物质,主要靠脾胃化生。若脾虚,水谷运化失司,人体的生长发育就会异常,势必影响机体健康。正如《素问·上古天真论》所指出的,女子"五七,阳明脉衰,面始焦,发始堕。"《灵枢·五味》也说:"故谷不入半日则气衰,一日则气少矣。"中医认为,"脾主四时"或"脾旺于四时",所以一年四季都要注意养好脾胃。养脾之道在于饮食不过饥也不过饱,不吃损伤脾胃的食物,如过辣、过甜、过咸、过辛、过苦的食物,而应进食有规律,多吃易于消化、易于吸收的食物,以保护脾胃。按照五行理论,黄色、味甘者都与脾胃相关,归属于脾土系统,能够调养、补益脾胃,所以饮食上可以多吃黄色和有甘甜味的食物,如小米、番薯、玉米、南瓜、黄豆等,都是滋养脾胃的佳品。穴位刺激也可以健脾养胃,民间有"每天按摩足三里,等于吃只老母鸡"的说法,即常拍足三里穴可以增强脾胃的运化功能。此外,也可通过做腹式呼吸、摩腹部或者静蹲来强健脾胃。

（四）肝

肝(liver)主疏泄,调畅人体一身气机;又主藏血,具有贮藏和调节血量的作用。《素问·调经论》云:"血气不和,百病乃变化而生。"气血是否调和,关键取决于肝。肝性喜条达恶抑郁,正应春季阳气升发、生机盎然、草木条达之象。春季阳气升发有助于肝的疏泄,而肝的疏泄则顺势促进人体阳气的升发。所以养肝是春季养生的重点。养肝主要从情志、睡眠、饮食、劳作四方面入手。养肝的第一要务就是要保持情绪稳定,平时尽量做到心平气和,培养良好的兴趣爱好,陶冶性情。人卧则血归于肝,定时休息,保持良好的睡眠质量,也能养肝。饮食宜清淡,少吃或不吃辛辣、刺激性食物,以防损伤肝气。按照五行理论,青色、味酸者归属于肝木,所以饮食上可以多吃青色(如薄荷、芹菜等)和酸味(如乌梅、醋、山楂等)的食物来养肝。平常还应做到既不疲劳工作,也不疲劳运动,以防过度疲劳损肝。

（五）肺

肺(lung)既主一身之气,又主呼吸之气。历代养生家皆非常重视气的作用。如明代万全的《养生四要》云:"善养生者,必先养气,能养气者,可以长生。"可以通过练习吐纳、按摩穴位(如迎香、檀中)等调理肺之气机,有效预防和改善多种肺部疾病。肺以肃降为顺,正应秋季阳气下降、生机潜藏之趋势。秋季气温下降,阳气潜藏,有助于肺的肃降,而肺的肃降则顺势促进人体阳气的潜藏。所以养肺是秋季养生的重点,忌燥热、不通而妨碍肃降。肺志为悲。悲伤会阻滞人体气机的运行,故过悲则伤肺。因此,保持积极乐观的心态是秋季养肺的好方法,避免不必要的悲伤情绪而伤肺。按五行学说,白色、味辛归属于肺金,因此饮食上可以适当吃些白色(如银耳、百合、梨等)和辛味(如姜汁、洋葱、香菜等)的食物来养肺。

五、畅通经络

经络(meridian,channel)是人体气血运行的通道。经络通畅,气血才能川流不息地营运于全身,才能使阴阳交贯、脏腑相通,达到生气血、布津液、养脏腑、传糟粕、御精神之效,从而确保生命活动正常,新陈代谢旺盛。因此,经络以通为用,一旦阻滞,则会阻碍气血运行,影响脏腑协调。《素问·调经论》云:"五藏之道,皆出于经隧,以行血气,血气不和,百病乃变化而生,是故守经隧焉。"经络养生(meridian health cultivation)是指通过针刺、艾灸、按摩等方法,刺激经络,以期激发精气,达到调和气血(harmonizing qi and blood)、畅通经络(dredging the channels)、增进健康的养生方法。

经络是古人在长期生产、生活和医疗实践中逐渐发现并形成的,是以手、足三阴、三阳经以及任、督二脉为主体,遍布全身的网络系统,内联脏腑,外布官窍、四肢、百骸(skeleton,bones of human body),沟通表里、联系上下、联络内外,将人体的各部分连接成有机的、与自然界密不可分的整体。它不仅指导着中医各科的临床实践,而且是人体养生保健、防病祛病的重要依据。

畅通经络的具体形式有很多种,比如通过太极拳、五禽戏、八段锦、易筋经等锻炼活动筋骨,以求气血通畅。气血脏腑调和,则身健而无病,即所谓"动形以达郁"。还可通过气功导引法(Qigong guidance methods)开通任督二脉,营运大小周天。中医认为,任脉起于胞中,循行于胸腹部正中线,总任一身之阴脉,可调节阴经气血;督脉亦起于胞中,下出会阴,沿脊柱里面上行,循行于背部正中,总督一身之阳脉,可调节阳经气血。任、督二脉的相互沟通,可使阴经、阳经的气血周流,互相交贯。由于任督二脉循行于胸腹、背,二脉相通,则气血运行如环周流,即气功导引中之"周天";因其仅限于任督二脉,而非全身经脉(channels),故称为"小周天(a small circle of the evolutive, small circlation, microcosmic circulation)";开通小周天,周身诸经脉皆通,则称为"大周天(large circle of vital energy, great circulatory cycle)"。大、小周天能够通畅营运,则阴阳协调、气血平和、脏腑得养,精充、气足、神旺,故身体健壮而不病。畅通经络的方法还有针刺、艾灸、按摩等。针刺是以毫针刺激人体经络穴位,通过提、插、捻、转等不同手法,调整脏腑、疏通经络;艾灸是借助艾火热力,灸灼、薰熨穴位,温通经络、调养脏腑;按摩是对人体经络穴位采用按、拿、点、推、揉、拍等手法,运行气血、健身祛病。三种方法各有特长,既可单独使用,也可综合施行,只要方法得当,一般不会损伤人体。若能持之以恒,不失为简单、易行、实用、有效的养生保健良法。

六、调养气息

气(qi, vital energy)是构成人体和维持人体生命活动最基本、最重要的物质。人的健康,离不开气。从某种角度来说,养生就是养气。反之,疾病多产生于气。正如《素问·举痛论》所言:"余知百病生于气也。"人体的生命活动离不开气的升、降、出、入运动。人体内气血的运行,是借助呼吸之气完成的。调养气息,就是调整呼吸的方法,促进体内气血的运行,维持正常的生命活动,从而达到健康状态。《摄养枕中方》曰:"善摄养者,须知调气方焉,调气疗疗万病大患。"

传统医学(traditional medicines)中,气功就属于调养气息的重要内容,历史悠久。它是古人在生产、生活、医疗保健等实践中逐渐摸索、总结、创造出来的一种自我身心锻炼的方法,有广泛的群众基础,对于中华民族的健康、繁衍有不可磨灭的作用。气功养生(health cultivation by practicing Qigong)是指在中医养生学基本理论指导下,运用特定的方法配合呼吸和意念来促进人体身心健康的身心锻炼方法(physical and mental exercise method),可以陶冶性情,防病治病,增智益寿。它与现代科学中的预防医学、心身医学、运动医学、自然医学、老年医学以及体育、武术等,都有一定的联系。

气功(Qigong, Chinese deep-breathing exercises)是一种中国传统的保健、养生、祛病的方法,以呼吸的调整、身体活动的调整和意识的调整,即以"调息""调身""调心"为手段,以强身健体、防病治病、健身延年、开发潜能为目的的一种身心锻炼方法。从中医学角度看,气功是调息、调身、调心三调合一的心身锻炼技能。气功一词最早见于晋代许逊所著的《净明宗教录》,意指通过修炼气术(如行气、运气等)与修德(指做善事),在体内引起的变化已达到"道气功成"的程度。气功包括"吐纳""导引""按跷""存神""辟谷"等。"吐纳(expiration and inspiration)"是指锻炼调整呼吸;"导引(physical and breathing exercise)"是指把躯体运动和呼吸运动自然融为一体的锻炼;"按跷(Anqiao, massaging/stepping on the body)"是指按摩、拍打肢体的锻炼;"存神(mental concentration）”，也称“存思（meditation，mental concentration）”“存想（mental visualization）”，是指锻炼呼吸和意念；“辟谷（inedia，breatharianism，refraining from eating grain，abstinense from cereals）”是指在调整呼吸的同时，减少饮食摄入。虽然方式各有不同，但都主要是通过锻炼呼吸，松弛身心，控制意识，有节律地运动肢体等，使身心合一（body and mind become one），达到养生的目的。可见，气功不是机械的一法一术，是建立在整体生命观理论基础上，通过特定内向性运用意识的锻炼，增强自我意识和驾驭自我形体能力，从而达到精神与形体高度平衡的严密而科学的锻炼方法。

（一）气功的分类

气功的内容非常广泛，功法繁多。总体来说，气功的分类（classification of Qigong）：通常将其分为动功（dynamic Qigong）即外功、静功（static Qigong）即内功两大类。静以养神（achieve tranquility by nourishing spirit），以吐纳呼吸为主要练功方法；动以养形（use movement to nurture the body），以运动肢体为主要练功方法。动功以静功为基础，静极才能生动。正所谓“内练精气神，外练筋骨皮。”精气神充足了，筋骨才能强壮，身体才能健康。静功并非静止，而是“外静内动”，是机体的特殊运动状态。无论静功还是动功，都离不开调心、调息、调身这三项练功的基本手段，调心（regulating mental activities）是调控心理活动，调息（regulating breathing）是调控呼吸运动，调身（regulating physical activity）是调控肢体动作。静则生阴、动则生阳，动静兼练，“三调”结合，阴阳调和，方能却病延年。

（二）气功的作用

气功的作用（roles of Qigong）有以下几个方面：

1. **健身防病**　气功练习的最基本功能（most basic function of Qigong exercise）是健身（body-building）和防病（preventing diseases）。练习气功可以调理阴阳（coordinating yin and yang）、和畅气血（smoothing the flow of qi and blood）、疏通经络（dredging the channels and collaterals），调整和维持人体机能的平衡。通过调心、调息、调身，可以锻炼心智、调节情绪、促进气血运行、强健筋骨，从而达到强身健体、预防疾病的作用。

2. **陶冶性情**　练习气功可以修心养性（cultivate the moral character and nourish the nature）。在气功入静状态下，整个心身都沉浸在一种超脱的意境中，人会体验到愉快和舒适。长期坚持气功锻炼，就能起到陶冶情操、开阔心胸、培养意志、塑造健全人格、增强心理适应能力以及提高心理健康水平的作用。

3. **开发智力**　练习气功要求入静（go into static），以快速消除大脑的疲劳，使大脑活动有序化，从而大大提高脑细胞的活动效率，让人精力旺盛，注意力集中，感知敏锐，记忆力增强，思维能力提高，进而提高智能水平。

4. **激发潜能**　气功入静的状态，还可以开发人的智慧，即所谓“静能生慧，定能生神。”

七、节欲保精

《孟子》云：“食色，性也。”《礼记·礼运》亦云：“饮食男女，人之大欲存焉。”男女之间的性行为（sexual behavior）是人类的本能，作为人类生活的重要内容之一，是其得以繁衍生息的必要手段。夫妻之间的性行为称为房事（sexual intercourse between a married couple）。禁欲固然不可取，也有悖人伦，但节欲方为人道。中医养生学也认为，欲不可纵，性生活应当适度、有节制，才有益于身心健康。否则，如《素问·上古天真论》所言：“不妄作劳”“以欲竭其精，以耗散其真……故半百而衰也。”

（一）房事保健注意事项

历代养生家和医学家都比较重视房事养生（health cultivation through sex life，sexual health cultivation，restraining sex to preserve health，health cultivation through sexuality），即性保健（sexual health care)的研究,对此皆有不少论述,概括起来,房事保健注意事项(cautions on sexual health care,precautions for sexual health care)主要有以下几个方面:

1. **行房年龄** 通常来说,并非具备了性生活能力的年龄就适合从事性生活。《礼记·内则》说:"男子二十而冠……三十而有室始得理男事……女十有五年而笄,二十而嫁。"《尚书·大传》说:"男三十而娶,女二十而嫁,通于织纴纺绩之事,黼黻文章之美。不若是,则上无以孝于舅姑,而下无以事夫养子。"只有当男女身心都发育成熟、强壮之后,性生活才能和谐,才有利于孕育新的生命。

2. **行房卫生** 行房前后应当重视双方的身体,尤其是生殖器官的清洁卫生,以减少和避免因房事引起的某些疾病的感染和传播,有利于双方身体健康。此外,还应重视双方的心理卫生,保持乐观的情绪、愉快的精神,关注双方的性满足程度和恩爱关系,提高房事质量,有利于身心健康、延缓衰老。

3. **行房有度** 所谓有度,即适度,不可漫无节制。适度的性生活在生理和心理上可以满足双方的需求,促进人的感知、记忆、想象和思维等,保持身心健康,不仅体现了夫妻间的恩爱和关怀,有助于改善负面情绪,还能增强自信心。若是纵欲过度,则会导致腰酸腿软,困倦乏力,甚则损人寿命,不利健康。正如唐代孙思邈在《千金要方·房中补益》中指出的:"人年四十以下,多有放恣……倍力行房,不过半年,精髓枯竭,唯向死近,少年极须慎之。"行房适度并没有一个统一标准和规定,应根据年龄、体质、职业等个体差异,灵活掌握,区别对待。正常情况下,青壮年夫妇每周1~2次行房较为合适;新婚蜜月,或夫妻久别重逢的最初几日,可能行房较频。所谓行房适度,一般以行房后身心愉悦、第二天不疲劳为原则。

4. **酒食过饱不宜行房** 常有人误以为酒能助兴、助性,实则不然。醉以入房不仅不利于性生活,还可能伤害身体。因为酒后行房往往自制力差,易恣欲无度,竭精后快,结果耗散肾精,动摇根本。孙思邈在《千金要方·道林养性》中便有论述:"醉不可以接房,醉饱交接,小者面酐咳嗽,大者伤绝血脉损命。"饱食(overeating,repletion,satiation)过后因血液相对集中在胃肠道,宜适当休息,若此时行房,容易引起胃痛、呕吐,导致头晕、心悸等,不利于健康。

（二）节欲保精的作用

节欲保精的作用(effects of check sexual activities to protect essence)如下:

1. **延缓衰老** 肾为先天之本、生命之根。肾精充足,脏腑皆旺,身体强壮,抗病能力强,则健康长寿;反之,肾精乏匮,脏腑衰虚,则易多病早夭。节欲保精,保的即为肾中精气,是抗衰老的一个重要环节,对于中老年人尤为重要。少壮应节欲,老年尤珍重。青少年正处在生长发育期,保养精气,有助于正常的生长发育,不宜过早有性生活;壮年人气血旺盛,精力充沛,正是发挥才能的时候,也应节欲固其根本,切莫自恃强壮而放纵,否则会"未老先衰";老年人肾精虚衰,如不节制,就如同"膏火将灭,更去其油。"《养性延命录》云:"壮而声色有节者,强而寿。"《金匮要略》(Synopsis of Golden Chamber)亦云:"房室勿令竭乏……不遗形体有衰,病则无由入其腠理。"孙思邈指出:"人年四十以下,多有放恣,四十以上,即顿觉乏力,一时衰退,衰退既至,众病蜂起……所以善摄生者,凡觉阳事辄盛,必谨而抑之,不可纵心竭意以自贼也。"可见,严格而有规律地性生活,是健康长寿的必要保证。

2. **有益优生** 平时注重节欲保精,男女双方肾精充足,髓海充实,禀赋强壮,此时结合,相对来说,可以保证孕育的生命更为健康、聪明。孙思邈指出:"胎产之道,始求于子,求子之法,男子贵在清心寡欲以养其精,女子应平心定志以养其血。"张景岳也认为:"凡寡欲而得之男女,贵而寿。多欲而得之男女,浊而夭。"男女若是纵欲过度,不仅耗损自身的肾精,还会导致下一代先天不足。总之,节欲保精既有利于健康长寿,又是优生优育(improve prenatal and postnatal care)的重要保证。

（程绍民）

思考题

1. 环境污染对健康的影响主要有哪些表现形式?
2. 社会因素影响健康的基本特点是什么?
3. 职业性有害因素有哪些?
4. 中医养生学的基本理论有哪些?
5. 何为辨证施养?如何辨证施养?

第三章 | 健康养生的基本原则

本章要点

1. **掌握** 治未病的三个基本原则、正气的概念;动静相合的概念和三大养生原则;心理健康评价标准、养生方法中的辨证观。
2. **熟悉** 扶助正气、避害驱邪、天人合一的方法;既病防变的原则、正确评估;动静结合的养生方法。
3. **了解** 既病防变、瘥后防复的内容;健康养生教育的内容;综合施养、杂合以养的内容。

随着社会的发展与进步,人民生活水平的不断提高,人们在满足温饱之余,开始注重生活品质,对身心健康的追求越来越高,健康养生的理念(health cultivation concepts)越来越受到人们的重视。《素问·上古天真论》曰:"上古之人,其知道者,法于阴阳,和于术数,食饮有节,起居有常,不妄作劳,故能形与神俱,而尽终其天年,度百岁乃去。"此处的"道",可理解为健康养生的基本原则(basic principles of health cultivation)。人类在进行养生保健以及促进疾病康复的过程中,逐渐形成了"治未病""综合调养""动静结合"的养生三大原则(three principles of health cultivation)。人能否健康长寿,在于能否把养生的基本原则贯彻应用到日常生活中去。

第一节 治 未 病

中医健康养生学(health cultivation of traditional Chinese medicine)在长期的发展过程中形成了健康养生的基本思想(basic idea of health cultivation),那就是强身防病,强调正气的作用,强调防微杜渐"治未病"。"治未病(preventive treatment of diseases,preventative treatment of disease)"最早见于《黄帝内经》,如《素问·四气调神大论》曰:"是故圣人不治已病治未病,不治已乱治未乱,此之谓也。夫病已成而后药之,乱已成而后治之,譬犹渴而穿井,斗而铸锥,不亦晚乎。"《灵枢·逆顺》亦云:"上工治未病,不治已病。"后经历代医家不断丰富和发展,到明清时期已经初步形成较为完备的理论和实践体系。当代医学模式(contemporary medical model)已由生物医学模式(biomedical model)演变为生物-心理-社会医学模式(bio-psycho-social medical model),主要任务是控制和降低慢性病的发病率,把整个卫生事业(health services)纳入预防的轨道,推行"三级预防(three levels of prevention)"。在"三级预防"中,作为病因预防的第一级预防(primary prevention)是最积极的预防,主要是针对致病因子(或危险因子)采取措施,需要全社会和每个人的充分合作,是三级预防的前沿,其基本思想也是防患于未然。在"健康管理(health management)"的时代背景下,现代医疗卫生工作的重心(focus of modern medical and health work)已经从治疗转向了预防,"治未病"思想作为健康养生(health cultivation)的主流思想,也渐渐地被越来越多的人重视。

"治未病"就是采取预防和治疗手段,防止疾病的发生发展。其内涵包括三个方面:未病先防、既病防变、瘥后防复。

一、未病先防

未病先防的原则(principles of prevention before disease onset)如下:

(一)扶助正气

扶助正气(strengthening vital qi,cultivation of vital qi,reinforcing body resistance),是健康养生防病治病的主要原则之一。"正气(vital qi,healthy energy)"是中医学的概念,是相对邪气而言的,主要是指人体对外界环境的适应能力、抗病能力和康复能力,有维护自身生理平衡与稳定的作用。"邪气(pathogenic qi,evil factor affecting health)"亦称"邪魅",即病邪,是各种致病因素的统称,指伤人致病的因素,诸如风、寒、暑、湿、燥、热(火)、食积、痰饮等。邪气包括内生和外来两部分。外来之邪,多指自然界和社会因素对人体机能活动的干扰或对人体防卫机能的破坏;内生之邪,是指脏腑机能失调或因此形成的病理产物(痰饮、瘀血等),均可成为某些病变的致病因素。《史记·扁鹊仓公列传》曰:"精神不能止邪气,邪气畜积而不得泄,是以阳缓而阴急,故暴蹙而死。"《素问·欬论》曰:"皮毛先受邪气。"《云笈七签》卷三六有"诸风痱疾皷不在卧中得之,卧则百节不动,故受邪魅"的论述。中医认为,疾病发生和早衰的根本原因就在于机体正气虚衰。正气充足,则人体阴阳协调、气血充盈、脏腑功能正常,能抵抗病邪即各种致病因素,使人免于生病。正气不足,则邪气容易侵袭人体,使机体功能失调,产生疾病。用现代语言来描述,正气是维持生命活动的动力,包括人体的内外防御功能、调节功能以及各种代偿功能等。中医所说的正气包括营、卫、气、血、精、神、津、液和脏腑经络等功能活动。中医强调人体是一个有机整体,气血津液、脏腑经络共同组成了人体抗病防病的防御系统,发挥着保护机体健康的作用。一个人的正气旺盛,就会与致病"邪气"相抗,就不容易生病,即《素问·遗篇刺法论》所说的"正气存内,邪不可干。"当人体的正气虚弱时,致病"邪气"就乘虚而入,人就容易生病,如《素问·评热病论篇》所说:"邪之所凑,其气必虚。"当正气不能抵挡邪气时为正虚,疾病就会发生或者病情会加重。正气充盛,人体才能更好地适应外界的变化,免受邪气侵袭,减少疾病的发生,促进疾病的康复,故扶助正气是养生保健的根本任务。

正气是抵御外邪、防病健身和促进机体康复的最根本的因素。正气旺盛,则精力充沛,健康长寿;正气虚弱,则精神不振,多病早衰。

人的生命由精(essence)、气(qi, vital energy)、形(form, configuration, physique, shape)、神(spirit)4个要素构成,而这4个要素是相互关联、不可分割的整体。健康的形体、充足的正气是精力充沛、思维灵活的物质保证;而充沛的精神和乐观的情绪又是形体健康的重要条件。因此,扶助正气必须注意精、气、形、神的养护,并且使这4者相互协调。如何扶助正气(how to strengthen vital qi)?具体说来,要做到以下几个方面:

1. **调神安命**　在形神关系中,"神"起着主导作用。中医认为,神明则形安。《素问·灵兰秘典论》云:"故主明则下安,以此养生则寿……主不明则十二官危……以此养生则殃……"说明神对形起主宰作用。因此,我国历代养生学家均十分重视神与生命的关系,并把"调神(spiritual cultivation, regulation of the mind)"作为养生康复第一要务及立身安命的重要手段。在机体新陈代谢过程中,各种生理功能都需要神的调节,故神极易耗伤而受损。因而,养神(cultivating spirit, attaining mental tranquility)就显得尤为重要。刘完素在《素问病机气宜保命集》中指出:"神太用则劳,其藏在心,静以养之。"历代养生学家总结出了丰富多彩的调养心神的方法(the methods of nourishing the mind):如清静养神,即保持精神情志淡泊宁静的状态,减少名利和物质欲望,和情畅志,使之平和无过极,如《素问·上古天真论》中说:"精神内守,病安从来",强调清静养神的养生保健意义;四气调神(spiritual cultivation conforming with the four seasons),即顺应一年四季阴阳之变调节精神,使精神活动与五脏四时阴阳关系相协调;气功(qigong,Chinese deep-breathing exercises)、导引(physical and breathing exercise)中的意守(mind concentration)、调息(regulating breathing)、入静(go into static),即通过积极主动地内向性运用意识,将意识活动指向机体自身,保持精气形神合一,以达到形神相合、气清神宁的状态;修性怡神,即通过多种有意义的活动,如绘画(painting)、书法(handwriting,chirography)、听音乐(listening to music)、下棋(playing chess)、种花(planting flowers)、旅游(travelling,tourism)等,培养自己的情趣爱好,使精神有所寄托,以陶冶情操,从而起到怡情养性、调神健身的作用。总之,从"调神"入手,维护和增强心理健康、形体健康,以达到调神和强身的统一。

2. **调养元气** "元气(primordial qi)"又名原气(original qi)、真气(genuine qi),包括元阴、元阳之气(Yuan yin,Yuan yang qi),是维持人体生命活动的基本物质与原动力。原气禀受于先天,赖后天荣养而滋生,因由先天之精所化,故名。原气发源于肾(包括命门),藏之于丹田,借三焦之道,通达全身,推动五脏六腑等一切器官、组织的功能活动。元气是人的生命的原动力,也是人体功能生生不息的物质基础。张景岳曾云:"人之所赖者,唯有此气耳,气聚则生,气散则死。"若元气充足,则机体的气化(qi transformation)正常,脏腑经络等功能健旺。若元气亏耗,则机体气血运行紊乱,脏腑经络等功能失调。清代名医徐灵胎在《医学源流》中指出:"若元气不伤,虽病甚不死,元气或伤,虽病轻亦死。""有先伤元气而病者,此不可活也。"强调元气在生命活动中的重要作用。因此,调养元气(invigorating primordial qi,cultivation of vitality,vitality nursing,conserving vitality)是养生保健和疾病康复过程中不可忽略的重要环节。调养元气包括养护元气和调畅气机两个方面,元气充足则生命力旺盛,气机通畅则机体健康。

养护元气,一是养,二是护。所谓养,多以饮食营养培补后天,用水谷精微(cereal essence,essence of water and food,nutrients of water and food)充养人体生命;所谓护,即节欲固精,不妄作劳,避免消耗,以固护先天元气。若元气养护得当,则人体健康无病而延年益寿。

调畅气机,多以调息为主。明代张景岳所撰的《类经·摄生类》指出:"善养生者导息,此言养气当从呼吸也。"吐纳(expiration and inspiration)可调理气息,畅通气机,宗气(pectoral qi)宣发,营卫周流,促使气血流通,经脉(channel)通畅。故古有吐纳、胎息(fatal breathing)、气功诸法,重调息以养气。在调息的基础上,还有导引、按跷(Anqiao,massaging/stepping on the body)、健身术(body building gymnastics)以及针灸(acupuncture and moxibustion)诸法,都是通过不同的方法,活动筋骨、激发经气、畅通经络,以促进气血周流,起到增强真气运行的作用,以旺盛新陈代谢的活力。

3. **节欲保精** "精"是推动人的生命活动的原动力。要想使身体健康而无病,保持旺盛的生命力,节欲保精(check sexual activities to protect essence)是十分重要的原则之一。《类经》(Classified Canon)明确指出:"善养生者,必保其精,精盈则气盛,气盛则神全,神全则身健,身健则病少,神气坚强,老而益壮,皆本乎精也。"精不可耗伤,养精方可强身益寿。

保精的重点,在于保养肾精(kidney essence),也即狭义的"精"。男女生殖之精,是人体先天生命之源,不宜过分耗损。如果纵欲过度,会使精液枯竭,真气耗散而致未老先衰。《千金要方·养性》指出:"精竭则身惫,故欲不节则精耗,精耗则气衰,气衰则病至,病至则身危。"告诫人们宜保养肾精,这是关系到机体健康和生命安危的大事。

保精必须抓住两个关键环节。其一为节欲,所谓节欲(continence),是指对于男女间性欲要有节制。自然,男女之欲是正常生理要求,欲不可绝,亦不能禁,而要注意适度,不使太过,做到既不绝对禁欲,也不纵欲过度,此即节欲的真正含义。节欲可防止阴精的过分泄漏,保持肾精充盛,有利于身心健康(physical and psychological health)。在中医养生法中,如房事养生(health cultivation through sex life,sexual health cultivation,restraining sex to preserve health,health cultivation through sexuality)、气功、导引等,均有节欲保精的具体措施,此即这一养生原则的具体体现。其二是养精（nourishing essence），此指广义的精而言，精禀于先天，养于水谷而藏于五脏，若后天充盛，五脏安和，则精自然得养，故保精即通过养五脏以不使其过伤，调情志以不使其过极，忌劳伤以不使其过耗，来达到养精的目的，也就是《素问·上古天真论》所说的"志闲而少欲，心安而不惧，形劳而不倦。"避免精气耗伤，即可养精。在传统养生法中，情志养生、四时养生（health cultivation in four seasons）、起居养生（health cultivation in daily life）等诸法中，均贯彻了这一养生原则。

4. **保形全真**　在精气形神生命4要素中，"形"作为人的生命活动的房舍，对生命起着至关重要的作用。唐代吴筠在《元气论》中认为："真精、元神、元气不离身形，谓为生命。"张景岳云："形伤则神气为之消""善养生者，可不先养此形以为神明之宅；善治病者，可不先治此形以为兴复之基乎？"就生命活动而言，只有形体强健正常，其所依附的精气神方能安然无恙。形盛则神旺，形败则神衰，形体衰亡，生命便告终结，因此保形全神是养生的重要法则。

中医"保形"的主要方法（main method of protecting the body in traditional Chinese medicine, keeping shape, cultivating shape）是通过饮食不断补充人体所需的营养物质。因此养生康复要注重膳食营养的合理搭配及有效吸收，以满足生命活动的需要。一般而言，对人体营养物质和能量的补充有饮食补养和药物补养两种方式，以达到滋补健身的目的。

（1）饮食补养：饮食是提供机体营养物质的源泉，是维持人体生长发育、保障人类生存不可或缺的条件。饮食补养（taking nourishing food to build up one's health）是保形的主要方法。饮食补养对保形的作用（effect of taking nourishing food on shape cultivation）很重要。北宋陈直在《寿亲养老书》中说："生身者神，养气者精，益精者气，资气者食。食者生民之天，活人之本也。"明确指出饮食是人体生命精气形神的物质基础。机体营养充盈，则精气充足，神自健旺。中医认为，精生于先天而养于后天，精藏于肾而养于五脏，精气充足则肾气盛，肾气盛则神旺体壮。因此，有针对性地选择具有补精益气、滋肾强精作用的食物，并注意合理搭配，时时顾护胃气，对养生保健、延缓衰老、促进康复有着积极的意义。

（2）药物补养：千百年来，历代医家发现了许多具有推迟衰老、延年益寿的养生保健药物（health cultivation medicines）。《神农本草经》（*Sheng Nong's herbal classic*）将药物分为上中下三品，上品者养命以应天，其中就有许多具有"补五脏，安精神""补中益气力""久服轻身益气"等功效的药物。药物补养（taking tonics to build up one's health）也是保形的方法，属于治疗八法之一的补法（reinforcement，tonification，tonifying method）。养生保健方药的使用（use of health cultivation prescriptions），当然必须遵循中医学辨证施治的原则：气虚（qi deficiency）者补气（tonifying qi），血虚（blood deficiency）者养血（nourishing blood），阴虚（yin deficiency）者滋阴（nourishing yin），阳虚（yang deficiency）者补阳（tonifying yang）。补其不足而使其充盈，则虚者不虚，身体可以强健而延年益寿。

（3）减少消耗：即防止或减少过度的消耗。具体而言，就是要避免过度疲劳（defatigation，over fatigue，overtiredness，excessive tiredness），即中医所说的劳倦（overstrain），包括劳力过度、劳神过度及房劳过度。

1）避免劳力过度：在平时的生活中，要避免劳力过度（excessive fatigue，physical exhaustion）或称体劳过度，必须有劳有逸，既不能过劳，也不能过逸。孙思邈在《备急千金要方·道林养性》中说："养生之道，常欲小劳，但莫疲及强所不能堪耳。"在现实工作中，体力劳动者长期从事重体力劳动、运动员等特色行业进行超强度运动训练、上班族不断超负荷加班工作等，诸如此类，都是违反人体生理规律的，最终会积劳成疾，伤身折寿。所以，在生活、工作中，当以小劳，而勿过极，此乃养生之要。

2）避免劳神过度：长期过度的脑力劳动，使精神长期处于紧张状态，思虑过度，可耗伤气血，损及心神。因此，应避免劳神过度（excessive mental labour，mental overstrain）或称神劳过度。《素问病机气宜保命集》指出："神太用则劳，其藏在心，静以养之。"所谓"静以养之"，一是要保持心境清静,无忧无虑,恬淡虚无;二是要保持乐观的心态,以愉悦为务。

3）避免房劳过度:房劳过度(excess of sexual intercourse,indulgence in sexual activities),简称房劳(sexual exhaustion),多因色欲太重,纵情放肆,不知自控,而耗伤肾中精气,导致精去神离形坏。

5. 畅通经络,加强锻炼　经络(meridian,channel)是气血运行的通道。只有经络通畅,气血才能川流不息地营运于全身;只有经络通畅,才能使内外相通、脏腑相通、阴阳交贯,从而养脏腑、生气血、布津液、传糟粕、御精神,以确保生命活动顺利进行,新陈代谢旺盛。所以说,经络以通为用,经络通畅与生命活动息息相关。一旦经络阻滞,则影响脏腑协调,气血运行也受到阻碍。因此,《素问·调经论》说:"五脏之道,皆出于经隧,以行血气,血气不和,百病乃变化而生,是故守经隧焉。"畅通经络在养生中的主要作用(main effects of dredging the channels in health cultivation)有二:一是活动筋骨,以求气血通畅。如:太极拳(Taijiquan,shadow boxing)、五禽戏(Wuqinxi,five mimic-animal exercise)、八段锦(Baduanjin,eight-sectioned exercise,eight-section exercise)、易筋经(Yijinjing,muscle-tendon strengthening exercise,changing tendon exercise)等,都是用动作达到所谓"动形以达郁"的锻炼目的。活动筋骨,则促使气血周流,经络畅通。气血脏腑调和,则身健而无病;二是开通任督二脉,营运大周天、小周天。在气功导引法(Qigong guidance methods)中,有开通任督二脉,营运大、小周天之说。任脉起于胞中,循行于胸、腹部正中线,总任一身之阴脉,可调节阴经气血;督脉亦起于胞中,下出会阴,沿脊柱里面上行,循行于背部正中,总督一身之阳脉,可调节阳经气血。任、督二脉的相互沟通,可使阴经、阳经的气血周流,互相交贯,如《奇经八脉考》中指出的:"任督二脉,此元气之所由生,真气之所由起。"因而,任督二脉相通,可促进正气的运行,协调阴阳经脉,增强新陈代谢的活力。由于任督二脉循行于胸、腹、背,二脉相通,则气血运行如环周流,故在气功导引中称为"周天",因其仅限于任督二脉,并非全身经脉,故称为"小周天(a small circle of the evolutive,small circlation,microcosmic circulation)"。在小周天开通的基础上,周身诸经脉皆开通,则称为"大周天(large circle of vital energy,great circulatory cycle)"。所以谓之开通,是因为在气功、导引诸法中,要通过意守、调息,以促使气血周流,打通经脉。一旦大、小周天能够通畅营运,则阴阳协调、气血平和、脏腑得养,精充、气足、神旺,故身体健壮而不病。

（二）避害驱邪

病邪(pathogenic factors)是使人体受到侵害的重要因素。我国第一部病因学专著《三因极一病证方论》系统地归纳了致病因素,有以下 3 种:外因有六淫(six climatic exopathogens),即风(wind)、寒(cold)、暑(heat)、湿(wetness)、燥(dryness)、火(fire);内因有七情(seven emotions),即喜(joy)、怒(anger)、忧(sorrow)、思(think)、悲(sadness)、恐(fear)、惊(surprise);不内外因,则包括饮食饥饱、叫呼伤气、虫兽所伤、中毒、金疮、跌损、压溺等。当代科学将疾病的危险因素分为以下几个方面:①自然环境危险因素(natural environmental risk factors):包括生物性危险因素(biological risk factors),如细菌、真菌、病毒、寄生虫等;物理性危险因素(physical risk factors),如噪声(noise)、振动(vibration)、电离辐射(ionizing radiation)等;化学性危险因素(chemical risk factors),如毒物、农药、废气、污水等,长期接触这些危险因素会导致疾病发生的概率大大增加。②社会环境危险因素(social environmental risk factors):包括政治、经济收入、文化教育、就业、居住条件、家庭关系、心理应激、工作紧张程度及各类生活事件(life events)等。③行为生活方式因素(behavior and lifestyle factors):是指由于自身行为生活方式而产生的健康危险因素,称为自创性危险因素(endogenous risk factors)。行为生活方式与常见的慢性病或社会病密切相关。不良的行为生活方式有吸烟、酗酒、熬夜、毒物滥用、不合理饮食、缺乏锻炼、不合理驾驶等。④生物遗传因素(biogenetic factors):包括导致直接与遗传有关的疾病以及遗传与其他危险因素共同作用的疾病发生的因素,如年龄、性别、种族、疾病遗传史、身高、体重等。避害驱邪(avoiding evils)应从细微处着手。

1. **微处谨防**　人的一生必然会面临各种伤生损命的健康危险因素（health risk factors），这些因素初时往往毫不起眼，累积至一定的时候就会爆发出来，似"病来如山倒"，让人措手不及。养生若能尽可能躲避、防范、减少危险因素，生命健康就能"源远流长"。这就是南宋大诗人陆游在《暑中北窗昼卧有作》中的诗"养生如艺术，培植要得宜；常使无夭伤，自有干云时"所反映的日常养生道理。陆游儿时体弱多疾，后来悟得养生文化要妙，即"中年弃嗜欲，晚岁节饮食，中坚却外慕，魔盛有定力。"用意志力摒弃不良习惯，从而赢得了85岁的高寿，这一寿数就是在现代也颇令人羡慕。总体而言，"微处谨防"应当"伤人之徒，一切远之。"

2. **微习谨行**　养生之"谨于微"，应当先形成良好的习惯。"不积小流无以成江海"，谨细地将好习惯带来的一次次微小增益蓄积起来，就能形成强健壮阔的涛涛"生命之海"。生活的方方面面，如起居、饮食、言行等，都是好习惯形成的空间；一生的时时刻刻，如生、长、壮、老，也都是好习惯形成的时间。因此，微习谨行的养生，就是要从点点滴滴中养成好习惯，并将其贯穿于一生，成为生命常态，形成"长效机制"。北宋大文学家苏东坡的"长寿经"就蕴含四大好习惯："一曰无事以当贵，二曰早寝以当富，三曰安步以当车，四曰晚食以当肉。"因此，好心态、好睡眠、好行为、好饮食，当为我们所借鉴。

3. **传统谨记**　避外感六淫邪气：风邪多动善变，寒邪收引，暑邪挟风伤表，湿邪重浊黏腻，燥邪胜则干，火邪热阳盛，六淫邪气需避之。《素问·举痛论》说："怒则气上，喜则气缓，悲则气消，恐则气下，惊则气乱，思则气结。"《三因极—病证方论·七气叙论》说："喜伤心，其气散；怒伤肝，其气出；忧伤肺，其气聚；思伤脾，其气结；悲伤心胞，其气急；恐伤肾，其气怯；惊伤胆，其气乱。虽七诊自殊，无逾于气。"因此七情不宜过。另外，《内经》说："饮食自倍，脾胃乃伤。"因此，饮食宜节制。《黄帝内经·素问·宣明五气篇》中提出："久视伤血，久卧伤气，久坐伤肉，久立伤骨，久行伤筋，是谓五劳所伤。"因此生活中要劳逸适度（moderation of work and rest，balanced labor and rest）。

怡情养性，起居有常（living a regular life with certain rules，maintaining a regular daily life），适量运动和均衡营养，这4个因素对健康极为重要，有助于建立健康的生活方式。正所谓细节决定成败，任何成功的事都是由一件件小事汇集而成，认真做好小事，大事自然而然就到了，不能急功近利，健康养生也一样，想要有好的身体，必须在生活中注意微小生活习惯，养成好的习惯才能拥有健康的体魄。因此，应该自觉地改善生活方式，建筑起预防疾病的坚固长城。

（三）天人合一，顺应自然

中医学整体观强调天人合一（unity of the heaven and humanity，harmony between man and nature），顺应自然，认为人与自然具有统一性，人的一切生命活动都与大自然息息相关，无论是治疗疾病，还是养生保健，都必须遵循顺应自然的基本法则。《黄帝内经》反复强调，养生的关键在于"因时之序"："苍天之气，清净则志意治，顺之则阳气固。虽有贼邪，弗能害也，此因时之序……清静则肉腠闭拒，虽有大风苛毒，弗之能害，此因时之序也（《素问·生气通天论》）。""因时之序"明确提出，顺应四时（adaptation to seasonal changes）是养生的重要原则，遵循顺应自然的基本法则还包括顺应月相盈亏变化、顺应昼夜时辰变化以及适应地理环境差异。

1. **顺应四时气候变化**　一年中，自然界的气候（climates）有着春温（warm in spring）、夏热（hot in summer）、秋凉（cool in autumn）、冬寒（cold in winter）的变化，自然界和人体生命活动亦随之产生春生、夏长、秋收、冬藏的不同变化。春夏阳气发泄，气血易趋向于表，故腠理开泄，多汗少溺；秋冬阳气收敛，气血易趋向于里，表现为腠理固密，少汗多溺。因此，健康养生强调因四时之不同而分别采用不同的方法。如《素问·四气调神论》中提出的"春夏养阳，秋冬养阴（nourishing yang in spring and summer，nourishing yin in autumn and winter）"的四时养生理论（theory of health cultivation in four seasons），以及春三月"夜卧早起，广步于庭，被髪缓形，以使志生"、夏三月"夜卧早起，无厌于日，使志无怒。"秋三月"早卧早起，与鸡俱兴，使志安宁"、冬三月"早卧晚起，必待日光,使志若伏若匿"的养生方法。

不同的脏腑在不同的季节会出现气血偏盛偏衰的情况,如《黄帝内经》有"肝旺于春""心旺于夏""脾旺于长夏""肺旺于秋""肾旺于冬"的论述;《素问·四时刺逆从论》说:"春气在经脉、夏气在孙络、长夏在肌肉,秋气在皮肤、冬气在骨髓。"采用针灸、推拿(Chinese traditional manipulation,Chinese medical massage)等进行康复治疗(rehabilitation therapy)时的辨证选穴(selecting acupoints based on syndrome differentiation),则体现了这一原理。合理运用这些规律来进行养生保健,可收到事半功倍的效果。

2. 顺应月相盈亏变化　早在春秋时期,古人就发现月球的盈亏变化可影响人体的生命节律(life rhythm)。《黄帝内经·灵枢·岁露》中写道:"故月满则海水西盛,人血气积,肌肉充,皮肤致,毛发坚,腠理郄,烟垢著。当是之时,虽遇贼风,其入浅不深。至其月郭空,则海水东盛,人气血虚,其卫气去,形独居,肌肉减,皮肤纵,腠理开,毛发残,膲理薄,烟垢落,当是之时,遇贼风,则其入深,其病人也,卒暴。"指出海潮潮位的高低变化,与月相的节律(moon phase rhythm)一致。血液是人体内流动的液体,其运行依赖于气的推动和统摄。人生活在地球上,因而气血的运行,也同涨潮落潮一般,必然随月相盈亏而发生改变。正如《素问·八正神明论》所云:"月始生,则血气始精,卫气始行;月郭满,则血气实,肌肉坚;月郭空,则肌肉减,经络虚,卫气去,形独居。"月的始生、廓满、廓空表示月节律的改变,人体与之相对应则表现为机体血气的"始精""实""虚"的变化。正是由于月球对人体有如此的影响,自古以来的养生家们都十分重视联系月相进行养生,或在不同月相时采用不同的养生方法,或在月圆日进行调息、服气(gulping qi,turtle breathing)、冥想(meditation)等修炼。

3. 顺应昼夜时辰变化　人的生命活动变化与昼夜节律(diurnal rhythm)有着极高的相关性。一日之中,昼夜的改变对人体阴阳盛衰、气血运行、脏腑生理功能及病理变化均有一定的影响。

自然界昼夜阴阳的变化,可以影响人体阳气的表里趋向。《素问·生气通天论》曰:"故阳气者,一日而主外,平旦人气生,日中而阳气隆,日西而阳气已虚,气门乃闭。"说明人体阳气白天多趋向于表,夜晚多趋向于里。正是由于人体阳气具有昼夜周期变化的规律,故人体病理变化也与之相应。《灵枢·顺气一日分为四时》指出:"夫百病者,多以旦慧昼安,夕加夜甚……朝则人气始生,病气衰,故旦慧;日中人气长,长则胜邪,故安;夕则人气始衰,邪气始生,故加;夜半人气入藏,邪气独居于身,故甚也。"白昼阳气旺盛,人体阳气趋表抗邪,故疾病多有缓解;而夜晚阴气旺盛,人体阳气趋里抗邪无力,故疾病多有加重甚则恶化。

人体的阳气天亮时开始活跃于体表,正午阳气最盛,故白天应从事各种劳作及户外活动;傍晚时分体表的阳气开始衰少,应减少户外体力活动并按时睡眠,避免阴气的侵袭;根据人体阳气的昼夜节律进行作息,才能保证人的健康。诚如《素问·生气通天论》所强调的:"是故暮而收拒,无扰筋骨,无见雾露,反此三时,形乃困薄。"因此,应根据昼夜时辰对人体生理的影响,利用阳气的昼夜变化节律,来妥善安排工作、学习和休息,顺应人体昼夜生理变化规律,从而达到健康养生的目的。

4. 适应地域环境差异　地域环境(regional environments)是人类赖以生存和发展的物质基础和条件之一,与人类的健康息息相关。不同地域方位的环境不同,其气候、湿度、温差、水质、土壤中所含元素等也不尽相同。因而,地域的差异也可对人的生理及病理产生不同的影响。

如我国东南方多雨高温,人体腠理(striae and interstices)多疏松,病多湿热;西北方多燥寒冷,人体腠理多致密,病多寒痹。若长期居住某地后一旦易居他地,身体则可能出现所谓"水土不服(non-acclimatization,environmental inadaptability)"的症状,甚至生病,需要相当一段时间的重新适应。正如《素问·异法方宜论》描述的:"故东方之域,天地之所始生也,鱼盐之地,海滨傍水,其民食鱼而嗜咸……鱼者使人热中,盐者胜血,故其民皆黑色疏理,其病皆为痈疡,其治宜砭石……西方者,金玉之域,沙石之处,天地之所收引也,其民陵居而多风,水土刚强,其民不衣而褐荐,其民华食而脂肥,故邪不能伤其形体,其病生于内,其治宜毒药……北方者,天地所闭藏之域也,其地高陵居,风寒冰冽,其民乐野处而乳食,脏寒生满病,其治宜灸焫……南方者,天地所长养,阳之所盛处也,其地下,水土弱,雾露之所聚也,其民嗜酸而食胕,故其民皆致理而赤色,其病挛痹,其治宜微针……中央者,其地平以湿,天地所以生万物也众,其民食杂而不劳,故其病多痿厥寒热,其治宜导引按跷。"

因此,要注重地域环境对人的生命的影响,需根据不同的情况,采取不同的保健和预防措施,使人体与所在的地域环境相适应。随着社会的发展,人们旅行、移居的情况越来越普遍,从养生保健的角度而言,每到一个陌生的地区或国家,都要根据当地的气候特点和环境状况调适自己的生活方式,以达到养生健康的目的。

二、既病防变

既病防变(guarding against pathological changes when falling sick,preventing the development of the occured disease,preventing disease from exacerbating),指的是疾病已经发生后,应当在初始阶段做到早期诊断,早期治疗,以防止疾病发展和传变。防止疾病传变具体包含两方面的内容:其一为截断病传途径,指的是要根据疾病的传变规律,采取适当的措施,截断其传变途径,以阻止病情发展;其二为先安未受邪之地,指的是根据五行生克乘侮规律和经络传变等规律,对尚未受邪而可能将被传及之处,预先予以充实,阻止病变传至该处。张仲景在《金匮要略·卷上·脏腑经络先后病脉证第一》所云的"夫治未病者,见肝之病,知肝传脾,当先实脾"即是既病防变的举措。既病防变与"三级预防"中的第二级预防(secondary prevention)即临床前期预防有异曲同工之妙,即在疾病的临床前期采取早期发现、早期诊断、早期治疗的"三早"预防措施("three early" preventive measures of early detection,early diagnosis and early treatment)。通过早期发现、早期诊断而进行适当的治疗,来防止疾病临床前期或临床初期的变化,能使疾病在早期就被发现和治疗,避免或减少并发症、后遗症和残疾的发生,或缩短致残的时间。

(一)既病防变的内容

既病防变的内容(contents of preventing disease from exacerbating)如下:

1. 早期发现　身体稍有不适,或者病情比较轻的时候就要及时调养或治疗,将疾病扼杀在摇篮之中。中华文明(Chinese civilization)重视"履霜坚冰至"的防微杜渐思想,中医历来重视预防为主(prevention first,giving priority to prevention)的"治未病"思想,应用在养生中,就是"谨于微"的养生方式。清代名医吴鞠通在《温病条辨》(*Detailed Analysis of Epidemic Warm Diseases*)中说:"圣人不忽于细,必谨于微,医者于此等处,尤当加意也。"病越轻,生命受伤越小;病越重,生命受伤越重,养生千万不能因病情轻微而忽视防治。相反,在病微之时,是治疗的最佳时机,因此"尤当加意"。

2. 早期诊断　在患病初期,如外感热病(heat disease,exogenous febrile disease,exogenous fever)的传变,多为由表入里,由浅入深,因此,在表证初期,就应该抓住时机,及早诊断。如少阳证,见到部分主证时,即可应用小柴胡汤和解之,以不致病情恶化。

3. 早期治疗　有些疾病在发作前,每有一些预兆出现,如能捕捉这些预兆,及早作出正确诊断,可收到事半功倍的效果。如在临床上,常见的卒中发生之前,常有眩晕、手指麻木等症状,如能抓住这些预兆,早期治疗,可为患者减少痛苦,增加康复机会。

4. 控制病情　古称"先安未受邪之地",意思是根据五行相生相克(mutual generation and restriction of five elements)原理,掌握疾病传变规律,先保护人体正气和未受病邪侵犯之处。如在治疗肝病时,采用健脾和胃(strengthening the spleen and stomach)的方法,先充实脾胃之气概不致因脏腑病变,迁延日久,损至肾脏等。故在治疗时,应当考虑这一传变规律,采取相应的方法,截断这种传变途径。如应用针灸疗法治疗足阳明症,旨在使该经的气血得以流通,而使病邪不再传经入里。既病防变在临床上可应用于多种急、慢性病，中医药防变对于咳喘、慢性病毒性肝炎、慢性胃炎、胆石症、高血压症、脑血管意外、癌症等，均有积极作用，可有效阻止或减缓疾病向不良方面转化。另外，根据中医五行生克制化（inter-promotion and inter-restraint of the five elements）之理，推论脏腑相关影响之变，又根据亢则害、承乃制之理，以脏腑刚柔之性，气血盛衰之情，四时节令之顺逆，以乘侮之势，把握阴阳之转化，制其所胜而侮所不胜，先期制约，早期干预，及时逆转不良之态势。以小拔大祛邪而不伐其他，扶正而不恋其邪，权衡虚实之变，顺势而为，先夺其未至，断敌之要道。挟宿食而病者，先除其食，则敌之资粮已焚。合旧病而发者，必防其并，则敌之内应即绝。一病而分治之，则用寡可以胜众，使前后不相救，而势自衰。数病而合治之，则并力捣其中坚，使离散无所统，而众悉溃。病方进，则不治其大甚，固守元气，所以老其师。病方衰则必穷其所之，更益精锐，所以捣其穴。如此等等，以防其变。

（二）既病防变的原则

既病防变的原则（principles of preventing disease from exacerbating）有以下几点：

1. **轻症防重** 多数疾病如果不经医药防治，将会有一个由轻变重的过程，甚至可由轻度功能不全发展为功能衰竭。

2. **浅病防深** 疾病多有一个由浅入深的过程，藩篱失守，殃及城池。疾病轻浅之时如若治疗不及时，都可进一步深入发展，导致重症。

3. **小恙防大** 古人常称身体不适为"身体欠恙"，吃药打针不可避免，每次小病的治疗都是消除炎症的"固本清源"。不会让病菌在身体内"坐大"，假如一个人长期不生病，并不是好现象，病菌在身体内积累多了，总有暴发的一天。现实生活中常有一些久病的老人，口不离药，但却长寿。而平时没有病的人，遇上一次突发疾病却把命丢了。例如高血脂、高血压长期不治疗，就可演变成动脉硬化，甚至突发夺命的心脑血管事件。

4. **短罹防长** 罹即灾难。短罹防长是指要谨防小的灾祸进一步发展为大的灾难，例如淋证不愈，可演变成劳淋反复发作，恰如急性尿路感染治疗失当，会变成慢性尿路感染，轻则反复发作，重则伤及性命。

5. **单患防复** 单患防复是指要谨防单一的疾病发生并发症。如肝病不治，乘土克脾；心火不抑，可致心肾不交（disharmony between the heart and kidney），诸如此类。单病单证不治，可成复病复证，终致乱而束手无策。恰如糖尿病如不及时治疗，可发生白内障、血管神经病变乃至卒中等并发症。

6. **良疾防恶** 机体脏腑气血阴阳偏颇，如不加以及时纠正，终可导致精败神伤，阴阳离决（separation of Yin and Yang）。炎症类疾病如不及时控制，最终可以发展为癌症，犹如炎症性肠道息肉如不及时加以治疗，有朝一日或可转变成肠癌。最终致使"未乱"之良性疾病发展为"已乱"之恶性疾病。

7. **郁证防病** 郁证是指七情不遂导致气机郁滞的一类病证。情志不遂可以发生郁证并进一步因郁致病，发生诸如痛证、畏寒、耳鸣、阳痿、麻木、不寐、心悸、胸痹、厥证、眩晕、虚劳乏力、健忘、多寐、痞满以及不孕不育、月经紊乱等许多临床病证。所谓"一有拂郁，百病生焉"即是此意。疏肝解郁（soothing the liver and regulating the circulation）、养心安神（nourishing the heart to calm the mind，tranquilizing the mind by nourishing the heart）所治疗的看似普通的躯体症状，却有助于防治高血压、消化性溃疡等许多器质性疾病。

三、瘥后防复

《黄帝内经》所提出的"瘥后防复（protecting recovering patients from relapse，prevention of the recrudescence of diease）"见于《素问·热论》的"病热少愈，食肉则复，多食则遗，此其禁也。""瘥"指患病刚痊愈，正处于恢复期，脏腑气血皆不足，荣卫未通，脾胃之气未和，正气尚未复原；"瘥后"

即指疾病初愈至完全恢复正常健康状态的这一段时间;"瘥后"不是疾病辨证施治的终结,而是六经病暂时缓解的一个阶段。

瘥后防复就是愈后防复发。如果瘥后调养(regulating after disease cure)不当,就会引起旧病复发或滋生其他疾病,如急性痢疾,常因治疗不彻底和调养不当,以致经常反复发作。"瘥后防复"是指针对疾病的某些症状虽然已经消失,但因为养护治疗不彻底,正气不足,病根未除,即余邪未尽,潜伏于体内,受某种因素诱发而使旧病复发所采取的防治措施。故患大病之后,脾胃之气未复、正气尚虚者,除慎防过劳以外,常以补虚调理为主;余邪未尽而复发者,应以祛邪为主;或根据正气之强弱,二者兼顾之。外感热病治愈后,因劳累过度等,易引起旧病复发,出现虚烦、发热、嗜睡等,应当采取预防措施,清除病根,消除诱因,以防止疾病进一步发展。

瘥后防复的原则(principle of protecting recovering patients from relapse)就是防止旧疾复发、杜绝病根。此与三级预防中的第三级预防(tertiary prevention)即临床预防有异曲同工之处,这一级预防主要是借助各种临床治疗方法,对患某些病者,及时治疗,防止恶化,使疾病早日康复,减少疾病的不良作用,预防并发症和伤残。对于疾病要"三分治七分养。"体力、元气的恢复,才是最重要的医疗工作。例如中医讲究引导患者的思想情绪,从精神上对患者给予安慰和鼓励,使患者树立起康复信心,并注意饮食宜忌,四季饮食(diets of the four seasons)应注意调节寒温以适应环境等,以利于疾病的康复。由此可见,心理状态也可以影响身体健康,健康的心理可以增强人体的免疫力,调动机体功能,在治疗方案不变的情况下,可以使身体较快康复。

总之,未病先防、既病防变以及瘥后防复体现了中医及现代医学防重于治的观点,亦是健康养生所必须遵循的基本思想。

(谢　甦)

第二节　动静结合

动静结合(combination of dynamic and static exercise)是道家追求的养生境界。在练功方式上强调静功与动功密切结合,在练动功时掌握"动中有静",在练静功时体会"静中有动"。动,指形体外部和体内"气息"(感觉)的运动,前者可视为"外动",而后者可视为"内动"。静,指形体与精神的宁静,前者可视为"外静",后者可视为"内静"。

一、动静相合的概念

动静相合(dynamic and static coincidence)应该从以下方面理解:动和静,是物质运动的两个方面或两种不同的表现形式。王夫之在《周易外传》中说:"动静互涵,以为万变之宗。"他在《思问录·外篇》中说:"方动即静,方静旋动;静即含动,动不舍静……待动之极而后静,待静之极而后动。"他在《思问录·内篇》中说:"太极动而生阳,动之动也;静而生阴,动之静也。""静者静动,非不动也。"就是说,"动"不离"静","静"不离"动",动静既相互对立,又相互依存。因此,无论是只承认运动,还是只承认静止的观点都是不对的。只承认一方面而否认另一方面,把运动和静止割裂开来,都是违反事物运动变化的本质的。朱熹在《语类》中也说:"静者,养动之根,动者,所以行其静。"动与静互为其根:无静不能动,无动不能静,阴静之中已有阳动之根,阳动之中自有阴静之理,说明动静是一个不可分割的整体。"动静"即言运动,但动不等于动而无静,静亦不等于静止,而是动中包含着静,静中又蕴伏着动,动静相互为用,才促进了生命体的发生发展,运动变化,既无绝对之静,亦无绝对之动。人的生命活动始终保持着动静平衡协调的状态,动与静对立统一,保证了人体功能和生理活动的正常进行。

二、生命体的动静统一观

中医学坚持生命体的动静统一观(view of the dynamic and static unity of life)，认为生命体的发展变化，始终处在一个动静相对平衡的自我更新状态中。生命体在相对静止的状态下，其内部的运动变化并未停止。当这种内部运动变化达到一定程度时，平衡就会被破坏而呈现出新的生灭变化。如《素问·六微旨大论》所言："成败倚伏生乎动，动而不已，则变作矣。……不生不化，静之期也。……出入废则神机化灭，升降息则气立孤危。故非出入，则无以生长壮老已；非升降，则无以生长化收藏。"这里清楚地论述了动和静的辩证关系，并指出了升降出入(ascending, descending, exiting and entering)是宇宙万物自身变化的普遍规律。人的生命活动也正是合理地顺应了万物的自然之性。周述官在《增演易筋洗髓·内功图说》中说："人身，阴阳也；阴阳，动静也。动静合一，气血和畅，百病不生，乃得尽其天年。"由此可见，人体的生理活动、病理变化、诊断治疗、预防保健等，都可以用生命体的动静对立统一观点去认识问题、分析问题、指导实践。

从生理而言，阴成形主静，是人体的营养物质的根源；阳化气主动，是人体的运动原动力。形属阴主静，代表物质结构，是生命的基础；气属阳主动，代表生理功能，是生命力的反映。实际上，人体有关饮食的消化吸收、水液的周流代谢、气血的循环贯注、代谢废物的传导排泄，其物质和功能的相互转化(mutual transformation)等，都是在机体内脏功能动静协调之下完成的。因此，保持适当的动静协调状态，才能促进和提高机体内部的"吐故纳新"的活动，使各器官充满活力，从而推迟各器官的衰老改变。

三、动静结合的养生保健

运动(sport, motion, exercise)和静养(convalesce)是中国传统养生防病的重要原则。"生命在于运动(life lies in healthy exercise)"是人所共知的保健格言，它说明运动能锻炼人体各组织器官的功能，促进新陈代谢，可以增强体质，防止早衰。但并不表明运动越多越好，运动量越大越好。也有人提出"生命在于静止(life lies in stillness)"，认为躯体和思想的高度静止，是养生的根本大法，强调以静养生更符合人的生命的内在规律。以动静来划分我国古代养生学派，老庄学派强调静以养生，重在养神；以《吕氏春秋》为代表的一派，主张动以养生，重在养形。他们从各自不同的侧面，对古代养生学做出了巨大的贡献。他们在养生方法上虽然各有侧重，但本质上都提倡动静结合，形神共养。只有做到动静兼修，动静适宜，才能"形与神俱(inseparability of the body and spirit)"，达到养生的目的。

（一）动则养形

有规律的活动，适当的运动，能够使形体强健，增强人体抗病的能力。形体是生命活动的物质基础，生命活动依附于形体而存在。《黄帝内经·素问·六微旨大论》说："故器者生化之宇，器散则分之，生化息矣。"可见，养生必须养形。由于形体属阴，易静而难动，所以养形以运动为贵。通过运动锻炼(physical exercises)，活动肢体，展舒筋骨，流通气血，可以使形体得到调养，称为养形(fitness keeping)。医学家张景岳认为人首务当养其形，否则"其形既败，其命可知。"指出"然则善养生者，可不先养此形，以为神明之宅？善治病者，可不先治此形，以为兴复之基乎？"（《景岳全书·治形论》）。儒家所代表的"运动派"（包括《吕氏春秋》所论）则主张流水不腐，认为人要像天道那样不停地运动行转，才可使血气流畅，神旺体健而延寿尽数，成为后来"顺天养形说"的理论先导。《素问·六微旨大论》说："成败倚伏生乎动，动而不已，则变作矣。……故非出入，则无以生长壮老已；非升降，则无以生长化收藏。"《灵枢·脉度》亦说："气之不得无行也，如水之流，如日月之行不休。"都说明了形体有赖于运动，气血必须流通的道理。《黄帝内经》主张要"和于术数"，主张用导引、按跷、广步于庭等方法来运动形体，促进健康。

运动养生(sports for health cultivation)，又叫中医健身术(Chinese medicine fitness)，是指运用

传统的体育运动方式进行锻炼。我们的祖先很早就认识到宇宙生物界,特别是人类的生命活动具有运动的特征,因而积极提倡运动养生。早在春秋战国时期,就已经出现体育运动(physical exercises),被作为健身(bodybuilding)、防病(preventing diseases)的重要手段,如《庄子·刻意》云:"吹呴呼吸,吐故纳新,熊经鸟申,为寿而已矣。此导引之士,养形之人,彭祖寿考者之所好也。"说明当时用导引等方法运动形体来养生的人,已经为数不少了。《吕氏春秋·尽数》更明确指明了运动养生的意义:"流水不腐,户枢不蠹,动也。形气亦然,形不动则精不流,精不流则气郁。"这说明一个道理:动则身健,不动则体衰。《黄帝内经》也很重视运动养生,提倡"形劳而不倦",反对"久坐""久卧",强调应"和于术数"。所谓"术数",据王冰注:"术数者,保生之大伦",即指各种养生之道,也包括各种锻炼身体的方法在内。后汉三国时期,名医华佗创编了"五禽戏",模仿虎、鹿、熊、猿、鸟五种动物的动作做体操,其弟子吴普按照"五禽戏"天天锻炼,活到90多岁,还耳目聪明、牙齿完好。"五禽戏"的出现,使中医健身术发展到一个崭新的阶段,为以后其他运动保健形式的出现开辟了广阔的前景。到了晋唐时期,主张运动的养生家多了起来,晋张华的《博物志》中所载青牛道士封君达养性法的第一条便是"体欲常少劳,无过度"。南北朝时期,梁代陶弘景在其所辑的《养性延命录》中说:"人欲小劳,但莫至疲及强所不能堪胜耳。人食毕,当行步踌躇,有所修为为快也。故流水不腐,户枢不蠹,以其劳动数故也。"

唐代名医孙思邈亦很重视运动养生,他在《保生铭》中提出"人若劳于形,百病不能成",他本人坚持走步运动,认为"四时气候和畅之日,量其时节寒温,出门行三里、二里及三百、二百步为佳"。到了宋代,对运动保健的养生法的研究又前进了一步,如蒲虔贯著的《保生要录》,专列"调肢体"一门,主张用导引动形体。明代著名养生学家冷谦著的《修龄要旨》、王蔡传撰的《修真秘要》,均提倡用导引来锻炼身体。现在,在我国流传极广的太极拳,据说是明代戚继光根据民间拳术总结出来的拳经32势。清代养生学家曹庭栋创"卧功、坐功、立功三项",作为简便易行的导引法,以供老年锻炼之用。

以上说明,古人是非常重视运动保健的,"动则不衰"是中华民族养生、健身的传统观点,这同现代医学的认识是完全一致的。现代医学(modern medicine)认为,"生命在于运动",运动可以增强机体的新陈代谢,使各器官充满活力,推迟向衰老变化的过程,尤其是对心血管系统,更是极为有益。法国医生蒂索曾说:"运动就其作用来说,几乎可以代替任何药物,但是世界的一切药品并不能代替运动的作用。"话尽管讲得有点儿过头,但还是有一定道理的。适度的运动,可以使生活和工作充满活力和乐趣;可以帮助建立良好的生活规律和秩序,提高睡眠的质量,保证充足的休息,提高工作效率;可以提高人体的适应能力和代偿机能,增强对疾病的抵抗力……。总之,运动可以使人健全体魄、防病防老、延长寿命,正因为如此,运动是健康的源泉,我国清代的教育家颜习斋说:"养生莫善于习动""一身动则一身强"。

(二)静则养神

清静养生(static exercise for health cultivation)的思想在一定程度上占据着中国传统养生文化(Chinses traditional health cultivation culture)的主流地位,这是由于中国传统养生文化在历史上长期受道教(Taoism)的影响。先秦道家以"清静"学说立论,不仅蕴含在其人生论中,也包含在其养生论中。如老子所说:"致虚极,守静笃。""无欲以静,无下将自定。"这种思想对中医清静养生学说(theory of static exercise for health cultivation of Chinese medicine)的发展有着很大的影响。《素问·上古天真论》谓:"恬淡虚无,真气从之,精神内守,病安从来。"稽康的《养生论》谓:"善养生者,清虚静泰,少私寡欲。"他们的主要理论依据为:神是生命的主宰,人身各脏腑器官都由神统御,神的属性好静,但人的社会活动和生产活动又使神时时处于躁动状态,使神易于耗损,伤及精气,乃至形体衰弱,患病夭折。其实,所谓"静"有二层含义:一是指机体不可过劳,二是指心不可妄动。清静养神就是要求人体保持生理和心理的平衡,即《内经》所谓的"和喜怒,养心神。"只有做到"内无思想之患,以恬愉为务",才能排除七情对机体气血的干扰,使气血始终保持流畅和平衡。近代研究发现,当人的身心都入静之后,人的腑器、肌肤以及心血管、神经等系统都处于松弛状态,这时机体的气血调和,经脉流通,脏腑功能活动有序,证实了清静养神的目的也在于调畅气血。

（三）动静适宜

中国养生文化中的动静观(dynamic and static view)是一对关系复杂的范畴,它们同被纳入传统养生思想理论体系中,更重要的是它们被辩证地体现和应用于养生方法实践中。这种辩证关系主要体现在三个方面:一是动与静互为因果和前提,如朱熹所说:"若以天理观之,则动之不能无静;犹静之不能无动也,静之不可不养,犹动之不可不察也。"二是相互包容和蕴涵,没有绝对的动与静,而是静中有动,动中有静,或外动内静,外静内动;明末清初思想家王船山说的"静者,静动,非不动也"就是这层意思。三是动静相互消长转化,如宋代周敦颐的《太极图说》谓:"无极而太极,太极动而生阳,动极而静,静而生阴,静极复动,一动一静,互为其根。"这种动中有静,静中有动,动静结合的养生方法体现了中国古代养生文化的科学性。

人的体质(physique,constitution)是指在人的生命过程中,在先天禀赋和后天获得的基础上,逐渐形成的在形态结构、生理功能、物质代谢和性格心理方面,综合的、固有的一些特质。体质由四个方面组成:形态结构、生理功能、物质代谢、性格心理。这四个方面可以高度概括为形和神:"形者生之具,神者生之本",生命就是形、神完美的有机结合。所谓形,指人体的肌肉、血脉、筋骨、脏腑等组织器官和精、气、津、液等生命物质;神,在人体即以情志、意识、思维为特点的心理活动以及生命活动的全部外在表现。形与神是既对立又统一的哲学概念(philosophical concept),祖国医学认为,神为形主,无神则形不可活。神依附于形,神以形为物质基础,神不能离开形体而独立存在,而且它的功能也必须在形体健康的情况下才能正常行使,形体若无神,生命也就结束了,二者不可偏废,从而使身体和精神达到和谐统一的境界。所以中医养生学提出了形神合一的养生法则(principle of health cultivation unity of body and soul),认为只有做到"形与神俱""形神合一",才能保持生命的健康长寿。

《黄帝内经》明确提出了"形与神俱"的形神共养观点,如《素问·上古天真论》曰:"故能形与神俱,而尽终其天年,度百岁乃去。"并且提出了外避邪气以养形、内养真气以充神的形神合养方法。《素问·上古天真论》说:"形体不敝,精神不散,亦可以数百。"说明要想长寿,必须注意形体和精神的调摄。神是生命活动的主宰和集中体现,所以养生首当养神。《素问·灵兰秘典论》说:"心者,君主之官也,神明出焉。……故主明则下安,以此养生则寿,殁世不殆。"在《素问·四气调神大论》中更进一步记载了随春、夏、秋、冬四时不同气候来形神共养的健身法。"春三月"应该"夜卧早起,广步于庭,被发缓形,(养形)以使志生(养神)",强调了神气对于养生的重要性。神气属阳,在生命活动中易于动而耗散,难于清净内守,因此只有通过静养来保养神气。

对于形体的保养,从动形养生的角度来讲,《素问·六微旨大论》说:"成败倚伏生乎动,动而不已则变作矣。故非出入则无以生长壮老已,非升降则无以生长化收藏。"说明了形体有赖于运动,气血必须流通的道理。

在生命科学研究中,提出了气血为生命之本,气血流畅与平衡是机体健康长寿的基本条件,气血失畅失调,气滞血瘀为衰老之因。动以养形,静以养神,方法虽异,目的均为促进机体气血流畅,消除瘀血,使机体阴阳气血从不平衡转入新的平衡,从而维持生命健康和长寿。

（谢　甦）

第三节　综合调养

综合调养(comprehensive recuperation)包括健康养生教育、合理筛查、综合施养等。

一、健康养生教育

健康养生教育(health cultivation education)是指教育人们树立健康养生意识,改变或终止危害健康的行为和生活方式,采纳有利于健康的行为和生活方式,以促进健康的一种具有预防保健意义的方法。

1. **健康**　WHO提出:健康(health)不仅是躯体没有疾病,还要心理健康、社会适应性良好和有道德。现代人的健康包括:躯体健康、心理健康、社会健康、智力健康、道德健康、环境健康等。

2. **健康教育**　健康教育(health education)是一门研究传播健康保健知识和技术、影响个人与群体行为、消除危险因素、预防疾病、促进健康的科学。

3. **健康促进**　健康促进(health promotion)是指个人及家庭、社区和国家一起采取措施,鼓励一切促进健康的行为(health-promoting behaviours),增强人们改进和处理自身健康问题的能力(摘录于1995年WHO西太区办事处发表的《健康新视野》)。健康促进涉及个体和群体日常生活的方方面面,直接作用于影响健康的病因或危险因素,因此需要启迪个体和群体不断认识自身健康问题,并积极行动起来,改变不健康行为和生活方式(unhealthy behaviors and lifestyles)。

4. **健康养生教育的目标**　健康养生教育的目标(goals of health cultivation education)是实现知、信、行的统一,通过健康养生教育,向人们传授健康养生知识,使大家认识到健康是一切价值的基础,是人存在的根本,并坚持不懈地改变危害健康的行为和生活方式。

行为的转变是健康养生教育的最终目的。通过健康养生教育,让人们认识到维护和促进健康不仅仅是政府和医务工作者的事情,更是个人和家庭的责任。通过营造有益于健康的环境,传播健康养生的相关知识,增强人们的健康意识(health consciousness)和自我保健能力(self-care ability),倡导有益健康的行为和生活方式,达到身体和精神均与社会相适应的完美状态,促进全民健康素质的提高。

5. **健康养生教育的内容**　健康养生教育的内容(contents of health cultivation education)包括以下几个方面:

(1) 掌握最基本的保健养生技能:主要是指通过健康养生教育,使人们能够初步掌握自我保健的基本技能,如自测血压、血糖、体温、心率,自查乳房、自打胰岛素等。

(2) 普及慢性病的防治知识:通过挂图、壁报、讲座、咨询等多种形式普及慢性病预防和治疗的相关基础知识,提高人们对高血压、糖尿病、类风湿关节炎、脑梗死后遗症等常见慢性病的认识,使其了解引起疾病的主要原因、早期症状及表现,以便早期诊断、早期预防及早期治疗,从而提高自我的健康意识和防病能力,以维护健康(protecting health)、延年益寿(promoting longevity)。

(3) 开展健康行为教育:生活中处处存在危害健康的行为和生活方式,只有减少或消除这些危险因素,才能保持和促进健康。通过开展健康行为教育,使人们知道如何选择有益健康的生活方式(healthy life styles)和有益健康的行为(healthy behaviors),如何控制危害健康的行为及其危险因素。

(4) 加强传染性疾病的健康教育:利用各种形式和方法,针对不同年龄段的社区群众进行内容各异的卫生知识、法规的宣传和教育,以提高人们的健康知识水平和自我保护意识,积极、自觉地参与饮用水消毒、社区环境消毒、杀虫、灭鼠等具体工作,改变不良的生活习惯,从而减少传染病的发生并控制传染病的传播,并积极接受免疫接种。

(5) 开展心理健康养生教育:心理健康问题的产生日益普遍,涉及各年龄段、不同的人群,产生的原因涉及性格、社会背景、人际关系、生活环境、生活习惯等各个方面,只有减少或消除这些危险因素,才能保持和促进心理健康。学会如何缓解紧张情绪,如何释放工作压力,如何处理好人际关系,如何正确对待疾病,转移对疾病的注意力,都可以防止或减少心理问题的出现。

要做好健康养生教育工作,首先应加强网络建设,各街道、各社区及各企事业单位应该设立健康教育宣传员并组建教育网络队伍,时常组织健康养生的相关培训和学习。二则要建立宣传阵地,如在社区、街道和居民点设立宣传画廊、阅报栏、卫生海报板等,公共媒体如广播、电视、报纸开辟健康养生教育专栏。

健康养生教育还有一个重点,就是建立健康档案,包括个人及家庭的既往和目前的健康状况记录、健康检查记录、住院及门诊记录等。要建立一套完整的资料库,为大数据打下坚实的基础。

二、合理筛查

健康养生,需要以科学的新观念为指导,以合理筛查、正确评估为前提,以健康为目标,以综合施养为手段。

目前民众盲目地自行购买保健品及中药补品的现象仍较为普遍,基本的健康养生常识却较为匮乏,故健康养生教育的普及和合理的筛查及正确评估显得尤为重要和迫切。

筛查的内容(screening contents)丰富多样,应根据个人的性别、职业、居处环境、工作环境、体质、生理、病理等方面的不同做出合理的筛查。主要从躯体健康(physical health)和心理健康(mental health)两个大方向筛查。

（一）　躯体健康筛查

躯体健康筛查的内容(contents of physical health screening)包括以下几个方面:

1. 亚健康筛查　中华中医药学会发布的《亚健康中医临床指南》指出:亚健康(sub-health)是指人体处于健康和疾病之间的一种状态。处于亚健康状态(sub-health status)者,不能达到健康的标准,表现为一定时间内的活力降低、功能和适应能力减退的症状,但不符合现代医学有关疾病的临床或亚临床诊断标准。

国内对亚健康的研究多限于横断面调查(cross-sectional survey),亚健康筛查的工具(tools for sub-health screening)多为自评量表(self-rating scale)或调查问卷(questionnaire)。这些调查涉及教师、公务员、企业人员、社区居民、医务人员等不同人群。由于各研究采用的亚健康定义不统一、应用的调查问卷或量表不统一,各研究报道的亚健康检出率差别也较大,大多在20%~80%之间。亚健康的检出率在不同性别、年龄、职业上有一定的差异,但与出生地、民族无关。一般女性的检出率高于男性,40~50岁年龄段较其他年龄段高发,教师、公务员高发。

导致亚健康的主要原因(main causes of sub-health)有:饮食不合理、缺乏运动、作息不规律、睡眠不足、精神紧张、心理压力大、长期情绪不良等。

亚健康的主要特征(main characteristics of sub-health)包括:①身心上不适应的感觉所反映出来的种种症状,如疲劳、虚弱、情绪改变等,其状况在相当长时期内难以明确;②与年龄不相适应的组织结构或生理功能减退所致的各种虚弱的表现;③微生态失衡状态;④某些疾病的病前生理病理学改变。

亚健康的临床表现(clinical manifestations of sub-health)多种多样,躯体方面可表现为疲乏无力、肌肉及关节酸痛、头昏头痛、心悸胸闷、睡眠紊乱、食欲缺乏、脘腹不适、便溏便秘、性功能减退、怕冷怕热、易于感冒、眼部干涩等;心理方面可表现有情绪低落、心烦意乱、焦躁不安、急躁易怒、恐惧胆怯、记忆力下降、注意力不能集中、精力不足、反应迟钝等;社会交往方面可表现为不能较好地承担相应的社会角色,工作、学习困难,不能正常地处理好人际关系(interpersonal relation-ships)、家庭关系(family relationships),难以进行正常的社会交往等。

亚健康的评价方法或诊断标准目前主要遵循中华中医药学会发布的《亚健康中医临床指南》(*Clinical Guidelines of Chinese Medicine on Sub-health*)。该临床指南从中医的角度对亚健康的概念、常见临床表现、诊断标准等进行了明确的描述,产生了较为广泛的影响。

2. 慢性疾病筛查　慢性疾病全称是慢性非传染性疾病(non-communicable chronic diseases,NCDs),不是特指某种疾病,而是对一类起病隐匿,病程长且病情迁延不愈,缺乏确切的传染性生物病因证据,病因复杂,且有些尚未完全被确认的疾病的概括性总称。慢性疾病筛查的对象(chronic disease screening targets)主要是常见的慢性疾病,主要有心脑血管疾病、癌症、糖尿病、慢性呼吸系统疾病,其中心脑血管疾病(cardiocerebrovascular diseases,cardiovascular and cerebrovascular diseases)包含高血压、脑卒中和冠心病。慢性疾病的危害主要是造成脑、心、肾等重要脏器的损害,易引起伤残,影响劳动能力和生活质量(living quality),且医疗费用极其昂贵,增加了社会和家庭的经济负担。

WHO 的调查显示,慢性疾病的发病原因 60% 取决于个人的生活方式,同时还与遗传、医疗条件(medical conditions)、社会条件(social conditions)和气候等因素有关。在生活方式中,膳食不合理、身体活动不足、烟草使用和有害使用酒精是慢性疾病的四大危险因素。故健康养生之前应合理筛查相关慢性疾病,做出正确评估,以便制订详细的相关健康养生方案。

3. 传染性疾病的筛查　传染性疾病(communicable diseases)就是常说的传染病(infectious diseases),是许多种疾病的总称。它是由病原体(pathogens,pathogenic agents)又称病原微生物(pathogenic microorganisms)引起的,能在人与人、动物与动物或人与动物之间相互传染的疾病。传染性疾病筛查的对象(infectious disease screening targets)是常见的传染病,如流行性感冒、病毒性肝炎(特别是乙型肝炎)、细菌性痢疾、流行性乙型脑炎、结核病(特别是肺结核)、急性出血性结膜炎(红眼病)、梅毒、艾滋病等。传染性疾病的健康教育势在必行,传染性疾病的合理筛查也应紧跟其后。对传染性疾病患者和疑似患者要早发现、早报告、早隔离、早治疗,及时切断传播途径,保护易感人群(susceptible population)。

4. 中医体质的辨识　中医体质学(theory on constitution in traditional Chinese medicine)以生命个体的人为研究的出发点,旨在研究不同体质构成特点、演变规律、影响因素、分类标准,从而应用于指导疾病的预防、诊治、康复与养生。中医体质学应用范围广泛,通过研究不同体质类型与疾病的关系,强调体质的可调性,从改善体质入手,为改善患病个体的病理状态提供条件;实现诊疗的个体化(individuality),在临床对疾病的诊治活动中,对疾病的防治措施和治疗手段建立在对体质辨识的基础上,充分考虑到个人的体质特征,并针对其体质特征采取相应的治疗措施;贯彻中医学"治未病"的学术思想,结合体质进行预防,通过改善体质、调整功能状态,为从人群体质的角度预防疾病提供理论和方法,充分体现以人为本,因人制宜的思想。

目前中医体质辨识(recognition of traditional Chinese medicine constitution)常用的中医体质分类(constitution classification)是"王琦中医体质九分法",将中医体质(traditional Chinese medicine constitution)分为平和质、气虚质、阳虚质、阴虚质、痰湿质、湿热质、瘀血质、气郁质、特禀质等 9 种基本类型。不同体质类型(constitutional types)在形体特征、生理特征、心理特征、病理反应状态、发病倾向等方面各有特点,从而根据辨体(constitutional differentiation)、辨病(differentiation of diseases)、辨证(differentiation of symptoms and signs)诊疗模式为健康养生提供新的理论依据。

(二) 心理健康方面的筛查

1. 心理健康的定义　心理健康的定义(definition of mental health):指心理的各个方面及活动过程处于良好或正常的状态。受到遗传因素(genetic factors)和环境因素(environmental factors)的双重影响,尤其是幼年时期原生家庭的教养方式(parenting styles in original family during infancy),对心理健康的发展影响极大。心理健康的突出表现:在社交、生产、生活上能与其他人保持较好的沟通或配合,能良好地处理生活中发生的各种情况。心理健康的理想状态是:性格完好、智力正常、认知正确、情感适当、意志合理、态度积极、行为恰当、适应良好。与心理健康相对应的是心理亚健康(psychological sub-health)以及心理病态(morbid psychology)。心理健康从不同的角度有不同的含义,衡量标准也有所不同。

个体能够适应发展着的环境,具有完善的个性特征(personality characteristics);认知、情绪反应、意志行为处于积极状态,并能保持正常的调控能力;在生活实践中,能够正确认识自我,自觉控制自己,正确对待外界影响,从而使心理保持平衡协调,就具备了心理健康的基本特征(basic features of mental health)。

2. **"天人合一""正气存内"的中医理论**　中医理论(theories of traditional Chinese medicine)自古以来就强调养生的前提是人体与自然的协调统一、个体自身的协调统一。"天人合一"体现了人体与自然的协调统一,是健康养生的大环境;人在天地之间,一切的生命活动都与宇宙大自然息息相关。中医学认为:人是个小宇宙,自然界是个大宇宙,它们都相通相应、相辅相成。无论季节气候、昼夜昏晨,还是日月运行、地理环境,各种变化都会对人体的生理、病理及内环境(internal environment)产生影响,从而直接或间接影响到人的情志、气血、脏腑以及疾病的发生。因此,应掌握和了解四时(four seasons)和六气(six climatic factors)的变化规律和不同自然环境的特点,顺应自然,保持人体与自然环境的协调统一,在日常生活中既要重视形体的保健,更要重视心理和精神的调养。在具体应用上就是调和情志,保持心态的安闲清静,并与保养形体相结合,通过合理饮食,适当运动,规律生活,使人气血调畅,形体强健,情志安和。才能达到养生保健防病的目的。

3. **心理健康评价标准**　心理健康评价标准(evaluation standards of mental health)如下:

(1) 自我评价标准:如果自己认为有心理问题,这个人的心理当然不会完全正常,但一般不可能存在大问题。心理正常的人,完全可以察觉到自己心理活动和以往的差别、自己的心理表现与他人的差别等。这种自我评价(self-evaluation,self-appraisal)在精神科叫自知力(insight)。

(2) 心理测验标准:心理测验(psychological tests)通过有代表性的取样、建立常模(norm)、检测信度(reliability)和效度(validity),并进行方法的标准化(standardization of method),才能形成心理测评量表(psychology assessment scales),可以在一定程度上避免专家的主观看法。但是,心理测验也存在误差,尚不能代替医生的诊断。

(3) 病因病理学分类标准:心理病因病理学分类标准(classification criteria for psychological etiology and pathology)最客观,是将心理问题当作躯体疾病一样看待的医学标准。如果一个人身上表现的某种心理现象或行为可以找到病理解剖或病理生理变化的依据,则认为此人有精神疾病。其心理表现则被视为疾病的症状,其产生原因则归结为脑功能失调。

(4) 各种心理健康测定量表的应用:处于亚健康、疾病状态的心理问题需要由有相关资质的医生用各种心理测定量表来筛查和评估。

三、正确评估

1940 年,Lewis C. Robbins 医生首次提出健康风险评估的概念。他从在当时进行的大量的子宫颈癌和心脏疾病预防工作中得出这样一个结论:医生应该记录患者的健康风险,用于指导疾病预防工作的有效开展。他创造了健康风险图(health hazard chart),赋予医疗检查结果更多的疾病预测含义。1970 年,Robbins 医生和 Jack Hall 医生针对实习医生共同编写了《如何运用前瞻性医学》(*How to Prospective Medicine*)一书,阐述了当前健康危险因素与未来健康结局(health outcomes)之间的量化关系,并提供了完整的健康风险评估工具包,包括问卷表、健康风险计算以及反馈沟通的方法等。至此,健康风险评估进入大规模应用和快速发展时期。

1. **健康风险评估**　健康风险评估(health risk assessment,HRA)是一种方法,用于估计具有一定健康特征的个人会不会在一定时间内发生某种疾病,或因为某种特定疾病导致死亡的可能性,或最终的健康结局。常用的健康风险评估一般以死亡为结局。由于技术的发展及健康管理需求的改变,健康风险评估已逐步扩展到以疾病为基础的危险性评价,因为后者能更有效地使个人理解危险因素的作用,并能更有效地实施控制措施和减少费用。可借鉴健康风险评估,用于健康养生的前期评估,因为做好个人生理、病理及中医体质、辨证等方面的正确评估,是健康养生的提前和关键。

健康养生需要建立一套完整的,中医、西医及心理学相结合的,能够从整体上全面反映躯体健康和心理健康的评估系统。该系统应该具有操作简单、方便,检测数据整合信息化,自身健康管理档案全面、细致等特点,是一套集生理、心理、健康管理为一体的数据库统计评测系统。该系统能够将不同年龄层的人群进行问题及检测结果评定划分,区别病态和生理性老化的不同,建立用户个人健康档案,正确评估个人的各种情况,包括西医的生理、病理、心理及中医的体质、辨证、舌脉、情志等内容,建立一套本土、传统、原生态的有特色的健康管理体系(health management system)。

2. 养生方法中的辨证观　中医养生理论突出辨证施治。辨别各种征象,分析致病原因、性质和发展趋势,结合具体情况来确定疾病性质,全面制订治疗原则,整体地施行治疗方法,叫辨证施治(treatment based on syndrome differentiation)。中医养生强调因时、因地、因人而异,强调养生保健要根据时令、地域和个人的体质、性别、年龄的不同,而制订相应的方法。人是自然界的一部分,与自然界有着密切的联系,人必须认识自然、顺应自然、适应自然,同时根据个体的阴阳盛衰情况进行调摄,才能健康长寿。这充分体现了中医的原则性和灵活性,中医将这种原则概括为"知常达变(understanding the diagnosis method could know well the rulers of differential diagnosis)"。

3. 评估脾胃的强弱　脾主运化(spleen governing transportation and transformation),胃主受纳(stomach controlling reception, stomach receiving food and drink),脾胃为后天之本(acquired base of life),气血生化之源,故脾胃强弱是决定人之健康和寿夭的重要因素。明代医学家张景岳在《景岳全书》(*Jingyue's Complete Works*)中说:"土气为万物之源,胃气为养生之主。胃强则强,胃弱则弱,有胃则生,无胃则死,是以养生家当以脾胃为先。"其中调养脾胃的关键是饮食调养(diet aftercare),做到寒热适中,饥饱有度,营养全面,清洁卫生,既保护脾胃功能不受侵害,又保证人体所需营养物质充足平衡。此外,还可以通过药物调理、精神调摄、针灸、推拿等方法来健运脾胃,调养后天,以达到延年益寿的目的。

4. 评估阴阳是否平衡协调　中医学强调注意阴阳的平衡。中医理论认为,世间万事万物的运动都是阴阳运动,人体生命活动也是阴阳的运动。由于阴阳的运动,因此就需要维护人体的阴阳平衡。阴阳平衡(yin and yang in equilibrium)是健康的根本。然而,阴阳本身又是动态的,不是固定不变的,所以很容易被打破。外感六淫(风、寒、暑、湿、燥、火)、七情(喜、怒、忧、思、悲、恐、惊)内扰以及人体的不断老化,都会加速人体的阴阳失衡。阴阳失衡是百病之源,换句话说,疾病是由于阴阳失去平衡引起的。治病如打仗,打仗要讲究方法。中医治病其目的就在于通过调节人体的阴阳使其达到平衡状态。治疗疾病也围绕调整阴阳来进行,目的是恢复阴阳平衡协调,帮助人体找到新的相对平衡点,从而使其恢复健康。

四、综合施养

(一)综合施养之古语

综合施养之古语(ancient sayings of comprehensive cultivation)如下。《素问·上古天真论》(*Plain Questions*)说:"上古之人,其知道者,法于阴阳,和于术数,食有节,起居有常,不妄作劳,故能形与神俱,而尽终其天年,度百岁乃去。今时之人不然也,以酒为浆,以妄为常,醉以入房,以欲竭其精,以耗散其真,不知持满,不时御神,务快其心,逆于生乐,起居无节,故半百而衰也。夫上古圣人之教下也,皆谓之虚邪贼风,避之有时,恬惔虚无,真气从之,精神内守,病安从来。是以志闲而少欲,心安而不惧,形劳而不倦,气从以顺,各从其欲,皆得所愿。故美其食,任其服,乐其俗,高下不相慕,其民故曰朴。"养生之道,在神,在形,在生生之和,顺自然,畅情志,调饮食(regulating the diet),慎起居,避邪气,言精神则心性务求超脱,言物质则衣食期于调适,言起居则动静常有节度。

Note

《道德经》(*Moral Classics*)说:"人法地,地法天,天法道,道法自然。"自然之道,乃长生之诀。曹庭栋说过:"有生之物,莫不自爱其生。微虫且然,况于人类? 夫人生一世,死者不可复活,逝者不可复留,故天下宁有更贵于吾生者? 然情欲之纵肆,物质之丰欠,起居之失调,灾祸之迫害,百事杂陈,故而知人之长寿,难矣!"

《庄子·在宥》云:"人大喜,邪毗于阳;大怒,邪毗于阴。"毗意损伤,大喜伤阳气,大怒伤阴气。怒喜悲思忧恐惊,七情过极(excess of seven emotions)均有害于养生,故要持清净心,方能"无视无听,抱神以静。"王先谦在《庄子集解》里说:"道家所重在养生,而养生之要,则在养此生生之和……夫足以滑此和者(滑,扰乱),莫过于情。情生于知,启发此知者,耳目为之诱也。"

（二）综合施养之情志

人有喜、怒、忧、思、悲、恐、惊七种情志,七情太过就会伤及五脏从而导致疾病的发生。一个人的精神状态是衡量健康状况的首要标准,健康养生当中,最重要是养心(nourishing heart, nourishing the mind)。《素问·上古天真论》有云:"恬惔虚无,真气从之,精神内守,病安从来。"情志养生(emotional health cultivation),首先要减少私心杂念,节制对私欲和名利的奢望;其次,养心敛思,养心,即养心神,敛思即专心致志,志向专一,排除杂念,驱逐烦恼。保持性格开朗,精神乐观也是健康养生的要素。在培养竞争意识的同时培养良好的心理素质,提升心理平衡的能力也很重要。平时应多参加各种有益于身心健康的活动,寻找精神寄托,预防情志过度,保证脏腑阴阳和谐、身心安康。因此健康养生不仅把心理健康作为健康的标准之一,也把心理调治作为防病健身、调治疾病的第一步。

（三）综合施养之饮食

饮食乃人安身之本,"食能排邪而安脏腑,悦情爽志以资气血。(《备急千金要方》)"因而,前人十分重视饮食养生(dietary health cultivation, dietetic life-nourishing, life cultivation of food)。《素问·藏气法时论》曰:"五谷为养,五果为助,五畜为益,五菜为充,气味合而服之,以补精益气。"这里的"五"涵盖了自然界赐予人类的一切谷物、果品、牲畜、蔬菜,食之能够强身健体。"合而服之"是指谨食五味,不可偏嗜,以杂合类食物之营养维护健康,这就是中医食疗"杂合以养"的理论,即现代所言之营养均衡。

饮食有节(eating a moderate diet, eating and drinking in moderation, be abstemious in eating and drinking)能延年益寿,食不当则可损身害命,《养老奉亲书》指出:"若生冷无节,饥饱失宜,调停无度,动成疾患。"意思是说,如果饮食不注意节制生冷食物,或过饥过饱,或五味调和无度,便会引发疾病。合理的饮食要求"有节",即强调饮食的质与量。

食疗(dietetic therapy),即利用食物来影响机体各方面的功能,是使人获得健康或愈疾防病的一种养生方法。通俗地说,就是通过吃来对身体进行保养。通常认为,食物是为人体提供生长发育和健康生存所需的各种营养素(nutrients)的可食性物质。饮食养生应遵循中医的基本理论,五味各有它所喜的脏腑,正如《素问·宣明五气篇》云:"五味所入,酸入肝,辛入肺,苦入心,咸入肾,甘入脾,是谓五入。"同时,中国传统饮食养生讲究平衡,提出了"五谷宜为养,失豆则不良;五畜适为益,过则害非浅;五菜常为充,新鲜绿黄红;五果当为助,力求少而数"的膳食原则。用现代语言描述就是,要保持食物来源的多样性,以谷类食物为主;要多吃蔬菜、水果和薯类;每天要摄入足够的豆类及其制品;鱼、禽、肉、蛋、奶等动物性食物(animal-based foods, foods of animal origin)要适量。

（四）综合施养之起居

古人养生,甚重起居。《素问·生气通天论》说:"起居如惊,神气乃浮。"清代名医张隐庵在《黄帝内经素问集注》中说:"起居有常,养其神也;烦劳则张,精绝,不妄作劳,养其精也……能调养其神气,故能与形俱存,而尽终其天年。"起居有常可助调养神气,令人体精力充沛,面色红润,目光炯炯,神采奕奕。反之,日久则神气衰败,精神萎靡,面色不华,目光呆滞无神。

起居养生(health cultivation in daily life),应重四时合序。《素问·上古天真论》说:"和于阴阳,调于四时……此盖益其寿命而强者也。""法则天地……分别四时……亦可使益寿而有极时。"天有四时气候的不同变化,地上万物有生、长、收、藏之规律,人体亦不例外。四时有序乃保持康健、预防疾病之要诀。

（五）综合施养之运动

宋代张杲在《医说·真人养生铭》中说:"人欲劳于形,百病不能成。"说明适度运动对健康有积极的作用。运动养生(sports for health cultivation)是通过各种适度的运动方式对人体内精、气、神进行调节,以推动气血运行,增强脏腑功能,使气血调畅,疏郁散结,达到维护身体健康、增强体质、延长寿命、延缓衰老的目的。运动对健康养生具有重要的意义。早在战国末期,《吕氏春秋·季春纪·尽数》便从生理、病理方面,对运动养生的内涵进行了深刻的阐述,认为"流水不腐,户枢不蠹,动也,行气亦然。"意指常流的水不发臭,常转的门轴不遭虫蛀,是运动的结果。这句话形象地说明了"动"的重大意义:生命在于运动,脑筋在于开动,人才也需要流动,宇宙间万事万物都在运动,没有运动就没有世界。其中的奥秘就在于一个"动"字,运动才能带来生机与活力。以动养形,呼吸精气,疏通气血,舒经健骨,可以达到强身祛病之功效。运动养生的形式有:散步(walking)、跑步(running)、登山(mountain-climbing, mountaineering)、游泳(swimming)、武术(martial arts)等,古人也在实践中摸索出了按摩(massage)、气功、太极拳、八卦掌(eight diagrams palm)、五禽戏等动形方式,可强身延年。人若贪图安逸,运动不足,或是劳累过度,则容易引起"劳伤",又称"五劳所伤",即久视伤血、久卧伤气、久坐伤肉、久立伤骨、久行伤筋。

（六）综合施养之因时养生

人身处于大自然中,必然受到很多因素的影响,个体差异也很多,如遗传、年龄、环境、体质、心理、职业、学历、修养等;健康养生如要做到个体化,需要针对上述因素进行具体问题具体分析,寻找合适的个体化健康养生方法。

《黄帝内经·灵枢·本神》中说:"智者之养生也,必顺四时而适寒暑,和喜怒而安居处。"故因时养生非常重要。因时养生(health cultivation accordance with seasons, solar terms and climates)就是根据不同的时令(seasons)、节气(solar terms)、气候而调节自身的精神活动、饮食、起居、运动、药物等,来增强自身抵抗力、锻炼身体、延缓衰老、保持健康。比如:一年当中有四季,需要顺应四季"春生、夏长、秋收、冬藏"的气候特点,做到人和自然和谐统一。

（七）综合施养之药物养生

药物养生(health cultivation with medicines),是指运用以中药(Chinese material medica, Chinese medicinal herb)为主的具有防衰老作用的药物或保健品来达到以延年益寿、强健身躯为目的的养生方法。中药养生(traditional herbal health cultivation, health cultivation with Chinese materia medica)已在中国古代养生学家应用中医理论的指导下,经过长期的养生防病的临床实践中总结并不断完善。正如汉代王充在《论衡》中所说:"养气自守,适时则酒,闭目塞聪,爱精自保,适辅服药,引导庶冀,性命可延,斯须不老。"

药物养生的原则(principle of health cultivation with medicines)包括:

1. **以中医理论为指导,辨证施药**(prescription based on syndrome differentiation)**,做到天人合一** 用药物进补,宜根据四季阴阳盛衰消长之变化施药,否则,不但无益,反而有害健康。

2. **进补适时,不可盲目** 应辨明虚实,确认属于虚证的情况下,有针对性地进补,补益法多用于老年人和体质虚弱之人,无病体健康者一般不需要。病重、刚手术后、化放疗期间的患者,也不宜进补,自古就有虚不受补之说,如果贸然进补,容易加剧机体的气血阴阳平衡失调,不仅无益,反而有害。

3. **根据中医辨证,补虚泻实,切勿偏颇** 进补的目的在于和调气血、阴阳、寒热、虚实,应恰到好处,太过则导致新的失衡,使机体又一次受到损伤。如气血不足或偏阳虚体质的人,宜多吃辛

Note

甘味的食物以助阳气的升发;偏阴虚的体质的人,则多食酸甘以养阴;容易上火之人,多吃养阴降火(nourishing Yin and reducing fire)之品;容易内热者,多用泻火通便的药物。

4. 利弊难辨,慎选择 在使用药物调养的同时,应特别重视药物的毒性及不良反应,补虚不可滥用,泻火清热不可久用。中医认为,"凡药皆毒也,非止大毒小毒谓之毒,虽甘草、人参,不可不谓之毒,久服必有偏胜。"

5. 缓而图之 衰老是复杂而缓慢的过程,任何延年益寿的方式方法,都不是一朝一夕能见效的,药物养生也是如此,不能指望短期内依靠药物达到健康延年之目的,如果不明此理,则欲速而不达。

(八)综合施养之自我保健

自我保健养生(self-care for health cultivation,self-keeping in good health)强调的是个人应为自己的健康负责,强调个人在健康养生中的指导地位。WHO 认为:自我保健(self-care,self health care)是指个人、家庭、亲友和同事自发的健康活动,并做出与健康相关的决定。自我保健养生也是如此。首先,自我保健养生是一种最充分的保健,能够充分发挥个人的主观能动性,充分挖掘个人的健康潜能。再则,自我保健养生能够促进医患和谐。自我保健养生把被动接受医疗机构和医生的诊疗行为,转变为自己主动、积极参与并决策自己健康的保健活动,促进医患双方建立新型的医患关系。最后,自我保健养生还可以节约医疗资源,降低医疗支出,优化医疗资源配置,节约医疗资源。

自我保健养生方法(methods of self-care for health cultivation)有:

1. 生理调节 生理调节在身体健康状况的维持方面起重要作用。能直接影响健康的生理调节方法有:坚持体育运动,依据自身情况制订适宜的体育锻炼计划,并坚持完成;注意合理膳食,保持营养均衡;强调劳逸结合,保证充足的睡眠,调节生活节律。

2. 心理调节 心理调节主要是调控感情,克服情绪过度变化,包括长期压抑、紧张、兴奋、愤怒等,改变某些心因性疾病的环境,如高血压、冠心病、精神病、抑郁焦虑症等患者所处的不利于疾病和心理的环境,避免和减少不良心理刺激,加强健康心理训练,强调个人健康的自我维护,树立战胜疾病的信心和自我健康养生的观念。

3. 行为矫正 行为矫正(behavior modification)是指矫正损害健康的行为及发展促进健康的行为,可结合健康教育进行。

4. 自我诊断 自我诊断(self diagnosis)是指根据自己的医疗卫生知识掌握程度和对自己身体状况的了解情况,对身体出现的异常感觉和变化做出判断。自我诊断需要掌握自我诊断的一些医学基本知识和技能,如测血压、身高、体重、呼吸、心率等,并了解其正常范围和出现异常的临床意义,妇女要学会自我检查乳房,中年人及老年人要了解癌症的早期信号等。

5. 自我预防 自我预防(self prevention)是指在疾病或意外事故到来之前个人所做的心理、知识和物质的相关准备,如学会一般的急救常识,培养自己和家庭成员的良好生活习惯,备有常用的药品,有规划进行健康养生,按计划进行健康检查。

(九)综合施养之整体观念

整体观(concept of wholism,holistic view)是中医药学的重要理论基础。《黄帝内经·素问·宝命全形论》说:"人以天地之气生,四时之法成。"健康养生必须遵循和适应自然界四季阴阳变化规律,以达到"天人合一"。主要表现在,一是根据脏腑的生理特点和季节性变化规律,采用"春养肝,夏养心,秋养肺,冬养肾,长夏养脾"的四时养生法;二是根据四季气候变化特点和阴阳变化规律,遵从"春夏养阳、秋冬养阴"的健康养生原则;三是根据四季的特点、结合个人的身体整体情况,分别采用不同的食物、药物及形体锻炼等方式进行健康养生。

中医学认为,阴平阳秘(relative equilibrium of yin-yang)是健康长寿的基本条件。《素问·生气通天论》写道:"凡阴阳之要,阳密乃固……阴平阳秘,精神乃治。阴阳离决,精气乃绝。"故只有阴阳之气平和稳定才能使脏腑津液充盈、气血平和，保持情志舒畅、身体康健的状态，从而达到延年益寿的养生目的。提倡规律有序的健康生活，就是坚持生活节奏适度、饮食结构合理，保持愉悦的心情，进行适度的身体锻炼，不追求过度的物质和精神享受。正如《黄帝内经·上古天真论》中所说："上古之人，其知道者，法于阴阳，和于术数，食饮有节，起居有常，不妄作劳，故能形与神俱，而尽终其天年，度百岁乃去。今时之人不然也，以酒为浆，以妄为常，醉以入房，以欲竭其精，以耗散其真，不知持满，不时御神，务快其心，逆于生乐，起居无节，故半百而衰也……恬淡虚无，真气从之，精神内守，病安从来。"

综上所述，健康养生需要以综合施养，杂合以养为原则，从顺应自然，到个体的饮食、运动、心理、药物等各方面，进行综合全面调养。

有关运动养生、饮食养生、起居养生、药物养生等具体内容，详见本教材第四章、第五章相关内容。

五、养生之道，持之以恒

健康长寿是人生的最大幸福，是人生最宝贵的财富。然而，它不可能一朝一夕就能实现。只有按照有机体生命过程的活动规律，遵循养生之道(a way of keeping good health, rules of physical and mental health, the way to keep in good health)，并切实掌握养生技能和具体方法，于出生前、出生后自始至终、持之以恒地进行调摄和保养，才能达到目的。

养生提倡"不治已病治未病"，善服药者，不如善保养。

养生贵在持之以恒。健康养生并不是一件很复杂的事情，可是，越简单的事情越不容易做到、做好。盘腿打坐看似很简单，可大多数人不容易做到。还有比打坐更简单的方法，如调息，一时可能可以做好，持之以恒就不容易了。老子的《道德经》第六十四章说："合抱之木，生于毫末；九层之台，起于累土；千里之行，始于足下。"所以说善于健康养生者应该持之以恒。养生的大目标是由无数个小目标组成的。生命的规律神秘而充满未知，从养生观念(concept of health cultivation)上讲，对养生的目标要执着，对养生的结果要淡然。

养生贵在行动。中国的中字，含有"中庸(moderation)"的意思。中国的读书人中，中士居多，观望者多，半信半疑者居多。《道德经》在第四十一章中说："上士闻道，勤而行之；中士闻道，若存若亡；下士闻道，大笑之。"上士，是指有最高成就的人。这样的人，都是不懈努力、执着追求真理和美好理想并付之于行动的人。士即有思想的人。可是，有思想并不等于有概念。思想明晰了才是概念。下士属于愚昧者。可是，下士对自己的愚昧并不自知，反自以为乐。大笑之，笑话上士不懂得享受，不懂得乐趣，使自己的身体乏累。要做到持之以恒，需特别注意以下几点：

（一）健康养生应生活化和日常化

提倡健康养生生活化、日常化，就是要积极主动地把综合性地维持健康的行为和技能融入日常生活的各个方面。古代著名养生学家葛洪在《抱朴子·极言》中引《仙经》说："养生以不伤为本"，就是要搞好自己的日常生活管理，只要日常生活的作息、坐卧、衣食住行等诸多细节均符合人体的生理特点，顺应自然及社会的规律，就能给生活、工作和健康都带来更多的益处。

（二）健康养生需要信心、专心、恒心

《印光法师文钞·净土决疑论》说："药物贵贱，愈病者良；法无优劣，契机则妙。"故健康养生要想有益身体，就得遵循各种养生方法自身的规律，循序渐进，坚持不懈、专心致志，不可急于求成。只要有正确的健康养生的理念，有三心，即"信心、专心、恒心"，并掌握正确的方法，持之以恒，就一定能有益于身心健康。

（三）树立生命全过程健康养生的理念

健康养生的理念会直接影响养生的结果。在大多数人的观念中，健康养生仅仅是中老年人的事，似乎与其他人无关。其实这种观念是错误的，而且是不科学的。任何人，包括健康人，在整个生命的全过程中,有许多因素都会影响最终寿命,任何时候保健养生都是有必要的,故健康养生必须要贯穿人的一生,全生命周期健康养生的观念(concept of health cultivation in the whole life cycle)需要成为大众最基本的医学及保健常识。

中国古代养生学家都非常重视全生命周期健康养生。从受孕、保胎,到婴幼儿、少年、青年、中老年,各个阶段都有不少有关健康养生方面的文献记载。明代张景岳在《类经》(*Classified Canon*)中说:"凡寡欲而得之男女,贵而寿;多欲而得之男女,浊而夭。"告诫为人之父母者,小生命出生之前常为其一生寿夭强弱的决定性时期,应当高度重视节欲,以保全精血,造福后代,也从侧面强调了胎运养生保健的重要性。位居"金元四大家"之首的刘完素在《素问·病机气宜保命集》中提出了"人欲抗御早衰,尽终天年,应从小入手,苟能注重摄养,可收防微杜渐之功"的一生"养、治、保、延"摄生思想。他还认为,"其治之之道,顺神养精,调腑和脏,行内恤外护。"即人到中老年,生理功能开始衰退,应内养精、气、神,外避六淫之邪气,保其正气,济其虚弱。对于高龄之人,应该视其阴阳气血之虚实,有针对性地采取健康养生措施,并根据高龄人之生理特点,适当地运动和锻炼,辅以药膳(Chinese medicated diets,Chinese herbal diets)和食疗,以利于延年益寿。

(伍志勇)

思考题

1. 如何理解治未病及其现实意义?
2. 如何调养元气?
3. 如何理解生命体的动静统一观?
4. 如何做好健康养生教育工作?
5. 心理健康评价标准有哪些?

| 第四章 | 现代卫生保健

🍁 **本章要点** ────────────────────────────────────

1. **掌握** 卫生保健的概念、原则;健康行为和健康相关行为的概念和基本特征;个人健康行为指导方式、家庭健康保健的方法。

2. **熟悉** 卫生保健的作用及目的,健康家庭应具备的条件。

3. **了解** 控烟和限酒、适量运动、合理营养和平衡膳食对健康的益处;我国的医疗卫生保健服务系统和卫生保健政策;个人保健服务方式、家庭与健康的关系和社区保健。

第一节 卫 生 保 健

20 世纪 70 年代初,世界卫生组织(World Health Organization,WHO)基于对全球卫生发展现状及形势的分析,认为有必要在世界范围内开展卫生变革,由此提出了人人享有卫生保健(health for all)的战略目标。我国和世界上许多国家一样,都将实现全民健康作为医疗卫生工作的根本目标。经过几十年的努力,我国的医疗卫生服务体系(medical and health service system)基本形成,居民的整体健康状况得到了显著的改善。但是我国在发展过程中也出现了一些问题,面临的矛盾还比较突出。"看病难,看病贵"仍是困扰我国医药卫生体制改革的难题,实现资源的合理配置是我国新一轮医药卫生体制改革的主要目标(main objective of reform of the medical and health care system)。党的十七大明确提出"建立基本医疗卫生制度,提高全民健康水平。""强化政府责任和投入,完善国民健康政策,鼓励社会参与,建设覆盖城乡居民的公共卫生服务体系、医疗服务体系、医疗保障体系和药品供应体系。"2009 年,《中共中央国务院关于深化医药卫生体制改革的意见》出台,明确把基本医疗卫生保健制度(basic medical and health care system)作为公共产品向全民提供,并提出了构建我国基本医疗卫生保健制度的"四梁八柱"。"四梁"是指比较完善的覆盖城乡的公共卫生和医疗服务体系、比较健全的覆盖城乡居民的医疗保障制度体系、比较规范的药品供应保障体系和比较科学的医疗卫生机构管理体制和运行机制;"八柱"包括管理、运行、投入、价格、监管、科技和人才保障、信息系统、法律制度。

一、卫生保健的概念

(一)卫生保健的概念

卫生保健(health care)是从预防医学(preventive medicine)的角度出发,运用社会医学(social medicine)、行为医学(behavioral medicine)、健康教育(health education)、心理学(psychology)和环境医学(environmental medicine)等现代医学的综合技能和措施,研究人群健康及其影响因素,提出促进健康的策略和措施,达到保护和增进人群健康的目的。

现代卫生保健(modern hygiene and health care)是一个内涵与外延很广泛的概念,它的内涵表现为集众多科学为一体,它既是一门自然科学属性很强的学科群,又是一门社会科学属性很强的学科群。因此已远远超出卫生人员习以为常的传统医学(traditional medicines)的概念。另一方面,卫生保健活动几乎涉及科学经济领域和社会的各个领域,与社会团体和全体居民有密不可分的联系,所以说外延也具有广泛性。因此,全国各基层医疗卫生保健单位(primary medical and health care units),必须根据我国的基本国情、省情及各地的具体情况,进行系统分析,而不能孤立地就卫生保健论卫生保健。从健康养生学的角度讲,卫生保健主要涉及的是初级卫生保健。

（二）卫生保健的分级

卫生保健的分级(classification of health care)如下:

1. **0级**　自我保健、家庭或亲友保健。大部分健康维护问题都是在这一级来完成的。

2. **初级卫生保健**　为所辖的居民提供健康促进、疾病预防和基本医疗服务,主要由一级医疗机构负责,城市一般由社区卫生服务机构(community health service institutions)即社区卫生服务中心(community health service centers)或社区卫生服务站(community health service stations)承担,农村则由乡镇(村)卫生机构(township-village health institutions)执行。

3. **二级医疗保健**　主要为多个社区提供综合医疗卫生服务和承担一定教学、科研任务,主要由二级医院提供。

4. **三级医疗保健**　主要提供高水平专科性医疗卫生服务和执行高等教育及科研任务,主要由三级医院完成。

（三）初级卫生保健

1. **初级卫生保健的概念**　初级卫生保健的概念是WHO和联合国儿童基金会于1978年9月在苏联(今哈萨克斯坦)的阿拉木图召开的国际初级卫生保健大会上提出。初级卫生保健(primary health care,PHC)是指最基本的、人人都能得到的、体现社会平等权利的,通过社区的个人和家庭的积极参与普遍能够享受的,并在本着自力更生及自决精神在发展的各个时期群众及国家能够负担得起的一种基本的卫生保健。实施初级卫生保健是实现"2000年人人享有卫生保健"目标的基本途径和基本策略。

初级卫生保健既是国家卫生体系的核心组成部分,也是社区总体社会和经济发展的不可分割内容。它既是国家卫生系统和社会经济发展(socioeconomic development)的组成部分,是国家卫生系统的中心职能,也是个人、家庭和社区与国家卫生系统接触的第一环,是卫生保健持续进程的起始一级。

2. **初级卫生保健的含义**　初级卫生保健的含义(meaning of primary health care)至少包括下面四个层次:

（1）从居民的需要和利益来看:①居民最基本的必不可少的;②居民团体、家庭、个人均能获得的;③费用低廉、群众乐于接受的卫生保健。

（2）从在卫生工作中的地位和作用来看:①应用切实可行、学术上可靠的方法和技术;②最基层的第一线卫生保健工作;③国家卫生体制的一个重要组成部分和基础;④以大卫生观念为基础,工作领域更宽,内容更加广泛。

（3）从政府的职责和任务来看:①各级政府及有关部门的共同职责;②各级人民政府全心全意为人民服务、关心群众疾苦的重要体现;③各级政府组织有关部门和社会各界参与卫生保健活动的有效形式。

（4）从社会和经济发展来看:①社会经济总体布局的组成部分,必须与社会经济同步发展;②社会主义精神文明建设的重要标志和具体体现;③农村社会保障体系(rural social security system)的重要组成部分。

3. **初级卫生保健的具体体现**　初级卫生保健的具体体现(embodiment of primary health care)

在 4 个方面：

（1）健康促进：健康促进（health promotion）包括健康教育、保护环境、合理营养、饮用安全卫生水、改善卫生设施、开展体育锻炼、促进心理卫生、养成健康的生活方式等。

（2）预防保健：预防保健（prevention and health care），即在研究社会人群健康和疾病的客观规律及它们和人群所处的内外环境、人类社会活动的相互关系的基础上，采取积极有效措施，预防各种疾病的发生、发展和流行。

（3）合理治疗：合理治疗（reasonable treatment），即及早发现疾病，及时提供医疗服务和有效药品，以避免疾病的发展与恶化，促使早日好转痊愈。药物应用以“节约、有效”为原则，关于药物应用“愈多愈有效”“愈多愈好”的观念是错误的。使用药物不仅造成药物浪费，增加患者经济负担，也增加了药物不良反应（adverse drug reactions）发生的可能性。

（4）社区康复：社区康复（community-based rehabilitation），是指以社区为基地开展的残疾人康复工作，即对丧失了正常功能或功能上有缺陷的残疾者，通过残疾者自己和他们的家属、所在社区及卫生、教育、劳动就业和社会服务等部门的共同努力，尽量恢复其功能，使他们重新获得生活、学习和参加社会活动的能力。

4. 初级卫生保健的要素　初级卫生保健的要素（elements of primary health care）有 8 项：

（1）对当前主要卫生问题及其预防和控制方法的健康教育。

（2）改善食品供应和合理营养。

（3）供应足够的安全卫生水源，有保证基本环境卫生的设施。

（4）妇幼保健（maternal and child health care）和计划生育（family planning，birth control）。

（5）主要传染病的预防接种（vaccination）。

（6）预防和控制地方病（endemics，endemic diseases）。

（7）常见病和外伤的合理治疗。

（8）提供基本药物。

WHO 根据全球传统医学的发展现状和面临的挑战，分别于 2003 年和 2013 年发布了 2 个传统医学全球战略，将促进传统医学（traditional medicines）发挥初级卫生保健作用及全民健康覆盖作为重要战略目标。2008 年 11 月 7—9 日，WHO 首次就传统医学召开了全球性大会。会议通过了《北京宣言》，确认传统医学为初级卫生保健服务的其中一项资源，可以增进初级卫生保健的普及性和可负担性，并有助于联合国卫生相关“千年发展目标”的实现，呼吁成员国制定国家政策，将传统医学纳入国家卫生系统。

二、卫生保健的原则

由于医学模式的转变（transformation of medical model），人们对健康的含义有了新的认识，健康不再只是以是否生病为标准，而是要求人们的心理、生理、生活方式都健康。人们希望提高生活质量，希望掌握更多的医疗护理保健知识，主动参与到保障自己和家人的健康的活动中，渴望得到全科医生（general practitioner）/家庭医生（family doctor，family physician）、家庭护理人员便捷、优质、廉价的健康服务。这一健康观念的改变，就要求加强卫生保健，要求医疗护理工作从医院走进社区，走进家庭，帮助人们提高自身对疾病的控制能力，提高自我保健的意识。我国及世界人口老龄化和独生子女（only child）的高比例的发展趋势，带来了许多相应的社会保障需求。

一直以来，我国在医疗卫生方面的口号是“预防为主（prevention first，giving priority to prevention）”，国家的医疗政策更关注的是病后医疗。

大量的医学事实证明，无论是传染性疾病（communicable diseases），还是慢性非传染性疾病（non-communicable chronic diseases，NCDs），其最根本的发病原因与人们的生活习惯和卫生行为有关，只要根据不同人群的不同生活习惯及卫生行为特点采取针对性的预防措施和保健手段，使他们养成良好的卫生习惯(good health habits),倡导文明、健康、科学的生活方式,大多数疾病是可以预防、控制甚至治愈的。由于改变了人们的行为方式和生活观念,倡导人人参加锻炼,合理膳食,控制吸烟,美国冠心病的死亡率在1970—1980年间下降了35%,英国在1975—1985年间下降了12%。由此可见预防为主和自我保健对防治疾病的重要性。WHO提出并倡导实施的"人人享有卫生保健"的全球战略,就体现了当今世界卫生保健的"行政干预,人人参与,重视行为,从小抓起"的发展大趋势。

（一）基本卫生保健的原则

为了应对全球面临的新挑战,WHO再次重申了初级卫生保健所提出的价值观和原则,并提出了一系列重振初级卫生保健的改革措施。我国也提出了如下的基本卫生保健的原则(principles of basic health care)。

1. **合理布局**　即使人人接受卫生服务的机会均等。
2. **社区参与**　即社区主动参与有关本地区卫生保健的决策。
3. **预防为主**　卫生保健的重点应是预防疾病和促进健康,要以寻找和消除各种致病因素为核心。
4. **适宜技术**　卫生系统中使用的方法和物资应是能被接受的和适用的。
5. **综合途径**　卫生服务仅仅是所有保健工作的一部分,应和营养、教育、饮用水供给、住房等人类生活中最基本和最低的需要一样,放在同等的位置。

（二）临床预防服务的原则

防治并重、预防优先的医疗卫生保健原则和中医"治未病"的理念不谋而合。治未病(preventative treatment of disease)是采取预防或治疗手段,防止疾病发生、发展的方法,中医强调关注疾病全过程,治则(principle of treatment)以"治未病"的思想为基础,包括:未病先防(prevention before disease onset)、既病防变(guarding against pathological changes when falling sick,preventing the development of the occured disease,preventing disease from exacerbating)、瘥后防复(protecting recovering patients from relapse,prevention of the recrudescence of diease)。治未病包含三种意义:一是防病于未然,强调摄生,预防疾病的发生;二是既病之后防其传变,强调早期诊断和早期治疗,及时控制疾病的发展演变;三是愈后防止疾病的复发及治愈后遗症。

由此,我国制定了现阶段临床预防服务的原则(principles of clinical preventive services):

1. **重视危险因素的收集**　即全面收集个人信息、体检和实验室检验资料,并对个人的健康危险因素(health risk factors)进行评价,从而确定最佳的预防措施和方案。
2. **医患双方共同决策**　即以面对面的方式进行健康教育和健康咨询,医务人员把不利的健康危险因素和后果告诉就医者,帮助他们为了健康做出正确的决定。
3. **以健康咨询与健康教育为先导**　在以健康教育、健康咨询、疾病筛检、免疫、化学预防(chemoprophylaxis)和预防性治疗(prophylactic treatment)等为主要内容的临床预防服务中,医务人员常常偏爱于疾病筛检、化学预防和预防性治疗,因为这些措施和建议不仅患者乐于接受,还有一定的经济回报。而健康教育和健康咨询对不健康行为(unhealthy behaviours)的干预则可以更早预防疾病的发生和逆转疾病的进展,是指导人们改变不健康行为方式的最有效的干预方式。
4. **合理选择疾病筛检的内容**　临床预防服务的一个突出的特点是取代了每年常规检查身体的传统做法,而是根据个体不同性别、不同年龄和不同危险因素,制订相应的疾病筛检策略(disease screening strategies),确定疾病筛查的内容(contents of disease screening)。
5. **根据不同年龄阶段的特点开展针对性的临床预防服务**　不同的年龄阶段、不同的职业人群等个体的健康状况不同,健康危险因素也有差异。在临床预防服务中要根据具体的情况和问题开展有针对性的预防工作。如在婴幼儿时期,除了免疫接种(immunization)和意外伤害预防(accidental injury prevention),肥胖(obesity)、被动吸烟(passive smoking)以及铅接触等问题也必须予以关注；在青少年时期，吸烟(smoking)、未婚性行为(non-marital sexual behaviors)和性传播疾病(sexually transmitted diseases，STDs)及心理问题等是比较常见的健康因素；在中青年时期，主要的健康问题往往与职业性有害因素、健康有关的生活行为方式、心理问题等有关；在老年期，除了关注健康有关的生活行为方式和心理问题外，老年人的认知功能、用药问题，乃至社会支持网络等都与改善老年人的生活质量密切相关。同时，在回归"基本卫生保健"制度的新形势下，我国在发挥中医药基本卫生保健服务作用方面积累了丰富的经验，中医药健康管理服务(traditional Chinese medicine health management services)已被纳入国家基本公共卫生服务，基层医疗机构中医药健康管理服务能力在良好政策的引导下得到明显提高。

三、卫生保健的作用及目的

在 1990 年我国卫生部、国家计划委员会、农业部、国家环境保护局、全国爱国卫生运动委员会联合颁布的《关于我国农村实现"2000 年人人享有卫生保健"的规划目标》中，根据《阿拉木图宣言》所阐述的初级卫生保健的精神实质，对初级卫生保健的定义作了如下表述："初级卫生保健是指最基本的、人人都能得到的、体现社会平等权利的、人民群众和政府都能负担得起的卫生保健服务。"并深刻指出："我国农村实现人人享有卫生保健的基本途径和基本策略是在全体农村居民中实施初级卫生保健""实施初级卫生保健是全社会的事业，是体现为人民服务宗旨的重要方面。"

（一）卫生保健的作用

健康是人类永恒追求的目标，也是经济社会发展的重要目标。在卫生领域中，卫生保健一直被认为是十分重要的。卫生保健的作用(roles of health care)是最大限度地保持和促进国民的健康。在现代社会里，任何国家的基本医疗卫生保健制度都具有以下几个基本功能：一是通过有组织的社会努力，为国民提供基本医疗卫生保健服务(basic medical and health services)，提高国民健康素质；二是对于维持社会安定和谐，发展社会生产力，促进经济发展具有重要作用；三是作为国家"软实力"的重要组成部分，对于改善国家的国际形象有广泛而重要的影响。

初级卫生保健处于国家医疗卫生保健体系(national health care system)服务于个人、家庭及社区的第一线，它尽可能地将防治与保健带入人们的生活与工作中，并形成了连续性的健康照顾(continuous health care)。因此，初级卫生保健是贯穿整个医疗卫生保健体系及具体实施过程中不可缺少的指导思想、基本策略。换言之，它既是达到健康的手段，又是卫生保健的策略，是衡量一个国家的医疗卫生保健体系(medical and healthcare system)是否健全及全民健康素质优劣的重要指标。

临床医务人员占整个卫生队伍的多数，且大约有 78% 的人每年至少要去看一次医务人员，平均每年 3 次。临床医务人员以特殊的方式与患者接触，通过实施个体健康危险性的量化评估，制订控制健康危险因素的干预策略，能有效地调动个人改善不健康行为与生活方式的积极性和主动性，患者对临床医务人员的建议也有较大的依从性(compliance)。临床医务人员通过随访了解患者的健康状况和行为改变的情况，可及时有针对性地提出预防保健的建议，有利于管理个人的健康状况，纠正危害健康行为、早期发现疾病并及时治疗，有利于改善患者的生活质量并延长寿命。

但是尤论在国际上还是在国内，只有在近些年来，卫生保健的重要性和意义才越来越真正地被卫生领域政策制定者和卫生管理者所认识，越来越在卫生计划的制订和卫生资源的配置中发挥重要的作用。随着慢性病(chronic diseases)预防工作的深入开展，临床预防服务的重要性日益突出，在卫生服务中越来越得到广泛地应用，尤其在全科医学服务(general practice services)中，全科医生或称家庭医生的临床预防服务已经成为其主要的工作内容之一。

临床预防服务由临床医师(clinicians)提供，实现了治疗、预防、保健一体化的医疗卫生保健服务,是当今最佳的医学服务模式。首先,临床医务人员占整个卫生队伍的大多数,一般人群中有78%的人每年至少要去医院1次,使其有机会与就医者面对面交谈,如果每位医务工作者都能在医疗卫生服务过程中将预防保健与日常医疗工作有机地结合起来,进行个体化的健康教育和健康咨询,及时纠正就医者的不健康的生活方式,提高他们的自我保健意识和能力,收效会更大。其次,临床医师在与就医者面对面的接触过程中可以了解就医者的第一手资料,所提出的建议有针对性,就医者对临床医师的建议或忠告有较大的依从性,并可通过随访进一步了解就医者的健康状况和行为改变情况。最后,许多预防服务只有临床医师才可以开展。

为了更好地提供临床预防服务,临床医务人员需具备相应的知识和技能:鉴别和评价个体疾病危险因素的方法和技能;应用生物、行为和环境医学的方法,纠正或减少疾病(损伤)的危险因素,并能有针对性地为就医者提供健康咨询,提出个体化的健康"处方";健康管理和协调能力;将临床预防和医疗工作相结合,成为开展个体健康促进活动的实践者;对社区各类人群包括职业群体实施危险因素评估,减少人群健康危险因素,并通过大众传媒等手段,成为一名在社区中实施健康促进活动和利用预防策略信息和资源的倡导者;评估用于减少个人和社区危险因素的技术的有效性,了解相关信息,成为医师、工作场所和政府对临床预防服务的发展和评价的顾问。

（二）卫生保健的目的

通过为居民提供医疗、预防、保健和康复服务,卫生保健的目的(purposes of health care)如下:

1. **解除病痛,延长寿命**　即针对危害人类健康的重大疾病(major diseases)和常见病(common diseases)、多发病(frequently-occurring diseases),通过合理诊疗,为患者恢复健康,延长生命。

2. **增进个体的功能,提高生活质量**　即通过给予个体体育运动(physical exercises)、饮食习惯(eating habits)、养生保健等方面正确指导,增强其身体素质、抗病能力。

3. **对患者及家庭有关的健康和医学问题进行解释**　积极开展健康教育,普及健康知识(health knowledge),使患者和家庭成员树立正确的健康观念(health perceptions,health concepts),养成科学、健康、文明的生活方式,防病于未然。

4. **为患者及家庭提供有关疾病预后的咨询**　为提高患者的遵医行为(medical compliance behaviors)、对健康行为的依从性以及自我管理能力,促进医患、护患之间的交流,提供保障。

5. **为患者获得家庭支持和照料提供帮助**　实施科学有效的健康管理(health management),要对家庭照顾者实施有效的健康教育,这对患者连续的健康照顾有重要意义,能够延缓病情的发展,改善患者的生活质量,提高患者的健康水平。

6. **缓解患者及家庭因健康问题带来的心理压力**　卫生保健对人的心理卫生保健也有重要的意义,因为随着年龄的增长,人的机体渐渐衰老(aging,senescence),会出现一系列生理学和形态学方面的退行性变化,对环境的适应能力也日益下降,这是更需要维持心身平衡的时期。随着社会的转变,卫生保健对患者的思想、行为、生活等方面都会产生显著的影响,需要进行观念上的更新。

四、医疗卫生保健服务系统

我国的医疗卫生保健服务系统(medical and health care service system of our country)主要由卫生保健体系、医疗保健体系和公共卫生体系构成,是健康养生(health cultivation)的技术支撑。

（一）卫生保健体系

我国的卫生保健体系(health-care system of our country)由向居民提供医疗保健和康复服务的医疗机构和有关保健机构组成。医疗机构(medical institutions)主要是专科疾病防治机构,从事疾病的诊断和治疗;保健服务机构(health care service institutions)主要负责优生优育、儿童及妇女保健、计划生育指导等医疗和预防保健服务,常指各级妇幼保健机构(maternity and child healthcare institutions)。卫生保健体系以救死扶伤(healing the sick and saving the dying)、服务健康为宗旨,从事特殊人群保健(health care for special groups)、疾病诊断(disease diagnosis)、疾病治疗(treatment of disease)和康复(rehabilitation)等工作。

（二）医疗保健体系

我国的医疗保健体系(medical care system of our country)分为三级,实行等级管理。

1. 一级医院　一级医院(first class hospitals)又称一级医疗保健机构,是直接为社区居民提供医疗、预防、康复及保健综合服务的基层医院,是初级卫生保健机构(primary health care facilities),包括城市的社区卫生服务中心和社区卫生服务站、街道医院,农村的乡、镇卫生院等。其功能是直接为人民群众提供预防保健服务(prevention and health care services),在社区管理多发病、常见病的现症患者,并对疑难重症做好正确转诊,协助高级别医院做好中间或院后服务,合理分流患者。

2. 二级医院　二级医院(second class hospitals)是地区性医疗和预防的技术中心,为多个社区提供医疗卫生服务。其主要功能是参与指导对高危人群(high risk population)的监测,接受一级转诊,对一级医疗机构进行业务指导,也能开展一定程度的教学和科研工作。

3. 三级医院　三级医院(tertiary hospitals)是具有全面医疗、教学和科研能力的医疗和预防技术中心,往往是跨地区、省、市以及向全国范围提供医疗卫生服务的医院。其主要功能是提供专科(包括特殊专科)的医疗服务,解决危重疑难病证,接受二级转诊,对下级医院进行业务技术指导和培训人才,培养各种高级别医疗专业人才,承担省以上科研项目,并参与和指导第一级预防、第二级预防工作。

医疗保健机构并不仅仅提供医疗服务,临床医务工作者在健康促进和疾病预防等方面也发挥非常重要的作用,如提供个体化的预防服务——临床预防服务。

（三）公共卫生体系

根据2001年卫生部《全国疾病预防控制体制改革意见》和《关于卫生监督体制改革实施的若干意见》的要求,我国对公共卫生体系(public health system)进行了改革,从中央到地方分别建立了与卫生行政部门相对应的疾病预防控制机构和卫生监督机构,作为我国公共卫生管理(public health management)的组织机构。

1. 疾病预防控制机构　我国不仅建立了国家级的中国疾病预防控制中心(Chinese Center for Disease Control and Prevention),并且在全国范围内设立了省级、市级、县级疾病预防控制机构(institutions for disease control and prevention)。中国疾病预防控制中心是由政府举办的实施国家级疾病预防控制与公共卫生技术管理和服务的公益事业单位。各级疾病预防控制机构的职责(responsibilities of disease control and prevention institutions at all levels)是通过对疾病、残疾(disabilities)和伤害(injures)的预防控制,创造健康环境,维护社会稳定,保障国家安全,促进人民健康;其宗旨是:以科研为依托、以人才为根本、以疾病控制为中心。各级疾病预防控制机构在同级卫生行政部门的领导下开展职能范围内的疾病预防控制工作,承担上级卫生行政部门和上级疾病预防控制机构下达的各项工作任务;发挥技术管理及技术服务职能,围绕疾病预防控制重点任务,加强对疾病预防控制策略与措施的研究,做好各类疾病预防控制工作规划的组织实施;开展食品安全、职业安全、健康相关产品安全、放射卫生、环境卫生、妇女儿童保健等各项公共卫生业务管理工作,开展应用性科学研究。中国疾病预防控制中心则还要加强对全国疾病预防控制和公共卫生服务的技术指导、培训和质量控制,在防病、应急、公共卫生信息能力的建设等方面发挥国家队的作用。

2. 卫生监督机构　卫生监督(health supervision)是指国家授权卫生行政部门对辖区内的企业、事业单位贯彻执行国家的卫生法令、条例和标准的情况进行监督和管理,对违反卫生法规并造成危害人体健康的情况,进行严肃处理。各级政府根据实际需要设立卫生监督机构(health supervision institutions),在卫生行政部门的领导下,行使预防性卫生监督(preventive health supervision)或经常性卫生监督(regular health supervision)。卫生监督分为医疗卫生监督、公共卫生监督、环境卫生监督、计划生育监督、传染病与学校卫生监督、职业卫生监督。

卫生监督是加强卫生管理的重要手段,各级卫生监督机构是主要的卫生监督管理执行机构,各级卫生行政部门是卫生监督的具体责任部门。卫生监督工作通过监督检查等手段来实施。

3. 食品和药品监督管理机构 药品监督管理(drug supervision and administration)是指药品监督管理行政机关依照法律法规的授权,依据相关法律法规的规定,对药品的研制、生产、流通和使用环节进行管理的过程。2015 年修订的《中华人民共和国食品安全法》实施后,食品生产经营活动的监督管理划归药品监督管理机构,其名称也由药品监管机构变为食品药品监管机构(food and drug administration)。与疾病预防控制机构一样,我国不仅建立了国家级的食品药品监督管理机构,也设立了省级、市级、县级机构,有的县级食品药品监督管理机构还在乡镇或者特定区域设立了派出机构。原国家食品药品监督管理局是国务院综合监督管理药品、食品(含食品添加剂、保健食品)、化妆品、医疗器械安全的直属机构,负责对药品(包括中药材、中药饮片、中成药、化学原料药及其制剂、抗生素、生化药品、生物制品、诊断药品、放射性药品、麻醉药品、毒性药品、精神药品、医疗器械、卫生材料、医药包装材料等)的研究、生产、流通、使用进行行政监督和技术监督;负责食品、保健食品、化妆品安全管理的综合监督、组织协调和依法组织开展对重大事故查处;负责保健食品的审批。2018 年 3 月,根据第十三届全国人民代表大会第一次会议批准的国务院机构改革方案,原食品药品监督管理机构更名为药品监督管理机构(medical products administration),作为市场监督管理机构(administration for market regulation)的部门管理机构,原先对食品(含保健食品、特殊医学用途配方食品和婴幼儿配方食品等特殊食品)的监管职责由市场监督管理机构其他相应的部门管理机构承担。

4. 爱国卫生运动委员会 爱国卫生运动(patriotic sanitation campaign)是以除四害、讲卫生、消灭疾病为中心的群众卫生运动,是我国提高全民族科学文化水平、保护人民健康、保证社会主义现代化建设的一项重要措施。随着国家建设的发展,爱国卫生运动所涉及的范围更加广泛。爱国卫生运动委员会(Committee for Patriotic Sanitation Campaign)是领导爱国卫生运动的组织机构。中央和各级组织都设有此机构,在中国共产党的领导下,具体负责爱国卫生运动的开展。

爱国卫生运动委员会的主要职能(main functions of Patriotic Sanitation Campaign Committee)是拟订、组织贯彻国家和地方公共卫生和防病治病等的方针、政策和措施;统筹协调有关部门及社会各团体,发动广大群众,开展除四害,讲卫生、防病治病活动;广泛进行健康教育,普及卫生知识,提高卫生素质;开展群众性卫生监督,不断改善城乡生产环境(production environment)、生活环境(living environments)的卫生质量;检查和进行卫生评价,提高人民健康水平。

卫生保健、医疗保健和公共卫生相结合的三重结构,是我国当代医疗卫生保健服务系统结构的合理选择。三重服务体系相互配合,各司其职,为广大公众提供疫情管控、患病人群的诊治、居民健康管理与健康促进全方位的服务。初级卫生保健和其他各方面一起,担负着从源头上控制慢性病的发生与发展,实现健康国家、健康城市、健康社区的重任,处于基础和核心地位,也是从根本上解决看病难和看病贵的关键。

"医联体(medical alliance)"是以行政区划为基础,以三级综合性医院为牵头单位,联合区域内的二级及以下医院、社区卫生服务中心,以诊疗服务、技术指导、人员培训、转诊流程、健康信息等医疗业务的整合管理为纽带而组成的具有共同利益和负有共同责任的医疗机构联合体。医联体是实现分级诊疗(hierarchical diagnosis and treatment)、实施双向转诊(dual referral)的重要方式。患者在医联体的联盟内,可以享受基层医疗机构与三甲大医院之间的双向转诊,检查结果互认,三甲医院的专家到社区出诊等服务。医联体必须从健康中国和医疗卫生保健服务体系基本部署的大局出发做根本性的调整,强化初级卫生保健的基础和核心地位,不仅重视提升初级卫生保健的医疗功能,更要重视健康促进和健康管理的功能,将医联体建设成为防治并重、预防优先的医疗卫生保健联合体。

五、卫生保健政策

卫生保健政策（health care policy）属于国家公共政策的一个范畴，是政府或权威机构以公众健康为根本利益依据，制定并实施的关于卫生事业发展的战略和策略、目标与指标、对策与措施的总称。卫生保健政策以提高人民健康水平为目的，通过对社会卫生资源筹集、配置、利用和评价，由政府颁布的法令、条例、规定、计划、方案、措施和项目等形式加以确定。

（一）卫生保健政策的特点

卫生保健政策的特点（characteristics of health care policy）有以下几个方面：

1. 特定的部门性和广泛的社会性   我国大量的卫生保健政策都是党和政府或其他政治性组织授权或委托卫生行政部门（health administrative departments）研究制定并组织贯彻实施的，所以，卫生保健政策具有特定的部门性。同时，随着医学模式的转变，过去的小卫生观已被大卫生观所代替，医疗卫生保健工作不再局限于卫生行政部门、医疗卫生保健机构，无论什么卫生保健政策，它们所面向的都是大小不同的"社会"。所以，卫生保健政策又具有广泛的社会性。很多地方都依靠政府的力量，利用卫生保健政策手段来发动全社会参与，通过多部门合作，充分发挥卫生资源（health resources）的效益，共同解决问题，使人人享有卫生保健。

2. 相应的强制性和相对的教育性   卫生保健政策具有强制性的特点，它的客体对象必须执行和服从。有些类型的卫生保健政策，特别是法制化的卫生保健政策，是卫生保健政策定型化、条文化的一种形式，具有严格的强制性。但是，卫生保健政策需要人们理解和自觉接受才有可能产生预期的效果，因而很多卫生保健政策，特别是涉及面儿较宽的卫生保健政策，多是引导式的政策，需要通过宣传、教育才得以有效地实施，而这一特性又使得健康教育成为一项非常重要的工作。

3. 较强的时效性和持续的稳定性   任何一项保健卫生政策，都以一定现实条件为实施前提，都受时间和空间制约，一旦客观形势发生变化，就会过时。所以，卫生保健政策的制定者应持开放的态度和观点，根据形势的新变化，及时更新内容，使之适应现实的需要。但是，很多的卫生保健任务，不是在短时期内能够完成的，有的卫生保健任务需要多年的努力，甚至几代人的努力才可能完成。所以，只要卫生保健政策确定的任务没有完成，就需要它持续发挥作用，也就是说应该保持它的持续和稳定。因此，我国有些卫生保健政策是长期和稳定的。

4. 共同性和差异性   虽然各国制定的卫生保健政策在目标上具有共同性，都是围绕提高国民的健康水平，提高卫生资源的公平性和可及性制定的，但各国间乃至一个国家的不同地区间，由于经济、社会和环境等不同，在具体的措施选择上则有着很大的不同，如为了提高医疗保险（medical insurance）的覆盖、促进卫生服务的公平，有的国家选择社会医疗保险（social medical insurance）模式，有的则选择国家医疗保险（national medical insurance）模式。

（二）卫生保健政策的功能

卫生保健政策的功能（functions of health care policy）从以下几个方面得到反映：

1. 导向功能   这是卫生保健政策最重要的功能。主要体现在确立目标、规范方向、统一观念，将医疗卫生保健事业发展过程中出现的复杂、多变、相互冲突、漫无目的的行为，通过政策对人们的行为和事物的发展加以引导，朝着政策制定者的既定方向有序地发展。

2. 调控功能   卫生保健政策的目标决定着卫生工作的内容，政府运用政策，对社会公共事务中出现的各种利益矛盾进行调节和控制，克服价值观念、行为动机方面的互不相通，使之协调一致，健康地发展。

3. 利益分配功能   政府制定与实施卫生保健政策的目的，就是要将卫生资源正确有效地在其服务的公众中加以分配，这就需要通过政策来调节各种利益关系，提高卫生资源的使用效率，体现卫生服务的公平性。

（三）我国的卫生保健政策

从政策的类型来看,我国的卫生保健政策(China's health care polilies)包括基本政策和具体政策,基本政策即中国的卫生工作方针,是国家为维护居民健康而制定的卫生工作的主要目标、任务和行为准则,我国的卫生工作方针(China's health work policy)是我国卫生保健政策的一种表现形式。具体政策是在基本政策的指导下,以党和国家的路线、方针、政策为依据,针对社会主义发展的不同历史阶段,为解决特定的问题制定的目标任务和行动准则,包括许多可操作性的政策。

中华人民共和国成立初期,我国提出了"面向工农兵、预防为主、团结中西医、卫生工作与群众运动相结合"的卫生工作方针。为了适应我国社会主义现代化建设的需要,1996 年 12 月在《中共中央、国务院关于卫生改革与发展的决定》中明确提出,"以农村为重点、预防为主、中西医并重、依靠科技进步、动员全社会参与、为人民健康和社会主义现代化建设服务"作为我国新时期的卫生工作方针。"预防为主"是我国卫生工作的总方针。党的十八大确立了当前我国的卫生工作方针:要坚持为人民健康服务的方向,坚持预防为主、以农村为重点、中西医并重,按照保基本、强基层、建机制的要求,重点推进医疗保障、医疗服务、公共卫生、药品供应、监管体制综合改革,完善国民健康政策,为群众提供安全、有效、方便、价廉的公共卫生、基本医疗和保健服务。党的十九大报告对"实施健康中国战略"作出全面部署,要坚持以人民为中心,把人民健康放在优先发展的战略位置;贯彻新发展理念,坚持新时代卫生与健康工作方针;完善国民健康政策,全方位、全周期维护人民健康;促进社会公平正义,坚持基本医疗卫生事业的公益性。

2016 年 12 月 25 日,《中华人民共和国中医药法》正式颁布,要求政府举办的综合医院(general hospitals)、妇幼保健机构和有条件的专科医院(specialized hospitals)、社区卫生服务中心、乡镇卫生院(health clinics in towns and townships),应当设置中医药科室;县级以上人民政府应当采取措施,增强社区卫生服务站和村卫生室(village clinics)提供中医药服务的能力;县级以上人民政府应当发展中医药预防、保健服务,并按照国家有关规定将其纳入基本公共卫生服务项目统筹实施。该法为中医预防保健服务(prevention and health care services of traditional Chinese medicine)纳入基本公共卫生服务体系提供了法律保障。传统医学如何通过发挥初级卫生保健作用促进全民健康覆盖,是新形势下传统医学面临的最重大问题之一。中国作为传统医药大国,在促进中医药发挥初级卫生保健作用方面具有丰富的经验,在回归"基本卫生保健"制度的新形势下,我国经过近 10 年的努力,探索出了中医药发挥基本卫生保健服务作用的新途径,中医药健康管理服务已成功纳入国家基本公共卫生服务,且基层医疗机构中医药健康管理服务能力也得到明显提高。在 WHO 的倡导下,我国制定了一系列国家政策,建立了覆盖城乡居民的基本医疗卫生制度,使中医药健康管理服务正式纳入我国初级卫生保健体系,在基层医疗卫生机构(community-level medical and health institutions)提供广泛的公共卫生服务。

为确保健康中国战略落到实处,保障医药卫生体系有效、规范地运转,需要着力在以下几个方面深化改革:①深化医药卫生体制改革,全面建立具有中国特色的基本医疗卫生制度。②全面建立分级诊疗制度(hierarchical diagnosis and treatment system)。优化医疗卫生资源的结构和布局,明确各级各类医疗卫生保健机构的功能定位。③健全现代医院管理制度。④健全全民医疗保障制度。⑤健全药品供应保障制度。⑥建立健全综合监管制度。⑦以强基层为重点,促进医疗卫生保健工作重心下移、资源下沉。⑧坚持预防为主,实行三级预防的策略,并引入中医"三级预防"的理念,全面提升公共卫生服务水平。⑨坚持中西医并重(equal attention to traditional Chinese medicine and western medicine),传承发展中医药事业。⑩发展健康产业(health industry),满足人民群众多样化的健康需求;完善人口政策,促进人口均衡发展与家庭和谐幸福。

（胡跃强）

第二节　健康行为

一、健康行为

（一）概念

健康行为（health behaviors）是指人们为了增强体质和维持身心健康（physical and psychological health）而进行的各种活动，如充足的睡眠、平衡的营养、适当的运动等。健康行为不仅在于能增强体质，维持良好的心身健康和预防各种行为、心理因素引起的疾病，而且也在于能帮助人们养成健康的习惯。因为多发病、常见病的发生多与行为因素和心理因素有关，而且各种疾病的发生、发展最终都可找到与行为、心理因素的相关性，故可以通过改变人的不健康行为、不健康生活习惯（unhealthy life habits），帮助人们养成健康习惯来预防疾病的发生。可见，健康行为是保证身心健康、预防疾病的关键所在。

（二）基本特征

健康行为的基本特征（basic characteristics of health behaviors）如下：

1. **有利性**　即健康行为对自身、他人、环境有益。

2. **规律性**　如起居有常（living a regular life with certain rules, maintaining a regular daily life），饮食有节（eating a moderate diet, eating and drinking in moderation, be abstemious in eating and drinking）。

3. **符合理性**　即健康行为可被自己、他人和社会所理解和接受。

4. **适宜性**　行为的强度能理性地控制在常态水平及有利的方向上，如语言表达行为、情绪行为、工作行为等。

5. **同一性**　表现在外在行为与内在思维、动机协调一致，与所处的环境条件无冲突。

6. **整体和谐性**　即个人行为具有的固有特征，与他人或环境发生冲突时，表现出容忍和适应。

二、健康相关行为

健康相关行为（health related behaviors）指个体或团体与健康和疾病有关的行为。健康相关行为研究是行为学科的一个分支，涉及人们生活、工作的各个方面，内容众多，也有不同的分类方法便于对其进行研究。按照行为对行为者自身和他人健康状况影响的不同，健康相关行为可分为促进健康的行为和危害健康的行为两大类。

（一）促进健康的行为

促进健康行为的分类（classification of health-promoting behaviours）如下：

1. **日常健康行为**　指日常生活中有益于健康的行为，如合理营养、充足的睡眠、适量运动、饭前便后洗手等。

2. **避开环境危害因素行为**　指避免暴露于自然环境（natural environments）和社会环境（social environments）中有害健康的危险因素，如离开污染的环境、不接触疫水、积极适应各种紧张生活事件等。

3. **戒除不良嗜好行为**　指戒烟（smoking cessation, quitting smoking）、戒酒（alcohol temperance, abstinence from alcohol, quitting drinking）、戒除药物滥用（drug abuse control）等。

4. **预警行为**　指对可能发生危害健康的事故的预防性行为，并在事故发生后正确处置的行为，如驾车使用安全带，火灾、溺水、车祸等的预防，以及意外事故发生后的自救与他救行为。

5. **合理利用医疗卫生保健服务行为**　指有效、合理地利用现有医疗卫生保健服务，维护自身健康的行为,包括定期体检、预防接种、患病后及时就诊、遵从医嘱、积极配合医疗护理、保持乐观向上的情绪、积极康复等。

（二）危害健康行为

危害健康行为(classification of health risk behaviors)的分类如下:

1. 不健康的生活方式　不健康的生活方式(unhealthy life styles)是一组习以为常的、对健康有害的行为习惯,如吸烟、酗酒(alcoholic intemperance,excessive drinking),饮食过度,喜好高脂、高糖、低纤维素饮食,偏食(food preference,diet partiality,monophagia),挑食(picky eating,particular about food),喜欢零食,嗜好长时间高温加热或烟熏火烤的食品,进食太快以及食物过热、过硬、过酸等不良饮食习惯(unhealthy eating habits,improper eating habits),缺乏体育运动(lack of physical exercises)等。不健康的生活方式与肥胖、心脑血管疾病、早衰、癌症等疾病的发生有非常密切的关系。

2. 致病性行为模式　致病性行为模式(disease producing pattern,DPP)是导致特异性疾病发生的行为模式,研究较多的是 A 型行为模式和 C 型行为模式。A 型行为模式是一种与冠心病的发生密切相关的行为模式。C 型行为模式是一种与肿瘤的发生有关的行为模式。

3. 不良疾病行为　不良疾病行为(adverse illness behaviors)是指在个人从感知自身患病到疾病康复过程中所表现出来的不利健康的行为。常见的有疑病、瞒病、恐病、讳疾忌医、不及时就诊、不遵从医嘱、求神拜佛、自暴自弃等。

4. 违规行为　违规行为(illegal behaviors,irregularities)指违反法律法规、道德规范并危害健康的行为,如药物滥用(drug abuse)、性乱(sexual promiscuity)等。违规行为既直接危害行为者个人健康,又严重影响社会健康。

三、控烟

烟草危害(scourge of tobacco,dangers of tobacco)是严重的公共卫生问题(serious public health problems,serious public health issues)之一,WHO 将烟草流行问题(tobacco epidemic)列入全球公共卫生重点控制领域。据统计,全世界每年约有 300 万人因吸烟而死。吸烟对人体有害,烟草几乎可以损害人体的所有器官,长期吸烟易导致癌症、肺气肿、慢性支气管炎、心脏病、消化性溃疡等疾病,同时也不利于他人身体健康。与不吸烟者(non-smokers)相比,吸烟者(smokers)的肺癌发病率高 10~20 倍,喉癌发病率高 6~10 倍,冠心病发病率高 3~5 倍,脑血管意外发病率高 4~6 倍,气管炎发病率高 2~8 倍。另外,吸烟还会加速老年痴呆的发生,女性吸烟者可减少受孕机会及增加胎儿先天畸形(congenital fetus malformation)的比例。因此,控制吸烟,即控烟(tobacco control)非常具有必要性。

烟草(tobacco)是人类第一杀手,中国是烟草生产、消费大国,吸烟者有 3 亿多人,占世界吸烟总人数的 1/3。烟草释放的烟雾中含有 4 000 多种化合物,其中危害最大的是一氧化碳、尼古丁、焦油和氰化物。烟草中的尼古丁(nicotine)是成瘾源,可使吸烟者对烟草产生依赖。在吸烟的房间里,尤其是在冬天门窗紧闭的环境里吸烟,室内不仅充满了人体呼出的二氧化碳,还有吸烟者呼出的一氧化碳,会使人感到头痛、倦怠,工作效率下降,更为严重的是在吸烟者吐出来的冷烟雾中,烟焦油和烟碱的含量比吸烟者吸入的热烟中的含量多 1 倍,苯并芘多 2 倍,一氧化碳多 4 倍,氨多 50 倍。在这样严峻的形势下,控烟更加刻不容缓。

长期吸烟不但危害健康,甚至危及生命。长期吸烟可以影响人体的营养状况:吸烟可以阻止人体对维生素 C 的吸收,尼古丁对维生素 C 有直接的破坏作用,人体如果长期缺乏维生素 C,就有患坏血病的可能。长期吸烟可诱发多种疾病:由于吸入体内的烟对呼吸道、消化道等器官有恶性刺激作用,因而有人认为它是胃及十二指肠溃疡、呼吸道感染,甚至口、唇、舌、食道、呼吸道等癌症的诱发因素。研究还表明,侧流烟雾(side stream smoke),即香烟燃烧释放到环境中的侧流烟雾(sidestream environmental tobacco smoke,SETS)为吸烟所产生烟雾的85%,且其中有害物质的含量均高于主流烟雾(main stream smoke),因此对被动吸烟者(passive smokers)的危害更甚。

烟草控制任重而道远。2003年5月21日,第56届世界卫生大会一致通过了《世界卫生组织烟草控制框架公约》(*World Health Organization Framework Convention on Tobacco Control*),呼吁所有国家尽可能地开展国际合作,控制烟草的广泛流行。中国于2003年11月10日正式签署加入该公约,并于2006年1月9日起在我国生效。但是,公众对控烟的认识仍然严重不足,包括医生、教师、官员等关键人群,对吸烟的危害也缺乏认识,甚至抱有偏见乃至错误观念,导致控烟的觉悟不高、动力不足。多数中国人不能全面了解吸烟对健康的危害,大多数人通常只是将吸烟当作一种"自愿选择的不良习惯",而不理解烟草的高度成瘾性以及吸烟危害的多样性和严重程度,民众对吸烟或二手烟(second hand smoke)暴露带来的具体健康危害的知晓率亟待提高。

（一）控烟的综合性干预措施

控制吸烟应以全人类为对象,通过采取包括政策、环境支持等综合性干预措施(comprehensive interventions)提高干预效果。控烟的综合性干预措施(comprehensive intervention measures for tobacco control)主要体现在以下几个方面:

1. 减少被动吸烟 通过采取立法等强制措施,实行室内公共场所全面禁烟(complete indoor public smoking ban),禁止在公共场所、室内工作场所、教育机构、医疗卫生保健机构等场所吸烟,以降低被动吸烟带来的危害。

2. 减少吸烟人数 包括制订和执行有关烟草危害的健康教育规划,教育儿童和青少年远离烟草;三级以上医院设立戒烟门诊(smoking cessation clinic);通过宣教提高全民对吸烟危害的认识水平,降低吸烟率(smoking rates);禁止向未成年人出售烟草制品等。

3. 社区戒烟的策略和措施 包括提高烟草价格,降低烟草的消费量和需求数量;通过大众媒体进行宣传教育等。

4. 适合医疗卫生保健系统的戒烟策略和措施 包括对医疗卫生保健工作者实施控烟培训;医保补偿戒烟费用;制订相关的戒烟制度等。

（二）戒烟的方法

由于吸烟对个体的身心健康及环境影响极大,应引起人们的重视。戒烟疗法(smoking cessation therapy)很多,下面介绍几种主要的戒烟方法(smoking cessation methods)。

1. 认知疗法 认知疗法(cognitive therapy)就是帮助吸烟者充分认识吸烟对自己及他人的危害,树立戒烟的决心和信心,不要认为自己抽烟历史较长而戒不掉,一定要想着:我一定会戒掉。在日常生活中,也有许多烟瘾大的人,多次戒烟都未成功,后来得了不宜吸烟的疾病,最终下定决心,成功戒烟。

2. 厌恶疗法 厌恶疗法(aversion therapy)是对吸烟者的吸烟行为选用一些负性刺激法使之对其产生厌恶感。例如采用快速吸烟法,首先让其以每秒一口的速度将烟吸入肺部,由于这种速度远远超过正常的吸烟速度,使尼古丁在短时间内被大量吸入,产生强烈的生理反应,如头晕、恶心、心跳过速等。再要求治疗对象仔细体验这种不良感觉,然后让他呼吸一会儿新鲜空气,使两者形成鲜明对比。随后又让治疗对象快速吸烟,直到不想再吸、看到香烟就不舒服为止。这种疗法只要连续进行2~3次,一般都会戒掉。但此法不能用于患心脏病、高血压、糖尿病、支气管炎、肺气肿等疾病的人群。

3. 系统戒烟 要求吸烟者一下子彻底戒烟是比较困难的,特别是对烟瘾大的人即重烟民(heavy smokers)和连续吸烟的人(chain smokers),因此,应采取逐步戒烟的方法。吸烟成瘾者(active smokers)往往是在下意识的状态下吸烟,所以在戒烟前,要制订一个戒烟计划,计算好每天吸烟的支数,每支烟吸多长时间,将下意识吸烟习惯转变为有意识的吸烟。在戒烟过程中,要逐步减少每天吸烟的支数,逐步延长吸烟的间隔时间,如两天减少一支烟、一天减少一支烟、半天减少一支烟,不断递减或一小时抽一支烟、两小时抽一支烟、半天抽一支烟,间隔时间不断递增,以达到戒烟的目的。

4. 控制环境　许多人吸烟往往与一定的生活、环境、情绪状态联系在一起,因此应设法避免这些因素的影响。例如,对在写作或思考问题时喜欢吸烟的人,可有意识地在其身边少放烟,可放点儿瓜子、糖果之类的东西来替代。美国总统里根就是用口香糖成功戒烟的。对外来的刺激因素,应尽量避免。当别人敬烟时,对初次见面者可说不会吸,对熟人、朋友说喉咙不舒服或直言已戒。只要态度诚恳坚决,别人一般不会强行敬烟。

5. 家庭治疗　配偶和孩子可做戒烟者的监督人,帮助吸烟者彻底戒烟。如妻子可把丈夫原来每天吸烟的钱积攒下来,买一件有意义的物品送给他作为奖励。如违约,则给予一定的惩罚。

6. 本草植物戒烟　由纯本草植物制成,含多种有益健康的成分,却没有中草药(Chinese medicinal herbs,Chinses herbal medicines)的味道,吸起来爽口清凉,有益健康的成分在高温下迅速挥发,被吸入,能增强免疫,稀释肺中的烟油,让人不知不觉地摆脱对尼古丁(nicotine)的依赖,是一种现代高科技产品。

（三）饮食调理

有部分戒烟者难以完全戒除或者仅是部分戒除。对这部分人,需要注意饮食调理(dietetic regulation),补充易缺乏的营养素。

1. 补充维生素　烟气中的某些化合物可使维生素(vitamins)如维生素 A、维生素 C、维生素 E 等的活性大为降低,并使体内的这些维生素大量地消耗。因此,吸烟者宜经常多吃富含维生素 A 和胡萝卜素的食物,如牛奶、胡萝卜、花生、玉米面、豆芽、白菜、植物油等。这样既可补充由于吸烟引起的维生素缺乏,又可增强人体的自身免疫功能。研究证实,吸烟者的血维生素 C 水平低于不吸烟者。因此,吸烟者每天要补充比常人更多的维生素 C。富含维生素 C 的食物有猕猴桃、橙子、西红柿等,必要时也可服用一些维生素 C 片剂。吸烟者体内氧应激反应加强,产生的氧自由基(oxygen radicals)增多。含有维生素 E 的食物能有效地消除自由基。富含维生素 E 的食物有菠菜、全麦面包、鸡蛋、坚果类、麦芽等。平时也可服用一些脂溶性的胶囊和水溶性的片剂。

2. 经常饮茶　因烟气中含有的化合物可导致动脉内膜增厚、胃酸分泌量显著减少及血糖增高等病证,而茶叶中所特有的儿茶素(catechin)等可有效防止胆固醇在血管壁沉积,增加胃肠蠕动及降低血、尿糖。吸烟者宜经常多饮茶,以降低吸烟所带来的这些病证的发作。同时,茶能利尿、解毒,使烟中的一些有毒物随尿液排出,减少在体内停留的时间。

3. 多吃含硒丰富的食物　经常吸烟易导致人体血液中硒元素含量偏低,而硒是防癌抗癌不可缺少的一种微量元素(microelement)。因此,吸烟者应经常多吃一些含硒丰富的食物,如动物肝脏、海藻及虾类等。

4. 适当补充含铁丰富的食物　吸烟者可适当补充含铁丰富的食物,如动物肝脏、肉、海带、豆类。

5. 控制饱和脂肪酸和胆固醇的摄入　吸烟可使血管中的胆固醇及脂肪沉积量加大,大脑供血量减少,易致脑萎缩,加速大脑老化。因此,吸烟者应少吃含胆固醇和饱和脂肪酸(saturated fatty acids)多的肥肉、动物内脏等,而宜多摄入一些能降低或抑制胆固醇合成的食物,如牛奶、鱼类、豆制品及一些高纤维食物,如辣椒粉、肉桂及水果、蔬菜等。

6. 注意维生素 E 的摄入　美国国家癌症研究所发表的一项调查报告指出,坚果和粗粮等富含维生素 E 的食物可使吸烟者肺癌的发病率降低约20%。富含维生素 E 的食物包括豆油和其他植物种子榨成的油;坚果类,特别是榛子、核桃、葵花子,以及杏、扁桃、粗粮等。

7. 注意补充富含 β-胡萝卜素的食物　β-胡萝卜素(beta-carotene)对吸烟者更有益处。富含 β-胡萝卜素的食物能抑制烟瘾(smoking nicotine addiction),对减少吸烟量和戒烟都有一定的作用。富含 β-胡萝卜素的食物有胡萝卜、菠菜、豌豆苗、苜蓿、辣椒等。

四、限酒

酒（alcoholic drink，liquor）的主要化学成分是乙醇（alcohol），酒中一般还含有微量的杂醇油（fusel oil）和酯类物质。生活中，许多男性甚至女性喜欢饮酒。但要知道，适量饮酒有益健康，而过量饮酒却会危害健康。而这个适量的掌握是非常不容易的，常常会在一些外界因素的干预下，原定的限制量就被抛在一边，从而由适量饮酒，变为放任饮酒，甚或酗酒。因此，限酒（alcohol limits，alcohol limitation）是很有必要的。

（一）过量饮酒的危害

概括而言，过量饮酒的危害（harms of excessive drinking，risks of excessive alcohol consumption）有以下几个方面：

1. **引起急性酒精中毒**　一次饮酒过量可引起急性酒精中毒（acute alcohol intoxication，acute alcoholism，acute alcoholic poisoning），表现分为三期。①早期（兴奋期）：血中酒精浓度达 50mg/100ml，表现有语无伦次、情感爆发、哭笑无常等；②中期（共济失调期）：血中酒精浓度达 150mg/100ml，表现有语言不清、意识模糊、步态蹒跚等；③后期（昏迷期）：血中酒精浓度达 250mg/100ml 以上，表现有昏迷、瞳孔散大、大小便失禁、面色苍白，最终抑制大脑的呼吸中枢，导致呼吸停止。

2. **引起慢性酒精中毒**　长期经常饮酒可引起慢性酒精中毒（chronic alcohol intoxication，chronic alcoholism，chronic alcoholic poisoning）。主要表现为神经精神系统的症状：性格改变、精神异常、记忆力减退、定向力障碍、肌肉震颤、幻觉、末梢神经炎等。

3. **饮酒对人体各系统器官的危害**　饮酒对人体各系统器官的危害（harms of drinking alcohol to various systems and organs of the human body）表现如下：

（1）对心脑血管系统的危害：饮酒损害心脏，可使心肌纤维变性、失去弹性，心脏扩大，并引起心律失常；长期饮酒易致血胆固醇增高、动脉硬化，发生冠心病、高血压、脑血管意外等。

（2）对消化系统的危害：饮酒直接刺激并损害消化系统，可发生口腔黏膜炎、咽炎、食道炎、急慢性胃炎、胃溃疡、慢性胰腺炎等。此外，酒精与肝病有密切的关系。酒精性肝病可分为酒精性脂肪肝、酒精性肝炎、酒精性肝纤维化、酒精性肝硬化，后一个由前一个发展而成，而且一个比一个严重。国外有资料表明，每天饮酒 150g，1 年就可发生酒精性脂肪肝，16 年便可引起酒精性肝硬化。

（3）对呼吸系统的危害：饮酒降低呼吸系统的防御机能，肺结核的发病率比不饮酒者高出数倍。

（4）对神经系统的危害：酒精可使大脑皮层萎缩，大脑功能障碍，出现精神神经症状，意识障碍等。

（5）对生育的危害：酒精可使男性血中睾丸酮水平下降、性欲减退、精子畸形。孕妇饮酒对胎儿的影响更大。嗜酒孕妇所生的婴儿，不仅体重较正常为低，更重要的是常患有"胎儿酒精综合征（fetal alcohol syndrome）"，表现为发育不良、面貌丑陋、智力低下、反应迟钝、动作笨拙，有的还出现四肢和心血管畸形。男性饮酒也会因精子畸形、基因突变，使婴儿患有"胎儿酒精综合征"。

（6）致癌作用：酒精的代谢物是乙醛，已被证实有致癌作用，可使多个系统器官的癌症发病率增高。原发性肝癌都是大量饮酒所导致的。过量饮酒还会引起口腔癌、咽喉癌、胃癌、结肠直肠癌等。

此外，酒精还能引起骨质疏松、视神经炎、视网膜炎、玻璃体混浊、酒精性弱视、"酒精性贫血"等疾病。

（二）适量饮酒的益处

当然，适度饮酒也有其有益的一面，适量饮酒的益处（benefits of moderate drinking）主要表现在以下几个方面：

1. 适量饮酒能够通经络、消冷积、健脾胃　在吃饭前饮适量的"加饭酒"，不仅可刺激味觉，增加消化液（包括唾液、胃液、肠液等）的分泌，增进食欲，还能祛风健胃。

2. 酒对神经系统有兴奋作用，可以提神醒脑，解除疲劳　酒精进入血液，可扩张血管，使血流量增加，故可促进血液循环，增强新陈代谢。按中医的理论，酒能够通利血脉（promoting blood circulation）、活血散瘀（activating blood and dissolving stasis）、祛风散寒（eliminating wind to dispersing cold）。

3. 适量饮酒能提高"好胆固醇"水平　适量饮酒能提高"好胆固醇"即高密度脂蛋白胆固醇（high density lipoprotein cholesterol, HDL-C）的含量，故有防治动脉粥样硬化的作用，进而可防治心脑血管疾病（cardiocerebrovascular diseases, cardiovascular and cerebrovascular diseases）。同时，少量的酒精还能减少血小板的凝集，促使纤维蛋白的溶解，进而减少血栓形成。

值得推荐的是葡萄酒（wine），特别是红葡萄酒（red wine），含有较多的抗氧化剂，如儿茶素、黄酮类物质、维生素 C，以及微量元素硒、锌、锰等，能够清除氧自由基，有抗老防衰的作用。

需要强调的是，红葡萄酒再好，亦不可多饮。适量饮酒，按国外的标准是每天 30g 酒精，按我国的标准为每天 15g 酒精。一个中等体重的人，每天最好将饮红葡萄酒的量控制在 50ml 左右，不超过 100ml。至于白酒，每天饮用 40°的白酒不应超过 60ml；60°的白酒不应超过 25ml。

值得重视的是，最新的研究指出，酒精是导致疾病和过早死亡的主要风险因素之一，饮酒量无论多少都无益于健康。该研究指出，一年内即使每天仅饮用一杯酒，也会使罹患 23 种酒精相关疾病（alcohol-related diseases）的风险增加 0.5%。这项研究提醒人们，即使是最低水平的酒精摄入可能也会增加健康风险。

（三）戒酒

有酒精依赖特征，甚至出现严重并发症时，建议采用以下治疗方法戒酒（alcohol temperance, quitting drinking）：

1. 个人强制治疗　此法主要靠个人意志戒酒。要想成功戒除酒疾，需有极强的意志力，而且本人愿意配合戒酒，前提是饮酒史一般不超过 3 年，每日酒精摄入量<200ml。要有计划地戒酒，切忌一次戒掉，以免出现成瘾症状。

2. 住院封闭治疗　此法采用长期封闭住院治疗，由医护人员强制控制戒酒。但缺点是：出院后即饮，治疗费用高，易重新形成精神障碍。

3. 西药治疗　多采用戒酒硫、镇静安眠药物等进行治疗。乙醇进入体内在酶的作用下分解成乙醛，乙醛在乙醛脱氢酶的作用下，进一步分解后排出体外。戒酒硫（antabuse）又称双硫醒（disulfiram）、酒畏等，是秋兰姆的衍生物，能抑制乙醛脱氢酶的活性，使乙醛在体内聚积。如在服药期间饮酒，可产生乙醛引起的恶心、头痛、焦虑、胸闷和心率加快等症状，促使治疗对象建立对饮酒的厌恶反射。使用戒酒硫是行为疗法（behavior therapy）中常采用的一种手段。但是需要提醒的是：由于西药副作用大，使用时必须在专业医生的指导下进行，而且治疗对象自身应该主动配合，否则会耽误酒依赖的治疗，更易形成药物依赖。

4. 认知疗法　通过影视、广播、图片、实物、讨论等多种传媒方式，让嗜酒者（alcoholics）端正对酒的态度，正确认识嗜酒的危害，从思想上坚持纠正饮酒的成瘾行为。社会舆论干预和强制的行政手段，对戒酒有绝对的效果，但应提倡主动戒酒。

5. 辅助疗法　为了达到纠正不良习惯的目的，常常结合生物反馈、系统脱敏、心理厌恶疗法等辅助疗法，以获得满意效果，不过这需要心理医生的指导和帮助。

（四）饮酒成瘾的预防

饮酒成瘾（alcohol addiction）从形成到发病一般需要几年或十几年，只要平时注意，一般不会发病。对于部分酒瘾难以戒除者，除需要注意食物和营养的调理或补充外，尚需及时治疗，以免影响到正常学习、生活、工作。饮酒成瘾的预防(prevention of alcohol addiction),应注意以下几个方面:

(1) 在日常生活中,如饮酒,一定要先吃一部分食物后再饮酒,同时做到少量及慢慢地饮。

(2) 在每次饮酒时,一定要多饮水,在酒使机体内细胞脱水前饮一部分水,醒后再补充部分水。

(3) 平时爱饮酒的人,一定要多服用含维生素 B_1、维生素 B_6 的复合维生素。

(4) 多吃一些氨基酸药物,如含有多种氨基酸的复方氨基酸胶囊,以减少酒对机体的损伤。

(5) 饮食应均衡,常吃蜂蜜、果汁,不要吃油炸及含脂肪多的食物。

五、适量运动

(一) 身体运动

1. 身体运动的概念　身体运动又称身体活动(physical activity)。身体运动(body movement)泛指由骨骼肌活动所引起的、需要消耗能量的任何身体活动,可以分为职业性运动、家务性运动、交通往来性运动及锻炼性运动。前3者在运动过程中,都可以增加机体的体能消耗,使呼吸、循环的负荷增加,从而降低慢性病患病的风险。锻炼性运动属于休闲活动,是一种有目的、有计划的身体活动,可以弥补身体活动量的不足。在我国,有88%的成年人身体活动不足(physical inactivity)。

2. 身体运动的益处　研究表明,身体运动的益处(benefits of physical activity)良多:每周5~7d,每天进行30min以上步行等中等强度的锻炼性运动,就可以起到保护健康的作用;有规律地进行身体运动可以减少发生高血压、糖尿病、冠心病和脑卒中等慢性疾病的风险,并降低过早死亡和患癌症的风险,防止高血压的发生和发展;身体运动还可帮助控制体重,使发生肥胖的危险降低;有规律地进行身体运动可以促进心理健康,改善自我感觉,缓解焦虑、抑郁等症状,并有助于延缓老年人认知功能的下降。

3. 缺乏身体运动的害处　缺乏身体运动的害处(harms of lack of body movement):会影响健康状况,对心脑血管疾病、肌肉骨骼疾病、代谢性疾病等慢性疾病的患病率等有着重要的负面影响,还会导致肿瘤、肥胖等疾病及情绪低落,致使生活质量下降,产生过早死亡等后果。缺乏身体运动被认为是全球第4大死亡风险因素,因缺乏运动而导致死亡的人数占全球死亡人数的6%。有数据显示,22%的冠心病、14%的糖尿病、10%的乳腺癌、15%的大肠癌都是由缺乏身体运动所致。有证据表明,身体运动的量与各种因素的死亡率成反比关系。

4. 身体运动标准　身体运动是锻炼身体、保护健康的一种方式,既不能成为负担,也不要感到不便,应该更积极地看待身体运动。个人的体质不同,开始锻炼时可以选择感觉轻松的强度,给自己足够的时间去适应。在运动一段时间后,用同样的力,感觉更加轻松,说明体质在增强,这时就可以适当地增加运动的强度或时间。强度大的运动,活动时间可以短一点,强度小的运动,活动时间则可以长一点,并不是必须一次达到一天的运动量,可以分几次累计达到一天的活动量。坚持锻炼性运动可以使活动更安全、身体更健康。进行锻炼性运动不能"三天打鱼两天晒网",最好养成每天锻炼的习惯,这样习惯成自然,锻炼无负担。

WHO 在《关于身体活动有益健康的全球建议》(*global recommendations on physical activity for health*)中针对不同人群推荐了不同的身体运动标准(physical activity standards):

(1) 5~17 岁年龄组的儿童和青少年:正处在身体发育阶段,日常的体育课、课内外活动根本不能满足锻炼量。为了增进心肺、肌肉和骨骼健康,减少慢性非传染性疾病(non-communicable chronic diseases,NCDs)发生的风险,每天应进行累计至少 60min 中等到高强度身体运动;大于 60min 的身体运动可以产生更多的健康效益;大多数日常身体运动应该是有氧运动(aerobic exercises)。同时,每周至少应进行 3 次高强度身体运动,包括强壮肌肉和骨骼的运动等。身体运动形式包括在家庭、学校和社区中的玩耍、游戏、交通往来、家务劳动、娱乐、体育课或有计划的锻炼性运动等。

（2）18~64岁成年人：由于工作忙碌，运动的时间较少，硬性的标准对这一人群就显得格外重要。为了增进心肺、肌肉和骨骼健康及减少慢性非传染性疾病和抑郁症发生的风险，应做到每周进行至少150min 中等强度有氧运动，或每周进行至少75min 高强度有氧运动，或中等和高强度两种活动相当量的组合；有氧运动应该每次至少持续10min；为获得更多的健康效益，可增加有氧运动时间，达到每周300min 中等强度，或每周150min 高强度有氧运动，或中等和高强度两种运动相当量的组合；每周至少应有2d 进行大肌群参与的强壮肌肉运动。身体运动形式包括日常生活和家庭及社区的休闲活动、交通往来（如步行或骑自行车）、职业活动（如工作）、家务劳动、玩耍、游戏、有计划的锻炼性运动等。

（3）65岁及以上年龄组的老年人：这一人群身体的各项机能均在下降，运动较为困难。但为了增进心肺、肌骨骼和功能性的健康，减少慢性非传染性疾病、抑郁症发生和认知功能下降等风险，每周应完成至少150min 中等强度有氧运动，或至少75min 高强度有氧运动，或中等和高强度两种运动相当量的组合；有氧运动应该每次至少持续10min；为获得更多的健康效益，应增加有氧运动量，每周进行300min 中等强度或150min 高强度有氧运动，或中等和高强度两种运动相当量的组合；运动能力较差的老年人每周至少应有3d 进行增强平衡能力和预防跌倒的运动；每周至少应有2d 进行大肌群参与的增强肌肉力量的运动；由于健康原因不能完成所建议身体运动量的老人，应在能力和条件允许范围内尽量多运动。老年人的身体运动包括日常生活和家庭及社区的休闲活动、交通往来、职业活动（如果仍然工作的话）、家务劳动、玩耍、游戏、有计划的锻炼性运动。

（二）运动养生

运动养生，运动是形式，养生是目的，形式灵活多样，且可以自创，只要能够达到健身的目的即可。

医学的发展，为运动养生提供了理论依据、指导原则、发展方向以及必要的限制等，使运动养生向全面、合理的方向发展。

1. 运动养生的概念 运动养生（sports for health cultivation）是指用活动身体的方式实现维护健康、增强体质、延长寿命、延缓衰老的养生方法。运动可以流通气血、长养精神、强筋壮骨、滑利关节、聪耳明目（improve hearing and vision）、充脏畅腑，从而达到精力旺盛、气血充足、思维敏捷、反应快速、耐力持久、老而不衰的目的。

2. 运动养生的形式 运动养生的形式较多，运动养生法（exercise regimens）主要有以下几种：

（1）散步：散步（walking）应每日进行，且慢步，讲规律，讲持久。民谚曰："饭后百步走，活到九十九"，持之以恒，方可见功。

（2）跑步：跑步（running）提倡以适当的速度跑适当的距离，太短、太慢难以起到健身作用，太快、太长则以竞赛为目的而非健身了，须量力而行，要持之以恒。一般人选择跑步距离在800~3 000m 之间较为适宜。

（3）健身操和健美操：徒手操如早操、工间操、课间操，均属健身操（body-building exercise），目的在于全民健身，人人可行。时下流行的健美操（aerobics，aerobics dancing），则要求更高，运动量更大，可以增强肌肉，使体形匀称健美，主要适用于中青年人。健身、健美器械有哑铃、杠铃、单杠、双杠、爬绳（爬杆）及各种健身器等，可选择适合自己和自己喜爱的项目进行锻炼。但杠铃不适于未成年人，以免影响身高的发育。单杠、双杠的一些复杂动作须有专人指导及保护，以免练习不当而受伤。踢毽、跳绳，简单易行，可以大力推行。

（4）登山：登山（mountain-climbing，mountaineering）是良好的户外运动，既锻炼了身体，又可领略大自然的秀丽风光，呼吸了新鲜空气，于怡情中健身。

（5）游泳：古代受气候的限制，不能四季皆行，但春江水暖时，可以更衣游泳（swimming），沐浴自然，《论语》中就有"暮春者，春服既成，冠者五六人，童子六七人，浴乎沂，风乎舞雩，咏而归"的描述，俨然是一种集体的活动了。

（6）武术：武术（martial arts）可分徒手及持械两大类，其目的既有技击格斗、御敌防身的一面，亦有强健体魄、养生延年的一面。在徒手健身术中，有五禽戏（Wuqinxi，five mimic-animal exercise，frolics of five animals）、八段锦（Baduanjin，eight trigrams boxing）、易筋经（Yijinjing，changing tendon exercise，tendon changing classic）、太极拳（Taijiquan，shadowboxing）、形意拳（Xingyiquan，Chinese mind-body boxing，martmast）、八卦掌（Baguazhang，eight diagrams palms）等多种。其中，五禽戏为汉末名医华佗所创，历史悠久，至今沿习不衰。太极拳相传为元明道士张三丰所创，是目前练习最多、流传最广、门派颇多的一种健身术。八段锦、易筋经，亦是常习的健身功法。

六、合理膳食

（一）合理膳食的概念

合理膳食（reasonable diet），又称平衡膳食（balanced dies）。合理膳食（reasonable diet）是指能够给机体提供种类齐全、数量充足、比例合适的能量和各种营养素（nutrients），且各种营养素之间达到平衡的膳食。合理膳食是合理营养（rational nutrition）的物质基础，也是达到合理营养的唯一途径。

（二）合理膳食的基本要求

合理膳食是维持人体正常生长发育和保持良好健康状态的物质基础。合理膳食的基本要求（basic requirements for a reasonable diet）包括以下几个方面：

1. 摄取的食物应供给机体足够的能量和各种营养素，保证满足机体活动和劳动、生长发育、组织修复，维持和调节体内各种生理活动，提高机体的免疫力和抵抗力的需要。

2. 摄取的食物应保持各种营养素之间的平衡，包括各种营养素的摄入量和消耗量以及各种营养素之间的平衡。

3. 加工烹调合理，尽可能减少食物中营养素的损失，提高消化吸收率。食物多样化，并具有较好的色香味形，以促进食欲（appetite）。

4. 食物应清洁、无毒害、无污染。

5. 有合理的膳食制度（dietary regime，dietary system），定时定量、比例合适、分配合理。

（三）膳食与健康的关系

膳食与健康的关系（relationship between diet and health）十分密切，因为所有的食物都来自植物、动物、微生物。人们通过膳食（又称饮食）获得所需要的各种营养素和能量，以维护自身健康。合理的饮食、充足的营养，能提高一代人的健康水平，预防多种疾病的发生发展，延长寿命，提高民族素质。不合理的饮食，会使摄入的营养过剩或不足，都会给健康带来不同程度的危害。从饮食中摄入的营养长期过剩，会引发肥胖、糖尿病、胆石症、高脂血症、高血压等多种疾病，甚至诱发肿瘤，如乳腺癌、结肠癌等，不仅严重影响健康，而且会缩短寿命。而从饮食中摄入的营养长期不足，可导致营养不良（malnutrition），包括贫血、多种元素和维生素缺乏，影响儿童智力和体格生长发育，使人体的抗病能力及劳动、工作、学习能力下降。

（四）膳食指南

膳食指南（dietary guidelines）是政府部门或学术团体为了引导国民合理饮食、维持健康而提出的饮食建议。它是根据平衡膳食理论制订的饮食指导原则，是指导居民合理选择与搭配食物的指导性文件，目的在于优化膳食结构（dietary structure），减少与膳食失衡有关的疾病发生，提高全民的健康素质。

2016 年 5 月，新版《中国居民膳食指南》（*Dietary Guidelines for Chinese Residents*）由国家卫生

计生委发布。它结合中华民族饮食习惯以及不同地区食物可及性等多方面因素,参考其他国家膳食指南制订的科学依据和研究成果,提出了符合我国居民营养健康状况和基本营养需求的膳食指导建议。《中国居民膳食指南(2016)》由一般人群膳食指南(适用于 2 岁以上健康人群)、特定人群膳食指南和中国居民平衡膳食实践组成。一般人群膳食指南(dietary guidelines for the general population)的主要内容如下:

1. **食物多样,谷类为主**　平衡膳食模式(balanced dietary pattern)是最大程度保障人体营养需要和健康的基础,食物多样是平衡膳食模式的基本原则。每天的膳食应包括谷薯类,蔬菜、水果类,畜禽鱼蛋奶类,大豆、坚果类等食物。建议平均每天摄入 12 种以上食物,每周 25 种以上。谷类为主是平衡膳食模式的重要特征,每天摄入谷薯类食物 250~400g,其中全谷物和杂豆类 50~150g,薯类 50~100g;膳食中碳水化合物提供的能量应占总能量的 50%以上。

2. **吃动平衡,健康体重**　体重(body weight)是评价人体营养和健康状况的重要指标,吃和动是保持健康体重的关键。各年龄段人群都应坚持天天运动、维持能量平衡,保持健康体重。推荐每周至少进行 5d 中等强度身体活动,累计 150min 以上;坚持日常身体活动,平均每天主动身体活动 6 000 步;尽量减少久坐(sedentariness)的时间,可以每小时起身活动一下。

3. **多吃蔬果、奶类、大豆**　蔬菜、水果、奶类和大豆及制品是平衡膳食的重要组成部分,坚果是膳食的有益补充。蔬菜和水果是维生素、矿物质(minerals)、膳食纤维(dietary fiber)和植物化学物(phytochemicals)的重要来源,奶类和大豆富含钙、优质蛋白质和 B 族维生素,对降低慢性病的发病风险有重要作用。提倡餐餐有蔬菜,推荐每天摄入 300~500g,深色蔬菜应占 1/2。天天吃水果,推荐每天摄入 200~350g 新鲜水果,果汁不能代替鲜果。吃各种奶制品,摄入量相当于每天液态奶 300g。经常吃豆制品,每天相当于大豆 25g 以上,适量吃坚果。

4. **适量吃鱼、禽、蛋、瘦肉**　鱼、禽、蛋和瘦肉可提供人体所需要的优质蛋白质、维生素 A、B 族维生素等,有些也含有较高的脂肪和胆固醇。动物性食物(animal-based foods,foods of animal origin)优选鱼和禽类,鱼和禽类脂肪含量相对较低,鱼类含有较多的不饱和脂肪酸,蛋类中各种营养成分齐全,吃畜肉应选择瘦肉,瘦肉脂肪含量较低。过多摄入烟熏和腌制的肉类(meats)可增加肿瘤的发生风险,应当少吃。推荐每周吃水产类 280~525g,畜禽肉 280~525g,蛋类 280~350g,平均每天摄入鱼、禽、蛋和瘦肉总量 120~200g。

5. **少盐少油,控糖限酒**　我国多数居民目前食盐、烹调油和脂肪摄入过多,这是高血压、肥胖和心脑血管疾病等慢性病发病率居高不下的重要因素,应培养清淡饮食的习惯,成人每天食盐不超过 6g,每天烹调油 25~30g。过多摄入添加糖可增加龋齿(dental caries,decayed tooth)和超重(overweight)发生的风险,推荐每天摄入不超过 50g,最好控制在 25g 以下。水在生命活动中发挥重要作用,应当足量饮水,建议成年人每天 7~8 杯(1 500~1 700ml),提倡饮用白开水或茶水,不喝或少喝含糖饮料。儿童少年、孕妇、乳母不应饮酒,成人如饮酒,男性一天饮用酒的酒精量不超过 25g,女性不超过 15g。

6. **杜绝浪费,兴新食尚**　勤俭节约,珍惜食物,杜绝浪费是中华民族的美德。按需选购食物,按需备餐,提倡分餐不浪费。选择新鲜卫生的食物和适宜的烹调方式,保障饮食卫生。学会阅读食品标签(food labels),合理选择食品。应该从每个人做起,回家吃饭,享受食物和亲情,创造和支持文明饮食新风的社会环境和条件,传承优良饮食文化,树健康饮食新风。

（五）中国居民平衡膳食宝塔（2016）

《中国居民平衡膳食宝塔(2016)》是根据《中国居民膳食指南(2016)》的核心内容和推荐,结合中国居民膳食的实际情况,把平衡膳食的原则转化为各类食物的数量和比例的图形化表示(图4-1)。

不同能量摄入水平的平衡膳食模式如表 4-1 所示。膳食由五大类食物组成,每一组基本食物都至少提供了一种以上的营养素,每天摄入多种多样的食物是很重要的。

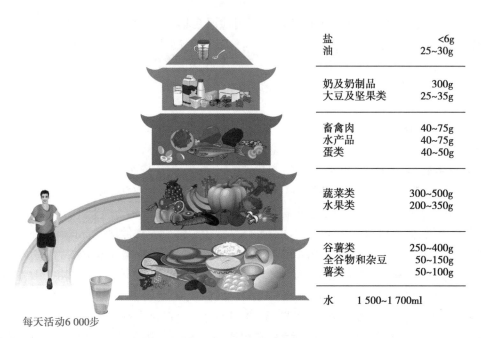

每天活动6 000步

盐	<6g
油	25~30g
奶及奶制品	300g
大豆及坚果类	25~35g
畜禽肉	40~75g
水产品	40~75g
蛋类	40~50g
蔬菜类	300~500g
水果类	200~350g
谷薯类	250~400g
全谷物和杂豆	50~150g
薯类	50~100g
水	1 500~1 700ml

图 4-1 中国居民平衡膳食宝塔（2016）

表 4-1 不同能量需要水平的平衡膳食模式和食物量（单位：g/d）

食物种类/g	不同能量摄入水平/kcal										
	1 000	1 200	1 400	1 600	1 800	2 000	2 200	2 400	2 600	2 800	3 000
谷类	85	100	150	200	225	250	275	300	350	375	400
全谷物及杂豆	适量	适量	适量	50~150	50~150	50~150	50~150	50~150	50~150	50~150	50~150
薯类	适量	适量	适量	50~100	50~100	50~100	50~100	50~100	125	125	125
蔬菜	200	250	300	300	400	450	450	500	500	500	600
深色蔬菜					占所有蔬菜的1/2						
水果	150	150	150	200	200	300	300	350	350	400	400
畜禽肉类	15	25	40	40	50	50	75	75	75	100	100
蛋类	20	25	25	40	40	50	50	50	50	50	50
水产类	15	20	40	40	50	50	75	75	75	100	125
奶制品	500	500	350	300	300	300	300	300	300	300	300
大豆	5	15	15	15	15	15	25	25	25	25	25
坚果	–	适量	适量	10	10	10	10	10	10	10	10
烹调油	15~20	20~25	20~25	20~25	25	25	25	30	30	30	35
食盐	<2	<3	<4	<6	<6	<6	<6	<6	<6	<6	<6

　　中国居民平衡膳食宝塔（balanced diet pagoda for Chinese residents）形象化的组合,遵循了平衡膳食的原则,体现了一个在营养上比较理想的基本构成。平衡膳食宝塔共分5层,各层面积大小不同,体现了5类食物和食物量的多少;5类食物包括谷薯类、蔬菜水果类、动物性食物（畜、禽、水产品、蛋、奶类）、大豆和坚果类、纯能量食物如烹调用油盐。宝塔图旁边的文字注释,标明了在能量1 600~2 400kcal 之间时,一段时间内成人每人每天各类食物摄入量的平均范围。

　　1. 宝塔的第一层为谷薯类食物,是膳食能量的主要来源,也是多种微量营养素（micronutri-

ents）和膳食纤维的良好来源。一段时间内，成人每人每天应该摄入谷、薯、杂豆类在250~400g之间，其中全谷物和杂豆50~150g，新鲜薯类50~100g。

2. 第二层为蔬菜水果，是膳食指南中鼓励多摄入的两类食物。在1 600~2 400kcal能量水平下，推荐每人每天蔬菜摄入量应在300~500g，水果200g~350g。

3. 第三层为鱼、禽、肉、蛋等动物性食物，是膳食指南推荐适量食用的一类食物。在能量需要水平为1 600~2 400kcal水平下，推荐每天鱼、禽、肉、蛋摄入量共计120~200g。新鲜的动物性食物是优质蛋白质（high-quality protein）、脂肪（fat）和脂溶性维生素（fat-soluble vitamins）的良好来源，建议每天畜禽肉的摄入量为40~75g，水产类摄入量为40~75g，蛋类为1个鸡蛋。少吃加工类肉制品，且吃鸡蛋时不要弃鸡蛋黄。

4. 第四层为乳类、大豆和坚果，乳类、豆类是鼓励多摄入的。在能量需要量1 600~2 400kcal水平下，推荐每天应摄入相当于鲜奶300g的奶类及奶制品，大豆和坚果制品摄入量为25~35g，每周坚果70g左右。

5. 第五层为烹调油和盐，是作为烹饪调料，建议尽量少用的食物。成人每天烹调油不超过25~30g，食盐不超过6g。

6. 运动和饮水也包含在膳食宝塔图中，强调增加身体活动和足量饮水的重要性。水是膳食的重要组成成分，其需要量受年龄、身体活动、环境温度等因素影响。轻体力活动成年人每天饮水量至少1 500~1 700ml（约7~8杯）。当环境温度高或活动强度大时，水的需要量要适当增加。运动或身体活动是维持能量平衡和保持身体健康的重要手段。鼓励养成天天运动的习惯，坚持每天多做一些消耗体力的劳动。推荐成年人每天至少进行相当于快步走6 000步以上的身体活动，每周最好进行150min中等强度的运动，轻体力活动能量消耗占总能量消耗的1/3左右，重体力活动者可达1/2。

平衡膳食宝塔中提及的所有食物推荐量都是以原料的生重可食部计算的，每类食物又涵盖了多种多样的不同食物，熟悉食物营养特点，是保障膳食平衡和合理营养的基础。

（六）膳食安排注意事项

营养的满足应该主要通过膳食（diet）来完成。食物能够提供对身体有益的营养物质，包括一系列营养素和其他有益成分。在某些特定的情况下，强化食品（fortified foods）和营养素补充剂（nutrient supplements）可能会帮助增加一种或多种仅靠一般饮食而不能满足人体需要的营养物质的摄入。然而，尽管在某些情况下会推荐强化食品和营养素补充剂，但它们不能代替正常的饮食。通过合理膳食和身体锻炼来改善人们的健康状况，可以减少主要慢性疾病的发病危险。膳食安排注意事项（precautions for dietary arrangement）有以下3个方面：

1. **在于搭配**　如何从膳食中吃出健康更是现代人特别关注的。为了"吃出健康"，人们不断扩大饮食范围，巧妙变化饮食方法。但这还远远不够，甚至有些是不科学的。真正健康的膳食不可忽视饮食的合理搭配。

（1）主食与副食搭配：主食（staple foods，staples），即每日三餐的米、面、馒头等。副食（subsidiary foods，non-staple foodstuffs），泛指米、面以外的，具有增强营养、刺激食欲、调节机体功能作用的饮食，包括各种菜肴、奶类、水果及一些休闲食品等。主食与副食，所含的营养素各有特点，如副食中富含维生素、矿物质、纤维素等，远比主食中的含量高，且副食的烹调方式多种多样，色、香、味、形花样百出，更能刺激人的感官，增进食欲。所以，为保证人们得到所需的全部营养，又便于其消化、吸收，增强体质，抗衰延年，最好将主食与副食搭配食用。

（2）粗粮与细粮搭配：粗粮（coarse grains，roughages），泛指玉米、高粱、红薯、小米、荞麦、黄豆等杂粮（coarse cereals，food grains other than wheat and rice）。细粮（fine grains）即指精米白面。一般而言，细粮的营养价值和消化吸收率优于粗粮，但粗粮的某些营养成分又比细粮要多一些。例如，小米、玉米面中的钙含量相当于精米的2倍，铁含量为3~4倍，说明粮食加工越精细，营养素损失得就越多。而将粗粮与细粮搭配食用,就能做到营养互补,还有助于提高食物的营养价值,如 2/3 的大米加进 1/3 的玉米做成食品,可使大米的蛋白质利用率从 58% 提高到 70%。因此,为了满足人们,尤其是老年人对营养的需要,应间或吃些粗粮,调剂一下胃口,以增进食欲和提高对食物营养的吸收。

从"膳食宝塔"中可以清楚地看到,谷类位于宝塔的基座,是人们每天摄入的基础食物。谷类(cereal grains)是中国传统膳食的主体,是人体能量的主要来源,也是最经济的能源食物。越来越多的科学研究表明,以植物性食物(plant-based foods,foods of plant origin)为主的膳食可以避免欧美等发达国家高能量、高脂肪、低膳食纤维膳食模式的缺陷,对预防心脑血管疾病、糖尿病和癌症等疾病有益。

(3) 荤菜与素菜搭配:荤菜(meat dish),又称荤食(meat diet),是指用畜禽肉、奶类、蛋类、鱼类等动物性食物(animal-based foods,foods of animal origin)为原料烹制的菜肴。素菜(vegetable dish,vegetable plate),又称素食(vegetarian diet),指用蔬菜、豆制品、面筋、菌藻类和干鲜果品、植物油等植物性原料烹制的菜肴。荤菜与素菜的营养成分(nutritional components)各有千秋,如动物性食物提供的蛋白质多为优质蛋白质,营养价值高;荤菜中含磷脂和钙较多,有的还含素食中缺少的维生素 A、维生素 D;素菜可以为人体提供大量的 B 族维生素和维生素 C;植物油中还含较多的维生素 E、维生素 K 以及不饱和脂肪酸;素菜中丰富的膳食纤维还能使大便保持通畅。因此,荤素搭配不仅有助于营养互补,使人体需要的营养更加全面合理,并能防止单一饮食(只食荤或纯素食)给健康带来的危害。

2. 在于平衡

(1) 能量平衡:产生能量的营养素,称为产能营养素(energy-yielding nutriens),包括蛋白质、脂肪与碳水化合物。脂肪产生的能量为其他两种产能营养素的两倍之多。若摄取的能量超过人体的需要,就会造成体内脂肪堆积,人会变得肥胖,易患高血压、心脏病、糖尿病、脂肪肝等疾病;如果摄取的能量不足,又会出现营养不良,同样可诱发多种疾病,如贫血、结核、癌症等。所以,若要达到能量平衡(energy balance),蛋白质、脂肪与碳水化合物三种产能营养素需按合理的比例(1∶1∶4.5)摄取。每日早、午、晚餐的能量分配分别占总能量的 30%、40%、30%。

(2) 味道平衡:食物的酸(sour)、苦(bitter)、甘(sweet)、辛(pungent,acrid)、咸(salty)对身体的影响各不相同。酸味可增进食欲,增强肝功能,并促进钙、铁等矿物质与微量元素的吸收;甜味来自食物中的糖分,可解除肌肉紧张,增强肝功能,阻止癌细胞附着于正常细胞,增强人体的抵抗力,增强记忆力;苦味食物富含氨基酸与维生素 B$_{12}$;辣味食物能刺激胃肠蠕动,提高淀粉酶的活性,并可促进血液循环和机体代谢;咸味食物可向人体供应钠、氯两种电解质,调节细胞与血液之间的渗透压及正常代谢。但是,酸食吃得过多易伤脾,加重胃溃疡的病情(too much sour food would hurt the spleen and aggravate stomach ulcer);甜食吃多伤胃,易升高血糖,诱发动脉硬化(too much sweet food would hurt the stomach,raise blood sugar and induce atherosclerosis);苦食吃多会伤肺,并引起消化不良(too much bitter food would hurt the lung and induce indigestion);辣味过重对心脏有损害(too much pungent food would hurt the heart);咸味过重会加重肾脏负担或诱发高血压(too much salty food would hurt the kidney and induce hypertension)。因此,对各种味道的食物均应不偏不废,保持平衡,才有利于身体健康。

(3) 颜色平衡:各种颜色的食物所含营养成分的侧重点不同。白色食物以大米、面粉等为代表,富含淀粉、维生素及纤维素,但缺乏赖氨酸等必需氨基酸;黄色食物以黄豆、花生等为代表,特点是蛋白质含量相当高而脂肪较少,适宜中老年人、已患高血脂及动脉硬化症患者食用;红色食物以畜禽肉为代表,富含优质蛋白、维生素 A 及钙、锌、铁等元素,但水溶性维生素相对不足,脂肪较高,多食易致心脏病与癌症;绿色食物以蔬菜、水果为代表,是人体获取水溶性维生素的主要来源,可减少心脏病与癌症的发生。黑色食物以黑米、紫菜、黑豆、黑芝麻为代表,富含铁、硒、氨基酸,但蛋白质含量较少。所以,巧妙搭配各色食物,取长补短,才能营养成分种类齐全,才能达到营养均衡。

(4) 酸碱平衡:食物酸碱之分指食物在体内最终代谢产物的性质。凡最终代谢产物为带阳离子的碱根者为碱性食物(alkaline foods,base-forming foods),如蔬菜、水果、奶类、茶叶等,特别是海带等海洋"蔬菜"是碱性食物之冠;最终代谢产物为带阴离子的酸根者为酸性食物(acidic foods,acid-forming foods),如肉、大米、面粉等。酸性食物含蛋白质多,碱性食物富含维生素与矿物质。过食酸性食物会使体液偏酸,引起轻微酸中毒,易导致风湿性关节炎、低血压、腹泻、偏头痛、牙龈发炎等疾患。同样,过食碱性食物会使体液偏碱,易导致高血压、便秘、糖尿病、动脉硬化乃至白血病等。机体体液最好是达到酸碱平衡(acid-base balance)、略偏碱性的状态。因此,对酸碱食物比例的掌握不可忽视。

3. **膳食制度合理**　一般来说,一日三餐是绝大多数人的饮食习惯,但怎样安排好一日三餐却大有学问。有的家庭膳食安排得很合理,食物种类多,营养丰富全面;而有的家庭的饮食品种极为单调,营养缺失。三餐安排得是否科学合理,与人体健康息息相关。一日三餐不仅要定时定量,更重要的是要能保证营养的供应,做到膳食平衡。一日三餐总的要求(general requirements for three meals a day)是早餐要吃好,午餐要吃饱,晚餐要吃少。

(1) 早餐吃好:早餐要吃好(to eat well for breakfast),是指早餐应吃一些营养价值高、少而精的食品。因为,人经过一夜的睡眠,头一天晚上进食的营养已基本消耗完,早上只有及时地补充,才能满足上午工作、劳动、学习的营养需要。若长期不吃早餐,不但影响身体健康,还易患胆结石。很多人早餐习惯吃大饼、油条、蛋糕、馒头等,也有人爱吃蛋、肉类、牛奶,虽说这些食物也都富含碳水化合物及蛋白质、脂肪,但它们均属于酸性食物,没有提供人体所需的碱性食物。如果再吃点蔬菜,就能达到酸碱平衡了。

(2) 午餐吃饱:午餐要吃饱(to eat enough for lunch),是指午餐要保证充足的质与量。因为午餐具有承上启下的作用,既要补偿早餐吃得少、上午活动量大、能量消耗大的空缺,又要为下午的耗能储备能量。因而,饮食的品质要高,量也要相对充足。也就是说,午餐主食的量要大些,最好掺些杂粮,副食的花样要多些:有畜禽肉类、鱼类、豆类、多种蔬菜。若再加一碗有荤有素的汤,做到"饭前一勺汤",膳食则更加科学。

(3) 晚餐少而淡:晚餐要吃少(to eat less for supper),因为晚餐吃得过饱,血中的糖、氨基酸、脂肪酸浓度就会增高,多余的能量会转化为脂肪,使人发胖。同时,不能被消化吸收的蛋白质在肠道细菌的作用下,会产生有害物质,这些有害物质在肠道的停留时间过长,易诱发大肠癌。中老年人如果长期晚餐过饱,会刺激胰岛素分泌,易导致糖尿病。晚餐过饱还易使人失眠、多梦,引起神经衰弱等疾病。晚餐暴饮暴食(craputence,binge eating),容易诱发急性胰腺炎,使人在睡眠中休克,若抢救不及时,往往会危及生命;如果胆道有蛔虫梗阻、慢性感染等,更容易诱发急性胰腺炎而猝死。晚餐吃得太油腻,过多的胆固醇堆积在血管壁上,久之就会诱发动脉硬化、高血脂、高血压和冠心病,或加重病情。晚餐饱食高脂肪食物,会使全身的血液相对集中在肠胃,易造成大脑局部供血不足。此外,晚餐也不宜吃得太晚,在下午6时左右为宜。

(胡跃强)

第三节　保　健　方　式

随着社会的进步和人们对健康需求的日益增长,以个体、家庭、社区参与为特征的预防保健服务得到了推广。医学实践早已证实,早期预防保健(early prevention and health care)可以阻断疾病的发生和发展,治疗方面也可以取得更加显著的效果。自20世纪60年代起,我国将"以医院为中心扩大预防"确定为卫生工作方针,在各地各级医院先后建立了预防保健科(组),逐步形成了三级预防保健网(three-level networks of prevention and health care),开展了临床预防保健服务工作(clinical preventive health care services)。自 2009 年开始,我国又启动实施了《国家基本公共卫生服务项目》(*national basic public health service projects*)。在城乡基层医疗卫生机构(community-level medical and health institutions in urban and rural areas)普遍开展健康教育、预防接种、重点人群如老年人、孕产妇、0~6 岁儿童以及 2 型糖尿病、高血压等慢性病患者的健康管理等工作。2016 年 8 月第一次全国卫生与健康大会召开,"健康中国(healthy China)"首次被上升为中国优先发展的国策。《健康中国 2030 规划》指出:要"推进慢性病防、治、管整体融合发展,实现医防结合。"随着健康中国建设的推进,健康服务体系(health service system)不断调整优化,早诊断、早治疗、早康复不断强化,卫生保健服务的重要性日益突出。

一、个人保健

(一)个人保健服务方式

个人保健服务方式(personal health care service pattern)包括以下内容:

1. 健康信息收集　个人健康信息的收集(collection of personal health information)是个人保健服务(personal health services)的第一步。个人健康信息一般通过问卷调查(questionnaire survey)、健康体检(health physical examination)和筛查(screening)等获得,也可通过门诊、住院病历的查阅获得。无论通过何种途径取得,其准确性首先要得到保证。在信息收集过程中,应注意采集健康危险因素,包括:吸烟、身体活动、日常饮食、性生活、酒精和其他毒品的使用、预防伤害、口腔卫生、精神卫生及其功能状态、疾病史和家族史中的危险因素、接触职业与环境的危险因素、旅游史以及接受所推荐的筛检试验、免疫和化学预防状况。问卷调查所用表格见表 4-2。

表 4-2　重要危险因素的初筛问卷

1. 您吸烟吗?
2. 您每天有多少时间进行身体活动?
3. 最近 24h 内您吃过哪些食品?
4. 您的朋友中有婚外性生活的人吗? 您是否有这种行为? 您使用什么避孕措施?
5. 您差不多每天喝酒吗? 您的朋友中有吸海洛因或鸦片的人吗? 您吸过吗?
6. 您一直遵守交通规则吗? 您曾骑自行车猛拐、抢道吗? 您曾经酒后驾车吗? 您是否曾乘坐由酒醉司机驾驶的汽车?
7. 您每天刷牙? 或隔多久刷一次? 您的牙出血过吗? 您最近一次看牙医是什么时候?
8. 近来您的情绪怎样?
9. 医生曾经诊断你患有心脏病、癌症、糖尿病或哪种传染病?
10. 您是否有心脏病、癌症或糖尿病的家族史?
11. 您目前从事何种工作? 过去曾从事过什么工作?
12. 您到过其他地方或其他国家吗? 或正准备去什么地方或国家?
13. 您最近一次参加的体检是在什么时候? 查什么?
14. 您最近一次接受的免疫接种是在什么时候? 什么免疫接种?
15. 您服用雌激素吗? 您每天服用阿司匹林吗?

2. 健康风险评估　健康风险评估(health risk assessment,HRA)是一种用于描述和评估个体由健康危险因素导致某一特定疾病或因某种特定疾病而死亡可能性的方法和工具。具体的做法是,根据所收集的个体健康信息,对个人的健康状况及未来患病或死亡的危险性用数学模型进行

量化评估。这种分析的目的在于估计特定时间发生某种疾病的可能性,而不在于做出明确的诊断。健康风险评估的内容(contents of health risk assessment)主要包括一般健康风险评估(general health risk assessment)、疾病风险评估(disease risk assessment)等。

3. **个体化保健计划**　个体化保健计划包括以下内容:

(1) 个体化保健计划的制订原则:个体化保健计划(individualized health care schedule)是指在明确个人健康危险因素分布的基础上,有针对性地制订将来一段时间内个体化的保健方案,并以此来实施个体化的健康指导(individualized health guidance)。个体化保健计划的制订原则(principles for developing individualized health care schedule)包括以下几个方面:

1) 以健康为导向的原则:临床预防服务的核心思想是以健康为中心。因此,制订个性化的保健计划要充分调动个体的主观能动性,这对计划的顺利实施意义重大。

2) 个性化的原则:个体的健康状况和健康危险因素都不一样,不同个体的生活方式、经济水平、可支配时间以及兴趣爱好等也都可能是不一样的。因此保健计划应根据个人的实际情况而制订,不能千篇一律。

3) 综合性利用的原则:个体化保健计划是一套围绕"健康"制订的个性化的健康促进方案(individualized health promotion program),是全方位和多层次的。从健康的定义看,包括生理、心理和社会适应能力三个层面的内容;从管理项目上看,包括综合体检方案、系统保健方案、健康教育处方、运动及饮食指导等内容,因此制订个体化的保健计划应从多个角度出发,运用综合性措施对健康进行全面管理。

4) 动态性原则:人的健康状况是不断变化的,生命的每个阶段所面对的健康危险因素也是不一样的,某些意外事件(如车祸、自然灾害等)也可能会突然降临,因此个体化保健计划也应该是动态的。

5) 积极参与的原则:个性化保健计划改变了以往被动型的保健模式(passive health care model),强调个人在健康促进活动中的主动性和参与性。无论是健康信息的收集、个体化保健计划的制订,还是计划的最终实施,都需要服务对象的积极参与和配合。

(2) 干预措施的选择:个体化保健计划的制订需根据危险因素的评估结果以及"患者"的性别、年龄等信息确定干预措施。个体化健康风险干预措施(individualized health risk intervention measure)包括:健康咨询、健康筛查(health screening)、免疫接种、化学预防和预防性治疗等。由于危险因素与健康之间常常是多因多果的关系,应采取综合性的干预措施。应根据这些原则性建议,结合个体的具体情况、资源的可用性和实施的可行性,选择合适的、具体的干预措施列入健康维护计划中,同时还应根据"患者"的需求等因素进行修改或增减。

(3) 干预实施的频率:在决定采取哪些具体的干预措施后,则需要确定干预实施的频率。有些干预措施实施的频率已被广泛认同,如某种免疫接种;而健康指导如劝告戒烟,并没有一个明确的频率。对于多数疾病的筛查,频率过高会增加费用,增加产生假阳性结果的可能性,而筛查间隔时间太长将增加重要疾病漏诊的危险性。确定筛查频率要考虑的主要因素是筛查试验的灵敏度和疾病的进展,而不是疾病发生的危险度。而危险度是决定是否要做这项筛查的主要因素,高危人群应得到更多特别的帮助,以保证他们能实施健康维护计划,但不需要更频繁地做筛查。

(4) 个体化保健计划的实施:个体化保健计划的实施(implementation of individualized health care plan)一般经过以下几个步骤:

1) 建立流程表:为了便于个体化保健计划的实施与监督,一般要求为每人制订1张保健流程表。

2) 单个健康危险因素干预计划:在已建立的个体化保健流程表的基础上,为了有效地纠正某些高危人群的行为危险因素(behavioural risk factors),还需与"患者"共同制订另外一份某项健康危险因素干预行动计划,如吸烟者的戒烟计划、肥胖者的体重控制计划等。由于不健康行为和不健康的生活方式改变的困难性与艰巨性,纠正健康危险因素最好分步实施,一个成功后再纠正另一个,并从最容易纠正的开始。制订的目标不能要求太高,应在近期通过努力就可达到,使"患者"看到自己的进步,逐步树立纠正健康危险因素的自信心,从而能长期坚持,达到维护健康(maintaining health)的效果。

3)提供健康教育资料:为了提高"患者"对计划执行的依从性,应给他们提供一些有针对性的相关健康教育资料。应强调只有"患者"下决心主动承担起健康的责任,愿意改变不健康的行为和不健康的生活方式,才能真正提高其健康水平和生活质量。

4)随访:随访(follow-up)是指在干预计划实施后,医务人员跟踪"患者"执行计划的情况、感受和要求等,以便及时发现曾被忽视的问题。一般而言,所有"患者"在执行个体化保健计划 3 个月后都需要进行定期随访,随访的次数应根据具体情况确定。建议 50 岁以下健康成年人,2 年随访 1 次;50 岁以上成年人,1 年随访 1 次。若出现某一健康问题,则应根据该健康问题的管理要求来确定。

(二)个人健康行为指导方式

个人健康行为指导方式(personal health behavior guidance pattern)主要包括健康教育、健康咨询。

1. 健康教育　健康教育(health education)是一个有计划地应用循证(evidence-based)的教学原理与技术,为学习者提供获取科学的健康知识、树立正确的健康观念、掌握实用的健康技能(health skills)的机会,帮助他们做出有益健康的决定和有效且成功地采纳健康的行为(healthy behaviors)和健康的生活方式(healthy life styles)的过程。健康教育既是为了引导人们自愿采纳健康的行为和生活方式而设计的学习机会,也是帮助人们达成知行合一的实践活动,其核心是健康行为的养成。健康教育涉及一系列的教学方法和技巧,一切有目的、有计划的健康知识传播,健康技能传授或健康相关行为干预活动都属于健康教育的范畴,具体包括个体咨询、指导、人际和小组活动、课堂讲授、培训、训练、各种媒体的传播等。

2. 健康咨询　健康咨询(health consultation)是指通过健康咨询的技术与方法,为求助者解除健康问题提供咨询服务。

(1)健康咨询的基本模式:健康咨询的基本模式(basic model of health consultation)为"5A 模式(5A model)",即通过评估(assessment),包括对行为、病情、知识、技能、自信心的评估;劝告(advice),指提供有关健康危害的相关信息,行为改变的益处等;达成共识(agreement),指根据患者的兴趣、能力共同设定一个改善健康(行为)的目标;协助(assistance),指为患者找出行动可能遇到的障碍,帮助确定正确的策略、解决问题的技巧及获得社会支持(social support);安排随访(arrangement),指明确随访的时间、方式与行动计划,最终通过患者自己的行动计划,达到既定的目标。

(2)健康咨询的原则:健康咨询的原则(principles of health consultation)包括以下几个方面:

1)建立友好关系:咨询者应对寻求咨询的对象(服务对象)表示出关心和爱护。

2)识别需求:咨询者应设法了解到服务对象存在的问题并让他(她)识别出自身存在的问题。

3)移情:咨询者应对服务对象的感受表示理解和接受,而不是对他表示同情。人们对他们所存在的问题不可避免地会有担心和害怕。一个好的咨询者应帮助人们认识到他们自身的不良情感(担心害怕)并设法克服,而不是简单地叫他们不要担心害怕。

4)调动参与:作为一个咨询者,不要试图劝说人们接受你的建议。因为若你的建议是错误的或对服务对象不合适的话,人们可能会很生气并不再信任你;如果建议是对的,人们便会变得越来越依赖于你来解决所有面临的问题。一个好咨询者应帮助人们找出各种与其所存在问题相关的因素,并鼓励人们找出最适合他们自己的解决问题的办法。

5）保守秘密：服务对象可能告诉咨询者许多个人的隐私和令人尴尬的问题，咨询者一定要替服务对象保守这些秘密。

6）尽量提供信息和资源：尽管咨询者不一定能给所有的服务对象提供直接的建议，但应该与服务对象分享有用的信息，并为其提供所需的资源，供服务对象自己作决定时参考。

（3）帮助建立健康行为：包括以下方面。①提高认识；②分析决定因素；③制订可行的目标；④自我激励。

二、家庭保健

家庭（family）由两个或多个成员组成，是家庭成员（family members）共同生活和彼此依赖的处所。一般来说，家庭具有血缘、婚姻、供养、情感和承诺的关系，家庭成员共同努力以实现生活目标与需要。同时，家庭是介于个人和社会之间的一种社会组织，它是构成社区的基本单位。每个家庭的生活是否健康直接影响到社区整体的健康，所以家庭保健是社区的重要工作之一。家庭保健（family health care，family-oriented health care），就是以家庭为单位所进行的各种保健行为（health care behaviors）。

（一）家庭与健康的关系

家庭与健康的关系（relationship between family and health）非常重要。开展家庭保健的目的就是发挥家庭在保健方面的作用，保护和促进家庭成员的身心健康。随着社会经济的发展和家庭观念的转变，我国的家庭趋向于小规模和多样化，以夫妻制的核心家庭（core family）为主，老年夫妇单独生活的家庭增多，由此带来的问题是年轻家庭的育婴经验不足和老年夫妇孤独及缺少照顾。所以在家庭内不可避免地会产生对健康不利的因素，重视开展家庭保健工作就显得尤为重要。

1. 家庭结构与健康的关系　家庭结构与健康的关系（relationship between family structure and health）表现在：家庭结构的完整是保持家庭功能和家庭关系（family relationships）处于完好状态的基础。

2. 家庭功能与健康的关系　家庭功能与健康的关系（relationship between family function and health）如下：

（1）情感功能与健康的关系：以血缘和情感为纽带，通过关爱和支持满足爱与被爱的需要。

（2）社会化功能与健康的关系：可提供社会教育，帮助子女完成社会化过程，依据法规和民族习俗，约束家庭成员。

（3）生殖功能与健康的关系：生养子女，培养下一代。

（4）经济功能与健康的关系：生活需要一定的经济资源，以满足多方面的生活需要。

（5）健康照顾功能与健康的关系：通过相互照顾，保护家庭成员的健康。

（二）健康家庭的模式

健康家庭（healthy family），是指家庭中每一个成员都能感受到家庭的凝聚力，能够提供足够的内部和外部资源维持家庭的动态平衡，且能够满足和承担个体的成长，维系个体面对生活中各种挑战的需要。

1. 医学模式　医学模式（medical model）认为健康家庭是家庭成员没有生理、心理、社会疾病，家庭没有功能失调或衰竭的表现。

2. 角色执行模式　角色执行模式认为健康家庭是家庭能够有效地执行家庭功能和完成家庭发展任务。

3. 适应模式　适应模式认为健康家庭是家庭能够有效地、灵活地与环境相互作用，完成家庭的发展，适应家庭的变化。

4. 幸福论模式　幸福论模式认为健康家庭是家庭能够持续地为家庭成员保持最佳的健康状

况和发挥最大的健康潜能,提供资源、指导和支持。

（三）健康家庭应具备的条件

健康家庭应具备的条件（conditions required for a healthy family）有以下几个方面:

1. 良好的交流氛围　家庭成员能彼此分享感觉、理想,相互关心。

2. 增进家庭成员的发展　家庭能够给各成员足够的自由空间和情感支持。

3. 能面对及解决问题　各家庭成员对家庭均负有责任,并积极解决问题。

4. 有健康的居住环境（dwelling environment, residential environment）及生活方式　能认识到家庭内的安全、营养、运动、闲暇等对每位成员健康的重要性。

5. 与外界保持密切联系　不脱离社区和社会,充分运用社会网络,利用社区资源（community resources）满足家庭成员的需要。

总之,健康家庭反映的是家庭单位的特点,而不是家庭成员的特点。

（四）家庭保健的方法

家庭保健是以家庭为单位,社区保健人员（community health workers, community health services staffs）为帮助家庭成员预防、应对、解决各发展阶段的健康问题,适应家庭发展任务,获得健康的生活周期（healthy life cycle）而提供的服务。家庭保健的目的（purpose of family health care）是维持和提高家庭的健康水平及家庭成员的自我保健能力（self-care ability）,包括提高家庭发展任务的能力;帮助问题家庭获得健康发展的能力;培养家庭解决和应对健康问题的能力。家庭保健的方法（family health care methods）包括以下方面:

1. 开展家庭健康教育　包括:①生理教育;②智力培养;③心理教育;④婚前教育。

2. 建立健康的家庭生活方式　包括:①家庭饮食营养卫生;②休息与睡眠;③家庭环境卫生;④衣着服饰与化妆卫生。

3. 保持家庭心理健康　以积极的心态面对身体疾病、生活难题、人际关系（interpersonal relationships）,这是家庭健康的基础。应该尽可能营造温馨、和谐的家庭环境,保障家庭成员的身心健康。需要做到:一是尊重、理解,学会交流,多给予关怀和鼓励;二是要合理安排全家的膳食生活,调节好家人的睡眠和休息,适当地安排文化娱乐节目。

4. 开展医疗保健服务　包括:①家庭病床;②家庭医生;③家庭护理;④家庭医疗咨询。

三、社区保健

社区保健（community health care, community-oriented health care）主要从疾病防控和环境卫生两条主线来展开。疾病防控主要为传染病的预防与控制、慢性病的预防与控制;环境卫生主要为环境相关疾病的预防与控制、职业卫生服务与职业病管理、食品安全与食源性疾病（foodborne diseases）管理。

（一）传染病预防与控制

传染病预防与控制的内容（contents of prevention and control of infectious diseases）如下:

1. 传染病发生前的预防与控制措施　传染病（infectious diseases）的有效预防就是要在疫情发生前,针对可能暴露于病原体并发生传染病的易感人群采取措施。传染病发生前的预防与控制措施（prevention and control measures before the occurrence of infectious diseases）有以下几个方面:

（1）加强人群免疫:免疫预防（immune prevention）是控制具有有效疫苗免疫的传染病发生的重要策略。全球消灭天花、脊髓灰质炎活动的基础就是开展全面、有效的人群免疫（population immunization, community-based immunization）。实践证明,许多传染病,如白喉、百日咳、破伤风、乙型肝炎等,都可通过人群大规模免疫接种来控制流行,或将发病率降至相当低的水平,预防接种是保护易感人群（susceptible population）的最有效措施之一。

（2）加强健康教育:健康教育可通过改变人们的不良卫生习惯和行为(adverse health habits and behaviors)来切断传染病的传播途径,健康教育的形式多种多样,可通过大众媒体、专业讲座和各种针对性手段,使不同教育背景的人群获得有关传染病的预防知识。健康教育对传染病预防的成效显著,如安全性行为与艾滋病(acquired immunodeficiency syndrome,AIDS)预防知识;饭前便后洗手与肠道传染病(intestinal infectious diseases)预防等,这是一种低成本高效果的传染病防治办法。

（3）改善卫生条件:保护水源、提供安全饮用水、改善居民的居住条件、加强粪便管理和无害化处理、加强食品安全监督和管理、加强垃圾的管理等,都有助于从根本上杜绝传染病的发生和传播。

2. 传染病发生时的预防与控制措施 在传染病发生或流行的间歇期,在预防为主策略指导下做好三级预防和控制工作。传染病发生时和流行间歇期的预防和控制措施(prevention and control measures at the onset of infectious diseases and epidemic intervals)包括:传染病报告,针对传染源、传播途径和易感人群的措施,以及预防接种等。

（1）传染病流行时的措施

1）传染病报告:传染病报告(infectious disease notification,report of infectious diseases)是传染病监测(infectious disease surveillance)的手段之一,也是控制和消除传染病的重要措施。

①报告病种和类别:2013年6月29日修订的《中华人民共和国传染病防治法》规定,法定报告的传染病(notifiable infectious disease)共有39种,其中甲类传染病2种,乙类传染病26种,丙类传染病11种。甲类传染病(category A infectious diseases)包括:鼠疫、霍乱。乙类传染病(category B infectious diseases)包括:传染性非典型肺炎、艾滋病、病毒性肝炎、脊髓灰质炎、人感染高致病性禽流感、麻疹、流行性出血热、狂犬病、流行性乙型脑炎、登革热、炭疽、细菌性和阿米巴性痢疾、肺结核、伤寒和副伤寒、流行性脑脊髓膜炎、百日咳、白喉、新生儿破伤风、猩红热、布鲁氏菌病、淋病、梅毒、钩端螺旋体病、血吸虫病、疟疾。丙类传染病(category C infectious diseases)包括:流行性感冒、流行性腮腺炎、风疹、急性出血性结膜炎、麻风病、流行性和地方性斑疹伤寒、黑热病、包虫病、丝虫病,除霍乱、细菌性和阿米巴性痢疾、伤寒和副伤寒以外的感染性腹泻病。并规定国务院卫生行政部门根据传染病暴发、流行情况和危害程度,可以决定增加、减少或者调整乙类、丙类传染病病种并予以公布。

国家卫生计生委办公厅印发的《传染病信息报告管理规范(2015年版)》将人感染 H_7N_9 禽流感列为乙类传染病,将手足口病列为丙类传染病,并规定,除法定传染病外,国家卫生计生委决定列入乙类、丙类传染病管理的其他传染病和按照甲类管理开展应急监测报告的其他传染病,省级人民政府决定按照乙类、丙类管理的其他地方性传染病和其他暴发、流行或原因不明的传染病,不明原因肺炎病例和不明原因死亡病例等重点监测疾病也为报告病种。

②疫情报告的原则:疫情报告的原则(principles for epidemic reporting)是疾病预防控制机构、医疗机构和采供血机构(blood collection and supply institutions,blood collectors and suppliers)及其执行职务的人员发现法定传染病疫情或者发现其他传染病暴发、流行以及突发原因不明的传染病时,应当遵循疫情报告属地管理原则,按照国务院规定的或者国务院卫生行政部门规定的内容、程序、方式和时限报告。

③责任报告人及报告时限:任何单位和个人发现传染病患者或者疑似传染病患者时,都应当及时向附近的疾病预防控制机构或者医疗机构报告。为了加强传染病信息报告管理,国家卫生计生委办公厅在2006年制定的《传染病信息报告管理规范》的基础上,于2015年10月29日印发《传染病信息报告管理规范(2015年版)》,其中规定各级各类医疗卫生机构为责任报告单位;其执行职务的人员和乡村医生(rural doctors)、个体开业医生(individual medical practitioners)均为责任疫情报告人。

2）传染源消除措施:传染源消除措施(measures for eliminating sources of infection)主要是为了消除或减少其传播作用,达到消灭疫源的作用。对不同类型的传染源应采取不同的措施。

①对患者的措施:做到早发现、早诊断、早报告、早隔离、早治疗。患者一经诊断为传染病或可疑传染病者,就应按传染病防治法的规定实行分级管理。只有尽快管理传染源,才能防止传染病在人群中的传播蔓延。

②对病原携带者的措施:对病原携带者(pathogen carriers)应做好登记、管理,随访至病原体检测2~3次阴性后视为阴性。从事饮食行业、托幼机构等特殊行业的病原携带者须暂时离开工作岗位,久治不愈的伤寒或病毒性肝炎的病原携带者不得从事餐饮、保姆、幼教等职业。艾滋病、乙型和丙型病毒性肝炎疾病原携带者严禁献血(blood donation)。

③对接触者的措施:凡与传染源有过接触并有受感染可能的接触者(contacts)都应接受检疫。

④对动物传染源的措施:视感染动物对人类的危害程度采取不同的处理措施,对危害大且经济价值不大的动物传染源应予彻底消灭;对危害大的病畜和野生动物予以捕杀、焚烧或深埋;对危害大且有经济价值的病畜可予以隔离治疗。此外,还要做好家畜和宠物的预防接种和检疫。

3）传播途径切断措施:传染病疫情发生后,首先要估计疫源地(focus,focus of infection)的范围,对传染源污染的环境必须采取有效的措施去除和杀灭病原体。切断传播途径的措施(measures for cutting off routes of transmission)主要是消毒和杀虫。

①消毒:消毒(disinfection)是指用化学、物理、生物等方法消除或杀灭外界环境中的致病性微生物(pathogenic microorganisms)。

②杀虫:杀虫(disinsection)是使用杀虫剂(pesticides)杀灭有害昆虫(harmful inserts),特别是外环境中传递病原体的媒介节肢动物(arthropods)。

4）易感人群保护措施:易感人群保护措施(protection measures for susceptible population)从以下方面考虑:在传染病流行前或流行间歇期,通过预防接种提高机体免疫力,降低人群对传染病的易感性。在传染病流行过程中,通过一些防护措施(如穿戴口罩、手套、护目镜、防护服、鞋套等)和药物预防(drug prevention)保护易感人群免受病原体侵袭和感染,但是药物预防作用时间短、效果不巩固,易产生耐药性,因此应用具有较大的局限性。

（2）传染病流行间歇期的措施:在传染病流行间歇期,主要是针对人群进行预防接种,即通常所说的计划免疫(planned immunization),提高人群的免疫水平,预防传染病的流行。

1）预防接种:预防接种(vaccination)是将生物制品(抗原或抗体)接种到机体,使机体获得对传染病的特异性免疫力(specific immunity),从而保护易感人群,预防传染病的发生。

①人工自动免疫:人工自动免疫(artificial active immunity)指将疫苗接种到机体,使之产生特异性免疫力。

②人工被动免疫:人工被动免疫(artificial passive immunization)是将含特异性抗体的血清或细胞因子等制剂注入机体,使机体被动地获得特异性免疫力而受到保护。

③被动自动免疫:被动自动免疫(passive and active immunity)兼有被动及自动免疫的长处,使机体在迅速获得特异性抗体的同时,产生持久的免疫力。

2）计划免疫方案:计划免疫的目标是使易感人群中的绝大部分人在生命的早期,即在有暴露于病原微生物可能性之前实施免疫接种。一般来说,计划免疫方案(planed immunization program)包括以下内容:

①扩大免疫规划:1974年,WHO根据消灭天花和不同国家控制麻疹、脊髓灰质炎的经验,开展了全球扩大免疫规划(expanded programme on immunization,EPI)活动,要求坚持免疫方法与流行病学监督相结合,防治白喉、白日咳、破伤风、麻疹、脊髓灰质炎、结核病等传染病,中国1980年起正式加入活动。2007年12月29日,国家卫生部印发了关于《扩大国家免疫规划实施方案》

（*Expanded National Immunization Planning Implementation Programme*）的通知,将疫苗接种种类由原来的6种增加到15种。目前通过扩大免疫规划接种的疫苗,可预防乙型肝炎,结核病,脊髓灰质炎、百日咳、白喉、破伤风、麻风、甲型肝炎、流行性脑脊髓膜炎、流行性乙型脑炎、风疹、流行性腮腺炎、流行性出血热、炭疽和钩端螺旋体病等15种传染病。

②免疫程序:免疫程序(immunization schedule)是指需要接种疫苗的种类及接种的先后次序与要求,主要包括儿童基础免疫和成人或特殊职业人群特殊地区接种疫苗的程序。免疫程序的设计是根据传染病的流行特征、疫苗的生物学特性和免疫效果、人群的免疫应答能力和实施的具体免疫预防(immunoprophylaxis,immune prevention,immunological defence)条件来确定。中国在20世纪70年代明确提出了计划免疫概念,并制定了《全国计划免疫工作条例》,从2008年起全国均按《扩大国家免疫规划实施方案》规定的免疫程序进行预防接种。

（二）慢性非传染性疾病的预防与管理

慢性非传染性疾病的预防与管理(prevention and management of chronic noncommunicable diseases)包括以下内容:

慢性非传染性疾病(non-communicable chronic diseases,NCDs),简称"慢性病(chronic diseases)",不是特指某种疾病,而是对一组起病时间长,缺乏明确病因证据,一旦发病即病情迁延不愈的非传染性疾病的概括性总称。例如冠心病、脑卒中、恶性肿瘤、糖尿病及慢性呼吸系统疾病均为常见慢性病。目前,慢性病已成为严重威胁世界人民健康,影响国家经济社会发展的重大公共卫生问题(great public health problems,great public health issues)。慢性病的发生和流行与经济、社会人口、行为、环境等因素密切相关。随着全球人口老龄化进程不断加快,居民生活方式、生态环境、食品安全状况等对健康的影响逐步显现,慢性病发病、患病和死亡人数不断增多,慢性病的疾病负担(disease burden)日益沉重。慢性病影响因素的综合性、复杂性决定了防治任务的长期性和艰巨性。

1. 慢性病健康管理 目前慢性病占全球疾病负担的一半以上,在未来10年间慢性病的疾病负担将不断上升,尤其在发展中国家,疾病负担的80%将来自慢性病。对慢性病进行健康管理将使健康状况得到有效评估,提供有针对性的健康指导(health guidance),从而促使人们有目的地采取各种行动改善健康,减少患慢性病的可能性,降低医疗服务费用,改善人群健康状态,提高生命质量。

（1）慢性病健康管理的内容:慢性病健康管理(chronic disease health management)包括以下方面:

1）设计阶段:应该掌握疾病的基本知识,明确疾病的病因、发生、发展和转归以及在各个阶段应采取的最适宜的干预措施(最好的成本-效果)。同时,应明确患者的划分和评价的危险因素,并确定临床指南、实施路径和决策原则,制订出患者保健、自我管理和健康教育的计划。

2）实施阶段:应该具备适宜的技术和管理制度,以保证能够顺利开展慢性病健康管理,包括患者的持续服务计划、信息技术和信息传播的基础结构、医院内部和外部的管理等内容。

3）评价阶段:应有相应的技术和指标体系来完成慢性病健康管理的效果、效益的评价和报告,慢性病健康管理实施的跟踪和资源的管理,并将结果反馈给实施过程,达到持续提高质量的目的。

4）市场推荐阶段:在前三个阶段的基础上评估该项慢性病健康管理计划在市场上推荐的前景,以确定该项计划的投资风险。

（2）慢性病健康管理的要素:慢性病健康管理不仅仅是执行和发展具体的项目,也是医药卫生体制改革(reform of the medical and health care system)的一个重要部分。以系统为基础的慢性病健康管理的要素(elements of chronic disease health management)包括以下几个方面。

1）建立有效的协作团队:慢性病健康管理在社区实施时,根据社区卫生服务机构的特点及辖区管理人群的特点,构建不同模式的管理团队,主要包括以患者为中心的管理团队、以流程管理为中心的管理团队和小团队管理模式。

2）完善初级卫生保健团队:慢性病健康管理是通过卫生保健团队完成的。疾病初级卫生保健团队除了医生、护士以外,还应包括药剂师、营养师、健康教育者、健康管理师、疾病管理责任师等,在为患者提供医疗服务的过程中,同时提供预防、保健、康复、健康教育融为一体的人性化、综合性,持续性、可及性、协调性的综合医疗卫生保健服务。

3）加强各部门的协作:疾病管理是以系统为基础的,由社区卫生服务机构即社区卫生服务中心或社区卫生服务站、三级医院、保健服务机构、疾病预防控制机构等相互协作共同完成的。社区卫生服务机构和三级医院之间建立双向转诊通道是保证高质量医疗卫生保健服务的重要环节,也是协调保健服务的重要内容。

4）建立社区临床信息系统:社区医疗服务系统(community medical service system)引入电子病例(computer-based patient record,CPR)是社区医疗信息系统(community medical information system)发展的重要标志。没有社区医疗信息系统,就很难获得连续的患者信息,实现连续性医疗卫生保健服务(continuous medical and health care services);很难实施综合的一体化的医疗卫生保健服务;很难及时评价真实的管理效果,造成卫生资源浪费;医保部门由于不能及时得到费用信息,也难以做好监督和管理。

5）医生培训:慢性病健康管理应当以循证医学(evidence-based medicine)为基础,临床指南(clinical guidelines)是所有慢性病健康管理项目的基础。临床指南具有以下特点:信息具有权威性;专家的集体论证达成一致的建议;共识的患者管理的建议;澄清临床上有意义的争论问题。慢性病健康管理重要的一点是鼓励保健人员遵循指南,患者和保健人员应获得信息,以便能更好地遵循治疗、生活方式和自我管理的建议,使患者的健康水平得到提高。对慢性病患者的管理主要由医生具体实施,因而对他们进行上述知识和技能的培训是十分重要的。

6）患者健康教育与自我管理:传统的慢性病健康管理的主要内容是教育患者,后发展为以教授患者自我管理的技能为主,提高患者的自我管理能力。

2. 慢性病的自我管理　慢性病发生与否主要是由人们的行为、生活方式和环境因素决定,慢性病患者的预防性干预(preventive interventions)与卫生保健活动(health-care activities)一般在社区和家庭完成,因此患者和家庭将不可避免地成为管理慢性病的主要承担者。而绝大多数患者及其家庭成员均缺乏慢性病自我管理(chronic disease self-management)所需的技能。因此,通过健康教育与健康促进增强慢性病患者及其家庭成员的慢性病自我管理技能(chronic disease self-management skills)均具有非常重要的现实意义。

慢性病患者自我管理的内容(contents of self-management for patients with chronic disease)包括以下方面:

(1）慢性病患者自我管理:有效的慢性病患者自我管理(self-management of patients with chronic disease)能帮助患者及其家人坚持执行治疗方案,以尽可能稳定症状、降低并发症及因慢性病所致的失能。

(2）社区对慢性病患者自我管理的支持:社区对慢性病患者自我管理的支持主要体现为在社区内持续开展慢性病自我管理项目(chronic disease self-management program),培训患者的自我管理能力(patient self-management ability),即通过充分利用社区资源,开设系列的健康教育课程来提高患者及其家人的慢性病自我管理基本知识、能力及信心,鼓励病友互助,提高患者与医生的交流技巧,帮助患者完成自我管理任务。

(3）医生对慢性病患者自我管理的支持:医生对慢性病患者自我管理的支持(physicians' support for self-management of patients with chronic diseases)主要包括以下几个方面:①日常自我管理活动的支持、指导、评估,帮助患者解决问题、确定管理目标等;②有效的临床管理;③准确的诊疗计划;④紧密的随访。要帮助医生完成这些支持任务,必需要进行慢性病自我管理的培训,首先让医生掌握有效的慢性病自我管理支持技巧。另外,医生也要善于组织医院内部及社区的资源来为患者提供持续的自我管理支持。

(4) 支持医生对慢性病患者自我管理支持的系统改变包括以下几个方面。

1) 创造一种行业文化、机制来促进服务质量的不断提高及服务创新,为创新性服务(如支持患者自我管理)提供政策、制度及激励机制等方面的支持。

2) 调整服务提供方式,确保有效、有效率的临床服务及对自我管理的支持(如在服务团队中合理分工、确定定期随访安排、鼓励患者参与确定服务内容和形式等)。

3) 促进医疗卫生机构提供符合科学证据及患者选择的服务,如将循证医学的原则贯穿于日常诊疗服务;与患者共享有科学依据的指南及信息,鼓励患者参与;使用有效的培训方法等。

4) 建立信息系统,利用患者及人群数据来帮助提高服务质量及效率,如为服务提供者及患者建立及时的提醒系统;鉴定出服务的重点对象;让患者与医生信息共享达到医患协作;监测卫生服务系统及服务团队的绩效。

总之,通过在社区持续开展慢性病自我管理项目,让每个患者学习到慢性病自我管理技能及建立信心后,自己承担日常的慢性病健康管理任务,加上来自医生及社区的慢性病自我管理支持和随访,能使慢性病患者主要依靠自己控制所患疾病,过上健康、幸福的生活,医疗卫生保健系统在系统水平上的改变及社区资源的动员与利用,再加上外部政策环境的支持,能让患者的自我管理及医生的支持服务持续进行,最终提高慢性病保健服务的质量及效率,减少卫生服务资源的浪费。

3. 慢性病防治策略　　近年来,各地区、各有关部门认真贯彻落实中共中央、国务院的决策部署,深化医药卫生体制改革,着力推进环境整治、烟草控制、体育健身、营养改善等工作,初步形成了慢性病综合防治的工作机制和防治服务网络。为加强慢性病防治工作,降低疾病负担,全方位、全周期保障人民健康,依据《"健康中国 2030"规划纲要》,2017 年国务院办公厅印发了《中国防治慢性病中长期规划(2017—2025 年)》。该规划强调了统筹推进"五位一体"总体布局和协调推进"四个全面"战略布局,牢固树立和贯彻落实创新、协调、绿色、开放、共享的发展理念,坚持正确的卫生与健康工作方针,以提高人民健康水平为中心,以深化医药卫生体制改革为动力,以控制慢性病危险因素、建设健康支持性环境(supportive environments for health)为重点,以健康促进和健康管理为手段,提升全民健康素质,降低高危人群发病风险,提高患者生存质量,减少可预防的慢性病发病、死亡和残疾,实现由以治病为中心向以健康为中心转变,促进全生命周期健康,提高居民健康期望寿命,为推进健康中国建设奠定坚实基础。

(1) 防治原则和方法:慢性病的防治原则和方法(principles and methods of prevention and treatment of chronic diseases)如下:

1) 坚持统筹协调:统筹各方资源,健全政府主导、部门协作、全社会动员和全民参与的慢性病综合防治机制,将健康融入所有政策,调动社会和个人参与防治的积极性,营造有利于慢性病防治的社会环境。

2) 坚持共建共享:倡导"个人是健康第一责任人"的理念,促进群众形成健康的行为和生活方式(healthy behaviors and lifestyles)。构建自我为主、人际互助、社会支持、政府指导的健康管理模式,将健康教育与健康促进贯穿于全生命周期,推动人人参与、人人尽力、人人享有。

3) 坚持预防为主:加强行为和环境危险因素控制,强化慢性病早期筛查和早期发现,推动由疾病治疗向健康管理转变。加强医防协同,坚持中西医并重,为居民提供公平可及、系统连续的预防、治疗、康复、健康促进等一体化的慢性病防治服务。

4) 坚持分类指导:根据不同地区、不同人群慢性病流行特征(epidemic characteristics of chronic diseases)和防治需求,确定针对性的防治目标和策略,实施有效防控措施。充分发挥国家慢性病综合防控示范区的典型引领作用,提升各地区慢性病防治水平。

（2）防治策略与措施:慢性病的防治策略与措施(strategies and measures for the prevention and treatment of chronic diseases)如下:

1）加强健康教育,提升全民健康素质:①开展慢性病防治全民教育。宣传合理膳食、适量运动、戒烟限酒、心理平衡等健康科普知识,规范慢性病防治健康科普管理,建立健全健康教育体系,教育引导群众树立正确的健康观(health views)。②倡导健康的生活方式。加强幼儿园、中小学等健康知识和行为方式教育,实现预防工作的关口前移;开展"三减三健"(减盐、减油、减糖、健康口腔、健康体重、健康骨骼)等专项行动,增强群众维护和促进自身健康的能力。

2）实施早诊早治,降低高危人群发病风险:①促进慢性病早期发现。全面实施35岁以上人群首诊测血压,基层医疗卫生机构提供基础检测项目,将疾病筛检技术列为公共卫生措施,加强健康体检规范化管理。②开展个性化健康干预。在基层医疗卫生机构开展慢性病高危人群的患病风险评估和干预指导,重视老年人常见慢性病、口腔疾病、心理疾病的指导与干预,开展集慢性病预防、风险评估、跟踪随访、干预指导于一体的职业健康管理服务(occupational health management services)。

3）强化规范诊疗,提高治疗效果:①落实分级诊疗制度。优先将慢性病患者纳入家庭医生签约服务(family doctor contract service)范围,积极推进分级诊疗,形成基层首诊、双向转诊、上下联动、急慢分治的合理就医秩序,健全治疗-康复-长期护理服务链。②提高诊疗服务质量。建设医疗质量管理与控制信息化平台,全面实施临床路径管理,规范诊疗行为,推广应用癌症个体化规范治疗方案。

4）促进医防协同,实现全流程健康管理:①加强慢性病防治机构和队伍能力建设。明确和充分发挥各级医疗卫生机构在慢性病防治工作中所承担的咨询、监测、评价、指导等作用;二级以上医院要配备专业人员,履行公共卫生职责。②构建慢性病防治结合工作机制。疾病预防控制机构、医院和基层医疗卫生机构要建立健全分工协作、优势互补的合作机制,加强医防合作,推进慢性病防、治、管整体融合发展。③建立健康管理长效工作机制。明确政府、医疗卫生机构和家庭、个人等各方在健康管理方面的责任,完善健康管理服务内容和服务流程。

5）完善保障政策,切实减轻群众就医负担:①完善医保和救助政策。完善城乡居民医保门诊统筹、不同级别医疗机构医保差异化支付等相关政策,发展多样化健康保险服务(health insurance services),开展各类慢性病相关保险经办服务;对符合条件的慢性病的城乡低保对象、特困人员实施医疗救助(medical assistance)。②保障药品生产供应。做好专利到期药物的仿制和生产,提升仿制药质量;加强二级以上医院与基层医疗卫生机构用药衔接,发挥社会药店在基层药品供应保障上的作用,发挥中医药在慢性病防治中的优势和作用。

6）控制危险因素,营造健康支持性环境:①建设健康的生产环境(healthy production environments)和健康的生活环境(healthy living environments)。加强文化、科教、休闲、健身等公共服务设施(public service facilities)建设;推动覆盖城乡、比较健全的全民健身服务体系(nation-wide fitness service system)建设;建立健全环境与健康监测、调查、风险评估制度,降低环境污染对健康的影响。②完善政策环境。推动国家层面公共场所控制吸烟条例出台,加大控烟执法力度;严格执行不得向未成年人出售烟酒的有关法律规定;加强食品安全和饮用水安全保障工作。③推动慢性病综合防控示范区创新发展。以国家慢性病综合防控示范区(national demonstration area for comprehensive prevention and control of non-communicable diseases)建设为抓手,培育适合不同地区特点的慢性病综合防控模式(comprehensive prevention and control model of non-communicable diseases)。

7）统筹社会资源,创新驱动健康服务业发展:①动员社会力量开展慢性病防治服务,推动健康服务业(health service industry)发展。鼓励、引导、支持社会力量参与所在区域的医疗服务、健康管理与促进、健康保险以及相关慢性病防治服务;建立多元化资金筹措机制,鼓励社会资本投向慢性病防治服务和社区康复等领域。②促进医养融合发展。促进慢性病全程防治管理服务与家庭养老(family endowment)或称居家照护(home healthcare services)、社区养老(community endowment)、机构养老(institution endowment)紧密结合;加快推进面向养老机构的远程医疗服务(telemedicine service)试点。③推动互联网创新成果应用。促进互联网与健康产业融合,完善移动医疗服务(mobile telemedicine service)、健康管理法规和标准规范,推进预约诊疗,在线随访疾病管理、健康管理等网络服务应用。

8)增强科技支撑,促进监测评价和研发创新:①完善监测评估体系。整合单病种、单因素慢性病及其危险因素监测信息,健全死因监测和肿瘤登记报告制度,开展营养和慢性病危险因素健康干预与疾病管理队列研究。②推动科技成果转化和适宜技术应用。系统加强慢性病防治科研布局,完善重大慢性病研究体系,加强慢性病防治基础研究、应用研究和转化医学(translational medicine)研究,开展慢性病社会决定因素与疾病负担研究,积极参与国际慢性病防治交流与合作。

(三)环境相关疾病及其预防控制

环境(environments)是人类赖以生存与发展的物质基础。在人类的进化和发展过程中,人类既依赖环境、适应环境,同时又改造环境,与环境保持着密切的关系。在人类的历史长河中,环境因素(environmental factors)对人类的生长、发育和进化发挥着重要作用。近年来随着环境污染(environment pollution)的加剧,人们越来越关注环境对人群健康的影响,并越来越重视环境与健康相互关系的研究。发病原因与环境因素有着密切联系的疾病,称为环境相关疾病(environmentally linked diseases,environmentally associated diseases)。虽然机体的健康与疾病是环境因素和遗传因素(genetic factors)相互作用的结果,但是从预防保健的角度来看,控制环境因素较之干预遗传因素,在疾病的预防和控制中不仅可行而且更加有效。因此,了解环境与健康的关系特别是了解环境因素对疾病发生发展规律的影响,对于疾病的诊断、治疗、预防和康复,具有重要的作用。

1. 制定并完善环境保护的法律和法规 中国的环境与健康标准体系可分为由环境保护部门牵头制订的环境保护标准体系和由卫生部门牵头制订的环境卫生标准体系,对控制环境污染、保护生态环境以及人群健康具有十分重要的意义。

(1)环境保护标准体系:通过环境保护立法,确立了国家环境保护标准体系(environmental protection standard system),《环境保护法》《大气污染防治法》《水污染防治法》《环境噪声污染防治法》等法律对制订环境保护标准作出了规定。

(2)环境卫生标准体系:环境卫生标准体系(environmental hygiene standard system)包括环境卫生专业基础标准和环境卫生单项标准。1981年,我国卫生部成立了环境卫生标准专业委员会,环境卫生标准目前已发展为8大类、近200项环境卫生标准,涉及生活饮用水、室内环境、公共场所、农村环境、卫生防护距离、污染控制技术、环境污染健康危害、保健用品等方面的卫生安全要求和卫生标准。

2. 强化环境管理,依法进行监督 环境管理(environmental management)是依据法规、标准、条例、制度等,运用行政、法律、经济、技术和教育的手段,对危害和破坏环境的人为活动进行监督和控制。

3. 加强环境科学技术研究,采用先进的污染防治技术 近年来,环境科学技术研究已由工业"三废"治理技术的研究扩展到综合治理技术的研究;由污染源治理技术的研究扩展到区域性综合防治技术的研究;由污染防治技术的研究扩展到自然和农业生态工程技术的研究。同时还开展了环境背景值(environmental background value)、环境容量(environmental capacity)和环境质量评估(environmental quality assessment)等多方面的基础研究。

4. 开展环境教育,提高全民环境意识 环境教育关系到环境保护事业的全局,我国将环境教育（environmental education）作为环境与发展的 10 大对策之一,环境教育是保护环境、维护生态平衡、实现可持续发展的根本措施之一。

5. 加强环境与健康的研究和环境相关疾病的预防控制 尽管我国环境与健康工作取得了很大的成就,但当前所面临的形势仍十分严峻,环境污染引发人群疾病的威胁日益严重,传统环境污染危害尚未完全消除,新的环境污染问题已经显现,环境相关疾病已成为危害人群健康的重要问题。我国于 2013 年 9 月、2015 年 4 月和 2016 年 5 月先后发布了《大气污染防治行动计划》(气十条)、《水污染防治行动计划》(水十条)和《土壤污染防治行动计划》(土十条)及《"健康中国 2030"规划纲要》。它们以保护民众健康为出发点,大力推进生态文明建设,改善生态环境条件,促进社会经济健康发展。这些污染防治行动计划是继《国家环境与健康行动计划》实施之后,又明确提出的开展环境污染防治、保护人民群众健康的重大举措,为深入开展环境与健康调查、监测、健康风险评估及环境相关疾病的深入研究提供了重要的法律支撑。因此,要认真落实环境与健康法律法规要求,深入开展环境因素健康效应研究,不断引进新技术和新方法,在环境相关疾病的防治方面取得更大成功。

（四）职业相关疾病及职业卫生服务

职业卫生服务与健康监护应注意如下问题:

1. 职业卫生服务 职业卫生服务的原则(principles of occupational health services)如下:①保护和预防原则:保护作业者健康,预防工作中的危害。②适应原则:使工作和环境适合于人的能力。③健康促进原则:通过职业人群健康促进(health promotion for working population),增进作业者的躯体和心理健康以及社会适应能力。④治疗与康复原则:使职业相关疾病(occupation-associated diseases)即职业性损害(occupational damages),包括职业性外伤(occupational injuries,occupational trauma)、职业病(occupational diseases)和工作有关疾病(work-related diseases)的影响减少到最低程度。⑤全面的初级卫生保健原则:为作业者及其家属提供全面的卫生保健服务。

2. 职业卫生服务的主要内容 职业卫生服务的主要内容(main contents of occupational health service)如下:①工作环境监测,以判定和评价工作环境和工作过程中影响工人健康的危害因素的存在、种类、性质和浓(强)度。②作业者的职业健康监护(occupational health surveillance),包括就业前健康检查、定期检查、更换工作前检查、脱离工作时检查、病伤休假后复工前检查和意外事故接触者检查等。③高危和易感人群的随访观察。④收集、发布、上报和传播有关职业危害的判别和评价资料(dentification and evaluation data of occupational hazards),包括工作环境监测、作业者健康监护和意外事故的数据。⑤工作场所中急救设备的配置(configuration of first-aid equipments in the workplace)和应急救援组织的建立。⑥安全卫生措施包括工程技术控制和安全卫生操作规程。⑦估测和评价因职业病和工伤造成的人力和经济损失,为调配劳动力资源提供依据。⑧编制职业卫生与安全所需经费预算,并向有关管理部门提供。⑨健康教育和健康促进。⑩其他公共卫生服务与作业者健康有关的其他初级卫生保健服务,如预防接种、公共卫生教育。⑪开展服务性研究,如职业卫生标准(occupational health standard)的制订和修订,职业健康质量保证体系、职业卫生管理体系及检验和服务机构的资质认证和管理。

3. 职业健康监护

（1）医学监护:运用医学检查和医学实验手段,确定职业人群是否接触职业危害因素及其所致职业性疾患,称为医学监护(medical surveillance),或职业健康检查(occupational medical examination),包括上岗前(就业前)、在岗期间(定期)、离岗时和应急健康检查以及职业病健康筛检。2002 年 3 月,国家卫生部发布了卫生部第 23 号令,即《职业健康监护管理办法》,规定了职业健康检查应由省级卫生行政部门批准、从事职业卫生检查的医疗卫生机构承担。但随着国家机构的调整,职业性健康监护机构的资质要求也在不断变化。

1）上岗（就业）前健康检查：上岗（就业）前健康检查（pre-employment health examination）是指用人单位对作业人员从事某种有害作业前进行的健康检查。目的在于掌握作业人员就业前的健康状况及有关健康基础资料和发现职业禁忌证（occupational contraindication），防止接触劳动环境中的有害因素使原有疾病加重，或对某种有害因素敏感而容易发生职业病。

2）在岗（定期）健康检查：在岗（定期）健康检查（periodical occupational medical examination）是指用人单位按一定时间间隔对已从事某种有害作业的作业者进行健康状况检查。其目的是及时发现职业性有害因素（occupational hazard factors，occupational hazards）对职业人群的健康损害，对作业者的健康进行动态观察，从而使作业者得到及时治疗或适当的保护措施，对作业场所中职业性有害因素能及时采取预防措施，防止新的病例继续出现，同时为生产环境的防护措施效果评价提供资料。

3）离岗或转岗时体格检查：离岗或转岗时体格检查（occupational medical examination before leaving the post）是指作业者调离当前工作岗位时或改换为当前工作岗位前所进行的健康检查。其目的是掌握作业者在离岗或转岗时的健康状况，分清健康损害责任，同时为离岗从事新岗位的作业者和接受新岗位的作业者的雇主提供健康与否的基础资料。

4）职业病健康筛检：职业病健康筛检（health screening for occupational disease）是在接触职业性有害因素的职业人群中所进行的筛选性医学检查。其目的是早期发现某职业性疾患的可疑患者，或发现过去没有认识的可疑的健康危害，并进一步进行确诊和早期采取干预措施或治疗措施；评价暴露控制措施和其他一级预防措施的效果。

（2）职业环境监测：职业环境监测（occupational environmental monitoring），又称作业环境监测，或工作环境监测（working environment monitoring），是对作业者的职业环境（occupational environments），又称作业环境，或工作环境（working environments）进行有计划、系统的检测，分析作业环境中有毒有害因素的性质、强度及其在时间、空间的分布及变化规律。职业环境监测是职业卫生（occupational hygiene）的关键常规工作，按照《中华人民共和国职业病防治法》《中华人民共和国安全生产法》等法律的要求，用人单位应该根据工作规范，定期监测职业环境中的有毒有害因素。通过职业环境监测，既可以评价工作环境的卫生质量是否符合职业卫生标准的要求，又可估计在此工作环境下劳动者的接触水平，为研究接触效应关系提供基础数据，进而评价职业接触限值（occupational exposure limits）的保护水平，为职业接触限值的修订提供依据。

（3）信息管理：信息管理是通过有效开发和科学利用信息资源，以现代信息技术为手段，对职业健康相关信息资源进行计划、组织和控制的行动。健康监护信息管理在于对职业健康监护的环境监测资料和有关个人健康资料，如劳动者的职业史、职业病危害接触史、职业健康检查结果和职业病诊疗等建立健康监护档案，并及时进行整理、分析、评价和反馈，实现职业健康监护工作信息化，并利用大数据技术，不断完善职业病防治工作。

1）职业健康监护档案：职业健康监护档案（occupational health surveillance archives）是职业人群个体健康变化与职业病有害因素关系的客观记录，不仅可反映个体健康状况，也有利于评价暴露人群的健康水平。

2）健康状况分析：对职工健康监护资料应及时加以整理、分析、评估，并反馈给职工本人，使健康状况分析（health status analysis）为开展和完善职业卫生服务提供科学依据。

3）职业健康监护档案管理：职业健康监护档案管理（management of occupational health surveillance archives）应利用现代信息技术实现数字化管理，建立职业健康监护档案管理软件，便于动态分析，避免成为死档。在管理过程中始终要坚持科学性、规范性、实用性和方便性的原则，并建立全国范围的职业健康信息网络管理系统，落实职业病网络直报制度，不断加强职业健康监护工作的网络信息管理，增强职业健康监护工作管理的系统性和先进性。

4. 职业相关疾病的预防管理

（1）三级预防原则：第一级预防（primary prevention），又称病因预防，是从根本上消除或控制职业性有害因素对人的作用和损害，即改革生产工艺和生产设备，合理利用防护设施及个人防护用品，以减少或消除工人接触的机会。作为三级预防（three levels of prevention）体系中最重要、最理想的预防措施，第一级预防的内容（contents of primary prevention）主要有如下几个方面：①改革生产工艺和生产设备，使其符合我国《工业企业设计卫生标准》；②职业卫生立法和有关标准、法规的制订；③个人防护用品的合理使用和职业禁忌证的筛检；④控制已明确能增加发病危险的社会经济、行为和生活方式等个体危险因素，如提升职工的职业健康素养（occupational health literacy），正确使用个人防护用品，合理营养，禁烟等，均可预防多种慢性病、职业病或肿瘤。

第二级预防（secondary prevention），就是早期检测和诊断人体受到职业性有害因素所致的职业性损害。尽管第一级预防措施是理想的方法，但所需费用较大，在现有的技术条件下，有时难以完全达到理想的效果，仍然可出现不同职业性损害的人群。因此，第二级预防也是十分必要的。第二级预防的内容（contents of secondary prevention）主要是定期进行职业性有害因素的监测和对接触者的定期体格检查，以早期发现和诊断职业性损害，及时预防、处理。定期体格检查的间隔期可根据疾病的发病时间和严重程度、接触职业性有害因素的浓度或强度和时间以及接触人群的易感性而定。

第三级预防（tertiary prevention）是指在发生职业性损害以后，采取积极治疗和促进康复的措施。第三级预防的内容（contents of tertiary prevention）主要包括：①对已有职业性损害的接触者应调离原有工作岗位，并给予合理的临床治疗；②促进患者康复，预防并发症的发生和发展。除极少数职业中毒（occupational poisoning）有特殊的解毒治疗方法外，大多数职业病主要依据受损靶器官或系统的特点，采用临床治疗原则，给予对症治疗。对接触粉尘（dust）所致的肺纤维化，目前尚无特效方法。

三级预防体系相辅相成。第一级预防针对全职业人群，是最重要的，第二级预防和第三级预防是第一级预防的延伸和补充。全面贯彻和落实三级预防措施，做到源头预防、早期检测、早期处理、促进康复、预防并发症、改善生活质量，构成了职业卫生（occupational hygiene）与职业医学（occupational medicine）的完整体系。

（2）法律制度保障：我国《宪法》在2018年3月11日修正的最新版第二章第四十二条中明确规定："国家通过各种途径，创造劳动就业条件，加强劳动保护，改善劳动条件，并在发展生产的基础上，提高劳动报酬和福利待遇。"其中的"加强劳动保护，改善劳动条件"和"国家对就业前的公民进行必要的劳动就业训练"是宪法对我国职业卫生工作的总体规定。2011年12月31日第十一届全国人大常委会第二十四次会议通过了《全国人民代表大会常务委员会关于修改〈中华人民共和国职业病防治法〉的决定》。另外，《中华人民共和国劳动法》《中华人民共和国劳动合同法》和《中华人民共和国安全生产法》也是职业卫生的重要法律保障。在此基础上国务院各个部门有权根据法律以及国务院的行政法规、决定、通知，制定部门规章，在部门权限范围内执行。有关职业卫生相关工作的规定有《工作场所职业卫生监督管理规定》《职业病危害项目申报办法》《职业病诊断与鉴定管理办法》《建设项目职业卫生"三同时"监督管理暂行办法》及2015《职业健康检查管理办法》（卫生计生委5号令）等。

（3）暴露、环境与人群策略：结合三级预防原则，在国家职业卫生法律法规的框架下，职业相关疾病的预防（prevention of occupational related diseases）必须针对职业性有害因素，工作环境以及劳动者采取相应的策略和措施。

1）改革工艺过程：通过改革工艺过程，消除或减少职业性有害因素的危害。优先采用有利于保护劳动者健康的新技术、新工艺、新材料，限制使用或者淘汰职业危害严重的技术、工艺、设备、材料，采用无毒或低毒的物质代替有毒物质，限制化学原料中有毒杂质的含量。例如，油漆作业采用无苯稀料,并用静电喷漆新工艺;电镀作业采用无氰电镀工艺;在机械制造业模型铸造时,采用无声的液压代替高噪声的锻压等。

2）生产过程密闭化:在生产过程中尽可能机械化、自动化和密闭化,减少工人接触毒物、粉尘及各种有害物理因素的机会。加强生产设备的管理和检查维修,防止毒物和粉尘的跑、冒、滴、漏,并防止意外事故发生。对高温(high temperature)、噪声(noise)及射频(radio frequency)等作业应有相应的隔离和屏蔽措施,减少操作工人直接接触的机会,降低有害因素的强度。

3）加强工作场所的通风排毒(除尘):厂房车间是相对封闭的空间,室内的气流影响毒物、粉尘的排出,可采用局部抽出式机械通风系统及净化和除尘装置排出毒物和粉尘,以降低工作场所空气中的毒物、粉尘浓度。

4）净化工作环境:针对不同的作业环境,采取相应的工程技术措施,保障作业者的健康。对有生产性毒物(productive toxicants)逸出的车间、工段或设备,应尽量与其他车间、工段隔开,合理配置,以减少影响范围。厂房的墙壁、地面应以不吸收毒物和不易被腐蚀的材料制成,表面力求平滑和易于清刷,以便保持清洁卫生。矿山的掘进作业采用水风钻,石英粉厂采用水磨、水筛,铸造厂在风道、排气管口等部位安装各种消声器,以降低噪声传播。采用多孔材料装饰或在工作场所内悬挂吸声物体,吸收辐射和反射声波,以降低工作环境噪声的强度。通过采取这些综合性技术措施,使生产环境中职业病危害因素达到国家相关职业卫生要求。另外,要监督管理用人单位聘请职业卫生技术服务机构对其进行工作场所职业性危害因素的监测,接受职业卫生监督部门的监督管理,发现问题及时找出原因,并采取相应的防治对策。

5）人群策略:职业人群作为职业病防治的最后一道防线,所采取的首要措施是职业健康监护,做好职业健康检查、职业健康教育等工作。首先,应根据上岗前健康检查结果,排除职业禁忌证,合理安排岗位;其次,如果在岗期间的健康检查发现与职业性有害因素有关的异常改变,则需考虑调离相关岗位;最后,针对职业人群的特点,实施职业健康监护措施,重点是按需提供个人防护用品,开展健康教育与健康促进等职业卫生服务。

（石艺华）

思考题

1. 卫生保健的原则为什么要以"预防为主"?

2. 为什么要控烟限酒?

3. 某男性退休工人,66 岁。请为他制订一份每天的身体运动标准。

4. 健康咨询的原则是什么?

5. 家庭健康保健的方法有哪些?

第五章 中医养生方法

本章要点

1. **掌握** 食养原则与饮食禁忌；睡眠养生的常用调摄方法；药物养生的注意事项；药膳的应用原则；情志养生的有关概念和方法。

2. **熟悉** 饮食养生的作用；垂钓养生、养花养生、棋弈养生的有关方法；膏方的作用和适用对象。

3. **了解** 职业性有害因素与病损的预防和控制；艺术养生的有关概念和方法。

中医养生方法(health cultivation methods of traditional Chinese medicine)内容丰富、手段多样，各有特色，与人们日常生活(routine life)密切相关，对人民的健康保健具有实用价值，而且简便可行。本章重点讲述饮食养生、起居养生、情志养生、部位养生、药物养生、经络养生、环境养生七种常见养生方法。

第一节 饮 食 养 生

饮食养生(dietary health cultivation, dietetic life-nourishing, life cultivation of food)，又称"食养(health cultivation with food)"，是在中医理论(theories of traditional Chinese medicine)指导下，根据食物的性味、归经及其功能作用，合理地摄取与调配食物(foods)，以达到营养机体、增进健康、延年益寿(promoting longevity)目的的养生方法。而根据药食同源理论(theory of medicine and food homology)利用食物性味、归经理论治疗疾病的方法，则称为饮食治疗(diet treatment)，或称食物疗法(food therapy)，又称"食疗(dietetic therapy)"。一般来讲，"食养"适用于包括健康人群(healthy population)在内的所有人群，而"食疗"主要针对患病人群(sick population)或亚健康人群(sub-health population)，但是两者之间并没有绝对的界限。我国人民在长期的饮食实践和探索中，积累了丰富的知识和宝贵的经验，逐步发现了一些动植物不但具有营养价值(nutritive value)可以作为食物充饥，而且具有某些药用功效(medicinal effects)，可以保健(health care)和疗疾(curing illness)，形成了一套独特的饮食养生的理论和方法。

食养与食疗都是预防保健(prevention and health care)的重要部分。"食医(dietetician)"这一称呼出自《周礼·天官·冢宰》。据书中记载，在初具规模的医政制度中设置了食医、疾医(general medicine)即内科医生(physician)、疡医(royal surgeon)即外科医生和兽医(veterinarian)，且食医居首。食医主要负责调配王室贵族饮食的寒温、滋味、营养等，相当于现代的营养师。在现代生活中，人们越来越认识到饮食养生对疾病预防(prevention of diseases)和保健的重要性，除了个人注重食养，食疗也受到了普遍的重视，涌现出诸多的专业营养师、药膳师，食养和食疗得到了进一步推广和普及。

饮食养生是中医养生学的基础方法,也是最具特色的文化,是中华民族的宝贵遗产之一。它的许多理论都渗透着中国古代"天人相应(correspondence between man and nature, correspondence between man and universe; relevant adaptation of the human body to natural environment)、阴阳平衡(yin and yang in equilibrium)、五行生克(mutual generation and mutualrestriction between five elements, inter-promotion and inter-restraint among the five elements)"的哲学思想,在维系中华民族生存和健康方面发挥着重要的作用。

一、饮食养生的作用

饮食是机体营养的源泉,是维持人体生长、发育及完成各种生理功能的物质基础,是人类赖以生存不可或缺的必备条件。古人很早就认识到饮食物(水谷)对人类的重要性。《素问·平人气象论》指出:"人以水谷为本,故人绝水谷则死。"饮食养生的作用(roles of dietary health cultivation)主要有以下3个方面:

(一)补充营养

食物补养构成人体和维持人体生命活动必须的基本物质——精(essence)、气(qi)、血(blood)、津(fluid, thin fluid)、液(humor, thick fluid),以保证身体健康。东汉班固在《汉书·郦食其传》中说:"王者以民为天,而民以食为天。"明代医学家李时珍在《本草纲目》(Compendium of Materia Medica)中说:"饮食者,人之命脉也。"而且食物的气味、归经不同,营养作用也有所侧重,对不同的脏腑、经络及部位有不同的影响,如梨、百合可润肺,黑芝麻可养肝,黑豆可补肾,莲子心可养心等。

(二)调偏纠弊

通过食物不同之功效及寒热温凉之偏性,补虚泻实,影响人体脏腑气血津液的生成与排泄,并动态调整人体阴阳之偏颇,如热证、寒证、虚证等。

(三)防病延衰

通过食物为机体提供充足的营养,强壮身体,预防疾病发生,或起到辅助治疗或病后康复的作用,如《素问·刺法论》所言:"其气不正,故有邪干。""正气存内,邪不可干。"中医学(traditional Chinese medical science)早在1 000多年以前,就用动物肝脏预防夜盲症,用海带预防甲状腺肿大,用谷皮、麦麸预防脚气病,用水果和蔬菜预防坏血病。预防疾病的常见食物还有大蒜预防腹泻,绿豆汤预防中暑(heatstroke, sunstroke),葱白、生姜预防风寒感冒等。合理饮食可健脾、强精、养神,延缓衰老。历代医家都十分重视通过饮食养生达到延衰防老、延年益寿的目的。特别是对老年人,充分发挥饮食的延年益寿作用尤为重要。宋代陈直在《养老奉亲书》中说:"其高年之人,真气耗竭,五脏衰弱,全仰饮食以资气血。"人体的生长(growth)、发育(development)及衰老(aging, senescence)过程与肾中精气密切相关,通过饮食补益后天脾胃,进而充养先天肾精,可以达到延缓衰老的目的。常用于延缓衰老的食物有胡桃、芝麻、桑葚、枸杞子、龙眼肉、山药等,都含有抗衰老成分,具有一定的抗衰延寿作用。

二、饮食的性味、升降浮沉与归经

中医药有性味归经等理论。药物和食物皆属天然之品,二者在性能上有相通之处,同样具有形色气味质等特性,故有"药食同源(homology of medicine and food, food and medicine coming from the same source, affinal drug and diet)"之说。因此食物和药物一样,也具有四气、五味、升降浮沉、归经和功效等属性。

(一)食物的性味

食物的性味(properties and flavors of food)包括四性和五味:

1. 食物的四性　食物有寒(cold)、凉(cool)、温(warm)、热(hot)四种不同的特性,称为四性

(four properties)，又称四气。食物除四性外，还有平性(calm, plain)。

寒性或凉性的食物属阴，大多具有清热除烦、泻火解毒、凉血、滋阴等作用，适用于炎热气候环境，或阳热体质，或热性病证。温性或热性的食物属阳，大多具有助阳、散寒、温经、通络、温中和胃等作用，适用于寒冷气候环境，或阳虚阴寒体质，或寒性病证。此外，还有一类平性食物，是指寒热之性不甚明显的食物，平性食物的作用比较缓和，具有补益滋养、调中健脾的作用，适用于普通人群，四季皆可选用。常见的食物按特性分类如下：

（1）常用的寒性食物：有苦瓜、绿豆(皮)、西红柿、黄瓜、马齿苋、生莲藕、海带、紫菜、香蕉、西瓜、田螺等。

（2）常用的凉性食物：有荞麦、小麦、小米、薏米、豆腐、冬瓜、油菜、菠菜、芹菜、丝瓜、萝卜、茄子、鸭蛋、梨、绿茶等。

（3）常用的热性食物：有芥子、肉桂、姜、辣椒、花椒、胡椒等。

（4）常用的温性食物：有糯米、高粱米、荔枝、带鱼、龙虾、对虾、鸡肉、羊肉、羊乳、栗子、大枣、韭菜、小茴香、洋葱、芫荽、大蒜、核桃仁、龙眼肉等。

（5）常用的平性食物：有粳米、玉米、番薯、白薯、马铃薯、黄豆、蚕豆、黑豆、香菇、银耳、黑木耳、白菜、胡萝卜、山药、莲子、葡萄、苹果、鲤鱼、鲫鱼、牛奶、猪肉、鸡蛋等。

2. 食物的五味　食物有七种味，即酸、苦、甘、辛、咸、淡(tasteless)及涩(astringent)味。中医认为，"淡附于甘""涩乃酸之变味"，所以常简称为五味(five tastes, five flavours)，即酸(sour)、苦(bitter)、甘(sweet)、辛(pungent, acrid)、咸(salty)。五味的确定，一是通过口尝而得，是食物真实味道的反映；二是通过食物作用于人体的反应总结而来。至于五味的阴阳属性，《素问·阴阳应象大论》总结为："气味辛甘发散为阳，酸苦涌泄为阴。"即辛、甘、淡味为阳，酸(涩)、苦、咸味为阴。五味的基本特征及功用在《素问·藏气法时论》有归纳："辛散、酸收、甘缓、苦坚、咸软。"

（1）酸(涩)味食物：大多具有收敛、固涩、坚阴固精、柔肝濡筋的作用，如石榴能止泻止痢，其他酸味食物还有乌梅、木瓜、柠檬、山楂、醋等。

（2）苦味食物：具有清热、泻火、燥湿、降气、坚阴、解毒的作用，如苦瓜、茶叶能清热泻火，用于解暑或火热实证；苦杏仁可泻肺热，用于热性咳喘等。

（3）甘味食物：具有补脾、和中、缓急的作用，如大枣能健脾和中；饴糖能缓急止痛，用于胃脘痛；其他甘味食物有蜂蜜、番茄、莲藕、大米、玉米、小麦等。淡味食物具有渗湿、利尿作用，如玉米须、冬瓜、薏米，可用于水肿或小便不利。

（4）辛味食物：具有发散、行气、行血的作用，如生姜、葱白能辛温解表(relieving exterior syndrome with warmth and acridity)，用于外感表证；韭菜、黄酒能行气活血(promoting qi to activate blood)，用于气滞血瘀证；其他辛味食物有大蒜、辣椒、花椒、胡椒等。

（5）咸味食物：具有软坚散结、泻下、补肾填髓的作用，如海带、紫菜软坚散结，用于瘿瘤。

中医有五味入五脏(five flavors entering five viscera)之说，如《黄帝内经·宣明五气》认为："五味所入，酸入肝，辛入肺，苦入心，咸入肾，甘入脾，是谓五入。"由于食物的性味之偏，对人体五脏各部的作用也就具有一定的选择性，因而对健康养生选择食物有指导作用。但五味过度偏嗜会引起相应病变，如《素问·五脏生成篇》中指出："多食咸，则脉凝泣而变色；多食苦，则皮槁而毛拔；多食辛，则筋急而爪枯；多食酸，则肉胝䐃而唇揭；多食甘，则骨痛而发落，此五味之所伤也。"咸味的食物吃多了，会使流行在血脉中的血瘀滞，甚至改变颜色；苦味的食物吃多了，可使皮肤枯槁、毛发脱落；辣味的食物吃多了，会引起筋脉拘挛、爪甲干枯不荣；酸的食物吃多了，会使肌肉失去光泽、变粗变硬，甚至口唇翻起；多吃甜味食物，会使骨骼疼痛、头发脱落。食养或食疗中必须予以注意。

（二）食物的升降浮沉与归经

1. 食物的升降浮沉　食物的升降浮沉(ascending, descending, floating and sinking of food)，反

映的是食物作用的趋向性,升表示上升,降表示下降,浮表示发散,沉表示泄利。食物升降浮沉的性能与食物本身的性味有不可分割的关系。一般来说,食性温、热,食味辛、甘、淡,质地轻薄,气味芳香的食物,大多具有升、浮的性能,如芫荽、葱白,气味芳香,可辛温解表、发散风寒,茉莉花、玫瑰花可疏肝解郁。食性寒、凉,食味酸、苦、咸、涩,质地结实,气味浓厚的食物,大多具有沉、降的性能,如龟板、鳖甲、牡蛎等。

2. 食物的归经　食物的归经(food meridian distribution,food channel tropism)是指食物对脏腑或经络的选择作用。如同为补益之品的食物,就有枸杞补肝、莲子补心、黄豆健脾、百合润肺、黑芝麻补肾的区分。同为清热之品,又有梨入肺经清肺热,西瓜入心、胃经,清心胃热,香蕉侧重于清大肠之热,桑葚侧重于清肝之虚热,而猕猴桃又侧重清膀胱之热。

三、食养原则

饮食养生的原则(principles of dietary health cultivation)包括以下内容:

(一)饮食有节,寒温适度

1. 饮食有节　饮食有节(eating a moderate diet,eating and drinking in moderation,be abstemious in eating and drinking)主要包括饮食要适时、适量。《素问·上古天真论》曰:"上古之人,其知道者,法于阴阳,和于术数,食饮有节,起居有常,不妄作劳,故能形与神俱,而尽终其天年,度百岁乃去。"其中食饮有节就是饮食要有节制,适时适量的意思。《吕氏春秋·季春纪》说:"食能以时,身必无灾,凡食之道,无饥无饱,是之谓五脏之葆。"

饮食适时(eating at the right time,having meals on time),就是按照一定的时间,有规律地进食。我国传统饮食习惯是一日三餐,食之有时,即早餐、午餐、晚餐,间隔时间约为4~6h。一般情况下,早餐应安排在6:30~8:30,午餐应在11:30~13:30,晚餐应在18:00~20:00为宜。这种时间安排与饮食物在胃肠中停留与传导的时间比较吻合,有利于饮食物的消化与吸收,符合饮食养生的要求。如《素问·五藏别论》指出:"水谷入口,则胃实而肠虚,食下,则肠实而胃虚。"《灵枢·平人绝谷》进一步指出:"胃满则肠虚,肠满则胃虚,更虚更满,故气得上下,五藏安定,血脉和利,精神乃居。"强调只有定时进餐,胃肠虚实更替运动有序,方能发挥正常消化吸收功能,有利于营养物质的正常摄取和输送。清代桐城人张英(张文端公)著的《笃素堂文集·饭有十二合说》指出:"人所最重者,食也。食所最重者,时也……。当饱而食曰非时,当饥而不食曰非时,适当其可谓之时。"也强调了按时进食的重要性。如果饮食不适时,或忍饥不食,或零食不断,均可导致胃肠功能紊乱,影响营养的吸收,长此以往则变生诸病。

饮食适量(eating in the right amounts),就是按照一定的量进食,进食宜饥饱适中。遵循"早饭宜好,午饭宜饱,晚饭宜少"的原则,脾胃适应了这种进食规律,到时候便会更好地消化、吸收食物中的营养物质。即早餐要进食高质量食物,易于消化、吸收,保证其营养充足;午餐需要补充上午的消耗,故宜吃饱;晚餐后将要入睡,故宜少量进食,防止多食即入睡,久而生病或使某些疾病加重,如中医强调"胃不和则卧不安(disorder of the stomach leading to insomnia with restlessness,stomach discomfort leads to sleeping problems)"(《素问·逆调论》),唐代孙思邈在《备急千金要方·道林养性》中亦说:"饱食即卧,乃生百病""须知一日之忌,暮无饱食。"按现代营养学的要求,一般比较合理的三餐分配比例应该是3∶4∶3。若饮食过量,在短时间内突然进食大量食物,势必加重胃肠负担,使食物滞留于肠胃,不能及时消化,从而影响营养的吸收和输布,脾胃功能也因承受过重而受到损伤。进食太少,则化源不足,精气匮乏,亦有损于健康,身体得不到足够的营养而虚弱不堪。《素问·痹论》说:"饮食自倍,肠胃乃伤。"孙思邈在《备急千金要方·养性序》中也指出:"不欲极饥而食,食不可过饱;不欲极渴而饮,饮不欲过多。"历代养生家均认为,食至七八分饱是适量的,晚餐饮食量相对要少,如清代马齐《陆地仙经》提出的原则为:"早饭淡而早,午饭厚而饱,晚饭须要少,若能常如此,无病直到老。"

2. **寒温适度** 饮食寒温适度(diet should be cold and warm in properties)是指饮食的寒热应适宜人体的温度。关于饮食寒温适度,孙思邈在《千金方》中有"热无灼唇,冷无冰齿"之说。在日常生活中,较适宜的进食温度是10℃~40℃。食物过寒过热,均可影响人体脏腑的功能。如李东垣的《脾胃论·脾胃损在调饮食适寒温》曰:"若饮食,热无灼灼,寒无怆怆,寒温中适,故气将持,乃不致邪僻。或饮食失节,寒温不适,所生之病,或溏泄无度,或心下痞闷,腹胁膜胀,口失滋味,四肢困倦,皆伤于脾胃所致而然也。"即使在一定的温度范围内,寒热亦需因人而异,如老人之食,大多宜选温热熟软之品,忌生冷硬粘食物,否则影响消化,引起腹痛、食欲缺乏等,甚至发展为胃炎。婴幼儿的消化道黏膜脆嫩,更经受不了过冷或过热饮食的刺激。

(二)食物分类,合理搭配

中国人传统的膳食结构(Chinese traditional dietary structure)如《素问·藏气法时论》所述:"五谷为养,五果为助,五畜为益,五菜为充(the five grains for nourishment,the five fruits for help,the five livestocks for benefit,and the five vegetables for filling)。"《素问·五常政大论》说:"谷肉果菜,食养尽之,无使过之,伤其正也。"均提倡谷类为主食,而水果、蔬菜和肉类等都是副食(subsidiary foods,non-staple foodstuffs),作为主食的辅助、补益和补充。据唐代王冰注释,五谷为粳米、小豆、麦、大豆、黄黍,五果为桃、李、杏、栗、枣,五畜为牛、羊、猪、犬、鸡,五菜为葵、藿、薤、葱、韭等。随着时代的发展,五谷包含了现今之谷类、薯类及豆类,五菜包含了现今之蔬菜类、食用菌,五果包含了现今之果品类,五畜即肉类(meats),包含了现今之畜肉类、禽肉类、蛋类、奶类、鱼类等,而气味和而服之则包含了今之调味类食品。其中谷类含有大量的碳水化合物和一定量的蛋白质,肉类富含蛋白质和脂肪,蔬菜水果富含维生素和矿物质。了解不同食物种类及其特点,荤素搭配,方能获得全面均衡的营养。

1. **五谷为养** 五谷(the five grains)包括谷类和薯类、豆类。李时珍在《本草纲目》的谷部中记录有30种。谷类(cereal grains)是我国人民的主要食物,是膳食中最为主要的部分,称为主食(staple foods,staples),包括米、面等细粮(fine grains)及大米、小麦、小米、玉米、高粱等杂粮(coarse cereals,food grains other than wheat and rice)或称粗粮(coarse grains,roughages)。薯类(potatoes,tubers)包括马铃薯、甘薯、山药、木薯、芋头等。谷类和薯类性味多为甘平,具有健脾益气、和胃之功效,除了能充养机体,还可用于预防和治疗脾胃虚弱(weakness of the spleen and stomach)所致的食少纳呆、神疲乏力、恶心呕吐、大便稀溏等。中医认为,小麦能养心安神(nourishing the heart to calm the mind,tranquilizing the mind by nourishing the heart)、清热除烦,粳米可补中益气(invigorating the spleen-stomach and replenishing qi)、健脾和胃(strengthening the spleen and stomach)、止渴除烦,小米可和中健脾、除热消暑、益肾补虚、利尿消肿,薏苡仁能健脾除湿、消痈除痹。谷类不宜加工太细,应避免淘洗次数太多,烹调时不要加碱,以免损失水溶性维生素(water-soluble vitamins)。为提高其营养价值,可与豆类混合食用,也可以进行营养强化(fortification)。常用谷米、薯类的性味与功效见表5-1。

表5-1 常用谷米、薯类的性味与功效

名称	性味	功效
粳米	甘,平	补中益气、健脾和胃、止渴除烦
糯米	甘,温	补中益气、健脾止泻
小麦	甘,新麦性热、陈麦平和	养心安神、除烦、健脾益肾、养肝气、除热止渴
大麦	甘、咸,凉	益气、宽中下气、消食
玉米	甘,平	调中和胃、利水渗湿
薏苡仁	甘、淡,微寒	利湿健脾、舒筋除痹、清热排脓

续表

名称	性味	功　效
小米	甘,凉	和中健脾除热、益肾补虚、利尿消肿
燕麦	甘,平	和脾益肝、滑肠、止汗、催产
麦片	甘,平	温健脾胃、补益心气
甘薯	甘,平	益气健脾、生津、宽肠通便、养阴补肾
山药	甘,平	健脾胃、益肾气、养肺
马铃薯	甘,平	健脾和胃、益气调中、解毒消肿

豆类(beans)包括大豆(soybeans)及其他干豆(other dried beans)。大豆有黄豆、黑豆、青豆,其他豆类有蚕豆、绿豆、赤小豆、豌豆、豇豆、芸豆等。豆,古代称为"菽",性味甘平,可健脾益气、利水消肿,除了充养机体外,还可用于气血亏虚、脾虚水肿、小便不利、疮疡肿毒等症。豆类主要提供蛋白质、脂肪、矿物质及维生素。尤其是大豆,含蛋白质较高,约为40%,且为优质蛋白质。豆类富含植物甾醇,不饱和脂肪酸高达85%,其中必需脂肪酸亚油酸的含量高达50%以上。经常摄入大豆制品(soybean products)可预防心脑血管疾病的发生,有益健康。绿豆具有清热解毒、清暑防暑的作用。赤小豆具有清热利水、散血消肿、通乳的作用。

大豆制品种类繁多,经常食用的有豆腐、豆浆、豆腐干、豆芽等。不同的加工和烹调方法,大豆制品的消化率也不一样。如豆腐加工过程中减少了膳食纤维,可提高消化吸收率至92%,而一般整粒大豆熟食,消化率仅为65%。若经过发酵制成腐乳,则会使蛋白质分解,除了能提高消化吸收率,还会增加维生素B_{12}和核黄素的含量。将豆类发芽会增加维生素C的含量。常用豆类的性味与功效见表5-2。

表5-2　常用豆类的性味与功效

名称	性味	功　效
黄豆	甘,平	益气养血、健脾宽中导滞、利水消肿;豆腐甘凉,生津润燥、清热解毒
黑豆	甘,平	健脾益肾、活血利水、解毒、消胀下气
绿豆	甘,凉	清暑热、利水湿、解毒、抗过敏
赤小豆	甘,平	利水消肿退黄、清热解毒消痈
白扁豆	甘、淡,平	健脾、化湿止泻、消暑
豌豆	甘,平	和中下气、通乳利水、解毒

2. 五菜为充　五菜(five vegetables)包括蔬菜类(vegetables)、食用菌(edible fungus)或称菇类(mushrooms)等。蔬菜为佐膳之品,是人们膳食中不可缺少的重要食物。"五菜为充"意思就是可补"五谷为养"的不足。故李时珍在《本草纲目》中亦说:"五菜为充,所以辅佐谷气,疏通壅滞也。"

明代早期朱橚编撰的《救荒本草》(Materia Medica for Famines)载有400余种蔬菜,但人们常用于佐餐者仅约50种左右。一般根据蔬菜的结构及可食部位的不同分为以下5类:叶菜类蔬菜(leaf vegetables),如大白菜、小白菜、菠菜、韭菜、油菜、香菜等;根茎类蔬菜(root or stem vegetables),如白萝卜、胡萝卜、土豆、芋头、葱等;瓜果类蔬菜(melon or fruit vegetables),如黄瓜、冬瓜、苦瓜、茄子、西葫芦、西红柿等;鲜豆类蔬菜(fresh leguminous vegetables),如扁豆、毛豆、芸豆、蚕豆等;花菜类蔬菜(flower vegetables),如菜花、黄花菜等。

　　蔬菜类富含矿物质,如钙、磷、铁、镁、铜、钾、锰等;碳水化合物含量不高,但有些品种富含膳食纤维,有促进肠蠕动、治疗便秘,改善肠道菌群、维持肠道微生态平衡,产生饱腹感、控制体重,调节血糖、预防 2 型糖尿病,预防高血脂、高血压、结肠癌等慢性病(chronic diseases)多种生理功能;蛋白质、脂肪含量更少。油菜、小白菜、芹菜、雪里蕻等含钙高,西兰花、辣椒、苦瓜、卷心菜、大白菜、油菜等含丰富的维生素 C,胡萝卜、西蓝花、菠菜、空心菜、莴苣叶含丰富的胡萝卜素,黄花菜、香椿、甘蓝含有较多的维生素 B_2 和烟酸。常用叶菜类、根茎类、瓜果类蔬菜的性味与功效分别见表 5-3 和表 5-4。

表 5-3　常用蔬菜（叶菜类、根茎类）的性味与功效

名称	性味	功　效
白菜	甘,凉	养胃消食、解热除烦、生津止渴、通利肠胃、消痰止咳
韭菜	辛,温	补肾壮阳、温中、理气降逆、散瘀、解毒
油菜	辛,凉	清热解毒、散血消肿
洋葱	辛、甘,温	温中健脾、解毒杀虫、理气祛痰、降血脂
甘蓝	平,甘	清利湿热、散结止痛、益肾补虚
芹菜	辛、甘,凉	清热解毒、利湿、平肝凉血
芫荽	辛,温	发表透疹、消食开胃、止痛解毒
菠菜	甘,平	润燥通便、清热除烦、养血止血、平肝
苋菜	甘,凉	清热解毒、通利二便
茼蒿	苦、甘,凉	利尿、通乳、清热解毒
胡萝卜	甘、甘,平	健脾化滞、滋肝明目、化痰止咳、清热解毒
萝卜	辛、甘,微凉	消食化痰、下气宽中、解渴、利尿
荠菜	甘、淡,凉	凉肝止血、平肝明目、清热利湿、解毒、降压
枸杞菜	苦、甘,凉	补虚益精、清热明目
海带	咸,寒	清热化痰、止咳、平肝
竹笋	甘、苦,凉	化痰、消胀、透疹
百合	甘、微苦,微寒	养阴润肺、清心安神
莲藕	甘,微寒	生用:清热生津、凉血、散瘀、止血;熟用:健脾、开胃

表 5-4　常用蔬菜（瓜果类）的性味与功效

名称	性味	功　效
黄瓜	甘,凉	清热、利水、解毒
冬瓜	甘、淡,微寒	润肺化痰、清热解毒、利尿、生津、解暑
丝瓜	甘,凉	清热解毒、凉血、通经脉、化痰、利尿
苦瓜	苦,微寒	祛热涤暑、明目、解毒、降糖
南瓜	甘,平	补益脾胃、解毒消肿
茄子	甘,寒	清热解毒、健脾和胃、活血散瘀、利尿消肿
番茄	甘、酸,微寒	生津止渴、健胃消食、清热祛暑、凉血平肝
辣椒	辛,热	温中散寒、祛湿、下气开胃、消食

　　食用菌是指能形成大型子实体,无毒副作用,可供食用的新鲜或干燥的一大类真菌。常见的食用菌有黑木耳、蘑菇、香菇、银耳等。食用菌所含的多糖类(polysaccharides)具有增强机体免疫力、延缓衰老、降低血糖、降血脂、抗癌等保健和防病(preventing diseases)作用。常用食用菌的性味与功效见表 5-5。

Note

表 5-5 常用食用菌的性味与功效

名称	性味	功效
香菇	甘,平	扶正补虚、健脾开胃、解毒、抗癌、透疹
银耳	甘、淡,平	滋阴清热、润肺止咳、养胃生津、益气和血
蘑菇	甘,平	健脾开胃、理气化痰、解毒透疹、降胆固醇
黑木耳	甘,平	滋阴养血、润肺止咳、凉血止血、抗癌

3. 五果为助 五果(five fruits)包括水果和坚果类果品。果品辅助粮食助养机体,味多以酸甜为主,多具有补虚、生津止渴(promoting fluid production to quench thirst)、除烦、止咳化痰、开胃消食、润肠通便等作用。

水果(fruits)分鲜果(fresh fruits)、干果(dried fruits),偏凉的多,偏热的少,也有部分是平性的。寒凉的有西瓜、香蕉、杨桃、梨等;温热的有荔枝、菠萝等。水果中含有丰富的维生素和矿物质,如草莓、鲜枣、山楂、柠檬、柑橘等,含有丰富的维生素 C;苹果、香蕉、海棠等含有丰富的纤维素、果胶、有机酸、维生素和矿物质,可增进胃肠的蠕动,减少毒物吸收及防止便秘。

坚果类(nuts)包括花生、葵花子、核桃、松子及榛子等,含较丰富的脂肪及蛋白质,蛋白质为15%~20%,油脂可高达 50%~70%。此类食物多有滋补肝肾(invigorating the liver and kidney)、强健筋骨、健脑的作用,对老年人及脑力劳动者很有益处。常用果品的性味与功效见表 5-6 和表 5-7。

表 5-6 常用鲜果的性味与功效表

名称	性味	功效
梨	甘、微酸,凉	清肺化痰止咳、生津止渴、解疮毒酒毒
桃子	甘、酸,温	生津、润肠、消积、活血
橘子	甘、酸,平	润肺生津、理气和胃、止咳化痰
橙子	酸,凉	和胃降逆、理气宽胸、消瘿、解鱼蟹毒
柚子	甘、酸,寒	消食、化痰、醒酒
西瓜	甘,微寒	清热解暑、除烦止渴、退热生津、通利小便
荸荠	甘,寒	清热利湿、化痰消积
柠檬	酸、甘,凉	生津解暑、和胃安胎、利尿消肿
桑葚	甘、酸,凉	补血乌发、滋阴生津、止渴
苹果	甘、酸,凉	健脾益胃、养心除烦、生津、醒酒
葡萄	甘、酸,平	滋阴、补气血、强筋骨、利小便
草莓	甘、微酸,凉	清热止渴、健胃消食
石榴	甘、酸涩,温	杀虫、收敛、涩肠、止痢
山楂	酸、甘,微温	消食积、散瘀滞、止痛
香蕉	甘、寒	清热凉血、润肺、生津止渴、润肠、解毒
荔枝	甘、微酸,温	养血生津、理气健脾、润肤养颜、降逆止泻
猕猴桃	甘、酸,微凉	解热、止渴、健胃、通淋、健脾止泻
菠萝	甘、微涩,平	清热生津、和胃、祛湿消肿
李子	酸、甘,凉	清热、生津、消积

表 5-7　常用坚果的性味与功效

名称	性味	功效
栗子	甘、微咸,微温	健脾益气、补肾强筋、活血消肿、止血
花生	甘,平	健脾养胃、润肺化痰
核桃仁	甘、涩,平	补肾益精、温肺定喘、润肠通便
杏仁	苦,微温	止咳平喘、润肺、润肠通便

4. 五畜为益　五畜(five domestic animals,five livestocks)包括畜肉类、禽肉类、奶蛋类、鱼虾类,是优质蛋白质、脂溶性维生素和矿物质的良好来源。

畜肉类(livestock meats)主要有猪肉、羊肉、牛肉、马肉、驴肉及其内脏。畜肉类一般味甘、咸,性温。甘能补,咸入血分、阴分,温以祛寒,所以大都能补益气血、补阴助阳、滋补脾肾、滋养机体,为气血阴阳俱补之品,适于表现为羸瘦困弱、体倦乏力、纳差泄泻等的先天不足及虚损劳倦之人。不同的畜肉具有不同的作用,如牛肉补脾胃(tonifying the spleen and stomach)、益气血、强筋骨;羊肉补益精血、温中暖肾;猪肝养肝、明目、补血;猪肾补肾止遗、止汗利水。常用畜肉的性味与功效见表 5-8。

表 5-8　常用畜肉的性味与功效

名称	性味	功效
猪肉	甘、咸,平	补中益气、补肾滋阴、养血润燥、丰肌润肤、消肿
牛肉	甘,水牛肉性凉、黄牛肉性温	补脾和胃、益气补血、强筋健骨、祛除湿气、消除水肿
羊肉	甘,温	补肾壮阳、温中健脾、益气养血
兔肉	甘,凉	健脾补中、凉血解毒

禽肉类(poultry meats)是指包括鸡、鸭、鹅在内的禽类的肌肉及其内脏等。禽肉类性味以甘平为多,其次是甘温,还有甘淡者。甘平益气,甘温助阳,甘淡渗湿通利。不同的禽肉具有不同的作用,如鸡肉味甘、性温,能温中益气、补虚填精、健脾胃、活血脉、强筋骨,一直是人们常用的滋补佳品,对营养不良、畏寒怕冷、乏力疲劳、月经不调、贫血、虚弱等有很好的食疗作用,但鸡肉不宜多食,多食易生风动热。鸡的品种很多,但作为滋补、美容之品,以乌鸡为佳,乌鸡还可以养阴退热、补中益脾。常用禽肉的性味与功效见表 5-9。

表 5-9　常用禽肉的性味与功效

名称	性味	功效
鸡肉	甘,温	温中益气、补精填髓、滋养五脏
鸭肉	甘、咸,微寒	补益气血、滋阴、利水消肿
鹅肉	甘,平	益气补虚、和胃止渴
鸽肉	咸,平	滋肾益气、祛风解毒、调经止痛

畜禽肉类经过加工、烹调,一般营养素损失很少,且各种炖、煮的方法还可提高其营养价值。

奶蛋类(dairy and eggs)是畜类分泌的乳汁和禽类产的蛋的总称。奶蛋类一般味甘性平,多具有补益作用,适合长期调补之用。奶类是极好的钙来源。蛋类有鸡蛋、鹌鹑蛋、鸭蛋、鹅蛋和鸽蛋等。常用奶蛋的性味与功效见表 5-10。

表5-10 常用奶蛋的性味与功效

名称	性味	功效
牛乳	甘,平	补虚损、益肺胃、养血、生津润燥
羊乳	甘,微温	补虚、润燥、和胃、解毒
鸡蛋	蛋清甘,凉;蛋黄甘,平	滋阴润燥、养心安神、养血安胎
鸭蛋	甘、咸,凉	清肺止咳、滋阴润燥
鹅蛋	甘,微温	补中益气
鹌鹑蛋	甘,平	益气补肾、健胃、健脑

鱼虾类(fishes and shrimps)包括淡水鱼虾和海水鱼虾。在淡水鱼中,有鳞的鱼及鳝鱼性味多以甘、平或甘、温为多,无鳞鱼性平或偏凉。甘平益气,甘温助阳。海鱼多有和中开胃、滋阴养血、补心通脉等功效。此外,膳食中也包括甲壳类(crustaceans)、软体动物类(mollusks)为代表的各种水生动物(aquatic animals),这一类味多甘咸,具有养气血、和脾胃、利水湿、软坚散结等功效。上述海产的和淡水产的动物及其加工产品均称为动物性水产品(animal aquatic products, aquatic products of animal origin)。常用动物性水产品的性味与功效见表5-11。

表5-11 常用动物性水产品的性味与功效

名称	性味	功效
鲤鱼	甘,平	健脾和胃、利水消肿、下气通乳、安胎
鲩鱼(草鱼)	甘,温	平肝祛风、温中和胃
鲢鱼	甘,温	温中益气、健脾利水
带鱼	甘,平	补虚、解毒、止血
鳝鱼	甘,温	益气血、补肝肾、强筋骨、祛风湿
鲫鱼	甘,平	健脾利湿、清热解毒、通脉下乳
黄花鱼	甘,平	补虚益精、开胃消食、调中止痢,鱼胶可止血
鲅鱼	咸,温	养阴补虚、止咳、益智健脑、健脾和胃、润肠
鱿鱼	咸,平	滋阴养胃、补虚润肤
鲳鱼	甘,平	益气养血、舒筋利骨
河虾	甘,温	补肾壮阳、通乳、托毒
对虾(海虾)	甘、咸,温	补肾兴阳、滋阴熄风
蟹	咸,寒	清热、散瘀、消肿解毒
海参	甘、咸,平	补肾益精、滋阴养血、润燥、止血
鲍鱼	甘、咸,平	滋阴清热、益精明目
田螺	甘、咸,寒	清热、利水、解毒
牡蛎	甘、咸,平	养血安神、软坚消肿
龟肉	甘、咸,平	滋阴补肾、润肺止咳

除了遵循"五谷为养,五果为助,五畜为益,五菜为充,气味和而服之,以补精益气"的饮食搭配原则外,注意谷类、蔬菜、瓜果、奶蛋和水产品等食物的颜色搭配,不仅可以增进食欲(appetite),而且进食后对人体也会有不同的影响,可延年益寿。一般来说,绿色养肝,红色养心,黄色养脾,

白色养肺,黑色养肾。但不能拘泥此说,应根据喜好,均匀地合理搭配。属于绿色的有绿豆、青豆、黄瓜、芹菜、菠菜、韭菜、笋类、西兰花、猕猴桃等。属于红色的有红小豆、红玉米、西红柿、红椒、红枣、樱桃、西瓜、枸杞、草莓、牛肉、羊肉等。属于黄色的有玉米、黄豆、小米、南瓜、金针菇、黄花菜、芒果、香蕉等。属于白色的有大米、小麦、白芝麻、白菜、白萝卜、山药、藕、梨、荔枝、鸡肉、鱼肉、牛奶等。属于黑色的有黑豆、黑芝麻、茄子、黑米、紫甘蓝、黑木耳、紫葡萄、桑葚、海参等。

5. **调味类**　调味料(condiments),又称调料,作料,在清代王士雄(孟英)撰写的《随息居饮食谱》中统称为调和类,是在烹调过程中主要用于调和食物口味的原料的统称,一般用量不宜过多。调味料在饮食调养(diet aftercare)中的作用有3个方面:一是以自身的性味、功能纠正食物的偏性,并解除食物可能产生的毒性。如煮食海螺、田螺、螃蟹时,加生姜、胡椒、大葱、酒等辛温之品,可减轻此类食物的寒性,以防其寒性伤脾胃之阳。胡椒内含“胡椒辣碱”和“胡椒辣脂碱”及挥发性芳香油(主要成分为茴香萜),能解鱼、蟹、毒蕈等引起的食物中毒。二是去除某些食物的腥、膻、臊味,即所谓“气味和而服之”,也有将其作用归纳为“佳肴增香,作料显贵。”一般来说,水生动物如鱼虾多腥,肉食动物类如狗肉、猪肉有臊气,食草动物牛、羊、兔等带有膻味,用酒、草豆蔻、肉桂、小茴香、草果等可去除异味,并可增香,最终起到调和五味(balancing the"five tastes")、增进食欲、促进消化的作用。三是有增添食物色香味的作用。增色常用的有酱油、酱等,起增香作用的有桂皮、桂花、生姜、芝麻油、豆油、菜油等,起调味作用常见的有食盐、砂糖、酒、醋等。常用调味料的性味与功效见表5-12。

表 5-12　常用调味料的性味与功效

名称	性味	功　效
蜂蜜	甘,平	补脾胃、缓急止痛、润肺止咳、润肠通便、润肤生肌、解毒
白糖	甘,平	和中缓急、生津润燥
冰糖	甘,平	健脾和胃、润肺止咳
盐	咸,寒	涌吐、清火、凉血、解毒、软坚、杀虫、止痒
醋	酸、甘,温	散瘀消积、止血、安蛔、解毒
酒	辛、甘、苦,温	通血脉、行药力、御寒气、温肠胃
葱	辛,温	发表、通阳、解毒、杀虫
生姜	辛,温	发汗解表、温中止呕、温肺止咳
大蒜	辛,温	温中行滞、解毒、杀虫
胡椒	辛,热	温中散寒、下气止痛、止泻、开胃、解毒
小茴香	辛,温	温肾暖肝、行气止痛、和胃

(三)三因制宜,知常达变

三因制宜(treatment in accordance with three categories of etiologic factors),即因人、因时、因地制宜(full consideration of the individual constitution, climatic and seasonal conditions, and environment)。根据三因制宜原则合理选择膳食进行调养身体,称为审因施膳(providing meals according to different reasons),是饮食养生的基本原则之一。人有年龄、性别、体质、职业等的差异,时间上有四季的不同、昼夜的交替、时令的不同,地理环境有地势高低、气候冷暖等不同,故饮食物的选择,要根据具体情况,知常达变。

1. **因人制宜**　按照中医因人制宜(treatment in accordance with the patient's individuality)的治疗原则,用在饮食养生方面,就是根据人的体质、年龄、性别等不同特点,选择不同的食物进行养生。首先,人的体质有阴阳偏盛偏衰(excess or deficiency of either yin or yang)、气血虚实(deficiency or excess of qi or blood)等不同,故饮食养生需根据体质的不同而有所不同。一般来说,阴虚体质者宜食寒凉养阴之品,阳虚体质者宜食温补之品,气虚体质者宜食补气之品,血虚体质(blood deficiency constitution)者宜食补血(replenishing blood)之品,脾胃虚弱、气血不足(insufficiency of vital energy and blood)者应食易消化而又营养充足之品,体胖者多阳虚痰湿,饮食宜清淡,不宜食肥甘油腻之品,体瘦者多阴虚内热,宜食甘润生津之品,而不宜进食辛辣热燥之品。其次,因年龄养生,即根据不同年龄段的生理特点进行饮食养生,尤其是老年人及小儿,脏腑虚弱,需特别注意饮食调养。如老年人脾胃虚弱,脏腑功能衰退,故宜食温热、熟软、易消化之品,以清淡为主,忌食生冷和难以消化的食物。正如宋代陈直撰著的《寿亲养老新书》所云:"老人之食,大抵宜其温热熟软,忌其粘硬生冷。"老年人即使无胃肠疾病,亦应以少食多餐为宜。而小儿为"纯阳之体",脏腑娇嫩、生机旺盛、发育迅速,一方面饮食应多样化,富含全面营养,含有丰富的维生素和矿物质,并保证蛋白质的供给,以供生长之需;另一方面因脏腑娇嫩,故进食应选择易于消化之品,以呵护脾胃,而少食肥腻厚味之品。中青年人虽然生长发育已经成熟,但工作繁忙,家庭负担较重,体力及脑力消耗均较大,饮食应荤素并重,保证充足的营养,才能有充足的精力。其三,因性别不同,生理有异,饮食亦当有别。妇女有经、带、胎、产、乳等特殊生理时期,平素易伤血,故应适当多食具有补血的食品。孕期由于胎儿的需要,更宜加强营养。产后气血多虚,还需要哺乳,气血常常不足,更宜进食补气养血(benefiting qi and nourishing blood)的食物,加强营养,必要时可增加偏于温补的"血肉有情之品",如阿胶、羊肉、猪肤、鳖甲、鸡子黄。

2. **因时制宜**　按照中医因时制宜(treatment in accordance with seasonal conditions)的治疗原则,用在饮食养生方面,就是四季饮食(diets of the four seasons)根据时令气候、四时季节、昼夜晨昏的时序规律与脏腑功能的关系安排,选择合适的食物进行养生。元代忽思慧在《饮膳正要》(*Principles of Correct Diet*)中说:"春气温,宜多食麦以凉之……夏气热,宜食菽以寒之……秋气燥,宜食麻以润之……冬气寒,宜食黍,以热性治其寒。"提出了因春温(warm in spring)、夏热(hot in summer)、秋凉(cool in autumn)、冬寒(cold in winter)而四时食养的原则(principle of health cultivation with food in four seasons)。春在五行中属木,与肝相应。春季,阳气生发,万物复苏,人体"春旺于肝",宜"省酸增甘,以养脾气。"即少食酸,适当增加辛甘之品,结合春季初期气候由冷转暖,阳气发泄的特点,初春的饮食宜清淡温平,多进食时鲜蔬菜。春季肝阳化热,则宜食麦以凉之,少辛辣油腻之品。顺应春升之气,春季可选春笋、菠菜、枸杞、芹菜、猪肝等。夏季为一年炎热之季,是万物生长最茂盛的时期,但夏日又有"阳外阴内"的特点,如汉代张衡所说:"夏日阴气潜内,腹中冷,物入胃,难消化。"夏在五行中属火,与心相应,夏季心火易于旺盛,宜进食清凉解暑、清心之品,可选苦瓜、冬瓜、绿豆、西瓜、莲子、荷叶、鸭肉,但也应注意适可而止。人在夏季易多汗,耗伤气阴,应当酌加补益气阴之品。至长夏之际,湿气较重,食宜清淡,并酌加化湿之品,可选山药、薏米、芡实、扁豆、猪肚等。秋季凉爽、干燥,万物渐趋凋谢,秋在五行中属金,与肺相应,此时饮食宜选择清肺、生津、润燥之品,可选银耳、百合、梨、杏仁、荸荠、萝卜、菊花、猪肺等,但考虑到秋令转凉,饮食也应温暖,避免寒凉,如孙思邈在《千金翼方》中所述:"秋冬间,暖里腹。"冬季气候寒冷,万物闭藏,寒风凛冽。冬在五行中属水,与肾相应,此时饮食当选温补类食物,如羊肉、猪腰、黑豆、黑芝麻、海参等,以助人体阳气潜藏。

3. **因地制宜**　按照中医因地制宜(treatment in accordance with local conditions)的治疗原则,用在饮食养生方面,就是根据地域环境特点(regional environmental characteristics)选用适宜的食物进行饮食养生。人体常因地理环境的不同,气候的差异而形成生理上的差异。我国地域辽阔,环境水土、风俗习惯东南西北等各异,因此饮食养生必须坚持因地制宜的原则。东南沿海地势较低,气候温暖潮湿,居民易感湿热,宜进食清淡、通利、除湿之品;西北高原地势较高,气候干燥寒冷,宜食温中散寒(warming interior for dispersing cold)或生津润燥(body fluid regenerating for moisturizing dryness)之品。而由于各地水土性质不同,有些地方容易发生地方病,如地方性甲状腺肿,更应因地制宜,进食加碘盐进行预防。

（四）顾护脾胃，进食卫生

饮食养生必须时时顾护脾胃功能。脾胃是人体消化吸收的主要脏腑,脾主运化水谷(spleen governing transportation and transformation);胃为水谷之海(reservoir of food and drink),胃主受纳(stomach receiving food and drink),胃主腐熟水谷(stomach dominating decomposition of drink and food),脾胃功能正常而协调,才能将摄入的饮食物充分发挥其营养人体的作用。顾护脾胃从两个方面着手,一方面,饮食物必须适合胃气,也就是说食物的选择必须适合人的口味,易于消化吸收,进食后使胃舒适;另一方面,要保持脾胃功能健全,做到"食宜软、食宜温、食宜细嚼慢咽。"进食温软之品,不碍滞脾胃,而进食时做到细嚼,可减轻胃的负担,利于胃的消化,慢咽,能避免吞咽呛噎现象。如清代沈嘉树撰写的《养病庸言》所说:"不论粥饭点心,皆宜嚼得极细咽下。"急食暴食,则易损伤肠胃。

注意饮食卫生(dietetic hygiene),主要包括进食前、进食中和进食后应该注意的问题。进食前应注意手和餐具的消毒,防止病从口入。轻松整洁的进食环境再配以柔和的音乐,有助于脾胃的消化吸收。明代龚廷贤撰写的《寿世保元》(Longevity and Life Cultivation)中说:"脾好音声,闻声即动而磨食。"同时应避免在劳累和情绪异常时进食。进食时应保持精神专注,做到"食不语"及"食勿大言"(《千金翼方》)。饮食后要漱口,保持口腔卫生(oral hygiene),如唐代孙思邈在《备急千金要方》(Essential Formulas for Emergencies Worth a Thousand Pieces Glod, Valuable Prescriptions for Emergencies)中所说:"食毕当漱口数过,令人牙齿不败口香。"另外,摩腹(rubbing abdomen)、散步(walking)均利于食物的消化吸收。《千金翼方》所言的"中食后,还以热手摩腹,行一二百步。缓缓行,勿令气急。行讫,还床偃卧,四展手足,勿睡,顷之气定"至今对饮食养生仍有指导意义。

饮食卫生还包括选择的食物要新鲜清洁,提倡熟食。孔子在《论语·乡党》中说:"鱼馁而肉败,不食。色恶,不食。臭恶,不食。失饪,不食。"就是提倡选择的食物要新鲜清洁,并且要经过烹饪加工变熟后再食用。如果食物放置时间过长或储存不当,就会变质,产生对人体有害的各种物质。另外,烹调加工过程是保证饮食卫生的重要环节,高温加热能杀灭食物中的大部分微生物,防止食源性疾病(food-borne diseases)发生。食物一定要烫熟再吃,防止寄生虫感染。通过炖、焖、熬、煨法制成的菜品具有熟软或酥烂的特点,有利于营养的吸收,特别适合老年人、儿童、孕、产及哺乳期的妇女食用。另外,蒸制过的食物营养素保存率高,并且容易消化。烟熏食品(smoked foods)可能含有苯并(a)芘等有害成分,不宜多吃。

四、饮食禁忌

饮食禁忌(dietetic contraindication, food prohibition),最早见于《素问·宣明五气篇》的"五味所禁:辛走气,气病无多食辛;咸走血,血病无多食咸;苦走骨,骨病无多食苦;甘走肉,肉病无多食甘;酸走筋,筋病无多食酸。"其后在《金匮要略·卷下·禽兽鱼虫禁忌并治》中有"所食之味,有与病相宜,有与身为害,若得宜则益体,害则成疾"的记载,说明了饮食禁忌的重要性。饮食禁忌既包括通常所说的"忌口(dietetic restraints, dietary restrictions)",也包括食物之间、食物与中药之间的配伍禁忌(incompatibility between foods or between food and Chinese material medica, prohibited combination),在饮食养生中应密切注意。

1. **忌过食肥甘**　饮食宜清淡,清淡的饮食易于脾胃的消化和吸收。过食肥甘厚腻之品则易伤脾胃,导致运化失常,出现小儿疳积、肥胖、痈疽、消渴、胸痹等证。《素问·生气通天论》中有"膏粱之变,足生大丁"之说。针对现代人动物性食物摄入过多、植物性食物摄入较少而导致肥胖等慢性病多发的现象,当今饮食养生领域出现一个英文名词:macrobiotic,被称为"长寿饮食(a macrobiotic diet,macrobiotics)"。这种饮食以谷类为主食,辅以当地的蔬菜,避免使用过度加工或精制食品(highly processed or refined foods)以及大多数动物性制品。维基百科(Wikipedia)说:"A macrobiotic diet(or macrobiotics),is a dietary regimen which involves eating grains as a staple food,supplemented with other foods such as local vegetables,and avoiding the use of highly processed or refined foods and most animal products. Although macrobiotics writers often present a macrobiotic diet as helpful for people with cancer,there is no evidence to support such recommendations;neither the American Cancer Society nor Cancer Research UK recommend taking the diet."

2. 忌误食 河豚、发芽的土豆、野生蘑菇等如果处理不当而误食,就会影响人体健康,甚至危及生命。《金匮要略》(*Synopsis of Golden Chamber*)中,分别记载有《禽兽鱼虫禁忌并治》和《果实菜谷禁忌并治》两篇,指出"肉中有如米点者,不可食之。""果子落地经宿,虫蚁食之者,人大忌食之。"。

3. 病证禁忌 病证禁忌(disease contraindication,symptomatic taboo),即禁忌证(contraindication)。一般而言,热证忌食辛辣温燥之品;寒证忌食寒凉生冷之品;脾胃虚弱忌食生冷油腻、寒冷坚硬等不易消化之品;水肿病证忌多进食盐;肝阳上亢(upper hyperactivity of liver yang)者忌食辣椒、生蒜、酒等辛热助阳之品;疮疡、皮肤病者忌食鱼、虾、蟹等腥膻发物及辛辣刺激性食品;外感表证忌食油腻类食品等。还有心病忌咸,因咸入肾,肾水过亢,肾水克心火,影响心主血脉(the heart governing blood and vessels)功能。其他同理,肝病忌辛,脾病忌酸,肺病忌苦等,都有一定的临床意义。根据病证的寒热虚实,结合食物的四气五味、升降沉浮及归经来确定。寒证忌用寒凉生冷之物,如小米、麦子、绿豆、冬瓜、丝瓜、苦瓜、黄瓜等。热证忌用温燥之物,如糯米、木瓜、生姜、葱、大蒜、鸡肉、羊肉、鲤鱼、鲢鱼、虾、大枣、桂圆等。

4. 服药饮食禁忌 服药饮食禁忌(dietary incompatibility),即食物与药物之间的配伍禁忌,又称服药食忌(food taboo in drug application)。古代文献记载有服用某些中药(Chinese material medica,Chinese medicinal herb)时忌食生冷、黏腻、辛辣、肉、酒、酪、臭物等,还有薄荷忌鳖肉,螃蟹忌柿,人参忌白萝卜等记载,其中不少得到现代药物学研究证实,但也有不少内容需要进一步研究。

5. 忌食"发物" 食物之所以能防治疾病,是由它本身特有的性味所决定的,这就是食物的"食性"。如果不懂食性,对某些特殊体质的人或患者,食性就会诱发旧病,或加重已发疾病,或削弱药力,这就是食物的"发性",也就是民间所说的"发物(stimulating food)"。一为动火发物,能助热动火、伤津耗液,如烟、酒、葱、蒜、韭菜、油炸物等,发热口渴、大便秘结的人不宜食用,高血压者应忌口。二为动风发物,多有升发、散气、火热之性,能使人邪毒走窜,如木耳、猪头肉、鸡蛋等,有荨麻疹、湿疹、卒中等疾病者不宜吃。三为助湿发物,多具有黏滞、肥甘滋腻之性,如糯米、酒、大枣、肥肉等,患湿热病、黄疸、痢疾等病者忌食。四为积冷发物,多具寒凉润利之性,能伤阳生寒,影响脏腑运化,如冬瓜、四季豆、莴笋、柿子等,脾胃虚弱的人要慎食,过食会引起胃虚冷痛、肠鸣腹泻。五为动血发物,多有活血散血之性,能动血伤络,迫血外溢,如羊肉、菠菜、烧酒等,月经过多、皮下出血、尿血等人忌食。六为滞气发物,如大豆、芋头、薯类等。这些食物多具滞涩阻气、坚硬难化之性,积食、诸痛者不宜食。发物会导致旧病复发或病情加重,故应忌食。

6. 忌食复 大病初愈,胃阳来复,患者食欲大增时,切不可多食或进食不易消化的食物,以免出现疾病复发,出现食复(recurrence caused by dietary irregularity),即由于饮食调养不当而使疾病复发或加重。

饮食养生,虽可保健、防病,但宜知食药有别。食物是维持人体健康的物质基础,有水谷则生,无水谷则死,一般比较平和,作用和缓,无毒副作用,食物作用弱,起效慢,需要坚持食用。

(贾爱明)

第二节　起居养生

起居养生(health cultivation in daily life),是在中医理论指导下,通过科学安排起居作息,妥善处理日常生活细节,使之符合自然界和人体的生理规律,以保证身心健康,求得延年益寿的一种养生方法。

中国传统起居养生法已有数千年历史,早在《素问·上古天真论》中就有关于"起居有常"的论述:"上古之人,其知道者,法于阴阳,和于术数,饮食有节,起居有常,不妄作劳,故能形与神俱,而尽终其天年,度百岁乃去。"历代养生家无不将这一论述奉为圭臬,当成自己的准则,认为合理起居是关系人寿命长短的重要因素之一。

历代关于起居的广义阐释,包括日常活动、饮食、寝居、居址和大便等含义。现在一般认为,起居是指日常生活作息(daily routine),本节主要讨论日常生活作息养生的方法,包括起居有常、劳逸适度、睡眠养生、卧室与卧具选择、二便调摄等内容。关于饮食、运动与居住环境养生等内容参考第三章第二节、第四章第二节、本章第一节和第八节。

一、起居有常

起居有常(living a regular life with certain rules,maintaining a regular daily life),就是日常作息与生活的规律化,起居要合乎自然界阳气消长规律及人体生理常度。起居有常的作用(effects of maintaining a regular daily life)可归纳为以下两点:

1. 调养神气　唐代孙思邈在《千金要方》中总结出"善摄生者,卧起有四时之早晚,兴居有至和之常制"才能调养神气的经验。清代名医张隐庵在《黄帝内经素问集注》中也说:"起居有常,养其神也……不妄作劳,养其精也。大神气去,形独居,人乃死。能调养其神气,故能与形俱存,而尽终其天年。"说明起居有常是调养神气(cultivating spirit and qi)的重要法则。神气是人体一切生命活动的概括,在人体中具有重要作用。人若能起居有常,合理作息,就能御精养神,表现为精力充沛,面色红润光泽,耳聪目明,言语清晰,反应灵敏,神采奕奕;反之,若起居无常,违背自然规律和人体常度来安排作息,日久则神气衰败,而见精神萎靡、健忘、失眠、面色不华、目光呆滞无神、体衰力弱、早衰等。

2. 增强人体的适应能力　古代养生理论认为,有规律的周期性变化是宇宙间普遍存在的现象,天人合一(unity of the heaven and humanity,harmony between man and nature),人体生命节律是与自然界相应的,形成了一定的固有节律。因此,人应遵循其规律来安排作息,保持良好的生活习惯(good living habits),方可使机体脏腑功能活动与自然变化规律协调统一,从而养护正气(vital qi,healthy energy),提高人体对自然环境的适应能力,从而避免发生疾病,达到延缓衰老、健康长寿的目的。

人体阴阳气血受自然界年节律(cirannual rhythm)、季节律(seasonal rhythm)、月节律(lunar rhythm)及昼夜节律(diurnal rhythm)等自然节律的影响,从而表现出一系列生命节律(life rhythm)变化。其中对人体起居影响最主要的是季节律、昼夜节律。一年之内,春生夏长秋收冬藏,日常作息也相应地有春夏晚卧早起,秋季早卧早起,冬季早卧晚起的不同。如《素问·四气调神大论》所说:"春三月……夜卧早起,广步于庭,被发缓形……此春气之应,养生之道。""夏三月……夜卧早起,无厌于日……此夏气之应,养长之道也。""秋三月……早卧早起,与鸡俱兴……此秋气之应,养收之道也。""冬三月……早卧晚起,必待日光……此冬气之应,养藏之道也。"此为顺四时起居养生之道。

人体在昼夜节律的支配下,一日之内,鸡鸣至平旦(太阳露出地平线之前,天刚蒙蒙亮,即黎明)之时阳气始生,到日中之时,则阳气最盛,午后则阳气渐弱而阴气渐长,深夜时分则阴气最为隆盛。人们应在白昼阳气隆盛之时从事日常的工作与学习。正午时分，为阳气由盛转衰，阴阳交变之时，人体消耗较大，此时适当安排午休或午睡，少息以养阳。而到夜晚阳气衰微的时候，就要敛气收神，安卧休息。《内经·素问·生气通天论》谓："是故暮而收拒，无扰筋骨，无见雾露，反此三时，形乃困薄。"日出而作，日落而息，循序而动，此劳作和休息即为常称的"作息"。汉代王充在《论衡·偶会》中指出："作与日相应，息与夜相得也。"亦强调作息时间（work-rest time）应该顺应自然节律，才能使人健康长寿。

二、劳逸适度

劳指体力劳动、脑力劳动，逸指休息、休闲。劳和逸都是人体的生理需要，正确处理劳与逸之间的关系，对于养生保健有重要作用。

劳或逸均包括形体与精神两方面，要劳逸适度（moderation of work and rest，balanced labor and rest）。劳逸适度总的原则（general principle of moderation between work and rest）是需要把握一个"度"，包括劳动强度的强弱和劳动时间的长短。《素问·上古天真论》有言："形劳而不倦"，认为人体应该进行适当的活动，但应有节度，不要过于疲倦。孙思邈在《千金要方》中提出："养性之道，常欲小劳，但莫大疲及强所不能堪耳。"宋代苏东坡在《苏东坡全集·策别十七首》中说："是以善养生者，使之能逸而能劳，步趋动作，使其四体狃于寒暑之变，然后可以刚健强力，涉险而不伤。"现在社会中，人的体力劳动日趋减少，而脑力劳动强度增加，多数人员工作也是静逸少动，致使机体器官功能降低，免疫力下降，导致种种疾病的发生。"五劳所伤"最早见于《素问·宣明五气》："久视伤血，久卧伤气，久坐伤肉，久立伤骨，久行伤筋。"因此，劳作应注意量力而行、劳逸结合。尤其对中老年人来说，小劳有益，过劳则损。烦劳过度，则形气弛张于外，精气竭绝于中。古语云："一张一弛，文武之道。"便是上乘的养生之道。

现代的养生方法有很多，其核心是围绕权衡形劳（physical labor，physical overstrain）与神劳（mental labor，psychological ovrestrain），劳逸张弛有度，即劳逸适度，一是体力劳动与脑力劳动的强度要适宜；二是体力劳动与脑力劳动相结合；三是休息方式多样化。休息方式分静式休息和动式休息，静式休息主要指睡眠，动式休息则是指可以放松脑力的一些活动，如听音乐（listening to music）、散步（walking）、聊天（chating）、观景（viewing）、垂钓（fishing）、作诗（writing poems）、绘画（painting）、打太极拳（practicing shadow boxing）等。养生保健要做到劳动与休闲相结合，运动与娱乐相结合。具体来说，用眼多的人群，应注意工作之余做眼保健操（eye conditioning exercises）、看绿色植物、极目远眺等；用嗓多的人群，应注意学习正确发音，工作时饮用润喉利咽茶等；体力劳动者，休息时可参与弈棋、阅读、书画之类的娱乐休闲活动；而脑力劳动者，休息时则多活动形体。在办公桌前工作的人，下肢过逸而颈项过劳，则应注意工作时变换体位，活动颈部，以舒缓局部紧张的肌肉。

三、睡眠养生

睡眠养生（health preserving through sleep）是根据自然界与人体阴阳变化的规律，采用合理的睡眠方法和措施，保证充足而高质量的睡眠，是起居养生重要的组成部分。一般认为，高质量睡眠的标准（standard for high quality sleep）如下：入睡快，上床后 5~15min 进入睡眠状态；睡眠深，睡眠时呼吸匀长，无鼾声，不易惊醒；时间足，夜晚一次睡眠最好保证在 6.5h 以上；不起夜，或很少起夜，睡眠中梦少，无梦惊现象；起床快，早晨醒来时很容易起来，而且身体轻盈，精神饱满；白天头脑清晰，工作效率高，不困倦。

人类的睡眠（sleep）由人体昼夜节律控制，是人体的一种基本生理需要。由于天体日月的运转，自然界最突出的表现就是昼夜的交替出现。昼属阳，夜属阴，与之相对应的是，人体的阴阳之气也随着昼夜的消长而变化，于是就有了寤（觉醒）和寐（睡眠）的交替，也就有了人类"日出而作,日落而息"的活动规律。"阳气入里人安卧。"中医认为,阳气的运行与人的睡眠有密切的关系。《素问·生气通天论》说:"是故阳因而上,卫外者也。"人体阳气顺应自然界阳气上升外达,运行于表以卫外,以此达到体内协调,睡眠正常。而"平旦人气生……是故暮而收拒……"则论述了日暮之后,人的阳气内藏,故应清静安卧,即正常的睡眠应在时间上顺应自然,日落而息。当阳气由表入里时,人便入睡,由里出表时,人便醒来。这里的"里"和"表"指的是循行于脉内脉外的"营气(nutrient qi,nutrient principle)"和"卫气(defensive qi,defense principle)"。而且,睡眠受人心神的支配,心静神安则易睡,反之则容易出现失眠(insomnia)。高质量的睡眠能消除疲劳,恢复精力,保护大脑,增强免疫力,康复机体,促进儿童生长发育,并可延缓衰老,促进长寿,健美皮肤,排出废物等。

古人云:"养生之诀,当以睡眠居先。"人的一生中,有1/3的时间是在睡眠中度过的,这既是生理的需要,也是健康的保证和恢复精神的必要途径。但同样是睡眠,质量的好坏却有天壤之别,这取决于睡前、睡中、醒后、卧室卧具等相关环节的安排是否合理妥当。

(一)睡前调摄

睡前调摄(health cultivation before sleep),即做好睡眠前的各种准备工作,这是保证高质量睡眠的前提。

1. 睡前调摄精神　心藏神(heart storing spirit),夜卧则神栖于心,心静神安才能保证高质量的睡眠。因此,睡前调摄精神(regulating spirit before sleep)尤其应避免使人心神不安的情志变化。《素问·举痛论》曰:"怒则气上,喜则气缓,悲则气消,恐则气下……思则气结。"过度的情志变化会引起人体脏腑气血功能紊乱,难以入睡或入睡后多梦,日久甚则产生疾病。《景岳全书·不寐》曰:"心为事扰则神动,神动则不静,是以不寐也。"所以睡前应调摄精神,防止情绪的过激,保持心神宁静,摒除杂念,可以意念远驰,而不是妄想,陶冶心境,恬静入睡。

2. 睡前稍事活动　《紫岩隐书》云:"每夜入睡时,绕室行千步,始就枕……盖行则神劳,劳则思息,动极而返于静,亦有其理。"睡前散步,练形意拳(Xingyiquan,Chinese mind-body boxing,martmast)、瑜伽(yoga)、太极拳(Taijiquan,shadowboxing),可使精神舒缓,情绪稳定,有助于安卧。但须注意,避免活动过量,阳气浮越而不入阴,难于入眠。

3. 睡前热水泡脚与足底按摩　坚持每晚睡前热水泡脚(foot bath with the hot water before sleeping)和睡前足底按摩(plantar massage before sleeping,foot sole massage before sleeping)对睡眠大有益处。历代养生家认为,每晚睡前用40℃左右温水泡、洗脚是养生却病、延年益寿的常用保健方法。泡脚既可促进经脉疏通、血液运行,又有利于消除疲劳,提高睡眠质量。泡脚时双脚互相摩擦或用双手同时按摩,泡完后用毛巾擦干,继而坐在床上准备做足底按摩。按摩涌泉穴是最简单有效的足底按摩,涌泉穴是足少阴肾经的要穴,也是生物全息学中肾脏在脚部的"反射区",搓摩涌泉穴可以滋肾清热,导火下行,除烦安神。具体做法是:先用左手握住左脚趾,用右手拇指或中指指腹按摩左脚涌泉穴(位于足底前1/3凹陷处)36次,然后再用左手手指指腹按摩右脚涌泉穴36次,如此反复2~3次。或者用左手握住左脚趾,用右手心搓左脚心,来回搓100次,然后再换右脚搓之,如次反复搓2~3次即可。

4. 睡前刷牙漱口　刷牙漱口,特别是睡前刷牙漱口(brushing teeth and gargle before sleep),是保持口腔清洁的重要措施,也是生活起居卫生和养生的基本要求。临睡前刷牙漱口能尽去一日饮食残渣,否则残渣存留在口腔内,可能引起口臭、龋齿、牙周炎等各种疾病。睡前刷牙不仅能清洁口腔,还能起到按摩牙龈、改善牙周血液循环的作用。"齿为骨之余,肾之标。"故坚持睡前刷牙漱口也是防止早衰(premature aging)的起居养生措施之一。

5. 睡前禁忌　睡前禁忌(taboos before bedtime)包括以下内容:睡前不可进食。临睡前进食会增加胃肠的负担,"胃不和则卧不安",睡前进食既影响入睡又不利于身体健康。睡前不宜大量饮茶水,正如《景岳全书·不寐》云:"饮浓茶则不寐……而浓茶以阴寒之性,大制元阳,阳为阴抑,则神索不安,是以不寐也。"茶叶中含有的咖啡因能兴奋中枢神经,所以饮茶(drinking tea)后使人难以入睡。其他如睡前禁用烟及酒、咖啡、巧克力等刺激性之品,与前同理。

（二）睡眠时的调摄

睡眠时的调摄(health cultivation during sleep),主要涉及睡眠姿势、睡眠时间。

1. 睡眠姿势 睡眠姿势简称睡姿。睡姿是否正确直接影响睡眠效果。睡姿因人而异,常人理想的睡姿(sleeping posture)是右侧屈膝而卧,即身体侧向右边,四肢略为屈曲,双上肢略为前置,下肢自然弯曲,卧如弓形。这种姿势有利于全身四肢肌肉完全放松,消除疲劳,有利于气血的流通及呼吸道通畅。又因为心脏的位置在胸腔的左侧,右侧卧不会使心脏受到压迫。可见,入睡时养成良好的睡姿是非常重要的。俯卧位、仰卧位及左侧卧位均不太符合养生要求。但人在熟睡以后,睡姿不可能一成不变,如《普济方·服饵门》(Prescriptions for Universal Relief)所述:"人卧一夜,当作五度,反复常逐更转。"

孕妇早期以右侧卧、仰卧为宜,中后期最佳卧位为左侧卧,这样有利于胎儿生长,减少妊娠并发症。而婴幼儿的睡姿,需在大人的帮助下经常地变换体位。老年人也以右侧卧最好。至于患者的睡姿,心衰患者及咳喘发作患者宜取半侧位或半坐位,同时用枕把后背垫高。对于肺病造成的胸腔积液患者,宜取患侧卧位,使胸水位置最低,不妨碍健侧肺的呼吸功能。

2. 睡眠时间 睡眠时间(sleeping time)要根据不同年龄、不同身体状况合理安排,并因人而异,不能一概而论,总体以醒后精力充沛、轻松愉悦、头脑清晰、周身舒适为宜。一般认为,为保证睡眠时间充足,实际睡眠时间成人应为7~8h,老年人应为9~10h,婴儿应为18~20h,学龄儿童应为9~10h。要训练并养成良好的睡眠规律,通常早晨5~6点起床,晚上10点就寝较为合适,最晚不迟于11点。具体来说,小孩宜在晚上20:30之前睡觉,青少年宜在晚上22点左右睡觉,老人在晚上21~22点之间睡觉。长时间熬夜,会引起人体生物钟紊乱、内分泌失调。

一般来说,日寝夜寐,一昼夜间寐分为二,夜间子时熟睡以养阴,日间午睡即昼寝,午时少息以养阳。睡"子午觉"是睡眠养生法之一,子时为23时至1时,午时为11时至13时,子午之时,阴阳交接,体内气血阴阳极不平衡,此时静卧,可避免气血受损。"子午觉"是指子时(晚上23点到凌晨1点)和午时(上午11点到下午1点)这两段时间的睡眠。午睡时间以30min至1h为宜。现在工作、生活节奏加快,即使不能午睡,也应"坐而假寐"以代替午睡,醒后亦可神清气爽。

（三）醒后保养

醒后保养(health cultivation after waking)包括以下内容:睡醒后,做一些简单动作,如熨目、运睛。清醒后不急于睁眼,先熨目:两掌相对,用力由慢而快搓至双掌暖热后,以双掌平熨双目,如此反复10遍。熨目之后静心调息,开始运睛:双睛向右侧运转,然后向上、向左、向下复转向右,运转3次之后再反方向运转3次。运睛要慢,开始可采取睁眼法运睛,锻炼一段时间后改用闭目运睛,使双睛在意念的控制下运转。运睛之后紧闭双目片刻,再突然急睁,令双睛尽量外突。如果自觉眼前闪动金花,效果更好。急睁双目时要同时从口中吐出浊气,然后通过鼻腔进行深吸气,再以意念将气送至丹田。坚持熨目、运睛,可使双目明亮有神,起到调理精气的作用。其他还可行叩齿(teeth-clicking)、咽津(saliva swallowing, pharyngeal saliva)动作,可固齿强肾。颜面按摩(facial massage),可以疏通面部经络血脉,使肌肤滋润光泽而紧凑。梳发可通经活血,改善头部血液循环,使人尽快清醒,进入良好的工作学习状态。

（四）睡眠禁忌

睡眠禁忌(sleep taboos)包括以下内容:

我国古人有"睡眠十忌"。一忌仰卧,二忌忧虑,三忌睡前恼怒,四忌睡前进食,五忌睡卧言语,六忌睡卧对灯光,七忌睡时张口,八忌夜卧覆首,九忌卧处当风,十忌睡卧对炉火。这是一个精简的总结。睡觉时还要注意的是"不戴与不带":不戴手表、项链、手镯,不戴假牙,不戴胸罩、帽子,不带妆等。

四、卧室与卧具

良好的卧室环境和舒适的卧具是营造良好睡眠环境的重要条件。良好的睡眠环境要求卧室安静,光线、温度与湿度适宜,通风良好,卧具舒适,这样才能做到安睡,提高睡眠质量,以养元气。

（一）卧室环境

卧室环境（bedroom environment）应注重以下方面:

卧室的朝向以坐北朝南为佳,这样有冬暖夏凉的优点。卧室的窗口应避免朝向街道、闹市,否则应有隔音设施。要根据个人的喜好调节好卧室的光线,一般情况下,以闭上眼不使光线进入眼帘为宜。入睡前尽可能关闭一切照明开关。床铺宜设在室中相对幽暗的角落,或用屏风、隔窗与活动场所隔开。窗帘以冷色为佳,也可根据季节调整,夏天可用浅绿、浅米色的冷色调,使人感到凉爽,冬天可选橙红等暖色调且质地厚重些的窗帘,使人感到温暖。卧室应有良好的通风（ventilating）,睡前、醒后应开窗换气。睡眠时要露首,避免用衣被蒙头掩面睡觉,影响呼吸,还要注意避风,以防贼风侵袭患病,如《备急千金要方》所说:"赤露眠卧,宿食不消,未逾期月,大小皆病。"卧室内要保证温度与湿度稳定,室温一般以 20℃ 为佳,湿度以 60% 左右为宜。被窝的理想温度应为 32℃~34℃。卧室的家居宜少不宜多,以简洁明快、朴素而不失高雅为原则。室内可以放置植物盆景,宜选一些能净化空气的花草,如龟背竹、吊兰等。

（二）卧具

卧具（bedding）包括枕、被、褥、睡衣及床等。

1. 枕头　选择的枕头（pillow）是否合适,与睡眠的质量以及颈部的保健有很大关系。枕头高矮宜适中,高度一般以不超过肩到同侧颈部的距离为宜。如《老老恒言》强调:"太低则项垂,阳气不达,未免头目昏眩;太高则项屈,或致作酸,不能转动。酌高下尺寸,令侧卧恰与肩平,即侧卧亦觉安舒。"古人主张枕稍长勿宽,尤其对老年人,"老年独寝,亦需长枕,则反侧不滞一处。"枕头的长度应够翻一个身,要长于头横断位的周长,宽度以 15~20cm 为度。枕头要软硬适宜,略有弹性。枕芯松软更舒适,民间传统上常选择荞麦皮做枕芯,其松软程度最利于睡眠。此种枕芯冬暖夏凉,具有清热泻火、舒适轻柔的特点。枕套可根据个人喜好来选择,最好选择透气性和吸水性都比较好的纯棉面料。

2. 常用药枕　药枕（medical/herb pillow, Chinese herb pillow）属于中医外治法的一种,称为药枕疗法常用于日常保健及康复。将不同的中药材作为枕芯填充物,人在睡眠中通过呼吸或皮肤吸收中药材的气味或有效成分,以达到清心明目、健脑安神、调和阴阳的养生目的。除荞麦枕外,其他常用的药枕介绍如下:

（1）菊花枕:可选用菊花干品、川芎、决明子、白芷,装入枕芯内,有疏风散热、清利头目之功。适用于头痛、头晕、目暗昏花的人群,也可用于预防和治疗神经衰弱、高血压、偏头痛等。

（2）薄荷枕:枕内加入薄荷适量,可用于头痛、牙痛、鼻炎、高血压等,并有防暑降温作用。

（3）小米枕:小米性平,微寒,凉热适中,取适量小米装入枕芯,制成小米药枕,适宜于小儿枕用,具有防病、健身、助发育之功。

（4）茶叶枕:用饮后晒干的茶叶装枕,适用于防治高血压、神经衰弱等。

（5）绿豆枕:绿豆有清热、泻火、除烦的功效。绿豆枕用于目赤喉痛、口渴心烦、头痛,可令人明目开窍、解暑除烦。

（6）决明子枕:用于便秘、目疾、高血压人群和小儿夜啼等。

（7）麦饭石枕:麦饭石具有抗疲劳、抗缺氧、抗衰老的功效。用麦饭石作为枕芯使用可保持头部清凉,使人在炎炎夏日能够安然入睡。

（8）桑叶枕:用于头痛、眩晕、高血压等。

其他还有可静心安神的磁石枕、琥珀枕等。

药枕对头面部、颈肩部保健及某些慢性病的治疗有较好的效果,但如患者对某些中药材过敏,则不宜使用以这些中药材作为枕芯填充物的药枕。同时,必须特别注意枕头的卫生,否则会影响身体健康。经常晾晒或清洗对保持枕头清洁卫生很有必要。对于不能清洗的枕芯,除多晾晒外,适时更换枕芯最好。

3. 被和褥 被子(quilt)宜宽大质轻,柔软干燥,薄厚因人而异,被里宜用纯棉细纱制作,内胎最好填充新棉花或优质丝绵。褥子(mattress)宜厚而松软,选料宜用纯棉。特别是老人,更宜使用厚褥。被、褥应经常拆洗并晾晒。

4. 床 床(bed)的高矮要适中,以略高于就寝者的膝盖为好,以利于上下。太高则上下床不方便,太低又恐地下潮湿之气伤人。床铺应稍宽大,褥子要软硬适中,符合人体的生理曲度,使肌肉放松,有利于从疲劳中恢复。一般以在木板床上铺10cm左右的褥子为妥。

5. 睡衣 睡衣(pajamas,sleepwear)以穿着舒适、吸汗保暖、透气遮风、卫生为原则。面料应选择透气性强、质地柔软、棉质的为好。面料的厚薄随气候而定,夏天气候炎热,可选用细纱或真丝面料,春秋季可选用稍厚一些的纯棉面料,冬季气候寒冷,选用单面绒、细灯芯绒为好。至于款式和颜色,可以根据自己的喜好而定。

五、二便调摄

人体的代谢废物主要通过泌尿系统以小便的形式排出,未被吸收的食物残渣通过肛门以粪便的形式排出。大小便即二便的正常排泄是身体健康的标志。老年便秘者强力排便容易诱发脑卒中,夜间憋尿过久突然排尿过快可导致排尿性晕厥,蹲厕太久也可引起短暂性大脑缺血。可见二便正常与否,直接影响到人体的健康。因此,二便调摄(regulating urination and defecation,relieve yourself)很重要。

（一）大便宜通畅

自古以来,养生家对保持大便通畅极为重视。《论衡》指出:"欲得长生,肠中常清,欲得不死,肠中无滓。"《素问·五藏别论》曰:"魄门亦为五藏使,水谷不得久藏。"魄门即指肛门。肛门的启闭,大便的排泄,不仅是胃肠功能的反映,也是全身状况的表现,既受五脏生理功能的制约,又能协调脏腑气机升降。大便调摄的内容(contents of regulating defecation),即改善排便功能和保持大便通畅的内容(contents of improving the function of defecation and keeping bowels open)如下:

1. 定时排便 养成每日定时排便的习惯,只要有规律,早饭后或睡觉前都可以。

2. 顺其自然 一有便意即排便,不要刻意抑制,也不应努挣。强忍不便,一则会导致粪便中毒素被吸收,另外粪便堆积日久,水分被过度吸收而形成便秘。便秘患者强力努挣排便,尤其是老人,容易诱发脑卒中或心肌梗死,还容易引起痔疮、肛瘘等疾病。

3. 运动和按摩 运动(exercises)、按摩(massage)可促进胃肠蠕动,增强消化排泄功能,防止便秘。太极拳、气功(Qigong,Chinese deep-breathing exercises)、导引(physical and breathing exercise)、腹部按摩(abdominal massage)等保健法均可常用。

4. 便后调理 注意肛门卫生对健康的影响,不亚于口腔卫生保健,尤其是小儿、老人,更应重视肛门卫生。大便之后以选用柔软、褶小而均匀、薄厚适中的手纸擦拭为宜,每晚临睡前最好用温水清洗肛门或热水坐浴,保持肛门清洁和良好的血液循环。每次排便后,适当做一些日常保健,对身体有很大益处。若在饱食(overeating,repletion,satiation)后大便,便后可稍喝一些汤或饮料以助胃气,促进消化。而在饥饿时大便,则应采取坐位。便后稍进一些食物,再做3~5次提肛动作,可加强肛门功能,固护正气。

此外,要保持大便正常,需要日常综合调护,如饮食调理(dietetic regulation),需粗细结合,预防便秘;且必须重视精神调摄,情志舒畅,则脏腑气机调达,水谷代谢与排泄正常,大便方能通畅。

（二）小便宜清利

小便是水液代谢后排除糟粕的主要途径，与肺、脾、肾、膀胱等脏腑的关系极为密切。在水液代谢的整个过程中，肾气是新陈代谢的原动力，调节着每一环节的功能活动，故有"肾主水（kidney governing water）"之称。苏东坡在《养生杂记》中说："要长生，小便清；要长活，小便洁。"《老老恒言·卷四·便器》亦说："小便惟取通利。"小便调摄的方法（methods of regulating urination，methods of urination adjustment）如下：

1. 饮水调摄　要科学饮水，少食、素食、食久后不宜立即饮水；要定时饮水，不要只在口渴时才想起饮水；要喝开水，不要喝生水；要喝新鲜开水，不要喝放置时间过长的水；大热、大汗后要多喝加盐的温热水，不要喝冰水。

水摄入不足和摄入过量均会对健康造成危害。水摄入不足可引起水和电解质代谢紊乱，血液变得黏稠，进一步发展为脱水（dehydration），长此以往，代谢废物和有毒物质就会在肾脏堆积，从而引起慢性肾病。水摄入不足还会对人的认知能力带来负面影响，引起视觉追踪能力、短期记忆力和注意力的下降。

短时间摄入过量的水会稀释血液中的钠离子浓度，可能发展为低钠血症；长时间摄入过量的水可引起脑细胞水肿，使颅内压增高，出现视力模糊、疲乏、淡漠、头痛、恶心、呕吐、嗜睡、抽搐和昏迷，此外还有呼吸、心跳减慢，视神经乳头水肿，乃至出现惊厥、脑疝，极端情况下甚至引起死亡。人体水摄入量超过肾脏的排出能力时可引起急性水中毒（cute water intoxication），导致细胞水肿进而引起细胞功能紊乱和体内电解质紊乱。由于水潴留，体重增加，细胞外液容量增加，可出现全身水肿。初期尿量增多，随后尿量逐渐减少甚至无尿，重者还可出现肺水肿。

水的需要量不仅个体差异较大，而且同一个体在不同的环境或生理条件下也有差异。总水摄入量（total water intake）包括来源于食物中的水（食物水）及来源于普通水和各种饮料的水（饮水）。《中国居民膳食营养素参考摄入量（2013 版）》确定的我国不同年龄人群水的适宜摄入量（adequate intake of water for different age groups in China）见表 5-13。

表 5-13　中国居民水的适宜摄入量[a]（单位：L/d）

人群	饮水量[a]		总摄入量[b]	
	男性	女性	男性	女性
0 岁~	—		0.7[c]	
0.5 岁~	—		0.9	
1 岁~	—		1.3	
4 岁~	0.8		1.6	
7 岁~	1.0		1.8	
11 岁~	1.3	1.1	2.3	2.0
14 岁~	1.4	1.2	2.5	2.2
18 岁~	1.7	1.5	3.0	2.7
孕妇（早）	—	0.2	—	0.3
孕妇（中）	—	0.2	—	0.3
孕妇（晚）	—	0.2	—	0.3
乳母	—	0.6	—	1.1

注：[a] 温和气候条件下，轻身体活动水平的人群的饮水量。如果在高温或进行中等以上身体活动时，应当增加水的摄入量；[b] 总摄入量包括食物中的水及饮水中的水；[c] 来自母乳

2. **导引调摄** 经常进行导引和按摩,对通利小便很有益处,如导引壮肾法、端坐摩腰法、仰卧摩腹法等。

3. **排尿宜忌** 排尿是肾与膀胱气化功能的表现,是正常生理反应,日常生活中不要强忍不尿或努力排尿,要顺其自然。男子排尿时的姿势也应注意,男子夜间憋尿过久,突然排尿过快,腹压突然降低,血管急速扩张,大脑一时供血不足会导致排尿性晕厥。

此外,情绪、性生活、运动对小便正常排泄也有一定影响,平素要保持情绪乐观,注意节制房事(avoiding sexual strain,temperance in sexual life),进行适当的运动锻炼(physical exercises)。

总之,采用一系列起居养生方法,使人不断调节并顺应自然节律,才能健康长寿。否则,如果"起居无节",则将"半百而衰也"。如《素问·生气通天论》所说:"起居如惊,神气乃浮。"也就是说,若起居作息毫无规律,恣意妄行,逆于生乐,以酒为浆,以妄为常,就会引起早衰,以致减损寿命。

（贾爱明）

第三节　情志养生

情志(emotions)是人在接触客观事物时,精神心理的综合反映。自然环境、社会环境和人体的生理、病理变化无时无刻不在影响着人的情志状态。适度稳定的情志有利于机体各脏腑组织生理功能正常运行,而异常的情志变化可使人体脏腑、气血功能失调,导致诸多疾病的发生。现代研究也表明,情志可作用于神经系统影响机体内环境稳态(homeostasis)。保持积极良好的情志有助于促进人体新陈代谢,提高人的免疫功能和抗病能力。正常人对外界刺激能作出适度和理性的情绪反应,积极向上的思想占优势时可维持情绪的稳定。但若因内、外因素导致焦虑、紧张、愤怒、沮丧、悲伤、痛苦、忧郁等不良情绪超过机体的耐受程度,就会引起人体脏腑功能失调,导致疾病的发生。精神因素引起的身心疾病(somatopsychic diseases)已是当今人类社会普遍存在的多发病(frequently-occurring diseases)、常见病(common diseases),心理疾病(mental diseases)往往是受外界刺激后不良情绪长期累积的结果。因此,维持情志的稳定有度,对于提高健康水平和防治疾病均具有重要的意义。日常生活中,可以通过直接的情绪调节,或进行与情志、思维密切相关的活动,如钓鱼、下棋、种花等,进行情志养生(emotional health cultivation),起到颐养身心、调节情志的作用。

一、调摄七情

（一）调摄七情的概念

中医学认为,情志包括怒(anger)、喜(joy)、思(worry)、悲(sadness)、恐(fear)、惊(surprise)、忧(anxiety)等七种,统称"七情(seven emotions)"。其中,怒(anger)、喜(joy)、思(worry)、忧(anxiety)、恐(fear)为"五志(five emotions)",对应肝、心、脾、肺、肾五脏(five viscera,five Zang organs)。这些情志活动均能影响到人体脏腑气血的正常运行。

适度的情志活动可使人体气机条达,脏腑气血调和;若是七情过极(excess of seven emotions),则可使人体气机紊乱,导致脏腑、气血、阴阳失调而发生疾病。根据中医理论,情志之间也存在五行生克制化(inter-promotion and inter-restraint of the five elements)的规律,利用相互制约的情志,转移和抑制原来对机体不利的情志,可恢复或重建良好的精神状态。此外,也可通过移情、开导、疏泄、节制等方法和措施改变不良的情绪,或改变其周围环境,脱离不良刺激因素的影响,从而使人从不良情绪中解脱出来。总之,当情志过极时,应及时通过主动的方法和措施调志以摄神,避免不良情绪对人体脏腑气血的损害,以达到养生的目的。

（二）调摄七情的方法

调摄七情的方法（methods of regulating seven emotions）有以下几种：

1. 情志相胜法　情志相胜法（mutual conquer therapy of emotions，psychotherapy of one emotion suppressing another，emotional restrictive therapy，emotional counterbalance therapy，emotion inter-resistance psychotherapy）是根据情志及五脏间存在的五行生克制化规律，利用相互制约的情志来转移和抑制原来对机体有害的情志的方法。《素问·阴阳应象大论》云："怒伤肝，悲胜怒。""喜伤心，恐胜喜。""思伤脾，怒胜思。""忧伤肺，喜胜忧。""恐伤肾，思胜恐。"讲的就是精神情志与五脏之间存在生理、病理上相互影响的辨证关系。元代朱丹溪在《内经》的基础上进一步阐发并指出："怒伤，以忧胜之，以恐解之；喜伤，以恐胜之，以怒解之；忧伤，以喜胜之，以怒解之；恐伤，以思胜之，以忧解之；惊伤，以忧胜之，以恐解之，此法惟贤者能之。"金代张子和在《儒门事亲》（Confucians' Duties to Parents）中提出："故悲可以治怒，以怆恻苦楚之言感之；喜可以治悲，以谑浪亵狎之言娱之；恐可以治喜，以恐惧死亡之言怖之；怒可以治思，以污辱欺罔之言触之；思可以治恐，以虑彼志此之言夺之。"后世医家在情志调摄（emotional adjustment）方面创制了许多行之有效的治疗方法。

清代魏之琇的《续名医类案》（Supplement to Classified Case Records of Celebrated Physicians）记载了一则病案，张子和医治一名富家妇人，诊断其因忧思过度导致失眠。张子和暗中与其丈夫约定，用激怒的方法来治疗。于是张子和多次上门看病后收了诊金，只是饮酒却不开方药。富家妇人果然被激怒，大汗出之后当晚即能入眠。此例说明了当思虑过度导致气机郁结时，可以怒激之，怒令肝气升发，郁结之气可得宣散，则疾病自愈。但在运用"情志相胜"之法调节患者的异常情志时，要注意刺激的强度，即治疗的情志刺激要强于致病的情志刺激，或是采用突然强大的刺激，或是采用持续不断的强化性刺激。

总之，治疗的情志强度要超过致病的情志强度，才能达到以情制情的治疗目的。同时还要注意对象的性格特征，要对情志的变化有一定的承受能力，并且不能具有极端性格，否则会适得其反。

2. 移情法　移情法（empathetic method，approach of empathy）又称转移法（methods of transference），即通过一定的方法和措施转移人的注意力，使人的关注焦点转移到其他事物上，从而缓解不良的情绪。《素问·移精变气论》云："余闻古之治病，惟其移精变气，可祝由而已……往古人居禽兽之间，动作以避寒，阴居以避暑，内无眷慕之累，外无伸宦之形，此恬憺之世，邪不能深入也。故毒药不能治其内，针石不能治其外，故可移精祝由而已。"古代的祝由疗法，实际上是一种以语言的方式说理开导为主的心理疗法，其本质是转移患者的关注焦点，以达到调节情绪的作用。移情法具体可分为以下几种方法：

（1）雅趣移情法：古人很早就意识到很多高雅的兴趣爱好有调摄情志的作用。如清代吴尚先在《理瀹骈文》中指出，由七情因素致病者，通过看书解闷、听曲消愁等方式，甚至胜过服药的治疗。人在心情不佳时，通过看书、欣赏音乐等兴趣活动，可以缓解不良情绪，效果优于服用药物，这就是雅趣移情法（self-gratification empathy method，pleasure-seeking empathy method）。因此，平时可以多培养高雅的兴趣爱好，特别是书法、绘画、听音乐等艺术活动，有利于怡情养性，对身心健康大有裨益。

（2）运动移情法：运动移情法（exercise empathy method）就是通过参加适当的体力活动消除负面情绪（negative emotions）。运动不仅可以锻炼身体，而且能有效地排解不良情绪，这是运动移情法的特点（characteristics of exercise empathy method）。经常运动能显著地缓解紧张感，并能减轻失望、沮丧等不良情绪。如果遇有情绪紧张、郁闷时，不妨转移一下注意力，去参加体育活动（sports activities，physical activities）或参加适当的体力劳动，以形体的紧张消除精神的紧张，这样既强健了体魄，又颐养了心神。尤其是太极、导引、气功等传统体育运动，主张在锻炼中动静结合,松静自然,因而能使形神舒畅,心神安合,调和阴阳,达到消除不良情绪的目的。

（3）情绪升华法：升华一词由弗洛伊德最早使用,他认为将一些本能的行动如饥饿、性欲或攻击的内驱力转移到一些自己或社会所接纳的范围时,就是"升华（sublimation）"。在现实生活中,个体的某些行为和欲望,是与社会规范不相符合的,如果直接表达出来,就可能产生不良后果而受到责罚。因而必须改头换面,以迂回曲折的方式表现出来。采取社会较能接受的方式,同样可以发泄自己本来的情感,而不会引起内心的焦虑与紧张。如果将这些冲动和欲望,导向比较崇高的方面,使其以有利于社会和本人的形式表现出来时,无意识欲望即得到满足,这个过程就叫作"升华"。升华作用能使原来的动机冲突得到宣泄,消除焦虑情绪,保持心理上的安定与平衡,还能满足个人创造与成就的需要。这对社会和本人均有积极意义。情绪升华法（emotion sublimation method）,即升华移情法（sublimation empathy method）是指用顽强的意志战胜负面情绪,理智地将其转化为行动的动力,投入到社会认可的活动中,以获得象征性的满足。如西汉时期,太史令司马迁虽惨受宫刑,但仍以坚强不屈的精神投入到《史记》的撰写之中,终于著成了我国第一部纪传体通史流传百世;战国时期,孙膑虽被庞涓陷害失去双足,但身残志坚,最终两次击败庞涓,成就了齐国的霸业。

（4）暗示法：暗示法（suggestion method, suggestive treatment, suggestion therapy）是指用含蓄、间接的方式对患者的心理、行为产生影响,诱导患者按照一定的方式去行动,或直接接受被灌输的观念,主动树立某种信念,以达到缓解不良情绪的目的。一般多采用语言暗示,也可采用姿势、表情暗示,或采用暗示性药物及其他暗号来进行。暗示不仅影响人的心理、行为,而且能影响人的生理功能。南朝宋时期刘义庆著的《世说新语·假谲》记载了曹操假借前方有梅林的空想,缓解了士兵因口渴而导致的不良情绪,后人将这个故事概括为"望梅止渴",即是暗示法的实例。使用暗示法时也要注意,因每个人的心理特征及生活经历、年龄不同,能接受的暗示程度也不同,暗示前需取得对象的充分信任与合作才能获得较好效果,否则会适得其反。

3. **节制法** 节制法（temperance method, moderation method）即调和、节制思想情感,防止七情过极,从而达到心理平衡的方法。七情过极,不仅可直接伤及脏腑,引起气机升降失调、气血逆乱,还可损伤人体正气,使人体的自我调节能力减退。所以情志既不可压抑,也不可过于亢奋,贵在适度,才能维持心理的调和平衡。《吕氏春秋》云："欲有情,情有节,圣人修节以止欲,故不过行其情也。"《养性延命录》云："少思、少念、少欲、少事、少语、少笑、少愁、少乐、少喜、少怒、少好、少恶,行此十二少,乃养生之都契也。"清代曹庭栋撰写的养生名著《老老恒言·燕居》中说："人借气以充身,故平日在乎善养。所忌最是怒。怒气一发,则气逆而不顺,窒而不舒,伤我气,即足以伤我身。"认为怒对人体健康的危害最大,因此调节过激情绪首当节制"怒"。《医学心悟》归纳了"保生四要",其中"戒嗔怒"即为一要。戒怒最重要的是能理性地克制住自己的怒气,一旦发怒或将发怒,能主动压制怒气,或用转移注意力等方法缓解怒气。此外,也要有"宠辱不惊"的处世态度,对于任何重大变故,都要以平和的心理状态去面对,不要超过正常的生理限度。同时,要尽量避免忧郁、悲伤、焦虑、憎恨等负性情绪（negative emotions）,使心理处于怡然自得的乐观状态,如此则气血调畅,身心健康。

4. **疏泄法** 疏泄法（cathartic method of emotion）是将积聚、压抑的不良情绪通过适当的方式疏解、发泄出去,以恢复心理平衡。古人云："不如人意常八九,如人之意一二分。"人的一生中处于逆境的时候要多于处于顺境的时间。当面临较大的情感压力时,应该及时适当地发泄情绪,以缓解压力,维护心理状态的稳定。疏泄法符合中医学"郁则发之""结则散之"的防病、治病思想。疏泄法能够使人从苦恼、郁结甚至愤怒等不良情绪中解脱出来。在宣泄不良情绪时既要方法适当,还要程度适度,否则同样会因为损伤脏腑气血而致病,即所谓"悲哀喜乐,勿令过情,可以延年。"

疏泄法可分为直接疏泄法和间接疏泄法,如哭泣便是一种直接的疏泄方法。研究表明,因感情变化而流出的泪水中含有两种神经传导物质亮氨酸-脑啡肽复合物（leucine-enkephalin）及催乳素（prolactin），当这两种物质随眼泪排出体外后，悲伤、痛苦的情绪也会随之得到缓解。人在遭受挫折、心情压抑时，可以通过强烈、粗犷、无拘无束的喊叫，将内心的不良情绪发泄出来，从而使精神和心理状态恢复正常。此外，通过倾诉、赋诗作文、歌唱、运动等间接方式，也可将心中的不良情绪宣达出去。应注意发泄不良情绪，必须通过适当的途径和渠道，绝不可采用不理智的行为方式。否则，非但无益，反而会产生更为严重的后果。

二、垂钓养生

（一）垂钓养生的概念

垂钓养生（fishing for health cultivation，fishing therapy）是指在舒适的自然环境下，通过钓鱼这种娱乐活动，达到舒畅情志、颐养心神、强健筋骨的目的。

垂钓（fishing）是指使用各种类型的钓竿，甚至使用渔网或其他捕捞器具在特定的水域环境中进行的捕鱼活动。生活中最常见的钓鱼活动是垂竿钓鱼，俗称"钓鱼"。鱼竿一般由钓竿、渔线、鱼钩等钓具构成。人类很早就开始捕鱼活动，尼安德特人最先在非洲捕鱼，为他们的家庭提供食物来源或进行贸易交换。钓鱼是一种古老的捕鱼技法，至少可以追溯到大约 4 万年前的旧石器时代晚期。考古学家通过对有着 4 万多年历史的天元人的遗骸进行碳和氮同位素分析发现，那时的人类已经经常食用淡水鱼。此外，在一些人类遗址中发现的贝壳装饰品、废弃的鱼骨和洞穴壁画都表明，很早以前海产品就对人们的饮食和生存产生了重要影响。

据考证，我国的垂钓活动最早出现于旧石器时代晚期。在全国各地的新石器时代遗址中发现许多骨质鱼钩，主要分为倒刺式与无倒刺式两种。在陕西西安出土的骨质鱼钩距今大约已有 6 000 年，是我国发现的最早的垂钓文物。可见当时我国的钓鱼活动不仅十分普遍，而且已达到较高的技术水平。

我国早在先秦时期对钓鱼活动就有明确的记载。如《列子·汤问篇》曰："詹何以独茧丝为纶，芒针为钩，荆篠为竿，剖粒为饵，引盈车之鱼于百仞之渊、汩流之中，纶不绝，钩不伸，竿不挠。"当然，以钓鱼为名的典故最为人们熟知的当属"姜太公钓鱼"。

（二）垂钓养生的作用

垂钓养生的作用（effects of fishing therapy）有以下方面：

1. **强身健体**　适当的太阳紫外线照射，能促进人体新陈代谢，合成维生素 D。维生素 D 是身体免疫功能的重要元素，有助于身体调节钙和磷的吸收，这两种矿物质可以改善免疫系统的功能并帮助抵御疾病。走在河岸湖畔，淌过河流，依岸居坐，抛饵拉线，实际上是非常好的低能耗有氧运动。钓鱼活动平均每小时大约消耗 200kcal 的能量。钓鱼时考察不同垂钓环境的走动，会增强心脏和肺部活动，改善心血管功能，这种低能耗的有氧运动，对健康是大有益处的。

2. **调节情绪**　心神的静谧对人体阴阳气血的运行调理非常重要。垂钓通常需要在江河湖畔进行，水边空气清新湿润，氧气充足，阳光充沛。波光粼粼的水面、苍葱翠绿的田园环境本身就是修养心神的绝佳场所。经常到空旷恬静的水域垂钓，幽静的自然环境能让人摒除杂念，有静心怡神的功效，生活情趣跃然提高。当今的快节奏社会常会影响人的心境，使人或浮动焦躁，或牢骚满腹，久而久之，引起性情的改变。而垂钓环境的清幽，平静的专注，耐心守候，得鱼之悦，可使人融入大自然，净化心身，陶冶情操，达到移情换性的效果。垂钓归居，精神松弛，心舒体倦，促进睡眠，自当酣梦一场。因而垂钓是一项可以减少焦虑、放松心情的有益活动，是防止抑郁、沮丧、焦躁等不良情绪的好方法。

3. **延缓衰老**　适当的阳光浴能使人获得健美的皮肤、红润的面容，保持良好的机体活力。研究表明，钓鱼活动能使人骨密度增强，其中的肢体运动可以促进人体代谢更好地保持平衡。随着年龄的增长，人的精细运动技能会退化，而钓鱼涉及许多细小而复杂的运动，使人的有关肌群，特别是手臂和背部肌肉群得到很好的锻炼,从而使人保持灵活,防止肌肉萎缩。

三、种花养生

（一）种花养生的概念

种花(planting flowers),又称养花(growing flowers),泛指栽培各种可供观赏的植物,常见的有菊花、月季、玫瑰、兰花、茶花和观音莲等。种花养生(planting flowers for health cultivation)指在室内外种植花草、树木、藤蔓、蕨藻等植物,结合人们的生活需求对植物进行培育、修剪、养护、欣赏,享受这种栽培种植花草活动的过程。

（二）种花养生的作用

种花养生的作用(effects of planting flowers for health cultivation)有以下几个方面:

1. **调节心神,愉悦情志** 现代生活在城市里的人们工作环境充满压力,家居室外环境也充斥着污染,易使人情绪烦躁,损害身心健康。翻培土壤、栽植根种、浇水施肥、修剪养护等平静而愉悦的养花过程,可使人心神放松,注意力转移。在植物开花结果的季节欣赏自己的养花杰作,能起到调节心神、愉悦情志的养生作用。

2. **通畅气血** 中医学认为,"久坐伤肉,久视伤血,久卧伤气,久立伤骨,久行伤筋。"久坐的生活方式(sedentary lifestyle)不利于人体气血流通,而种植花草、施肥浇水能够让人活动肢体,使气血流畅,促进新陈代谢,增强心肺功能,延缓衰老。

3. **调节情绪与压力** 对于与子女分开居住的老年人,以种植花草为生活乐趣可以减少老年人的孤独感。华盛顿州立大学弗吉尼亚·洛尔博士的研究表明,种植树木或花卉等植物能对人们的情绪产生积极影响,增加人们的整体幸福感。该研究的参与者在观看树木、花草等城市景观植物时表现出更多的友好和快乐。皮质醇是调节压力的重要指标,在养花的过程中,人体内的皮质醇水平也得到调节,可能会低于没有参与养花的人。弗吉尼亚·洛尔博士进行的另一项研究表明,在有植物景观装饰环境里工作的人们其工作压力减少了12%。

4. **促进运动** 养花是一种有效的锻炼,种植者的许多肌肉群可以在种植花卉的过程中得到锻炼,肌肉的弹性和力量增加,身体的灵活性也增加。种植花草活动既可以消耗身体的能量,降低体重,又能促进新陈代谢,改善人体的生理功能。

5. **净化空气** 植物能通过枝叶表面细胞的收缩舒张来吸收空气中的污染物。此外,在光合作用过程中,植物的叶子吸收二氧化碳并释放氧气。因此,种植花草能改善环境,有利于身体健康。

四、棋弈养生

（一）棋弈养生的概念

下棋(playing chess)又称棋弈,是一项具有悠久历史的智力博弈活动,通常是在平面棋盘上翻移或填拿棋子,运用一定的方法策略,带有竞争目的。它一般不受时间、地点、年龄的限制,只要有方寸之地,即可对阵。棋弈养生(playing chess for health cultivation)是指通过参与或观看各类棋弈活动,锻炼心智、修养性情、增加生活趣味、培养感情,是一项娱乐性养生活动。

棋的种类(kinds of chesses)比较丰富,大众熟知的有围棋(Go)、中国象棋(Chinese chess)、国际象棋(international chess)等。围棋起源于中国,传为帝尧所创,春秋战国时期已有记载,属于中国古代四大文化"琴棋书画"之一,被认为是迄今为止最古老的棋盘游戏,并且也是最复杂多变的棋盘游戏。隋唐时经朝鲜传入日本,流传到欧美各国。中国象棋在先秦时期就有记载,由于中国象棋用具和规则简单,趣味性和竞争性强,成为古今流行极为广泛的棋艺活动。国际象棋是世界上一个古老的棋种。据现有史料记载,国际象棋的发展历史已将近2 000年。关于它的起源,有多种不同的说法,诸如起源于古印度、中国、阿拉伯国家等。

（二）棋弈养生的作用

棋弈养生的作用（effects of playing chess for health cultivation）有以下几个方面：

1. 锻炼大脑　大脑两侧半球的形状非常相似，但它们的功能和处理信息的方式有很大差异。大脑的左侧负责分析和逻辑思维，而右侧则负责创造性或艺术性思维。为了从身体锻炼中获得最大收益，人需要锻炼身体的左右两侧。为了下好棋，弈者需要同时开发和利用大脑的左右半球，分别处理信息计算和策略创造。随着下棋时间的推移，人类对游戏中涉及的规则和技术的不断参与，下棋将有效地锻炼和改善人脑的两个半球功能。研究表明，棋弈可以刺激脑神经元树突的生长，从而提高神经传导速度和整个大脑神经通信质量及处理能力，提高大脑的功能。

2. 预防老年痴呆症　阿尔茨海默病（Alzheimer's disease，AD）是一种起病隐匿的进行性发展的神经系统退行性疾病，即人们常说的老年性痴呆。阿尔伯特·爱因斯坦医学院的一项涉及488名老年人的医学研究表明，下棋可显著降低发生老年性痴呆的风险并对抗其症状。下棋是一种心智思维锻炼活动，在下棋的过程中，人们必须纵览全局，实时对双方的战略和战术进行全面的分析和评估，以便确定正确的应对方法和措施。这个过程对防止大脑退化、保持大脑正常功能很有裨益，同时还可以降低患阿尔茨海默病以及抑郁和焦虑的风险。

3. 提高儿童的思维和解决问题的能力　研究表明，早期接触棋类游戏孩子的大脑能得到很好的锻炼，并且智力迅速提高。下棋能够改善孩子的思维能力，提高其数学能力和解决问题、分析问题等能力。教育工作者和国际象棋专家普遍认为，尽管有些孩子年仅四五岁，但他们在下棋的学习过程中可能已获得了比同龄人更为成熟的思维能力。

4. 帮助康复和治疗　下棋可用于帮助部分神经和精神疾病（nervous and mental diseases，neurological and psychiatric disorders）患者的康复，并作为自闭症（autism）或其他大脑发育障碍患者的一种治疗方式。移动棋子可以降低患者的运动门槛，而下棋所需的思维努力可以提高人的认知和沟通技巧。下棋还可以使注意力深度集中和内心平静，帮助有不同程度焦虑的患者放松身心。下棋的患者表现出越来越强的专注、计划和推理能力。

5. 锻炼性格　在下棋比赛中一个人的内在个性会完全表现出来，一个内向和被动的人可能会是一个防守者，而外向和主动的人可能是一个大胆的进攻者。每个人的下棋风格和人物个性都能够在生活中展现出来，通过个人下棋风格的深度练习，人们可以在工作中展示出类似下棋的思维方式和策略风格。

（三）棋弈养生的方法

棋弈养生的方法（methods of playing chess for health cultivation）如下：

1. 了解规则，逐步提高棋力　首先要对一种棋类进行基础规则和下法的了解，熟悉掌握后，选择合适的棋友或老师进行棋弈对局。棋力多在具体的对弈中提高，循序渐进，由浅入深。选择棋力较低的对手能够增加获胜的机会，获得胜利的快感。选择棋力较高的对手则富有挑战性，能找出自己下棋的不足，使自己的棋力不断进步。选择实力相当的对手则充满未知，富有竞争性，输赢皆有可能，以此保持自己对下棋的热情和乐趣。

2. 平静专注，趣味竞争　下棋时需平心静气，精神集中，意守棋局，摒除杂念，精诚专一，谈天说笑又不忘一决胜负，争夺胜负而又不计得失，既是娱乐也是竞争，性情亦得到陶冶；下棋时从容端坐，调息（regulating breathing）、吐纳（expiration and inspiration），内愉心志（cultivating the mind internally），外修身形（building the body externally），从而培养良好的性格，益于健康。凡善弈棋者，深知其棋是"养性乐道之具"。对注意力分散，精力不易集中的人尤宜弈棋治之，贵在持之以恒，日久自然产生满意的结果。下棋能锻炼人们的思维能力，活动大脑，启迪智慧。棋盘之上，虽然只有寥寥数子，但棋子一动，排兵布阵，两军对垒，横车跃马，变化万千，趣味无穷。经常下棋，能锻炼思维，保持智力，防止脑细胞衰退。同时弈棋能增强人们的逻辑思维能力，每一步棋都是判断、推理和决策的过程，"走错一步棋，满盘皆是输"，说明每一步棋都重要。下棋时与家人朋友互动,能够增进友谊,以棋会友,其乐无穷,可以消除闷坐独处的孤寂,避免抑郁情绪的产生。同时下棋也可作为一种健康的娱乐放松活动,摆脱日常生活中的工作学习压力、琐事的纠葛纷扰,使人们远离外界不良的精神刺激。

3. 环境舒适,娱乐适度　一盘棋局通常需要较长时间,对对弈双方都是脑力和体力的消耗,因此需要良好的周围环境,使身心舒适。室内下棋比较安静,茶水食物供给充足。室外下棋应选择树荫凉亭,避免风雨和暴晒,避开公路的尘土污染和笛鸣喧器,选择空气清新、环境静谧、灰尘较少的地方。长时间下棋需要适当间断活动,因为久坐(sedentariness)容易导致筋骨僵硬、气血流通不畅,此时在棋局间隙多去走动、喝茶、吃些点心、活动筋骨,有利于气血流通周身,舒缓心脑,甚至可以冷静头脑、转换思维,为棋局找到获胜的思路。

尽管下棋是一种娱乐趣味享受,是一种乐事,但应注意适可而止。切勿痴迷竞赌。下棋时间过长,易耗神过度。下棋不宜超过1h,否则易使心肌过度负荷,会导致内分泌、代谢、运动等系统功能受到不良影响。下棋也不应斤斤计较,执着于输赢,为一子争执不休,耿耿于怀,这样会使交感神经兴奋性增高,心动过速、血压骤升、心肌缺氧,有高血压或隐性冠心病的老年人容易猝发脑卒中或诱发心绞痛甚或心肌梗死。

(杨钦河)

第四节　艺　术　养　生

艺术养生(artistic health cultivation)是通过艺术活动或欣赏艺术作品来陶冶情操、促进身心健康的养生方式,属于休闲养生(leisure health cultivation)的范畴。探寻琴棋书画的艺术魅力是养生保健的重要内容之一,艺术不仅可以丰富养生的方式方法,也能够增加艺术的生理功效,二者巧妙融合,相得益彰。艺术的实践体验在生活中占有相当大的比例,如绘画、书法、摄影、歌唱、戏曲、乐器、手工艺等,这些艺术实践对陶冶情操、开启心智,防止心脑血管疾病及动脉硬化等慢性病起到了积极作用。这些艺术门类多能够锻炼人的智力和思维,如创造力、记忆力、想象力等,也能够颐养身心、调节情志、陶冶情操。这些艺术活动通常还能锻炼肢体形骸,如大脑、四肢、腰腹等,可增强体质。此外,艺术活动多为社交性活动,能够很好地增加人际交往,避免独处孤寂。因此,艺术养生是行之有效、值得倡导的养生方式。

一、书画养生

(一)书画养生的概念

书画(painting and calligraphy)是书法(handwriting,chirography)和绘画(painting)的统称。书画养生(health cultivation by means of painting and calligraphy),是指通过创作或欣赏书写、绘画作品,使人进入凝神静气、心神专注的状态,从而陶冶性情、颐养身心、排除烦忧、促进身心健康的养生方式。

书法是一种字体符号表达的特殊形式,通过文字、含义、笔法、排版使其成为一种富有美感或特定意义的艺术作品。中国书法(Chinese calligraphy)是中华文化(Chinese culture)一种特有的文符表现形式,属我国著名传统四艺"琴棋书画"之一,历史悠久,书写体式种类丰富,变化万千。中国书法可追溯到早期的甲骨文、金文,而后演变为篆书、隶书,至东汉魏晋又有草书、楷书、行书诸体,中国书法历来根植于中华文化,保持着独特的艺术魅力。中国书法分硬笔和软笔写法,五种主要书写体式分为篆书体(包括大篆、小篆)、隶书体(包括古隶、今隶)、楷书体(包括魏碑、正楷),行书体(包括行楷、行草),草书体(包括章草、小草、大草、标准草书)。图5-1和图5-2分别是晋代王羲之的行书和当代毛泽东的草书。

绘画则是以形状、线条、明暗、色彩、质感及立体感等视觉要素组成的,在特定平面或立体媒

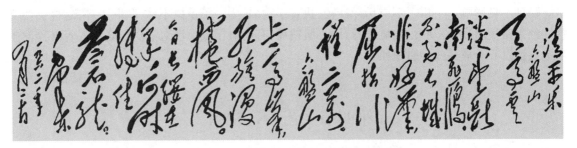

图 5-1　晋·王羲之《兰亭集序》行书（摹本）

图 5-2　当代·毛泽东《清平乐·六盘山》草书

介上构建的视觉作品，承载绘画内容的媒介可以是纸张、布料、石木等多种材料，颜料可以是各类天然或加工的物质，绘画工具可以是画笔、刷子或是布条等，绘画的表现形式和技法丰富多样，能给人以直接的视觉感受。中国画（Chinese painting），简称"国画"，古有"丹青"之称，常画于宣纸、帛、绢上，并加以装裱成卷轴形式，在世界美术体系中独具一格。中国画在内容和艺术手法上，常表现出人对自然、社会、宗教和精神情感等方面的认知，是一种中国传统的绘画形式，与书法同为我国传统"四大艺术"之一。图 5-3 是元代黄公望的绘画作品。

图 5-3　元·黄公望《富春山居图》（局部）

（二）书画养生的作用

书画养生的作用（effects of health cultivation by means of painting and calligraphy）有以下几个方面：

1. **调和气血**　中国书画通常会一气呵成，实则为一种特殊形式的气功。它不像西方油画那样，需长时间构思、修改，极耗心神，甚至给人以压力。在中国书画的创作过程中，需调姿和气，静心凝神,一笔一画,意先于笔,以意领气,意到笔随,即"寓静于动",气力连用,以气催力,气力相合,心无旁骛,全神贯注。运笔过程要求以意导气,力注笔端,一横一竖,一撇一捺,一点一线,都是一气呵成,下笔三折,气随笔动。可以说,这是气功的一种状态,但书画创作与气功又有不同之处。气功是对形神气主动调节,是在意识的主导下进行的调心、调息、调身;而书画对身心意气的调节往往是不自觉的,吐纳自然,不调而自调,使全身气血灌注流通顺畅,五脏和谐,百脉流通,成为一种能调和气血(harmonizing qi and blood)的独特的中国养生艺术。

2. **调节情志** 书画的布局与章法讲究追求平淡,自然的意境,或宁静致远,或淡泊明志,具有令人心态平和、精神内守(keeping the spirit in the interior,keeping a sound mind)、身心调节、情志调和的养生功能。苏轼在《宝绘堂记》中说:"凡物之可喜,足以悦人而不足以移人者,莫若书与画。"他在《论书》中说:"作字要手熟,则神气完实而有余韵,于静中自是一乐事。"提笔在手,凝神静气,心无旁骛,所思所想则专注于笔下的青山绿水鸟语花香,置身于世间名利熙攘之外。中国书画家所追求的一种幽静而又一尘不染的心境,保持精神内守、内心舒适、平和自然的心态,是书画艺术家常遵循的规律,也是历代医家提倡的凝神聚气(gathering qi)、安静自然的养生状态。书画对人身心的影响不仅是文化积累,同时也是寄托情怀、怡养心神、修身养性的方式,从而使人脱离烦恼,因而使书画有了调节情志(regulating emotions)的功能。

3. **舒展筋骨** 书画家在挥毫泼墨的过程中能够活动筋骨,通过躯体的运动而促进身体健康。书画作品的笔力、气势、颜色及架构变幻,赋予了笔墨丹青特殊的意境与神韵。创作书画需要通过肢体运笔泼墨,书画家在执笔运笔过程中一紧一松,提按转折,按照一定的规律进行收缩舒展活动,回环往复有屈有伸,收放自如,同时在运笔的过程中不自觉地通过手的自然捻转,起到对手按摩的作用,犹如推拿导引,加快了人体气血流通的速度,具有利关节、通气血、舒筋活络的作用。艺术家马叙伦曾说:"近代书人何子贞,每成一字汗盈盈,须知控纵凭腰背,腕底千斤笔始精。"因此人在屏气凝神、挥笔泼墨时,筋骨得到了锻炼。

(三)书画养生的方法

书画养生的方法(methods of health cultivation by means of calligraphy and painting)如下。

1. **轻松自然,调整姿态** 像一般气功一样,创作书画前要做一些放松的准备,如将衣领放松、浴面、活动腰身、磨墨读帖等,站坐要轻松自然,使思维心意渐入书画之境。凡写三寸以内的字,都可以坐书。坐正则气和,笔直则力足,坐书的桌椅高矮要适中,头身正直,勿左右偏倚,可稍向前倾俯,但需胸背挺直,勿勾身伏案。一手握笔,一手按纸,笔杆位于鼻前,纸居于两目视线正中。写三寸以上的大字,应站立悬臂而作,便于照顾全貌。站时要两脚踏实,一脚稍跨出,略成丁字步,身稍向前伸,左手扶案压纸。把下半身的力量集中到腰,用腰部之力推动肩,用肩带动上肢,再通过上肢和腕把力送到笔尖,即所谓"力发乎腰,其根在脚。"书画家的身心状态与下笔姿态非常重要。

2. **凝神静气,寓静于动** 创作书画时要求心调气和,心静神凝,以意领气,意到笔随,一点一划都十分讲究。书画与一些体育运动有所不同,一般的体育运动(physical exercises)多使筋骨肌肉得到了锻炼和加强,书画则在动态的肢体运动之中又有静态的心脑神意的锻炼,这种寓静于动的操练既有益于呼吸和循环系统的调节,又调整了全身的新陈代谢。创作时姿势端正、精神集中,心境与身体自然谐调一致,进入美好的艺术境界,灵感来时想象丰富、思维跳跃,作品一气呵成。当一幅满意的作品展现在面前时,给人轻松愉快的感觉,自然也就摆脱了生活的忧愁和烦恼。因此,书画家在这种艺术环境下,自然精神就会得到陶冶和升华,所以书画家常常心胸开阔,乐观豁达,安详舒适,健康长寿。

二、音乐养生

(一)音乐养生的概念

音乐(music)是世界八大艺术之一,人类在语言还没有形成之前,就已经能够利用声音的强弱、高低,节奏的快慢来传达思想和感情。随着人类社会的发展,逐渐产生了统一劳动节奏的号子、传递信息的呼喊或庆贺丰收的石木器具击打,这便是人类音乐的雏形。在我国,音乐养生具有悠久的历史,《黄帝内经》中就已有"五音疗法(five-tone therapy)"的记载,即根据阴阳五行理论与五音对应,运用五种不同的音调搭配出不同的音乐来治疗疾病,又有音乐疗法(music therapy)之称。音乐养生(music health cultivation,health cultivation by means of music)即指以中医理论为指导,运用合适的声乐或器乐对人进行听觉刺激,从而达到情志调畅、脏腑和合的养生目的。

音乐在人们的审美活动中是一门独立的艺术形式,在调动人们思维的记忆、联想、想象等各种因素时,引起人们的共鸣,富有特殊的魅力。音乐审美主体被音乐旋律吸引,获得情绪的释放与宣泄,积极的情绪强化、消极的情绪减轻,甚至可以使原有的消极状态转化为积极状态,缓解躯体的应激反应,创造出能够自我治愈或减缓疾病的效果。因此,音乐对人类身心的影响使它具有了对疾病治疗的作用。

（二）音乐养生的作用

音乐养生的作用(roles of music in health cultivation)如下:

五音(five tones)即宫、商、角(jué)、徵(zhǐ)、羽五声音阶,相当于现在简谱中的1(do)、2(re)、3(mi)、5(sol)、6(la),最早见于《孟子·离娄上》:"不以六律,不能正五音。"《灵枢·邪客》曰:"天有五音,人有五脏,天有六律,人有六腑。"因此《内经》将五音宫、商、角、徵、羽及五脏脾、肺、肝、心、肾和五志思、忧、怒、喜、恐等生理、心理内容通过五行学说(theory of five elements)联系在了一起,提出了"肝属木,在音为角,在志为怒;心属火,在音为徵,在志为喜;脾属土,在音为宫,在志为思;肺属金,在音为商,在志为忧;肾属水,在音为羽,在志为恐"的理论。《素问·阴阳应象大论》还通过五行理论具体论述了五音与五脏的关系,曰:"东方生风,风生木……在脏为肝,在色为苍,在音为角,在声为呼……南方生热,热声火……在脏为心,在色为赤,在音为徵,在声为笑……中央生湿,湿生土……在脏为脾,在色为黄,在音为宫,在声为歌……西方生燥,燥生金……在脏为肺,在色为白,在音为商,在声为哭……北方生寒,寒生水……在脏为肾,在色为黑,在音为羽,在声为呻。"

音乐疗法的基本原则(basic principles of music therapy)是运用不同类型的音乐的搭配来刺激人的感官,使机体脏腑的运行通畅,精神情志和谐。宫为脾之音,大而和也;商为肺之音,轻而劲也;角为肝之音,调而直也;徵为心之音,和而美也;羽为肾之音,深而沉也。以这种理论为基础,通过不同的音乐就能够使脏腑产生不同的变化从而达到治疗的效果。《史记·乐书》亦曰:"故音乐者,所以动荡血脉,通流精神而和正心也。"说明了音乐对人生理和心理两方面的作用。音乐以其旋律的不同变化可以调整人体阴阳升降的平衡。宫音悠扬谐和,助脾健运,旺盛食欲;商音铿锵肃劲,善制躁怒,使人安宁;角音条畅平和,善消忧郁,助人入眠;徵音抑扬咏越,通调血脉,抖擞精神;羽音柔和透彻,发人遐思,启迪心灵。就是通过创造音乐体验感引发身心状态的变化,产生轻松、愉悦、悲伤、愤怒等一系列情绪的共鸣,进而达到身心平衡、调畅情志的治疗效果。

（三）音乐养生的方法

音乐养生的方法(methods of music health cultivation)如下:

以中医"五音疗法"为理论基础,顺其脏腑而施乐。如以角类音乐补养怒伤肝所致的肝阴虚(liver yin deficiency),以徵类音乐补养喜伤心所致的心气虚(heart qi deficiency),以宫类音乐补养思伤脾所致的脾气虚(spleen qi deficiency),以商类音乐补养忧伤肺所致的肺气虚(lung qi deficiency),以羽类音乐补养恐伤肾所致的肾气虚(kidney qi deficiency)。

欣喜的情志五行属"火",稍有挫折即易灰心丧气,应以《狂欢》《新春乐》《卡门序曲》等旋律激昂、热烈欢快、活泼轻松的徵调式乐曲使人奋进向上。若情绪急躁,应以《梁祝》《汉宫秋月》等凄切哀怨、苍凉柔润的羽调式音乐克缓焦躁。抑郁情感五行属"土",情绪久受压抑则多思多虑,多愁善感,应以《春江花月夜》《平湖秋月》《月光奏鸣曲》等悠扬沉静、淳厚庄重的宫调式乐曲抒发情感。若遇到挫折而情绪极度恶劣时,应以《春风得意》《江南丝竹乐》《蓝色多瑙河》等生机蓬勃、亲切爽朗的角调式音乐温缓忧愁。悲哀五行属"金",悲痛时,应以《将军令》《阳春白雪》《悲怆》等高亢悲壮、铿锵雄伟的商调式乐曲引导排遣,发泄郁闷,振奋精神。对于泪如泉涌悲恸至极的情绪,应以轻快活泼的《紫竹调》《春节序曲》《闲聊波尔卡》等徵调式音乐助其摆脱悲痛。愤怒情绪五行属"木",愤慨万分时应以《春风得意》《江南好》等角调式乐曲舒肝理气。悲观绝望五行属"水",绝望之人多遇重大挫折与精神创伤,须以《喜洋洋》《轻骑兵进行曲》等明朗欢快的徵调式乐曲重新唤起其对生活的勇气和信心。

（四）现代音乐疗法

现代音乐治疗学(modern music therapeutics)是一门年轻的应用学科,涉及学科广泛,应用领域复杂,流派思想丰富,尚无统一的学科定义标准。现代音乐疗法(modern music therapy)有两种基本类型:主动音乐疗法或称表现型音乐疗法和被动音乐疗法。主动音乐疗法(active music therapy)使患者参与创作音乐或演奏乐器,而被动音乐疗法(passive music therapy)则是指导患者聆听现场或录制的音乐。

现代研究认为,音乐可以改善情绪、减缓压力、增添生活乐趣,有助于调节情绪,使人身心整体受益。当人听到自己喜欢的音乐时,大脑释放出更多的多巴胺,具有调节血液循环、缓解疲劳、促进新陈代谢等作用,对心情产生积极的影响。音乐可以让人有强烈的情感共鸣,如快乐、悲伤、恐惧、感动、无聊等。欣赏节奏缓慢、音调低沉、没有歌词等较舒缓、放松的音乐可以减轻人们在医疗过程中的痛苦与焦虑,如手术、分娩、结肠镜检查、癌症患者的放疗或化疗等。音乐的节奏和旋律的重复也有助于人的大脑增强记忆的模式,以帮助阿尔茨海默病患者和卒中患者的康复。音乐疗法也能用于加强人与人之间的沟通及情感表达,影响人的社交思维。音乐还可以安抚婴儿,现场演唱歌曲或播放摇篮曲可能会影响婴儿的生命体征,改善早产儿的哺乳行为和睡眠状态,使啼哭的婴儿更容易平静下来。

三、舞蹈养生

（一）舞蹈养生的概念

舞蹈(dancing)是一种有目的地组合身体运动以完成各种有节奏、优雅、高难度或有特定寓意的身体表演艺术,具有审美和象征价值,一般有音乐伴奏,是世界八大艺术之一。舞蹈养生(dancing for health cultivation,health cultivation through dancing)是锻炼肢体、心脑的高雅的艺术养生活动,舞蹈的节奏和律动本身,决定了其是一种动静相宜、刚柔相济、心神相通、身心双健的重要养生方式之一。《吕氏春秋·古乐》说:"昔陶唐氏之始,阴多,滞伏而湛积,水道壅塞,不行其原,民气郁阏而滞著,筋骨瑟缩不达,故作为舞以宣导之。"因此古人利用舞蹈来驱寒(dispelling cold)、健身(body building)、防病,以起到宣达腠理、通利关节、散瘀消积的作用。由此可见,舞蹈具有养精神(nurturing spirit)、调气血、益脏腑、通经络、强筋骨、利关节之功效。

舞蹈可以通过动作编排、曲目选择和舞台背景的设置,创造出丰富的舞台场景和深刻的表演寓意。舞蹈历史悠久,考古学家曾在印度的比莫贝特卡发现距今9 000年的岩棚舞蹈古画。中国古代的舞蹈在5 000年以前就出现了,它产生于奴隶社会,与巫术和祭祀有关,发展到秦汉之际已形成一定的特色。在书面语言形成之前,舞蹈是能够使故事记录和表达方式代代相传的重要方式。舞蹈本身有多元的社会意义及作用,包括运动、社交、求偶、祭祀、礼仪等,是一个体现社会文化发展的重要因素。舞蹈的形式多种多样,根据舞蹈的不同风格特点来区分,有古典舞、民族舞、现代舞、芭蕾舞、独舞、群舞等。

（二）舞蹈养生的作用

舞蹈养生的作用(roles of dancing for health cultivation)如下:

舞蹈肢体动作的伸缩屈展可以强健筋骨、宣通气血、通达经络。汉末华佗创制了带有仿生学、准舞蹈性质的健身术"五禽戏（Wuqinxi，five mimic-animal exercise）"。《后汉书·方术传》记载，华佗认为"人体欲得劳动，但不当使极尔。动摇则谷气得消，血脉流通，病不得生，譬犹户枢，不朽是也。是以古之仙者为导引之事，熊颈鸱顾，引挽腰体，动诸关节，以求难老。"华佗的实践与理论，对气功、导引、舞蹈养生均深有影响。从某种意义上说，舞蹈的肢体动作，也是一种导引术（guidance），晋代葛洪的《抱朴子》曰："或伸屈，或俯仰，或行卧，或倚立，或踯躅，或徐步，或吟或息，皆导引也。"但当今的舞蹈因其与音乐搭配、寓意内涵、节奏变化、动作编排丰富的表达方式与导引术有别。人的日常动作在生活和生产实践中被大量重复，是由生理功能、生存环境和生产方式所决定的常规动作，这类动作虽然也有运动功能，但是由于经常重复，使大脑有了运动记忆。舞蹈的很多动作则具有超常性，与常规动作相悖，不仅可以锻炼常规动作很少涉及的肢体部分，还可以收到特殊的肢体关节锻炼效果。东汉傅毅在《舞赋》中说，舞蹈能"启泰贞之否隔兮，超遗物而度俗。""泰真（贞），太极真气也；否隔，不通也，言所否闭隔绝使通之。"可见舞蹈在促使血脉流通方面具有独特的作用。

（三）舞蹈养生的方法

舞蹈养生的方法（methods of dancing for health cultivation）如下：

舞蹈以松静自然、阴阳转换、升降沉浮、刚柔相济为基本要求。回归自然是舞蹈养生的高级境界与追求，经过千百年反复实践和不断总结，人们认识到体内气血阴阳变化的规律，在舞蹈一招一式的动作之中，阴中含阳，阳中具阴，相辅而生，形成了"刚柔""开合"等动作。"一静无有不静，一动百骸皆随。"内外合一，则是外部形态和内在心意的充分体现。

舞蹈的动作要舒展大方、洒脱自如、连绵不断、优美动人。舞蹈养生要求刚柔、动静、松紧结合，身心一体，舒展自然。以意识来指导动作，即心与意合，意与气合，气与力合，"意、气、形"具备，内脏器官、骨骼肌肉、各个关节都要放松，不能紧张僵硬，才能进入心无杂念的状态。在舞蹈中柔和舒缓的动作展示，是柔中带刚动作在线性流动中的完美体现，把周身环境视为悬挂的纸张，把身体当成写字的毛笔，通过身体连绵不断的动作流动，呈现出一种写意化的表现，就像是行云流水般的书法作品一样。同时，当"松、柔、静"融为一体时，舞者的形神也会发生质的变化，这种松沉内敛、静中有动、刚柔并进的自然状态也呈现出了一种中国传统艺术的美感。

意气形合一、精气神兼养、天人合一是舞蹈的一种境界。舞蹈养生需通过调身、调息、调心达到意气形合一。调身，即通过躯体姿势和动作的锻炼，促进人的气血、经脉畅通。调息，即通过深长柔缓的呼吸运动，从而调节心、肺和其他脏腑。调心，亦是调神，即在摆好一定的舞蹈姿势调整呼吸方式和意守的基础上，摒除一切杂念，意念归一，使大脑进入"静"的状态。人是一个生命过程，宇宙的本体、人的周围环境，都是一种生命过程，人与宇宙在生命这个意义上，是质同的过程，所以当人通过舞蹈进入自我状态中，便深入到了生命过程，也就与宇宙的生命本体融为一体，即"天人合一"。

（杨钦河）

第五节　部位养生

人体是一个有机的整体，头面（head and face）、皮肤（skin）、躯干（trunk）、四肢百骸（all the limbs and bones）、五脏（five Zang viscera）和六腑（six Fu viscera）等都是这个整体的一部分。局部和整体是密不可分的，只有整体功能协调，机体各器官的功能才正常，而局部功能障碍也必然会影响到整体功能。本节的部位养生（health cultivation on different parts of the human body）将从头面、四肢、颈胸、腹背等四个方面来阐述。在具体应用时，每个人应当根据审因施养（health cultivation according to different conditions）的原则，结合个人的实际情况，有针对性地选择重点部位与相应的方法进行养生保健。

一、头面养生

头面养生(head and face health cultivation)有以下方面的内容:

(一)头发保养

1. 头发保养的概念　头发与脏腑气血的关系密切,其中肾、肝、脾的强弱与精、气、血的盛衰尤为密切,直接决定着头发的荣枯。中医学认为,"发为血之余,肾其华在发(essence of the kidney being reflected on the hair;spleen,its bloom is in the hair of the head)",头发的生长有赖于肾中精气和血液的濡养。因此,头发保养的重点(focus on caring for hair,key points of hair care)在于强肾固发(tonifying kidney to firm hair),补益气血(nourishing qi and blood)。七情过极、饮食不节(improper diet)、劳倦等因素导致肾、肝、脾功能失调,精气血不能上荣头部,是造成头发异常的重要原因。头发的荣枯也反映了人体衰老的程度。《素问·上古天真论》早就指出头发的状况能反映人体生长、发育、衰老的过程。一般而言,头发由黑变灰、变白的过程,是肾中精气渐衰的表现,也是脏腑气血由盛转衰的过程。伴随着人体衰老,头发不仅变白和干枯,且变细变脆,毛囊萎缩,容易脱落,这多与人的阴精不足和气血亏虚有关。

2. 头发保养的方法　头发保养的方法(methods of caring for hair,hair care methods)如下:

(1)舒畅情志:长期不良情志的刺激和过重的精神压力,容易导致头发干枯、变白和脱落。《灵枢·本神》认为,七情过极可影响到毛发的枯荣,导致"毛悴色夭"。《摄生要录》有言:"多怒则百脉不定,鬓发憔焦。"《千金翼方》也有"忧愁早白"之说。因此,通过调摄七情,舒畅情志,避免不良情绪刺激,可以预防头发干枯、变白和脱发的发生。

(2)常梳头发:梳头(combing hair)可疏通头部血脉,散风明目,荣发固发,促进睡眠,对养生保健有重要意义。隋·巢元方的《诸病源候论》(*General Treatise on the Etiology and Symptomology*, *General Treatise on Causes and Manifestations of All Diseases*)就有"千过梳头,发不白"的记载。梳头的具体方法(specific method of combing hair):以十指代梳,由前向后,再由后向前,由左向右,再由右向左,如此循环往复,数十次至百余次,动作宜轻柔。时间可选择在清晨,午休、晚睡前。梳头时可结合手指按摩,即手指自然分开,用指腹或指端从额前发际向后发际,再由两侧向头顶做环状揉动,揉按力度宜均匀一致。如此循环往复,至头皮感到微热为度。如果用梳子梳头,应选用天然材质制作的梳子,如牛角梳、木梳等,以软质的黄杨木为最佳。不宜选用塑料、金属等容易带静电的材质制作的梳子。梳子的齿尖不宜太尖太硬或有缺损,否则容易损伤头皮和头发。此外,梳子应经常清洗,以保持清洁。

(3)起居有常:中医认为,头发与肾脏的功能密切相关。《素问·六节藏象论》云:"肾者……精之处也,其华在发。"肾的精气充盈,气血旺盛,头发则乌黑亮泽。日常起居注意顾护肾精,有助于头发的保养。过度疲劳(defatigation,over fatigue,overtiredness,excessive tiredness),即中医所说的劳倦(overstrain),包括劳力过度(physical exhaustion)或称体劳过度、劳神过度(excessive mental labour,mental overstrain)或称神劳过度、房劳过度(excess of sexual intercourse,indulgence in sexual activities)简称房劳(sexual exhaustion),均能耗伤肾精,导致头发失养、干枯、变白和脱落。此外,应避免酗酒(alcoholic intemperance,excessive drinking)、吸烟(smoking)、暴饮暴食(craputence,binge eating)、熬夜(staying up until midnight,burning the midnight oil)等不健康生活习惯(unhealthy life habits),注意劳逸结合,以延缓头发衰老的进程。

(4)食物养发:中医认为,黑色食品有补肾、养血、延缓衰老的功效。如黑豆、黑芝麻、黑米、黑木耳、海带、紫菜等有补肾固发、养血润燥、乌发生发的作用。

1)美发汤膳:一些汤膳有美发的作用,称美发汤膳(soup diet for hairdressing)。兹举例如下:

①黑豆生发汤(《老年药膳》):取黑豆、黑芝麻、枸杞子、白糖,水煮后连汤食之,每日1次,可滋养润发,乌发生发。

②木耳桂圆汤(《妇女药膳》):取黑木耳、桂圆肉,洗净,加水煮成汤,再加冰糖适量调味服用,可乌发润发,适用于头发早白。

2) 美发食物:现代营养学认为,饮食多样化,合理搭配富含蛋白质、微量元素、维生素的食物,对于养发、美发、防止头发早衰和脱落有十分重要的作用。有些食物有美发的作用,称美发食物(hairdressing foods,hair beautifying food,food that can be used to beautify hair)。举例如下:

①富含优质蛋白的食物:牛奶、蛋类、鱼、瘦肉、豆类等。

②富含微量元素的食物:富含碘的食物有海带、紫菜、海鱼、海虾等海产品(marine products);富含铜的食物有动物肝、瘦肉、豆类、柿子等;富含铁食的物有动物肝、木耳、油菜、芝麻、海带等。

③富含维生素的食物:深色蔬菜、瓜果,如胡萝卜、西红柿、青椒、杏、猕猴桃等。

(5) 中药养发

1) 内服方药:内服的中草药主要是通过养血活血、补肾填精来达到润发、乌发、固发的目的。常用的中草药有何首乌、桑葚、桑叶、黄精、枸杞子、槐实、龙眼、熟地黄、女贞子、墨旱莲、侧柏叶等。

可以美发的内服方剂(oral preparations for hairdressing)有很多,举例如下:

①肝肾膏(《黄寿人医镜》):熟地黄、女贞子、墨旱莲、玉竹、桑叶、桑葚,浓煎 3 次,去渣。取 3 次药液混合,浓缩,加糖,每次取适量,开水冲服,早晚各 1 次,可生发、润发、乌发。

②枸杞煎(《圣济总录》):枸杞子、地黄汁、麦冬汁、杏仁、人参(捣末)、白茯苓(去黑皮捣末)。上药前 4 味以砂锅慢火先熬如稀汤,再加人参、茯苓末拌匀,又煎,候如膏,以瓷盒盛,每服半匙,温酒和服之,每日 2 次,可润泽毛发。

2) 外用方药:可以美发的外用药剂(hairdressing prescriptions for external use,external preparations for hairdressing)有润发、洁发、香发、茂发、乌发、固发等作用。举例如下:

①猪胆汁洗法(《普济方》):猪胆,取胆汁倾水中,或将猪胆置于乳香油中浸 7 日以上,用水洗头,待发干后适量抹猪胆汁及乳香油。本法有清热祛风、润发生辉之效。

②令发不落方(《慈禧光绪医方选议》):榧子 3 个、胡桃 2 个、侧柏叶适量共捣烂,浸于雪水中,用浸液洗发,可乌发固发,对血热发落效果尤佳。

③人参生发丸(《妙药宝鉴》):人参、熟地黄、天门冬、白茯苓,捣碎制丸,每次 2 丸,1 周 3 次,有乌发、生发之效。

(二)颜面保养

1. 颜面保养的概念　颜面(face)反映身体的健康状况。随着外界的刺激和情绪的起伏,颜面会发生明显的变化。中医学认为,"心主血脉,其华在面(the heart governing blood and vessels,the luster manifesting upon the face;heart's brilliance manifests in the face)。"脏腑气血上注于颜面,脏腑经络发生病变可引起颜面的异常。面部不同部位分属五脏,即左颊属肝,右颊属肺,头额属心,下颊属肾,鼻属脾,尤以心与颜面关系最为密切。颜面部位暴露在人体上部,外界邪气侵犯人体,颜面首当其冲,如防护不周,颜面气血经络易被外邪所伤,导致皮肤颜色光泽发生变化。除此之外,一些不良习惯也能导致面部皮肤早衰,如经常蹙眉、托腮、眯眼睛等动作可加深面部皱纹,加速老化。颜面保养(facial care),又称美容养颜,包括外在的美容、保养和内在的调理。颜面保养的最好方法是在日常生活中注意饮食,生活有规律,避免环境因素的不利影响,再辅以外资的美容。

2. 颜面保养的方法　颜面保养的方法(methods of facial care)如下:

(1) 清洗面部:面部是脏腑精气外荣之处,经常清洗面部除了能清除面部的污垢和皮脂,还能疏通气血,改善面部的颜色和光泽。《老老恒言·盥洗》就有"面为五脏之华,频洗所以发扬之"之说。洗面用水的水质、水温、频率都应符合人体生理特点。洗面宜用软水,软水含钙、镁离子较少,对皮肤的清洁作用更强。洗脸用水的温度应略高于皮肤温度,但低于体温。若习惯用冷水洗面,可用冷、温水交替洗面,能加强面部皮肤的血液循环。洗面一般应在早、午、晚各一次,这样可及时去除面部的皮脂和污垢,保持颜面皮肤清洁与润泽。因工作环境需要,可适当增加次数和时间。洗面所用的面皂、洁面膏、洗面乳等,要根据不同的环境、年龄、职业、皮肤特点等因素,有针对性地选用。

(2) 面部按摩:面色为脏腑气血反映于外的象征,面部按摩(facial massage),可疏通面部的气血经络,增加皮肤和肌肉的弹性,预防皱纹的产生。历代养生家强调"面宜多擦"。可于每日清晨起床时或晚睡前,用两手掌从前额向下颌用力按摩面部,但动作要柔和,速度要均匀,每次数十遍,以面部感到温热为度。

(3) 针灸养颜:针灸养颜(acupuncture and moxibustion for improving looks)是指在中医理论指导下,运用针刺、艾灸的方法刺激面部局部皮肤的经络及穴位,以达到调理气血、美容养颜、延缓衰老的目的,具有简便安全,效果迅速,适应证广等特点。面部皮薄肉少,针刺宜用浅刺或平刺,艾灸宜用无瘢痕灸(non-scarring moxibustion)或温和灸。消除面部皱纹,可针刺瞳子髎、丝竹空、攒竹、太阳、阳白、迎香、颊车、翳风等;消除眼袋,可针刺四白、瞳子髎、承泣、睛明、足三里、脾俞等;润泽皮肤,可针刺关元、气海、中脘、肝俞、肾俞、脾俞、胃俞等;或温灸神阙、涌泉、足三里,培补元气(reinforcing the primordial qi)、健脾补肾(strengthening the spleen and tonifying the kidney),起到美容养颜、预防衰老的作用。此外,也可以采用耳穴疗法(auricular point therapy),选用内分泌、面颊区、肺、肝、脾、肾等穴位贴压磁珠或王不留行籽。

(4) 饮食养颜:颜面能够反映机体脏腑气血的盛衰,通过调整饮食结构,促进脏腑气血正常运行,能够改善皮肤营养状态,达到饮食养颜(dietary keeping facial appearance)的目的。中医文献中记载了不少食物有养颜美容的作用。常用的养颜食物(foods for facial beauty)有:龙眼、苹果、梨、荔枝、红枣、樱桃、猕猴桃、胡萝卜、冬瓜、黄豆、黑豆、香菇、莲藕、蜂蜜、牛奶等。现代研究证实,这些食物营养价值较高,含有多种维生素、酶、矿物质、氨基酸等,不仅可养颜悦色,驻颜减皱,还能延缓衰老。可用养颜食物敷面,也可将有养颜作用的食物做成粥、羹食用。如用糯米与燕窝适量煮粥,具有润肺补脾、养颜美容的作用;胡萝卜与粳米适量煮粥,具有健胃补脾、润肤美容的作用;薏苡仁与百合适量煮粥,能够清热润燥,可用于治疗面部扁平疣、痤疮、雀斑等。

(5) 中药养颜:中药养颜(improving looks with Chinese materia medica)是通过中药的内服、外用来养颜悦色、增白润肤、防皱除皱,以延缓皮肤衰老的一种美容方法。中医古籍中记载有不少养颜的药物,如《神农本草经》(Sheng Nong's Herbal Classic, Shengnong's Classic of Materia Medica)言:"(柏子仁)久服令人悦泽美色"。常用养颜悦色的药物有当归、熟地、阿胶、龙眼、大枣、蜂蜜;滋润肌肤的药物有当归、熟地、白芍、菊花、降香、茯苓、益母草、山药、桑葚、覆盆子、枸杞子、柏子仁、阿胶、玉竹、天冬、桃花等;除皱美颜的药物有当归、杏仁、枸杞子、黄精、珍珠、人参、首乌、灵芝、百合、冬虫夏草、桑葚、芦荟、覆盆子、核桃仁、麦冬、紫河车、鹿茸、远志等。外用增白美颜的药物有白丁香、白芷、白蔹、白及、白术、白僵蚕、白蒺藜、白附子、白茯苓、白梅肉、白鲜皮、天花粉、珍珠等。此外也有一些外用美容方药(facial care prescriptions for external use, external preparations for facial beauty),兹举例如下:

1) 隋炀帝后宫面白散(《医心方》):橘皮、冬瓜仁、桃花,捣细为末混匀服用,每日3次。能祛瘀化斑,美容养颜。

2) 熙春丸(《随息居饮食谱》):枸杞、龙眼肉、淫羊藿、绿豆,将上药共为细末,炼蜜为丸,每日服用2次,能除皱美颜。

3) 三花除皱液(《秘本丹方大全》):桃花、荷花、芙蓉花适量,冬以雪水煎汤频洗面部。可活血散瘀,润肤除皱。

(6) 怡情养颜:中医认为,不同的情绪会对人体的脏腑功能产生不同的影响,进而影响到皮肤的色泽。如长期情绪不佳,肝气郁结(stagnation of liver qi),会导致气血不畅,皮肤颜色暗沉,容易产生黄褐斑。现代医学(modern medicine)研究表明,人的皮肤状态与精神状态密切相关。皮肤的色泽与表皮内黑色素的含量、分布状态以及皮下毛细血管的血流量有关,而这些因素受到神经-体液-内分泌系统(neurohumoral endocrine system)的调节,其中情绪起着重要的调控作用。当人心情愉悦时,皮下血管扩张,血流量增加,面色变得红润;相反,当人情绪低落时,皮下血管收缩,血流量减少,面色变得苍白或蜡黄。长期抑郁还会使皮肤的黑色素细胞合成过多的黑色素,使皮肤变得暗淡无光泽。因此,保持积极向上的情绪,怡情养颜(improving looks with positive emotions),是影响面部色泽的关键,可以起到美容的作用。

（三）眼部保养

1. 眼部保养的概念   随着现代社会学习、工作、生活节奏加快和电子产品的普及,人类用眼时间不断延长,越来越多人患有视疲劳。视疲劳一般表现为眼睛干涩、视物模糊、眼球胀痛、眼部充血,甚至头晕目眩、心烦欲呕、精神不振,经休息后症状可缓解。青少年的视疲劳容易导致假性近视,如视疲劳长时间得不到有效缓解,则容易发展为真性近视。中医认为,人的脏腑精气可以通过眼睛体现出来,眼睛与肝脏关系尤为密切。《灵枢·大惑论》指出:"五脏六腑之精气,皆上注于目而为之精。""目者,五脏六腑之精也,营卫魂魄之所常营也,神气之所生也。"若脏腑功能失调,精气不能上注于目,就会引起视功能障碍。因而,眼部保养(eye care)十分重要。

2. 眼部保养的方法   眼部保养的方法(methods of eye care)如下:

（1）日常保养:首先要养成良好的生活习惯,不在光线过强或不足的情况下看书,不在卧床、乘车和走路时看书;平时注意用眼卫生,不用脏手揉眼;及时清洁眼部分泌物;不要过度用眼,不要长时间使用手机、电脑等电子产品。

（2）运目保健

1）运目:早晨或睡前,闭目端坐,心平气和,保持头部不动,眼球沿眼眶顺时针转动 10 次,再逆时针转动 10 次;然后睁开眼睛,眼球依次注视上、下、左、右,每个位置停留一会,反复 4~5 次。坚持运目能够疏通眼部经络气血,增强眼球的灵敏性,祛除内障外翳,纠正早期近视和远视。

2）远眺:即用眼睛眺望远处景物,以调节眼球功能,避免眼球变形而视力减退。例如,在清晨或夜间,有选择地望向远处的山林、草原、天空等。

（3）按摩健目

1）熨目:闭目,双手掌面互对,快速摩擦至发热,迅速将手掌按在双眼上,使其热气传入双眼,稍冷再如法重复,如此循环数次,有温通阳气、明目提神作用。

2）捏眦:闭气(holding breath)后用手捏按双眼之四角,直至微感闷气时即可换气结束。连续做 3 遍,每日可做多次,坚持练习,可提高视力。

3）按眉:用双手拇指关节背侧从眉头至眉尾按摩双眉,经攒竹、鱼腰、鱼尾、丝竹空等穴位,手法由轻到重,以略有酸痛为度,可连续按摩 15~20 次。本法有明目、醒神之功,对防治假性近视或真性近视大有益处。

（4）闭目养神:中医认为"目不久视""久视伤血"。在日常生活、学习、工作中,长时间、高强度用眼,尤其是在近距离或光线过暗的情况下用眼,均不利于眼部保养。闭目养神是简单有效的预防和缓解视疲劳的方法。具体方法是:当持续用眼超过 1h 或感觉视力疲劳时,可摒除杂念,全身自然放松,闭目静坐 5~10min。此法清除视觉疲劳、调节情志的效果颇佳,假性近视者更应持之以恒。

（5）药食养目

1）养目食物:可用于眼部保养的食物(foods for eye care)如下。肉类(meats)可选猪、羊、兔、海参、黄鳝、青鱼及动物内脏,如猪肝、羊肝等;蔬菜可选黄豆、黑豆、马铃薯、番薯、芋头、玉米、菠菜、大白菜、芹菜、韭菜、胡萝卜;水果可选葡萄籽、红枣、苹果、核桃、桑葚、莲子等,对视力均有一定保养作用。切忌贪食膏粱厚味及辛辣大热之品。同时,还可配合药膳、食疗方法,以养肝明目。

2）养目药物:可用于眼部保养的中药(Chinese medicines for eye care)分外用和内服两类。

可根据辨证选用中成药(traditional Chinese patent medicines and simple preparations)内服,如视物易疲劳,双目干涩,属于肝肾阴亏者,可选用六味地黄丸、杞菊地黄丸、石斛夜光丸等补益肝肾;视物易疲劳,平素体弱无力,属于气血不足者,可选用八珍丸以补益气血;视物易疲劳,素体虚弱,纳食不香,属于脾气虚弱者,可选用补中益气丸益气健脾;若是眼前常有黑影,可酌情加丹参、郁金等补血活血之药。外用方药可用清目养阴洗眼方(《慈禧光绪医方选议》):甘菊、霜桑叶、薄荷、羚羊角、生地、夏枯草水煎后,先熏后洗眼部,有疏风清肝、养阴明目之效。

（四）鼻部保养

1. 鼻部保养的概念　中医认为,鼻为"气之门户""肺开窍于鼻""肺气通于鼻"。鼻是气息出入的通道,也是外邪侵袭肺脏经过的通道,因此感冒初期常见有鼻部症状。现代医学认为,鼻腔内有鼻毛和黏液,是防止致病微生物、灰尘、污垢等侵入的第一道防线,故鼻内常有很多细菌、污垢,可成为传播疾病源。而且鼻与很多重要器官相连接,一旦患病容易影响到相邻的组织和器官。因此,做好鼻部保养(nasal care)十分重要。特别是在气候干燥的秋季,更易引发鼻腔黏膜破损出血,在病毒性流感、上呼吸道感染、肺炎等呼吸系统感染疾病中,许多都是由于鼻腔保健失当引起的,因此尤其要警惕"病从鼻入"。

2. 鼻部保养的方法　鼻部保养的方法(methods of nasal care)如下:

（1）按摩健鼻:鼻的保健按摩(nose massage for health)分擦鼻、刮鼻、摩鼻尖和按摩印堂4个动作,可疏通经络,加快鼻部的血液循环,使鼻的外部皮肤润泽、光亮,还能促进鼻黏膜上皮细胞的增生和黏液分泌,保持鼻腔湿润,并能增强嗅觉,有效预防感冒和鼻病。具体做法如下:

1）擦鼻:双手鱼际相互摩擦至发热后,迅速按在鼻梁两侧,沿鼻根至迎香穴,上下往返摩擦30次左右,手法由轻到重,以皮肤发热微红为度。

2）刮鼻:用手指刮鼻梁,从上向下30次左右,手法由轻到重。

3）摩鼻尖:双手手指摩擦鼻尖各30次左右,手法由轻到重。

4）按摩印堂:用中指或食指指腹点按印堂穴,力度适中,以穴位有酸胀感为宜。

（2）洗鼻:鼻与外界直接相通,鼻腔内常有大量的灰尘、细菌和病毒。洗鼻不但能清洁鼻腔,还能改善鼻黏膜的血液循环,增强鼻对外界环境的适应力和对致病因子的抵抗力。一年四季均提倡洗鼻,在早晨洗脸时用冷水或温盐水洗鼻,有助于预防感冒及过敏性鼻炎等呼吸道疾患。

（3）药物健鼻:平常鼻腔内应当保持湿润,若过于干燥容易导致鼻黏膜破裂而出血。在气候干燥的情况下,可用具有滋肺健脾、滋润护鼻功效的药物,如用复方薄荷油滴鼻,或适量补充维生素A、维生素D等,以保护鼻黏膜。还可服如下一些可以健鼻的中药汤剂(traditional Chinese medicine decoctions for nasal care):

1）润鼻汤:天门冬、黑芝麻、沙参、麦冬、黄精、玉竹、生地、川贝母。本方有滋阴润燥、清肺护鼻之效,能用于治疗慢性干燥性鼻炎。

2）健鼻汤:苍耳子、蝉蜕、防风、白蒺藜、玉竹、炙甘草、薏苡仁、百合。本方有御风健鼻、润肺健脾之效,使肺气宣畅,脾气充盛,对过敏性鼻炎有良好的预防作用。

（4）纠正不良习惯:平时应注意保护鼻毛和鼻黏膜,克服用手挖鼻孔、拔鼻毛或剪鼻毛等不良习惯。因为这些不良习惯容易将致病菌带入鼻腔,并可能导致鼻毛和鼻黏膜的损害,引起鼻腔内化脓性感染,甚至继发颅内感染。

（五）口腔保健

1. 口腔保健的概念　口腔保健(oral health care)包括牙齿保健和咽津保健。我国古代养生家十分重视牙齿的保健,早就提出"百物养生,莫先口齿"的主张。中医学认为,"肾主骨""齿为骨之余",即牙齿与骨同出一源,牙齿与骨的生长发育均有赖于肾中精气充养,故牙齿的表现可反映肾脏的功能。正如清代沈金鳌所撰《杂病源流犀烛·口齿唇舌病源流》中所说:"齿者,肾之标,骨之本也。"清代叶天士在《温热论》(*A Treatise on Epidemic Febrile Diseases*)中也指出:"齿为肾之余,龈为胃之络。"正常人的牙齿洁白、坚固且有光泽,是肾气充盈、津液充足的表现。牙齿松动、脱落多与肾精、肾气不足有关。保持良好的卫生习惯,是固齿保健的重要方法。牙齿保健应从幼儿开始,从小培养良好的口腔卫生习惯,有利于健康长寿。中医认为,"肾在液为唾""脾在液为涎",唾由肾精所化,涎由脾精化生,唾液具有润泽口腔、补益肾精、滋养脏腑的功能,所以古人予以其"金津玉液"的美称。

2. 口腔保健的方法　口腔保健的方法(oral health care methods)如下:

(1) 牙齿保健

1) 正确刷牙:正确的刷牙方法是将刷毛与牙面呈45°~60°,刷上排牙齿时刷毛朝上,刷下排牙齿时刷毛朝下,牙刷作小幅度震颤,切勿横向来回拉动。刷咬合面时刷毛应垂直牙面前后来回刷,应保证刷到每个牙面。最好选用刷头小、软毛的牙刷,也可使用电动牙刷。每天至少早晚各刷一次,每次刷2~3min为宜。刷牙难以清除残留在牙缝的食物残渣和牙菌斑,刷牙后可使用牙线清洁,如习惯使用牙签,应注意力度,避免损伤牙龈。

2) 口宜勤漱:古代医家主张饭后漱口。唐代孙思邈的《千金要方》言:"食毕当漱口数过,令人口齿不败口香。"元代忽思慧的《饮膳正要》亦云:"凡食讫温水漱口,令人无齿疾、口臭。"进食后漱口可以去除口腔中的异味和食物残渣,保持口腔清洁。可根据个人情况选择用温水、泉水、茶水、盐水、食醋、中药泡水等。古人喜欢用茶水漱口,如明代李时珍在《本草纲目》(Compendium of Materia Medica)中有云:"惟饮食后浓茶漱口,既去烦腻,而脾胃不知,且苦能坚齿消蠹,深得饮茶之妙。"现代研究也表明,茶水中的氟元素可以起到预防龋齿(dental caries,decayed tooth)的作用,同时茶水中的多酚类物质(polyphenols)具有杀菌化腐的功效。古代医籍中多提倡用金银花、野菊花、薄荷、豆蔻、橘皮、藿香、佩兰、香薷等清热解毒、芳香化湿类中药煎水漱口,不仅能够清洁口腔,还能祛除秽气。

3) 齿宜常叩:古代养生家多认为,叩齿(teeth-clicking)是延年益寿的重要方法,晋代葛洪的《抱朴子》就有"清晨叩齿三百过者,永不动摇"的说法。具体方法是:端坐,摒除杂念,口唇微闭,然后上下牙齿有节奏地相互叩击,速度宜缓慢均匀,用力不可过大,防止咬舌。每日早晚各1次,每次5min。坚持叩齿可以振动牙髓及牙床,促进牙周组织的血液循环,坚固牙齿,预防牙病,还可增强咀嚼力。

4) 牙龈按摩:牙龈按摩(gingival massage)可以促进牙周组织的血液循环,使牙周组织的代谢增强,增强牙齿的抗病能力。可在刷牙后将手洗净,将食指或中指伸入口腔内,对牙龈进行局部旋转按摩,每次2~3min。也可在刷牙时,将刷毛45°压在牙龈上做短距离颤动,注意力度不可太大,刷毛应柔软,否则会损伤牙龈。按摩牙龈可促进口腔和牙龈的血液循环,有利于健齿固齿。

5) 正确咀嚼:咀嚼食物时牙齿应两侧或两侧交替使用,不宜只用单侧牙齿咀嚼。牙齿长期单侧咀嚼的弊端有三:一是使用的一侧牙齿会因负担过重而易引起牙本质过敏或牙髓炎;二是不使用的一侧牙周组织缺乏功能性刺激,易发生牙龈废用性萎缩,严重者会出现牙齿松动脱落;三是使用的一侧脸部肌肉较发达,容易引起面容不端正。平时应适当锻炼咀嚼肌,可多吃硬而粗糙、含纤维成分多的食物(如芹菜、竹笋等),进食时咀嚼要充分,增强牙齿支持组织的健康。充分咀嚼还可以促进唾液的分泌,提高口腔的自洁作用。

6) 药物保健:①固齿秘方:生大黄、熟大黄、生石膏、熟石膏、骨碎补、杜仲、青盐、食盐、明矾、枯矾、当归,研成细末,做牙粉使用,可健齿、固齿。对胃热牙痛尤为适用。②固齿补肾散:当归(酒浸)、川芎、荆芥穗、香附末、白芍、枸杞子、熟地黄、川牛膝(去芦、酒浸)、细辛、补骨脂、升麻、青盐。上药研为末,用老米煮饭和成丸,阴干,入瓦砂罐封固,以炭火或柴火烧灰存性,研为末,用铝盒盛之,晨以药粉擦牙,然后温水漱咽,服下。可补益精血,祛风清热,固齿乌发。

(2) 咽唾保健:咽唾保健常用漱津咽唾的方法,又称咽津,古称"胎食(swallowing saliva)"。古代养生家主张吞咽口津以养肾精(nourishing kidney essence),是古代倡导的一种养生方法。现代研究表明,唾液含有淀粉酶、溶菌酶、黏液蛋白等成分,具有促进消化、保护胃黏膜、解毒杀菌等功效。

一般选择在每日清晨时,古人谓"晨兴漱玉津"。坐、卧姿均可,平心静气,用舌在口腔内上下左右搅动,待到口内满是唾液时,便分 3 次将唾液咽下,古人称其为"赤龙搅天池"。可与叩齿配合进行,先叩齿 36 次,后漱津咽下。每次三度九咽,时间以早晚为好。若有时间,亦可多几次。初时可能津液不多,久则自然增加。《诸病源候论》云:"舐唇漱口,舌聊上齿表,咽之三过,杀虫补虚劳,令人强壮。"此法可刺激口腔分泌大量唾液,能清洁口腔和帮助消化,且能防止口苦口臭。

(六)耳部保健

1. 耳部保健的概念 中医认为,耳部作为人体的听觉器官,为肾之窍,"宗脉之所聚"。《医学入门·卷四·耳》云:"肺主气,一身之气贯于耳(the lung governs qi,whole body of qi penetrates the ear)。"《灵枢·脉度》云:"肾气通于耳"。耳的听觉能力是脏腑盛衰程度的反映,尤其与肾中精气的盈亏密切相关,人的衰老往往从耳朵听力下降开始。中医的整体观(concept of wholism)认为,人体是一个相互联系的有机整体,局部可以反映整体的状态,耳部存在许多反射区,能够反映脏腑组织器官的状态。随着现代科技和社会的发展,导致听力减退(hearing loss,hyperacusis)和耳聋(deafness)的原因越来越多。噪声污染、药物的副作用等都能造成暂时性听力损失(temporary hearing loss)或永久性耳聋(permanent deafness)。噪声性耳聋(noise induced deafness)、中毒性耳聋(toxic deafness)、外伤性耳聋(traumatic deafness)、感染性耳聋(infectious deafness)等越来越常见,治疗起来难度也很大。因此,日常生活应重视耳部保健(ear care)。

2. 耳部保养的方法 耳部保养的方法(methods of ear care)如下:

(1)日常保养:中医认为,长时间专心分辨声音会耗伤精气,损害听力。因此,平时应避免过度沉浸在低微或高亢的声音环境中。长期处于噪声环境中,对听力会产生缓慢性、进行性损伤,严重者会导致耳聋。因此,在噪声环境中工作和学习应采取必要的保护性措施,如控制噪声源,在噪声大的环境有意识地张口,以利进入耳道的声波能较快扩散开,减轻对耳膜的过大压力。孕妇和婴幼儿尤应注意避免噪声的影响。另外,也要注意耳部卫生。平时可用干净棉签轻轻在外耳道转动几下,耳朵朝下,让耵聍自行掉出,一周一次即可。如果耵聍过多已经影响听力,需要找专科医生借助专业仪器取出,切不可自己强行取出。

(2)耳部按摩:耳部按摩(ear massage)是耳部保健的重要方法,可增强耳部的气血流通,调动体内的正气(vital qi,healthy energy),增强机体对疾病的抵抗力,保持生理相对平衡;能润泽外耳肤色,抗耳膜老化,预防冻耳,防治耳病;能活跃肾脏元气,强壮身体,抗衰老,利健康,助长寿。简易摩耳功法有如下几种:

1)按摩耳廓:以双手按住耳轮,上下轻轻按摩,不计次数,以双耳廓感到微微发热为度,有防治耳鸣、耳聋之效。

2)按摩耳垂:两手分别轻捏双耳的耳垂,再搓摩至发红发热。然后揪住耳垂往下拉,再放手让耳垂弹回。每天 2~3 次,每次 20 下。此法可促进耳朵的血液循环。

3)鸣天鼓:用双手掌紧按两耳,五指对称置于脑后,将食指压在中指上,食指用力从中指上滑下叩击枕部,手法由轻到重,左右手各 24 次。此法使耳内听到洪亮如击鼓之声,称之为"鸣天鼓(occipital-knocking therapy)",有聪耳明目(improving hearing and vision)、强肾健脑(reinforcing the kidney and strengthening the brain)之效。

(3)药物健耳:中国古代养生家创制了不少健耳的中药方剂(Chinese traditional medicine prescriptions for ear care)、健耳的药膳(medicated diets for ear care),举例如下:

1)千金润耳汤(《千金方》):葱白、牡蛎、白术、磁石、麦冬、白芍、生地黄汁、大枣、甘草。水煎,每日 1 剂,分 3 次服,能滋肾阴,泻肾火,润耳窍,防耳疾。

2）益气聪明汤[《医方集解》(*Collected Exegesis of Recipes*)]：黄芪、人参、葛根、蔓荆子、白芍、黄柏(如有热烦乱,春月渐加,夏倍之,如脾虚去之,热减少用)、升麻、炙甘草。诸药为末,临卧服,五更再服,能聪耳明目,可防治内障目昏、耳鸣耳聋。

二、四肢养生

四肢养生(health cultivation of limbs)的内容如下：

（一）上肢保健

1. 上肢保健的概念　上肢(upper limbs)是人类在生活、工作、学习和娱乐中最常使用的部位,尤其手部最容易受到外界环境的污染和伤害。因此,需要特别重视上肢的清洁卫生和保护,特别是手部。随着现代社会的发展,现代人的体力活动减少,上肢的活动多集中在手部,而上臂经常缺乏锻炼,容易导致上臂赘肉增多。上肢保健(health care of upper limbs)应以动为养,多做拉伸、抬举及适度的负重活动,以加强对上肢的锻炼。

2. 上肢保健的方法　上肢保健的方法(health care methods of upper limbs)如下：

（1）强健上肢：上肢运动的方法比较多,如摇肩转背、左右开弓、托肘摸背、提手摸头等。此外,平常人们所进行的运动保健,大多都需要上肢的参与。平时可通过甩动法来锻炼上肢,具体操作：双手轻轻握拳,双臂放松,以肩为轴,向前后方向、左右方向甩动,每个方向3min。本法可舒展筋骨关节、疏通经络气血、强健上肢,具有预防肩、肘、腕关节疾病的作用。

随着电脑的广泛应用,人们操作鼠标、键盘的时间过长,容易导致手部过度劳损,主要表现为手腕酸痛、麻木、无力等症状,称为重复性应激损伤(repetitive strain injuries)或(肢体)重复性劳损,俗称"鼠标手(mouse hand)"。因此,应加强对手腕保养的重视程度。经常活动手腕可畅通经脉气血,缓解手腕不适症状。平时也要注意使用鼠标的姿势。鼠标放置的高度越高,对手腕的损伤越大；鼠标距离身体越远,对肩的损伤越大。应避免连续使用电脑时间过长,在连续使用鼠标1h之后应适当休息,做一些手部放松活动。

（2）手部保养：手部保养的方法(methods of caring for hands)如下：

1）洗手：在日常生活中,手是最容易被污染的部位,因此应养成勤洗手的习惯,保持手部卫生。勤洗手被认为是最重要的预防疾病相互传染的方法。洗手时应取下手上的饰物,把双手湿润,涂上肥皂或洗手液,然后用"七步洗手法"洗手。"七步洗手法"的具体操作流程(specific operation process of "seven step washing technique")如下：①两掌心相对,手指并拢,相互摩擦；②手心对手背,沿指缝相互摩擦,双手交替进行；③掌心相对,沿指缝相互摩擦,双手交替进行；④一手弯曲各手指关节,在另一掌心旋转揉搓,双手交替进行；⑤一手握另一手拇指旋转摩擦,双手交替进行；⑥一手将指尖并拢,在另一手掌心旋转揉搓,双手交替进行；⑦一手握另一手腕螺旋式揉搓,双手交替进行。注意每个步骤应揉搓至少5次,从手腕到指尖用流水冲洗,最后擦干。

2）护手：洗手后可擦些甘油、护手霜之类的润肤品,这样能及时补充失去的皮肤油脂,防止皮肤干裂。日常手部劳作过多,容易导致皮肤局部扁平角质增生而形成胼胝(callosity,callus),影响手部肌肤的营养代谢,所以要注意科学用手。

3）防晒：由于上肢经常暴露在外部环境中,受到紫外线的照射时间较长,过度暴晒使手部肌肤颜色变深和产生皱纹,甚至出现红斑、灼热、疼痛以及脱皮等症状,加速皮肤老化。因此,应避免手部长时间暴露在阳光之下,在户外时可涂抹适合的防晒用品,或采取戴帽子、戴口罩、打遮阳伞、穿防晒衫等防晒措施。

4）修剪指甲：长指甲容易藏污纳垢、滋生细菌。因此,应经常修剪指甲,这样不但有利于手部卫生,还可促使筋气更新,保持指甲色泽。应注意的是,指甲不可修剪得太短,否则容易出现嵌甲的现象,甚至引起甲沟炎。另外,中医认为,"肝在体合筋""爪为筋之余",肝血的盛衰可影响到指甲的颜色光泽,因此可食用具有养肝作用的食物以美甲,如红枣、核桃、桂圆肉、枸杞子等。

（3）按摩保养：上肢是手之三阴三阳经脉交汇之处，通过按摩上肢经络不但可缓解手臂、手腕的疲劳感，对调整脏腑也有重要的作用。上肢按摩（massage on upper limbs）多以指捏、按揉、按压、搓、摇为主。用力宜稳重，钻入筋骨，以可耐受的有酸胀麻的感觉为度。具体操作可使用擦法：两手掌心相对，互相摩擦至发热，一手掌面放在另一手背面，从指端至手腕来往摩擦，状如洗手，以局部皮肤感到微热为度，双手交替。再用手掌沿上肢内侧，从腕部至腋窝来往摩擦，然后从肩部沿上肢外侧至腕部来往摩擦，另一上肢同法。本法可以促进上肢肌肤的血液循环，使肌肉强健，皮肤润泽，防治冻疮。可选择在睡前和睡醒后进行。

（4）药物保养：不少方药有保养手部皮肤的功效，能使其滋润滑嫩、洁白红润。可以保养手部皮肤的方药（prescriptions for skin care of hands）列举如下：

1）千金手膏方（《千金翼方》）：用桃仁、杏仁、橘核、赤芍、辛夷仁、川芎、当归、大枣、牛脑、羊脑、狗脑加工制成膏，洗手后，涂在手上擦匀，忌火炙手。本品有光润皮肤、护手防皱之效。

2）太平手膏方（《太平圣惠方》）：瓜蒌仁、杏仁、蜂蜜适量，制作成膏，睡前涂手。本品有滋润肌肤、防止手部皲裂之效。

（二）下肢保健

1. 下肢保健的概念　下肢（lower limbs）乃全身的支柱，行走时承担着全身的重量，也是足三阴三阳经脉的重要交汇部位。因此，下肢保健（health care of lower limbs）关系到整体，对人的健康长寿至关重要。俗话说"人老腿先衰"，人体衰老最初的征象可表现为腿脚不灵，下肢肌肉酸痛无力，关节发僵，行动缓慢，甚至行走不稳，容易跌倒，跌倒后易造成骨折。因此，为了延缓衰老，必须加强下肢的保健，所谓"腿勤人长寿""脚健人身壮"。下肢分布着大量的血管和神经，特别是足部，为足三阴三阳经交接之处，有很多穴位和经脉与脏腑相通。足部也能反映五脏六腑的状态，足部有许多脏腑组织器官的反射区，故通过对足部反射区施以按、压、刮等按摩手法，能起到平衡阴阳、疏经活络、调节脏腑等作用。历代养生家特别强调下肢的保健，总结出了许多有效的保健措施，如运动、按摩、保暖、泡足、药疗等。

2. 下肢保健的方法　下肢保健的方法（methods for health care of lower limbs）如下：

（1）腿部保健方法：腿部保健方法（methods for health care of legs）如下：

1）注意姿势：走路时应使身体的轴心维持在垂直状态，不要左摇右摆，不要跷脚。双脚双腿应平行向前，勿内八字或外八字，否则容易导致关节和骨骼的变形、疼痛。长期行走姿势不当还容易引发足部筋膜炎和跟腱炎，甚至加速膝盖和关节变形老化。

2）饮食美腿：饮食上应多吃低脂肪和高纤维的食物，如多吃一些蔬菜和水果，而少吃富含脂肪的食物，以减少脂肪在腿部蓄积。

3）按摩健腿：腿部按摩（massage for legs），可增强腿力，活动关节，预防腿部肌肉萎缩和下肢静脉曲张。腿部简易自我按摩法：平坐，双手抱住一侧大腿根部，自上而下摩擦至足踝，再往回摩擦至大腿根部，一上一下为1次，重复进行20次。依同法再摩擦另一腿。

4）运动健腿：下肢运动的方法较多，如跑步（running）、跳跃（jumping）、登山（mountain-climbing，mountaineering）、散步、游泳（swimming）等运动均能健腿。这里介绍几种便于操作的原地健腿运动方法（in-situ leg exercise methods）：

①站立甩腿法：以手扶墙，一脚站立，另一脚先向前用力甩动，使脚尖向上翘起，然后向后用力甩动，使脚面绷直，如此前后甩动，左右腿各20次。

②平坐蹬腿法：平坐，上身保持正直，一脚脚尖向上，向前上方缓慢伸直，即将伸直时，脚跟稍用力向前下方蹬出，再换另一脚做，双腿各做20次。

③扭膝运动法：站立，两脚平行靠拢，屈膝稍微向下蹲，双手掌放在膝上，膝部做圆周运动，先顺时针、后逆时针转动，各20次。

上述功法可增强下肢功能，具有防治下肢乏力、关节疼痛、小腿抽筋等效果。

（2）足部保健方法：足部保健方法（methods for foot health care）如下：

1）日常保健。

①防寒保暖：下肢为阴脉所聚，阴气常盛，所以要特别注意足部的保暖，以顾护阳气。特别是在气候寒冷时，更要注意保持足部温暖和良好的血液循环。双足的皮肤温度在28℃～33℃时，感觉最舒服，当温度降至22℃以下时，则易患感冒等疾病。因此，鞋袜应能保暖，鞋子应能防水、透气，并及时更换。足部湿水后要尽快抹干。足部保暖对于预防感冒、鼻炎、哮喘、心绞痛等呼吸系统和心血管系统疾病有一定的益处。

②足浴：用温水泡脚一方面可以清除足部皮肤上的有害病菌，防止足病的发生；另一方面可以促进血液循环，刺激足部反射区，起到温经散寒、疏通气血、安神定志、调节脏腑功能的作用，从而达到强身健体的目的。古今中外许多长寿老人和养生家均强调足浴在健康养生中的价值。除用温水外，兹介绍几种足浴中药配方（Chinese medicine prescriptions for foot bath，Chinese herbal formulae for foot bath）。

a. 取夏枯草、桑叶、钩藤、菊花，煎水浴足，每日1～2次，每次15～20min，主要适用于高血压患者。

b. 取苏木、桃仁、红花、乳香、血竭、土鳖虫、自然铜，水煎，趁热浴足。主要适用于足部损伤。

c. 取苦参、明矾、大黄、地肤子、丁香、黄柏、地榆，水煎取汁，待药温后洗足，每次10～15min，每日5～6次，每日1剂，主要适用于脚癣。

2）足部按摩：中医认为，足部分布大量的经络，脾经、胃经、膀胱经、肾经、胆经、肝经都起于或止于足部，当人体脏腑功能失常时，会导致相应的足部反射区出现局部异常现象。通过按摩相应穴位和反射区（reflex zones），有舒筋活络、调节脏腑功能、解除疲劳的作用。现代研究认为，脚上有大量神经末梢，通过按摩和刺激相应区域可调节神经和内分泌活动，还有增强大脑和心脏功能、提高记忆力、促进消化等功效，可防治很多局部和全身性疾病。足部按摩（foot massage）可使用手指、指关节，或借助按摩棒、按摩球等工具，根据身体情况选择揉搓或按压等手法按摩。按摩力度顺序为轻—重—轻，以能忍受为度。此外，也可在晚上洗脚后临睡前，摩擦足心涌泉穴100次，以感到微热为度，两脚轮流按摩。足部按摩具有固护肾气、交通心肾、强身健体等作用，有利于防治神经衰弱、行走无力、失眠、高血压等病证。

3）足部运动：平时可进行便于操作的跷足运动。跷足运动的具体做法（specific practice of standing on tiptoe）：双脚并拢，用力跷起脚尖，缓慢收缩小腿三头肌，使足背跖屈，然后缓慢放松小腿三头肌，使足背背屈，重复做20～30次。此法可改善下肢血液循环，缓解久坐后导致的下肢酸胀麻木感。

4）药物护足：秋冬季节，气候寒冷干燥，容易导致足部经脉凝滞，肌肤失养，皮肤枯燥，而出现皲裂。用散寒活血、滋润肌肤的中药制膏，外涂足部，可有效防裂防冻。常用的护足方药（commonly used prescriptions for foot care）举例如下。

①初虞世方（《古今图书集成医部全录》）：生姜汁、酒精、白盐、腊月猪膏。研烂炒热，洗脚后涂上，有温经散寒、润肤治裂之功效。

②冬月润手（足）防裂方（《外科大成》）：猪脂油、黄蜡、白芷、升麻、猪牙皂荚、丁香、麝香。制备成膏，洗脚后涂上，有通络消肿、防裂防冻之效。

三、颈胸养生

颈胸养生的内容（contents of neck and chest health cultivation）如下。

（一）颈肩部保养

1. 颈肩部保养的概念　颈部（neck）是大脑与躯干的连接处，上连头颅，下接身体，支配着颈部、躯干及四肢的诸多活动，在人体生命活动中起着非常重要的作用。正常健康人的颈部的长短粗细与身材比例相称,颈肩部在直立时两侧对称适中。颈部有丰富的神经和血管,若保养不当,不但会引起局部损伤,甚至会影响到头部和四肢的功能。近年来由于电子产品的普及,长时间低头工作等不健康生活习惯导致颈椎病(cervical spondylosis)等颈部疾病呈低龄化趋势。因此,应进一步加强对颈部保养的重视程度。颈肩部保养(caring for neck and shoulders)主要包括颈肩保养和颈椎保养两部分。

2. 颈肩部保养的方法　颈肩部保养的方法(methods of caring neck and shoulders)如下:

(1)颈肩部保养:颈肩部(neck and shoulders)在运动劳损、不良体位、寒冷刺激等因素影响后,容易造成血流不畅而引起疼痛,而且常引起活动受限(activity limitation),对日常工作生活影响较大。因此,生活工作中应尽量避免拉提过于沉重的物件,以防肩部肌肉劳损,尽量保持正确的姿势,避免长时间保持同一姿势,注意颈肩部的防寒保暖。通过颈肩部按摩也可以起到预防作用。颈肩部按摩的方法(methods of neck and shoulder massage):双手交叉于胸前,左手置于右肩,右手置于左肩,用力向下按压20次,再交替拍击20次,力度、频率均匀,对于预防肩周炎有较好效果。此外,也可通过按压风池、风府、肩井、天宗、合谷等穴位缓解疼痛。

(2)颈椎保养:近年来由于社会习惯的变化,电脑、手机等电子产品的广泛应用,导致颈椎病的发病率不断上升,且表现出低龄化趋势。颈部长期的不良姿势极易导致颈椎周围组织病变,刺激或压迫颈椎脊髓、神经根或椎动脉等组织,引起颈肩疼痛、手指发麻、头晕、恶心、呕吐,甚至视物模糊等临床症状。颈椎保养(caring for cervical vertebra)应注意以下方面:

1)端正坐姿:姿势不良是导致颈椎病的主要原因之一,端正坐姿是非常重要的预防措施。正确的坐姿(correct sitting posture)为:保持自然的端坐位,上身挺直,收腹,下颌微收,头部略微前倾,保持脊柱的正常生理曲线,两下肢并拢,大腿与地面平行,小腿与地面垂直。同时,还应注意桌子与身体的距离要适中,并纠正一些生活中的不良习惯,如伏案时间过长,还要定时变换身体姿势。

2)适量运动:对长时间伏案工作者,每工作1h左右,就要进行适当的活动,可进行一些颈部锻炼,也可进行耸肩、双臂划圈等局部运动。运动时需注意动作要轻柔、缓慢和连贯,以达到最大运动范围为佳。可根据个人的身体情况逐渐增加运动幅度和次数。

3)合理用枕:应选择符合颈椎生理曲度要求的枕头,质地宜柔软,透气性好。一般来说,枕头的高度以每个人自己拳头的高度为宜,通常为8~10cm,最高不超过15cm。枕头呈中间低两端高的形状,可对头部起到相对固定作用,减少在睡眠中头颈部的异常活动,并可对颈部起到保暖作用。

4)颈椎按摩:颈椎按摩(cervical vertebra massage)可选取肩井、后溪、天牖、秉风、外关、风池、合谷等穴位,以局部有酸胀感为佳,同时缓缓转动颈部,每次10~15min,每日2次。

(二)胸部保养

1. 胸部保养的概念　胸部(chest)为宗气(pectoral qi)积聚之处,任脉行于胸部正中,五脏六腑之经脉或支脉均循行经过胸膺,心、肺居于其中,乳房居于其外。《修龄要指·起居调摄》曰:"胸宜常护。"《老老恒言·衣》亦言:"夏虽极热时,必着葛布短半臂,以护其胸。"胸部保养(chest care)应以保暖避寒为主,目的在于顾护胸阳,年老体弱者更应注意。日常生活中,行、坐、站立时尽量挺胸拔背,以利于胸部的保养。胸部按摩(chest massage)有宽胸理气、宁心安神、养护心肺、延缓衰老等作用,有利于增强心脏功能和肺活量,对预防心血管系统疾病和呼吸系统疾病有良好作用。

乳房保养(breast care)是胸部保养的重要内容,尤其是对于女性而言。隆起的乳房是女性的第二性征,乳房功能的正常,是哺育下一代的基础。中医学认为,肾的先天精气、脾胃的后天水谷之气、肝的藏血与疏泄功能,对乳房的生理、病理影响巨大。经脉中以足阳明胃经、足厥阴肝经及冲任二脉与乳房的关系最为密切。因此,乳房的保养需从调节肝、脾、肾三脏入手。

2. 胸部保养的方法 胸部保养的方法(methods of chest care)如下:

(1) 胸部锻炼:胸部锻炼的方法(methods of chest exercise)如下:

1) 摩胸:摩胸的方法(method of chest massage)是取坐位或仰卧位,双手掌在胸部由上往下沿中线和两侧推摩,双手交替进行,一左一右为 1 次,共推 36 次。然后,双手同时按顺、逆时针方向揉按乳房各 30 圈,再左右与上下各揉按 30 次。每天 2~3 次。

2) 拍胸:拍胸的方法(method of chest clapping)是平坐或站立,手指并拢,手掌微屈,用空心掌拍击胸部。既可单手亦可双手同时拍击两侧胸部。自上而下,反复数遍。要特别注意的是,老年人易有骨质疏松,拍胸或捶击的力度不宜过大,以免发生创伤及骨折。

3) 扩胸:扩胸的方法(method of chest expanding exercise)是取站立位,双手在背后握紧,往后伸展扩胸。呼气时身体向前屈,双手尽量向上抬起,吸气时身体恢复原状。反复做 6 次。

(2) 乳房保养:乳房保养的方法(methods of breast care)有以下几种:

1) 膳食丰乳:乳房不够丰满的青年女性,应增加蛋白质、脂肪、维生素以及微量元素等营养素的摄入,保证充足的营养,使脂肪在乳房蓄积而变得挺耸而富有弹性。不少药膳具有丰乳功效,举例如下:

①豆浆炖羊肉:山药、羊肉、豆浆、油、盐、姜适量,炖 2h,每周吃 2 次。适用于肾阳亏虚,乳房扁平者。

②海带炖鲤鱼:原料有海带、猪蹄、花生、鲤鱼、葱、姜、油、盐、酒。先用姜、葱煎鲤鱼,炖 30min,加配料即可。佐餐食用,可常食。本方具有滋阴养血之功,适用于阴血虚弱、乳房失养而致乳房扁平者。

③健乳润肤汤(《中国养生汤膳精选》):取猪肚,清洗干净,粗盐及油适量,放入砂锅,加入芡实、黄芪、白果,加水煮沸 30min,放入腐皮,再煮 1h 左右,直到汤变成乳白色即可。本方具有补气血、健乳润肤,促进乳房发育之功效。

2) 按摩健乳:按摩能够塑造乳房轮廓,疏通乳房周围经络,加快乳房血液循环。乳房按摩的方法(method of breast massage):双手置于双侧锁骨下,向下推至乳房根部,再由下向上推动乳房,重复按摩 20~30 次。然后用双手从中间向腋前线推挤乳房,再由腋前线反向用力将乳房向中间推搓,反复按摩 20~30 次。

3) 定期检查:女性应定期检查乳房,做到早发现、早治疗,对于防治乳腺疾病有重要意义。检查的时间一般在月经来潮后的 9~11d 进行为宜。依据年龄的不同,检查的频率有所差别。在 20~40 岁时,建议每 2 年检查 1 次;年龄超过 40 岁时,建议每年检查 1 次,并根据个体的情况,由医生决定是否需要进行乳房影像学检查。

四、腹背养生

腹背养生(abdomen and back health cultivation)的内容如下:

(一) 腹部保养

1. 腹部保养的概念 中医认为,腹部(abdomen)为"五脏六腑之宫城,阴阳气血之发源。"营养物质的消化吸收,均依赖腹内的五脏六腑协调运行,腹部保养(abdominal care)对于维持脏腑功能的正常运行大有裨益。腹部保养重在注意保暖和按摩两个方面。古代养生家很注意腹部的保暖,如清代曹庭栋的《老老恒言·安寝》中说:"腹本喜暖,老人下元虚弱,更宜加意暖之。"药王孙思邈在《千金要方》中曰:"摩腹数百遍,可以除百病。"腹内脾胃为人体后天之本,脾胃运化水谷精微(cereal essence, essence of water and food, nutrients of water and food)以维持全身脏腑的正常生理功能。因此,腹部按摩不仅能起到局部治疗作用,而且可对全身脏腑功能起到调节作用。

2. 腹部保养的方法 腹部保养的方法(methods of abdominal care)如下:

(1) 腹部保暖:腹部保暖(abdominal warmth, keeping warm of abdomen)除日常注意腹部的保

暖外,年老和体弱者还可用"肚兜"或"肚束"保健。肚兜(bellyband),是将艾叶捶软铺匀,盖上丝绵或棉花,装入双层的布袋内制成,将肚兜系于腹部即可。肚束(abdominal tract),又称为"腰彩",即将宽约七八寸的布系于腰腹部。此法前护腹,旁护腰,后护命门。兜肚和肚束均可配以性味辛温药末装入其中,以加强温暖腹部的作用。

(2)腹部按摩:腹部按摩(abdominal massage)有健脾和胃、帮助消化的作用,对防治胃肠疾病大有好处。现代研究表明,按揉腹部可增加腹肌和肠平滑肌的血流量,改善胃肠蠕动功能,从而促进消化。具体方法:在睡前或睡醒后,排空小便,仰卧于床上,双腿屈曲,全身放松,双手叠放于肚脐之上。如有舌苔黄厚、口臭、便秘等症状,应顺时针按揉50次,可起到泻的作用,能增强胃肠蠕动,产生便意;如舌质淡白、容易腹泻,应逆时针按揉50次,起到补的作用,缓解腹泻。如无明显症状,可采取平补平泻的手法,即顺时针、逆时针方向各揉按50次,力度和频率要均匀,一般时间不少于5min。按摩过程中可出现温热感、饥饿感或者肠鸣音,皆属正常反应。需要注意的是,腹部按摩切勿在过分饥饿或饱餐的情况下进行,患有急腹症及腹部恶性肿瘤的患者不宜按摩,以免加重炎症或引起出血。

(3)腹部塑形:能量摄入过剩时,会导致脂肪在身体里堆积,最大的危害是使腰围(腹围)增大。腹部脂肪的堆积与糖尿病、高血压、高脂血症等慢性代谢性疾病的发生密切相关。因此,腹部塑形也是腹部保养的一项重要内容。腹部塑形的方法(methods of abdominal crunches)很多,现简介几个便于操作的方法:

1)躺卧屈膝:取仰卧位,屈膝至胸前,两膝与水平面垂直,双手放两侧;吐气并将膝拉往右肩,两臂水平放置,再将膝拉往左肩,如此重复10次,以锻炼后腰肌肉。

2)仰卧支腰:仰卧,双手托住盆骨,支起下身及腰部,双腿挺直,背部、头部和双臂保持着地;左右腿交替向头部靠拢,保持膝关节伸直,重复进行以锻炼腰、腹部肌肉。

3)直立弯腰:站立,双足分开与肩同宽,双手叉腰,腰部依次向前、后、左、右侧弯约45°,四个方向轮流各弯腰5次。

4)直立扭腰:站立,双足分开与肩同宽,两手叉腰,保持上身正直,向左右两侧扭转,尽量转至不能转动为度,双侧轮流各5次。

5)弯腰触足:站立,双足分开与肩同宽,腰部向前弯,先用右手摸左脚,再用左手摸右脚,双手各摸10次。

以上动作,长期坚持,可以避免腹部脂肪过多堆积,保持身材匀称,降低肥胖(obesity)等疾病的发病率。

(二)背部保养

1. 背部保养的概念　中医认为,背(back)属阳,为督脉和足太阳膀胱经循行之处。督脉沿脊柱而行,总督一身之阳;太阳经主一身之表,分布在背部的腧穴,与五脏六腑关系密切。风寒之邪侵袭人体,太阳经首当其冲。若不注意背部防寒保暖,风寒之邪极易侵入背部经络,损伤阳气,甚至从表入里而损伤脏腑,诱发旧病、加重病情。晋代葛洪在《抱朴子》中就主张"背宜常暖",明代万全所著《养生四要》也强调:"背者五脏之附也,背欲常暖,暖则肺脏不伤。"从现代医学来看,脊柱的双侧分布着丰富的脊神经,支配着背部皮肤、躯体和内脏的众多生理功能。背部保养(backside caring,back care)具有增强人体的免疫力、调节血压、增强心肺功能、促进消化等作用,有益于防治疾病。

2. 背部保养的方法　背部保养的方法(methods of backside caring)如下:

(1)背部保暖:背部保暖方法(methods of back warmth,methods of back keeping warm)有三种:

1)衣服护背:日常穿衣注意背部保暖,根据体感温度随时加减衣物,以护养背部,免受寒邪(cold evil)入侵。

2）晒背取暖：应选择天气晴朗而风较小的时候晒背，以暖背通阳，有益健康。如《老老恒言·安寝》曰："脊梁得有微暖，能使遍体和畅。日为太阳之精，其光壮人阳气，极为补益。"注意晒背时间不宜过长，以免损伤皮肤。

3）慎避风寒：背为众多经络腧穴聚集之处，尤其是天热汗出腠开之时，易受风寒之邪侵袭。《老老恒言·防疾》强调："五脏俞穴，皆会于背，夏热时有命童仆扇风者，风必及之，则风且入脏，贻患非细，有汗时尤甚。"

（2）日常保养

1）捶背：捶背可自我捶打和他人捶打。自我捶打时取坐位或站位，他人捶打时取坐位或卧位。捶打时应放松背部肌肉，沿脊柱两侧肌肉由下而上，力量要均匀、柔和，以震而不痛为度，连续打5~10次。本法有舒筋通络、振奋阳气、强心益肾之功效。

2）搓背：分自搓和他人搓。自搓可在洗浴时进行，以湿毛巾搭于背部，双手拉紧毛巾两端，来回用力搓背，以背部发热为度。他人搓时取俯卧位，裸露背部，背部保持平直、放松，请他人以手掌沿脊柱上下按搓，以背部发热为度。注意力度不宜过猛，速度不宜过快，以免搓伤皮肤。本法有防治感冒、腰背酸痛、胸闷腹胀之功效。

3）捏脊：受术者取俯卧位，裸露整个背部，背部保持平直、放松，施术者用拇指和食指将背部正中线的皮肤捏起，从尾骶部沿督脉向上连续捻动，直至颈椎附近为止，重复3~5遍。捏脊过程中可在每捏拿3~5次后用力提拎一下皮肤。操作时需注意动作要轻柔，力度不宜过大、速度不宜过快。此法对成人、儿童皆宜，尤以儿童为佳。本法具有调和气血、疏通经络（dredging meridians and collaterals）、改善脏腑功能（improving viscera function）等作用，尤其有利于防治胃肠疾病和呼吸系统疾病。

4）撞背：自然站立，双足分开与肩同宽，双手抱肩，背靠厚实的墙壁，与墙壁之间距离约20cm，身体自然向后仰，头部稍向前倾，背部撞击墙壁，力度均匀适中，臀部勿撞到墙壁。撞击墙壁后借反作用力站直，每天100次左右。本法可调整脊柱关节平衡，疏通背部气血，对腰背痛的治疗有辅助作用。注意在明确没有背部椎体疾患之后方可使用本法。

（杨钦河）

第六节 药物养生

药物养生（health cultivation with medicines），就是指运用以中药为主的药物以达到养生保健、延年防病等目的的养生方法，包括中药养生、药膳养生、药茶养生、膏方养生、药酒养生、药浴养生、香薰养生等。千百年来，历代医家不仅发现了许多可以延年益寿的保健药物（health care drugs，health care medicines），或称滋补药物（tonic medicines）、补药（tonics, invigorators, restoratives），而且也创造出不少行之有效的抗衰防老方剂，积累了丰富的经验，为人类的健康长寿做出了巨大贡献。

一、中药养生

（一）中药养生的机制

中药养生的机制（mechanism of Chinese medicine health cultivation）有以下几个方面：

1. **固护先天与后天** 人体健康长寿很重要的条件是先天禀赋强盛，后天营养充足。脾胃为后天之本，气血生化之源，机体生命活动需要的营养，均靠脾胃供给。肾为先天之本，生命之根，元阴元阳之所在，肾气充盛，则机体的新陈代谢能力强，衰老的速度缓慢。正因为如此，益寿方药的健身防老作用，多立足于固护先天、后天，即以护脾、护肾为重点，并辅以其他方法，以达到强身、保健的目的。

2. **着眼补虚及泻实** 用中药延年益寿,主要在于运用中药补偏救弊,调整机体阴阳气血出现的偏差,协调脏腑功能,疏通经络血脉。而机体的偏颇,不外乎虚、实两大类,应本着"虚则补之,实则泻之(treating deficiency syndrome with tonifying method, treating excess syndrome with purgative method)"的原则,辨证施药(modification of a prescription based on syndrome differentiation, making prescription on the basis of differential diagnosis)。虚者,多以气血阴阳不足为主要表现。中药养生,即以中药予以调理,气虚者补气,血虚者养血,阴虚者滋阴,阳虚者补阳(tonifying yang),补其不足而使其充盛,则虚者不虚,身体可强健而延年;实者,多以气血痰食引起的郁结、壅滞为主要表现。中药养生,即以药物予以调理,气郁者理气,血瘀者化瘀,湿痰者化湿,热盛者清热,寒盛者驱寒,通过泻实,以宣畅气血、疏通经络、化湿导滞、清热、驱寒为手段,达到行气血、通经络、协调脏腑的目的,从而使人体健康长寿。

3. **平衡阴阳** 人之所以长寿,全赖阴阳气血平衡,这也就是《素问·生气通天论》中所说的:"阴平阳秘,精神乃治。"运用中药养生以求延年益寿,其基本点即在于燮理阴阳,调整人体阴阳的偏盛偏衰,使其复归于"阴平阳秘(relative equilibrium of yin-yang)"的动态平衡状态。

（二）中药养生注意事项

中药养生注意事项(notes on health cultivation with Chinese materia medica)如下:

1. **不盲目进补** 用补益法(invigoration method)进行调养,一般多用于老年人和体弱多病者。这些人的体质多属"虚",故宜用补益之法。无病体健之人一般不需用补益法。尤其需要注意的是,服用补药应有针对性,如果贸然进补,很容易加剧机体的气血阴阳平衡失调,不仅无益,反而有害。应在辨明虚实,确认属虚的情况下,有针对性地进补。清代医家程国彭在《医学心悟》中指出:"虚者补之,补之为义,大矣哉!然有当补不补误人者;有不当补而补误人者;亦有当补而不分气血、不辨寒热、不识开阖,不知缓急、不分五脏、不明根本,不深求调摄之方以误人者,是不可不讲也。"这是需要明确的第一条原则。

2. **补勿过偏** 服用补药(taking tonics)或称滋补(nourishing)、进补(tonifying)的目的在于协调阴阳,宜恰到好处,不可过偏。过偏则反而成害,导致阴阳新的失衡,使机体遭受又一次损伤。例如,虽属气虚(qi deficiency),但一味大剂补气而不顾及其他,补之太过,反而导致气机壅滞,出现胸、腹胀满,升降失调;虽为阴虚,但一味大剂养阴而不注意适度,补阴(invigorating yin)太过,反而遏伤阳气,致使人体阴寒凝重,出现阴盛阳衰之候。所以,补宜适度,适可而止,补勿过偏。

3. **辨证进补** 虚人当补,但虚人的具体情况各有不同,故进补时一定要分清脏腑、气血、阴阳、寒热、虚实,辨证施补(tonifying based on syndrome differentiation),方可取得延年益寿之效,而不致出现偏颇。此外,服用补药,宜根据四季阴阳盛衰消长的变化,采取不同的方法。否则,不但无益,反而有害健康。

4. **用药缓图** 衰老是个复杂而缓慢的过程,任何延年益寿的方法,都不是一朝一夕即能见效的。中药养生也不例外,不可能指望在短时期内依靠中药达到养生益寿的目的。因此,用药宜缓图其功,要有一个渐变过程,不宜急于求成。若不明此理,则欲速不达,非但无益,反而有害。

5. **剂量宜小** 用于养生的中药剂量宜小,一般以成人常用量的1/3或1/2较为适宜。应当长期渐进,持之以恒,假以时日,使药力逐渐发挥效用。对于80岁以上的老年人,剂量宜更小些,大约可为成年人量的1/5。

（三）延年益寿中药举例

具有延年益寿作用的中药(Chinese medicines for prolonging life, Chinese materia medica with the function of prolonging life)有很多,历代本草及医家著述均有所记载。这类中药,一般均有补益作用,同时也能疗疾,即有病祛病,无病强身延年。可以配方,亦可以单味服用。兹按其功用分补气(tonifying qi)、养血(nourishing blood)、滋阴(nourishing yin)、补阳(tonifying yang)四类,择要予以介绍:

1. **补气类** 补气类延年益寿中药(Chinese medicines that can replenish qi and prolong life)主要有以下几种:

(1) 人参:味甘微苦,性温。可大补元气、生津止渴,对年老气虚、久病虚脱者,尤为适宜。

(2) 黄芪:味甘,性微温。可补气升阳、益卫固表、利水消肿、补益五脏。久服可壮骨强身,治诸气虚。

(3) 茯苓:味甘淡,性平。具有健脾和胃、宁心安神、渗湿利水之功用。历代医家均将其视为常用的延年益寿之品,因其药性缓和,可益心脾、利水湿,补而不峻,利而不猛,既可扶正,又可祛邪,故为平补之佳品。

(4) 山药:味甘,性平,具有健脾补肺、固肾益精之作用。因此,体弱多病的中老年人,经常服用山药,好处颇多。

2. **养血类** 养血类延年益寿中药(Chinese medicines that can nourish the blood and prolong life)主要有以下几种:

(1) 熟地:味甘,性微温。本品有补血滋阴之功。对血虚、肾精不足者,可起到养血滋阴、益肾添精的作用。

(2) 何首乌:味苦甘涩,性温。具有补益精血、涩精止遗、补益肝肾的作用。

(3) 龙眼肉:味甘,性温。具有补心脾、益气血之功。近代科学研究证明,龙眼肉内含有维生素 A、B 族维生素、葡萄糖、蔗糖及酒石酸等成分。

(4) 阿胶:味甘,性平,具有补血滋阴、止血安胎、利小便、润大肠之功效,为补血佳品。本品含有胶原、多种氨基酸、钙、硫等成分,具有加速生成红细胞和红蛋白、促进血液凝固作用,故善于补血、止血。

(5) 紫河车:味甘咸,性微温。具有补气、养血、益精(benefiting essence)等功效。实验及临床实践证明,紫河车有激素样作用,可促进乳腺和子宫的发育。由于胎盘球蛋白含抗体及干扰素,故能增强人体的抵抗能力,具有免疫和抗过敏作用,可预防和治疗某些疾病。

3. **滋阴类** 滋阴类延年益寿中药(Chinese medicines that can nourish yin and prolong life)主要有以下几种:

(1) 枸杞子:味甘,性平。具有滋肾润肺、平肝明目之功效。近代研究表明,枸杞子含有甜菜碱、胡萝卜素、硫胺素、核黄素、烟酸、抗坏血酸、钙、磷、铁等成分,具有抑制脂肪在肝细胞内沉积、防止脂肪肝、促进肝细胞新生的作用。

(2) 玉竹:味甘,性平,可养阴润肺、除烦止渴,对老年阴虚之人尤为适宜。近代研究证明,本品有降血糖及强心作用,对于糖尿病、心悸患者有一定作用。

(3) 黄精:味甘,性平,有益脾胃、润心肺、填精髓之作用。近代研究证明,黄精具有降压作用,对防止动脉粥样硬化及肝脏脂肪浸润也有一定的效果。

(4) 桑葚:味苦,性寒,可补益肝肾,有滋阴养血之功。近代药理研究证明:桑葚含有葡萄糖、果糖、鞣酸、苹果酸(丁二酸)、钙质、维生素 A、维生素 D 等成分。临床上用于贫血、神经衰弱、糖尿病及阴虚型高血压。

(5) 女贞子:味甘微苦,性平,可滋补肝肾、强阴明目。近代研究证明:女贞子的果皮中含齐墩果酸(oleanolic acid)等三萜类物质,以及右旋甘露醇、葡萄糖。女贞子种子含有多种脂肪酸,其中有软脂酸、油酸及亚麻酸等。

4. **补阳类** 补阳类延年益寿中药(Chinese medicines that can tonify yang and prolong life)主要有以下几种:

(1) 菟丝子:味甘、辛,性微温,具有补肝肾、益精髓、坚筋骨、益气力之功效。此药禀气和中,既可补阳,又可滋阴,具有温而不燥、补而不滞的特点。现代研究证明,菟丝子含树脂样的配糖体、大量淀粉酶、类胡萝卜素,其中主要是可提高血清胡萝卜素含量的 β-胡萝卜素。

（2）鹿茸：味甘咸,性温,具有补肾阳、益精血、强筋骨之功效。近代科学研究证明:鹿茸含鹿茸精,系雄性激素,又有含磷酸钙、碳酸钙的胶质,软骨及氯化物等。鹿茸能减轻疲劳、提高工作能力、改善食欲和睡眠,可促进红细胞、血红蛋白、网状红细胞的新生,促进创伤骨折和溃疡的愈合。

（3）肉苁蓉：味甘咸,性温,有补肾助阳(reinforcing the kidney and supporting yang)、润肠通便之功效。近代研究证明:肉苁蓉含有列当素、苷类、有机酸类物质及微量的生物碱。肉苁蓉具有激素样作用、性激素样作用,还有降压、强心、强壮、增强机体抵抗力等作用。

（4）杜仲：味甘,性温,有补肝肾、强筋骨、安胎之功效。近代科学研究证明:杜仲含有杜仲酸,为异戊己烯的聚合体,还含有树脂,动物实验证明,杜仲有镇静和降血压作用。

（四）延年益寿方剂举例

具有延年益寿作用的方剂(prescriptions for prolonging life,prescriptions with the function of prolonging life)介绍如下。每个药后面的具体 g 数为目前临床参考用量,括号中用量为古代原方出处和用量。

1. 补气类　补气类延年益寿方剂(qi-replenishing prescriptions for prolonging life,prescriptions that can replenish qi and prolong life)主要有以下几种:

（1）四君子汤(《太平惠民和剂局方》)

【组成】人参 10g、白术 10g、茯苓 10g、炙甘草 10g(各等分)。

【用法】水煎服,其中人参宜另炖(原方为细末,每服二钱,水一盏,煎至七分。通口服,不拘时,入盐少许,白汤点亦得)。

【功效】益气补中、健脾养胃。

【主治】脾胃气虚证,症见面色苍白、语音低微、四肢无力、不思饮食、大便溏薄、舌淡苔薄白、脉虚弱。

（2）参苓白术散(《太平惠民和剂局方》)

【组成】莲子肉(去皮)500g(一斤),薏苡仁 50g(一斤),缩砂仁 500g(一斤),桔梗(炒令黄色)500g(一斤),白扁豆 750g(一斤半),白茯苓 1 000g(二斤),人参(去芦)1 000g(二斤),甘草(炒)1 000g(二斤),白术 1 000g(二斤),山药 1 000g(二斤)。

【用法】上药共研末,为散剂,用枣汤调服,每服 6g,每日 2~3 次,小儿量岁数加减服用。亦可制成中药汤剂,加大枣 3 枚,水煎服,用量按原方比例酌定(原方为细末,每服二钱,大枣汤调下,小儿量岁数加减服之)。

【功效】健脾益气、渗湿和胃。

【主治】脾虚挟湿证,症见食少便溏,或泻或吐,胸脘痞闷,形体虚弱,四肢无力,面色萎黄,苔白腻,脉虚缓。

（3）补中益气汤[《脾胃论》(*Treatise on Spleen and Stomach*)]

【组成】黄芪 18g(一钱),甘草(炙)6g(五分),人参(去芦)6g(二分或三分),升麻 6g(二分或三分),当归身(酒焙干或日晒干)6g(二分),橘皮(不去白)6g(二分或三分),柴胡 6g(二分或三分),白术 9g(三分)。

【用法】水煎服,其中人参宜另炖(原方诸药㕮咀,即用口咬碎成小块。都作一服,即合为一剂。水二盏,煎至一盏,量气弱、气盛,临病斟酌水盏大小,去渣,食远稍热服。重者,不过二服而愈;若病日久者,以权立加减法治之)。

【功效】补中益气、升阳举陷。

【主治】①脾胃气虚证,症见饮食无味、少气懒言、体倦乏力、动则气促、舌淡苔白、脉虚软。②气虚发热证,症见发热自汗出、头痛恶寒、渴喜热饮、少气懒言、食少体倦、脉洪而虚。③中气下陷证,症见脱肛、子宫下垂、久泻、久痢、崩漏等,以及清阳下陷诸证。

（4）玉屏风散(《医方类聚》)

【组成】防风 30g(一两),黄芪(蜜炙)、白术各 60g(二两)。

【用法】为散剂,用枣汤调服,每服 9g,每日 2~3 次。亦可制成中药汤剂,加大枣 1 枚水煎服,用量按原方比例酌定(原方㕮咀,每服三钱,用水一盏半,加大枣一枚,煎至七分,去滓,食后热服)。

【功效】益气固表止汗。

【主治】①表虚卫气不固(exterior deficiency and defensive qi instability),症见自汗恶风、面色㿠白、舌淡苔薄白、脉浮虚软。②体虚易感风邪(wind evil)。

(5) 生脉散(《内外伤辨惑论》)

【组成】人参 9g(五分),麦冬 15g(五分),五味子 6g(七粒)。

【用法】水煎服,其中人参另炖(原方长流水煎,不拘时服)。

【功效】益气生津、敛阴止汗、补心生脉。

【主治】①气阴不足证,症见神疲体倦、气短懒言、口渴多汗、咽干舌燥、脉虚弱;或暑热病后,气耗阴伤而见口渴体倦、气短汗多、脉虚数;以及久咳肺虚、气阴两伤而见咳嗽少痰、短气自汗、口干咽燥、苔薄少津、脉虚。②亡阴证,症见肢冷、气短或气促、汗出如珠、舌光无苔、脉微细欲绝。

2. **补血类**　养血类延年益寿方剂(blood-nourishing prescriptions for prolonging life,prescriptions that can nourish the blood and prolong life)主要有以下几种:

(1) 四物汤(《仙授理伤续断秘方》)

【组成】当归(酒浸微炒)9g、川芎 6g、白芍药 9g、熟地黄(酒蒸)15g(各等分)。

【用法】水煎服(原方为粗末,每服三钱,水一盏半,煎至八分,去渣热服,空心食前热服,即空腹或饭前热服)。

【功效】补血调血。

【主治】营血虚滞证,症见头晕目眩、面色苍白或萎黄无华、唇爪色淡、心悸耳鸣;或妇人月经不调、量少或闭经不行、脐腹作痛、舌质淡、脉细或细涩。

(2) 当归补血汤(《内外伤辨惑论》)

【组成】黄芪 30g(一两),当归(酒洗)6g(二钱)。

【用法】水煎服(原方㕮咀,都作一服,水二盏,煎至一盏,去渣,温服,空心食前)。

【功效】补气生血。

【主治】①劳倦内伤、血虚发热证,症见肌肤燥热、目赤面红、烦渴欲饮、脉洪大而虚、重按无力。②妇女经量过多,产后失血而见发热;或疮疡溃破,久不愈合。

(3) 归脾汤(《济生方》)

【组成】白术 9g、茯苓 9g、黄芪 15g、龙眼肉 9g、酸枣仁 9g(各一两);人参 6g、木香 5g(各半两);甘草 5g(二钱半);当归 9g、远志 6g(各一钱)(后二味从《校注妇人良方》补入)。

【用法】加生姜 6g、大枣 3 枚,水煎服,其中人参另炖(原方㕮咀,每服四钱,水一盏半,生姜五片,枣一枚,煎至七分,去渣温服,不拘时)。

【功效】益气补血、健脾养心。

【主治】①心脾两虚(cardiac-splenic asthenia,insufficiency of heart and spleen,heart-spleen deficiency),症见心悸失眠、多梦易惊、健忘头晕、盗汗虚热、面色萎黄、食少体倦、舌淡苔白、脉细弱。②脾不统血证,症见便血;或妇女崩漏、月经超前、量多色淡;或皮下紫癜。

3. **气血双补类**　气血双补类延年益寿方剂(qi-blood nourishing prescriptions for prolonging life,prescriptions that can nourish qi and blood,and prolong life)主要有以下几种:

八珍汤(《正体类要》)

【组成】当归(酒拌)9g(一钱),川芎 6g(一钱),白芍药 9g(一钱),熟地黄(酒拌)15g(一钱),人参 6g(一钱),白术(炒)9g(一钱),甘草(炙)5g(五分)。

【用法】加生姜三片,大枣三枚,水煎服,其中人参另炖(原方清水二盏加生姜三片、大枣二枚,煎至八分,食前服)。

【功效】补益气血。

【主治】气血不足证,症见面色苍白或萎黄、气短懒言、四肢倦怠、食欲缺乏、头晕目眩、心悸怔忡、舌质淡、苔薄白、脉细弱或虚大无力。

4. **滋阴类**　滋阴延年益寿方剂(yin nourishing prescriptions for prolonging life,prescriptions that can nourish yin and prolong life)主要有以下几种:

(1) 六味地黄丸[《小儿药证直诀》(*Key to Therapeutics of Children's Diseases*)]

【组成】熟地黄 24g(八钱);山萸肉 12g、干山药 12g(各四钱);泽泻 9g、牡丹皮 9g、茯苓(去皮)9 g(各三钱)。

【用法】作蜜丸,每丸重约 9g,每服 1 丸,每日 2~3 次;亦可做汤剂,水煎服,用量按原方酌定(原方上为末,炼蜜圆,如梧子大,空心,温水化下三圆)。

【功效】滋阴补肾。

【主治】肾阴虚证,症见腰膝酸软、头目眩晕、耳鸣耳聋、遗精梦泄、盗汗或骨蒸潮热、手足心热、口燥咽干,或牙齿动摇,或小儿囟门当合而不合,或足跟疼痛,消渴、小便淋沥、舌红少苔、脉细数。

(2) 左归丸(《景岳全书》)

【组成】熟地黄 24g(八两),山药(炒)12g(四两),枸杞 12g(四两),山茱萸 12g(四两),川牛膝(酒洗蒸熟)9g(三两),菟丝子(制)12g(四两),鹿胶(敲碎,炒珠)12g(四两),龟胶(切碎,炒珠)12g(四两)。

【用法】制为蜜丸,每丸重 9g。早、晚空腹时各服 1 丸,淡盐汤送下。亦可制成汤剂,水煎服,用量按原方比例酌定(原方上先将熟地黄蒸烂,杵膏,炼蜜为丸,如梧桐子大。每食前,用滚汤或淡盐汤送下百余丸)。

【功效】滋阴补肾、填精益髓。

【主治】真阴不足证,症见眩晕耳鸣、腰腿酸软、遗精滑泄、盗汗潮热、形体消瘦、口燥咽干、舌光少苔,脉细数。

(3) 大补阴丸[《丹溪心法》(*Danxi' Mastery of Medicine*)]

【组成】黄柏(炒褐色)12g(四两),知母(酒炒,酒浸、炒)12g(四两),熟地黄(酒蒸)18g(六两),龟板(酥炙)18g(六两)。

【用法】上药为细末,加猪脊髓适量,炼蜜为丸。早、晚各服 6~9g,淡盐开水送服;亦可制成中药汤剂,加猪脊髓、蜂蜜,水煎服,用量按原方比例酌定(原方上为末,猪脊髓蜜丸,如梧桐子大,服七十丸,空心盐白汤下)。

【功效】滋阴降火。

【主治】肝肾阴虚、虚火上炎证,症见骨蒸潮热、盗汗遗精、咳嗽咯血、心烦易怒、足膝热痛、眩晕耳鸣,以及少寐多梦、梦遗,舌红少苔,尺脉数而有力。

5. **补阳类**　补阳类延年益寿方剂(yang-tonifying prescriptions for prolonging life,prescriptions that can tonify yang and prolong life)有以下几种:

(1) 肾气丸(《金匮要略》)

【组成】干地黄 24g(八两);山茱萸 12g、薯蓣 12g(各四两);泽泻 9g 茯苓 9g、牡丹皮 9g(各三两);桂枝 6g、附子(炮)6g(各一两)。

【用法】为蜜丸,每丸重 9g,早、晚各服一丸;亦可制成中药汤剂,水煎服,用量按原方比例酌定(原方为细末,炼蜜和丸,梧桐子大,酒下十五丸,日再服)。

【功效】温补肾阳。

【主治】肾阳不足证,症见腰膝酸软、下半身常有冷感、少腹拘急、小便不利,或小便反多,入夜尤甚,舌淡胖、苔薄白、脉沉迟;以及脚气、痰饮、水肿、消渴、转胞(即妊娠小便不通)等。

(2) 右归丸(《景岳全书》)

【组成】熟地黄24g(八两),山药(炒)12g(四两),山茱萸(微炒)9g(三两),枸杞(微炒)12g(四两),鹿角胶(炒珠)12g(四两),菟丝子(制)12g(四两),杜仲(姜汤炒)12g(四两),当归9g(三两,便溏勿用),肉桂6g(二两,渐可加至四两),制附子6g(二两,渐可加至五两、六两)。

【用法】为蜜丸,每丸重9g,早、晚各服用1丸;亦可制成中药汤剂,水煎服,其中鹿角胶宜烊化,肉桂宜研末冲服[原方上丸法如前(指与左归丸配制蜜丸法相同),或丸如弹子大,每嚼服二、三丸,以滚白汤送下,其效尤速]。

【功效】温补肾阳,填精补血。

【主治】元阳不足、精血虚冷证,症见年老或久病气怯神疲,畏寒肢冷,腰膝酸软;或阳痿遗精、遗尿;或阳衰无子;或饮食少进,大便不实;或下肢水肿,舌淡苔薄白,脉沉迟细。

6. **阴阳并补类**　阴阳并补类延年益寿方剂(yin-yang nourishing prescriptions for prolonging life,prescriptions that can nourish yin-yang,and prolong life)如下:

地黄饮子(《黄帝素问宣明论方》)

【组成】熟干地黄(去心)24g,巴戟天(去心)12g,山茱萸12g,石斛12g,肉苁蓉(酒浸,焙)12g,附子(炮)9g,五味子6g,白茯苓9g,官桂6g,麦门冬(去心)12g,菖蒲9g,远志(去心)6g。

【用法】加生姜三片、大枣三枚、薄荷5g,水煎服(原方上为末,每服三钱,水一盏;加生姜五片,枣一枚,薄荷五、七叶,同煎至八分,不计时候)。

【功效】滋肾阴、温肾阳、化痰开窍。

【主治】喑痱证,症见舌强不能言、足废不能用、口干不欲饮、脉沉细弱。

二、药膳养生

药膳(Chinese medicated diets,Chinese herbal diets)是在中医学、烹饪学(gastrology)和营养学(nutriology,nutritional science)相关理论的指导下,拟订药膳配方(medicated diet formulas),将中药与食物同用,根据它们的性味(properties and flavors)、归经(meridian tropism,channel tropism)、药用功效(medicinal effects)和应用目的进行配伍(compatibility,concerted application),通过合理的加工和烹调,制作而成的色、香、味、形俱佳,具有保健和治疗作用的美味食品。它是我国传统的医学知识与烹调经验相结合的产物。它"寓医于食",既将药物作为食物,又将食物赋以药用,药借食力,食助药威,二者相辅相成,相得益彰,既具有较高的营养价值,又可防病治病、保健强身、延年益寿。这种养生方法,称药膳养生(health cultivation with Chinese medicated diets)。食疗,中医又称饮食治疗,是利用食物代替中药来影响机体的功能,因而与药膳养生相比,食疗更具有不良反应小的特点。

(一) 药膳的发展概况

药膳是中医学的一个重要组成部分,是中华民族历经数千年不断探索、积累而逐渐形成的独具特色的一门实用学科,是中华民族祖先遗留下来的宝贵文化遗产。中医学在长期的医疗实践中积累了宝贵的药膳食疗保健经验,形成了独特的理论体系。

根据历史与现存资料,可将药膳的形成和发展(formation and development of traditional Chinese medicated diets)分为以下几个阶段:

1. **药膳的起源、蒙昧与萌芽时期**　药膳的起源、蒙昧与萌芽时期(the origin,ignorant and embryonic period of medicinal diets)经历了漫长的过程。人类的祖先为了生存需要,不得不在自然界到处觅食。久而久之,也就发现了某些动物、植物不但具有营养价值可以作为食物充饥,而且具有药用价值。在人类社会的原始阶段,人们还没有能力把食物与药物分开。这种把食物与药物合二而一的现象就形成了药膳的源头和雏形。也许正是基于这样一种情况,中国的传统医学才说"药食同源"。现代考古学家已发现不少原始时代的具有药性的食物,现代民族学也发现一些处在原始时代的民族会制作具有药用功效的食品。这些都说明药膳起源于人类的原始时代。

中国自文字出现以后,甲骨文与金文中就已经有了"药"字与"膳"字。而将药与膳联起来使用,形成"药膳"这个词,则最早见于《后汉书·列女传》。随着社会的进步,人们认识并开始利用火。《韩非子·五蠹》说:"上古之世,民食果瓜蚌蛤,腥臊恶臭,而伤害腹胃,民多疾病。有圣人作,钻燧取火以化腥臊,而民悦之,使王天下,号曰燧人氏。"《礼含文嘉》中记载:"燧人氏钻木取火,炮生为熟,令人无腹疾,有异于禽兽。"可见火的利用使食品更符合卫生要求,对于人类具有积极的防病、保健意义。燧人氏钻木取火的时代,史学界一般多趋向于认为是旧石器时代的中期。周代,人们对饮食有一定的讲究,尤其在统治阶级中,已经建立与饮食有关的制度与官职。《周礼》中记载了"食医"。春秋末期的教育家孔子,对饮食卫生提出具体要求,如《论语·乡党》中写到:"食不厌精,脍不厌细。食饐而餲,鱼馁而肉败,不食。色恶,不食。恶臭,不食。失饪,不食。不时,不食。"都是从保健的目的出发的。可见,到了春秋末期,药膳、食疗已经进入萌芽阶段。

2. **药膳的奠基时期**　经过长期实践经验的积累,到了战国时期,药膳、食疗已经从实践阶段过渡到理论认知阶段。从战国时期到秦汉时期,为药膳的奠基时期(foundation period of medicinal diets)。《黄帝内经》认识到了药物和食物对疾病的治疗和促进康复具有同等重要的地位,提出了系统的药膳、食疗理论,明确了用药物和食物治疗疾病的原则,对中国药膳和食疗的实践产生了深远的影响。如《素问·疏五过论篇》说:"凡欲诊病,必问饮食居处。"《素问·五常政大论》说:"药以祛之,食以随之。"《素问·藏气法时论》说:"毒药攻邪,五谷为养,五果为助,五畜为益,五菜为充,气味合而服之,以补益精气。"《黄帝内经》中载有方剂(prescription,formula)13首,其中有8首属于药食并用的方剂。与《黄帝内经》成书时间相近的《山海经》中也提到了一些食物的药用价值:"枥木之实,食之不老。"成书于先秦时期的《吕氏春秋·本味篇》说:"阳朴之姜,招摇之桂。"姜和桂都是辛温之品,有抵御风寒的作用,又是烹调中常用的调味品,以此烹调成汤液(herbal decoction),既是食品,又可是汤药。

成书于汉代的《神农本草经》是中国最早的中药学专著,共收载药物365种,其中载药用食物50种左右,如酸枣、橘柚、葡萄、大枣、海蛤、干姜、赤小豆、粟米、龙眼、蟹、杏仁、桃仁等,分布在上品(top grade group)、中品(middle grade group)、下品(low grade group)的兽、禽、虫鱼、果、米谷、菜类别中,并记载了这些药用食物有"轻身延年"的功效。说明当时对于一些食物的药用价值已经予以重视和肯定。

东汉著名医学家张仲景的《伤寒杂病论》(*Treatise on Febrile Diseases and Miscellaneous Illnesses*,*Treatise on Cold Pathogenic and Miscellaneous Illnesses*)中不乏有食疗、药膳的有关内容,《伤寒杂病论》的杂病部分《金匮要略》(*Synopsis of Golden Chamber*)有"食禁"专篇,列举了治疗少阴咽痛的猪肤汤和治疗产后腹痛的当归生姜羊肉汤,以及百合鸡子黄汤等,这些食疗方至今仍在临床上常用。

秦汉时期是药膳、食疗理论的奠基期,对于药膳食疗学的发展,具有重要影响与指导作用。

3. **药膳的形成时期**　晋唐时期为药膳的形成时期(formation period of medicinal diets)。这时期的药膳食疗理论有了长足的发展,出现了一些专门的著述。晋代葛洪的《肘后备急方》(*Handbook of Prescriptions for Emergency*)、北魏崔洁的《食经》、梁代刘休的《食方》等著述对中国药膳食疗理论的发展起到了承前启后的作用。

魏晋以后,药膳食疗在一些医药著作中有充分地反映。东晋著名医家葛洪的《肘后备急方》载有很多食疗方剂,如生梨汁治嗽;蜜水送炙鳖甲散催乳;小豆与白鸡炖汁、青雄鸭煮汁治疗水肿病;小豆汁治疗腹水;用豆豉与酒治疗脚气病,等等。他还在《肘后备急方·卷三·治风毒脚弱痹满上气方第二十一》中进一步论述了脚气病的食疗方法:"取好豉一升,三蒸三曝干,以好酒三斗渍之,三宿可饮。随人多少,欲预防不必待时,便与酒煮豉服之。"把食疗应用到预防疾病方面。南北朝时期,陶弘景著有《本草经集注》(*Variorum of Shen Nong's Herbal*, *Collective Notes to Canon of Materia Medica*),是中国药物学发展史上的第二个里程碑,记载了大量的药用食物,诸如蟹、鱼、猪、麦、枣、豆、海藻、昆布、苦瓜、葱、姜等日常食物及较罕用的食物达百多种,书中还记载了食物禁忌和应注意的饮食卫生。

唐代名医孙思邈在其所著的《备急千金要方》中设有"食治"专篇,至此食疗已开始成为专门学科,其中共收载药用食物(medicinal foods)164 种,分为果实、菜蔬、谷米、鸟兽四大门类。同一时期昝殷的《食医心鉴》(*Heart Mirror of Dietotherapy*)、陈士良的《食性本草》(*Edible Materia Medica*),都是在晋唐时期出现的专门论述食疗功效的专著,将食疗、药膳作为专门的学科进行详细的论述。《食医心鉴》推荐用鲤鱼、冬瓜子、赤小豆煮熟空腹服(administered at empty stomach)治疗水肿。

唐代另一重要著作由王焘撰写的《外台秘要方》(*Arcane Essentials from the Imperial Library*)中也有许多药膳食疗方剂。书中关于食物禁忌叙述得尤其详细,对大多数病证下的治疗都列出明确的禁忌,包括忌食生冷、油腻、荤腥、酒等。这些都是通过长期实践积累的宝贵经验。除上述外,隋唐时还有一些既有理论,又有实践的食疗药膳专著,终于使药膳食疗成为一门独立的学科,并为药膳食疗的全面发展打下了更坚实的基础。

4. 药膳的发展时期　明清时期为药膳的发展时期(development period of medicated diets)。北宋王朝对医学的发展颇为重视,采取了一些积极的措施,如成立整理医著的"校正医书局"以及药学机构"太平惠民和剂局"等。在北宋官修的几部大型方书中,食疗学作为一门独立专科,得到了足够的重视。如《太平圣惠方》(*Taiping Holy Prescriptions for Universal Relief*)及《圣济总录》(*General Records of Holy Universal Relief*)两部书中,都专设"食治门",即食疗学的专篇,载方 160首,大约用来治疗 28 种病种,包括卒中、骨蒸痨、三消、霍乱、耳聋、五淋、脾胃虚弱、痢疾等。药膳方剂以粥品为最多(如豉粥、杏仁粥、黑豆粥、鲤鱼粥、薏苡仁粥等),成为食治门中的主流。此外,还有羹、饼、茶等剂型。《圣济总录》中有酒、饼、面、饮、散等不同形式,且制作方法也较为详细。元代的饮膳太医忽思慧著的《饮膳正要》,是我国最早的一部营养学专著,它超越了药膳食疗的概念,从营养的观点出发,强调正常人加强饮食卫生、营养调摄,以预防疾病。明清时期是中医药膳食疗学进入更加完善的阶段,几乎所有关于本草的著作都注意到了本草与药膳食疗学的关系,对于药膳的烹调和制作也达到了极高的水平,且大多符合营养学的要求。明代的医学巨著《本草纲目》给中医食疗提供了丰富的资料,仅谷、菜、果 3 部就收有 300 多种,虫、介、禽、兽就有 400 余种,有关抗衰老的保健药物及药膳就达 253 种,其中专门列有饮食禁忌、服药与饮食禁忌等。朱橚的《救荒本草》(*Materia Medica for Famines*)记载了可供荒年救饥食用的植物 414 种,并有详细的描图,讲述其产地、名称、性味及烹调方法。此外,还有徐春甫的《古今医统大全》(*Complete Compendium of Medical Works*, *Ancient and Modern*)、卢和的《食物本草》、宁原的《食鉴本草》等。较为著名的是贾铭的《饮食须知》、王孟英的《随息居饮食谱》等,它们至今在临床及生活中仍有较大的实用价值。这一时期的食疗学还有一个突出的特点,就是提倡素食(vegetarian diet)的思想得到进一步的发展,如黄云鹄所著的《粥谱》、曹庭栋的《老老恒言》均重视素食。另外,卢和的《食物本草》指出:"五谷乃天生养人之物""诸菜皆地产阴物,所以养阴,固宜食之……蔬有疏通之义焉,食之,则肠胃宜畅无壅滞之患。"这对于食疗、养生学的发展均有帮助。

对食疗药膳的制作,也有新的发展,如徐春甫在《古今医统》90 卷中,载有茶、酒、醋、酱油、酱、菜蔬、肉、鲜果、酪酥、蜜饯等的制作法,多符合营养学的要求。

(二)药膳的分类

药膳的分类(classification of medicinal diets)如下:

1. 流体类　流体类药膳(fluid medicinal diets)主要包括汤、汁、饮、羹等。

（1）汁：是由新鲜并含有丰富汁液的植物果实、茎、叶和块根，经捣烂、压榨后所得到的汁液，如西瓜汁、雪梨汁、鲜荷叶汁。

（2）饮：将中药材或食物粉碎，加工制成粗末，以沸水冲泡后饮用，如姜茶饮、姜糖饮。

（3）汤：将中药材或食物经过一定的炮制加工，放入锅内，加清水用文火煎煮而成。这是药膳应用中最广泛的一种剂型。食用汤液多是一煎而成，所煮的食料亦可食用，如葱枣汤、地黄田鸡汤。

（4）羹：是以肉、蛋、奶或海产品（marine products）等为主要原料，加入药材而制成的较为稠厚的汤液，如羊肉羹、什锦鹿茸羹。

2. 半流体类 半流体类药膳（semi-fluid medicinal diets）主要包括膏、粥、糊等。

（1）膏：亦称"膏滋（oral thick paste，soft extract for oral administration）"，是将药材和食物加水一同煎煮，去渣，浓缩后加糖或炼蜜制成的半流体状的稠膏。膏类具有滋补、润燥之功，适用于久病体虚、病后调养、养生保健者长期调制服用。如有补髓添精作用的羊肉膏、有治疗须发早白或脱发的乌发蜜膏。

（2）粥：是以大米、小米、秫米、大麦、小麦等富含淀粉的谷物，加入一些具有保健和医疗作用的食物或药材，再加入水一同煮熬而成的半流质食品。中医历来就有"糜粥自养"之说，故尤其适用于年老体弱、病后、产后等脾胃虚弱之人。如有清肝热、降血压作用的芹菜粥、有健脾开胃止泻作用的鲜藕粥。

（3）糊：是由富含淀粉的食料细粉，或配以可药食两用的药材，经炒、炙、蒸、煮等加工后制成的干燥品，内含糊精和糖类成分较多，开水冲调成糊状即可食用。如有补肾乌发作用的黑芝麻糊、有润肺止咳作用的杏仁粉等。

3. 固体类 固体类药膳（solid medicinal diets）主要包括饭食类、糖果类、粉散类等。

（1）饭食类：是以稻米、糯米、小麦面粉等为基本材料，加入具有补益且性味平和的药材制成的米饭和面食类食品，分为米饭、糕、卷、饼等种类。如具有益脾胃、涩精气作用的山药茯苓包子，具有健脾利湿（nourishing spleen and eliminating dampness）作用的芸豆卷，具有益气养血作用的参枣米饭。

（2）糖果类：是以糖为原料，加入药粉或药汁，兑水熬制而成的固态或半固态食品。如具有健脾和胃、祛痰止咳作用的姜汁糖、具有清热润肺化痰作用的柿霜糖。

（3）粉散类：是将中药细粉加入米粉或面粉之中，用温水冲开即可食用。如具有补中益气作用的糯米粉，具有醒脾和胃、理气止呕作用的砂仁藕粉。

（三）药膳的应用原则

药膳具有保健养生、治病防病等多方面的作用，在应用时应遵循一定的原则。中药方剂是祛病救疾的，见效快，重在治病；药膳多用以养身防病，见效慢，重在养与防。药膳在保健、养生、康复中有很重要的地位，但药膳不能代替药物疗法。它们各有所长，各有不足，应视具体人与具体病情而选定合适之法，不可滥用。药膳的应用原则（application principles of medicinal diets）包括下面几个方面：

1. 因证用膳 辨证施治（treatment based on syndrome differentiation）是中医学的精髓，在此理论的指导下，药膳也应遵循"辨证施膳（giving diet with syndrome differentiation，applying medicined diet based on syndrome differentiation）"的原则，采用虚者补之（treating deficiency syndrome with tonifying method），实者泻之（treating excess syndrome with purgative method），寒者热之（treating cold syndrome with hot natured drugs），热者寒之（treating heat syndrome with cold natured drugs），滞者通之（treating syndrome of stagnation and blockade of phlegm-damp with drugs for eliminating dampness and phlegm，regulating qi and dredging collaterals），瘀者散之（treating syndrome of qi stagnation and blood stasis with drugs for dispersing stasis and resolving masses）的方法。阳虚者应用补阳之品，如

羊肉、狗肉、鹿肉之类；阴虚者应用补阴之品，如百合、银耳、鸭肉、鳖肉等；血虚者应用大枣、花生、龙眼肉等；气虚者应用五指毛桃、淮山、黄芪等。只有因证用料，才能发挥药膳的保健作用。

2. 因时用膳 一年四季的更迭，一日晨昏的交替，对人体的生理功能、病理变化均产生一定的影响。因此，安排药膳时，应与当时的气候环境相适应，因时用膳（eating in accordance with seasonal conditions）。中医认为，"天人相应"，人的脏腑气血的运行，和自然界的气候变化密切相关。"用寒远寒，用热远热"的意思是说，在采用性质寒凉的中药材时，应避开寒冷的冬天，而采用性质温热的中药材时，应避开炎热的夏天。这一观点同样适用于药膳。

春季气候转暖，阳气升发，万物复苏，人体的阳气也顺应自然，向上、向外抒发，饮食应以升发为主，适当吃些温补阳气、助阳升发的食物，如韭菜、虾仁、香椿头等。夏季炎热酷暑，万物峥嵘，腠理开泄，机体以气耗津伤为特征，饮食应以消暑生津为主，可选用绿豆、荷叶粥等。秋季凉爽干燥，万物肃杀，机体以肺主收敛为特征，饮食应以平补润肺为主，可选用柿饼、银耳粥、百合粥、雪梨汤等。冬季天寒地冻，万物伏藏，人与天地相应，各种功能活动处于低潮期，此时最易感受寒邪，饮食宜温补，选择温热性的益气补阳及"血肉有情"之品以及辛辣性的食物如姜、葱、蒜、韭等，亦可适当地喝点药酒，以助阳气，药膳方如当归生姜羊肉汤、杜仲狗肉汤等。

3. 因人用膳 人的体质、年龄不同，用药膳时也应有所差异，因人用膳（eating in accordance with individuality）。小儿体质娇嫩，选择的原料不宜大寒、大热；老人多肝肾精血不足（insufficiency of essence and blood in the liver and kidney），用药不宜温燥；孕妇恐动胎气，不宜用活血化瘀之品。不同体质的人，只有服用了适合自己体质的药膳，才能起到养生的作用。

（1）气虚体质：气虚体质（qi deficiency constitution）之人可常食健脾益气的食物，如粳米、糯米、小米、山药、土豆、大枣、香菇、鸡肉、鹅肉、牛肉、青鱼等，少吃耗气的食物，如生萝卜等。中药可用人参、党参、黄芪、山药等。

（2）阳虚体质：阳虚体质（yang deficiency constitution）宜多食温热助阳之品，如羊肉、狗肉、牛肉、韭菜、生姜等。少吃生冷的食物，如西瓜、苦瓜、西洋菜、梨等。中药可选用有补阳祛寒作用的鹿茸、海狗肾、蛤蚧、冬虫夏草、仙茅、杜仲等。

（3）阴虚体质：阴虚体质（yin deficiency constitution）饮食宜选用有养阴清热作用的食物，如百合、银耳、木瓜、菠菜、无花果、冰糖等。少吃燥热之品，如韭菜、葱、姜、蒜、辣椒等。中药可选用女贞子、五味子、麦冬、天冬、黄精、玉竹等。

（4）痰湿体质：痰湿体质（phlegm dampness constitution）饮食宜多食健脾化痰利湿之品，如白萝卜、白果、红小豆、海带、丝瓜等。少食甜黏、油腻之品，少喝酒。中药可选用茯苓、薏苡仁、瓜蒌、白术、车前子等。

（5）湿热体质：湿热体质（dampness heat constitution）宜多食有清热利湿（clearing heat and promoting diuresis）作用的食物，如西红柿、草莓、黄瓜、绿豆、芹菜、薏米、苦瓜、冬瓜等。少吃羊肉、韭菜、生姜、辣椒、胡椒、花椒等。中药可选用黄芩、黄连、大黄、银花、连翘、蒲公英等。

（6）血瘀体质：血瘀体质（blood stasis constitution）宜食用有活血化瘀（promoting blood circulation and removing blood stasis）作用的食物，如红糖、玫瑰花、月季花、桃仁、山楂等，也可适量喝点酒。中药可选用当归、川芎、牛膝、泽兰、红花、丹参、三七等。

（7）气郁体质：气郁体质（qi stagnation constitution）宜多食有行气作用的食物，如黄花菜、海带、佛手、荞麦、韭菜、茴香菜、大蒜、茉莉花等。中药可选用香附、小茴香、青皮、郁金等。

4. 因地用膳 不同的地区，气候条件、生活习惯有一定的差异，人体的生理活动和病理变化亦有不同，有的地处潮湿，饮食多温燥辛辣；有的地处寒冷，饮食多热而滋补。东南沿海地区潮湿温暖，饮食多清凉甘淡。因此，应因地用膳（eating in accordance with local conditions）。

（四）常用药膳举例

常用药膳（commonly used medicated diets）举例如下：

1. 花旗参鲍鱼汤

【用料】鲍鱼 6 个,瘦肉 400g,花旗参 10g,百合 25g,姜 2 片。

【做法】鲍鱼用水浸发 4h,洗净。烧开水,放入瘦肉煮 5min,取出洗净切块。花旗参、百合略洗。煲滚适量清水,放入所有材料,用猛火煲开,改小火煲 3h,下盐调味即可。

【方解】鲍鱼性平,味甘,具有补中益气、开胃消食(stimulating the appetite and promoting digestion)的功效,瘦肉味甘、咸,性平,具有补肾养血、滋阴润燥的功效。花旗参性寒,味苦、微甘,归心、肺、肾经,具有益气生津、养阴清热的功效。药食共用具有补中益气生津、补肾养血的功效。

【适用人群】适用于有热病伤津、气阴两伤、消渴、肾虚体弱等症的人群。

2. 红花乌豆塘虱汤

【用料】塘虱鱼(即胡子鲶)1 条(约 400g),川红花 10g,乌豆 200g,陈皮一小块。

【做法】塘虱鱼剖开,去内脏,用盐洗擦鱼身,去黏液。川红花洗净,用纱布袋装好;陈皮用清水浸软,刮去瓤。乌豆放入净锅中干炒至豆衣裂开,铲起,洗净,沥干水。煲滚适量清水,放入所有材料,用猛火煲开,改小火煲 2.5h,下盐调味即可。

【方解】塘虱鱼味甘,性平,有补血、滋肾、调中、兴阳的功效。川红花味辛,性温,具有活血通经、祛瘀止痛的功效。乌豆味甘、涩,性平,具有活血、利水、祛风、解毒、滋阴补血、安神(tranquilization)、明目、益肝肾之阴等功效。三者合用,共奏养肝明目、补血、活血去淤之功效。

【适用人群】本汤方适用于营血虚滞证,症见头晕目眩、面色苍白或萎黄无华、唇爪色淡、心悸耳鸣,或妇女月经不调、量少或闭经不行。

3. 参芪生鱼汤

【用料】生鱼 400g,瘦肉 250g,北芪 20g,高丽参 15g,红枣 10 粒,生姜 2 片。

【做法】生鱼去鳞、腮,不用剖开去内脏,洗净。烧开水,放入瘦肉煮 5min,取出洗净切块。北芪、高丽参略洗。红枣去核。煲滚适量清水,放入所有材料,用猛火煲开,改小火煲 3h,下盐调味即可。

【方解】生鱼性味甘,性寒,能补脾益胃、利水消肿;瘦肉味甘、咸,性平,具有补肾养血、滋阴润燥的功效;北芪味甘,性微温,具有补脾益气(invigorating the spleen and replenishing Qi)、固表止汗、益气升阳、利水消肿、托疮排脓等功效;高丽参具有大补元气、滋补强壮、生津止渴、宁神益智等功效,红枣味甘、性温,具有养血安神(nourishing the blood for tranquillization,nourishing the blood and calming the nerves)、补中益气、缓和药性(moderating the nature of medicines)的功效;全汤方则有补气血、养心脾的功效。

【适用人群】气血不足,症见面色苍白或萎黄、气短懒言、四肢倦怠、食欲缺乏、头晕目眩、失眠等。

4. 田七桂圆牛肉汤

【用料】精牛肉 400g,田七片、桂圆肉各 15g,芡实 50g,姜 4 片。

【做法】烧开水,放入精牛肉煮 5min,取出洗净切块。田七片、桂圆肉、芡实洗净。煲滚适量清水,放入全部材料,用猛火煲开,改小火煲 3h,下盐调味即可。

【方解】牛肉味甘,性平,归脾、胃经,具有补脾胃、益气血、强筋骨的功效;田七具有祛瘀止血、消肿止痛的功效;桂圆肉味甘,性温,有补心脾、益气血的功效。三者合用,共奏活血强身、止血祛淤的功效。

【适用人群】气虚血瘀,症见面色苍白、气短懒言、痛有定处、舌有瘀斑或瘀点等。

5. 郁金蜜枣排骨汤

【用料】排骨 500g,郁金 30g,蜜枣 4 个。

【做法】排骨放入开水中煮 20min,取出洗净斩件。郁金、蜜枣略洗。煲滚适量清水,放入所有材料,用猛火煲开,改小火煲 2h,下盐调味即可。

【方解】排骨具有滋阴补肾、填精益髓的功效;郁金可理气解郁、活血利胆。全汤方具活血散瘀、舒肝解郁的功效。

【适用人群】气滞血瘀,症见胸、胁、腹痛等。

6. 葛根玉竹瘦肉汤

【用料】瘦肉 250g,葛根 150g,玉竹 100g,葱 50g,淡豆豉 25g。

【做法】瘦肉放入开水中煮 5min,取出洗净切块。葛根、玉竹、淡豆豉洗净;葱洗净,只留葱白。煲滚适量清水,放入瘦肉、葛根、玉竹,用猛火煲滚;改小火煲 2h,加入葱白、淡豆豉煮开,下盐调味即可。

【方解】瘦肉味甘、咸,性平,具有补肾养血、滋阴润燥的功效;葛根可解肌退热、生津止渴;玉竹养阴、润肺、止咳。全汤方具有润肠通便、养阴润燥的功效。

【适用人群】本汤方适用于阴虚所致的咳嗽、便秘、消渴等。也可用于糖尿病患者的食疗。

7. 萝卜豆腐汤

【用料】豆腐 200g,萝卜 400g,盐、味精、葱、姜、香菜、胡椒粉、豆油、鲜汤各适量。

【做法】将萝卜洗净、去皮、切丝,放入沸水锅中焯一下,捞出投入冷水中。把豆腐切成粗条。炒锅加油烧热,放入葱、姜末炝锅,随即添汤,放萝卜丝、豆腐条,用旺火烧沸,见萝卜已熟透,加入精盐、味精,小火炖烧至入味,出锅装入汤碗里,撒上胡椒粉、香菜末即成。

【方解】豆腐味甘、淡,性凉,入脾、胃、大肠经,具益气和中、润燥生津的功效;萝卜可消积滞、化痰热、下气宽中。全汤方具有行气消食、健脾补虚、补中养胃、宽中润燥的功效。

【适用人群】适用于脾虚所致的腹胀、泄泻、痰热咳嗽等。

三、药茶养生

药茶(medicated tea),又称茶剂(medicinal tea,herb tea),是指用含有茶叶或不含有茶叶的中药材或中药材提取物制成的,用沸水冲服、泡服或煎服的制剂。药茶具有制备方便、节省药材、起效较快、加减灵活、应用面广、价格便宜等特点。药茶除了具有茶叶所具有的醒脑提神、清利头目、清热利尿、清肺祛痰、下气消食、消暑解渴、减肥降脂、解毒止痢等功效外,还对内、外、妇、儿科等常见疾病具有较明显的治疗效果。

我国人民对茶的养生与医疗作用的研究有着悠久的历史。西汉司马相如的《凡将篇》称茶为"荈诧",将茶列为 20 种药物之一,是我国历史上把茶作为药物的最早文字记载。西汉末年扬雄在《方言》中称茶为"蔎"。在《神农本草经》(约成书于汉朝)中称茶为"荼草"或"选",并提及茶的作用:"久服安心益气……轻身耐老。"西汉后期到三国时代,茶发展成为宫廷的饮料。唐代陈藏器在《本草拾遗》(*A Supplement to Materia Medica*)中有"诸药为各病之药,茶为万病之药"的论述,并指出"止渴除疫,贵哉茶也。"明代李中梓的《雷公炮制药性解》将茶的归经概括为:"入心、肝、脾、肺、肾五经",足见茶叶的药效作用之众多与治疗范围之广。

茶作为一种保健饮品,已成为我国人民生活的必需品,所以我国民间流传着这样一句话:"一日无茶则滞,三日无茶则病。"人们在完成紧张的工作之后,往往喜欢泡上一壶浓茶,择雅静之处,自斟自饮,既可以消除疲劳、涤烦益思、振奋精神,也可以通过细啜慢饮,达到美的享受,使精神世界升华到高尚的艺术境界。

随着人们生活水平的提高,保健意识的逐渐增强和对茶的作用的深入研究,人们认识到茶既可作为保健饮料,又可作为防治疾病的药物之一,因此发展为茶疗法。茶疗法(tea therapy)是中医药学的重要组成部分之一,是我国人民在长期与疾病作斗争的过程中不断探索、充实和发展而形成的独具特色的治疗方法。目前,茶疗法已成为防病治病不可或缺的疗法,在国内外享有较高的声誉。与茶疗有关的处方与制剂,自唐、宋至元、明的医学著作中屡见不鲜。在宋朝的《太平惠民和剂局方》(*Prescriptions of the Bureau of Taiping People's Welfare Pharmacy*)和明朝的《普济方》

（*Prescriptions for Universal Relief*）等中医学著作中,都单列有"药茶"专篇。在民间,多将茶与食品或调味品相配合以健身治病,诸如盐茶清火、姜茶治痢、糖茶和胃、醋茶祛痛、蜜茶利咽等,均是广为人知的简易茶疗方。民间存在着不少配伍严谨、方简效宏的茶疗方,如菊花茶、大枣茶、枸杞茶等。

与茶疗法密切相关的茶剂,就是药茶。近年来药茶日益兴起,减肥、降脂、降压、健身、解酒、益寿、消暑、开胃等方面的保健药茶应运而生。为满足人们的需要,确保使用安全,国家卫生行政管理部门已陆续公布了三批既是食品又是药品的物品名单,共 90 多味,为保健型药茶的研制和药茶养生（health maintenance with medicated tea）提供了条件。

（一）药茶的相关知识

药茶的相关知识（knowledge related to medicated tea）如下:

1. 药茶原料的选择　药茶原料的选择（selection of raw materials for medicinal tea）经过下列步骤:

（1）药的选择:按中医辨证施治的原则,根据不同体质或不同的病证,合理选择不同的中药材。一般植物类或动物类中药材较为常用,以既是食品又是药品的物品为主,而且要求符合中医药理论,根据原料相配相使及其性味选择,以适应人体的各种需要。另外,配制茶剂的中药材,一般而言应尽可能是水溶性的、具有芳香气味的,患者乐于接受并能充分发挥其药效。

（2）茶的选择:中医临证,最重要的思维方法是"辨证施治"。证有寒、热,药用温、凉,称"逆着正治"。茶叶,其性微寒,但经过发酵制成的红茶和绿茶却略偏于温。应当根据人的体质和疾病之寒热来选择。属于寒凉性体质或疾病（虚寒、内寒）者,宜用红茶,而属于温热（虚热、内火、炎症性病变）者,则宜用绿茶,消食、解腻,亦宜用绿茶。肥胖、高脂血症、脂肪肝等病证,中医认为属湿痰重,宜首选乌龙茶。同是消化道疾病,胃病（如溃疡病、慢性胃炎等）宜用红茶,而肠道疾病（如肠炎、痢疾）则宜用绿茶。

（3）药茶处方的选择:药茶具有防病治病的作用,使用前应辨证选择,合理使用。辨证施治是中医学的基本特点,在选用药茶时,也应做到辨证选方（electing prescriptions based on syndrome differentiation）。只有对证,才能更好地发挥药茶的疗效。

2. 药茶的服法　药茶的服法（how to take herb tea）有以下几种:

（1）冲泡:将所用各物直接（或研成粗末）放在茶杯内,冲入沸水或有一定温度的开水,盖紧后放置 5~10min,频频饮服,可在喝去 1/3 量时,即添加开水。按此法添加 3~5 次,至味淡为止。此法所用之药,多系其有效成分易析出者,如人参、菊花、五味子等。为了便于更好地发挥药效,菖蒲、山楂等宜加工成粗末,用洁净纱布包裹,然后冲泡饮服。

（2）浸闷:将所用各物放入热水瓶内,冲入沸水,盖紧瓶盖,浸闷 20~30min,即可饮用。由于热水瓶保温性能好,药物的有效成分更易析出。对一些清热解毒类的保健药茶,可将 2~3 剂药一起泡制,供多人饮用。

（3）煎煮:将所用各物放锅内,加水煎煮,取药汁盛暖瓶中,作茶频饮。煎煮时水可多放些,并连续煎煮 2 次,然后将 2 次煎汁合并盛放,分 2 次饮服。

（4）研磨:原料为核桃肉、芝麻等可直接食用的食物,宜先磨成浆,再兑入牛奶、豆浆等饮服。

（5）榨汁:如原料是胡萝卜、苹果等果蔬,可先榨取汁,然后兑入牛奶或果汁等饮服。含果汁类的药茶,宜随做随饮,避免放置时间过长造成营养素损失。

3. 服用药茶注意事项　服用药茶注意事项（precautions for taking medicinal tea）如下:

（1）药茶一般每日一剂,煎 2 次分服（taken separately）,两次间隔时间为 4~6h 左右。也可根据病情增减,如急性病、热性病可每日 2 剂。至于饭前服（administered before meal）还是饭后服（administered after meal）则主要取决于病变部位和性质。病在胸膈以上,如眩晕、头痛、目疾、咽痛等宜饭后服;病在胸腹以下,如胃、肝、肾等脏器疾患,则宜饭前服。补益药茶宜在饭前服,使之充分吸收；对胃肠道有刺激性的药茶，宜在饭后服，以减轻对胃肠的刺激；安神类药茶，宜在晚上临睡服(administered before bed time)。

（2）药茶一般宜温服(administered warm)。服用发汗解表类的药茶，宜温饮顿服(administered at draught)，不拘时候，病除即止；发汗以微微汗出为度，不可大汗淋漓，以免伤阴耗气。寒证用热性药茶热服(administered hot)，热证用寒性药茶冷服(administered cold)。咽喉疾患所用的清咽茶等，则宜冲泡后慢慢湿润于咽部再缓缓饮服；治疗泌尿系感染的药茶，则要持续多次频服(taken frequently)，以保持泌尿道中的药物浓度，同时稀释尿液，清洁尿路，以利于湿浊废物迅速排出；防疫药茶，宜在流行季节选用；老年保健药茶和治疗慢性病的药茶，应做到服用经常化和持久化。

（3）可先将中药材切成小段、细丝，或碾成粗粉，使其与溶媒的接触面积增大，从而有利于有效成分的溶出。浸泡配方材料时，一般以沸水为溶媒，可将其中的酶迅速杀灭，避免有效成分的分解和破坏。

（二）四季养生药茶

四季养生药茶(medicinal teas for health cultivation in four seasons)介绍如下：

1. 春季养生药茶

（1）春季药茶养生原则：春季是一年的开始。在寒冬过后，春季到来，白日渐渐延长，气温逐渐上升，这是一个大自然阳气日渐增长的过程。在春季里，植物开始生长，冬眠的动物也开始苏醒和活动，万物与大自然相应地呈现阳气萌动、增长的表现，这种特性中医称之为"生发"。春季药茶养生原则(principles of health cultivation with medicinal tea in spring)：春天比较适宜饮用花茶，因为花茶香气浓烈，香而不浮，爽而不浊，具有理气、开郁、祛秽、和中的作用，可促进机体阳气的生发，并能振奋精神，消除春困。

（2）春季养生药茶举例

1）益肝肾茶

【配方】熟地黄10g，枸杞子10g，制首乌10g，当归5g，杭菊花5g。

【制作】诸药共研为粗末。用沸水冲泡，盖焖20～30min。

【用法】代茶温饮，每日1～2剂。

【效用】补肝益肾、养血明目。适用于春季血虚、肝肾精血不足之头目昏眩、视物模糊、四肢乏力。

【方解】血虚与肝肾精血不足密切相关，是较为常见的病证。此方选药有很强的针对性，方中熟地黄、当归有较佳的补血作用；熟地黄与制首乌相伍，可温补肝肾；枸杞子滋柔肝肾而不燥，与杭菊花相配，可养肝明目，且菊花升清宣发醒脑，使头面血得充，筋得濡养。诸药相伍，共奏补肝益肾、养血明目之功效。

2）菊花栀子金钱草饮

【配方】菊花、栀子各20g，金钱草30g。

【制作】将三味中药材置砂锅中，加水适量，煎沸20min，滤渣取汁。

【用法】代茶温饮，每日1剂，药渣可再煎服用。

【效用】清热泻火、利胆退黄。适用于春季黄疸性肝炎、肝脓肿、胆囊炎、胆石症。

【方解】菊花味甘、苦，性微寒，归肺、肝经，有散风清热、平肝明目的作用，用于风热感冒、头痛眩晕、目赤肿痛、眼目昏花。栀子味苦，性寒，归心、肺、三焦经，有泻火除烦、清热利尿、凉血解毒的作用，常用于热病心烦、黄疸尿赤、血淋涩痛、血热吐衄、目赤肿痛、火毒疮疡。金钱草味甘、咸，性微寒，有清热利湿、通淋、消肿的作用，常用于热淋、砂淋、尿涩作痛，黄疸尿赤，痈肿疔疮，毒蛇咬伤，肝胆结石，尿路结石。三者合用，共奏清热泻火、利胆退黄之功。

3）菊槐绿茶饮

【配方】菊花、槐花、茉莉花茶各3g。

【制作】以上三味,用沸水冲泡,加盖焖10min。

【用法】代茶温饮,每日1~2剂。

【效用】清肝泻火、降血压、降血脂。适用于春季高血压、高血脂患者及肝火上炎证。

【方解】菊花甘、苦,微寒,归肺、肝经,有散风清热、平肝明目的作用,常用于风热感冒、头痛眩晕、目赤肿痛、眼目昏花。槐花苦,微寒,归肝、大肠经,可凉血止血、清肝泻火,常用于便血、痔血、血痢、崩漏、吐血、衄血、肝热目赤、头痛眩晕。茶叶中的儿茶素能降低血浆中的总胆固醇(total cholesterol)、游离胆固醇(free cholesterol)、低密度脂蛋白胆固醇(low density lipoprotein cholesterol)三酸甘油酯(triglyceride)的含量,同时可以增加高密度脂蛋白胆固醇(high density lipoprotein cholesterol)的含量。三者合用,共奏清肝泻火、降血压、降血脂之功。

4）麦冬菊花茶

【配方】菊花、银花、麦冬、钩藤各6g。

【制作】以上4味中药材,用沸水冲泡,加盖焖5~10min。

【用法】代茶温饮,每日1~2剂。

【效用】清热解毒、滋阴生津、降压明目。适用于肝阳偏盛、阴津不足所致的头晕头痛、口干咽燥、大便不畅。现代多用于高血压的治疗。

【方解】菊花味甘、苦,性微寒,归肺、肝经,有散风清热、平肝明目的作用,常用于风热感冒、头痛眩晕、目赤肿痛、眼目昏花。银花性寒,味甘、微苦,归心、肺经,有清热解毒、疏风通络作用,常用于温病发热、疮痈肿毒、热毒血痢、风湿热痹。麦冬味甘、微苦,性微寒,归心、肺、胃经,有养阴生津、润肺清心作用,常用于肺燥干咳、虚痨咳嗽、津伤口渴、心烦失眠、内热消渴、肠燥便秘、咽白喉。钩藤性凉,味甘,有清热平肝、息风定惊作用,常用于头痛眩晕、感冒夹惊、惊痫抽搐、妊娠子痫、高血压症。四者合用,共奏清热解毒、滋阴生津、降压明目之功。

5）藿香佩兰茶

【配方】藿香、佩兰、神曲各5g。

【制作】放入瓷杯中,以沸水冲泡,然后盖严焖5~10min。

【用法】代茶温饮,每日1~2剂。

【效用】解暑化湿、和胃消食。适用于湿浊困阻中焦所致的脘腹痞满、饮食减少、身体困重、四肢无力、舌苔白厚。

【方解】藿香味辛,性微温,归脾、胃、肺经,有芳香化浊、开胃止呕、发表解暑作用,常用于湿浊中阻、脘痞呕吐、暑湿倦怠、胸闷不舒、寒湿闭暑、腹痛吐泻、鼻渊头痛。佩兰味辛,性平,归脾、胃、肺经,有解暑化湿、辟秽和中作用。神曲苦,温,入脾、胃、大肠经,有健脾消食、理气化湿、解表作用,常用于治伤食胸痞、腹痛吐泻、痢疾、感冒头痛。三者合用,共奏解暑化湿、和胃消食之功。

6）清上愈眩茶

【配方】甘菊花9g,枸杞子15g,山萸肉10g,车前草12g。

【制作】诸药低温烘干后研成粗末,瓷器贮存备用。服时取适量放入瓷杯中,以沸水冲泡,然后盖严焖5~10min。

【用法】代茶温饮,每日1~2剂。

【效用】滋养肝肾、清肝明目。适用于肝肾阴虚、肝火偏盛证,症见两眼干涩、视物不清、腰膝无力、烦躁口干、舌红苔少、脉细数等。

【方解】菊花甘、苦,微寒,归肺、肝经,有散风清热、平肝明目作用。枸杞子甘,平,归肝、肾经,有滋补肝肾、益精明目作用。山萸肉酸、涩,微温,归肝、肾经,有补益肝肾、涩精固脱的作用。车前草味甘,性寒,具有利水、清热、明目、祛痰的功效。诸药合用,共奏滋养肝肾、清肝明目之功。

2. 夏季养生药茶

（1）夏季药茶养生原则：夏季是一年之中日照最丰富、最炎热的季节，日照时间在夏至这一天最长。很明显，这是一年中大自然的阳气最旺盛的季节，阳气向外发散的表现非常明显。在夏季里，植物的生长是一年四季中最茂盛的，各种动物的新陈代谢也是一年四季中最旺盛的，大自然一派欣欣向荣的景象。可见夏季的特点就是阳气向外发散。夏季药茶养生原则（principles of health cultivation with medicinal tea in summer）：夏天比较适宜饮用绿茶，因为绿茶性味苦寒，清鲜爽口，具有清暑解热、生津止渴和消食利导等作用。

（2）夏季养生药茶举例：

1）双花绿茶饮

【配方】金银花6g，菊花5g，蝉衣3g，芦根6g，生甘草3g，绿茶适量。

【制作】以上诸药与茶叶，用沸水冲泡，加盖焖5～10min。

【用法】代茶温饮，每日1～2剂。

【效用】疏散风热、清热解毒。适用于夏天感受风热之邪所致的口渴咽痛、发热头痛，也可治外科痈疮疔疖。

【方解】银花性寒，味甘、微苦，归心、肺经，有清热解毒、疏风通络的功效。菊花味甘、苦，性微寒，归肺、肝经，有散风清热、平肝明目作用。蝉衣味辛、甘，性凉，归肺、肝、脾经，有败毒抗癌、祛风解痉作用。芦根味甘，性寒，归肺、胃经，能清热生津、除烦、止呕、利尿。甘草味甘，性平，归心、肺、脾、胃经，能清热解毒、祛痰止咳、缓和药性。诸药合用，共奏疏散风热、清热解毒之功。

2）甘草莲子芯茶

【配方】莲子芯、甘草各3g。

【制作】以上两味，用沸水冲泡，加盖焖5～10min。

【用法】代茶温饮，每日1～2剂。

【效用】清心泻火、解毒安神。可用于心火炽盛所致的心烦不眠、口舌生疮等。

【方解】莲子芯为睡莲科植物莲的成熟种子的绿色胚芽，味苦，性寒，归心、肺、肾三经，有清心、去热、止血、涩精的功效，常用于治心烦、口渴、吐血、遗精、目赤肿痛等症。甘草味甘，性平，归心、肺、脾、胃经，能清热解毒、祛痰止咳、缓和药性。二药合用，共奏泻心泻火、解毒安神之功。

3）薄荷香薷茶

【配方】薄荷4g，香薷、淡竹叶各3g，车前草5g。

【制作】将后3味洗净，与薄荷同放入砂锅中，加水适量，煎沸5min，去渣取汁。

【用法】代茶温饮，每日1～2剂。

【效用】清热祛湿、消暑利水。适用于感受暑热，症见胸闷、烦渴、小便短赤等，是夏季防暑较理想的保健药茶。

【方解】薄荷味辛，性凉，入肺、肝经，有疏风、散热、辟秽、解毒作用。香薷味辛，性微温，归肺、胃经，有发汗解表、和中利湿的功效。淡竹叶味甘、淡，性寒，归心、肺、胃、膀胱经，有清热除烦、利尿的功效。车前草味甘，性寒，具有利水、清热、明目、祛痰的功效。诸药合用，共奏清热祛湿、消暑利水之功。

4）乌梅清暑茶

【配方】石斛10g，乌梅15g，莲心6g，竹叶卷心、西瓜翠衣各10g。

【制作】石斛放入锅内先煎，后下乌梅、莲心、竹叶卷心、西瓜翠衣，共煎，取汁，去渣，入冰糖令溶化即可。

【用法】代茶温饮，每日1～2剂。

【效用】清热祛暑、生津止渴。适用于心热烦躁、消渴欲饮、舌红绛、苔黄燥等症。

【方解】石斛性微寒，味甘，归胃、肾经，有益胃生津、滋阴清热的作用。乌梅味酸、涩，性平，归肝、脾、肺、大肠经,有止泻痢、止咳、安蛔、生津、敛肺、涩肠等作用。莲心味苦,性寒,归心、肺、肾三经,有清心、去热、止血、涩精的功效。竹叶卷心味甘、淡,性寒,入心、肺、胆、胃经,有清心利尿、清热除烦的功效。西瓜翠衣味甘,性凉,入脾、胃二经,有清暑解热、止渴、利小便作用。诸药合用,共奏清热祛暑、生津止渴之功。

5)西瓜翠衣茶

【配方】西瓜翠衣 30g,鲜茅根 15g,冰糖 2g。

【制作】西瓜翠衣去硬皮及果肉,捣碎,鲜茅根切碎,沸水冲泡,加盖焖 5~10min。

【用法】代茶温饮,每日 1~2 剂。

【效用】防暑降温、利尿清热。适用于暑热烦渴、小便短赤等,尤适于夏月伏暑季节饮用。

【方解】西瓜翠衣味甘,性凉,入脾、胃二经,有清暑解热、止渴、利小便作用。鲜茅根味甘,性寒,入肺、胃、膀胱经,有凉血益血、清热降压作用。二者与冰糖合用,共奏防暑降温、利尿清热之功。此茶凉甜爽口,但甜而不腻,是老少皆宜的饮料。

6)薄荷蜜茶

【配方】薄荷叶 3g,菊花 5g,竹叶 5g,绿茶、蜂蜜各适量。

【制作】将所有原料都放入杯中,用沸水冲泡即成。

【用法】代茶温饮,每日 1~2 剂。

【效用】清热解暑。适用于夏季暑热,症见烦燥、胸闷、口渴、小便黄短等。

【方解】薄荷味辛,凉,入肺、肝经,有疏风、散热、辟秽、解毒作用。菊花味甘、苦,性微寒,归肺、肝经,有散风清热、平肝明目作用。竹叶味甘、淡,性寒,入心、肺、胆、胃经,有清心利尿、清热除烦的功效。三者与绿茶合用,共奏清热解暑之功。

3. 秋季养生药茶

(1)秋季药茶养生原则:从夏入秋,日照时间渐渐变短,我国大部分地区的气温都在渐渐下降,这是大自然阳气收敛的季节。在秋季里,大自然的阳气从夏季的发散、释放转为收敛,于是气温日渐下降。阳气收敛了,环境中的湿气自然也就不像夏季那样随阳气的发散而四处氤氲了,而是随着阳气的收敛而逐渐下沉、减少。所以在秋季,感受最深的除了气温的下降之外,就是干燥。刚开始阳气收敛了,湿气减少了,会觉得很舒服,"秋高气爽",但随着阳气的不断收敛,湿气进一步的下降,干燥就来了。不仅大自然如此,人体也是如此,为了与大自然相适应,机体的阳气也开始向内收敛,津液也随之内敛,人的皮肤、口鼻等位于体表的器官水分减少,再加上外界环境变得干燥,人的皮肤、嘴唇和鼻腔就会感到干燥;还会出现头发干燥、大便干结等现象,这就是所说的"秋燥(autumn-dryness disease)"。秋季药茶养生原则(principles of health cultivation with medicinal tea in autumn):秋天比较适宜饮用清茶(绿茶),清茶色泽绿润,内质馥郁,不寒不热。秋凉饮之,可以润肤、除燥、生津、润肺、清热、凉血。

(2)秋季养生药茶举例

1)桑叶沙参茶

【配方】桑叶 5g,北沙参 6g,生地 5g,绿茶适量。

【制作】以上 4 味,用沸水冲泡,加盖焖 5~10min。

【用法】代茶温饮,每日 1~2 剂。

【效用】清热润肺、养阴生津。适用于秋季肺燥咳嗽,症见干咳无痰、口干咽燥、大便干燥、舌红少苔等。

【方解】桑叶味苦,性微寒,有疏散风热、清肝明目作用。北沙参味甘,性微寒,归肺、胃经,有养阴润肺、益胃生津的作用。生地味甘、苦,性寒,归心、肝、肺经,有清热凉血、养阴生津的功效。诸药与绿茶合用,共奏清热润肺、养阴生津之功。

2)百合麦味茶

【配方】百合 10g,麦冬 10g,五味子 5g,杏仁 5g,绿茶适量。

【制作】以上中药与绿茶,用沸水冲泡,加盖焖 5~10min。

【用法】代茶温饮,每日 1~2 剂。

【效用】滋阴、润肺、止咳。适用于秋季燥咳,症见咳嗽少痰、口干咽燥、大便不通、舌红少苔。

【方解】百合味微苦,性平,入心肺经,具有润肺止咳、养阴消热、清心安神之效。麦冬味甘、微苦,性微寒,归心、肺、胃经,有养阴生津、润肺清心之功。五味子性温,味酸、甘,归肺、心、肾经,有收敛固涩、益气生津、补肾宁心作用。杏仁味苦,性温,归肺、大肠经,有祛痰止咳、平喘、润肠、下气开痹作用。诸药与绿茶合用,共奏滋阴、润肺、止咳之功。

3）桑叶梨枣茶

【配方】桑叶 10g,梨 1 个(切成四块),天冬 6g,生甘草 5g,绿茶适量。

【制作】以上 5 味,用沸水冲泡,加盖焖 5~10min。

【用法】代茶温饮,每日 1~2 剂。

【效用】清热生津、润肺止咳。适用于秋季温燥证,症见口干咽燥、咳嗽少痰、大便不畅、舌红少苔等。

【方解】桑叶味苦,性微寒,有疏散风热、清肝明目作用。梨味甘,性凉,有生津、润燥、清热、化痰等功效。天冬性寒,味甘、苦,有养阴生津、润肺清心作用。生甘草味甘,性平,归心、肺、脾、胃经,能清热解毒、祛痰止咳、缓和药性。诸药与茶叶合用,共奏清热生津、润肺止咳之功。

4）杏仁茶

【配方】杏仁 10g,冬瓜仁 10,麻子仁 10,白糖 250g。

【制作】将三仁放在热水中浸泡数分钟,去皮后捣烂,置锅中,加入白糖和水搅匀,烧沸,即成。

【用法】代茶温饮,每日 1~2 剂。

【效用】润肠通便。适用于肠燥便秘证,症见大便干结、数日一行,以及腹痛不适、口干舌燥。

【方解】杏仁味苦,性温,归肺、大肠经,有祛痰止咳、平喘、润肠、下气开痹作用。冬瓜仁味甘,性微寒,归肺、大肠经,有清肺化痰、消痈排脓、利湿作用。麻子仁味甘,性平,归脾、胃、大肠经,有润燥、滑肠、通便作用。诸药合用,共奏润肠通便之功。

5）二参茶

【配方】太子参、沙参各 12g。

【制作】诸药置于保暖杯中,用沸水冲泡,盖闷 15min。

【用法】代茶温饮,每日 1~2 剂。

【效用】补气养阴生津。适用于气阴不足证,症见气短乏力、神倦懒言、饮食减少、口干咽燥、舌淡苔少、脉细无力。

【方解】太子参味甘、微苦,性微温,入心、脾、肺三经,有补益脾肺、益气生津作用。北沙参味甘,性微寒,归肺、胃经,有养阴润肺、益胃生津的作用。二者合用,共奏补气、养阴、生津之功。

6）沙参麦冬茶

【配方】沙参、麦冬、枇杷叶各 10g。

【制作】诸药置于保暖杯中,用沸水冲泡,盖闷 15min。

【用法】代茶温饮,每日 1~2 剂。

【效用】养阴生津、清肺止咳。适用于秋燥咳嗽证,症见气逆咳嗽、痰少难咯、咽干口燥、便干苔少。

【方解】沙参味甘,性微寒,归肺、胃经,有养阴润肺、益胃生津的作用。麦冬味甘、微苦,性微寒,归心、肺、胃经,有养阴生津、润肺清心之功。枇杷叶味甘,性微寒,归肺、胃经,有清肺化痰止咳、降逆止呕作用。三者合用,共奏养阴生津、清肺止咳之功。

4. **冬季养生药茶**

（1）冬季药茶养生原则：冬天是寒冷的季节，是大自然阳气闭藏的季节，相应地，人体的阳气也在体内闭藏了起来。闭藏是一个阳气休养生息的过程，体内的阳气在经过春生、夏长、秋收 3 个季节后，已消耗很多，有了冬季的闭藏这个休养生息、养精蓄锐的过程，阳气才能在来年更好地发挥作用。所以在冬季，最重要的就是要好好地保护人体的阳气。冬季药茶养生原则（principles of health cultivation with medicinal tea in winter）：冬天比较适宜饮用红茶。这种茶，叶红、汤红，醇厚干温，可滋养阳气，增热添暖，可以加奶、加糖，芳香不收，还可以去油腻、舒肠胃。

（2）冬季养生药茶举例：

1）萝卜茶

【配方】白萝卜 30g，红茶 5g。

【制作】将白萝卜洗净、切片、煮烂，再将茶叶用开水冲泡 5min 后倒入萝卜汁内即可。

【用法】代茶温饮，每日 1~2 剂。

【效用】清热化痰、理气消食。适用于冬季多食肥甘厚味而引起的饮食不化、内郁化热。

【方解】白萝卜是一种常见的蔬菜，生食熟食均可，其味略带辛辣。现代研究认为，白萝卜含芥子油、淀粉酶和粗纤维，具有促进消化、增强食欲（appetite）、加快胃肠蠕动和止咳化痰的作用。中医理论也认为该品味辛甘，性凉，入肺胃经，有清热化痰、理气消食的作用，为食疗佳品，可以治疗或辅助治疗多种疾病，本草纲目称之为"蔬中最有利者"。所以，白萝卜在临床实践中有一定的药用价值。白萝卜与茶叶合用，共奏清热化痰、理气消食之功。

2）人参茶

【配方】人参片 5g。

【制作】将人参片放入保温杯内，用开水闷泡 0.5h。

【用法】代茶温饮，每日 1~2 剂。

【效用】大补元气、补脾益肺（invigorating the spleen to benefit the lung）、生津、安神。适用于脾肺气虚证，症见神疲乏力、饮食减少、少气懒言、睡眠不香、心悸、舌淡苔白，脉细。此茶适用于冬令进补。

【方解】中医认为，人参性平，味甘、微苦，具有大补元气、复脉固脱、补脾益肺、生津、安神之功能，可用于体虚欲脱、肢冷脉微、脾虚食少、肺虚喘咳、津伤口渴、内热消渴、久病虚羸、惊悸失眠、阳痿宫冷、心力衰竭、心源性休克。现代药理研究发现，人参含 10 多种人参皂苷，以及人参快醇、β-榄香烯、糖类、多种氨基酸和维生素等，有抗心律失常、抗衰老的作用。近年来的研究还发现，人参的有效成分还具有抗肿瘤作用。

【注意事项】忌吃萝卜、浓茶、螃蟹、绿豆等。

3）巴戟牛膝茶

【配方】巴戟天 20g，怀牛膝 15g。

【制作】二药研为粗末，置于热水瓶中，冲入适量沸水浸泡，盖闷约 20min。

【用法】代茶温饮，每日 1~2 剂。

【功效】温补肾阳、强腰健膝。适用于冬季出现的虚寒证（deficiency-cold syndrome），包括：①肾阳亏虚、腰酸冷痛、膝无力、阳痿早泄；②病后腰酸、背脊冷痛、腰以下有冷感、手足不温等。

【方解】巴戟天味甘、辛，性温，归肾、肝经，有补肾阳、强筋骨、祛风湿之功，常用于阳痿遗精、宫冷不孕、月经不调、少腹冷痛、风湿痹痛、筋骨痿软。怀牛膝性平，味苦、酸，归肝、肾经，有补肝肾、强筋骨、逐瘀通经、引血下行的作用，常用于腰膝酸痛、筋骨无力、经闭症瘕、肝阳眩晕。二者合用，共奏温补肾阳、强腰健膝之功。

4）姜糖茶

【配方】鲜姜 10g，红糖适量。

【制作】将鲜姜切片,加水适量,煎沸 20min,加入红糖,煮至糖溶。

【用法】代茶温饮,每日 1~2 剂。

【效用】温胃散寒。适用于冬季受寒而见的恶心呕吐、胃脘冷痛、恶寒喜温、舌淡苔薄白、脉浮。

【方解】生姜为姜属植物姜的新鲜根茎,味辛,性微温,含有辛辣和芳香成分。辛辣成分为芳香性挥发油脂中的"姜油酮(zingerone)",其中主要为姜油萜、水茴香、樟脑萜、姜酚、桉叶油精等。本品为芳香性辛辣健胃药,有温暖、兴奋、发汗、止呕、解毒等作用,特别对鱼蟹毒,半夏、天南星等药物中毒有解毒作用,适用于外感风寒、头痛、痰饮、咳嗽、胃寒呕吐。在遭受冰雪、水湿、寒冷侵袭后,急以姜汤饮之,可增进血行、驱散寒邪。

5)沙苑杞子茶

【配方】沙苑子 10g,枸杞子 15g。

【制作】将诸药放入保温杯,用开水闷泡 0.5h。

【用法】代茶温饮,每日 1~2 剂。

【效用】补肾益精。适用于肾阳不足证,症见腰膝酸软,男性阳痿早泄,妇女性欲减退、宫寒不孕,舌淡脉细。也适用于冬令进补。

【方解】沙苑为扁茎豆科多年生草本植物,以种子入药,味甘,性温,入肝、肾经,有补肝益肾、明目固精作用,常用于治疗肝肾不足、腰膝酸痛、目昏、遗精早泄、遗尿、尿血、白带多、夜尿多等。枸杞子味甘,性平,归肝、肾经,有滋补肝肾、益精明目作用,常用于虚劳精亏、腰膝酸痛、眩晕耳鸣、内热消渴、血虚萎黄、目昏不明。二者合用,共奏补肾益精之功。

四、膏方养生

膏方(herbal paste,medicinal gcl)是指具有营养滋补和治疗预防综合作用的内服膏剂,又称膏滋(oral thick paste,soft extract for oral administration)。它是在大型复方汤剂(compound decoction)的基础上,根据人的不同体质、不同临床表现而确立的处方,经浓煎后掺入某些辅料(adjuvant materials)而制成的一种稠厚状半流质或冻状剂型。其中,处方中的中药应尽可能选用道地药材(authentic Chinese medicinal materials,genuine regional drugs),全部制作过程操作严格,只有经过精细加工的膏方最终才能成为上品。

(一)膏方的起源和发展

膏方的起源和发展(origin and development of herbal paste)情况如下:膏方历史悠久,在《黄帝内经》中就有记载。东汉张仲景的《金匮要略》载有大乌头膏,猪膏发煎等内服膏剂。唐代孙思邈的《备急千金要方》中的"煎"与现代膏方大体一致,如苏子煎等。唐代王焘的《外台秘要》有"煎方六首"。

至宋朝,膏逐渐代替煎,基本沿袭唐朝风格,用途日趋广泛,如南宋《洪氏集验方》收载的琼玉膏,沿用至今,同时膏方中含有动物类药的习惯也流传下来,如《圣济总录》中的栝蒌根膏,膏方兼有治病和滋养的作用。

明清时期,膏方更趋完善和成熟,表现为膏方的命名正规、制作规范,数量大大增加,临床运用更加广泛。明朝膏方即广为各类方书记载,组成多简单,流传至今的膏方有洪基《摄生总要》中的"龟鹿二仙膏"、龚廷贤《寿世保元》(Longevity and Life Cultivation)中的"茯苓膏"以及张景岳《景岳全书》(Jingyue's Complete Works)中的"两仪膏"等。清朝膏方不仅在民间流传,宫廷中亦广泛使用,如《慈禧光绪医方选议》中有内服膏滋近 30 首。晚清时膏方组成渐复杂,如张聿青《膏方》中的膏方用药已达二三十味,甚至更多,收膏时常选加阿胶、鹿角胶等,并强调辨证而施,对后世医家影响较大。

近现代,膏方养生(health cultivation with herbal pastes)在上海、江浙及广东较为广泛。

（二）膏方养生的作用

膏方养生的作用（roles of herbal pastes for health cultivation）体现在如下几个方面：

1. **补虚扶弱**　对气血不足、五脏亏损、体质虚弱，或外科手术后、产后以及大病、重病、慢性消耗性疾病恢复期出现各种虚弱症状的患者，通过适当进食膏方，可有效促使虚弱者恢复健康、增强体质、改善生活质量。

2. **抗衰延年**　老年人出现气血衰退、精力不足、脏腑功能低下时，可以在适当的时候进食膏滋，以抗衰延年。中年人，由于机体各脏器的功能随着年龄的增加而逐渐下降，出现头晕目眩、腰疼腿软、神疲乏力、心悸失眠、记忆减退时，适当地进食膏方，可以增强体质、防止早衰。

3. **纠正亚健康状态**　膏方对调节阴阳平衡，纠正亚健康状态（sub-health status），使人体恢复到最佳状态的作用较为显著。在节奏快、压力大的环境中工作，不少年轻人因精力透支，出现头晕腰酸、疲倦乏力、头发早白等亚健康状态，膏方有助于使他们恢复常态。

4. **防病治病**　既能防病，又能治病，尤其对于康复期的癌症患者、易反复感冒的免疫力低下的患者，在冬令服食扶正膏滋，不仅能提高免疫功能，而且能在体内贮存丰富的营养物质，有助于来年防复发，抗转移，防感冒，增强抵抗力。

（三）膏方养生的适用对象

膏方养生的适用对象（suitable users of herbal pastes for health cultivation）如下：

1. **慢性患者的进补**　原来患有慢性疾病，在冬令季节，可以结合身体的病证，一边施补，一边治病，这样对疾病的治疗和康复，作用更大。从目前临床应用膏方的情况来看，不但内科患者可以服用膏方，妇科、儿科、外科、伤骨科、五官科的患者都可以服用膏方，气血阴阳津液虚弱的患者也可以通过服用膏方来达到除病强身的目的。

2. **亚健康者的进补**　现代社会中青年的工作生活压力和劳动强度很大（主要为精神紧张，脑力透支），同时有较多的应酬、嗜好烟酒、长期睡眠不足均可引起人体的各项生理功能出现大幅度波动，抗病能力下降，从而使机体处于亚健康状态，这就需要适时进行整体的调理，膏方就是最佳的选择。

3. **老年人的进补**　老年人的各种机能都随着年龄的增长而趋向衰退，而在冬令采用膏方进补，则能增强体质，延缓衰老。

4. **女性的进补**　对于女性来说，若脾胃虚弱，气血不足，就容易引起衰老；若脾胃运转正常，能吸收饮食中的营养，以充分滋养全身脏器及皮肤腠理，抗衰老能力、生命力随之增强，脸部就会红润，皮肤就会充满光泽和弹性。内服膏方是滋养的好方法。

5. **儿童的进补**　儿童根据生长的需要可以适当进补，尤其是反复呼吸道感染、久咳不愈、厌食、贫血等体虚的患儿，更宜于通过膏方调补。

（四）养生膏方的最佳服用季节

养生膏方的最佳服用季节（best season to take health cultivation herbal pastes）如下：

1. **冬令进补**　膏方常被习惯地称为冬令膏方，顾名思义，膏方最适合在冬令季节里服用。为什么要在冬令时节服用膏方？这要从人的生命活动和自然气候环境息息相关说起。自然界气候环境的变化，无时无刻不对人体产生影响。汉代司马迁在《史记·太史公自序》中说："夫春生、夏长、秋收、冬藏，此天地之大经也，弗顺则无以为天下纲纪。"根据一年四季的气候变化即春温（warm in spring）、夏热（hot in summer）、秋凉（cool in autumn）、冬寒（cold in winter），谨慎地起居、饮食、衣着、行走是十分重要的。秋冬季节是收获的重要季节，人体为适应外界渐冷的气候会作出相应的调整，比如消化酶分泌增多，消化功能增强，食欲旺盛，体内对能量的需求增多，并把营养藏于体内，同时代谢降低，消耗减少。《黄帝内经·素问·四气调神大论》指出："冬三月，此谓闭藏，冰冻地坼，无扰乎阳，早卧晚起，必待日光，使志若伏若匿，若有私意，若已有得，去寒就温，无泄皮肤，使气亟夺，此冬气之应，养藏之道也。逆之则伤肾，春为痿厥，奉生者少。"适应冬天的气候环境,是一种养藏的方法。如果违反了这种冬令的养生方法,到了春天便要发生痿厥一类疾患,使人们对春生之气的适应能力减弱。

由此可见,冬季是一年四季中进补的最好季节。长期以来,人们就讲究"冬令进补"。在冬天,通过内服滋补膏方强壮身体,到了来年春天,就会精神抖擞,步行矫捷,思维灵敏。民间有"冬令一进补,春天可打虎"的说法,是很有道理的。

2. 实时调补　运用膏方进行冬令滋补是其使用的一个方面,另一方面,由于膏方既有滋补身体的作用,又有治疗预防的功效,因此,不在冬季,如处在慢性损耗性疾病的病程中或大病后、手术后,患者身体非常虚弱时,也可以采用膏方调治。可根据虚弱的情况进行中医辨证,在滋补的同时,配合理气、和血、调中、化浊、通腑、安神、固涩、通络等药物一起使用。

中医的调补在剂型方面有很多选择,如前面药膳养生中所述,有酒、粥、汤、羹、饼、茶、散等,但在应用中药汤剂(traditional Chinese medicine decoction,Chinese herbal decoction)后,继用膏方,则是很好的调补方法。一是它可以继续与其他治疗的药物配伍;二是可以储存,且服用方便;三是符合虚弱身体进行缓慢康复的原则。因此,根据患者病情的需要,并严格掌握膏方的使用方法,即使不在冬令季节,同样可以服用膏方。

(五)养生膏方的制作方法

千百年来,中医学在膏方的制备方面,积累了丰富的理论知识和加工经验。这些内容,一部分记载在有关的中医药典籍里,一部分蕴藏在老药工的实际经验中,均有待于不断发掘和继承,整理应用。养生膏方的制作方法(production method of health cultivation herbal pastes)较为复杂,要经过浸泡、煎煮、浓缩、收膏、存放等几道工序。

1. 浸泡　先将配齐的药料检查一遍,把胶类药拣出另放。然后把其他药料统统放入容量相当的洁净砂锅内,加适量的水浸润药料,令其充分吸收膨胀,稍后再加水至高出药面10cm左右,浸泡24h。

2. 煎煮　将浸泡后的药料上火煎煮。先用大火煮沸,然后用小火煮1h左右,再转为微火(以沸为度)煮约3h左右。此时药汁渐浓,即可用纱布过滤出头道药汁,再加清水浸润原来的药渣后上火煎煮,煎法同前,此为二煎。至第三煎时,气味已淡薄,滤净药汁后即将药渣(dregs of decoction)倒弃(如药汁尚浓,还可再煎1次)。将前三煎所得药汁混合,静置后再沉淀过滤,药汁中的药渣愈少愈佳。

3. 浓缩　将过滤后的药汁倒入锅中浓缩。可以先用大火煎熬,加速水分蒸发,并随时撇去浮沫,让药汁慢慢变得稠厚。再改用小火进一步浓缩,此时应不断搅拌,因为药汁转稠厚时极易粘底烧焦。搅拌到药汁滴在纸上不散,暂停煎熬,这就是经过浓缩而成的清膏。

4. 收膏　将烊化(melt)开的胶类中药材和糖(以冰糖和蜂蜜为佳)倒入清膏中,放在小火上慢慢熬炼,不断用铲搅拌,直至能扯拉成旗或滴水成珠(将膏汁滴入清水中凝结成珠而不散)即可。

5. 存放　待收好的膏冷却后,装入清洁干净的瓷质容器内,先不加盖,用干净纱布将容器口遮盖上,放置一夜,待完全冷却后,再加盖,放在阴凉处。

在收膏的同时,可以放入准备好的药末(如鹿茸粉、人参粉、珍珠粉、琥珀粉、胎盘粉,要求药末应极细),充分抹匀。也可根据需要放入胡桃肉、桂圆肉、红枣肉等一起煎煮,或取其汁,在收膏时放入。

膏方的制作比较复杂,有特定的程序,严格的操作过程,为了达到预期效果,一般不提倡自制。

(六)养生膏方的服用方法

如何服用养生膏方(how to take health cultivation herbal pastes)包括以下内容:

1. 养生膏方的服用方法　临床上养生膏方的服用方法(method of taking health cultivation herbal pastes）：一是根据患者的病情，二是考虑患者的体质，三是考虑应时的季节、气候、地理条件等因素确定，做到因人、因时、因地制宜（full consideration of the individual constitution, climatic and seasonal conditions, and environment）。一般来说，服用膏方多由冬至即"一九"开始，至"九九"结束。冬天为封藏的季节，以滋补为主的膏方容易被机体吸收储藏，所以冬令是服用膏方的最佳季节。以治疗为主的调治膏方则可视病情需要，根据不同的时令（seasons）特点拟定处方。

2. 养生膏方的服用方式　养生膏方的服用方式（route of administration of health cultivation herbal pastes）如下：

（1）冲服：冲服（administered after dissolved），即取适量膏滋，放在杯中，冲入白开水使之溶化，搅匀，服下。如果方中熟地、山萸肉、巴戟肉等滋腻药较多，且辅药中胶类的量又较大，则膏方较黏稠，应该用开水炖烊后再服。根据病情需要，也可将温热的黄酒冲入服用。

（2）调服：调服（administered after mixing with liquid），即将胶剂如阿胶、鹿角胶等研为细末，用适当的汤药或黄酒等，隔水炖热，调好和匀服下。

（3）噙化：噙化（administered under tongue），亦称"含化"。将膏滋含在口中，慢慢地溶化，治疗慢性咽炎所用的青果膏等，可用这种服用方式。

3. 养生膏方的服用时间　养生膏方的服用时间（time of taking health cultivation herbal pastes）如下：

（1）确定空腹服：《神农本草经》说："病在四肢、血脉者，宜空腹而在旦。"在早晨空腹服，其优点是可使药物迅速入肠，并保持较高浓度而迅速发挥药效。滋腻补益药，宜空腹服，如空腹时服用肠胃有不适感，可以改在半饥半饱时服用。

（2）饭前服：病在下焦，欲使药力迅速下达，宜饭前服。一般在饭前 30~60min 服。

（3）饭后服：病在上焦，欲使药力停留上焦较久，宜饭后服。一般在饭后 15~30min 服。

（4）睡前服：补心脾、安心神、镇静安眠的药物宜睡前服。一般在睡前 15~30min 服用。

4. 服用剂量　养生膏方的服用剂量（dose of health cultivation herbal pastes）应注意以下几点：

（1）服药剂量的多少，应根据膏方的性质、疾病的轻重以及患者体质的强弱等情况而决定。一般每次用常用的汤匙取 1 汤匙为宜（约合 15~20ml）。

（2）药物分有毒无毒，有峻烈缓和的不同。一般无毒、缓和的膏方，用量可以稍大；而有毒、峻烈的药物，用量宜小，并且应从小剂量开始，逐渐增加，以免中毒或耗伤正气。

（3）轻病、慢性病，剂量不必过重；重病、急性病，用量可适当增加。因为病轻药重，药力太过，反伤正气；而病重药轻，药力不足，往往贻误病情。

（4）患者体质的强弱，性别的不同，在剂量上也应有差别。老年人的用药量应小于壮年；体质强的用药量，可重于体质弱的；妇女的用药量，一般应小于男子，而且妇女在经期、孕期及产后的用药量，又应小于平时。但具体的服用剂量须依据病情等各方面的情况综合考虑。

（七）养生膏方的服用禁忌

在使用膏方时，为了既保证安全，又保证疗效，必须重视禁忌问题。除了药物配伍中的"十八反（eighteen incompatible herbs, antagonism in the eighteen medicinal herbs）""十九畏（nineteen herbs of mutual antagonism, nineteen medicaments of mutual antagonism）"等外，养生膏方的服用禁忌（taboos of taking health cultivation herbal pastes）还有补膏用药禁忌、妊娠用药禁忌和服药禁忌三个方面。

1. 补膏用药禁忌　老年病以虚证为多，故补膏较为常用。在具体应用补膏时，应注意以下几点：

（1）防止"闭门留寇"：在外邪未尽的情况下，不要过早使用补膏，以免留邪为患。必要时可在祛邪药中加入补益之品，以达到扶正祛邪（strengthening vital qi to eliminate pathogenic factor）、攻补兼施（reinforcement and elimination in combination）的目的。

（2）防止"虚不受补"：对于一般慢性虚证患者，只能缓缓调养，不宜骤补。养血滋阴之品，大多味厚滋腻,服后难以消化吸收,对脾胃虚弱者,可在补益膏方中酌加助运之品,以免滋腻呆胃,影响食欲。

（3）防止"损阳耗津"：阳虚有寒忌清补,以免助阴损阳;阴津亏损忌用温补,以免助火伤阴。

2. 妊娠用药禁忌　有些中药材有滑胎(habitual abortion)、堕胎(criminal abortion)的不良反应,可以导致流产的后果。所以要注意妊娠期间药物的选用,注意妊娠禁忌。

3. 服药禁忌　服药期间要求患者忌食某些食物,叫做"忌口"。近年来通过大量的临床和科学实验,忌口的范围已日渐缩小,而且日趋合理。但服用养生膏方时,仍应忌食某些食物。如服人参膏时忌萝卜;服首乌膏时,忌猪、羊血及铁剂;服滋补性膏方时,不宜饮茶。一般在服用膏方期间,应忌食生冷、油腻、辛辣等不易消化及有特殊刺激性的食物。

体质虚弱的患者服用膏方时,忌口更为重要①阴虚体质:忌食辛热的食品,如狗肉、牛肉等;烹调时不用或少用姜、蒜、葱等调味料;甜味食品如巧克力更应少吃,甚至不吃。②阳虚体质:忌用寒性食品,如柿子、黄瓜等。阳虚体质者易生内寒,应忌食或避免过多食用厚味腻滞之品,如食肉类制品,尽可能除去油脂部分。

五、药酒养生

药酒(medicinal liquor,medicated wine),是指在蒸馏酒或经过滤清的发酵酒中浸入不同的中药材,装入密闭容器中,经过一段时间后,药物中的成分溶解于酒中而成为用于养生防病的酒。《黄帝内经》有"汤液醪醴论篇",专门讨论汤、酒剂型的用药之道。所谓"汤液"即今之汤煎剂,而"醪醴",即药酒。说明在战国时期人们对药酒的医疗作用已有了较为深刻的认识。药酒与日常生活中的酒有一些不同,药酒的价值主要在于它的治疗作用和养生保健效果。药酒,素有"百药之长"之称,将强身健体的中药与酒"溶"于一体的药酒,不仅配制方便、药性稳定、安全有效,而且因为酒精是一种良好的半极性有机溶剂,中药的各种有效成分都易溶于其中,药借酒力、酒助药势而充分发挥其效力,提高疗效。中医理论认为,患病日久必将导致正气亏虚、脉络瘀阻。因此,各种慢性虚损疾病,常常存在不同程度的气血不畅、经脉滞涩的问题。药酒中具有补血益气、滋阴温阳的滋补强身之品,同时酒本身又有辛散温通的功效,因此药酒疗法可广泛应用于各种慢性虚损性疾患的防治,并能抗衰老、延年益寿。

（一）药酒的发展简史

药酒的发展简史(brief history of the development of medicinal liquor)如下:

1. 远古时期的药酒　殷商的酒类,除了"酒""醴"之外,还有"鬯"。鬯是以黑黍为原料,加入郁金香草(一种中药)酿成的酒,这是有文字记载以来最早的药酒。鬯常用于祭祀和占卜。鬯还具有驱恶防腐的作用。《周礼》中记载:"王崩,大肆,以鬯。"也就是说,帝王驾崩之后,用鬯洗浴其尸身,可较长时间地保持不腐。

从长沙马王堆三号汉墓中出土的一部医方专书,后来被称为《五十二病方》(*Prescriptions for Fifty-two Diseases*),被认为是公元前3世纪末、秦汉之际的抄本,其中用到酒的药方不下于35个,至少有5个方剂可认为是酒剂配方,用以治疗蛇伤、疽、疥瘙等疾病,有内服的,也有外用的。

在《黄帝内经·素问·汤液醪醴论》中,"帝曰:上古圣人作汤液醪醴,为而不用,何也?""岐伯曰:自古圣人之作汤液醪醴,以为备耳。"意思是说,在古代,酒是专门为药用而制备的。

2. 汉代至唐代之前的药酒　采用酒煎煮法和酒浸渍法制作药酒起码始于汉代。约在汉代成书的《神农本草经·序录》中有如下一段论述:"药性有宜丸者,宜散者,宜水煮者,宜酒渍者,宜膏煎者,亦有一物兼宜者,亦有不可入汤酒者,并随药性,不得违越。"用酒浸渍,一方面可使中药材中的一些药用成分的溶解度提高,另一方面,酒行药势,疗效也可提高。汉代名医张仲景的《金匮要略》一书中,就有多例采用浸渍法和煎煮法制作药酒的实例。例如,"鳖甲煎丸方",将鳖甲等20多味药研为末,取煅灶下灰一斗,清酒一斛五斗,浸灰,候酒尽一半,着鳖甲于中,煮令泛烂如胶漆,绞取汁,内诸药,煎为丸。还有一例"红蓝花酒方",也是用酒煎煮药物后供饮用。《金匮要略》中还记载了一些有关饮酒的忌宜事项,如"龟肉不可合酒果子食之。""饮白酒,食生韭,令人病增。""夏月大醉,汗流,不得冷水洗着身及使扇,即成病。""醉后勿饱食,发寒冷。"这些实用知识对于保障人们的身体健康起了重要的作用。

南北朝梁代著名本草学家陶弘景,总结了前人采用冷浸法制备药酒的经验,在《本草集经注·序录上》中阐述了冷浸法制药酒的常规:"凡渍药酒,皆须细切,生绢袋盛之,乃入酒密封,随寒暑日数,视其浓烈,便可沥出,不必待至酒尽也。滓可暴躁,微捣,更渍饮之,亦可作散服。"注意到了药材的粉碎度、浸渍时间及浸渍时的气温对浸出速度、浸出效果的影响,并提出多次浸渍,以充分浸出药材中的有效成分,弥补冷浸法本身的缺陷,如药用成分浸出不彻底、药渣本身吸收酒液而造成浪费。从中可以看出,那时用冷浸法制作药酒已达到了较高的技术水平。

热浸法制药酒的最早记载大概是北魏《齐民要术》中的"胡椒酒",该法把干姜、胡椒末及安石榴汁置入酒中后,"火暖取温"。尽管这还不是制药酒的方法,但作为一种方法在民间流传,故也可能用于药酒的配制。热浸法确实成为后来药酒配制的主要方法。

酒不仅用于内服药,还用来作为麻醉剂,传说华佗用的"麻沸散(mafeisan, an anesthetic)",就是用酒冲服。华佗发现给醉汉治伤时,没有痛苦感,由此得到启发,从而研制出"麻沸散"。

3. 唐宋时期的药酒　唐宋时期,药酒补酒的酿造较为盛行。这一期间的一些医药巨著,如唐代孙思邈的《备急千金要方》和《千金翼方》、唐代王焘的《外台秘要》、宋代官修方书《太平圣惠方》、宋代太医院编的《圣济总录》,都收录了大量的药酒和补酒的配方和制法。如《备急千金要方》卷七设"酒醴第四"专节,卷十二设"风虚杂补酒煎第五"专节;《千金翼方》卷十六设"诸酒第一"专节;《外台秘要》卷三十一设"古今诸家酒一十二首"专节。《太平圣惠方》所设的药酒专节多达6处。除了这些专节外,还有大量的散方见于其他章节中。唐宋时期,由于饮酒风气浓厚,社会上酗酒者也渐多,解酒、戒酒似乎也很有必要,故在这些医学著作中,解酒、戒酒方也应运而生。有人统计过,在上述书籍中这方面的药方多达100多例。

在唐宋时期的药酒配方中,用药味数较多的复方药酒所占的比重明显提高,这是当时的显著特点。复方的增多表明药酒制备整体水平的提高。唐宋时期,药酒的制法有酿造法、冷浸法、热浸法,但以前两者为主。《圣济总录》中有多例药酒采用隔水加热的"煮出法"。

4. 元明清时期的药酒　元明清时期,随着经济的发展,文化的进步,医药学有了新的发展。药酒在整理前人经验、创制新配方、发展配制法等方面都取得了新的成就,使药酒的制备达到了更高的水平。

明代医学家李时珍编著的《本草纲目》收集了大量前人和当时的药酒配方,在卷25谷部·酒条下,有31个配方。

明代朱橚等人编著的《普济方》(Prescriptions for Universal Relief)、董宿辑录方贤补续的《奇效良方》、王肯堂编著的《证治准绳》(Standards for Diagnosis and Treatment)等著作中辑录了大量前人的药酒配方。明清时期也是药酒新配方不断涌现的时期。明代吴旻的《扶寿精方》、龚庭贤的《万病回春》(Curative Measures for All Diseases),清代孙伟的《良朋汇集经验神方》、陶承熹的《惠直堂经验方》、王孟英的《随息居饮食谱》等,都记载了不少明清时期出现的药酒新方。

5. 近现代的药酒　中华人民共和国成立以后,我国政府对中医中药事业的发展十分重视,建立了不少中医医院、中医药院校,开办药厂,发展中药事业,使药酒的研制工作呈现出新的局面。药酒的酿制,不仅继承了传统的制作经验,还吸取了现代科学技术,使药酒生产趋向于标准化。为了加强质量管理,还把药酒规范列为国家药典的重要内容。由于药酒生产单位与医疗、科研部门进行科研协作,保证了临床疗效的可靠性。尤其是近年来,在中医药工作者和药酒研究、生产人员的共同努力下,对中国药酒的发展历史、中国药酒的特点和应用、工艺及质量等方面作了较为全面的归纳和总结,出版了不少专著。例如,《中国药酒大全》(上海科学技术出版社)自1991

年出版发行以来,成为中医药专著中的一本畅销书。这些著作的出版发行,反过来又推动了药酒事业的深层次发展,不但出现了一批质量可靠、疗效显著、深受患者和群众欢迎的药酒产品,而且在药酒的毒理研究、药理研究及质量监测、制作工艺等方面均有迅速发展。

（二）药酒的优点

药酒的优点(advantages of medicinal liquor)主要表现在以下几个方面:

1. **适应范围广**　药酒可治病防病,临床各科190余种多发病、常见病和部分疑难病证(difficult and complicated diseases,difficult miscellaneous diseases)均可用相应的药酒治疗。药酒还可养生保健、美容润肤、病后调养,作为日常饮酒使用而延年益寿。

2. **便于服用**　不同于其他剂型,饮用药酒的量较少,便于服用。有些药酒方虽然组成庞杂,用料众多,但制成药酒后,药物中的有效成分均溶于酒中,用量较之汤剂、丸剂明显缩小,服用起来很方便。药酒可以保存较长的时间,不必经常购药、煎药,省时省力。

3. **吸收迅速**　饮用药酒后,吸收迅速,可及早发挥药效。因为人体对酒的吸收较快,药物中的有效成分通过酒的吸收而进入血液循环,周流全身,能较快地发挥作用。临床观察发现,药酒的作用一般比中药汤剂快4~5倍。

4. **能有效掌握剂量**　药酒是均匀的溶液,单位体积中的有效成分固定不变,按规定的饮用量饮用,能很好地掌握治疗剂量。

5. **人们乐于接受**　因为大多数药酒中掺有糖和蜜,作为方剂的一个组成部分,糖和蜜具有一定的矫味和矫臭作用,因而饮用起来甘甜悦口,不仅习惯饮酒的人喜欢饮用,即使是不习惯饮酒的人,因避免了药物的苦涩气味,也乐于接受。

6. **容易保存**　因为酒本身就具有一定的杀菌、防腐作用,药酒只要配制适当,遮光密封保存,便可经久存放,不易发生腐败变质现象。

（三）药酒的配制

药酒的配制(preparation of medicinal liquor)如下:

1. **制作药酒的工具**　按照中医传统的习惯,煎煮中药一般选用砂锅,这是有一定科学道理的。一些金属器皿如铁、铜、锡之类的器皿,煎煮药物时容易发生沉淀,降低溶解度,甚至器皿本身的成分和药物及酒发生化学反应,影响药性的正常发挥。所以配制药酒要用非金属的容器,诸如砂锅、瓦坛、瓷瓮、玻璃器皿等。

2. **药酒的制作方法**　药酒的制作多选用50°~60°的白酒。因为酒精浓度太低不利于药材中有效成分的溶出,而浓度过高反而使一些药材中少量的水分被吸收,使药材变得质地坚硬,有效成分难以溶出。对于不善于饮酒者或病情需要时,也可采用低度白酒、黄酒、米酒等作为酒基,但要适当延长浸泡时间,并适当增加浸泡次数,以保药酒中药物有效成分的浓度。

药酒有多种制作方法,如冷浸法、热浸法、煎膏兑酒法、淬酒法、酿酒法、渗漉法和回流热浸法等。家庭配制药酒采用冷浸法最为简便。具体做法为:将按处方配齐的药物清洗后直接(或研成粗末后)置于陶瓷罐或带塞盖的玻璃容器中,根据药材吸水量的不同,按1:20~1:5的比例加入适量的酒,密封浸泡,每天或隔天振荡1次,使之充分混匀,视具体药物浸泡7~60d后用纱布过滤。为了矫正口味,可加入适量的冰糖或白糖,药渣可再加酒浸泡1~2次。

在药酒的制作过程中应注意以下几点:①适度地粉碎药材,有利于有效成分的浸出,但过细又会使药材的细胞破坏,使酒体变得混浊。②适度地延长浸出时间能增加有效成分的浸出,但浸泡时间过长会使杂质溶出,有效成分被破坏。③适度地提高浸出温度能促使有效成分的浸出,但温度过高又会使某些有效成分挥发,故有些药酒宜热浸,有些则应冷浸。

（四）药酒的饮用方法

药酒的饮用方法(drinking methods of medicinal liquor)如下:

药酒一般宜在饭前温服,每次按量饮用,但胃肠功能不太健全的人,可在饭后饮用,以避免酒精对胃肠黏膜的刺激。不善饮酒的人可从少量开始,逐渐增加。药酒应在一段时间内坚持饮用,以保证药效。任何养身方法的实践都要持之以恒,久之乃可受益,药酒养生(health cultivation with medicinal liquor,health cultivation with medicated wine)亦然。古人认为,坚持饮酒才可以使酒气相接。宋代太平惠民和剂局编写的《太平惠民和剂局方》在论服饵法中说:"凡服浸药酒,欲得使酒气相接,无得断绝,绝则不得药力。多少皆以和为度,不可令醉及吐,则大损人也。"

(五)药酒的贮藏

药酒的贮藏(storage of medicinal liquor)涉及以下内容:

1. 容器的选择 选用合适的储存容器对保证药酒的质量是十分重要的。容器应该有盖,以防止酒的挥发和被灰尘等污染。容器的材质以陶瓷或玻璃为宜,二者均能防潮、防燥、保气,且不易与药物发生化学反应。陶瓷还能避光,但在防渗透方面要比玻璃差;玻璃容器价廉,易得,是家庭自制药酒常用的储存容器,但透明透光,且能吸收热量,使药酒中的有效成分不稳定,影响贮藏,故宜选用深色玻璃容器。不宜使用各种金属制品作为药酒的储存容器。另外,储存药酒的容器用前应清洗干净,最好能经过煮烫消毒。

2. 贮藏的条件 药酒制作完成后,应及时装入容器并密封,以免酒精及易挥发的药物有效成分挥发,并防止空气与药酒接触,以免药物有效成分被氧化和药酒被污染。取酒饮用后应随即密封。密封好的药酒应置于阴凉、干燥、避光、温度变化不大之处,尤其要避免阳光直射,且不能与汽油煤油以及有刺激性气味的物品混放。

3. 贴好标签 家庭自制药酒尤其是自制多种药酒时要贴上标签,写明药酒的名称、作用、配制时间、用法、用量、注意事项等内容,以免日后发生混乱,造成不必要的麻烦。如果配制的是外用药酒,更应该做好标记,并另处放置,以免被误作内服药酒饮用。

4. 其他 部分药酒由于长期贮存,或受温度、阳光等各种因素的影响,可能会产生微浑浊或沉淀,这并不表示药酒已变质,但如果药酒出现异味就不可再饮用。故药酒的存放时间不宜太长。

(六)饮用药酒注意事项

饮用药酒注意事项(precautions for drinking medicinal liquor)如下:

1. 服用某些西药时不宜饮药酒 如巴比妥类中枢神经抑制药;精神安定剂氯丙嗪、异丙嗪、奋乃静、安定、利眠宁和抗过敏药物扑尔敏、赛庚啶、苯海拉明等;单胺氧化酶抑制剂;抗凝血药;广谱抗菌药利福平;降血糖药物胰岛素、优降糖;硝酸甘油;降压药胍乙啶、肼苯达嗪、优降宁等;利尿药速尿、利尿酸、氯噻酮等;抗叶酸类抗肿瘤药甲氨蝶呤;解热镇痛药阿司匹林;磺胺类药物;抗真菌药灰黄霉素;洋地黄制剂地高辛等。

2. 某些特定生理病理状态不适宜饮药酒 胃及十二溃疡、痛风、高血压、冠心病、脑卒中、肝病(急性肝炎、肝硬化)患者,女性在月经期、哺乳期,小儿,对酒精过敏者不宜饮用。

3. 育龄夫妇忌饮药酒过多 酒精能损害睾丸的间隙细胞,使其不能正常地分泌雄激素和产生精子,从而引起性欲减退、阳痿和精子畸形。如这种受酒精损伤的精子与卵子结合,所发育成形的胎儿出生后会出现智力迟钝、发育不良,且容易生病。孕妇饮酒对胎儿影响更大,即使微量的酒精也可直接透过胎盘屏障进入胎儿体内,影响胎儿生长发育。故育龄夫妇不宜多饮酒,只有患了不孕症和不育症的育龄夫妇才可以考虑服用对症的药酒。

4. 注意掌握饮用量 药酒虽好,但切不可贪杯,更不可酗酒。一般以一日1~3次、一次10~50ml为宜。

5. 有针对性地饮药酒 饮服治疗药酒一定要适合病情,有针对性地饮用,最好在中医生的指导下饮用。不宜同时或交叉饮用多种不同的药酒,以免影响疗效或引起不良反应。饮服滋补保健药酒,也要针对自己的身体状况作出适当的选择,不可乱饮,否则可能适得其反,损害健康。

6. 与其他治疗方法配合 药酒治病,可单用,必要时也需与中药汤剂或其他治疗方法配合使用,有时药酒仅作为辅助治疗方法,不可偏执。

7. 不与其他酒类同饮 药酒不宜与白酒或其他酒同饮。

（七）使用外用药酒注意事项

使用外用药酒注意事项(precautions for external use of medicinal liquor)如下:

（1）外用药酒必须做好标记,并另处放置,以免被误作内服药酒饮用。一方面,部分专供外用的药酒药物浓度较高,或一些有毒药物的用量较大,不能内服;另一方面,外用药酒经过使用后,受到污染,不宜再内服。

（2）使用跌打损伤类外用药酒时,按摩手法宜先轻后重,临近结束时再逐渐减轻。软组织损伤,出现局部皮下出血、红肿者,宜先冰敷,24h内不宜使用药酒按摩患处。

（3）若有皮肤损伤,不可使用。

（4）以药酒按摩,不宜用于新鲜的骨折、关节脱位。心、肝、肺、肾有严重疾病的患者也不宜使用药酒按摩。

（5）对骨肿瘤、骨结核、软组织化脓性感染等疾病,只可在疼痛较重处表面涂抹,切不可施以重压,以免病灶扩散。

（八）常用药酒举例

常用药酒(commonly used medicinal liquor)如下:

1. 生地酒

【配方】生地黄100g,白酒500ml。

【制作】生地黄洗净,切成小块,放入酒瓶中,倒入白酒,密封浸泡15d即可。

【用法】每日2次,每次饮服10~20ml。

【效用】清热凉血、养阴生津。适用于温热病热入营血之身热口干,津液大伤所致之夜热早凉、虚热无汗、舌红脉数等。还可用于慢性病的阴虚发热(fever due to yin deficiency),及血热妄行、吐血、尿血、便血等。

2. 黄精酒

【配方】黄精100g,白酒500ml。

【制作】将黄精洗净、切片,装入布袋内,扎紧口,放入装有白酒的瓶中,浸泡15d左右即可。

【用法】每日2次,每次饮服10~20ml。

【效用】滋肾润肺、补脾益气。适用于脾胃虚弱之纳呆、体倦乏力,肺阴虚(lung yin deficiency)之肺燥咳嗽、干咳无痰或少痰、肺痨,肾虚阴亏(yin deficiency due to deficiency of kidney)之腰膝酸软、头晕等。

3. 核桃酒

【配方】核桃仁50g,白酒500ml。

【制作】将核桃仁洗净,放入瓶中,倒入白酒,密封浸泡10d即可。

【用法】每日2次,每次饮服10~20ml。

【效用】润肺止咳、补肾固精(tonify the kidney to arrest spontaneous emission)、润肠通便。适用于肺燥咳喘、肾虚咳喘、腰膝酸软、小便频数、大便干燥等症。

4. 人参枸杞酒

【配方】人参10g,枸杞子20g,白酒500ml。

【制作】将人参切片,枸杞子洗净,放入盛有白酒的瓶中,浸泡15d即可。

【用法】每日2次,每次饮服10~20ml。

【效用】大补元气、养肝明目。适用于一切气虚之证,如肺气虚之呼吸短促,脾气虚之食欲缺乏,肾气虚之小便频数、不禁,心气虚之心悸、失眠,中气不足之脱肛、胃下垂等。另外,还可用于肝肾不足之夜盲、视物不清等。

5. 阿胶酒

【配方】阿胶 100g,白酒 500ml。

【制作】将白酒倒入锅中,放入阿胶,在文火上煮至 200ml,待凉,备用。

【用法】每日 2 次,每次饮服 10~20ml。

【效用】滋阴润肺、补血养血、止咳止血。适用于血虚萎黄、眩晕、心悸等。或肺虚火盛、温燥伤肺、热病伤阴等所致的咽干痰少、痰中带血。

6. 莲子酒

【配方】莲子 100g,白酒 500ml。

【制作】将莲子去皮、心,放入瓶中,倒入白酒,密封浸泡 15d 即可。

【用法】口服。每天 2 次,每次 20ml。

【效用】养心安神、健脾止泻、益肾止遗。适用于心肾不交(disharmony between the heart and kidney)或心肾两虚之失眠、心悸、遗精、尿频、白浊、带下,以及脾虚泄泻等症。另外,还可补虚损、抗衰老,适用于年老体弱者。

7. 海马酒

【配方】海马 1 对,白酒 500ml。

【制作】将海马洗净,放入盛有白酒的瓶中,浸泡 15d 即可。

【用法】每日 2 次,每次饮服 10~20ml。

【效用】温肾壮阳、活血祛瘀、散结消肿。适用于肾阳不足之阳痿、遗精、遗尿及跌打损伤、瘀血痞块等,还可用于各种肿毒、肿瘤等。

8. 四精酒

【配方】枸杞子 50g,白术 40g,天冬 50g,黄精 40g,白酒 2 500ml。

【制作】枸杞子、白术(捣碎)、天冬、黄精(切薄片)同浸入白酒中,30d 后去药渣备用。药渣可再用白酒 1 500ml 浸泡。

【用法】每日 2 次,每次饮服 10~20ml。

【效用】补肝肾、益精血、健脾祛风。适用于中、老年体衰,发白齿落,腰膝痿软,或痹痛。经常饮用,能获较好的预防和治疗之效。

9. 参茸补虚酒

【配方】鹿茸片 3g,红参须 15g,海马 10g,枸杞子 50g,菟丝子 30g,白酒 1 000ml。

【制作】上述各药浸白酒中,密封置阴凉处,隔 5d 摇动 1 次,2 个月后取酒饮用。

【用法】每日 2 次,每次饮服 10~20ml。

【效用】补肾生精、强筋壮骨。对中老年体质亏虚、妇女宫寒不孕、更年期腰膝酸楚、少腹冷痛,均有显著改善作用。

10. 人参蛤蚧酒

【配方】蛤蚧 1 对,人参 30g,甘蔗汁 100ml,白酒 1 500ml。

【制作】蛤蚧去头足、捣成碎块,人参切薄片。将甘蔗汁倒入白酒混匀,放入药物,密封静置阴凉处,经常摇动,20d 后启用。

【用法】每日 2 次,每次饮服 10~20ml。

【效用】补肾益肺、定喘纳气。适用于元气虚损、肺不主气、肾不纳气、动则喘促。常饮此酒有改善体质、增强抵抗力之效。

11. 虫草红枣酒

【配方】冬虫夏草 10g,红枣 100g,米酒 500ml。

【制作】将冬虫夏草、红枣洗净、晾干,浸泡于米酒中,加盖密封 1 个月左右即可饮用。

【用法】每日 2 次,每次饮服 10~20ml。

【效用】 补肺益肾（invigorating the lung and the kidney）、益精髓、止血化痰。适用于肺肾气短、喘咳、腰膝软弱等。常饮用可提高免疫力，增强抗病能力，减少感冒等病的发生。

12. 鹿茸酒

【配方】 鹿茸20g，白酒500ml。

【制作】 将鹿茸装入纱布袋内，扎紧口，放入盛有白酒的瓶或罐中，密封，浸泡7d即可。

【用法】 口服。每天2次，每次20ml。

【效用】 补肾壮阳（invigorating the kidney and strengthening yang），适用于肾阳不足诸证。

六、药浴养生

药浴（Chinese herb bath，medicated bath，medicinal bathing）是外治法之一，即用药液或含有药液的水洗浴全身或局部，形式多种多样，又称药浴疗法（medicated bath therapy）。全身浴分为"泡浴"和"淋洗浴"，俗称"药水澡"；局部浴又有"烫洗""熏洗""坐浴""足浴"等之分，尤其是烫洗，最为常用。药浴用药与内服药一样，亦需遵循处方原则，辨病辨证，谨慎选药。同时，应根据各自的体质、时间、地点、病情等因素，选用不同的方药，各司其属。煎药和洗浴的具体方法也有讲究：将药物粉碎后用纱布包好（或直接将药物放入锅内），加适量清水，浸泡20min，然后煮30min，将药液倒进浴盆内，待温度适度时即可洗浴。在洗浴中，其方法有先熏后浴之熏洗法，也有边擦边浴之擦浴法。

药浴对人体具有独到的功效，自古以来药浴养生（medicated bath for health maintenance）一直受到医学界重视。沐浴前在水中"加料"亦有助于促进健康，例如加入适量的白酒、白醋等，可清洁身体及消除疲劳，更能治疗痔疮、便秘。

（一）药浴发展简史

药浴发展简史（brief history of medicinal bath development）如下：

药浴在我国已有几千年的历史。据记载，自周朝开始，就流行香汤浴。所谓香汤，就是用中药佩兰煎的药水。其气味芬芳馥郁，有解暑祛湿、醒神爽脑的功效。爱国诗人屈原在《云中君》里记述："浴兰汤兮沐芳华。"其弟子宋玉在《神女赋》中亦说："沐兰泽，含若芳。"

我国最早的医方《五十二病方》中就有治婴儿癫痫的药浴方。《礼记》中说："头有疮则沐，身有疡则浴。"《黄帝内经·素问·阴阳应象大论》中说："其有邪者，渍形以为汗；其在皮者，汗而发之。"

两晋、南北朝、隋唐时期，临床医学发展迅速，药浴被广泛地应用到临床各科。宋、金、元、明时期，药浴的方药不断增多，应用范围逐渐扩大，药浴成为一种常用的治疗方法。元代周达观在《真腊风土记》的"病癞"章节中说："国人寻常有病，多是入水浸浴及频频洗头便自痊可。"可见当时药浴已成为医生和百姓常用的一种治病方法。

到了清朝，药浴发展到了鼎盛阶段。清代名医辈出，名著相继问世。随着程鹏程的《急救广生集》、吴师机的《理瀹骈文》等中医药外治专著的出现，中药药浴疗法已进入比较成熟和完善的阶段。从清代开始，药浴就作为一种防病治病的有效方法受到中医的推崇。

简单概括之，药浴的历史源远流长，奠基于秦代，发展于汉唐，充实于宋明，成熟于清代。

（二）药浴的作用

药浴的作用（role of medicated bath）如下：

药浴主要是通过全身或局部浸泡，让药物作用于全身肌表、局部、患处，并经吸收，循行经络血脉，内达脏腑，由表及里，从而产生效应。药浴洗浴，可起到疏通经络、活血化瘀、祛风散寒、清热解毒、消肿止痛、调整阴阳、协调脏腑、通行气血、濡养全身等养生功效。现代药理也证实，药浴后能提高血液中某些免疫球蛋白的含量，增强肌肤的弹性和活力。具体而言，药浴有以下功效。

（1）药浴液中的药物成分通过皮肤、黏膜的吸收、扩散、辐射等途径进入体内，避免了在肝脏代谢,增加了病灶局部有效药物的浓度,直接对病因、病位发挥治疗作用。

（2）通过湿热刺激,使局部血管扩张,促进局部和周身的血液循环和淋巴循环,使新陈代谢旺盛,局部组织的营养和全身机能得以改善,有利于疾病的痊愈。

（3）疏通经络、促进全身气血的运行,解除大脑、身体的疲劳,缓解紧绷的神经,使人精神抖擞、神清气爽。

（4）祛风寒,通过发汗排除体内毒素。

（5）协调脏腑、通利关节、调理五行、平衡阴阳。

（6）活化细胞、增强免疫力、提高血液中免疫球蛋白的含量。

（7）增强肌肤的弹性和活力、美容肌肤、抗衰老。

（8）润肤止痒,预防和治疗皮肤瘙痒、皮肤疥癣等皮肤病。

（三）药浴的种类

药浴的种类（types of medicated bath）如下:

常见的药浴主要分为三类:全身浴、坐浴、足浴,后两者属于局部浴。方法非常简单,只需要把溶解好的药水倒入调好水温和水量的浴盆或浴桶中,然后把身体泡在其中即可,人在泡浴的过程中逐步可以感受到身体发生的变化。

1. 全身浴　全身浴（full bath,full immersion bath）适用于无禁忌证者,对各种亚健康状况效果显著。刚开始泡浴可能会感觉身体不适,但泡过以后却非常舒适。

2. 坐浴　坐浴（hip bath,sitz bath）主要适用于妇科,可增强免疫力,或治疗某些妇科病。

3. 足浴　足浴（foot bath,pediluvium）适用于所有人群,可舒经活络、促进睡眠、缓解精神压力、缓解足部及小腿肌肉关节酸痛。

（四）药浴的程序

药浴的程序（procedures for medicated bath）包括以下几个方面:①用 5 000ml 的水,浸泡中药材 20min。②然后煮滚 30min。③把药渣去掉,将药汤倒进浴缸后,再放入拍打过的姜母,或少量的米酒。④最后,在浴缸里泡浴 10~30min。

（五）药浴注意事项

药浴注意事项（precautions for medicinal bath）如下:

（1）药浴必须请中医师针对病情对证下药,并按照医嘱制作药汤,切勿盲目自行择药。

（2）泡浴前必须先淋浴洁身,以保持药池的卫生。浴后应立即用温清水冲洗干净,拭干皮肤,及时穿衣服。一般而言,热水药浴（39℃~45℃）适用于风湿性关节炎、风湿性肌痛、类风湿性关节炎、各种骨伤后遗症、肥胖及银屑病等;神经过度兴奋、失眠、一般疼痛、消化不良等的药浴温度,以相当于或稍低于体温为宜;25℃~33℃适用于急性扭挫伤。药浴时,室温不应低于 20℃,局部药浴时,应注意全身保暖,夏季应避风,预防感冒。

（3）初浴时,水位宜在心脏以下,约 3~5min 身体适应后,再慢慢泡至肩位。泡浴时间不可太长,尤其是全身热水浴。由于汗出过多,体液丢失量大,皮肤血管充分扩张,体表血液量增多,易因头部缺血而发生眩晕或晕厥。一旦发生晕厥,应及时扶出浴盆,平卧在休息室的床上,同时喝些白开水或糖水,以补充体液与能量,或用冷水洗脚,使下肢血管收缩,增加头部供血。

（4）严重心衰、严重肺功能不全、心肌梗死、冠心病、主动脉瘤、动脉硬化、高血压患者,有出血倾向者以及老年人、儿童慎用水温 39℃ 以上的药浴,而应以接近体温之药液沐浴,并有家人或医护人员陪护,且沐浴时间不宜过长。妊娠期和经期不宜泡药浴,尤其不宜盆浴及坐浴。

（5）全身泡热药浴易发生晕厥,故浴后从浴盆中起身要慢。泡药浴时出现轻度胸闷、口干等不适,可适当地饮一些水或饮料;若有严重不适,应立即停止药浴。

（6）饭前、饭后半小时内不宜进行全身药浴。饭前药浴,由于肠胃空虚,泡浴时出汗过多,易造成虚脱。饭后立即药浴,可造成胃肠或内脏血液减少,血液趋向体表,不利于消化,易引起胃肠不适,甚至出现恶心、呕吐。临睡前不宜进行全身热水药浴,以免兴奋后影响睡眠。

七、香薰养生

香薰养生(incense health cultivation),又称芳香养生(health cultivation with aromatic plants and essential oils,health cultivation with fragrant recipes)或芳香疗法(aromatherapy),是利用天然植物的植物芳香油(plant aromatic oils)或精油(essential oils),通过闻香、按摩、沐浴、敷涂、室内薰香等多种方式来舒缓压力与增进身体健康的一种自然疗法。在我国,由于芳香疗法主要用于预防疾病和辅助治疗,总体上说,属于养生的范畴。

我国的香薰疗法历史悠久,源远流长。古人很早就已懂得香薰能够美容、祛痛、消除疲劳、排解抑郁。香在中国帝王宫廷和富贵人家的起居生活中,是不可缺少的组成部分。

焚香大约早在春秋时代就开始了。东晋王嘉撰写的《拾遗记》说,燕昭王二年(公元前585年),波弋国贡"荃芜之香":"散荃芜之香,香出波弋国,浸地则土石皆香,著朽木腐草,莫不郁茂,以熏枯骨,则肌肉皆生。"不过,在秦汉以前,中国还没有沉香之类的香料传入。当时焚烧的,是兰、蕙一类的香草。先秦时期,岭南与中原就有一定程度的交往,到了汉武帝时代,交往逐渐加强。由于武帝好道,信奉佛教(Buddhism),还在洛阳修建了一座白马寺,南方诸郡纷纷贡献珍奇,香料也就传入中原,不再焚烧草香。

香料(perfumes)的品种很多。在天然植物香料(natural plant perfumes)中,最名贵的香料是沉香(agilawood),除了我国岭南一带出产外,当时真腊(今柬埔寨)、占城(今越南中部)等地也出产。后来又有了檀香、鸡舌香、龙脑香等品种。汉武帝迎接西王母时,曾经燔烧"百和之香"。这些虽属神话传说,但也说明当时已经焚烧香料了。魏晋以来,香料已成为宫廷及富贵人家的生活必需品之一。焚香、薰香,也就成了社会上层物质生活和精神生活的重要组成部分。曹操在取得政权之前,曾经"禁家内不得薰香",以示简朴;还曾经赠送诸葛亮"鸡舌香五斤,以表微意。"临终时遗令:"余香可分与诸夫人。"唐宋以后,关于香品、香事,以及香料制作、焚法等方面的著作多了起来,遂有"茶经香传"之称。焚香与品茗,成为了中国传统文化(Chinese traditional culture)的有机组成部分。

一般场合下,古人是把香料制成饼块,放在特制的香炉内焚烧的。现今人们薰香,其实也可因陋就简,因地制宜。随着市场的不断开放,各种香料随处可以买到,完全可以自己动手,在居家休闲时薰香。而且,除了香料薰香之外,一些盆栽鲜花,也完全可以摆放在室内,或者工作场所,起到自然香薰之效。

（一）香薰的作用

香薰的作用(effects of aromatherapy)有以下几个方面:①改善环境卫生,消除异味,净化空气。②增强人体的抵抗力,预防疾病。③增强体力及肺活量,促进新陈代谢。④改善咳嗽,鼻塞及气喘等病证。⑤驱除蚊虫,灭螨,抗菌。⑥活化细胞,防止老化。⑦提神醒脑,增强记忆力。⑧安抚烦躁,舒解压力,减轻失眠、头痛,令人心情愉快。

（二）香薰的操作方法

香薰的操作方法(operation methods of aromatherapy)如下:

1. 香水涂擦法　把精油当成香水来使用,可以在皮肤上涂擦,芳香的纯植物气息带给人们清爽舒适的感觉。

2. 薰蒸法　薰蒸法的主要工具是薰蒸台。薰蒸台的质材很多,以陶土、瓷土或青瓷为最佳。薰蒸台的浅盆、气孔大小与台身尺寸必须搭配得当,才能让精油均匀蒸发到空气之中。传统的薰蒸台是利用蜡烛的热量将精油蒸发,为求方便,也有以灯泡加热的方式来薰蒸精油的。

薰蒸台的操作方法是:在浅盆中放入八分满的清水之后,滴入精油数滴(5~10滴不等),然后点燃灯台腹中的蜡烛,或将小灯泡打开,不久之后,香气就会充满室内。不同的精油在薰蒸法中

Note

起到不同的功效,如玫瑰可以调解情绪,增进感情;薰衣草可以起到催眠的效果等。香气还可以除虫、消毒、消除异味、净化空气。

3. **吸入法**　简便的吸入法可以将2~3滴精油滴在手帕、毛巾上或半杯温开水中,随时吸闻。吸入法就是用深呼吸的方法将植物芳香油分子吸入,经过肺循环,被人体利用后排出体外。吸入法的功能主要是:协助治疗呼吸系统相关疾病(如支气管炎、哮喘、感冒、咳嗽)、提神醒脑或镇定情绪。

也可以将热开水注入脸盆中,滴入数滴香油,在水中打散以后,以大浴巾将整个头部及脸盆覆盖,用口、鼻交替深深呼吸,直到感觉较舒适或水温变低为止。

长途开车或是熬夜加班的人,可以准备2~3种精油,交替使用以加强提神作用。其中,薄荷精油可以提神,迷迭香可以加强记忆力,罗勒可以增加反应的敏锐性。

4. **按敷法**　分为冷敷法和热敷法。将3~6滴精油加入冷水(冷敷)或热水(热敷)中,均匀搅动后,浸入一块毛巾,再把毛巾拧干,敷在面上,并用双手轻轻按压盖在面部的毛巾,使带有精油的水分能尽量渗入皮肤内,重复以上步骤5~10次。身体部位按敷时,水和精油的比例约为200ml冷水或热水兑5滴精油,面部则只用1滴精油即可。

冷敷有镇定、安抚、缓解疼痛的作用;热敷有助于促进血液循环、排解毒素或增加皮肤的渗透性,常用的精油有薰衣草、紫罗兰、迷迭香、天竺葵、茉莉、玫瑰、柠檬精油等。

5. **沐浴法**　使用纯植物芳香油沐浴,其天然的香气可带给人舒适的沐浴气氛,植物精油的细小分子也可以消除疲劳、缓解酸痛,有的还可提振精神。

泡温热水澡时,滴5滴薰衣草精油,有助于睡眠。天竺葵精油在情绪暴躁时使用,有安静镇定作用。夏天泡澡放薄荷精油可以加速排汗、凉爽肌肤。

(1) 盆浴:将选好的精油1~2滴,滴入放好水的浴缸里,水温与水量均与平时一样即可。用手掌将精油充分拍散,让它均匀地分散在水中后,便可进行盆浴。因为精油的渗透力高,通常浸浴进行到10~15min,就会感到有效果。有关节炎、皮炎、风湿痛或肌肉酸痛的人可以选择适合的精油,一边沐浴,一边按摩。

(2) 浸足:在中国古老的医学里,一直很注重足部的保养,因为中医认为,人的脚底有许多穴位,这些穴位与内脏、器官息息相关。因此,通过拿捏足部的穴位,并保持脚部的温暖,就能够刺激内脏、器官,有助于健康。

在西方国家,古老神秘的芳香疗法也很重视足部的保养,足部温暖后,全身就会畅快,精神放松,容易入睡。

浸足用的浸盆,最好为不锈钢材质,因为塑胶材质的浸盆会与精油产生化学反应,影响效果。做精油的足部浸泡时只要加以轻轻地按摩,就能达到效果。可以一次使用1~3种精油,总滴数6~8滴即可。浸足建议在晚上9~11点进行,因为这个时候三焦经的经气运行较旺盛。

(3) 臀浴:西方医药之父——希腊的希波克拉底(Hippocrates,公元前460~公元前370年)认为,利用纯植物芳香油沐浴法局部清洁、浸泡臀部,有助于女性的生理调节。女性的臀部不卫生,易出现妇科问题,如盆腔积液、盆腔炎、附件炎、阴道炎等。将丹参、薄荷、茶树、玫瑰等植物纯精油数滴,滴于盆中,然后坐下,让整个臀部以及下身浸泡在其中,对保持女性的健康有一定的作用。

(4) 直接触敷法:将经过稀释的精油,在专业人士的指导下,直接涂抹于皮肤之上,对一些疾病或伤口有一定的疗效或保养作用。但是,要注意的是,未经过稀释的精油,一般不能直接涂抹于大面积的肌肤上,以防精油浓度过高而损伤皮肤。

直接触敷法运用举例:①外伤:桧树精油止血→茶树精油消炎→薰衣草或印须芒草精油帮助伤口愈合。②烫伤:可用薰衣草精油以及稀释的橄榄油。③咳嗽:将桧树、马荷兰、薄荷精油涂于脖子上气管所在的部位,每次1~2种,使用半滴即可。④静脉瘤:将橙花、柠檬精油涂在10个脚趾的指甲缝中,血液往心、肺回流时,将精油同时带回,可清洁血液、促进循环,预防与血液相关的疾病。⑤瘀伤、扭伤:用乳香局部涂抹,可以散血、行血,帮助痊愈。⑥瘢痕:用可以加速新陈代谢的薰衣草精油为主,搭配有再生效果的玫瑰、伊兰以及印须芒草精油。⑦湿疹、癣类皮肤病:用芮香、茶树、小茴香、鼠尾草、印度薄荷等抗病毒性强的精油,须每隔一段时间更换一种精油,以免病菌产生抗药性。

（5）按摩法:古今中外,推油按摩疗法(aromatherapy)即芳香疗法或香薰疗法,一直被视为一种好的物理治疗方式,适当的按摩可以帮助血液与淋巴的循环,并让肌肉放松、精神舒缓。此法常针对个人所需,选择适当的精油配合,效果更显著,故又称精油按摩(oil massage)。按摩法是印度草医学(Ayurveda,Ayurvedic medicine)的一种治疗方法,其特征是用大量的热精油为身体按摩。精油先用草药在特定的条件下制成,内含芝麻、椰子肉、葵花籽、芥末、杏仁。按摩法可单独进行,也可作为排毒疗法(detoxification therapy)的一个步骤,常在热浴(warm bath)或称热疗法(svedana therapy)、瑜伽、躺在太阳下(laying out in the sun)后进行。

利用芳香疗法的按摩,可以消除疲劳、排出体内毒素、减肥、美容。如果选择在家自己做按摩,干性肌肤的人可用乳香6滴加薰衣草4滴,油性肌肤可用柠檬5滴加丝柏5滴,敏感性肌肤可用薰衣草6滴加罗汉松4滴。

（6）无火香薰:无火香薰是通过特制的恒温气化蕊头使含有微氧素的天然植物芳香油得以挥发,不仅能产生充足的新鲜纯氧,而且还释放出大量的臭氧、芬多精、负离子和植物芳香分子,使本来被污染的环境变得清新。无火香薰在国际上已成为许多国家净化空气、改善环境卫生、预防疾病、增强体质、调节脑部功能和保护嗅觉功能等方面的首选。

（7）香薰漱口法:将2~3滴精油滴入一杯水中搅匀,漱喉10s,然后吐出,重复至整杯水用完。每天香薰漱口,可保持口气清新,保护牙齿,降低喉炎的发生概率。常用的精油:茶树、薰衣草、薄荷精油。

（8）精油刮痧法:精油刮痧,即运用植物精油与底油(也可用复方治疗精华油)涂抹于患部或穴道旁,再用刮痧器刮拭。

（9）喷洒法:将精油加入蒸馏水中,放于喷雾瓶中,随时喷洒在床上、衣服上、家具上、宠物的身上、书橱上、地毯上,起到消毒除臭、改善生活环境的作用。常用的精油有迷迭香、柠檬、甜橙、薄荷、天竺葵等,比例是10滴油兑10ml水。

（三）香薰使用的基本原则

香薰使用的基本原则(basic principles of aromatherapy)如下:

1. 慎重选择　不同的精油有不同的性质和功效,例如薄荷精油能够促进消化系统功能,迷迭香油具有明目作用,甘菊精油能镇静等。因此,使用时要充分了解精油的作用,以防因误用而加重病情。有一些精油具有光毒性,使用后立即外出可能引起晒伤。

2. 稀释使用　纯精油的浓度很高,具有致敏和刺激性。除特殊的精油外,一般的纯精油不宜直接涂在皮肤上。部分纯精油在使用时,需要添加基础油来调和稀释,否则容易引起皮肤灼伤、皮炎和过敏反应。另外,将精油喷洒在空气中薰香,使芳香分子扩散到空气中,也是一种常用的稀释方法。

3. 因人而异　不同的个体对精油的敏感度不同。肤质敏感的人,在使用前要进行"斑帖试验",以避免使用精油时发生过敏反应。特别是孕妇及患有心脏病、糖尿病、肾病的患者,使用前应先咨询医生,以确保安全。

4. 储存原则　精油最好存放在深色的玻璃瓶内,放置于阴凉通风处。放在小孩拿不到的地方。开封使用后要盖紧瓶盖,并尽快用完。

附1　传统的香薰方法——隔火香薰的步骤

传统的香薰方法——隔火香薰的步骤如下:

（1）将无味香灰放进闻香炉中。

（2）将闻香炉内的香灰捣松,之后在中央挖出一个炭孔。其大小按照香炭的尺寸来定,以刚刚能够完全掩埋住香炭为准。

（3）将香炭点燃,让香炭保持完全红色但是无明火状态最佳。然后把燃烧的香炭放进炭孔中,用香灰掩盖住。

（4）将周围的香灰堆积到香炭上方,并拍打严实形成火山状,顶部要平。

（5）在香灰顶部做一个通气的孔以防香炭熄灭,同时还能以此来控制燃烧速度。

（6）将香盘放置在顶部平面上。

（7）将小片状的香材或者香粉放到香盘上。保持香材没有烟雾的状态,若冒烟,则是温度太高,继续加厚香炭上方的香灰。

（8）在香盘加热完毕后,香材的香气则会散发出来。

附2　不同香料的疗效

不同的香料有不用的疗效,具体可分以下几种:

（1）檀香:可消除不安、减轻忧郁、放松心情,有助于睡眠、抗菌、消炎、增加免疫力。

（2）香水百合:可调节放松情绪、缓解压力、助眠、镇定神经。

（3）百里香:可治疗感冒、促进新陈代谢、安抚情绪、增强记忆力、改善失眠。

（4）柠檬:可消热消暑、振奋精神、缓解疲劳。

（5）香橙:可振奋精神、能净化空气,并可调节情绪、减缓疲劳及头痛。

（6）玫瑰:可舒缓紧张,缓解焦虑、压力和抑郁,愉悦心情。

（7）夜来香:可消除异味、抑制细菌生长、营造浪漫气氛、促进情欲、舒解压力、振奋精神。

（8）桂花:可镇静、催情、抗菌,能净化空气,减缓疲劳及头痛。

（9）迷迭香:可安抚情绪,缓解焦虑、压力和抑郁,愉悦心情。

（10）玉兰花:可消除异味,抑制细菌生长,还可促进情欲、振奋精神。

（11）茉莉:其幽香能消除精神和身体的疲劳,使呼吸舒畅,并能镇静、提神。

（12）绿茶:可净化空气、抗菌、抗菌毒、杀菌、清新头脑。

（13）兰蔻:可使头脑清楚,改善紧张的情绪。

（14）薰衣草:可抗菌、驱虫、除臭、安定情绪、消除忧虑、改善睡眠、舒缓疲劳。

（15）紫罗兰:可兴奋、提神、抗忧郁、杀菌排毒。

（16）郁金香:可消除异味、抑制细菌生长。

（施旭光）

第七节　经络养生

中医认为,人的生长、健康、疾病与人体的经络(meridian, channel)有密切关系,故《灵枢·经别篇》说:"十二经脉者,人之所以生,病之所以成,人之所以治,病之所以起。"针灸(acupuncture and moxibustion)、推拿(Chinese traditional manipulation, Chinese medical massage)、拔罐(cupping)及刮痧(scraping)基于中医经络理论(traditional Chinese medicine meridian theory),调整经络气血,借以通调经脉,调和脏腑,达到增强体质、未病先防、已病防变的目的,是中医养生(health maintenance of traditional Chinese medicine)的特色之一。

人体凭借经络系统(meridian system)将十二脏腑(twelve Zang-fu viscera)、十二经筋(muscles along the twelve regular channels)、十二皮部(twelve skin areas)等组成有机的整体,共同完成人体的各种生理功能。所以,通过调整人体的经络系统可以改善人的脏腑、运动及感觉等功能。中医传统理论认为,天人合一,人与自然是统一的整体,人体的经络系统也与自然相对应,最具代表性

Note

的是子午流注理论。子午流注理论（theory of midnight-noon ebb-flow）认为：子时胆经旺，此时宜利胆。丑时肝经旺，此时宜养血。寅时肺经旺，此时宜调治节。卯时大肠经旺，此时宜通利大肠。辰时胃经旺，此时宜调护脾胃。巳时脾经旺，此时宜养气血。午时心经旺，此时宜调血脉。未时小肠经旺，此时宜促化物。申时膀胱经旺，此时宜补阳气。酉时肾经旺，此时宜补元阳。戌时心包经旺，此时宜养心血。亥时三焦经旺，此时宜畅气机、通水道。

在经络养生（meridian health cultivation）的实际应用中，由于灸法、推拿、拔罐及刮痧有操作简便且无创的特性故运用较为普遍，而针刺疗法古人运用较多，但应用时对施术者技术要求高，且有明显的针刺创口，故现今应用不及灸法、推拿、拔罐及刮痧广泛。上述经络养生方法常可配合使用。针灸、推拿、拔罐及刮痧方法在施术后，可以调整经络，激发营卫气血的运行，起到和阴阳、养脏腑的作用。

一、针灸养生

针灸养生（acupuncture and moxibustion for health cultivation）是运用九针针刺法（nine needle acupuncture）、各种灸法刺激经络、穴位（acupoint），以激发经气，调整人体的气血、通利经络，从而起到强壮身体、延年益寿、未病先防（prevention before disease onset）及既病防变（guarding against pathological changes when falling sick, preventing the development of the occured disease, preventing disease from exacerbating）的一系列养生作用。它是人体保健、养生祛病的重要方法。

在先秦时代，养生家就发现应用针灸养生可以延年益寿、防病治病，在《黄帝内经》中称善于治"未病"的医生为"上工"，著名医学家孙思邈在《千金要方》中记载了许多针灸养生的方法，如灸足阳明胃经的足三里可以防病抗衰老，故将这种施术方法称为"长寿灸（longevity moxibustion）"。

针、灸两种方法在操作中各有不同，但其基本理论是相同的，都以中医经络理论为基础，以刺激穴位（腧穴）、调整经络为基本手段，以激发营卫气血的运行，从而达到平衡阴阳、调和脏腑的目的。针、灸两种方法的不同主要是施术时所用的工具、施术手法及形式不同，养生作用也各有侧重。针法（acupuncture therapy）以调整人体机能为目的，施术工具为针，施术方法为刺，以不同的施术手法达到不同的养生效果；灸法（moxibustion, moxibustion therapy）以艾绒（mugwort floss）或其他药物为施术工具，施术方法为艾绒或其他药物燃烧产生的热量熏熨腧穴与经脉（channels），以温通气血。因灸法的灸材是艾绒制成的艾柱和艾卷，灸法又称艾灸（moxibustion），两者英文的表达相同。针法和灸法各有所长，针刺有补有泻；灸法长于温补、温通。

在中医养生的临证实践中，灸法运用较为广泛，针刺古代多有运用，现今由于其操作复杂应用不如灸法广泛。两者常常可配合使用，以温针灸（needle warming through moxibution, acupuncture with needle warmed by burning moxa）的形式应用于中医养生的临证中，而对有养生需求但不宜施针穴位者，则可单独采用灸法。

（一）针刺养生的概念

针刺养生（health cultivation with acupuncture）是一种在中医基础理论（basic theories of traditional Chinese medicine）的指导下，应用毫针刺激人体的施术部位，运用针刺手法激发经络气血，以通经气、和脏腑，使人体的新陈代谢旺盛起来，达到强壮身体、延年益寿目的的养生方法。施术器具包括：古代九种针具（nine kinds of needles in ancient times），包括镵针、圆针、鍉针、锋针、铍针、圆利针、毫针、长针及大针，和现代针刺养生常用的针具（needles commonly used in modern acupuncture for health cultivation），包括毫针（filiform needle）、皮肤针（sword-shaped needle）、三棱针（three-edged needle）等。

（二）针刺养生的作用

针刺（acupuncture）可以激发经脉内的气血运行，使气血充盛，阴阳谐调，达到养生的作用。

针刺养生的作用(effects of acupuncture on health cultivation)主要体现在以下 3 个方面:

1. 通调经络　针刺通过刺激经络上的腧穴,达到疏通经络气血,使气血畅达至人体的四肢百骸的目的。由于针刺可以疏通经络,使经络通畅,机体新陈代谢活动正常,人体则可健康无病。如冬季以补益的手法针刺关元、气海、足三里等穴,可以温阳散寒、通经活络,有效地预防寒痹的发生。

2. 补虚泻实　根据被施术者机体的虚实情况,应用针刺及时纠正虚实的偏差,虚则补之,实则泻之,补、泻得宜,可使弱者变强,盛者平和,最终达到养生保健的目的。

3. 调和阴阳　平衡阴阳是针刺实现养生作用的主要功能之一。大量的临床研究证实,针刺具有补益功能的穴位,可以平衡阴阳、提高机体的新陈代谢和抗病能力,达到养生保健的目的。

（三）针刺养生的原则

针刺养生的原则(principles of acupuncture for health cultivation)是:以益气养血、舒筋活络为主要大法,辨证施针(acupuncture based on syndrome differentiation)。养生施针法,主要通过激发经气,充实脏腑气血,增进机体代谢能力,达到强身延寿之目的,选穴宜以具有补益及强壮功效的穴位为主,选穴不宜过多,针刺手法(acupuncture manipulation)宜补泻兼施,刺激强度宜适中。

（四）针刺养生的常用腧穴

针刺养生的常用腧穴(common acupoints for acupuncture health cultivation)如下:

1. 足三里　足三里(ST36)是足阳明胃经的合穴。定位在小腿前外侧,当犊鼻下 3 寸,距胫骨前缘一横指。足三里为全身具有强壮功能腧穴的首选穴,针刺此穴具有健脾胃、助消化、强下肢、益气养血的功用。现代医学认为,针刺足三里可以提高人体的免疫功能和抗病能力。刺法:用毫针直刺 1~1.5 寸,可单侧、双侧同时取穴。一般针刺,有针感(needling sensation),即得气(acuesthesia, arrival of qi)后,即可出针。但对年老体弱者,则可适当留针 5~10min。每日 1 次,或隔日 1 次。

2. 曲池　曲池(LI11)是手阳明大肠经的合穴。定位在肘横纹外侧端,屈肘时在尺泽与肱骨外上髁连线的中点。针刺曲池具有清热解表、疏经通络、强壮上肢的功用。现代医学认为,针刺曲池可以双向调节血压、缓解牙痛及咽喉肿痛,具有提高免疫力及治疗湿疹的作用。刺法:用毫针直刺 0.5~1 寸,得气后,即出针。体弱者可留针 5~10min。每日 1 次,或隔日 1 次。

3. 三阴交　三阴交(SP6)是足太阴脾经的经穴(acupoints on the fourteen regular channels),为足太阴脾经、足少阴肾经与足厥阴肝经的交会穴(crossing point)。定位在小腿内侧,足内踝尖上 3 寸,胫骨内侧缘后方。针刺三阴交具有调补肝、脾、肾三经气血的功用。现代医学认为,针刺三阴交对内分泌系统有正性的调节作用,对生殖系统的健康有重要的促进作用。刺法:用毫针直刺 1~1.5 寸,得气后,即出针,体弱者,可留 5~10min。每日 1 次,或隔日 1 次。

4. 涌泉　涌泉(K11)是足少阴肾经的井穴(Jing point, well point)。定位在足底部,卷足时在前部凹陷处,约在足底第 2、第 3 趾的趾缝纹头端与足跟连线的前 1/3 与后 2/3 交点上。涌泉为养生要穴,针刺此穴有醒脑开窍(restoring consciousness and inducing resuscitation)、通利大小便、舒畅气机的功用。现代医学认为,针刺涌泉具有一定的改善认知功能和急诊急救作用。刺法:直刺 0.2~0.3 寸,得气后,即出针。可单侧、双侧使用。每周行针 1 次。

5. 气海　气海(RN6)是任脉穴。定位在下腹部,在前正中线上,脐下 1.5 寸。气海为养生要穴,针刺此穴具有利下焦、补元气、行气散滞的功用,善于治疗虚脱、少腹痛、便溏、月经不调、痛经、崩漏、带下、阳痿早泄及癃闭(uroschesis, retention of urine, difficulty in urination)即尿潴留等证。现代医学认为,针刺气海对泌尿及生殖系统有正性的调节作用。刺法:向下斜刺 0.5 寸,得气后,即出针。可与足三里穴配合施针,每周行针 1~2 次,具有强壮作用。

6. 关元　关元(RN4)是手太阳大肠经的募穴(alarm point, front-mu point),为足太阴脾经、足少阴肾经、足厥阴肝经与任脉的交会穴。定位在下腹部,前正中线上,当脐中下 3 寸。关元为养生要穴,针刺此穴具有补肾培元、温阳固脱的功用。现代医学认为,针刺关元对内分泌、泌尿及生殖系统有正性的调节作用。刺法:向下斜刺 0.5 寸,得气后出针。每周行针 1~2 次。

7. **合谷** 合谷(L14)是手阳明大肠经穴位。定位在手背第一、第二掌骨之间,约平第二掌骨中点处。简便取穴:将一手的拇指指骨关节横纹放在另一手拇指、食指之间的指蹼缘上,当拇指尖下是穴。针刺合谷有醒脑开窍、泄热止痛的功用。现代医学认为,针刺合谷可以防治头面五官疾患。刺法:直刺 0.5~1 寸,针刺时手呈半握拳状。得气后,即出针。

8. **天枢** 天枢(ST25)是足阳明胃经的募穴。定位在脐旁 2 寸。天枢为治疗肝脾胃疾病的主穴,针刺此穴具有理气消滞、疏调肠道、调中和胃的功用。现代医学认为,针刺天枢对消化系统有正性的调节作用。刺法:直刺 1~1.5 寸。每周行针 1~2 次,可起到强壮身体的作用。

9. **神门** 神门(HT7)是手少阴经的原穴(source point)。定位在腕横纹尺侧端,尺侧腕屈肌腱的桡侧凹陷处。神门为治疗心系疾病的主穴之一,针刺此穴具有养心安神、通络止痛的功用。现代医学认为,针刺神门可以防治心痛、心烦、健忘失眠、惊悸怔忡及癫狂等疾病。刺法:直刺 0.3~0.4 寸。每周行针 1~2 次。

10. **养老** 养老(SI6)是手太阳小肠经的郄穴(cleft point)。定位在尺骨茎突桡侧凹陷中。针刺养老具有充养阳气的功用。现代医学认为,针刺养老可以防治目视不明、落枕、肩臂腰痛等。刺法:直刺或斜刺 0.5~0.8 寸。每周行针 1~2 次。

11. **太溪** 太溪(KI3)是足少阴肾经穴,为足少阴原穴。定位在内踝与跟腱之间的凹陷中。针刺太溪具有滋阴益肾、壮阳强腰的功用。现代医学认为,针刺太溪可以防治肾系疾病与热病。刺法:直刺 0.5~1 寸。每周行针 1~2 次。

12. **内关** 内关(PC6)属手厥阴心包经,为八脉交会穴。定位在腕横纹正中直上 2 寸。内关为治疗心系疾病的主穴之一,针刺此穴具有宁心安神、理气止痛的功用。现代医学认为,针刺内关对心脏功能障碍、消化系统及精神疾病有一定的防治作用。刺法:直刺 0.5~1 寸。每周行针 1~2 次。

13. **大陵** 大陵(PC7)是手厥阴心包经的输穴(acupuncture point, shu-stream point)和原穴。定位在腕横纹中央,掌长肌腱与桡侧腕屈肌腱之间。大陵为治疗情志疾病的主穴之一,针刺此穴具有宁心安神、和营通络、宽胸和胃的功用。现代医学认为,针刺大陵对精神疾病及心脏系统疾病有一定的防治作用。刺法:直刺 0.5~0.8 寸。每周行针 1~2 次。

14. **阳陵泉** 阳陵泉(GB34)是少阳胆经的穴位,为八会穴之筋会。定位在腓骨小头前下方凹陷中。阳陵泉为治疗半身不遂的主穴之一,针刺此穴具有通络止痛的功用。现代医学认为,针刺阳陵泉对下肢运动功能有明确的改善作用。刺法:直刺 1~1.5 寸,得气即可出针。每周行针 1~2 次。

（五）针刺养生的常用腧穴配伍

针刺养生的常用腧穴配伍(common acupoint compatibility in acupuncture health cultivation)如下:

髀关穴、梁丘穴、足三里穴、阳陵泉穴四穴配伍,可强健下肢,胆胃同调。

臂臑穴、曲池穴、手三里穴、外关穴四穴配伍,可内调脏腑,外强上肢。

中脘穴、天枢穴、大横穴、足三里穴四穴配伍,可调整肠胃机能。

内关穴、关元穴、三阴交穴、足三里穴四穴配伍,可强壮身体。

百会穴、神门穴、膈俞穴、太溪穴四穴配伍,可防治失眠多梦。

神门穴、通里穴、内关穴、太冲穴四穴配伍,可防治心绞痛。

合谷穴、曲池穴、大椎穴、养老穴四穴配伍,可防治颈项强痛。

（六）针刺养生注意事项

针刺养生注意事项(precautions with acupuncture health cultivation)如下:

1. 对于体质虚弱、精神过度紧张，或过饥、过饱、过劳、大汗、大泻、大出血后者，年老体迈者及孕妇，皮肤感染、溃疡、瘢痕或肿瘤的部位，不宜针刺。

2. 行针手法（needling manipulation，needle manipulation technique）要熟练，指力要均匀，并要避免进针过速、过猛。在留针（retaining needle）过程中，不要随意更动体位。

3. 发现晕针应立即停止针刺，将已刺之针全部拔出，平卧于空气流通处，松开衣带，轻者静卧片刻，并饮热开水等，即能恢复。重者可针刺人中或转入急诊科室进一步治疗。

（七）灸法养生的概念

灸法养生（health cultivation with moxibustion）是以中医经络理论为指导，用艾绒或其他药物在身体特定腧穴及经络上施灸，产生的温热作用于经络，达到温通经脉、行气活血、调和脏腑、扶正祛邪、延年益寿目的的一种养生方法。灸法养生不仅用于强身保健，还可以用于久病体虚之人的康复。灸法耐受性好、不良反应少、老幼皆宜，可补针药之不足。

灸法养生所用的灸材（moxibustion materials）一般为艾炷（moxa column）或艾条（moxa-cigar，moxa stick），其主要成分为艾绒。《本草纲目》（Compendium of Materia Medica）有："艾叶能灸百病"的记载。艾叶（argy wormwood leaf，Chinese mugwort leaf）为温辛、阳热之药。其味苦、微温、无毒，主灸百病。故艾叶是养生灸理想的原料。《扁鹊心书》有"人于无病时，常灸关元、气海、命门、中脘，虽未得长生，亦可得百余岁矣"的记载，说明在古代灸法广泛应用于养生实践中。当下灸法养生仍是广大群众所喜爱的、行之有效的、实用的养生方法之一。

（八）灸法养生的作用

灸法养生的作用（roles of moxibustion in health cultivation）如下：

1. **温通经脉，行气活血**　《素问·刺节真邪论》说："脉中之血，凝而留止，弗之火调，弗能取之。"人的气血运行得温热则瘀血消散，而运行通畅；得寒则气血凝滞，而运行不畅。灸法其性温热，可以温通经络，促进气血运行，善于防治寒凝血瘀证（syndrome of cold congelation and blood stasis）。

2. **健脾和胃，培补后天**　《针灸资生经》指出："凡饮食不思，心腹膨胀，面色萎黄，世谓之脾胃病者，宜灸中脘。"脾胃是后天之本，在中脘穴施灸，可以温运脾阳（warming and activating spleen yang），补中益气。常灸足三里、中脘，不但能使消化系统功能旺盛，增加人体对营养物质的吸收，以濡养全身，亦可收到强身健体、防病治病、抗衰防老的效果。

3. **升举阳气，密固腠表**　《素问·经脉》云："陷下则灸之。"气虚下陷，皮毛不耐风寒，清阳不得上举，因而卫阳不固，腠理疏松。灸法可以升举阳气（lifting yang-qi），益气固表（invigorating qi for consolidating superficies），可抵御外邪，调和营卫（regulating Ying and Wei，harmonizing Yingfen and Weifen），起到强健身体、防病治病的作用。

4. **培补元气，预防疾病**　宋代窦材编撰的《扁鹊心书》指出："夫人之真元，乃一身之主宰，真气壮则人强，真气虚则人病，真气脱则人死，保命之法，灼艾第一。"艾为辛温阳热之药，以火助之，两阳相得，可补阳壮阳，真元充足，则人体健壮，所以灸法是培补元气的最好方法。

（九）施灸方法

施灸的方法（moxibustion methods）如下：

1. **灸法选择**　灸法从形式上分，可分为艾炷灸、艾条灸、温针灸、灸器灸及药物灸5种；从方法上分，可分为直接灸、间接灸和悬灸3种。灸法养生则以艾条灸、艾炷灸、灸器灸最为常见，可采用直接灸、间接灸和悬灸3种方法。

2. **施灸的具体步骤**　根据受术者的体质情况及所需的养生要求选好腧穴，将点燃的艾条或艾炷对准穴位，使腧穴部位感到有温和的热力，并向下窜透，以感觉温热舒适，并能耐受为度。

3. **施灸时间**　灸法养生的施术时间以3~5min为宜，最长可到10~15min。一般说来，保健养生灸时间宜短；病后康复，施灸时间可增长。春、夏二季，施灸时间宜短，秋、冬宜长；四肢、胸部施灸时间宜短,腹、背部位宜长。老人、妇女、儿童施灸时间宜短,青壮年则时间可增长。

4. 施灸的刺激量　传统方法多以艾炷的大小和施灸壮数的多少来计算。艾炷是用艾绒捏成的圆锥形的用量单位,分大、中、小3种。大炷如蚕豆大小;中炷如黄豆大小;小炷如麦粒大小。每燃烧1个艾炷为1壮。实际应用时,可据体质强弱而选择。体质强者,宜用大炷,体弱者,宜用小炷。

（十）灸法常用腧穴

灸法常用腧穴(acupoints commonly used in moxibustion)如下:

灸法养生的适用范围较广泛,所选腧穴较多,针刺养生的常用穴位,都可以用于灸法。同时,一些不宜针刺或针刺不方便的穴位也可以用于灸法养生。灸法养生的常用腧穴如下:

1. 足三里　足三里(ST36)的腧穴定位参见针刺养生。常灸足三里,可健脾益胃(invigorating the spleen and nourishing the stomach),促进消化吸收,强壮身体。中老年人常灸足三里可以防老、强身及预防慢性疾病。灸法:用艾炷、艾条灸均可,时间可掌握在5~10min。中老年人常灸足三里还可预防卒中、癃闭等慢性疾病,为中、老年人保健要穴。古代养生家主张常在足三里施瘢痕灸(scar-producing moxibustion),灸疮延久不愈,可以增强免疫力、强身益寿。"若要身体安,三里常不干"即指这种灸法。

2. 神阙　神阙(RN8)在腹部,脐中央。神阙为任脉之要穴,常灸此穴具有益气补阳(invigorating qi and replenishing yang)、温肾健脾(warming the kidney and strengthening the spleen)的作用。《扁鹊心书》中记载,常用此法熏蒸,则荣卫调和,安魂定魄,寒暑不侵,身体康健,其中有神妙也。灸法:间接隔盐灸(indirect moxibustion with salt),灸7~15壮,艾条灸5~15min。

3. 膏肓　膏肓(BL43)在背部,当第四胸椎棘突下,旁开3寸。常灸膏肓穴,有强壮身体、缓解疲劳的作用。灸法:艾条灸,15~30min;艾炷灸,7~15壮。

4. 中脘　中脘(RN12)在上腹部,前正中线上,当脐中上4寸,为强壮要穴。常灸此穴具有健脾益胃、补中益气、培补后天的作用。常用隔姜灸(ginger-partitioned moxibustion)、温和灸(mild moxibustion,warming moxibustion)。每日灸1次,每次5~9壮,连灸10日。

5. 涌泉　常灸涌泉(K11)穴有补肾壮阳、养心安神的作用,可健身强心、延年益寿。一般可灸3~7壮。

6. 气海　气海(RN6)属任脉穴位,为保健要穴。常灸此穴有培补元气、益肾固精(nourishing kidney and fixing essence)的作用。常用温和灸、隔姜灸和附子灸(aconite cake-separated moxibustion,moxibustion on aconite)。孕妇禁用。

7. 关元　关元(RN4)为保健要穴,常灸此穴具有温肾固精(warming kidney and fixing essence)、补气回阳(reinforcing qi and returning yang)、通纳冲任(clearing and regulating chong and channels)之功效。多用生姜灸(ginger moxibustion),一般每次灸5~10壮,灸毕用正红花油涂于施灸部位,一是防皮肤灼伤,二是更能增强艾灸活血化瘀、散寒止痛(dispelling cold and relieving pain,eliminating cold to stop pain)之功效。

8. 三阴交　三阴交(SP6)是足三阴经的交会穴。常灸此穴对肝、脾、肾三脏的疾病有防治作用,且具有健脾和胃、疏肝益肾(soothing the liver and benefiting the kidney)、调经活血(regulating menstruation and activating blood circulation)的功能。一般艾条温和灸10~15min。艾灸三阴交对神经系统的失眠、神经衰弱、心悸;心脑血管方面的冠心病、高血压;消化系统的脾胃虚弱、肠鸣腹胀、泄泻、消化不良、腹痛、便血、便秘等都有防治作用。

9. 大椎　大椎(DU14)又名百劳穴。大椎在后正中线上,第7颈椎棘突下凹陷中。常灸此穴有解表散寒(relieving exterior syndrome and dispersing cold)、温通督脉(warmly dredging Du channel)的作用,可补益阳气(invigorating yang qi)、强身益寿。一般可灸3~7壮。适用于中老年人项背畏寒、用脑过度引起的疲劳、头胀、头晕,伏案或低头过度引起的项强不适、颈椎病,以及血管紧张性头痛等。

10. **风池**　风池(GB20)在项部,当枕骨之下,与风府相平,在胸锁乳突肌和斜方肌上端之间的凹陷中。常灸此穴有疏风解热(dispelling wind and relieving fever)、聪耳明目、醒脑开窍的作用。灸此穴还可以预防感冒。艾条温和灸 10~15min 即可。

11. **命门**　命门(DU4)位于人体的腰部,当后正中线上,第二腰椎棘突下凹陷处,指压时,有强烈的压痛感。取穴时采用俯卧的姿势。常灸此穴可温肾固经、强身健体、防治腰痛。

12. **肾俞**　肾俞(BL23)位于腰部,当第二腰椎棘突旁开 1.5 寸,左右二指宽处。肾俞穴与命门穴相平,为肾气所聚之处。取穴时通常采用俯卧姿势。肾俞穴是延缓衰老的要穴,艾灸该穴可具益精补肾之效。故《玉龙歌》有"若知肾俞二穴处,艾火频加体自康"的记载。

(十一)灸法注意事项

灸法养生注意事项(precautions with moxibustion for health cultivation)如下:

1. **施灸禁忌**　实热证(excessive heat syndrome)、阴虚发热(fever due to yin deficiency),一般不适宜施灸;对颜面、五官和有大血管的部位以及关节活动部位,不宜采用瘢痕灸;孕妇的腹部和腰骶部也不宜施灸。施灸时应防止艾火烧伤皮肤或衣物。

2. **灸后的处理**　施灸后,局部皮肤出现微红、灼热,属于正常现象,无需处理。因施灸过量,时间过长,局部出现小水泡,如未擦破可任其自然吸收。如水泡较大,可用消过毒的毫针刺破水泡,放出水液,或用注射针抽出水液,再涂以龙胆紫,并以纱布包敷。用过的艾条,应装入璃瓶或筒内,以防复燃。

(十二)不同季节的灸法举例

不同季节的灸法(methods of moxibustion in different seasons)如下:

1. **三伏天灸**　三伏天灸(moxibustion in dog days)是指在三伏天实施艾灸法,也就是用中药敷贴,这是冬病夏治最常用的一种方法。"冬病夏治(winter disease being cured in summer)"是我国传统中医药疗法中的特色疗法,它是根据天人相应和"春夏养阳(nourishing yang in spring and summer)"的原则,利用夏季自然界气温高和机体阳气都很充沛的有利时机,调整人体的阴阳,使一些好发于冬季,或在冬季加重的病变,如支气管炎、支气管哮喘、风湿与类风湿性关节炎及脾胃虚寒一类的疾病得以康复。

在三伏天(dog days,three ten-day periods of the hot season),人体腠理疏松、经络气血通畅,有利于药物的渗透和吸收。利用这一有利时机治疗某些寒性疾病,能最大限度地祛风散寒(eliminating wind to dispersing cold),祛除体内沉痼,调整人体的阴阳平衡,预防旧病复发或减轻其症状,并为秋冬储备阳气,令人体阳气充足,至冬至时则不易被严寒所伤。冬病夏治常用穴位:足三里、神阙、气海、关元穴、背俞穴等。

2. **秋季艾灸**　中医认为,大肠经和肺经属金,秋季金旺,因此在秋季大肠经和肺经处于最旺状态,而胆、肝两条经脉在五行分属木,由于秋季金旺克木,因此在秋季,胆经和肝经处于最衰状态。下面举例秋季不同时点宜实施的补益艾灸方法:白露日,取用腧穴为期门、下脘、章门、曲泉、中封。白露第二日,取用腧穴为京门、带脉、阳陵泉、悬钟、丘墟。随着温度的降低,补益的经脉由胆、肝经为主转向膀胱经及任脉。寒露日,取用腧穴为肾俞、膀胱俞、中极、昆仑、束谷。寒露第二日,取用腧穴为肾俞、下脘、关元、复溜、太溪。

3. **冬季艾灸**　冬季不同时点宜实施的温补艾灸法:立冬日,取用腧穴为中脘、关元、小海、阳谷、后溪。立冬第二日,取用腧穴为膻中、巨阙、章门、少海、灵道。冬至前后,艾灸神阙穴。冬至阳气开始生发,神阙就是人体元神的门户,艾灸神阙能激发人体的元气。在冬至节气前后 4 天艾灸神阙穴是激发人体阳气升发的最佳时机。小寒以后,艾灸关元和肾俞。小寒标志着开始进入一年中最寒冷的日子,冬天气温骤降,是自然界万物闭藏的季节,人的阳气也要潜藏于内,新陈代谢相应较低,艾灸关元穴和肾俞穴可起到温阳补肾、调补人体阳气,达到增强机体机能的目的。

二、推拿养生

推拿(Chinese traditional manipulation)又称医疗按摩,或按摩(massage)。推拿养生(medical massage for health cultivation)是在中医理论指导下,操作者用手或肢体的某些部分,或借助一定的器具,在受术者体表的特定部位、经络或腧穴上施行手法刺激,达到疏通经络、舒筋活络、缓急止痛、调和营卫、调节脏腑的目的,从而预防疾病、强身健体。养生推拿法不良反应少、操作简便、临床效果显著,是深受群众喜爱的延年益寿的养生保健措施之一。

(一)推拿的作用

推拿的作用(roles of medical massage)如下:

1. **疏通经络,行气活血**　《素问·调经论》说:"神不足者,视其虚络,按而致之。"《素问·血气形志》说:"经络不通,病生于不仁,治之以按摩醪药。"说明采用推拿对体表以及经络腧穴直接刺激,可以达到通经活络、加快气血运行的目的。

2. **调和营卫,平衡阴阳**　明代养生家罗洪在《万寿仙书》中说:"按摩法能疏通毛窍,能运旋荣卫。"说明不同的按摩手法,施术于人体不同的经络和腧穴,通过经络的传导,能够疏通毛窍,调和营卫气血,机体皆得其养,则内外调和,阴阳平衡。

3. **舒筋活络,缓急止痛**　经络具有"行血气而营阴阳,濡筋骨,利关节"之功能。清代吴谦负责编修的《医宗金鉴》(Golden Mirror of Medicine)指出:"因跌仆闪失,以致骨缝开错,气血郁滞,为肿为痛,宜用按摩法,按其经络,以通郁闭之气,摩其壅聚,以散瘀结之肿,其患可愈。"推拿法通过直接作用于损伤局部,可以促进局部气血运行,缓解肌肉紧张,松解粘连,起到理气祛瘀、舒筋活络、滑利关节、消肿止痛的作用。

4. **调节脏腑,预防疾病**　推拿手法作用于体表的经络穴位上,不仅可引起局部经络反应,起到激发和调整经气的作用,而且通过经络影响到所连属的脏腑、组织、器官的功能活动,直接或间接地改善脏腑功能,以调节机体的生理、病理状况,使机体处于良好的功能状态,并激发机体内的抗病因素,增强抗病能力。

从现代医学角度来看,养生推拿主要是通过刺激末梢神经,促进血液、淋巴循环及组织间的代谢过程,以协调各组织、器官间的功能,使机体的新陈代谢水平有所提高。临床和实验研究证实,推拿能促进血液循环,使皮肤浅层的毛细血管扩张,改善局部组织的营养代谢,增强肌肉组织,解除血管肌肉痉挛,消除肌肉疲劳,使肌肉放松,关节灵活,促进关节滑液的代谢,增强关节囊和关节韧带的韧性。同时能够促进淋巴液循环和水肿吸收,减轻疼痛。推拿还有促进胃肠蠕动和消化腺分泌,改善呼吸功能与促进膀胱收缩的功能。推拿也能通过神经体液等因素,反射性地提高机体的某些防御功能,从而预防疾病的发生。

(二)常用推拿养生手法

推拿手法的基本要求(basic requirements of medical massage manipulation, manipulation of massage)是:持久、柔和、有力、均匀、深透,具体是指在操作中,按摩手法应有一定的力度,但不是用蛮力,而是用巧力,手法应柔缓、灵活,不要生硬,同时要保证手法的力量必须要深达病变的部位,手法动作的速度、力度、幅度应保持协调一致,并应持续一定的时间。要熟练地掌握手法的各种技能,达到标准,就必须多加练习。常用推拿养生手法(commonly used medical massage manipulation for health cultivation)有以下几种:

1. **按法**　是以指、掌根、肘或其他部位,在施术部位上逐渐用力向下垂直按压,按而留之,适用于全身各部位。按法可缓解肌肉痉挛,提高痛阈,抑制神经兴奋,改善局部组织的血液循环和营养代谢状态,增强机体的氧化过程,促进淋巴循环,以发挥通经活络、舒筋解痉、镇静止痛、健脾和胃等作用。

2. **摩法**　用指或掌在体表做环形或直线往返摩动,具体分为指摩法和掌摩法两种。操作时肩臂部放松,肘关节屈曲约40°~60°,摩动的速度和力量要均匀。摩法通过提高局部皮肤温度,加快血液和淋巴液的循环,促进新陈代谢,协调脏腑功能,起到行气活血、消肿止痛、温经散寒、理气和中、消积导滞的作用。

3. **推法** 以拇指指端(或拇指桡侧偏峰,或拇指罗纹面)吸定于一定的部位或穴位,沉肩、垂肘、悬腕,运用腕部摆动来带动拇指指间关节做屈伸运动,使所产生的力轻重交替,持续作用于施术部位,频率为每分钟120~160次。推法适用于全身各部位,通过加快血液循环、提高痛阈,发挥行气活血、舒筋通络、调和营卫、健脾和胃、清利头目、镇静安神的作用。

4. **拿法** 用拇指和其余手指相对用力,提捏或揉捏肌肤,根据拇指及与拇指配合的其他手指数量的多少,而分三指拿法、四指拿法、五指拿法。三指拿法适用于颈项、肩,五指拿法适用于头、腰及四肢,都是常用的保健推拿手法。拿法具有祛风散寒、舒筋活血、通络止痛、健运脾胃等作用。

5. **揉法** 以手掌大小鱼际或掌根、全掌、手指罗纹面、前臂近端或肘尖着力,吸定于体表施术部位上,做轻柔和缓的上下、左右或环旋动作。揉法是保健推拿的常用手法之一,具有祛风散寒、舒筋解痉、活血化瘀、消肿止痛、宽胸理气、消积导滞等作用,可改善血液循环和组织器官的营养,缓解肌肉痉挛,软化瘢痕,提高痛阈,提高机体的抗病能力。

6. **擦法** 用指或掌贴附于体表一定的部位,做较快速的直线往返运动,使之摩擦生热,分为指擦法、掌擦法、大鱼际擦法和小鱼际擦法。擦法能提高局部皮肤温度,改善血液和淋巴液循环,加速新陈代谢,软化瘢痕组织,增强汗腺与皮脂腺的分泌功能,消耗分解皮下多余脂肪,具有温经通络、行气活血、清肿止痛、祛风除湿、健运脾胃的作用,常用于改善内脏虚损及气血不足。

7. **点法** 点法分拇指点和屈指点两种:屈拇指,用拇指指间关节桡侧点压体表,或屈食指,用食指近侧指间关节点压体表。点法作用面积小,刺激性很强,常用在肌肉较薄的骨缝处,使用时要根据受术者的具体情况和操作部位酌情用力。点法具有开窍活血、通络止痛、调整脏腑功能的作用,常用于缓解脘腹拘挛疼痛、腰腿疼痛等病证。

8. **击法** 用拳背、掌根、掌侧小鱼际、指尖或桑枝棒击打体表一定部位,包括拳击法、掌击法、侧击法、指尖击法和桑枝棒击法。击法具有舒筋活络、调和气血的作用。击法能促进血液循环,增强新陈代谢,提高神经兴奋性,营养肌肤,放松肌肉,消除疲劳。

9. **搓法** 用双手掌面托夹住肢体,或以单手、双手掌面着力于施术部位,交替搓动或往返搓动,包括夹搓法和推搓法两种。搓法适用于四肢及胁肋部,具有温经散寒、祛风通络、舒筋活血、调和营卫等作用。

10. **掐法** 多以拇指端指甲缘重按穴位,而不刺破皮肤,又称切法、爪法。此法是小儿推拿常用手法,具有开窍醒神、祛风散寒、回阳救逆、温通经络等作用。

11. **捻法** 用拇指、食指夹住施术部位进行搓揉捻动,是推拿的辅助手法。此法常用于指间关节的保健及末梢血液循环不良。

(三)推拿的养生运用

推拿的养生运用(applications of medical massage for health cultivation)如下:

1. **揉太阳穴** 用两手中指端,按两侧太阳穴旋转揉动,先顺时针转,后逆时针转,各10~15次。具有清神醒脑的作用,可以防治头痛头晕、眼花视力下降。

2. **点睛明** 用两手食指指端分别点压双睛明穴,共20次左右。具有养睛明目的作用,可以防治近视眼、视疲劳。

3. **揉丹田** 将双手搓热后,用右手中间三指在脐下3寸处旋转推拿50~60次。丹田,道家认为是男子精室(seminal chamber),女子胞宫(uterus)所在处。养丹田,可助两肾,填精补髓,祛病延寿。常行此法具有健肾固精、改善胃肠功能的作用。

4. **摩中脘** 将双手搓热,重叠放在中脘穴处,顺时针方向摩30次,然后再以同样手法逆时针方向摩 30 次。中脘位于肚脐与剑突下连线的中点,居于人体中部,为连接上下的枢纽。常习此法,具有改善消化、调整胃肠道功能的作用。

5. 搓大包　双手搓热,以一手掌摩搓对侧大包及胁肋部,双手交替各 30 次。大包是脾之大络,位于胁肋部,为肝胆经脉所行之处。每日操作此法,有调理脾胃、疏肝理气、清肝利胆之功效,可防治肝胆疾病、肋间神经痛等疾病。

6. 揉肩井　以双手全掌交替揉擘双肩,以拇指、食指、中指拿捏肩井,每日 20～30 次。肩井位于肩部,是手足之三阳经脉交会之处。此法具有防治肩周炎、颈椎病的作用。

7. 擦颈劳　双手搓热,以拇指、食指捏揉颈劳穴,再以全掌交替擦颈项部 30 次。颈劳位于颈项部,第 3 颈椎棘突下旁开 0.5 寸。颈项是人体经脉通往头部和肢体的重要通道。常行此法有舒筋活络、消除颈部疲劳、防治颈椎病的功效。

8. 搓劳宫　以双手掌心相对,顺时针搓压劳宫穴 30 次;用一手的拇指、食指相对搓另一手的手指,从指根向指尖,五指依次一遍,再用一手掌擦另一手的手背,双手交替进行;最后将两手掌心劳宫穴相互搓热为止。劳宫为心包经的荥穴,手是手三阴与手三阳之脉相交处,常行此法,可起到养心安神、调和内脏、活血润肤等功效。

9. 按肾俞　先将双手搓热．再以手掌上下来回推拿肾俞穴 50～60 次,两侧同时或交替进行。此法可于睡前或醒后进行,也可日常休息时操作。肾俞位于腰部,中医认为,"腰者肾之府",肾为先天之本,主骨藏精。每日用双手摩腰部,使腰部发热,具有强肾壮腰,防治肾虚腰痛、风湿腰痛、腰椎间盘突出等腰部疾病的作用。

10. 点环跳　先以左手拇指端点左臀环跳穴,再用右手点右臀环跳穴,交叉进行,每侧 10 次。常行此法可以舒筋活络、通利关节,能防治坐骨神经痛、下肢活动不利、腰膝酸软等症。

11. 擦涌泉　先将两手互相搓热,再用左手手掌擦右足涌泉穴,右手手掌擦左足涌泉穴,反复擦搓 30～50 次,以足心感觉发热为度。此法适宜在临睡前或醒后进行。若能在操作前以温水泡脚,然后再实施,则效果更佳。常行此法具有温肾健脑、调肝健脾安眠、改善血液循环的功效,可强身健体,也可防治失眠心悸、头晕耳鸣等症。

（四）推拿养生注意事项

推拿养生注意事项(notes on medical massage health cultivation)如下:推拿时除注意力应集中外,尤其要心平气和,全身也不要紧张,要求做到身心都放松。掌握常用穴位的取穴方法和操作手法,以求取穴准确,手法正确。注意推拿力度先轻后重,轻重适度。因为过小起不到应有的刺激作用,过大易产生疲劳,且易损伤皮肤。推拿手法的次数要由少到多,推拿力量由轻逐渐加重,推拿穴位可逐渐增加。推拿后有出汗现象时,应注意避风,以免感冒。

三、拔罐养生

拔罐养生(cupping for health cultivation)是以火罐(cupping jar)为工具,利用燃烧、抽气等方法,形成罐内负压,使之吸附于体表穴位或患处,形成局部充血或瘀血,而达到防病治病、强壮身体为目的的一种养生保健方法,又称拔罐疗法(cupping therapy)。

拔罐(cupping)古称"角法(horn cupping)",是一种独具中医特色的养生保健方法,深受我国百姓喜爱,具有操作简便、取材容易、见效快、安全可靠的特点。中世纪英语称其为"ventouse"。《素问·皮部论》云:"凡十二经络脉者,皮之部也,是故百病之始生也,必先于皮毛。"十二皮部与经络、脏腑密切联系,运用拔罐法刺激皮部,通过经络而作用于脏腑,可以调整脏腑功能、通经活络,在调理亚健康、养生保健、美容塑身等方面有很好的效果。其操作简便,又易于接受,很适宜用于养生保健。

（一）拔罐养生的作用机制

拔罐养生的作用机制(mechanism of cupping for health cultivation)如下:

1. **负压作用** 首先,在罐内负压的作用下,拔罐局部的毛细血管通透性增加,毛细血管破裂,红细胞受到破坏,血红蛋白释出,出现局部溶血现象。此局部的溶血对机体的自我调整功能是一种良性刺激,可以增强机体的免疫力,对人体有防病保健功能。其次,在负压的作用下,皮肤毛孔充分张开,汗腺和皮脂腺的功能受到刺激而加强,皮肤表层衰老细胞脱落,从而使体内的毒素、废物得以加速排出,而产生通经活络、行气活血(promoting qi to activate blood)的作用。

2. **温热作用** 拔罐对局部皮肤有温热刺激作用,以火罐、水罐最为明显。拔罐局部的温热刺激使血管扩张,血流量增加,淋巴循环加速,新陈代谢增强,从而加速体内代谢产物的排除,起到了温经散寒、消肿止痛等作用。

3. **调节作用** 由于罐内产生负压,使罐缘紧附于皮肤表面,而牵拉了局部的神经、肌肉、血管以及皮下的腺体,产生一系列神经内分泌反应,血管的舒缩功能和血管的通透性得到调节,从而改善血液循环。

(二)常用拔罐器具

罐的种类很多,常用拔罐器(commonly used cupping devices)有四种:玻璃罐、竹罐、陶罐、抽气罐。

1. **玻璃罐** 玻璃罐(glass cup)用玻璃制成,形如球状,肚大口小,口边外翻,有大、中、小 3 种规格。这种罐的优点是质地透明,使用时可直接观察局部皮肤的变化,便于掌握时间,临床应用较普遍;缺点是容易破碎。

2. **竹罐** 竹罐(bamboo gar)是将直径 3~5cm 坚固的竹子截成 6~10cm 不同长度磨光而成。这种罐的优点是取材容易,制作简单,轻巧价廉,且不易摔碎,适于药煮,临床多有采用;缺点是易爆裂漏气。

3. **陶罐** 陶罐(pottery cup)用陶土烧制而成,罐的两端较小,中间略向外凸出,状如瓷鼓,底平,口径大小不一,口径小者较短,口径大者略长。这种罐的特点是吸力大,但质地较重,容易摔碎损坏。

4. **抽气罐** 抽气罐(suction cup)在透明塑料上面加置活塞,罐抵于皮肤抽气后罐内形成负压。这种罐的不足之处是没有温热刺激。

(三)常用的吸拔方法

常用的吸拔方法(commonly used methods of cupping)如下:

1. **火罐法** 火罐法(fire cupping method)是利用纸片或酒精棉在罐内燃烧时产生的热力排出罐内空气,形成负压,使罐吸附在皮肤上。常用的有以下几种:闪火法(fire twinkling method, flash-fire cupping method):用镊子或止血钳夹住燃烧的酒精棉球,在火罐内绕一圈后,迅速退出,快速地将罐扣在施术部位。此法简便安全,不受体位限制,为目前临床常用的方法。投火法(fire throwing method, fire-insertion cupping method):将纸片或酒精棉球点燃后,投入罐内,然后迅速将火罐扣于施术部位。此法须防酒精过多,滴下烫伤皮肤。贴棉法(cotton firing method, cotton-burning cupping method):是用大小适宜的酒精棉一块,贴在罐内壁的下 1/3 处,用火将酒精棉点燃后,迅速将罐扣在应拔的部位。

2. **抽气法** 抽气法(exhaust cupping method)将备好的抽气罐扣在需要拔罐的位置上,用抽气筒将罐内的空气抽出,使罐内形成负压而吸拔住皮肤。此法适用于任何部位。

3. **水罐法** 水罐法(water cupping method)一般选用竹罐,倒置于锅内煮沸,用镊子取出竹罐的底部,迅速用凉毛巾紧扣罐口,立即将罐扣在应拔部位,即能吸附在皮肤上。

(四)常用的拔罐养生操作方法

常用的拔罐养生操作方法(common operation methods of cupping for health cultivation)如下:

1. **留罐法** 留罐法(cup retaining method)又称坐罐法,是临床最常用的一种方法。留罐法是指拔罐后将罐留置一段时间,一般为 10~15min,小儿及体弱者以 5~10min 为宜。大而吸力强的罐具留罐时间可适当短些,吸力弱或小罐的留罐时间可适当长些。可根据病变范围的大小选择多罐或单罐。

2. **闪罐法**　闪罐法(successive flash cupping method,quick cupping method)是将罐拔上后立即取下,如此反复吸拔多次,以皮肤潮红为度。此法多用于局部皮肤麻木或功能减退的虚证患者,或肌肉松弛、留罐有困难的部位。需注意,如果反复操作使罐口温度过高,应换罐操作。

3. **走罐法**　走罐法(movable cupping method,moving cup method,slide cupping method)又称推罐法,即先在走罐所经皮肤和罐口(以玻璃罐为佳)涂上凡士林等润滑剂,待罐具吸拔住后,以手握住罐底,稍倾斜,使推动方向的后边着力,前边略提起,缓慢地来回推拉移动,至皮肤出现潮红或瘀血为止。此法常用于面积较大、肌肉丰厚的部位,如腰背部等。由于兼具按摩作用,临床较为常用。

4. **刺血拔罐法**　刺血拔罐法(blood letting puncturing and cupping method,pricking-cupping bloodletting method),又称刺络拔罐法(stimulating collaterals and cupping method),将施术部位消毒后,用三棱针点刺出血或用皮肤针叩打后,再行拔罐,以加强活血祛瘀、消肿止痛的作用。

5. **留针拔罐法**　留针拔罐法(retaining the needle and cupping method)先用毫针在穴位处垂直刺入,得气后留针,再以针为中心拔罐。此法适用于玻璃罐,由于是将针刺与拔罐相结合,因此作用较强。

6. **药罐法**　药罐法(medicated cupping method)是将药物治疗与拔罐相结合的方法,又称药筒法。在罐内负压和温热作用下,局部毛孔和汗腺开放,毛细血管扩张,血液循环加快,药物可更直接被吸收。常用的方法有两种。药煮罐法:一般选用竹罐,将方药装入布袋中,放入锅内加水煮至一定浓度,再把竹罐放入药液内煮 15min。使用时按水罐法吸拔在治疗部位;药贮罐击:一般选用抽气罐,将药液贮于罐内,然后按抽气法吸拔在治疗部位。

(五)拔罐养生常用穴位

拔罐养生常用穴位(acupoints commonly used in cupping therapy)如下:

1. **背俞穴**　背俞穴是脏腑经气输注于背腰部的腧穴,位于足太阳膀胱经的第一侧线上,大体依脏腑位置而上下排列,共 12 穴,即肺俞、厥阴俞、心俞、肝俞、胆俞、脾俞、胃俞、三焦俞、肾俞、大肠俞,小肠俞、膀胱俞。在此条线上拔罐,可畅通五脏六腑之经气,调理其生理功能,促进全身气血运行,是拔罐养生的常用穴位。

2. **涌泉**　涌泉穴是足少阴经第一个穴位,位于人体最下部足掌心处。体内湿毒之邪重着黏腻,易趋于下,不易排出,常阻塞经络气血,引发许多疾病。涌泉穴拔罐可以排出体内的湿毒浊气,疏通肾经,使肾气旺盛,配伍足三里更可使人体精力充沛,延缓衰老。

3. **三阴交**　三阴交穴为肝、肾、脾三条阴经交会之穴。肝藏血(liver storing blood),脾统血(spleen controlling blood),肾藏精(kidney storing essence),精血同源。经常在三阴交拔罐可调理肝、脾、肾三经的气血,健脾利湿,疏肝补肾,使先天之精旺盛,后天气血充足,从而达到健康长寿的目的。

4. **足三里**　足三里穴是人体保健穴位之一,古人称之为“长寿穴”。足三里所在的足阳明胃经是多气多血之脉,经常在足三里穴拔罐,可以起到调节机体免疫力、增强抗病能力、调理脾胃、补中益气、通经活络、疏风化湿、扶正祛邪的作用。

5. **关元**　关元穴属于任脉,又是小肠的募穴,古人称之为人身元阴元阳交汇之处。该穴是保健拔罐的常用穴位,同时长期施灸,借助火力,可以起到温通经络、固本培元(reinforcing the fundamental and cultivating the vital energy)、壮一身之元气的作用。

6. **膻中**　膻中穴为心包络经气聚集之处,又是宗气(pectoral Qi)聚会之处,该穴具有调理人身气机之功能,经常在此穴位拔罐可预防一切气机不畅之病变。

7. 大椎　大椎穴属督脉,为足三阳经与督脉的交会处,有统领一身阳气,联络一身阴气的作用。在此穴位拔罐,有调节阴阳、疏通经络、清热解毒、预防感冒、增强身体免疫力的功效。

8. 内关　内关穴为手厥阴心包经的穴位,有宁心安神、理气和胃、疏经活络等作用。在此穴拔罐,对心血管疾病、肺病、胃肠道疾病的预防有较好的作用。

9. 合谷　合谷穴属手阳明大肠经,有清泄阳明、祛风解毒、疏经通络、醒神开窍之功用。在此穴拔罐可使牙齿健康,且能保持大便畅通,有利于排出毒物、废物,起到养颜、抗衰老的作用。

（六）拔罐养生注意事项

拔罐养生注意事项(precautions for cupping health cultivation)如下:

要根据不同的养生保健需求选用不同的部位,并选择适宜的罐具和拔罐方法。拔罐时要选择适当体位和肌肉丰满的部位,心前区、皮肤细嫩处、皮肤破损处、外伤骨折处、体表大血管处、皮肤瘢痕处、乳头、骨突出处等均不宜拔罐。用火罐时应避免烫伤,不要将燃烧的酒精落在受术者的身上。若烫伤或留罐时间太长而皮肤起水疱时,应及时处理。面积小者,仅敷以消毒纱布,防止擦破即可。水疱较大时,用消毒针将水放出,涂以龙胆紫药水,或用消毒纱布包敷,以防感染。拔罐的间隔时间根据具体情况而定。体质虚弱者可以每隔1~2日或3~5日拔罐一次。连续每日拔罐的,应注意轮换拔罐部位。同一部位不能天天拔。在拔罐的旧痕未消退前,不可再拔罐。在给患者拔罐时,应密切观察患者的情况,如有晕罐等情况,应及时处理。

有下列情况之一者,应禁用或慎用拔罐法:①皮肤严重过敏或皮肤患有疥疮等传染性疾病者不宜拔罐;②重度心脏病,心力衰竭,呼吸衰竭,肺结核活动期,有出血倾向及严重水肿的患者不宜拔罐;③狂躁不安、不能配合者,不宜拔罐;④妊娠期妇女的腹部、腰骶部及乳部不宜拔罐,拔其他部位时,手法也应轻柔,妇女经期不宜拔罐。

四、刮痧养生

刮痧养生(scraping heath cultivation)是以中医基础理论为指导,运用刮痧器具施术于体表的一定部位形成痧痕(scar),从而达到强身健体、防治疾病目的的一种常用养生保健方法。刮痧又称刮痧疗法(scraping therapy)、皮肤刮痧疗法(skin scraping therapy)。

（一）刮痧养生的作用机制

刮痧养生的作用机制(mechanism of scraping health cultivation)如下:

刮痧具有宣通气血、发汗解表、舒筋活络、调理脾胃等功能。首先,通过作用于神经肌肉系统,局部产生温热效应,可以放松肌肉,缓解疼痛;其次,可作用于体表微循环血管系统,微循环血管破坏再生过程可以提高免疫力、增强局部或对应脏腑的新陈代谢。

（二）刮痧器具和介质

1. 刮痧器具　刮痧器具(scraping stuffs)很多,有刮痧板、瓷匙、古钱、玉石片、金属针具等光滑的硬物。常用的为刮痧板(scraping plate,Guasha plate),一般用水牛角或木鱼石制作而成,要求板面洁净,棱角光滑。

2. 刮痧介质　刮痧介质(scraping medium)多选用具有润滑或兼有药理作用的液状石蜡、红花油或刮痧专用的其他具有润滑作用的介质,如精油(essential oil)。

（三）刮痧的分类

刮痧的分类(classification of scraping)可分为直接刮法和间接刮法两种。

1. 直接刮法　受术者取坐位或俯伏位,术者用热毛巾擦洗欲刮部位的皮肤,均匀地涂上刮痧介质后,持刮痧器具直接在受术者体表的特定部位沿一个方向反复刮拭,刮拭至皮下出现紫红色痧痕为止。

2. 间接刮法　受术者取坐位或俯伏位,为了让刮痧器具不直接接触受术者皮肤,术者先在要刮拭的部位上放一层薄布,然后再用刮痧器具以每秒2次的速度,沿一个方向在布上快速刮拭,每处刮 20~40 次，直到刮拭至局部皮肤发红，出现痧痕为止。此法适用于儿童、年老体弱者及某些皮肤病患者。

（四）刮痧操作方法

刮痧操作方法（operation method of scrapping）如下：

常用的有平刮、竖刮、斜刮、角刮 4 种。平刮、竖刮、斜刮用刮痧板的平边，着力于施术部位，根据需要分别进行左右横向较大面积的水平刮拭（平刮），或竖直上下大面积的纵向刮拭（竖刮）。对不能平刮或竖刮的某些部位可进行斜向刮拭。角刮用刮痧板的棱角和边角，着力于施术部位，进行较小面积或沟、窝、凹陷区域的刮拭，如鼻沟、风池、耳屏、神阙、听宫、听会、肘窝、腋窝、关节等处。对一些关节处、手脚指（趾）部、头面部等肌肉较少、凹凸较多处宜以点、按等手法用刮痧板棱角刮拭。

（五）刮痧注意事项

刮痧注意事项（scraping precautions）如下：

1. **刮痧禁忌**　以下情况禁止刮痧：①身体过瘦者、皮肤失去弹性者，皮肤病或传染病患者；②孕妇腹、腰、骶部；③体表有感染、溃疡、瘢痕及肿瘤的部位；④心脏病患者、水肿患者、小儿及年老体弱者；⑤有出血倾向者。

2. **刮痧顺序**　一般是由上而下，或由内向外，顺肌肉纹理一个方向缓缓刮动。

3. **刮痧时间**　应根据不同的症状及体质状况等因素灵活掌握，一般每个部位或穴位刮拭 20 次左右，时间以 20~25min 为宜，冬季或天气寒冷时刮痧操作时间宜稍长，夏天或天气热时则刮痧操作时间宜缩短。

4. **刮痧次数**　一般是刮完后 3~5 天，待痧退后再进行第二次刮拭。出痧后 1~2 天，皮肤可能有轻度疼痛、灼痒，这些反应属正常现象。

5. **刮痧手法**　要均匀一致，防止刮破皮肤。按部位不同，"痧痕"可刮成矩形或弧形。

6. **刮痧后的处理**　刮痧后因毛孔开张，应注意避风。可饮一杯温热水，以助发汗，促进痰瘀等病理产物的代谢。

（高　潇）

第八节　环　境　养　生

环境（environments）是指人类赖以生存与发展的全部条件的总和。人类的环境主要是指包括空气、水、土壤、食物及生物在内的生活环境和生产环境（production environments），以及与其有关的社会环境。环境为人类提供生命物质、生活场所和生产场所，人类在生存、进化和发展的过程中，依赖环境、适应环境并改造环境，人类与环境构成了一个既相互对立、相互制约，又相互依存、相互转化的统一体。人们在各种环境中生活、工作、学习，其健康受到不同的影响。探讨环境对人类健康的影响，阐明环境相关疾病（environmentally linked diseases，environmentally associated diseases）的发生、发展规律，提出改善环境质量（environmental quality）的一些基本方法，指导人们选择和创造适宜的社会、工作、生活环境，使其与人体生命活动规律协调一致，利用健康的生产环境（healthy production environments）和健康的生活环境（healthy living environments）提供的有利于健康的条件来进行养生康复活动，是健康养生学（health cultivation）的重要研究课题。《孟子·尽心上》说："居移气，养移体，大哉居乎。"说的就是良好的环境能够增进健康，改变体质，甚至能改变人的气质（temperament）。因此，人类要想健康长寿，就必须建立和保持同生存环境的和谐关系。下面分别从社会环境、工作环境、生活环境来阐述如何进行环境养生（environmental health cultivation，choice and creation of healthy environment）。

一、社会环境

人们在特定的社会环境(social environments)中,心理活动(mental activities)和行为及身体器官的生理状态会发生一定的变化,这就是社会环境对健康的影响。社会因素(social factors)是指社会的各项构成要素,包括人的生活与工作环境、人际关系角色适应和变换、文化传统、风俗习惯等方面,是影响心理活动及行为的基本因素。经济发展、教育程度、人口及家庭等社会因素,主要通过对人的心理、生理以及社会适应能力等方面的作用,直接或间接地影响人类的健康。

（一）社会经济发展与健康

社会经济发展对健康的影响(impacts of socioeconomic development on health)十分明确。社会经济发展为人类提供了必要的物质生活条件(material living conditions),改善了人类的生活环境和居住环境,提高了生活质量(living quality);并能建立和完善社会医疗保障制度(social medical security system),降低死亡率,延长寿命。经济水平不同的人群,其健康水平存在着显著差异,经济发展水平与居民健康水平呈正相关关系。

（二）教育与健康

受教育程度对健康的影响(influences of educational background on health)非常明显。教育水平(educational level)的高低不仅与文化素质(culture quality)相关,而且与人群的健康水平(health level)有着密切的关系。据 WHO 疾病监测中心的统计,教育程度越高的人群中,结核病、流感、肝炎等传染病的患病率及糖尿病、脑血管疾病、冠心病等常见病的死亡率越低。人们接受教育程度的不同会影响他们对健康知识的获取和理解,教育有助于人们科学地感知疾病,改变不良的传统习惯以及更好地辨别生活中的危险因素。受教育的年限越多,健康状况越好。

（三）家庭与健康

家庭(family)是人们休息、娱乐、寻求感情交流和安慰的主要场所,家庭关系(family relationships)协调,有利于家庭成员的身心处于稳定状态,促进健康。反之,家庭关系失调,会使人的心理状态改变,情绪紧张,引起内分泌系统、免疫系统和中枢神经系统的反应,长期的紧张状态必然会导致对健康的损害。

（四）生活事件与健康

生活事件(life events)是指在童年期的家庭教养和境遇、青年期的学校教育和社会活动、成年期的社会环境和生活环境中遇到的各种事件。日常生活中,负性生活事件(negative live events)带给人们的负面情绪(negative emotions)不仅会影响人们的心境,还会影响人们的学习、工作和生活。当事件刺激所引起的心理反应积累到一定程度,超过了自我的心理承受能力,将引发疾病。

（五）人际关系与健康

人际关系(interpersonal relationships)不仅影响到人们的工作和学习效率及事业的发展,还直接影响人们的身心健康(physical and psychological health)。研究表明,人际关系差的人群,相互之间"勾心斗角",容易使人产生不安全感,导致紧张(strain)和焦虑等负面情绪,从而影响身心健康;而人际关系好的人群,彼此间的感情融洽,形成的和谐、愉快的社会心理环境有利于增强人们的安全感和力量感,提高人们的心理稳定性,有利于身心健康。

（六）行为因素与健康

行为因素对健康的影响(influence of behavioral factors on health)越来越受到重视。

1. 促进健康的行为　促进健康的行为(health-promoting behaviours)是指个体或团体表现出的、客观上有利于自身和他人健康的行为,又称有益健康的行为(healthy behaviors),或健康行为(health behaviors)。

（1）基本健康行为:基本健康行为(basic health behaviors)是指日常生活中一系列有益于健康的基本行为,如合理营养、积极锻炼、充足的睡眠和良好的卫生习惯(good health habits)等。

（2）预警行为：预警行为（alarming behaviors，warning behaviours）是指预防事故发生和事故发生以后正确处置的行为，如使用安全带，溺水、车祸或火灾等意外事故发生后的自救和他救行为。

（3）保健行为：保健行为（health care behaviors）也称合理利用卫生服务行为，是指正确、合理地利用卫生保健服务，以维护自身身心健康的行为。包括求医行为（health care seeking behaviors）、遵医行为（medical compliance behaviors）及患者角色行为（patient role behaviors）等，如定期体格检查（regular physical examination，periodic medical examination，regular physical checkups）、预防接种（vaccination）、发现患病后及时就诊、咨询、遵从医嘱、配合治疗和积极康复等。

（4）避开环境危害行为：主动地以积极的方式避开环境危害因素行为（behaviors avoiding environmental hazards）也属于健康行为，如离开污染的环境、通过采取措施减轻环境污染、避免接触疫水、积极应对那些引起人们心理应激的紧张生活事件等都属此类行为。

（5）戒除不良嗜好：所谓的不良嗜好（bad hobbies）是指日常生活中对健康有危害的个人偏好，如吸烟、酗酒与药物滥用（drug abuse）等。

2. 危害健康的行为　危害健康的行为（health-risk behaviors）是指偏离个人、他人乃至社会的健康期望，即不利于自身和他人健康的一组行为，又称健康危险行为。

（1）不健康的生活方式：不健康的生活方式（unhealthy life styles）是一组习以为常的、对健康有害的行为习惯，包括能导致各种成年期慢性退行性病变的生活方式，如吸烟、酗酒、不良饮食习惯、缺乏体育运动（lack of physical exercises）等。不健康的生活方式与肥胖、心脑血管疾病（cardio-cerebrovascular diseases，cardiovascular and cerebrovascular diseases）、早衰、癌症等的发生有非常密切的关系。

（2）不良疾病行为：不良疾病行为（adverse illness behaviors）是指个体从感知到自身有病到疾病康复全过程所表现出来的不利健康的一系列行为。不良疾病行为可能发生在上述过程的任何阶段，常见的表现形式有：疑病、恐病、讳疾忌医、不及时就诊、不遵从医嘱、迷信，甚至自暴自弃等。

（3）违法违规行为：违法违规行为（unlawful practices，illegal behaviors）是指违反法律法规、道德规范并危害健康的行为，如药物滥用、吸毒（drug addiction，narcotic taking）、性乱（sexual promiscuity）等。违法违规行为既直接危害行为者个人健康，又严重影响社会健康与正常的社会秩序。

二、工作环境

工作环境（working environments）中存在着各种化学性、物理性、生物性职业有害因素，长期作用于人体会引起从业人员的健康损害，了解这些职业环境因素的产生过程、接触途径、作用机制及其健康效应，有助于创造更加安全、卫生、舒适和高效的工作环境，从而提高劳动者的健康水平和工作效率。

（一）职业性有害因素与病损的预防和控制

职业性有害因素（occupational hazard factors，occupational hazards）是指与职业有关的，作业人员因从事某些职业而引起健康损害的因素，包括生产过程（production process）中产生的有害因素、劳动过程（laboring process）中产生的有害因素和生产环境中的有害因素等。良好的劳动条件促进健康，反之，不良的劳动条件导致健康损害，可引起职业相关疾病（occupation-associated diseases），又称职业性损害（occupational damages），包括职业病（occupational diseases）、职业性多发病（occupational frequently-encountered-diseases）又称工作有关疾病（work-related diseases）和职业性外伤（occupational injuries，occupational trauma）又称工伤（work-related injuries，industrial injuries）。

1. 职业性有害因素的识别和评价　职业性有害因素的识别和评价（identification and evaluation of occupational hazards）主要是通过职业环境监测（occupational environmental monitoring）、生物监测（biological monitoring）、职业健康监护、职业流行病学调查研究和实验研究等方法，充分识别和评价职业性有害因素的性质、作用程度及条件,为有效地预防与控制或消除职业性有害因素、改善不良劳动条件提供依据。

2. **职业健康监护**　职业健康监护(occupational health surveillance)是以预防为目的,对接触职业性有害因素人员的健康状况进行系统的检查和分析,从而早期发现健康损害的重要手段。通过职业健康监护,可以掌握就业者上岗前的健康状况及有关健康基础资料和发现职业禁忌证(occupational contraindication)。职业健康监护的基本内容(basic contents of occupational health surveillance)包括上岗(就业)前健康检查(pre-employment health examination)、定期健康检查(periodic health examination)、建立健全健康档案(establishment and improvement of health records)、健康状况分析(health status analysis)和劳动能力鉴定(assessment of labor ability, working capability appraisal)等。

3. **职业流行病学调查**　职业流行病学调查(occupational epidemiological survey)以职业人群为研究对象,采用流行病学理论和方法研究职业性有害因素对健康影响在人群、时间及空间的分布,分析接触与职业性损害的剂量反应关系,评价职业性有害因素的危险度及预防措施效果,以找出职业性损害发生和发展的规律,为制订和修订卫生标准、改善劳动条件提供依据。

4. **职业人群的健康促进**　职业人群健康促进(health promotion for working population)是指通过管理、法律、政策和经济手段干预职业场所对健康有害的行为、生活方式和环境,以促进健康,是职业医学(occupational medicine)的重要组成部分。职业人群健康促进的主要工作包括:加强职业卫生服务工作、职业性有害因素与职业病的调查研究、职业卫生立法和依法管理工作、卫生监督工作、职业卫生人员培训和健康教育工作。

（二）职业相关疾病的预防和控制

职业相关疾病的预防和控制措施(prevention and control measures of occupational related diseases)应注意以下方面:

1. **控制或消除职业性有害因素**

（1）预防职业性有害因素的产生:改革生产工艺,用无毒或低毒物质代替有毒或高毒物质。

（2）控制职业性有害因素的扩散:对粉尘(dust)、有毒蒸气或气体的操作在密闭状态下进行,辅以局部抽风;有毒气体产生时,可采用局部排气罩;对高温(high temperature)、噪声(noise)、振动(vibration)的产生进行严格控制。

（3）防止直接接触:采取远距离操作、自动化操作,辅以使用个人防护用品。

2. **控制职业性有害因素的作用条件**　控制操作工人对职业性有害因素的接触机会和强度(剂量),减少接触时间和接触量。改善工作环境,加强人体工效学评估(human ergonomic evaluation),协调人机接触,使工作环境更舒适。

3. **加强个人保健**

（1）加强健康监护:尤其是要重视职业健康检查。

（2）加强个人防护:常用的个人防护用具包括呼吸防护器(防尘防毒用的口罩、面罩)、面盾(防紫外线)、防护服(防酸、碱、高温)、手套(防振动)、鞋等。应根据职业危害(occupational hazards)接触实际情况而选用。

（3）合理安排饮食:采用平衡膳食,提高机体的抵抗力。

（4）加强健康教育:使接触者正确认识职业性有害因素的危害性,提高自我保健意识,改变不健康的生活方式,加强锻炼,注意个人卫生,养成良好的卫生习惯。

（三）办公场所卫生

办公场所(office place, office space)是指管理人员或专业技术人员处理(或办理)某种特定事务的室内工作环境(indoor working environment)。办公场所是根据人们社会活动的需要,由人工建造的具有服务功能和一定围护结构的建筑设施,供数量相对稳定的固定人群以及数量不等的流动人群工作、学习、交流、交际、交易等活动所需的场所,办公场所环境卫生质量(environmental hygiene quality of office places)与所在环境的工作人员健康状况密切相关。

办公场所卫生(office hygiene,office sanitation),就是应用现代环境卫生学的理论、方法和技术,研究各种办公场所存在的环境卫生问题,阐明其对人群影响的性质、程度和规律;提出利用有利环境因素和控制不利环境因素的对策,为制定办公场所卫生标准和实施卫生监督提供科学依据,创造良好的办公场所卫生条件,预防疾病,保障人群健康。

办公场所的基本卫生要求(basic hygiene requirements for office space)如下:

1. 办公场所的用地选择　新建办公场所的选址,必须符合城乡总体规划的要求,合理布局。行政机关、写字楼、文化教育等办公场所应远离有"三废"污染的工厂、企业和有剧毒、易燃、易爆物品的仓库;工业、企业办公场所应与生产区、车间保持一定的距离。

2. 采光照明良好　要充分利用自然光线(natural light)。在采光(lighting)不足的办公场所,要保证人工照明(artificial lighting)的照度(illuminance),避免炫光。

3. 适宜的微小气候　要充分利用自然或机械通风设备以及冷暖空调、加湿器等装置,调节办公场所的微小气候(microclimate of the office),以保证其适宜。

4. 空气质量良好　避免办公场所室内外污染物对室内空气的污染。

5. 宽松的环境　应保证有适宜的办公场所面积(空间),安放必要的办公室设备,避免拥挤,防止噪声。

三、生活环境

生活环境(living environments)是指与人类生活密切相关的各种自然条件(natural conditions)和社会条件(social conditions)的总和。生活环境中存在各种健康危险因素(health risk factors),这些因素通过大气、水体、土壤等环境介质(environmental media)作用于机体,危害人体健康。

（一）自然环境与健康

1. 人类适宜的自然环境　中医历来强调和谐的天人关系,天人相应,适宜的自然环境就是适于生存,宜于健康,便于长寿的理想环境。

中国古老的风水术(geomantic art,geomantic omen),剔除其中的封建迷信成分,就是探讨如何寻找并创造这种天人和谐关系的理想环境的理论和艺术。风水(fengshui),又称"堪舆(geomancy)","风"与"堪"指"天道",是人周围的天文条件(astronomical conditions);"水"与"舆"指"地道",是人周围的地理环境(geographical environments)。风水一词最早见于晋代郭璞撰写的《葬书》:"气乘风则散,界水则止,古人聚之使不散,行之使有止,故谓之风水。"可见,风水术是一种传统文化,是一门关于人与环境关系的学问,是寻找或创造"藏风得水"环境的理论和技术体系。风水的核心是"气",在寻找"藏风聚气"理想环境的过程中,形成了觅龙、察砂、观水、点穴、立向的操作方法,而阴阳、四象、五行、八卦等作为考察方位、分辨形势的参数也应用在风水实践当中。它植根于"气"这一中国古代哲学(ancient Chinese philosophy)范畴之上,认为人类生存的环境必须保持"气"的清静和流畅,氤氲而祥和,动而不疾,缓而不止。而自然界对"气"影响最大的事物就是风和水,风强则气散,无风则滞;水强则气止,无水则气不留。所以,寻找或创造风与水互相制约,又相辅相成的环境,就是风水术的本质。

人体是一个具有耗散结构的开放系统,无时无刻不与周围环境进行物质、能量和信息的交换。阳光、空气、水质、地磁、声音、色彩、温度、湿度、电磁辐射、病原体等,都对人体的生理、心理产生影响,古人把这些要素囊括在"气"的范畴之中,用风、水的"行"与"止"作为说理工具,以寻求合适的居住环境(阳宅)和墓葬环境(阴宅)为目的。剔除"阴宅"等迷信内容之后,风水术实际上就是采用中国古代天地观或自然观,集地质学、地理学、生态学、建筑学、伦理学、美学等于一体的综合性、系统性很强的建筑规划理论,它强调的是人与自然的和谐相处,而不是一味去"改造"或破坏环境。

自然环境的优劣,直接影响人的寿命(life span,longerity)的长短。《素问·五常政大论》指出:"高者其气寿,下者其气夭。"居住在空气清新、气候寒冷的高山地区的人多长寿;居住在空气污浊、气候炎热的低洼地区的人常短命。唐代孙思邈在《千金翼方·卷第十四·退居》中说:"山林深远,固是佳景……背山临水,气候高爽,土地良沃,泉水清美……若得左右映带岗阜形胜最为上地,地势好,亦居者安,非他望也。"根据古今的论述,人类适宜的自然环境,大致应具备以下几个条件:洁净而充足的水源、新鲜的空气、充沛的阳光、良好的植被、幽静秀丽的景观。这样适宜的自然环境,不仅应满足人类基本的物质生活需求,还要适应人类特殊的心理需求,而且要与不同的民族风俗相协调。

2. 不良的自然环境因素

(1) 不良的地理条件:地理环境中某些微量元素(microelement)的缺乏或过剩可以引起地方病(endemics,endemic diseases),所以地方病又称生物地球化学性疾病(biogeochemical diseases)。中医学对山区多瘿瘤、岭南多瘴气等地方病的发生早有认识。一般说来,山区易发生活泼元素的缺乏症,如缺碘引起的地方性甲状腺肿(endemic goiter),缺氟引起的龋齿(dental caries,decayed tooth),低碘与克山病(Keshan disease)的发生有关;平原低洼地区易发生活泼元素的过多症。有些地区蕴藏的矿物对人体也是有害的,如铀矿、磷矿等,若有强烈的放射性,可导致贫血、白血病、癌症发病率增高。

科学的进步使人类进入工业社会,但过度城市化(excessive urbanization)也使生态环境遭到破坏,耕地面积锐减,森林覆盖率逐渐减小,草原退化严重,水土流失,气候恶化,使包括地理条件在内的整个环境质量下降。

(2) 大气污染:大气污染(atmospheric pollution,atmospheric contamination)是指大气中污染物浓度达到有害程度,超过了环境质量标准的现象,是由于向大气排放非固有的气体及微粒,超过了大气成分的正常组成,当大气的天然自净能力(atmospheric natural self purification capacity)不能消除这些污染物时,大气质量下降,即可说这个地区的大气受到了污染。大气污染的主要来源是能源的利用,如煤和石油的燃烧排放出大量的五大污染物:硫氧化物、氮氧化物、碳氢化合物、一氧化碳及颗粒物。大气污染包括生产性污染(production pollution)、交通运输性污染(transportation pollution)和生活性污染(living pollution)。大气污染对人体健康的危害十分严重,包括急性中毒和慢性损害两类。急性中毒主要见于意外事故,如液氯钢瓶爆炸造成的氯气外溢,可引起居民的急性中毒和死亡。世界上多次发生的大气污染灾害(atmospheric pollution disasters)中,大半是由于空气质量的突然变坏对居民产生的急性作用,导致某些疾病的患病率和死亡率突然升高。这些灾害的共同特点是:恶劣的气象条件(气温逆增、大雾),不利的地形(低洼地区、峡谷),使污染物在空气中聚集,短时间内造成大量人群发病和死亡,尤其是老年人、患病人群,是最大的受害人群。而慢性损害,主要由于低浓度的大气污染物(atmospheric pollutants)长期作用于人体,引起慢性非特异性疾病,如脑心血管疾病、慢性呼吸系统疾病、肺癌等。

(3) 水源污染:水源污染(water source pollution),又称水体污染(water body pollution),简称水污染(water pollution)。天然水体(natural water body)能接纳一定量的污染物进行自净,使水质成分保持平衡的能力,称为水环境容量(water environmental capacity)。由于人类活动将污染物排入江河、湖海、水库或地下水,使水体、底泥的理化性状和生物种群发生变化,降低了水体的使用价值,这种现象称为水体污染。

我国人民历来重视水质的优劣,最早把水质划分为上中下三等的是唐代的陆羽,他在《茶经》中将山水(山泉水)、江(河)水、井水依次列为上、中、下的等级。这是因为,山泉水含钠、镁离子较少,且很少被污染,故最适宜于饮用;江河水则较复杂;井水矿化度较高。所以江河水、井水皆非理想的饮用水。尤其是城市附近的江河水,往往受人为因素的影响而水质较差,故"江河水取人远者为上"。井水也有优劣之分,薛已撰于16世纪初的《本草约言》在"井水"条下指出:"凡井水有远从地脉来者为上,有从近处江湖渗来者欠佳。又城市人家稠密,沟渠污水杂入井中成碱,用须煎滚,停顿一时,候碱下坠,取上面清水用之,否则气味俱恶。"可见井水也有被污染的可能。

据统计,我国的54条主要河流中有27条被污染;44个城市中有41个地下水源受到污染;一些海湾也受到不同程度的污染,已造成巨大的经济损失。全国排放工业废水和生活污水每日约7 800万吨,全年295亿吨,其中9%未经任何处理。

水源污染对人类健康的影响(impacts of water pollution on human health)是多方面的。含病原菌的人畜粪便污染水源,可引起肠道传染病(intestinal infectious diseases)流行。水体遭受有毒化学物质(toxic chemicals)污染后,通过饮水、食物链(food chain)的形式可使人群发生急慢性中毒,甚至导致死亡。另外,有些污染物可使水质感官性状恶化,妨碍水源的正常利用;或使水中微生物的生长、繁殖受到抑制,影响水中有机物的氧化分解,损害水源的天然自净能力(natural self-purification ability of water sources),破坏水源的卫生状况。

3. **预防保健措施**　不良的自然环境因素的预防保健措施(prevention and health care measures for adverse natural environmental factors)包括以下几个方面:

(1) 生活环境的选择:生活区(living area)尽量避开不利于人体健康的水源、矿藏,避开高压线、强磁场和有超声波、放射线的地方。

(2) 地方病的防控:减少某种有害微量元素(harmful trace elements)的摄入量,如防控地方性氟中毒和地方性砷中毒的根本措施(fundamental measures for preventing and controlling endemic fluorosis and endemic arsenic poisoning)是改用低氟和低砷的饮用水源。因缺乏某种微量元素而致的地方病,可采用适当的方式补充,如用碘化盐(iodized salt)预防地方性甲状腺肿。此外,防治地方病宜从多方面入手,采取综合治理措施。

(3) 社会防护,综合治理:针对生态环境失调(ecological environment imbalance,ecological environment disturbance)并日趋恶化的现实,各国政府要加强保护生态环境(protecting ecological environment,ecological environmental protection)的科学研究工作,寻求经济建设和环境保护协调发展的途径,避免重蹈发达国家先污染后治理的覆辙。其次,控制人口规模,是减轻环境污染、改善环境质量的重要措施。

如今,各地的新闻媒体陆续在天气预报类节目中向人们播报各种生活指数(life index),为起居养生提供了有益的参考数值。如:空气洁净度指数(air cleanliness index)分为5级,由1至5表明空气污染程度逐渐增大。以晨练为例,空气洁净度指数为1级时,非常适宜晨练;2级,适宜晨练;3级,较适宜晨练;4级,不太适宜晨练;5级,不适宜晨练。除此以外,在其他时间外出,也要选择洁净度指数比较低的时段外出。

紫外线强度指数(ultraviolet intensity index)一般在夏日发布。当紫外线强度为0至2级时,对人体无太大影响,外出时戴上太阳帽即可;紫外线达3至4级时,外出时除戴上太阳帽外还需备太阳镜,并涂防晒霜,以避免皮肤受到太阳辐射的伤害;当紫外线强度达到5至6级时,外出时须在阴凉处行走;紫外线强度指数达7至9级时,最好不要到沙滩等场地晒太阳;当紫外线指数强度指数大于或等于10时,紫外线辐射极具伤害性,应尽量避免外出。

空气舒适度指数(air comfort index)分为极冷、寒冷、偏冷、舒适、偏热、闷热、极热7个等级,分别表示人体对外界自然环境温度产生的各种生理感受。预极为"极冷"或"极热"时,提醒人们在未来24h内,必须在具有保暖或防暑措施的环境中工作或生活;"寒冷"或"闷热"时,提醒人们要采取保暖或降温措施。"偏冷"或"偏热"时,则提醒年老体弱者适当增减衣物,防止感冒或受热。当预报为"舒适"时,则说明在未来24h内所有人都会感到冷暖适度,身心愉快,是休闲度假(leisure vacation)或外出旅游(travelling,tourism)的最佳时段,当然也是养生保健最适宜的时候。

（二）居住环境与健康

人生有一半以上时间是在住宅（residence，dwelling）中度过的。如何选择住宅和营造房屋，创造一个科学合理、舒适清净的居住环境（dwelling environment，residential environment），对保障身心健康、延年益寿是非常重要的。

1. **住宅环境** 自古以来，我国人民就十分重视选择住宅环境，因为适宜的住宅不仅能为生存提供基本条件，还能有效地利用自然界中对人体有益的各种因素来健体强身、愉悦精神、康复伤病。历代学者在这方面做过不少专题研究，如北宋李昉、李穆、徐铉等学者奉敕编撰的《太平御览》专列"居处"一章，明代高濂撰写的《遵生八笺》也有"居室安处"条目。综合古今相关论述，理想的住宅环境应具备的条件（conditions for an ideal residential environment）从以下几个方面考虑：

（1）住宅选址：住宅最好依山傍水，有山有水。有山，冬季可遮挡风沙，减缓寒流；夏季可减少阳光的强烈辐射，降低室内温度（indoor temperature），免受酷热之苦。且绿树成荫，鸟语花香，更添生活情趣。有水，则用水方便，空气湿润，且污染减少。在住宅设计上，唐代司马承祯在《天隐子·安处》中说："在乎南向而坐，东首而寝，阴阳适中，明暗相半。"即住宅最好是坐北朝南，门窗向阳，这样可采光充足，冬暖夏凉。在住宅周围多植一些树木花草，既可美化环境，又能调节气温、降低噪声、减少污染、保持空气新鲜。清代养生家曹庭栋在《老老恒言》中说："辟园林于城中，池馆相望，有白皮古松数十株，风涛倾耳，如置身岩壑……至九十余乃终。""阶前大缸贮水，养金鱼数尾，浮沉旋绕于中。"甚至有人认为居住环境的适宜要比饮食更为重要，如宋代苏轼在《于潜僧绿筠轩》中就说："宁可食无肉，不可居无竹。"

中国风水理论为理想的住宅环境设计了这样的模式：前有平川，后有高山，左有道路，右有流水。

城市住宅以楼房为主，虽然无自然山水可依托，但可通过绿化，建造街心花园、喷泉，保证楼群之间有适当的空旷地带，或以假山、盆景、喷泉、雕塑、影背墙形成人工景观。北京紫禁城就在都市里人为地修建了依山傍水的环境，整个紫禁城外由一护城河环绕，流水潺潺，三大殿及其他建筑都背靠一座假山。这种环境，特别有助于防风御寒，堪称古代城市建筑之楷模。

城市绿化带可采取多种方式建造，通过植树造林，种草种花，为居民提供闲暇娱乐之处。在阳台种植适合当地气候和土壤条件的果树、蔬菜，既能改善生态环境，又能改善居民生活。在平顶楼房的楼顶种花种草，既节约了城市寸土寸金的昂贵地皮，也能美化净化城市。在楼房周围栽种"爬墙虎"之类的藤蔓植物，沿楼房墙壁攀附生长，在外墙壁形成绿色植被，也能使闹市增添生命的气息。

（2）住宅朝向：住宅的朝向是根据地理位置确定的。就北半球的多数地区而言，住宅最佳朝向都是坐北朝南，这样有两个优点：一是有利于室温调节，二是有利于室内采光。因为在北半球，太阳的位置多半偏南，只有夏天才到达头顶，这时温度偏高，太阳光线与南墙的夹角小，墙面和窗户接受太阳的辐射热量反而减少，尤其在中午前后，太阳的位置最高，阳光几乎直射地面，强烈的阳光照不到室内，避免了室温过高。反之，冬季太阳位置最南，阳光从外面斜射进来，如房门、窗户朝南，阳光直接照入室内，且光照时间长。从保健角度来讲室内每天应保证有 2.5~4h 的光照。且自然采光比人工照明对人体健康更有益处。因此，条件允许时，最好选择南向房屋。

过去，房屋的朝向是以大门方向来定位的，现代的楼房住宅，则应以面积最大、最主要的通风、采光部分来确定，它们多半是朝南的阳台或落地窗。在风水学说中，住宅朝向最重要的选择依据是"宜气口，不宜风口。"即住宅应该朝向"气口"，而不应该面向"风口"。所谓"气口"，是指气流畅通而又不疾不缓的方向，"前有平川"符合这一要求，如果在远方又有两山夹一凹遥遥相对，那就是再理想不过的"气口"了。而"风口"，则是气流猛烈，持续时间长，而且极不稳定的方位，如北向、西北向的山口、夹道等。城市里比较忌讳的"路冲"（住宅面向垂直的大路），就是对人健康影响较大的"风口"。

（3）因地制宜：在建造居室时，除选择良好的宅址和理想的朝向外，还要考虑到各地区的地理气候、生活习惯和物质条件，因地制宜，采用不同风格的房屋结构。例如，我国北方雨水较少，故屋顶的坡度可小一些，而南方雨水多，屋顶的坡度就应大一些。再如，东北一带流行夹层暖墙，建筑用砖也较普通规格的砖厚，就是为了适应当地漫长的冬季取暖需要。还有，陕北的窑洞、草原上的毡房、西南边陲的竹楼，这些传统建筑无不闪烁着科学与智慧的光辉，需要进一步探索其中的精蕴。

2. 不良居住环境

（1）异味：异味（peculiar smell，unpleasant odor）是指能刺激嗅觉器官，引起不愉快的气味，最常见的是臭气（stink，stench）。产生异味的物质称为异味物质（odor substances，odorous compounds）。有些企业（如食品、香料生产企业）排出的气体对短期接触者来说，闻起来可能是令人愉快的，但对工厂周围环境的居民来说，长期接触这种非正常的气味，也会感到不愉快，甚至厌恶。因此异味也是较为常见的环境污染问题。

异味的来源分天然和人工两种。天然异味主要指动植物的蛋白质被细菌分解产生的，往往是腐败的产物发出的臭味，特别是停滞不动的污水和沼泽地，更易散发臭气。最常见人工产生的异味来源于石油冶炼厂、化工厂、造纸厂、动物饲养或加工场，以及废水、垃圾、粪便处理场。

异味对人体的影响是渐进的。人突然闻到异味，特别是闻到恶臭味时，会反射性地抑制吸气，使呼吸次数减少，呼吸深度变浅，甚至暂时停止呼吸。经常接触异味会使人厌食、恶心、呕吐、消化功能减退。脑神经不断受恶臭味刺激，可导致大脑皮层兴奋和抑制调节功能丧失。异味物质污染严重时，会使人烦躁不安，无精打采，思想不集中，工作效率下降，记忆力减退。

异味还迫使人们关闭门窗，影响居室的通风。污染源附近的房屋、树木等会吸附异味，而且不易清除，形成二次污染。异味还会损害人的自尊心，影响人的心理状况和人际关系。

（2）噪声：噪声是指人们不需要的声音，凡干扰人们休息、睡觉、工作、学习、思考和交谈等不协调的声音均属噪声。即使是优美协调的音乐，如果影响了睡眠、工作、学习，也被认为是不需要的声音，也称为噪声。可见噪声的定义不是绝对的，它不是绝对地根据声音的客观物理性质定义，而是根据人们的主观感受、生活环境和心理状态等因素确定的。凡声音超过人们生活、生产活动所能接受的程度，就形成了噪声污染（noise pollution）。我国提出了环境噪声容许范围（allowable range of environmental noise）：夜间（22 时至次日 6 时）噪声不得超过 30dB（分贝，声压级单位），白天（6 时至 22 时）不得超过 40dB。

噪声对人体健康的影响是多方面的。长期在 85dB 的声音环境下工作、生活，可引起听觉障碍（hearing disorders），甚至耳聋（deaf）。噪声对神经、心血管、内分泌等系统等都有影响，可引起神经衰弱、心跳加快、心律不齐、血压升高，还可能导致血中胆固醇含量增高、动脉硬化。噪声尤其影响女性的生理功能，可引起月经紊乱、妊娠合并症，使自然流产率、畸胎率和低体重胎儿发生率增高。

3. 预防保健措施

（1）绿化环境：种植植物营造出的绿色环境（green environment）不仅有益于人体的新陈代谢，对人的心理也有调节、镇静作用，还可减轻污染，改善气候，保护人类健康。绿化环境的作用（roles of greening the environment）大致有以下几方面：

1）净化空气：植物通过光合作用成为氧气的天然加工厂。在城市被污染的异味中，二氧化硫的含量多、分布广、危害大，而绿色植物在生长过程中可吸收二氧化硫，使空气不断得到净化。青草还能吸收氟化氢、氯气、氨气、汞蒸气等对人、畜、农作物有害的其他气体。

2）减弱噪声：绿化地带能很好地吸收、消散和阻隔声音，减轻噪声污染。公园中成片的树木可使噪声降低 5~40dB；在街道两旁植树也可使噪声降低 8~10dB。若乔木、灌木、草地相结合，形成一个连续、密集的阻隔带,消除噪声的效果更好。

3)除尘灭菌:绿叶虽小,但叶面积系数大。叶面积系数(leaf area coefficient)是指植物叶片总面积与其占地面积的比值,用倍数表示。植物叶片有的粗糙茂密,有的还长了许多绒毛,因而具有很强的吸附和阻留灰尘和细菌的能力。据估计,全世界每年要向大气中排放一亿吨粉尘,造成空气污染。草坪上空的粉尘(飘尘)浓度为无草裸露土地的1/5,而一般细菌都依附在飘尘中,随着空气中尘埃的减少,各种细菌自然减少。有些绿色植物的根叶还能分泌出杀灭细菌的物质,除灭空气中的细菌,连土壤中的致病菌也会被消灭。植物叶片还可以产生吸收二氧化碳和有毒气体、降低气温、增加湿度等多种生态效应(ecological effects)。叶面积系数越大,产生的生态效应越大。叶面积系数与叶片密度、叶片大小、植物种类等有密切的关系,生长繁茂的乔木,叶面积系数为20~75;灌木和草本植物,叶面积系数为5~10。如果用乔木、灌木和地被植物组成混交的、合理的人工植物群落,可以得到最大的叶面积系数,产生最大的生态效应。

4)调节气候:绿色植物有吸收和反射阳光的作用,并能通过叶面蒸发,消耗一部分热量。高大叶阔的树木能遮挡烈日,因此可调节气温和空气湿度。

(2)搞好环境卫生:保持环境清洁卫生,养成良好的公共卫生习惯,建立文明祥和的生活秩序,是形成良好居住环境的基本条件,也是我国目前最需要解决的问题。

(3)治理污染:一个地区的环境质量受该地区的工业结构与布局、能源结构、交通管理、人口密度、地形、气象、植被面积等自然因素(natural factors)和社会因素影响。因此,环境污染的治理具有区域性、整体性和综合性的特点。大气污染的治理措施(air pollution control measures)包括合理安排工业布局(reasonable arrangement of industrial distribution)和合理配置城镇功能分区(rational allocation of urban functional zones),通过改革燃料构成、集中供热、改造锅炉、原煤脱硫、适当增加烟囱高度等控制燃料污染(control of fuel pollution),以及防止污染环境的各种工艺和净化措施。控制环境噪声污染的根本措施(fundamental measures for controlling environmental noise pollution)是合理的功能分区,将工业区(industrial zones)、交通运输区(transportation areas)、居住区(residential areas)的相互位置安排好;利用空地绿化减弱噪声;加强交通管理控制噪声等。个人防护,利用耳塞、耳罩、耳棉等隔绝噪声,也不失为经济有效的方法。

(三)室内环境与健康

良好的室内环境可提高机体各系统的生理功能,增强抵抗力,降低患病率和死亡率。反之,低劣的室内环境对人形成恶性刺激,会使健康水平下降,或使病情恶化。

1.**理想的室内环境**　理想的室内环境(an ideal indoor environment)应具备的条件如下:

(1)居室结构:住宅的组成和平面配置要适当。一般来说,每户住宅应有自己独立的成套房间,包括主室和辅室。主室(main rooms)为一个起居室(living room)和适当数目的卧室(bedroom);辅室(complementary rooms)是主室以外的其他房间,包括厨房、厕所、浴室、储藏室以及过道、阳台等室外设施。主室应与其他房间充分隔开,以免受其不良影响,并且可以自然采光。卧室应配置在最好的朝向。

居室面积要求宽敞适中。《吕氏春秋·重己》说:“室大则多阴,台高则多阳。多阴则蹶,多阳则痿,此阴阳不适之患也。”即是说,居室不宜太高大,也不宜太矮小,否则阴阳各有偏颇,会导致疾病的发生。

居室进深(depth of living room)是指开设窗户的外墙表面至对面墙壁内表面的距离,它与采光和换气(ventilation)有关。通常一侧有窗的房间,进深不宜超过从地面到窗上缘;两侧开窗者,进深可增加到这个高度的数倍。另外,居室进深与居室宽度之比不宜过大,以便于室内家具的布置。

(2)室内微小气候:室内微小气候(indoor microclimate)是指室内由于围护结构(墙、屋顶、地板、门窗等)的作用,形成的与室外不同的室内气候。它主要由气温、气湿、气流和热辐射(周围物体表面温度)4种气象因素组成。这4种气象因素综合作用于人体,直接作用是影响人体的体温调节。

居室内的微小气候要能保证机体的温热平衡,不使体温调节功能长期处于紧张状态,保证居民有良好的温热感觉,能够正常工作和休息。

(3) 室内采光:室内采光要明暗适中,可随时调节。《遵生八笺》提出,以"帘"来调节光线:"太明即下帘以和其内映,太暗即卷帘以通其外耀。内以安心,外以安目。心目皆安,则身安矣。"

室内采光(indoor lighting,interior lighting)包括日照形成的自然光线和灯光照射形成的人工照明。室内日照(in-room sunshine,indoor sunshine)指通过门窗进入室内的直接阳光照射。阳光中的紫外线具有抗佝偻病、提高免疫力、消炎杀菌作用,应尽量加以利用。一般认为,北方较冷的地区,冬季南向居室每天至少应有 3h 日照。南方夏季炎热,则应尽量减少日照,防止室温过高。夜间或白天自然采光不足时,要利用人工照明。人工照明要保证照度足够、稳定、分布均匀,避免刺眼,光源尽量接近日光,不宜采用有色光源,避免炫光,防止过热和空气污染。

(4) 居室通风:室内通风(indoor air ventilation)除主要居室外,厨房和厕所也应有良好的通风。夏季炎热地区应使主室内形成穿堂风(cross-ventilation,draft)。外廊式住宅(一侧为房间,另一侧为开放式走廊)的外廊,除能起到遮阳作用外,也较容易形成穿堂风,适合于炎热地区。

2. 不良的室内环境　不良的室内环境对健康的影响(effects of poor indoor environment on health)如下:

(1) 潮湿阴暗:长期居住在寒冷潮湿的房间里,易患感冒、冻疮、风湿病和心血管系统疾病。足够的室温对老年人更为重要,因为老年人体内产热少,体温调节功能差,对外界温度的变化不敏感,有时室温已经相当低而老人却感觉不到。当体温降至 35℃ 以下时,就会产生"老年低体温症(senile hypothermia)",表现为血压下降,心跳过缓或心律不齐,甚至出现意识障碍,颈项强直。而在高温多湿的环境里,人会感到闷热难耐,疲倦无力,工作效率下降,容易中暑乃至死亡。另外,如居室光线阴暗,视力调节紧张,可引起近视;紫外线照射不足,则会影响儿童发育,使佝偻病的患病率增加。

(2) 空气污浊:据监测,室内空气污染比室外更严重。就一天时间分析,早晚尤甚;从超标幅度来看,平房污染最重,楼房次之,办公室最轻。

室内空气污染的来源(sources of indoor air pollution)主要有:①人呼出的二氧化碳和水分。当二氧化碳的含量达 0.07% 时,敏感者就会感到不舒服;达 0.1% 时,空气的其他性状开始恶化,出现显著的异味,人会普遍感到不愉悦。②人体皮肤、衣履、被褥及物品产生的异味与碎屑等。③谈话、咳嗽、打喷嚏以及生活活动播散的微生物和灰尘。④做饭、取暖时燃料燃烧产生的有害气体,如二氧化硫、一氧化碳、二氧化碳和悬浮颗粒物(suspended particles)等。⑤吸烟产生的多种有害物质,主要有一氧化碳、尼古丁(nicotine)、致癌性多环芳烃(polycyclic aromatic hydrocarbons)。⑥室外污染的空气进入室内时,可致呼吸道疾病传播机会增加,甚至引起肺癌。

3. 预防保健措施　针对不良室内环境的预防保健措施(prevention and health care measures for adverse indoor environment)包括以下方面:

(1) 改良房屋结构:北方冬季长,为使居室温暖舒适,常设斗门,加厚墙壁,用双层窗户,室内用门帘、屏风、壁毯、布幔等保暖。有的屋顶还设有一个可开关的天窗,根据需要调节室内采光,保证室内通风、干燥、清爽。另外,采用内含气的双层墙和浮筑楼板,也可减少噪声的传播。

(2) 加强自然通风:室内自然通风(indoor natural ventilation)主要取决于门窗的合理开设和人们的生活习惯。自然通风比空调机、电风扇通风效果好,风速柔和,风向较弥漫,人体易于适应,不会形成噪声污染。冬季紧闭门窗,室内污染物负荷增高,应每天定期开窗换气。

(3) 防治室内污染:室内空气污染物(indoor air pollutants)有甲醛、油漆等。厨房是主要的空气污染源,除应保证自然通风外,还可采取一些简便易行的措施。如安装吸风罩;不要在厨房内看书或就餐;有条件的地方,尽量使用污染少的灶具,如电磁灶(induction cooker, electromagnetic stove)。

保持安静,减少噪声污染;室内禁止吸烟;保持清洁,采用定期消毒等措施,对防治污染至关重要。

（4）美化居室环境:美化居室环境也要根据因地、因人、因时的原则进行。

色彩是室内空间的精神,室内的视觉、气质、格调主要由色彩语言来表现。室内的色彩应令人感到亲切、舒适、明快。浅黄、乳白色可增加亮度,使房间显得宽敞,给人以庄重、典雅感;嫩绿、浅蓝色显得温柔、恬静,使人产生安谧、幽美感。向阳房间光线充足,家具色彩可选择奶白、米黄等偏温和者。餐厅漆成橙黄色,可刺激食欲;书房采用浅绿格调,有利于缓解视力疲劳;厨房、卫生间可用白色或灰色,使环境的光线更加和谐。

室内布置要与居室功能协调。客厅和餐厅的陈设以"动态"为主,书房和卧室以"静态"为主。客厅是待客处,要尽量宽敞、空间感强。摆设的花木以艺术观赏为主,选一些枝叶繁茂的绿色植物,如万年青、君子兰、龟背竹等,可使整个客厅显得雅致大方。书房是读书学习的地方,陈设布置应从有利于学习着眼。《遵生八笺》说:"书斋宜明静,不可太敞。明静可爽心神,宏敞则伤目力。"窗棂四壁可种些碧萝、剑兰、摆点松、竹盆景,使书斋"青葱郁然";"近窗处,蓄金鲫五、七头,以观天机活泼",体现静中有动的布局特色。若窗口开得太低,床头也不宜正对窗口,理由同前。

（四）居住环境宜忌

风水学是我国传统村镇城市选址和规划设计的理论基础。现代人的居住环境设计可以从风水学中吸取一些有益的成分。居住环境设计注意事项(cautions in dwelling environment design)如下:

1. **住宅朝向——喜气口,忌风口或无风**　气口为人气之口,宜采吉祥之气,清新之气。就中国地理而言,东、东南、南3个朝向经常有和煦的微风轻拂,因此住宅应选取这3个朝向,其中以南向为最好。

住宅面对的方向为气口,指的就是这个方向经常有祥和而轻柔的微风。若通风不良,废气就会积聚。所谓风口,指的是风速过大,气的流动过于剧烈,变化太大,人与自然难以平衡,于是形成"散气"或"泄气"。

所谓朝向,原指大门正对的方向,现代住宅多为多层高楼,因此,应以大面积窗户、多窗户、大阳台、采光最多的一面的朝向为判断标准。

2. **周围环境——宜水口得当,忌水口不当**　水口,指水流出口,要求居处附近水流平缓,出口最低,流远为佳。现代可理解为住处附近要有水域,必须是平缓通畅的活水,来有源,去有处。忌死水、臭水和水流湍急。

3. **居所位置——喜抱水和右岸,忌背水和左岸**　如果在河边选择住所(dwelling place, shelter),应尽量在抱水(凸岸)一侧和右岸(面向南方),因为抱水一侧不受水流冲击,比较安全;而选择右岸,是因为北半球以右旋为主,气被向右的力量挤压,气流充足,对人体健康有益。

4. **住宅地势——喜山坡,忌山谷**　白天,山坡气温高,谷风向上吹,夜间反之,如同潮汐。如果居所选在位置低下的山谷,静风期就会使污染物积聚,类似古代所说的山岚瘴气,对人体健康不利。

5. **周围环境——离开铁路、公路**　紧邻铁路、公路,会受到灰尘、噪声、尾气污染,加上车辆川流不息,气流易形成漩涡、阵风,对健康不利。

6. **住宅位置——宜路中段,忌路口、路尾**　一是路口、路尾滞留脏空气,污染较重;二是环境不稳定,人在不稳定的环境中,为了适应环境,必须大量消耗体内能量。如果不得已居住在这种环境中,可以采用缓解的方法,如:加强通风,使脏空气不滞留在室内;加屏风或挡板,减少环境影响滞留响。

7. 住宅地势——宜平坦,忌低洼　低洼处容易积聚污浊空气,容易潮湿,男性易患泌尿系统疾病,女人易患妇科病和消化系统病。

8. 居处位置——宜上风区,忌下风区　可避免或减轻空气污染。

9. 环境绿化——前后有别　大门前和住宅的南、东南、西南方向不宜有大树。因为大门和朝南的方向都是气口和向阳的方位,不能被挡住,否则影响气流和阳光进入住宅,使房屋又阴又湿。

住宅前面适宜种植不甚高大的落叶乔木或果树,如石榴、李子、樱花、梨、桃、梅、槐、枣等。这些树木冬不蔽日,夏可遮阳。古谚说:"向阳石榴红似火,背阴李子酸透心。"就是说石榴、李子都应种在宅前,而不能种植在宅后。

住宅的背面宜种植腊梅、桂花、迎春等耐寒花木,或樟树、枇杷、松柏等高大的常绿树木,冬可挡风,夏可乘凉。

10. 住宅区划——舒适得体　宅内布置,以舒适、大方、美观、突出主人个性、符合家庭成员审美观为原则。

（石艺华）

思考题

1. 民间所说的"发物"都有哪些?
2. 情志养生的概念是什么,其具体养生方法和机制是什么?
3. 药膳的应用原则是什么?
4. 针刺养生的注意事项有哪些?
5. 办公场所的基本卫生学要求有哪些?

|第六章| 三 因 养 生

本章要点

1. **掌握** 不同体质、特殊人群(女性、儿童、老年)、不同季节的养生原则与方法;山地高原、平原丘陵及海滨海岛等养生特点;居住环境。

2. **熟悉** 因人、因时、因地养生的基本内容;山地高原、平原丘陵及海滨海岛等自然环境特点。

3. **了解** 因月、因日、因地的养生原则与方法;因地养生特点及自然环境基本特点。

三因,指因人、因时、因地;三因制宜,指因人、因时、因地制宜(full consideration of the individual constitution,climatic and seasonal conditions,and environment),三因养生(health maintenance according to three reasons)是指要根据季节(season)、地区(region)以及人体的体质(physique,constitution)、性别(gender)、年龄(age)等的不同而制订适宜的养生防病方法。由于疾病的发生、发展与转归受时令气候、地理环境、个体体质等多方面因素的影响,需对这些方面的因素有深刻的了解,才能更好地预防疾病发生,促进健康。

第一节 因 人 养 生

根据不同人的年龄、性别、体质、职业、生活习惯等不同特点,有针对性选择相应的摄生保健方法,即因人养生(health cultivation accordance with individuality,health cultivation suited to each individual)。

人类本身存在着较大的个体差异(individual differences),这种差异不仅表现在不同的种族之间,也存在于个体之间。不同的个体可有不同的心理和生理状况,对疾病的易感性也不相同。这就要求在养生的过程中,应当以辨证的思想为指导,因人施养,才能有益于机体的身心健康,达到延年益寿的目的。

本节分别从不同体质、不同性别、不同年龄角度进行介绍。

一、体质养生

中医体质学说(constitution theory of traditional Chinese medicine)认为,体质现象作为人类生命活动的一种重要表现形式,与健康和疾病密切相关。体质决定了人体的健康,决定了人体对某些疾病的易感性,也决定了患病之后的反应形式、治疗效果和预后转归。为此,应用中医体质分类(TCM constitution classification),根据不同体质类型的反应状态和特点,辨识体质类型,采取分类管理的方法,按照中医因人制宜(treatment in accordance with the patient's individuality)的治疗原则,选择相应的预防、治疗、养生方法进行体质调护,对实现个性化的、有针对性的预防保健

(prevention and health care)具有重要意义。中医体质是中医各家普遍认可的观点,但对体质分类尚未完全统一。目前国家公共卫生体系常用的体质辨识技术采用的是《中医体质分类与判定》(*Classification and Determination of Constitution in TCM*)标准,将中医体质(TCM constitution)分为平和质、气虚质、阳虚质、阴虚质、痰湿质、湿热质、血瘀质、气郁质、特禀质9种类型。

本节主要参考王琦教授的9种体质学说,介绍阴虚、阳虚、气虚、血虚、阳盛、痰湿、血瘀、气郁等偏颇体质的养生方法。至于阴阳平和的体质,应根据年龄、性别、职业等差异,采用不同的养生方法,不必考虑体质问题。

（一）阴虚体质

1. 体质特点　阴虚体质的特点(characteristics of yin deficiency constitution)是:形体消瘦,午后面色潮红、口咽少津,心中时烦,手足心热,少眠,便干,尿黄,不耐春夏,多喜冷饮,脉细数,舌红少苔。

2. 养生原则　阴虚体质的养生原则(health cultivation principles of yin deficiency constitution)如下:

（1）精神调养:阴虚体质(yin deficiency constitution)之人性情急躁、常常心烦易怒,这是阴虚火旺、火扰神明之故,应遵循《内经》"恬澹虚无""精神内守(keeping the spirit in the interior, keeping a sound mind)"之养神(cultivating spirit)大法。平素应加强自我涵养,常读自我修养的书籍,自觉地养成冷静、沉着的习惯。在生活和工作中,对非原则性问题,少与人争,以减少激怒,少参加争胜负的文娱活动。此外,节制性生活也很重要。

（2）环境调养:阴虚者,常手足心热,口咽干燥,畏热喜凉。因此,每逢炎热的夏季,应注意避暑,有条件的应到海边、高山之地旅游(travelling, tourism)。"秋冬养阴"对阴虚体质之人更为重要,特别是秋季气候干燥,更易伤阴。居室环境宜清静。

（3）饮食调养:阴虚者,饮食调养(diet aftercare)以养阴之品为主,宜食芝麻、雪梨、银耳等清淡食物,并着意食用百合粥、枸杞粥、桑葚粥、山药粥等养阴的药膳(Chinese medicated diets, Chinese herbal diets)。葱、姜、蒜、韭、薤、椒等辛辣燥烈之品,则应少吃。

（4）体育运动:体育运动(physical exercises)不宜过度,着重调养肝肾功能,导引(physical and breathing exercise)、太极拳(Taijiquan, shadowboxing)、八段锦(Baduanjin, eight-sectioned exercise, eight trigrams boxing)等较为适合,并着重咽津纳气(swallowing saliva when regulating qi, swallowing air and saliva)。

（5）药物调养:可选用养阴之品,如石斛、麦门冬、玉竹等。阴虚体质,又有肾阴虚、肝阴虚、肺阴虚、心阴虚等不同,故应随其阴虚部位和程度而调补之,如肺阴虚(lung yin deficiency),宜服百合固金汤;心阴虚(heart yin deficiency),宜服天王补心丸;肾阴虚(kidney yin deficiency),宜服六味地黄丸;肝阴虚(liver yin deficiency),宜服一贯煎。

（二）阳虚体质

1. 体质特点　阳虚体质的特点(characteristics of yang deficiency constitution)是:平素畏寒喜暖、手足欠温,小便清长,大便时稀,面色㿠白,常自汗出,舌淡胖,脉沉乏力。

2. 养生原则　阳虚体质的养生原则(health cultivation principles of yang deficiency constitution)如下:

（1）精神调养:阳虚体质(yang deficiency constitution)的人常情绪不佳,如肝阳虚(liver yang deficiency)者善恐、心阳虚(heart yang deficiency)者善悲。因此,要善于调节自己的情感,消除或减少不良情绪的影响。

（2）环境调摄:此种人适应寒暑变化的能力差,天气稍微转凉,即觉冷不可受。因此,在严寒的冬季,要"避寒就温",在春夏之季,要注意培补阳气。夏季人体的阳气趋向体表,毛孔、腠理开疏,易感受风邪(wind evil)或寒邪(cold evil),引起手足麻木不遂或面瘫等。因此阳虚体质者应避免电扇或空调直吹,室内外的温差不宜过大,且不可露宿室外,不宜在树荫下或阴凉的过道处久停。

（3）体育运动:因"动则生阳",故阳虚体质之人,要加强体育运动,并坚持不懈。具体的项目,依据体力强弱和个人喜好而定,可选择散步(walking)、慢跑(jogging)、太极拳、五禽戏(Wu-qinxi,five mimic-animal exercise)、八段锦、球类运动(ball games)或各种舞蹈,亦可常选择做日光浴,以壮卫阳之气。

（4）饮食调养:应多食有温阳作用的食物,如韭菜、羊肉、牛肉。根据"春夏养阳"的法则,夏日三伏,可适当进补羊肉汤,配合天地阳旺之时,以壮人体之阳。

（5）药物养生:可选用温阳祛寒、温养之品,常用药物有鹿茸、海狗肾、蛤蚧、冬虫夏草、巴戟天、淫羊藿、肉苁蓉等,中成药(traditional Chinese patent medicines and simple preparation)可选用金匮肾气丸、右归丸、全鹿丸。偏心阳虚者,桂枝甘草汤加肉桂常服;偏脾阳虚者,选择理中丸,或附子理中丸;脾肾两虚者可用济生肾气丸。

（三）气虚体质

1. **体质特点**　气虚体质的特点(characteristics of qi deficiency constitution)是:形体消瘦或偏胖,面色㿠白,语声低怯,常自汗出,动则尤甚,体倦健忘,舌淡苔白,脉虚弱。

2. **养生原则**　气虚体质的养生原则(health cultivation principles of qi deficiency constitution)如下:

（1）气功锻炼:肾为元气之根,故气虚体质(qi deficiency constitution)之人宜做养肾功,其功法如下:

1）屈肘上举:端坐,两腿自然分开,双手屈肘侧举,以两胁部感觉有所牵动为度,随即复原,可连做10次。

2）抛空:端坐,左臂自然屈肘,置于腿上,右臂屈肘,手掌向上,做抛物动作3~5次。然后,右臂放于腿上,左手做抛空动作,与右手动作相同,每日做5遍。

3）荡腿:端坐,两脚自然下垂,先慢慢左右转动身体3次。然后,两脚悬空,前后摆动10余次。该动作可以活动腰膝,具有益肾强腰(tonifying the kidney and strengthening waist)的功效。

4）摩腰:端坐,宽衣,将腰带松开,双手相搓,以略觉发热为度;再将双手置于腰间,上下搓摩腰部,直至腰部感觉发热为止。搓摩腰部,实际上是对命门、肾俞、气海、大肠俞等穴的自我按摩,而这些穴位大多与肾脏有关。搓至发热,可起到疏通经络(dredging meridians and collaterals)、行气活血(promoting qi to activate blood)、温肾壮腰(warming the kidney and strengthening the waist)之作用。

5）"吹"字功:直立,双脚并拢,两手交叉上举过头。然后弯腰,双手触地,继而下蹲,双手抱膝,心中默念"吹"字音,连续做10余次,属于"六字诀(six healing sounds, six syllable formula qigong, six-word qigong, medical exercise based onthe six-charactered formula)"中的"吹"字功,常练可固肾气。

（2）饮食调养:可常食粳米、糯米、小米、黄米、大麦、山药、马铃薯、大枣、胡萝卜、香菇、豆腐、鸡肉、鹅肉、兔肉、鹌鹑、牛肉、青鱼、鲢鱼。若气虚甚,可选用"人参莲肉汤"补养。

（3）药物养生:平素气虚之人宜常服金匮薯蓣丸。脾气虚(spleen qi deficiency),宜选四君子汤,或参苓白术散;肺气虚(lung qi deficiency),宜选补肺汤;肾气虚(kidney qi deficiency),多服肾气丸。

（四）血虚体质

1. **体质特点**　血虚体质的特点(characteristics of blood deficiency constitution)是面色苍白无华或萎黄,唇色淡白,不耐劳作,易失眠,舌质淡,脉细无力。

2. **养生原则**　血虚体质的养生原则(health cultivation principles of blood deficiency constitu-

tion)如下:

(1)起居调摄:在起居(daily life)方面,血虚体质(blood deficiency constitution)之人要谨防"久视伤血(protracted use of eyes impairs the blood)",亦不可劳心过度。

(2)饮食调养:可常食桑葚、荔枝、松子、黑木耳、菠菜、胡萝卜、猪肉、羊肉、牛肝、羊肝、甲鱼、海参、平鱼等食物,因为这些食物均有补血养血(replenishing blood and nourishing blood)的作用。

(3)药物养生:可常服当归补血汤、四物汤、或归脾汤。若气血两虚(deficiency of both qi and blood),则须气血双补,选八珍汤、十全大补汤、人参养荣汤,亦可制成丸剂长期服用。

(4)精神调养:血虚的人,时常精神不振、失眠、健忘、注意力不集中,故应振奋精神。当烦闷不安、情绪不佳时,可以听音乐,欣赏戏剧,观赏相声等。

（五）阳盛体质

1. 体质特点 阳盛体质的特点(characteristics of yang excess constitution)是形体壮实,面赤,声高气粗,喜凉怕热,喜冷饮,小便热赤,大便熏臭。

2. 养生原则 阳盛体质的养生原则(health cultivation principles of yang excess constitution)如下:

(1)精神调养:阳盛体质(yang excess constitution)之人好动易发怒,故平日要加强道德修养和意志锻炼,培养良好的性格,有意识地控制自己,遇到可怒之事,用理性克服情感上的冲动。

(2)体育运动:积极参加体育运动,让多余的阳气散发出来。游泳(swimming)是首选项目。此外,也可根据爱好选择跑步(running)、武术(martial arts)、球类运动等。

(3)饮食调养:忌辛辣燥烈的食物,如辣椒、姜、葱等,羊肉、牛肉等温阳的食物宜少食用。可多食水果、蔬菜,如香蕉、西瓜、柿子、苦瓜、番茄、莲藕等。酒性辛热上行,阳盛之人应少饮酒。

(4)药物调养:可以常饮菊花茶、苦丁茶,且沸水泡饮。大便干燥者,用麻子仁丸,或润肠丸;口干舌燥者,用麦门冬汤;心烦易怒者,宜服丹栀逍遥散。

（六）血瘀体质

1. 体质特点 血瘀体质的特点(characteristics of blood stasis constitution)是面色晦滞,口唇色暗,眼眶黯黑,肌肤干燥,舌紫暗或有瘀点,脉细涩。

2. 养生原则 血瘀体质的养生原则(health cultivation principles of blood stasis constitution)如下:

(1)体育运动:血瘀体质(blood stasis constitution)之人宜多做有益于心脏功能的活动,如跳舞(dancing)、太极拳、八段锦、长寿功(longevity work)、保健按摩术(health massage)等,以调动全身各部分的机能,助气血运行为准则。

(2)饮食调养:可常食桃、茄子、油菜、慈菇、山楂、黑大豆、黑木耳、螃蟹、醋等具有活血化瘀(promoting blood circulation and removing blood stasis)作用的食物,可少量饮酒。

(3)药物养生:可选用活血养血(promoting blood circulation and nourishing the blood)之品,如地黄、当归、丹参、川芎、五加皮、地榆、续断、茺蔚子、玫瑰花等。

(4)精神调养:血瘀体质者在精神调养上,要培养乐观的情绪。精神愉快则气血和畅(harmony of qi and blood),营卫流通(circulation of both nutrient qi and defensive qi),有利血瘀体质的改善。反之,苦闷、忧郁可加重血瘀恶化程度。

（七）痰湿体质

1. 体质特点 痰湿体质的特点(characteristics of phlegm dampness constitution)是形体肥胖,肌肉松弛,嗜食肥甘,神倦身重,懒动,嗜睡,口中粘腻或便溏,脉濡而滑,舌体胖,苔滑腻。

2. 养生原则 痰湿体质的养生原则(health cultivation principles of phlegm dampness constitution)如下:

(1)环境调摄:痰湿体质(phlegm dampness constitution)之人不宜居住在潮湿的环境里;在阴

雨季节,要注意湿邪(wetness evil)的侵袭。

(2)饮食调养:少食肥甘厚味、少饮酒,勿食过饱。可多食具有健脾利湿(nourishing spleen and eliminating dampness)、化痰祛湿(dissipating phlegm and removing dampness)的食物,如白萝卜、荸荠、紫菜、洋葱、枇杷、白果、扁豆、山药、薏苡仁、红小豆、蚕豆、包菜等。

(3)体育运动:痰湿之体质,多形体肥胖,身重易倦,故应坚持体育运动,散步、慢跑、打篮球(playing basketball)、打排球(playing volleyball)、踢足球(playing football)、跳舞均可。应逐渐增强活动量,让疏松的皮肉渐渐转变成结实、致密之肌肉。可加强运气功法的锻炼,以武术、八段锦、五禽戏、保健功(health cultivation Qigong)、长寿功为宜。

(4)药物养生:痰湿的生成与肺脾肾三脏的关系最为密切,故重点在于调补肺脾肾三脏。若因肺失宣降,津失输布,液聚生痰者,当宣肺化痰,方选二陈汤;若因脾不健运,湿聚成痰者,当健脾化痰,方选六君子汤,或香砂六君子汤;若肾虚不能制水,水泛为痰者,当温阳化痰,方选金匮肾气丸。

(八)气郁体质

1. **体质特点** 气郁体质的特点(characteristics of qi stagnation constitution)是形体消瘦或偏胖,面色偏暗或萎黄,时或性情急躁易怒,易于激动,时或忧郁寡欢,胸闷不舒,善太息,舌淡红、苔白、脉弦。

2. **养生原则** 气郁体质的养生原则(health cultivation principles of qi stagnation constitution)如下:

(1)精神调摄:气郁体质(qi stagnation constitution,qi depression constitution)之人性格内向,神情常处于抑郁状态,根据《内经》"喜胜忧"的原则,应主动寻求快乐,多参加社会活动、集体文娱活动,常看喜剧,常听相声,多看富有正能量的电视、电影作品,勿看悲情剧。多听轻松、开朗、激动的音乐,以提高情志。多读积极的、鼓励性的、富有乐趣的、展现美好生活前景的书籍,以培养开朗、豁达的意识,在名利上不计较得失,知足常乐。

(2)多参加体育运动及旅游活动:体育运动和旅游均能运动身体,流通气血。通过参加体育和旅游活动,既欣赏了自然美景,调剂了精神,呼吸了新鲜空气,又能沐浴阳光,增强体能。在气功方面,以强壮功、保健功为主,着意锻炼呼吸吐纳(expiration and inspiration)等功法,以开导郁滞。

(3)饮食调养:可少量饮酒,以活动血脉,提高情绪。多食行气的食物,如佛手、橙子、柑皮、荞麦、韭菜、茴香菜、大蒜、火腿、高粱、刀豆、香橼等。

(4)药物养生:常用含香附、乌药、川楝子、小茴香、青皮、郁金等疏肝理气解郁药物的方剂,经典方剂如越鞠丸。若气郁引起血瘀,当配伍活血化瘀药。

二、女性养生

(一)女性生理和心理特点

女性生理和心理特点(female physical and psychological characteristics):女性在解剖上有胞宫,在生理上有月经、胎孕、产育、哺乳,其脏腑经络气血活动的某些方面与男性相比也有所不同。故女性养生(female health cultivation)有其自身的特点。

女性又具有感情丰富等特点,精血神气有颇多耗损,极易患病、早衰。《千金要方·妇人方》说:"妇人之别有方者,以其胎妊生产崩伤之异故也。"又说:"女人嗜欲多于丈夫,感病倍于男子,加以慈恋爱憎嫉妒忧患……所以为病根深,疗之难瘥。故养生之家,特须教子女学习此三卷妇人方,令其精晓。"所以,重视女性保健(female health care)有着特殊重要的意义。女性的健康不仅影响自身寿命,还关系到子孙后代的体质和智力发展。为了预防并减少女性疾病(female diseases)的发生,保证女性健康长寿,除了应注意一般的卫生保健外,尚须注重经期、孕前、孕期、产褥期、哺乳期及更年期保健。

（二）女性养生原则

女性养生原则（principle of female health cultivation）包括以下内容：

1. 经期保健 《景岳全书·妇人规》论月经病的病因时说："盖其病之肇端，则或思虑，或由郁怒，或以积劳，或以六淫饮食。"可见，经期保健（menstruation health care）应当注意在饮食、精神、生活起居各方面谨慎调摄。

（1）保持清洁：行经期间，血室正开，邪毒易于入侵致病，必须保持外阴、内裤、卫生巾的清洁，勤洗勤换内裤，并置于日光下晒干。洗浴宜淋浴，不可盆浴、游泳，严禁房事（sexual intercourse between a married couple）、阴道检查。如因诊断必须做阴道检查，应在消毒后进行。

（2）寒温适宜：《女科经纶》说："寒温乖适，经脉则虚，如有风冷，虚则乘之。邪搏于血，或寒或温，寒则血结，温则血消，故月经乍多乍少，为不调也。"经期宜加强寒温调摄，尤当注意保暖，避免受寒，切勿涉水、淋雨、冒雪、坐卧湿地、下水田劳动；严禁游泳、冷水浴；忌在烈日高温下劳动。否则，易致月经失调、痛经、闭经等证。

（3）饮食宜忌：月经期间，经血溢泄，多有乳房胀痛、少腹堕胀、纳少便溏等肝强脾弱现象，应摄取清淡而富有营养之食物；忌食生冷、酸辣辛热香燥之品。多食酸辣辛热香燥之品，则助阳耗阴，致血分蕴热，迫血妄行，令月经过多；过食生冷，则经脉凝涩，血行受阻，致使经行不畅、痛经、闭经。也不宜过量饮酒，以免刺激胞宫，扰动气血，影响经血的正常进行。

（4）调和情志：《校注妇人良方》指出："积想在心，思虑过度，多致劳损。……盖忧愁思虑则伤心，而血逆竭，神色失散，月经先闭。……若五脏伤遍则死。自能改易心志，用药扶持，庶可保生。"强调情志因素对月经的影响极大。经期，经血下泄，阴血偏虚，肝失濡养，不得正常疏泄，易产生紧张忧郁、烦闷易怒之心理，出现乳房胀痛、腰酸疲乏、少腹堕胀等症。因此，在经前和经期都应保持心情舒畅，避免七情过度（excess of seven emotions）。否则，会引起脏腑功能失调，气血运行逆乱，轻则加重经间不适感，导致月经失调，重则闭经。

（5）活动适量：经期以溢泻经血为主，需要气血调畅。适当活动，有利于经行畅通，缓解腹痛，但不宜过劳、过度紧张、剧烈运动，不宜从事重体力劳动。若劳倦过度，则耗气动血，可致月经过多、经期延长、崩漏等。

2. 孕前保健 诸多研究显示，良好的妊娠结局（pregnancy outcomes）在很大程度上取决于妇女孕前的身体状况、生活方式以及生育史。因此，孕前保健（preconception health care）对母子双方的健康都十分重要。中医优生思想同样认为，成孕是父母"施气"和胎儿"禀气"的过程，子女的体质取决于所禀之气。若"所禀之气渥，则其体强，体强则寿命长；气薄则其体弱，体弱则命短，命短则多病寿短。"女性保健及优生调理最关键的时期就是孕前期。

（1）体质调养：《女科经纶》提出，女性在怀孕前"必阴阳完实，形气相资，兆始于先天有生之初，而再诊以脉之和平，始可有子也。"意思是，阴阳平衡（yin and yang in equilibrium）是怀孕的最佳状态，如果女性在怀孕前并非处于阴阳平衡之态，则可认为其具有一定的妊娠风险，应进行调整，而后才怀孕生子。若母亲平素元气（primordial qi）不足，月经闭止，则在孕前宜补气（tonifying qi）、养血（nourishing blood）。若母亲平素经血亏虚，则应先调经再受孕，以预防"孕成堕胎"或"胎不长养"，提高受孕率。

（2）营养储备：人体在生长发育过程中需要很多的营养物质，但有时由于饮食的偏好，只嗜食某种或几种食物，易导致某些营养物质缺乏，因此，想要怀孕的女性从有生育意愿开始就应增加营养，避免饮食的偏嗜。从孕前3个月开始就应注意补充叶酸、铁、碘等与生育密切相关的营养素（nutrients）。对于体质素来瘦弱、营养状况差的女性，最好在孕前半年就开始加强营养。素来脾胃虚弱（weakness of the spleen and the stomach）者，还应当先调理脾胃，才能使各种营养物质被身体吸收和贮存。

Note

（3）精神调养：中医历来重视精神心理因素对人体健康的作用，认为人的情志虽然是人的不同心理反应，但情志过急或不足，均可使人生病。情志正常与否，与人体五脏六腑的功能息息相关。而受孕必须以脏腑功能正常为前提，所以人的情志与生育有着非常密切的关系。女性在孕前尤应注意保持心情愉悦，精神过度紧张或盼子心切反而可能造成不孕。另外，应避免不良的精神刺激。女性如果长期处于极大的精神压力下，会使卵巢停止分泌女性激素，甚至不排卵，月经周期也发生紊乱，甚至无月经，最终不孕。故想要怀孕的夫妻双方均应为新生命的到来营造融洽的家庭气氛。

3. 孕期保健 女性怀孕以后，身体各方面都会逐渐发生变化，很多没有生育经验的女性不了解这些改变的缘由，所以面对这些变化可能会感到恐慌，由此增加不必要的心理负担。所以，怀孕的女性一定要注意孕期保健（pregnancy health care, health care of gestational period, antenatal care），了解自身在孕期的生理特点，从整体上把握"黄金十月"的发展过程，以判断自己在每个阶段的进展是否正常，保证出现异常情况时，及时采取有效的措施。

（1）体重控制：孕期体重要控制在适宜的范围内。一般建议孕期体重增加约12kg，其中孕早期增加2kg，孕中期增加5kg，孕晚期增加5kg。素来体重过轻的女性可在孕期增加营养的摄取，但肥胖的女性不可在此时减重。孕早期对总能量的需求与孕前相同，对总能量和各种营养素需求量的增加从孕中期才开始。因此，孕早期不宜过食。

（2）精神保健：中医学有"孕借母气以生，呼吸相通，喜怒相应，一有偏奇，即致子疾"的理论，即母体怀孕以后，腹中的胎儿和母体在生理、精神方面是息息相关的，如果母体有偏差，就会导致胎儿产生疾病。因此，孕妇应加强自身修养，学会自我心理调节，控制和缓解负性情绪（negative emotions），始终保持稳定、乐观、良好的心境，以助于胎儿健康地成长。

（3）运动保健：孕期进行运动锻炼（physical exercises）不仅可以增强体质，减少疾病的发生，而且有助于顺利分娩。但要注意以轻微的活动为宜，避免剧烈活动，避免劳累。孕期进行运动锻炼的好处有：①适当的运动可以缓解背痛，使肌肉结实（尤其是背部、腰部、大腿部肌肉），从而使孕妇有较好的体形；②可使肠道蠕动加快，降低便秘的发生率；③可激活关节的滑膜液，预防关节磨耗（孕妇在怀孕期间关节易松弛）；④可增强分娩困难时的忍耐力。但在孕期不应通过运动锻炼的方式减肥。孕妇可选择的运动项目包括：跳舞（dancing）、游泳、瑜伽（yuga）、骑自行车（bicycle riding）或散步等，但需要遵从医师的指导来选择适合自身的运动项目。

4. 产褥期保健 产后6~8周为产褥期。由于分娩时耗气失血，机体处于虚弱多瘀的状态，产妇需要较长时间精心调养。《千金要方·求子》指出："妇人产讫，五脏虚羸。""所以妇人产后百日以来，极须殷勤、忧畏，勿纵心犯触，及即便行房，若有所犯，必身反强直，犹如角弓反张，名曰褥风。"注意产褥期保健（puerperal health care），对于产妇自身身体的恢复、为婴儿哺乳具有积极意义。

（1）休息静养，劳逸适度：产后充分休息静养，有利于产妇生理功能的恢复。产妇的休息环境必须清洁安静，室内要温暖舒适、空气流通。冬季宜注意保暖，预防感冒或煤气中毒。夏季不宜紧闭门窗、衣着过厚，以免发生中暑（heatstroke, sunstroke）。但是，不宜卧于当风之处，以免邪风（pathogenic wind）乘虚侵袭。

产后24h必须卧床休息，以消除分娩时的疲劳及恢复盆底肌肉的张力，不宜过早操劳负重，避免发生产后血崩（postpartum haemorrhage）、阴挺却下脱（hyster optosia）即子宫下垂等病。睡眠（sleep）要充足，并经常变换卧位，不宜长期仰卧，以免子宫后倾。然而，静养绝非完全卧床，除难产或手术产外，一般顺产的产妇可在产后24h起床活动，并且逐渐扩大活动范围，以促进恶露畅流、子宫复元、大小便通畅、身体康复。

（2）增加营养，饮食有节：产妇分娩时，身体有一定的耗损，产后又需哺乳，加强营养，实属必要。然而，必须注意饮食有节（eating a moderate diet, eating and drinking in moderation, be abstemious in eating and drinking),补不碍胃、不留瘀血。产后应忌食油腻的食物和生冷瓜果,以防损伤脾胃和恶露留滞不下,亦不宜食辛热伤津之品,防止排便困难和恶露增多。产妇的饮食宜清淡可口、易于消化吸收,又富有营养及水分。产后1~3天可食小米粥、软饭、炖蛋和瘦肉汤等。此后,蛋、奶、肉、骨头汤、豆制品、蔬菜、粗粮(coarse grains,roughages)均可食用,但需精心细做,水果则应放在热水里温热后再吃。另外,可辅佐食疗(dietetic therapy)进补,以助机体恢复。脾胃虚弱者可服山药扁豆粳米粥,肾虚腰疼(lumbago due to deficiency of the kidney)者食用猪腰子菜末粥,产后恶露不下(lochiostasis)、恶露不绝(prolonged lochiorrhea)者可服当归生姜羊肉汤、益母草红糖水、红糖醪糟等。饮食宜少量多餐,每日可进餐4~5次,不可过饥过饱。

（3）讲究卫生,保持清洁：产褥期因有恶露排出,产后汗液也较多,且血室正开,易感邪毒,故产妇宜经常擦浴淋浴,更需特别注意外阴清洁,预防感染。每晚宜用温开水洗涤外阴,勤换内裤。如有伤口,应使用消毒敷料,亦可用药液熏洗,以消肿止痛。内衣裤要常洗晒,产后百日之内严禁房事。产后4周内不能盆浴,以防邪毒入侵引发其他疾病,阻碍胞宫恢复。产褥期应注意二便通畅。分娩后往往缺乏尿感,应设法使产妇于产后4~6h排尿,以防胀大的膀胱影响子宫收缩。如若产后4~8h仍不能自解小便,应采取措施。产后因卧床休息,肠蠕动减弱,加之会阴疼痛,常有便秘,可使用开塞露等辅助排便。

此外,分娩已重伤产妇的元气,对产妇需给予关心体贴,令其情怀舒畅,预防产后病的发生。

5. **哺乳期保健**　哺乳期的妇女处于产后机体康复的过程中,又要承担哺育婴儿的重任,哺乳期保健(breastfeeding health care,health care of lactational period)对母子都很重要。

（1）哺乳卫生：产后应清洁乳头,可在乳头上涂抹植物油,使乳头的积垢及痂皮软化,然后用清水洗净。产后8~12h即可开奶。每次哺乳前,乳母要用洗手液洗手,用温开水清洗乳头,避免婴儿吸入不洁之物。哺乳后也要保持乳头清洁和干燥,不要让婴儿含着乳头入睡。如仍有余乳,可用手将乳汁挤出,或用吸奶器吸空,以防乳汁淤积而影响乳汁分泌或发生乳痈(breast carbuncle,acute mastitis)。刚开始哺乳时,可出现蒸乳(stagnation mastitis),又称乳汁潴留性乳腺炎,乳房往往胀硬疼痛,可作局部热敷,使乳络通畅,乳汁得行,也可用中药促其通乳。若出现乳头皲裂成乳痈,应及时医治。

逐渐养成按时哺乳的习惯,可预防婴儿消化不良,亦有利于母亲的休息。一般每隔3~4h哺乳一次,时间为15~20min。

（2）饮食营养：《类证治裁》说："乳汁为气血所化,而源出于胃,实水谷之精华也。"产后乳汁充足与否、质量如何,与脾胃盛衰及饮食营养密切相关。乳母应加强饮食营养,多喝汤水,以保证乳汁的质量和分泌量。忌食刺激性食物,勿滥用补品。如乳汁不足,可多喝鱼汤、鸡汤、猪蹄汤等。若产后乳汁自出(galactorrhea)又称"漏乳""乳汁自涌",或泌乳过少,需求医诊治。

（3）起居保健：疲劳过度、情志郁结,均可影响乳汁的正常分泌。乳母必须保持心情舒畅,起居有时,劳逸适度(moderation of work and rest,balanced labor and rest),还要注意避孕。通过延长哺乳期作为避孕的措施是不可靠的,因为部分女性会在哺乳期恢复排卵。最好用避孕工具,勿服避孕药,以免抑制乳汁的分泌。

（4）慎服药物：许多药物可以经过乳母的血液循环进入乳汁。例如,乳母服大黄可使婴儿泄泻。现代研究表明,阿托品、四环素、红霉素、苯巴比妥及磺胺类,都可通过乳腺排出。如长期或大量服用这些药物,可使婴儿发生中毒。因此,乳母在哺乳期应慎服药物,如有需要,应遵医嘱。

6. **更年期保健**　女性在45~50岁进入更年期。更年期(menopause,climacterium)是女性生理功能从成熟到衰退的转变时期,亦是从生育机能旺盛转为衰退乃至丧失的过渡时期。由于肾气渐衰,冲任二脉虚惫,可致阴阳失调(yin-yang disharmony),出现头晕目眩、头痛耳鸣、心悸失眠、烦躁易怒或忧郁,月经紊乱、烘热汗出等症,称为更年期综合征(menopausal syndrome),轻重因人而异。如果调摄适当,可避免或减轻更年期综合征,或缩短症状期。女性更年期保健(menopause health care for women,female menopausal health care)应注意以下几个问题:

(1) 自我调整:更年期妇女应当正确认识自己的生理变化,解除不必要的思想负担,排除紧张恐惧、消极焦虑的心理和无端的猜疑。避免不良的精神刺激,遇事不怒。若有不快,可向亲朋倾诉宣泄。可根据自己的性格爱好选择适当的方式怡情养性。要保持乐观情绪,胸怀开阔,树立信心,度过短暂的更年期。

(2) 饮食调养:更年期妇女的饮食营养和调节重点是顾护脾肾、充养肾气,调节恰当可以从根本上预防或纠正生理功能的紊乱。更年期女性因肾气衰,天癸将竭,可出现月经频繁、经血量多、经期延长等现象,极易出现贫血,可选食鸡蛋、动物内脏、瘦肉、牛奶等动物性食物(animal-based foods,foods of animal origin),及菠菜、油菜、西红柿、桃、橘等富含维生素 C 的植物性食物(plant-based foods,foods of plant origin),增加铁的摄入,促进铁的吸收,以辅助纠正贫血。平时还可选食黑豆、黑芝麻、胡桃等补肾食品。

(3) 劳逸结合:更年期女性应注重劳逸结合,保证有充足的睡眠时间并且要休息好。但是过分贪睡反致懒散萎靡,不利于健康。只要身体状况好,就应从事正常的工作,还应参加散步、太极拳、气功(Qigong,Chinese deep-breathing exercises)等运动量不大的体育活动,或从事力所能及的劳动,以调节生活节奏,促进睡眠健康,避免体重过度增加。

(4) 定期检查身体:除了注意情志、饮食、起居、劳逸外,患有更年期综合征的女性适当地合理用药可以改善症状。更年期女性常有月经紊乱,也好发女性生殖器官肿瘤,因而要注意定期检查身体。若月经来潮持续 10d 以上仍不停止,应及时就医诊治。若绝经后阴道出血或白带增多,应及时就诊,做有关的检查,及时处理。更年期女性应继续定期进行妇科检查、癌症(乳腺癌、宫颈癌)筛检,以便及早发现,早期治疗。

三、男性养生

1. **生理和心理特点** 男性的生理和心理特点(male physical and psychological characteristics)表现在以下方面。从解剖角度而言,男性与女性的不同之处主要在生殖系统。然而,除外生殖系统有差异外,男性与女性在心理上也存在差别。如在面对压力时,男性与女性大脑的反应有所不同。研究显示,在分子生物学层面和遗传学层面,男女面对压力(stress)时,海马体区域及神经突触的反应显著不同。压力常使女性有抑郁倾向,而让男性更可能有反社会行为。尽管女性的抑郁症发病率高于男性,但男性患抑郁症更危险,因为自杀(suicide)的可能性更大。

解剖、生理与心理的差异,导致男性在知识结构、思维习惯、性行为方式、饮食结构及习惯、居住环境、人事关系、社交环境等方面均有性别特异性,而这些因素也都是男性疾病产生的诱因,对男性保健(male health care)有着不可忽视的影响。因此,应重视男性的保健与调护,协调好内环境和外环境的关系,采取适当的保健养生方法,以提高男性的健康质量,预防男科疾病的发生,从而达到延年益寿的目的。

2. **养生原则** 男性的养生原则(principle of male health cultivation)有以下几点:

(1) 保肾固精:肾为生命之根本,内涵"元阴""元阳",分别敛藏水火二气,为水火之宅。元阴与元阳在人体内相互制约、相互依存,以维持机体生理上的动态平衡。肾之盛衰,直接关系到脏腑器官的功能活动,一旦这种平衡受到干扰,即可产生肾之阴阳失调的病理变化,导致男性疾病的发生。因此男性养生(male health cultivation)重在保肾。

(2) 怡情养性:中医学对情志活动强调"有制",反对"太过"。正如《吕氏春秋·情欲》所说:"欲有情,情有节。圣人修节以止欲,故不过行其情也。"只有调和喜怒,怡畅情志,才可"刻刻有长春之性,时时有长生之情。"现实生活中,失于情志调摄而使机体阴阳气血失调致病者,不乏其人。这一点在男性生理病理方面比较突出,如阳痿、遗精、早泄等性功能障碍疾病大多由此而生,尤其是精神性阳痿和失于意志所致的遗精更是如此。

（3）择食慎为：民以食为天。中医学十分重视饮食调养，认为饮食是人体营养的主要来源，是维护生命活动的基本条件。故古人云："安谷则昌，绝谷则危""安民之本，必资于食。"说明饮食摄生是健康与长寿的基本保证。若摄食不当，则可危害健康，犹如水能载舟，亦能覆舟。历代医家均倡导"饮食有节"，认为只有择食相宜，才能"形与神具"，而尽终其天年。此外，嗜酒问题也应注意。饮酒过度不仅会危害男性自身的健康，更将影响后代的健康。唐代张鼎所撰《五房秘诀》指出："新饮酒，饱食，谷气未行，以合阴阳，腹中彭亨，小便白浊，以是生子，必颠狂。"古代医家深刻地说明在醉后昏沉的情况下交合受孕，必定会影响后代的身心健康，对优生优育极为不利。

四、青少年养生

青少年期(juvenile era,adolescence and young adulthood)是指 12~24 岁这一年龄阶段，统称青春期(adolescence)。青少年期又分为青春发育期和青年期。12~18 岁为青春发育期(puberty)，从 18~24 岁为青年期(youthful days)。

（一）青少年生理和心理特点

青春发育期是人生中的生长发育高峰期(growth and development peak period)。青少年生理和心理特点(physical and psychological characteristics of adolescents)是：体重迅速增加，第二性征明显发育，生殖系统逐渐成熟，其他脏腑亦逐渐成熟和健全。随着生理方面的迅速发育，心理行为也出现了许多变化。他们精神饱满，记忆力强，思想活跃，充满幻想，追求异性，逆反心理强，易激动，个体独立性和自主性显著增强。到了青年期，身体各方面的发育与功能都达到更加完善和成熟的程度，最后的恒牙也长了出来。青春期是人生发育最旺盛的阶段，是体格、体质、心理和智力发育的关键时期。但是，此时人生观和世界观尚未定型，还处于"染于苍则苍，杂于黄则黄"的阶段，如果能够按照身心发育的自然规律，注意体格的保健锻炼和思想品德的教育，可为今后的身心健康打下良好的基础。注意青少年养生(adolescent health cultivation)，可以促进青少年身心健康的全面发展。

（二）养生原则

青少年养生原则(principles of adolescent health cultivation)包括以下方面：

1. 培养健康的心理素质 青少年处于"心理断奶期(psychological weaning period)"，表现为半幼稚、半成熟以及独立性与依赖性相交错的复杂现象，具有较大的可塑性。他们热情奔放、积极进取，却好高骛远，不易持久，在各方面都会表现出一定的冲动性。他们对周围的事物有一定的观察分析能力和判断能力，但情绪波动较大，缺乏自制力，看问题偏激，有时不能明辨是非。他们虽然仍需依附于家庭，但与外界的人及环境的接触亦日益增多，独立愿望日益强烈，不希望父母过多地干涉自己，却又缺乏社会经验，极易受外界环境的影响，容易误入歧途。针对青少年心理特征(psychological characteristics of adolescents)，培养其健康的心理素质极为重要，可从以下两个方面着手。

（1）加强自身修养：青少年的体格发育虽已接近成人，可是对环境、生活的适应能力和对事物的综合处理能力仍然较为欠缺。青少年应该在师长的引导、协助下，在自己所处的环境中，加强思想意识的锻炼和修养，力求养成独立自觉、坚强稳定、直爽开朗、亲切活泼的个性。遇事要冷静，言行应适度，要讲究文明礼貌，尊老爱幼，切忌恃智好胜，恃强好斗。要有自知之明，正确地对待就业问题，处理好个人与集体的关系，明确自己在不同场合所处的位置，善于角色变换，采用恰当的处事方法，积极参加社交活动，促进人际关系和谐，以利于身心健康。

（2）开展科学的性教育：贯穿于青春期的最大特征是性发育的开始与完成。正如《素问·上古天真论》云："丈夫……二八肾气盛，天癸至，精气溢泄。""女子……二七而天癸至，任脉通，太冲脉盛，月事以时下。"男女青年，肾气初盛，天癸始至，具有了生育能力。其心理方面的最大变化也反映在性心理方面,性意识萌发,处于朦胧状态。由于青年人的情绪易于波动,自制力差,若受到社会不良现象的影响,常滋长某些不健康性心理(unhealthy sexual psychology),以致早恋、早婚,荒废学业,甚至触犯刑法,走上犯罪的道路。因此,青春期的性教育尤为重要。

青春期性教育(adolescent sex education),包括性知识教育(sex knowledge education)和性道德教育(sex morality education)两个方面。要帮助青少年正确理解正常的生理变化,以消除好奇、困惑、羞涩、焦虑、紧张的性心理。通过科学的教育,帮助青少年充分了解两性关系中的行为规范,破除性神秘感。要引导青少年正确区别和重视友谊、恋爱、婚育的关系。提倡晚婚,力戒早恋,让他们了解优生知识(eugenic knowledge)以及包括艾滋病(acquired immunodeficiency syndrome, AIDS)在内的性病预防知识(prevention knowledge of venereal disease, knowledge on prevention of sexually transmitted diseases)。

2. 饮食调养 青少年生长发育迅速,代谢旺盛,必须全面合理地摄取营养,特别注重蛋白质和能量的补充。碳水化合物、脂肪、蛋白质是能量的主要来源,碳水化合物主要含于粮食之中,青少年应保证饭量足够,增加粗粮在主食(staple foods, staples)中的比例,并摄入适量的脂肪。女青年不应为减肥而过度节食(excessive dieting),以致营养不良(malnutrition)。男青年也不可自恃体强而暴饮暴食(craputence, binge eating),饥饱寒热无度。对于先天不足的体质较弱者,更应抓紧发育时期的饮食调养,培补后天,以补其先天不足。

3. 培养良好的生活习惯 青少年不应自恃体壮、精力旺盛而过劳。应该根据具体情况科学地安排作息时间(work-rest time),做到"起居有时,不妄作劳。"既要专心致志地工作、学习,又要有适当的户外活动、娱乐、休息时间,保证有充足的睡眠。如此方能保证精力充沛,提高学习、工作效率,有利于身心健康。

要养成良好的卫生习惯(good health habits),注意口腔卫生(oral hygiene)。读书、写字、站立时应保持正确的姿势,以促进正常的发育,预防疾病的发生。变声期要特别注意保护好嗓子,还应避免沾染吸烟、酗酒等不良习惯。吸烟、酗酒不仅危害身体,而且影响心理健康(mental health)。例如,吸烟可使青少年注意力涣散,记忆力减退,思维不灵,学习效率降低。

4. 积极参加体育运动 持之以恒的体育运动是促进青少年生长发育、提高身体素质的关键因素。要注意身体的全面锻炼,选择项目时,要同时兼顾力量、速度、耐力、灵敏度等各项素质的发展,因此锻炼项目应包括有氧运动、无氧运动和抗阻训练等多种项目。有氧运动(aerobic exercises)有步行、慢跑、滑冰(skating)、骑自行车、游泳、跳健身舞(fitness dance)、做韵律操(doing rhythmic gymnastics)等。无氧运动(anaerobic exercise)有短跑(sprint)、投掷(throwing)、跳高(high jump)、跳远(long jump)、拔河(tug-of-war)等。抗阻训练(anti-resistance training)有引体向上(chinning, pull-up)、哑铃操(dumbbell exercise)、深蹲(deep squat, full squat, deep crouch)、俯卧撑(push-ups)、仰卧起坐(crunches)等。

2018年发布的《中国儿童青少年身体活动指南》建议:每天至少累积达到60min的中、高强度身体活动(以有氧运动为主),包括每周至少3d的高强度身体活动和增强肌肉力量、骨骼健康的抗阻活动,更多的身体活动会带来更大的健康收益;每天屏幕时间限制在2h以内,鼓励青少年更多地动起来。

五、中年养生

根据WHO的划分标准,中年(middle age)是指从45岁到59岁这一年龄阶段。

(一)中年人的生理和心理特点

《灵枢·天年》云:"人生……四十岁,五脏六腑十二经脉,皆大盛以平定,腠理始疏,荣华颓落,发鬓斑白,平盛不摇,故好坐。五十岁,肝气始衰,肝叶始薄,胆汁始减,目始不明。"这段论述概括了中年人的生理和心理特点(physiological and psychological characteristics of middle-aged people）。中年是生命历程的转折点,生命活动开始由盛转衰。中年是心理成熟阶段,情绪多趋于稳定状态。但随着脏腑生理功能的变化,心理也有相应的变化。中年人常被认为是"夹心层",上有老下有小,要承担来自社会、家庭等多方面的压力和重任。衰变、嗜欲、操劳、思虑过度是促使早衰（premature aging）的重要原因,也是许多慢性病的起因。《景岳全书·中兴论》强调:"故人于中年左右,当大为修理一番,则再振根基,尚余强半。"说明中年养生（middle-aged health cultivation）至关重要。如果调理得当,就可以保持旺盛的精力而防止早衰、预防老年病、延年益寿。

（二）养生原则

中年养生原则（principles of health cultivation in middle age）如下:

1. 精神少虑 中年是承上启下的一代,肩负着社会、家庭的重担,加上现实生活中的诸多矛盾,易使其情绪陷入抑郁、焦虑、紧张的状态。长此以往,必然耗伤精气,损害心神,早衰多病。《养性延命录》强调:"壮不竞时""精神灭想",就是要求中年人要畅达乐观,不要为琐事过分劳神,不要强求名利,患得患失。中年人的精神调摄,应注意合理用脑;有意识地发展心智,培养良好的性格,寻找事业的精神支柱。在工作、学习之余,可以听音乐（listening to music）、看电视（watching television）,与子女嬉笑谈心,共享天伦之乐。也可以种花（planting flowers）、垂钓（fishing）、绘画（painting）、习字（practising penmanship）、下棋（playing chess）以修身养性;或者宁心静坐,使大脑得到充分的休息。当忧虑焦躁、情绪不佳时,可对亲朋好友倾吐,或参与社交活动,使焦虑情绪聚集于体内的能量释放出来,缓解心理压力,预防疾病发生。

2. 劳逸结合 中年人年富力强,常被委以种种重任,又担负着赡养老人、抚养子女和安排家庭生活等多项工作,要注意避免长期"超负荷运转",防止过度劳累,积劳成疾。在保证充分营养的前提下,要善于科学合理地安排工作,学会休息。休息的方式多种多样,适当地调节工作内容也是积极的休息方式。对于繁多的事物,应分清轻重缓急、主次先后,有节奏、有步骤地逐一完成。要根据具体情况,调整生活节律,建立良好的生活秩序。要善于忙里偷闲,利用各种机会进行适当的运动。

洛克菲勒大学 Bruce McEwen 教授的研究显示,经常锻炼身体能使成年人的神经元活动增强,也能改善记忆、调节心情,更能增大脑部海马体（负责记忆、空间定位、情绪控制等）的体积。定期的有氧运动,如快走 1h,一周 5d,坚持 6 个月至 1 年,可有效增大海马体体积并提高记忆力,还能增进前额皮质区（负责制约情绪和冲动及工作记忆）的新陈代谢。有规律的锻炼、身心放松、多参与社交活动、充足的睡眠,对中年人增强大脑功能、调节神经内分泌系统的功能、消除压力带来的健康危害以及防止早衰有重要意义。

3. 节制房事 人到中年,体力下降,加之工作紧张、家务繁忙,故应节制房事（avoiding sexual strain, temperance in sexual life）。如果房事频繁,势必使身体过分消耗,损伤肾气。中年人应根据自己的实际情况,相应地减少行房次数,与脏腑功能相适应。《泰定养生主论》指出:"三十者,八日一施泄;四十者,十六日一施泄,其人弱者,更宜慎之。""人年五十者,二十日一施泄。……能保持始终者,祛疾延年,老当益壮。"

六、老年养生

根据 WHO 的划分标准,60 岁以后进入老年期（old age）。

（一）老年人的生理和心理特点

金代刘完素在其所撰的《素问病机气宜保命集》中说:老年人"精耗血衰,血气凝泣。""形体伤惫……百骸疏漏,风邪易乘。"《灵枢·天年》早有"六十岁,心气始衰,苦忧悲,血气懈惰,故好卧;七十岁,脾气虚,皮肤枯;八十岁,肺气衰,魄离,故言善误,……"的说法。人到老年,机体会出现生理功能和形态学方面的退行性变化。老年人的生理和心理特点（physical and psychological characteristics of the elderly）表现为脏腑气血精神等生理功能自然衰退,机体调控阴阳平衡的能力降低;社会角色、社会地位的改变,常给老年人(the aged,the elderly)带来较大的心理变化。生理、心理及社会层面的多因素作用,使老年人易高发与多发各种身心疾病(psychosomatic diseases),且愈后常较差。老年养生(health cultivation for the elderly)注意这些特点,有益于却病延年。

(二)养生原则

老年养生原则(principle of health cultivation in old age)如下:

1. 知足谦和,老而不怠 人到老年,处世宜豁达宽宏、谦让和善,从容冷静地处理各种矛盾,保持家庭和睦、社会关系的协调,以利于身心健康。《寿世保元·延年良箴》(Longevity and Life Cultivation)说:"积善有功,常存阴德,可以延年。"又说:"谦和辞让,敬人持己,可以延年。"《遵生八笺·延年却病笺》强调:"知足不辱,知止不殆。"老年人应明理智,存敬戒,生活知足无嗜欲,做到人老心不老,退休不怠惰,热爱生活,保持自信,勤于用脑,进取不止;经常读书看报、学习各种专业知识和技能,重新领略学习的乐趣,以减缓身体各器官功能的衰退。

宋代陈直在《寿亲养老新书·卷一》中提出:"凡丧葬凶祸不可令吊,疾病危困不可令惊,悲哀忧愁不可令人预报。"建议老年人应回避各种不良环境、精神因素的刺激。他又在《寿亲养老新书·性气好嗜》中提出:"养老之法,凡人平生为性,各有好嗜之事,见即喜之。"老年人应根据自己的性格和情趣,怡情悦志,可澄心静坐、益友清谈、临池观鱼、披林听鸟,自得其乐,以利于康寿。

老年人往往体弱多病,应树立乐观主义精神和战胜疾病的信心,积极参加有意义的活动和锻炼,以分散自己的注意力。同时,应积极主动地配合治疗,以期尽快地恢复健康。另外,老年人还应定期体检,及早发现疾病,及时预防或治疗。

2. 审慎调食 老年人的饮食调养,应注意营养丰富,以符合其生理特点。《寿亲养老新书·饮食调治》指出:"其高年之人,真气耗竭,五脏衰弱,全仰饮食以资气血。"老年人应审慎调摄饮食,以求却病延年。反之,"若生冷无节,饥饱失宜,调停无度,动成疾患",则损体减寿。

(1)食宜多样:年高之人,精气渐衰,应该摄食多样饮食,合理搭配谷、果、肉、菜,做到营养丰富全面,以补益精气,延缓衰老。老年人不应偏食(food preference,diet partiality,monophagia)、挑食(picky eating,particular about food),不要少食或过食某些食物,应均衡营养。除了营养应均衡外,还应注意补充某些特定的营养素,如钙。因为老年人的生理功能已经减退,容易发生钙代谢的负平衡,出现骨质疏松症及脱钙现象,也极易骨折。另外,老年人的胃酸分泌相对减少,影响钙的吸收和利用。因此,老年人应多食含钙丰富的乳制品、大豆及豆制品。此外,针对老年人体弱多病的特点,可常食用莲子、山药、藕粉、菱角、核桃、黑豆等补脾肾之食物。

(2)食宜清淡:老年人脾胃虚衰,吸收运化力弱,饮食宜清淡。多吃鱼、瘦肉、豆类食品和新鲜蔬菜水果,不宜多吃肥腻或过咸的食物。应限制动物脂肪的摄入,宜以植物油为主,如大豆油、芝麻油、玉米油。现代营养学认为,老年人的饮食应"三多三少",即蛋白质多、维生素多、纤维素多;糖类少、脂肪少、盐少,正符合"清淡"的原则。

(3)食宜温热熟软:老年人阳气日衰,而脾又喜暖恶冷,故宜食用温热之品以护持脾肾,勿食或少食生冷之品,以免损伤脾胃,但不宜温热过甚,以"热不灸唇,冷不振齿"为宜。老年人的牙齿易松动、脱落,咀嚼困难,宜食用软食,忌食粘硬不易消化之品。明代李梴在《医学入门》中提倡老人食粥:"盖晨起食粥,推陈致新,利膈养胃,生津液,令人一日清爽,所补不小。"粥不仅容易消化,且益胃生津,适宜于老年人顾护脾胃。但应注意,凡事有度,不宜顿顿食粥。

(4)食宜少缓:老年人宜谨记"食饮有节",不宜过饱。《寿亲养老新书·饮食调治》强调:"尊年之人,不可顿饱,但频频与食,使脾胃易化,谷气长存。"老年人应少量多餐,既保证营养充足,又不伤肠胃;进食不可过急过快,宜细嚼慢咽,不仅有助于饮食的消化吸收,还可避免"吞、呛、喧、咳"的发生。

3. 谨慎起居 老年人的气血不足,卫气常虚,易得外感病(exogenous diseases,diseases caused by external factors),故当谨慎调摄生活起居。《寿亲养老新书》指出:"凡行住坐卧,宴处起居,皆须巧立制度。"老年人的生活,既不要安排得十分紧张,也不要毫无规律,要科学合理,符合老年人的生理特点,这是老年养生之大要。

老年人的居住环境以安静清洁、空气流通、阳光充足、湿度适宜、生活便利为宜。要保证良好的睡眠,但不可嗜卧而损神气。宜早卧早起,以右侧屈卧为佳。注意避风防冻,但忌蒙头而睡。

老年人应慎衣着,适寒暖。要根据季节气候的变化而随时增减衣衫,要注意胸、背、腿、腰及双脚的保暖。

老年人的肾气逐渐衰退,房室之事应随年龄的增长而递减。年高体弱者要断欲独卧,避忌房事。体质刚强有性要求者,不要强忍,但应适可而止。

老年人的机体功能逐渐减退,较易疲劳,故尤当注意劳逸适度。要尽可能参加一些力所能及的体力劳动或脑力劳动,但切勿过度疲倦,以免"劳伤"致病,尽量做到"行不疾步、耳不极听、目不极视、坐不至久、卧不极疲。""量力而行,勿令气之喘,量力谈笑,才得欢通,不可过度。(《寿亲养老新书》)"《保生要录》指出:"养生者,形要小劳,无至大疲。……欲血脉常行,如水之流……频行不已,然宜稍缓,即是小劳之术也。"这些论述都说明了劳逸适度对老年保健(health care for the elderly,gerocomy,geriatric health care)的重要性。

老年人应保持良好的卫生习惯。面宜常洗,发宜常梳,早晚漱口。临睡前,宜用热水洗泡双足。要定时排便,经常保持大小便通畅,预防因大小便失常而诱发疾病。

4. 运动锻炼　年老之人,精气虚衰,常气血运行迟缓或瘀积。积极的体育运动可以促进气息运行,延缓衰老,并可产生良性的心理刺激,使人精神焕发,对消除孤独垂暮、忧郁多疑、烦躁易怒等负性情绪有积极作用。

老年人参加运动锻炼应遵循因人制宜、适时适量、循序渐进、持之以恒的原则。参加锻炼前,要请医生对健康状况进行全面检查,了解有无重要疾病。在医生的指导下,选择恰当的运动项目,掌握好活动强度、速度和时间。一般来讲,老年人的运动量宜小不宜大、动作宜缓慢而有节律。适合老年人的运动项目有太极拳、五禽戏、气功、八段锦、散步、游泳、老年体操(gymnastics for the aged)等。锻炼时要量力而行,力戒争强好胜,避免情绪过于紧张或激动。运动次数每天宜1~2次,时间以早晨日出后为好,晚上则应安排在晚餐1.5h以后。老年人不宜在气候恶劣的环境中锻炼,以免带来不良后果。盛夏季节,不要在烈日下锻炼,以防中暑或发生脑血管外;冬季冰天雪地,天冷路滑,外出锻炼,要注意防寒保暖,防止跌倒;遇到雾霾、大风、雷雨、短时强降雨等天气,不宜外出。还须注意,不宜空腹锻炼。

老年人应掌握自我监护知识(self-monitoring knowledge)。运动时,要根据主观感觉、心率及体重的变化来判断运动量是否合适,酌情调整。必要时可暂时停止锻炼,不要勉强。锻炼3个月以后,应进行自我健康小结,总结睡眠、大小便、食欲、心率、心律正常与否。一旦出现异常情况,应及时就诊,采取措施。

5. 合理用药　由于生理上的退行性改变,老年人的机体功能减退,无论是治疗用药,还是保健用药,都不要盲目使用。老年人使用保健用药的原则(principles for the use of health care medicines in the elderly):宜多用补药(tonics,invigorators,restoratives),少用泻药;药效宜平和,药量宜小;注重脾肾,兼顾五脏;辨体质论补,调整阴阳;根据时令和季节的变化规律用药,定期观察;多用丸散膏丹,少用汤剂;药食并举,因势利导。如此方能收到补偏救弊、防病延年之效。

(吴夏秋)

第二节　因时养生

生命节律(life rhythm)是生命的基本特征之一。人类和各种生物长期受到地球自转和公转所产生的物理周期信号(包括太阳、月球和其他天体对地球的各种物理周期信号)的影响,体内各种生理、生化功能必须做出相应的反应,以便与外部环境相协调一致,从而得以生存和发展。在人类和生物漫长的进化过程中,这些节律性反应最终成为生命特征的一部分而被保留下来,且具有遗传性,外界条件的改变不能使之消失。人体内的各种生理、生化功能,以及行为和反应,乃至细胞形态和结构等都具有节律性变化。

中医早在殷商时期就已记载饮食、起居、练功、疾病发生及治疗的时间因素问题,逐渐形成"因时养生"的观点及措施。因时养生(health cultivation accordance with seasons,solar terms and climates),就是按照时令(seasons)、节气(solar terms)、气候(climates)的阴阳变化规律,运用相应的养生手段保证健康长寿,主要包括因季养生和因日养生。这种"天人相应,顺应自然"的养生原则,是中医养生学的一大特色。

一、因季养生

中国传统理论认为,四季的更替是阴阳交汇变化的表现;随着季节的更替,各种外邪的表现也不同。现代医学研究表明,气候变化与人体健康有密切的关系。因季养生(health cultivation in seasons),就是要注重季节变化的规律,倡导适应四季不同的气候,运用相应的手段养生。

(一)因季养生的原则

因季养生的基本原则(basic principles of health cultivation in seasons)是:顺应四时寒暑,顾护正气(vital qi,healthy energy),才能延年益寿,否则就会生病。

1. 春夏养阳,秋冬养阴 四季的阴阳变化直接影响万物的荣枯生死。所以,《素问·四气调神大论》说:"夫四时阴阳者,万物之根本也。所以圣人春夏养阳,秋冬养阴,以从其根,故与万物沉浮于生长之门。逆其根,则伐其本,坏其真矣。""故四时阴阳者,万物之终始也,死生之本也。逆之则灾害生,从之则苛疾不起,是谓得道。"这一论述简要地告诉人们,四时阴阳之气,生长收藏,化育万物,为万物之根本。"春夏养阳,秋冬养阴(nourishing yang in spring and summer,nourishing yin in autumn and winter)",乃是顺应四时阴阳变化的养生之道的关键。所谓春夏养阳,即养生养长;秋冬养阴,即养收养藏。

春夏两季,气候由寒转暖,由暖转暑,是人体阳气生长之时,故应以调养阳气为主;秋冬两季,气候逐渐变凉,是人体阳气收敛、阴精潜藏于内之时,故应以保养阴精为主。春夏养阳,秋冬养阴,是建立在阴阳互根(interdependence between yin and yang,mutual rooting of yin-yang)规律之上的养生防病措施。正如张景岳所说,"夫阴根于阳,阳根于阴,阴以阳生,阳以阴长。所以圣人春夏则养阳,以为秋冬之地,秋冬则养阴,以为春夏之地,皆所以从其根也。今人有春夏不能养阳者,每因风凉生冷,伤此阳气,以致秋冬多患疟泻,此阴胜之为病也。有秋冬不能养阴者,每因纵欲过热,伤此阴气,以致春夏,多患火证,此阳胜之为病也。"所以,"春夏养阳,秋冬养阴",寓防于养,是因时养生法中的一项积极主动的养生原则。

2. 春捂秋冻 春季,阳气初生而未盛,阴气始减而未衰。故春时人体肌表虽应气候转暖而开始疏泄,但其抗寒能力相对较差。为防春寒,气温骤降,此时必须注意保暖,御寒,有如保护初生的幼芽,使阳气不致受到伤害,逐渐得以强盛,这就是"春捂"的道理。秋天,则是气候由热转寒的时候,人体肌表亦处于疏泄与致密交替之际。此时,阴气初生而未盛,阳气始减而未衰,故气温开始逐渐降低,人体阳气亦开始收敛,为冬时藏精创造条件。故不宜骤然添衣过多,以免妨碍阳气的收敛。此时适当地接受冷空气的刺激,不但有利于肌表之致密和阳气的潜藏,也能增强人体的应激能力和耐寒能力。所以,秋天宜"冻"。可见,"春捂""秋冻"的道理,与"春夏养阳,秋冬养阴"是一脉相承的。

3. 慎避虚邪 人体适应气候变化以保持正常生理活动的能力,毕竟有一定的限度。尤其在天气剧变、出现反常气候之时,更容易感邪发病。因此,人们在因季养护正气的同时,非常有必要对外邪进行审识慎避。只有这样,才会收到如期的成效。

《素问·八正神明论》说:"四时者,所以分春秋冬夏之气所在,以时调之也,八正之虚邪,而避之勿犯也。"这里所谓的"八正",又称"八纪",就是指 24 节气(solar terms)中的立春、立夏、立秋、立冬、春分、秋分、夏至、冬至 8 个节气。它们是季节气候变化的转折点,天有所变,人有所应,故节气前后,气候变化对人的新陈代谢也有一定的影响。体弱多病的人往往在交节时刻感到不适,或者发病,甚至死亡。所以《素问·阴阳应象大论》有:"天有八纪地有五里,故能为万物之母"之说,把"八纪"作为天地间万物得以生长的根本条件之一,足见节气对人体影响的重要。因而,注意交节变化,"慎避虚邪(avoiding evils with caution)"也是因季养生的一个重要原则。

（二）春季养生

春三月,从立春到立夏前,包括立春、雨水、惊蛰、春分、清明、谷雨 6 个节气。春为四时之首,万象更新之始,《素问·四气调神大论》指出:"春三月,此谓发陈。天地俱生,万物以荣。"正月过后,春归大地,阳气升发,冰雪消融,蛰虫苏醒。自然界生机勃发,一派欣欣向荣的景象。所以,春季养生(health cultivation in spring)在精神、饮食、起居诸方面,都必须顺应春天阳气升发、万物始生的特点,注意保护阳气,着眼于一个"生"字。

1. 精神养生　春属木,与肝相应。肝主疏泄,在志为怒,恶抑郁而喜调达。故春季养生,既要力戒暴怒,更忌情怀忧郁,要做到心胸开阔,乐观愉快,对于自然万物要像《四气调神大论》所说的那样,"生而勿杀,予而勿夺,赏而不罚。"在保护生态环境的同时,培养热爱大自然的良好情怀和高尚品德。所以,春季"禁伐木,毋覆巢杀胎夭(《淮南子·时则训》)"被古代帝王视作行政命令的重要内容之一。而历代养生家则一致认为,在春光明媚、风和日丽、鸟语花香的春天,应该踏青问柳,登山赏花,临溪戏水,行歌舞风,陶冶性情,使自己的精神情志与春季的大自然相适应,充满勃勃生气,以利春阳生发。

2. 起居调养　春回大地,人体的阳气开始趋向于表,皮肤腠理逐渐舒展,肌表气血供应增多而肢体反觉困倦,故有"春眠不觉晓,处处闻啼鸟"之说,往往日高三丈,睡意未消。然而,睡懒觉不利于阳气生发。因此,在起居方面要求夜卧早起,免冠披发,松缓衣带,舒展形体,在庭院或场地信步慢行,克服情志上倦懒思眠的状态,以助生阳之气升发。

春季气候变化较大,易出现乍暖乍寒的情况,加之人体腠理开始变得疏松,对寒邪的抵抗能力有所减弱。所以,春天不宜顿去棉衣。特别是年老体弱者,减脱冬装尤宜审慎,不可骤减。为此,《千金要方》主张春时衣着宜"下厚上薄",既养阳又收阴。《老老恒言》亦云:"春冻未泮,下体宁过于暖,上体无妨略减,所以养阳之生气。"凡此皆经验之谈,供春时养生者参考。

3. 饮食调养　春季阳气初生,宜食辛甘发散之品,而不宜食酸收之味。故《素问·藏气法时论》说:"肝主春……肝苦急,急食甘以缓之,……肝欲散,急食辛以散之,用辛补之,酸泻之。"酸味入肝,且具收敛之性,不利于阳气的生发和肝气的疏泄,且足以影响脾胃的运化功能,故元代丘处机撰写的养生学著作《摄生消息论》说:"当春之时,食味宜减酸益甘以养脾气。"春时木旺,与肝相应,肝木不及固当用补,然肝木太过则克脾土,故《金匮要略》(Synopsis of Golden Chamber)有"春不食肝"之说。由此可见,饮食调养之法,实际应用时,还应观其人虚实,灵活掌握,切忌生搬硬套。

一般说来,为适应春季阳气升发的特点,扶助阳气,在饮食上应遵循上述原则,适当食用辛温升散的食物,如麦、枣、豉、花生、葱、香菜等,而生冷粘杂之物,则应少食,以免伤害脾胃。

4. 运动调养　在寒冷的冬季里,人体的新陈代谢减慢,藏精多于化气,各脏腑器官的阳气都有不同程度的下降,因而入春后,应加强锻炼。到空气清新之处,如公园、广场、树林、河边、山坡等地,跑步、打太极拳(practicing shadow boxing)、做操(doing exercises),形式不拘,取己所好,尽量多活动,使春气升发有序,阳气增长有路,符合"春夏养阳"的要求。年老行动不便之人,可趁风和日丽、春光明媚之时,在园林亭阁虚敞之处,凭栏远眺,以畅生气。但不可默坐,免生郁气,碍于舒发。

5. **防病保健** 初春,气候转暖,温热毒邪(warm-heat evil)开始活动,致病的微生物细菌、病毒等,随之生长繁殖。因而风湿(beriberoid disease,rheumatalgia)、春温(spring warm disorder,spring warmth)、温毒(warm-toxin disease)、瘟疫(epidemic infectious disease)等,包括现代医学(modern medicine)所说的流感(influenza)、肺炎(pneumonia)、麻疹(measles)、流脑(epidemic cerebrospinal meningitis)、猩红热(scarlatina)等传染病多有发生、流行。预防措施,一是讲卫生,除害虫,消灭传染源;二是多开窗户,使室内空气流通;三是加强运动锻炼,提高机体的防御能力。根据民间经验,可在饮水中浸泡贯众(取未经加工的贯众约500g,洗净,放置于水缸或水桶之中,每周换药一次);或在居室内放置一些薄荷油,任其挥发,以净化空气。将食醋加水1倍,按5ml/m³ 的量加热熏蒸(关闭窗户),每周2次,对预防流感也有良效。用板蓝根15g、贯众12g、甘草9g,水煎,服1周,预防外感热病(heat disease caused by exogenous pathogenic factors,exogenous febrile disease)效果也佳。每天选足三里、风池、迎香等穴,按摩2次,能增强机体免疫功能。此外,注意口鼻保健,阻断温邪上受首先犯肺之路,亦很重要。

（三）夏季养生

夏三月,从立夏到立秋前,包括立夏、小满、芒种、夏至、小暑、大暑6个节气。夏季烈日炎炎,雨水充沛,万物竞长,日新月异;阳极阴生,万物成实。正如《素问·四气调神大论》所说:"夏三月,此谓蕃秀;天地气交,万物华实。"人在气交之中,故亦应之。所以,夏季养生(health cultivation in summer)要顺应夏季阳盛于外的特点,注意养护阳气,着眼于一个"长"字。

1. **精神调养** 夏属火,与心相应,所以在赤日炎炎的夏季,要重视心神的调养(cultivation of mind and spirit,adjusting the state of mind),即精神调养(self mental care),养心安神(tranquilizing mind,nourishing the heart to calm the mind)。《素问·四气调神大论》指出:"使志无怒,使华英成秀,使气得泄,若所爱在外,此夏气之应,养长之道也。"就是说,夏季要神清气和,快乐欢畅,胸怀宽阔,精神饱满,如同含苞待放的花朵需要阳光那样,对外界事物要有浓厚的兴趣,培养乐观外向的性格,以利于气机的通泄。与此相反,懈怠厌倦,恼怒忧郁,则有碍气机通畅,皆非所宜,晋代嵇康在《养生论》中说,夏季炎热,"更宜调息静心,常如冰雪在心,炎热亦于吾心少减,不可以热为热,更生热矣。"即"心静自然凉",属于夏季养生法中的精神调养,很有参考价值。

2. **起居调养** 夏季安排作息时间,宜晚些入睡,早些起床,以顺应自然界阳盛阴衰的变化。

"暑易伤气",即炎热可使汗泄太过,令人头昏胸闷、心悸口渴、恶心,甚至昏迷。所以,安排工作、劳动或体育运动时,要避开烈日炽热之时,并注意加强防护。午饭后,需安排午睡,一则避炎热之势,二则可恢复体力、消除疲劳。

夏日炎热,腠理开泄,易受风寒湿邪(wind-cold-dampness evils,exogenous pathogenic wind,cold and dampness)侵袭。有空调的房间,不宜室内外温差过大。纳凉时不要在房檐下、过道里,且应远离门窗之缝隙。可在树荫下、水亭中、凉台上纳凉,但不要时间过长,以防贼风(evil wind,harmful wind)入中得阴暑症(yin summer-heat syndrome)。

夏日天热多汗,衣衫要勤洗勤换,久穿湿衣或穿刚在烈日下暴晒过的衣服都会使人得病。

3. **饮食调养** 五行学说(theory of five elements)认为,夏时心火当令,心火过旺则克肺金,故《金匮要略》有"夏不食心"之说。味苦之物亦能助心气而制肺气。故孙思邈在《千金要方》中主张:"夏七十二日,省苦增辛,以养肺气。"夏季出汗多,盐分损失亦多。若心肌缺盐,搏动就会失常。宜多食酸味以固表,多食咸味以补心。《素问·藏气法时沦》说:"心主夏……心苦缓,急食酸以收之。""心欲奭,急食咸以奭之,用咸补之,甘泻之。"阴阳学说(theory of yin and yang)则认为,夏月伏阴在内,饮食不可过寒,如《颐身集》指出:"夏季心旺肾衰,虽大热不宜吃冷淘冰雪、蜜水、凉粉、冷粥。饱腹受寒,必起霍乱。"心主表,肾主里,心旺肾衰,即外热内寒之意,唯其外热内寒,故冷食不宜多吃,少则犹可,食多定会寒伤脾胃,令人吐泻。西瓜、绿豆汤、乌梅小豆汤,为解渴消暑之佳品,但不宜冰镇。夏季气候炎热,人的消化功能较弱,饮食宜清淡,不宜肥甘厚味。

夏季致病微生物极易繁殖,食物极易腐败变质,容易引起肠道疾病。因此,应讲究饮食卫生,谨防"病从口入"。

4. 运动调养 夏天运动锻炼,最好在清晨或傍晚较凉爽时进行,场地宜选择公园、河湖水边、庭院等空气新鲜处,项目以散步、慢跑、太极拳、气功、广播操(broadcast gymnastics)为好,有条件的最好能到高山森林、海滨地区去疗养。夏天不宜做过分剧烈的运动,因为剧烈运动,可致大汗淋漓,汗泄太多,不仅伤阴,也伤损阳气。

5. 防病保健

(1) 预防暑热伤人:夏季酷热多雨,暑湿之气容易乘虚而入,易致疰夏、中暑等病。疰夏(summer non-acclimation,summer non-acclimatization,summer fever)又叫苦夏,因不能适应夏季气候而得,主要表现为胸闷、胃纳欠佳、四肢无力、精神萎靡、大便稀薄、微热嗜睡、出汗多、日渐消瘦。预防疰夏,在夏令之前,可食补肺健脾益气之品,并少吃油腻厚味,以减轻脾胃负担;进入夏季,宜服芳香化浊、清解湿热之方。

如果出现全身明显乏力、头昏、胸闷、心悸、注意力不能集中、大量出汗、四肢发麻、口渴、恶心等症状,则是中暑的先兆(early signs of heatstroke),是为先兆中暑(premonitory heatstroke)。应立即在通风处休息,喝淡盐开水或绿豆汤,若用西瓜汁、芦根水、酸梅汤,则效果更好。预防中暑的方法(methods for preventing heatstroke,prevention of heat stroke):合理安排工作,注意劳逸结合;避免在烈日下过度暴晒,注意室内降温;睡眠充足;讲究饮食卫生。另外,防暑饮料和药物,如绿豆汤、酸梅汁、仁丹、十滴水、清凉油等,亦不可少。

(2) "冬病夏治":从小暑到立秋,人称"伏夏",即"三伏天(dog days,three ten-day periods of the hot season)",是全年气温最高、阳气最盛的时节。对于每逢冬季发作的阳虚型慢性病,如慢性支气管炎(chronic bronchitis)、支气管哮喘(bronchial asthma)、慢性阻塞性肺病(chronic obstructive pulmonary disease,COPD)、腹泻(diarrhea)、痹证(arthralgia-syndrome,arthromyodynia)等,三伏天是最佳的防治时机,此治疗思路称为"冬病夏治(winter disease being cured in summer)"。"冬病夏治"疗法常包括内服法和外治法。内服法,以温肾壮阳的中成药为主,如苁蓉丸、八味丸、参芪精、固本丸等,脾肾阳虚较重者可选择金匮肾气丸、右归丸等,每日2次,每次1丸,连服1个月。外治法,选择多种辛温药物,用姜汁或凡士林等调制成药丸或药饼,贴在双侧肺俞、心俞、膈俞、膏肓等穴位上,以胶布固定。一般贴4~6h,如感灼痛,可提前取下;局部微痒或有温热舒适感,可多贴几小时。每伏贴1次,每年3次。

(四)秋季养生

秋季,从立秋至立冬前,包括立秋、处暑、白露、秋分、寒露、霜降6个节气。在秋季,气候由热转寒,是阳气渐收,阴气渐长,由阳盛转变为阴盛的关键时期,也是万物成熟收获的季节,人体阴阳的代谢也开始向阳消阴长(yang waning and yin waxing)过渡。因此,秋季养生(health cultivation in autumn),精神情志、饮食起居、运动锻炼,皆应以养收为原则。

1. 精神调养 秋内应于肺。肺在志为忧,悲忧伤肺(sadness impairing lung)。肺气虚,则机体对不良刺激的耐受性下降,易生悲忧情结。

秋高气爽,秋天虽是宜人的季节,但气候渐转干燥,日照减少,气温渐降;草枯叶落,花木凋零,常在一些人心中有凄凉、垂暮之感,易产生忧郁、烦躁等负性情绪。因此,《素问·四气调神大论》说:"使志安宁,以缓秋刑,收敛神气,使秋气平,无外其志,使肺气清,此秋气之应,养收之道也。"说明秋季养生首先要培养乐观情绪,保持神志安宁,以避肃杀之气。另外,收敛神气,以适应秋天容平之气。我国古代民间有重阳节(阴历九月九日)登高赏景的习俗,也是养收之法。登高远眺,可使人心旷神怡,一切忧郁、惆怅等负性情绪顿然消散,是调解精神的良剂。

2. 起居调养 秋季,自然界的阳气由疏泄趋向收敛,人们的起居作息也要相应地调整。

《素问·四气调神大论》说:"秋三月……早卧早起,与鸡俱兴。"早卧以顺应阳气之收,早起使肺气得以舒展。穿衣应遵循"秋冻"的原则。初秋时节不宜突然着衣太多,应随气温下降逐渐增加衣服,充分调动机体自身对气候转冷的适应能力,以提高机体的抵抗力。深秋时节,风大转凉,应及时增加衣服,尤其是体弱的老人和儿童,应格外注意。

3. 饮食调养　《素问·藏气法时论》说:"肺主秋……肺欲收,急食酸以收之,用酸补之,辛泻之。"酸味收敛补肺,辛味发散泻肺,秋天宜收不宜散。所以,要尽量少食葱、姜等辛味之品,适当多食一点酸味果蔬。秋时肺金当令,肺金太旺则克肝木,故《金匮要略》有"秋不食肺"之说。

秋燥易伤津液,故饮食应以滋阴润肺(nourishing yin and moisturizing the lung)为佳。元代忽思慧的《饮膳正要》(*Principle of Correct Diet*)说:"秋气燥,宜食麻以润其燥,禁寒饮。"明代朱权的《臞仙神隐书》主张入秋宜食生地粥,以滋阴润燥(nourishing yin for moistening dryness)。总之,秋季时节,可适当食用芝麻、糯米、粳米、蜂蜜、枇杷、菠萝、乳品等柔润食物,以益胃生津,益于健康。

4. 运动调养　秋季,天高气爽,是开展各种运动锻炼的好时期。可根据个人的具体情况选择不同的锻炼项目,亦可采用《道藏·玉轴经》所载的秋季养生功法,即秋季吐纳健身法,对延年益寿有一定的好处。秋季吐纳健身的具体做法(concrete method of expiration and inspiration in autumn, specific practice of deep breathing exercises in autumn):每日清晨洗漱后,于室内闭目静坐,先叩齿36次,再用舌在口中搅动,待口里液满,漱炼几遍,分3次咽下,并意送至丹田,稍停片刻,缓缓做腹式深呼吸。吸气时,舌舔上腭,用鼻吸气,用意将气送至丹田。再将气慢慢从口呼出,呼气时要稍搋口,默念呬(xì)字,但不要出声。如此反复30次。秋季坚持练此功,有保肺强身之功效。

5. 防病保健　秋季是肠炎(enteritis)、痢疾(dysentery)、疟疾(malaria)、"乙脑(epidemic en-cephalitis B)"等病的多发季节,预防工作显得尤其重要。要搞好环境卫生,消灭蚊蝇。注意饮食卫生,不喝生水,不吃腐败变质和被污染的食物。针对人群给予中药,如板蓝根、马齿苋等煎剂,对肠炎、痢疾的流行可起到一定的防治作用。为预防"乙脑",则应按时接种乙脑疫苗。

秋季总体的气候特点是干燥,故常称之为"秋燥(autumn dryness)"。秋季感受燥邪(dryness evil)引起的温病,也称为"秋燥(autumn-dryness disease, autumn dryness"),是以病在肺卫并具有津气干燥特征的急性外感病。燥邪伤人,容易耗人津液,常见口干、唇干、鼻干、咽干、舌上少津、大便干结、皮肤干,甚至皲裂。预防秋燥,可服用宣肺化痰(dispersing lung qi and dissipating phlegm)、益气滋阴(benefiting qi and nourishing yin)的药物或食物,如人参、沙参、西洋参、百合、芦根、杏仁、川贝、蜂蜜、梨等,对缓解秋燥多有良效。

(五)冬季养生

冬三月,从立冬至立春前,包括立冬、小雪、大雪、冬至、小寒、大寒6个节气,是一年中气候最寒冷的季节,严寒凝野,朔风凛冽,阳气潜藏,阴气盛极,草木凋零,蛰虫伏藏,用冬眠状态养精蓄锐,为来春生机勃发作好准备。人体的代谢和阴阳消长(waning and waxing of yin and yang, ebb and flow of yin and yang)也处于相对缓慢的水平,成形胜于化气。因此,冬季养生(health cultiva-tion in winter),应着眼于一个"藏"字。

1. 精神调养　为了保证冬令阳气伏藏的正常生理不受干扰,首先要求精神安静。《素问·四气调神大论》曰:"冬三月,此为闭藏……使志若伏若匿。若有私意,若已有得。"意思是欲求精神安静,必须控制情志活动,做到如同对待他人隐私那样秘而不宣,如同获得了珍宝那样感到满足。如是,则"无扰乎阳",养精蓄锐,有利于来春的阳气萌生。

2. 起居调养　冬季起居作息,中医养生学的主张如《素问·四气调神大论》所说:"冬三月,此谓闭藏。水冰地坼,无扰乎阳;早卧晚起,必待日光。……去寒就温,无泄皮肤,使气亟夺,此冬气之应,养藏之道也。"《千金要方·道林养性》也说:"冬时天地气闭,血气伏藏,人不可作劳汗出,发泄阳气,有损于人也。"在寒冷的冬季里,不应扰动阳气,破坏阴成形大于阳化气的生理比值。

因此,要早睡晚起,日出而作,以保证充足的睡眠时间,以利阳气潜藏,阴精积蓄。至于防寒保暖,也必须根据"无扰乎阳(no disturbance to Yang)"的养藏原则,做到恰如其分。衣着过少过薄,室温过低,既耗阳气,又易感冒。反之,衣着过多过厚,室温过高,则腠理开泄,阳气不得潜藏,寒邪亦易于入侵。《素问·金匮真言论》说:"夫精者身之本也,故藏于精者,春不病温。"说明冬季节制房事、养藏保精,对于预防春季温病(spring epidemic febrile disease, epidemic febrile disease in spring),或称春温(spring warmth, spring warm syndrome),具有重要意义。

3. 饮食调养　冬季饮食对正常人来说,应当遵循"秋冬养阴""无扰乎阳"的原则,既不宜生冷,也不宜燥热,最宜食用滋阴潜阳(nourishing Yin for suppressing hyperactive Yang)、能量较高的膳食为宜。为避免维生素缺乏,应多摄取新鲜蔬菜。从五味与五脏的关系来看,则如《素问·藏气法时论》所说:"肾主冬……肾欲坚,急食苦以坚之,用苦补之,咸泻之。"这是因为,冬季阳气衰微,腠理闭塞,很少出汗。减少食盐摄入量,可以减轻肾脏的负担;增加苦味,可以坚肾养心。

具体地说,在冬季,为了滋阴潜阳,宜食谷类、羊肉、鳖肉、木耳等食物,且宜食热饮食,以保护阳气。由于冬季重于养"藏",此时进补是最好的时机。

4. 运动调养　民谚说:"冬天动一动,少闹一场病;冬天懒一懒,多喝药一碗。"说明了冬季锻炼的重要性。

冬日虽寒,仍要持之以恒地进行运动锻炼,但要避免在大风、大寒、大雪、雾露中进行。冬天的早晨,由于受冷高压的影响,往往会发生逆温现象(temperature inversion),即上层气温高,而地表气温低,大气停止上下对流,工厂等排出的废气,不能向大气层扩散,使户外空气相当污浊,能见度大大降低。在有逆温现象的早晨,不宜在室外进行运动锻炼。

5. 防病保健　冬季是进补强身的最佳时机。进补的方法有两类:一是食补(taking tonic foods, dietetic invigoration),一是药补(taking tonic herbs),两者相较,"药补不如食补(hcrb nourishing is inferior to food nourishing, food is better than medicine)"。无论食补还是药补,均需根据体质、年龄、性别等具体情况分别对待,方能取效。

冬季是麻疹、白喉(diphtheria)、流感、腮腺炎(parotitis)等疾病的好发季节,除了注意精神、饮食调养及运动锻炼外,还可用中药预防,如大青叶、板蓝根对流感、麻疹、腮腺炎有预防作用;黄芩可以预防猩红热;兰花草、鱼腥草可预防百日咳(pertussis);生牛膝能预防白喉。这些方法简便有效,可以酌情采用。

冬寒也常诱发痼疾,如支气管哮喘、慢性支气管炎等。心肌梗死(myocardial infarction, MI)等心血管病(cardiovascular disease)、脑血管病(cerebrovascular disease),以及痹证等,也多因触冒寒凉而诱发或加重。因此防寒护阳,是至关重要的。同时,也要注意颜面、四肢的保健,防止冻伤。

（六）交节前后的自我调养

经验表明,一些急病重症患者,往往在节气交替时发病,在节气交替时死亡。因此,重视交节前后的自我调护,不但对年老体弱者具有重要意义,对年富力强者也不例外。交节前后的自我调养(self-cultivation before and after alternation of solar terms self-care at the turn of solar terms),除了应根据节气所在的不同季节采取相应的养生方法进行调摄外,尤须注意下列各点:

（1）在节气交替前后的2~3d,要注意保存体力,不要熬夜,要保证有充足的睡眠时间,不要过分劳累,尤其是不可劳汗当风。

（2）在节气交替前后,要注意情绪的稳定和乐观,尽量避免情绪冲动。

（3）注意饮食适度,不吃过寒、过热及不易消化的食物,保持大便通畅。

（4）注意及时增减衣服,谨防外邪侵袭机体。

（5）在四立、二至、二分八个大的节气交替前后,尤其要十分慎重。年老体弱者,可适当服一些保健药物(如六味地黄丸、补中益气丸等)。速效救心丸等救急药物,应随身携带,以防万一。

二、因月养生

《素问·八正神明论》说："是故天温日明,则人血淖液而卫气浮,故血易泻,气易行;天寒日阴,则人血凝泣,而卫气沉。月始生,则血气始精,卫气始行;月郭满,则血气实,肌肉坚;月郭空,则肌肉减,经络虚,卫气去,形独居。"指出人体气血的运行及盛衰,不仅和季节气候的变化有关,而且同日照的强弱和月相的盈亏直接相关。《素问·六节藏象论》有言:"五日谓之候,三候谓之气,六气谓之时,四时谓之岁。"一年分立四时,四时分布节气,逐步推移,如环无端。节气再分候,也是这样推移下去。所以《素问·六节藏象论》说:"不知年之所加,气之盛衰,虚实之所起,不可以为工矣。"不但医者治病需要根据气候的不同来区别用药,对于养生而言,也应该了解每个月养生应注意的事项,顺应天时的变化,才能达到事半功倍的效果。中国古代很早就对旬月养生进行专篇阐述,如宋朝姚称的《摄生月令》、姜蜕的《养生月录》以及元朝瞿祐的《十二月宜忌》等。这些旬月养生专著,依据每个月的特点,指导生活起居、饮食、精神、导引等方面的调摄,以达到健康长寿的目的。因月养生(health cultivation in different months,health cultivation by the month)应遵循农历月份逐月施养。

（一）农历一月

农历一月,常称"正月",是春季的第一个月,天地之气开始复苏,万物生发。一月中有"立春"和"雨水"两个节气。"立春"节气位居24节气之首,开始时间点在公历每年的2月2~5日的某一天,表明春季从这一天开始。"雨水"节气的开始时间点在公历2月18~20日的某一天,此时气温回升,冰雪融化,降水增多。

正月养生要顺应春天阳气生发、万物始生的特点,逐渐从"秋冬养阴"过渡到"春夏养阳",注意保护阳气。可根据自己的体质特点合理选择防风粥、紫苏粥、地黄粥等,以预防风邪引起外感发生。在作息时间方面,应晚睡早起,以舒缓形体和精神。此时,天气乍暖还寒,不要骤然减少衣物。

（二）农历二月

农历二月,春天将半,有"惊蛰"和"春分"2个节气。"惊蛰"节气的开始时间点在公历3月5日~7日的某一天,此时天气转暖,渐有春雷,蛰居动物始闻雷声而动。"春分"节气的开始时间点在3月20~22日的某一天,这一天南北两半球的昼夜时长相等,所以叫春分。

农历二月,多食韭菜对养生大有裨益。清代食医王孟英在《随息居饮食谱》中说:"韭以肥嫩为胜,春初早韭尤佳。"除了韭菜之外,还可以食用其他可升发阳气的食物,如荠菜、香菜、鸡肉等,以顺应春季"发陈"的特点。

（三）农历三月

农历三月,是春季的最后一个月,有"清明"和"谷雨"2个节气。"清明"节气的开始时间点在公历4月4~6日的某一天,此时气候逐渐温暖,草木始发新枝芽,万物开始生长。"谷雨"节气的开始时间点在公立4月19~21日的某一天,此时雨水逐渐丰沛,大地五谷得以生长,有"雨生百谷"的含义。

农历三月,时万物萌发,天地生气。在清明之际,正是一年中春茶大量上市的时候,此时适量饮茶有益于人体健康,不过冲泡时茶味宜淡不宜苦,淡则取茶芽春生之气,以助人体阳气生发;苦则茶味寒可伤人体阳气,反而不利于春季养生。这时天气转暖,适宜早睡早起,以养脏气。人的形体应该自由放松,使之安泰,以顺应天时。室外活动增加,桃花、梨花、杏花等开满枝头,杨絮、柳絮四处飘扬,故对花粉过敏的人应注意防范。此时还是急性病毒性肝炎、流脑、麻疹、腮腺炎等传染病的高发季节,所以要根据天气变化及时增减衣物,以预防传染病发生。

（四）农历四月

农历四月,为孟夏(即初夏)之月,即夏季的第一个月,有"立夏"和"小满"2个节气。"立夏"

节气的开始时间点在公历5月5~7日期间,表明夏季从这一天开始,万物繁茂旺盛。"小满"节气的开始时间点在公立5月20~22日期间,此时夏收作物谷物籽粒逐渐饱满,但尚未成熟。

农历四月是天地交泰、万物花开的时节。中医理论(theories of traditional Chinese medicine)认为,心应于夏,也就是说在夏季,心阳最为旺盛。因此,农历四月需要更多地保养心气心阳,宜晚睡早起,以接受天地间的清明之气。不要大怒、大泄。应少房事以壮肾水,静养以息心火,以使情志安宁,顺应天地造化之机。宜多食具有清热利湿(clearing heat and promoting diuresis)功效的食物,如赤小豆、薏苡仁、冬瓜等;忌食肥甘厚味、辛辣助热之品,如动物脂肪、鱼类、生蒜、辣椒、韭菜、牛羊肉等。老年人在饮食上应以清淡食物为主,多食用新鲜的蔬菜水果,可饮少量低度酒,以保持气血通畅。

（五）农历五月

农历五月,有"芒种"和"夏至"2个节气。"芒种"节气的开始时间点在公历6月5~7日期间,此时小麦等有芒作物成熟,也最适合播种有芒的谷类作物。"夏至"节气的开始时间点在公历6月21~22日期间,这一天也是我国白昼最长、黑夜最短的一天。

农历五月,气温逐渐上升,天地化生,万物已成。此时要避免大热、大汗,不要露宿于星月之下,谨防邪气入体导致疾病。要早睡早起,又因此时昼长夜短,中午宜休息一会儿,对恢复体力、消除疲劳有一定的好处。由于天气炎热,出汗较多,衣着应以棉织品为好,利于汗液排泄。要常洗澡,保持皮肤清洁卫生,还要预防中暑、腮腺炎、水痘等。饮食调养宜以清补为主,宜食用蔬菜、豆类、水果等,忌食辛辣油腻之品,如羊肉、牛肉、辣椒、葱。

（六）农历六月

农历六月,有"小暑"和"大暑"2个节气。"小暑"节气的开始时间点在公历7月6~8日期间,此时虽已进入炎热的暑季,但尚未达到一年中气温的顶点,故称"小暑"。"大暑"节气的开始时间点在公历7月22~24日期间,此时是一年中最炎热的时间。

农历六月,生长之气隆盛,万物生长茂盛、繁荣。但阴气内伏,暑毒外蒸,食物易腐败变质,如误食变质食物,易伤脾胃而致呕吐、泄泻,应格外注意饮食卫生(dietetic hygiene)。此时可多食绿叶蔬菜、苦瓜、黄瓜、西瓜等,忌辛辣油腻之品。此时是人体阳气最旺盛的时候,人们在工作、劳动之时,要注意劳逸结合,顾护阳气。老年人,尤其是有心脑血管疾病(cardio-cerebrovascular diseases,cardiovascular and cerebrovascular diseases)的患者,一定要保证充足的睡眠,并加强室内通风。体力劳动者、室外劳动者应多饮水、绿豆汤等以防中暑,必要时可服少量人丹。在生活起居方面,要晚睡早起,以顺应"夏长"的季节特点,有利于人体阳气的充盛和气血的运行。

（七）农历七月

农历七月,有"立秋"和"处暑"2个节气。"立秋"节气的开始时间点在公历8月7~9日期间,从这一天起秋天开始,秋高气爽,气温逐渐由热转凉。"处暑"节气的开始时间点在公历8月22~24日期间,这时夏季暑气渐消,是气温下降的一个转折点,是气候变凉的象征,表明暑天终止。

农历七月,宜静养性情,衣着宽松,行动舒缓,并收敛神气,使心神安宁。初秋温燥伤津,容易出现皮肤干燥、眼干、咽干、小便黄、大便秘结等症状,要注意多饮水,顾护津液,不要大热、大汗。应适当防暑降温,但同时又要防止风寒侵袭。七月初秋,在饮食方面,可多吃西红柿、茄子、马铃薯、葡萄、梨等生津润燥(body fluid regenerating for moisturizing dryness)之品。

（八）农历八月

农历八月,是秋季的第二个月,有"白露"和"秋分"2个节气。"白露"节气的开始时间点在公历9月7~9日期间,此时天气转凉,地面逐渐有水汽结露的现象。"秋分"节气的开始时间点在公历9月22~24日期间,这一天同春分一样,阳光几乎直射赤道,昼夜几乎相等。《春秋繁露·阴阳出入上下篇》中记载:"秋分者,阴阳相半也,故昼夜均而寒暑平。"

农历八月,精神调养非常重要,因为此时自然界阴寒之气逐渐占主导地位,气候渐凉,秋风萧瑟之感渐重,人们容易"悲秋(feel sad with the coming of autumn,melancholy associated with autumn,autumn-induced grief,autumnal sadness)"。悲秋的精神调养(self mental care for autumn-induced grief,spiritual cultivation of autumnal sadness):培养乐观的情绪,保持神志安宁,以适应容平之气。天气晴好之日,秋高气爽,多外出走走,登高望远,享受大自然的美景,能够使人心旷神怡,同时还能够锻炼身体,使人身心愉悦,秋愁消减。此时,同样需防秋燥,人们往往会出现各种干燥、皲裂等不适,可多选择黄瓜、萝卜、梨、冬瓜等食物,或适当服用西洋参、沙参、百合、川贝等滋阴润肺之中药。

（九）农历九月

农历九月,有"寒露"和"霜降"2个节气。"寒露"节气的开始时间点在公历10月8~9日期间,此时自然界的露水较白露更多,且气温更低,地面上洁白晶莹的露水即将凝结成霜,寒意愈盛,故名。"霜降"节气的开始时间点在公历10月23~24日期间,是秋季的最后一个节气,此时天气渐冷,地面凝霜。

农历九月,为秋季的第三个月,草木凋零,众物蛰伏,气候寒冷,须注意避风寒,少食生冷。精神调养在此时也应受到重视,这是因为日照减少,风起叶落,特别是北方,万木凋零,草枯叶无,较八月更易使人产生悲观情绪,尤其是生活、工作不如意时,抑郁多发。所以,此时人们要注意控制情绪,避免伤感,多做开心喜好之事,保持乐观心态,以平安度过秋季。金秋之时,燥气当令,此时要防燥邪之气侵犯人体而耗伤肺之阴精,因肺喜润而恶燥。饮食上以滋阴润燥为宜,还应多饮水,故宜适当多食芝麻、糯米、粳米、蜂蜜、大枣、山药等以滋阴润肺,少吃葱、姜、蒜、辛辣之品,以免耗伤阴液。

（十）农历十月

农历十月,有"立冬"和"小雪"2个节气。"立冬"节气的开始时间点在公历11月7~8日期间,表明冬季的开始,标志着寒冷天气逐渐成为常态。"小雪"节气的开始时间点在公历11月22~23日期间,此时虽开始降雪,但雪量不大,故称小雪。

农历十月,为孟冬(初冬)之月,即冬季的第一个月,天地都处于闭藏的状态。《礼记·月令》说:"孟冬之月,……水始冰,地始冻。"此刻,人们仍易情绪低落,应注意情绪调摄。生活中应做到早卧晚起,保证充足的睡眠,这样既有利于阳气潜藏,又益于阴精蓄积。在饮食方面,立冬时节应以温热膳食为主。如元代忽思慧所著《饮膳正要》(Principles of Correct Diet)曰:"……冬气寒,宜食黍以热性治其寒。"同时还要多食新鲜蔬菜,以防温燥食物摄入过多伤及人体阴液,少食寒性之品,以防寒伤阳气。牛肉、羊肉、乌鸡、豆浆、牛奶、豆类等都适合立冬后选用。

（十一）农历十一月

农历十一月,又称"冬月",有"大雪"和"冬至"2个节气。"大雪"节气的开始时间点在公历12月6~8日期间,这是相对于上一节气"小雪"而言,降雪的可能性更大,降雪量更大,气温更低,故称"大雪"。"冬至"节气的开始时间点在公历12月21~23日期间。冬至这天阳光几乎直射南回归线,是我国一年中白昼最短、黑夜最长的一天。

大雪是冬季的第三个节气,此时我国黄河流域一带渐有积雪,北方则呈现万里雪飘的景观。从中医养生学的角度看,大雪已到了"进补"的大好时节。冬至阴气盛极而衰,阳气开始回升,此时是进补的最佳时令,可根据每个人体质不同选择不同的膏方。在农历十一月,体质弱、消化功能差的人,可选择"慢补",还要多吃蔬菜,切忌过补、急补。体质较好的人选择"平补",不要过食油腻之品,以防产生内热而诱发疾病。每年冬至这天,我国北方地区有吃水饺的习俗,据说是因纪念医生张仲景冬至舍药而流传下来。也有一些地区冬至喜食羊肉、馄饨等温热性味的膳食,有利于温补人体阳气,抵御严寒,并助人体阳气生发,符合冬至后"阴尽阳生"的时令特点。

（十二）农历十二月

农历十二月，常称"腊月"，有"小寒"和"大寒"2个节气。"小寒"节气的开始时间点在公历1月5~7日期间，标志着我国的气候开始进入一年中非常寒冷的阶段。"大寒"节气的开始时间点在公历1月20~21日期间，这时寒潮南下频繁，是我国大部分地区一年中最冷的时期，风大，低温，地面积雪不化，呈现一派冰天雪地、天寒地冻的严寒景象。

农历十二月，应避寒就暖，远离风邪，不要劳伤筋骨，不宜大量出汗。可多吃羊肉、鸡肉、甲鱼、核桃、大枣、龙眼肉、山药、莲子、百合、栗子等补脾肾助阳(tonifying spleen, kidney and strengthening yang)之品。腊八粥是我国在每年的农历腊月初八食用的传统食品，具有温养人体阳气的作用。《燕京岁时记·腊八粥》中记载："腊八粥者，用黄米、白米、江米、小米、菱角米、栗子、红豇豆、去皮枣泥等，合水煮熟，外用染红桃仁、杏仁、瓜子、花生、榛穰、松子及白糖、红糖、琐琐葡萄，以作点染。"民间各地均有吃"腊八粥"的风俗，但做法各有不同。

需要说明的是，我国幅员辽阔，气候因地区差异也非完全契合24节气，对于很多地区来讲只是一种参考。故在因月养生的同时，也应参照地域养生综合施行。此外，亦可参照气象学的标准，以当地连续5天平均气温作为划分四季的温度指标。当连续5天平均气温稳定在22℃以上时为夏季开始，当连续5天平均气温稳定在10℃以下时为冬季开始，当连续5天平均气温在2~10℃之间为春秋季。这种划分方法可以尽可能真实地反映一个地区季节变化的情况，可以作为因月养生的另一个参考依据。

三、因日养生

一天之内，随着昼夜阴阳的消长进退，人体的生理活动、疾病的病理变化都会发生相应的改变，所以养生应重视一日内昼夜晨昏的顺时调养。昼夜的阴阳消长变化会直接对人体的生理病理产生影响，虽然昼夜寒温变化的幅度不像四季变化那样明显，但对人体的影响同样不可忽视。一日之中昼夜阴阳的变化有其消长节律，而人体的阳气随着这种节律而消长。如《素问·生气通天论》说："故阳气者，一日而主外，平旦人气生，日中而阳气隆，日西而阳气已虚，气门乃闭。是故暮而收拒，无扰筋骨，无见雾露，反此三时，形乃困薄。"说明人体的阳气白天多趋于表，夜晚多趋于里。在人体发生疾病时，由于人体阳气有昼夜的周期变化，所以昼夜阴阳的变化对疾病病理变化亦有直接影响。如《灵枢·顺气一日分为四时》说："夫百病者，多以旦慧、昼安、夕加、夜甚。"其原因是：早晨阳气生发，能够抵御邪气，邪气衰减，所以早晨病情轻而患者精神清爽；中午阳气旺盛，能够战胜邪气，所以中午病情安定；傍晚阳气开始衰减，邪气逐渐亢盛，所以傍晚病情加重；半夜人体的阳气都深藏内脏，邪气亢盛已极，所以半夜病情最重。这种变化不仅与人体本身阳气的昼夜消长变化密切相关，更与自然界阴阳的昼夜消长变化密切相关。根据此理论，人们可以利用阳气的日节律，合理安排工作、学习，以达到最佳的养生效果。随着一日之阴阳的变化，因日养生(health cultivation in a day, health cultivation according to diurnal rhythm)应注意掌握早晨、中午、傍晚和夜晚几个特殊时间段的保健方法，做好一天内的调养工作。

（一）早晨养生

古语说："一年之计在于春，一日之计在于晨。"早晨，现今可泛指上午这一段时间。早晨为一天之始，往往被视为充满朝气的时候，对人体而言是一个非常重要的阶段，关系着一天的身体与精神状况，因而，应重视早晨养生(health cultivation in the morning)。中医认为，早晨是人阳气生发之际，在阳气初生之际做好保养工作很重要。

早晨宜在户外锻炼身体，通过活动，促进血液循环，使阳气得以升发。太阳初升，人体的脏腑功能也处于升发的状态，营养需求量大，代谢旺盛，所以早餐宜吃好。不吃早餐或早餐数量少、质量差，会直接影响上午的工作、学习效率。另外，有规律地进食早餐对预防脾胃病、眩晕、胆囊结石的发生都有一定的作用。

早上应尽量保持心情愉快。按照心理学的观点,刚起床时是人从潜意识进入意识的分界线,是从潜意识到意识的过渡期,这个时候保持快乐的心态,或者鼓励自己,那么一天都可以很快乐。此外,不宜养成早晨晚起的不良习惯,一是不利于人体阳气升发,二是易消磨意志和进取精神。最佳的早起时间可根据季节的不同,略有不同。

（二）中午养生

睡眠对中午养生（health cultivation at noon）尤为重要。中国传统将一天分为 12 个时辰（two-hour periods, one of the 12 two-hour periods of the day）,即子（Zi）、丑（Chou）、寅（Yin）、卯（Mao）、辰（Chen）、巳（Si）、午（Wu）、未（Wei）、申（Shen）、酉（You）、戌（Xu）、亥（Hai）,一个时辰相当于 2h,午时即为 11:00 到 13:00。此时阳气达到一天的顶点,适宜稍微休憩,即古人所说的"子午觉"中的"午觉"。人体的阳气从子时（23:00 到 1:00）开始升发,并逐渐增强,直到午时达到鼎盛。相对地,人体的阴气从午时（11:00 到 13:00）初生,并逐渐生长,到子时达到最盛。所以子时与午时,分别为阳气和阴气初生及相互转化的时机。在这两个重要时辰,需通过休眠,睡"子午觉"来协助阴阳消长和气机转化。

午时的小憩,对养生保健尤为重要。尤其是在炎热的夏季,午休不仅可以使上午升发耗散的阳气得以培补,更可使下午乃至晚上精力充沛。但应注意,不宜在午餐后立即睡觉,以免影响脾胃运化。另外,午睡时间不宜过长,时间过长可能会阻碍阳气外展,影响下午工作学习,甚至影响夜晚睡眠。研究表明,午睡 20min 可显著提高白天的清醒程度,且短午睡（30min 以内）比长午睡（超过 30min）能更有效地缓解午餐后困倦,俗称饭困（post-lunch dip）。

（三）傍晚养生

傍晚通常是指临近晚上这一段时间,即从日落到星出前的一段时间,与黄昏同义。傍晚太阳落山,自然界的阴寒之气渐盛,阳热渐消,气温通常会逐渐降低。

傍晚时分,人体的阳气开始由表入里收敛。傍晚养生（health cultivation at dusk）,可以根据自身情况进行短时间、柔和舒缓的有氧运动,但不宜长时间、剧烈运动,以避免影响人体阳气傍晚时分的内收内敛。如《素问·生气通天论》所说:"是故暮而收拒,无扰筋骨,无见雾露,反此三时,形乃困薄。"此时,经过一天的工作学习,阳气渐虚,活动渐少,代谢减退,营养需求相对较少,所以晚餐宜少。如果晚餐摄入太多,夜晚阳气较虚,脾胃运化偏弱,加之活动较少,能量无法消耗,易引起肥胖（obesity）,也会影响夜晚休息。《素问·逆调论》云:"胃不和则卧不安（disorder of the stomach leading to insomnia with restlessness, stomach discomfort leads to sleeping problems）。"临床多见与脾胃功能失常有关的睡眠障碍患者。从营养学观点来看,早中晚餐的能量分配比例为 3:4:3,和民间"早餐吃好,中餐吃饱,晚餐吃少"的说法基本一致。

（四）夜晚养生

到了夜晚,自然界的阳气续衰,阴气续盛,气温降低。夜晚养生（health cultivation at night）,应注意适当添加衣物,以顾护渐衰的阳气。此时人体体内的阳气较弱,不宜再进食,否则不但妨碍脾胃的消化吸收功能,还可能影响睡眠。夜间阳气收敛内藏,皮肤腠理也随之闭密,所以到了深夜,不要再扰动筋骨,应减少外出,尽可能避免室外雾露的侵袭,应在 23:00 前睡觉,切忌熬夜。

子时是一日时辰中的阴中之阴,若此时仍在熬夜工作或玩乐,将扰动人体蓄养的阳气,久之则会变为阴虚火旺体质（yin deficiency and fire hyperactivity constitution）。临睡前,不宜饮用大量浓茶、咖啡、酒精等兴奋刺激性饮料,也不宜大量饮水,以免夜尿过频影响睡眠质量。

（吴夏秋）

第三节　因地养生

地域环境对人类健康和疾病的影响与作用是永恒的。人类是自然界的一部分,而人与天地自然界相应,自然环境发生改变时,相应也影响着人体的生理活动和脏腑功能,这种影响长期作用于人体,最终导致人发生相应质的改变,形成不同的体质差异。因此,环境是影响人类健康与养生的重要方面之一。因地制宜,顺应地域的差异,根据自然环境、社会环境和区域居所等不同,积极主动地采取相应的因地而异养生措施非常重要。

一、概念与特点

环境(environments)是影响人类生存和发展的自然因素和经过人工改造的自然因素以及社会因素的总和,由小到大分为聚落环境、区域环境、全球环境和宇宙环境。人类的生活环境(living environments)习惯上分为自然环境和社会环境。

（一）基本概念

1. 自然环境　自然环境(natural environments)亦称地理环境(geographical environments),是指环绕于人类周围,在人类出现以前就客观存在的各种自然条件(natural conditions)的总和,如大气、水、土壤、生物和各种矿物资源等。自然环境是人类赖以生存和发展的物质基础。通常把自然环境划分为大气圈、水圈、生物圈、土圈和岩石圈等五个自然圈。

地域环境(regional environments)是一定地域范围内的自然和社会因素的总和。与养生关系最为密切的是动植物资源、气候条件、人们的风俗习惯。不同的地域,地势有高低,土质、气候、水质有差异,而人们的生活环境和工作环境(working environments)、生活习惯(living habits)和生活方式(life styles)各不相同,其生理活动与病理变化也各有特点。

按照中医因地制宜(treatment in accordance with local conditions)的治疗原则,用在养生方面,因地养生(health cultivation according to local conditions),即根据不同的地域环境特点,因地制宜地采取适宜的养生方法,使人体与之相适应,趋利避害,以达到提高生活质量、延年益寿、保养生命的目的。

我国地域辽阔,气候多样,不同的地区在地质水土、地域气候和人文地理、风俗习惯等方面千差万别,人体长期处于其中,各自的生理活动与病理变化在一定程度上亦相应出现明显的地域差异。不同的自然环境会潜移默化地影响人的身心健康,甚至寿命的长短。张介宾曰:"水土清甘之处,人必多寿,而黄发儿齿者,比比皆然;水土苦劣之乡,暗折天年,而耄耋期颐者,目不多见。"现代研究亦发现,长寿老人的区域性分布较为明显,说明人类的寿夭确与某些地域性因素有关。同时,即使在同一地区,也有地势高下不同、寿夭之别的说法,《素问·五常政大论》曰:"高者其气寿,下者其气夭。"居住在空气清新、气候寒冷的高山地区的人长寿,而居住于空气污浊、气候炎热的低洼地区,寿命相对较短。

还有有些地域,因某些元素存在不均衡性导致地方性疾病,如碘缺乏引起的地方性甲状腺肿(endemic goiter),而克山病(Keshan disease)与大骨节病(Kashin-Beck disease)和环境中的硒、钼等不足相关。因此,只有全面综合分析问题,善于因时、因地、因人而制宜,健康养生(health cultivation)才能取得满意的效果。

2. 社会环境　社会环境(social environments)是指人类在生产、生活、社会交往等活动中建立起来的,构成因素众多而复杂的环境,包括政治因素、经济因素、文化因素、信息因素等。

人是社会的组成部分。人影响社会,而社会也会对人产生影响。社会动荡,战乱频繁,人们居无定所,缺衣少食,饥饱失常,导致疾病频发,瘟疫流行,人均寿命较短。而社会安定,盛世太平,人们生活规律,衣食无忧,自然健康乐业,人均寿命较长。正如《论衡》所述:"太平之世多长寿之人"。随着社会的进步,经济的发展,人们衣食充裕,环境舒适,自然重视健康养生,知道如何防病治病。同时社会的进步在某种程度上也给人类健康带来一定的负面影响,如噪声、废渣等有害物质,水、土壤等环境污染,作用于人体后,产生致癌、致敏、致病等不良结局,影响人类健康和长寿。社会的变化亦会带来物质和精神生活的变化,对人的身心健康也有着重要影响。如家庭不和、亲人亡故、人际关系失调,均可导致精神情志功能失调,最终影响脏腑功能,导致身心疾病发生,危及健康和寿命。

（二）因地养生的原则

人类很早就发现,自然环境和身体的健康水平之间存在密切的联系。《内经》认为,天文、地理、人事为一个有机整体,人们上知天文,下知地理,中知人事,方可以长久。老子也说:"人法地,地法天,天法道,道法自然。"人处于天地宇宙之间,其生命活动与自然密切相关。故养生也与自然密切相关。因地养生的原则(principles of health cultivation according to local conditions)如下:

1. **需遵循自然规律**　人和自然界是一个有机的整体,人和自然相互影响,相互作用。传统医学对待生命、健康、疾病不仅立足于生命体本身,也着眼于外部环境,倡导既要遵循人体自身生命活动的规律,也要遵循自然规律及综合社会因素。传统养生一直注重因地而养。地理环境是万物之母,人类要想健康长寿,就必须建立和保持同地理自然环境协调一致的关系。只有遵循自然规律,才能维持人体阴阳平衡,保证生命活动正常有序地进行。否则可能引发疾病,影响生命质量,甚至危及生命。因此在养生活动中,必须考虑到地理环境对人体的影响,结合不同的地域特点实施养生,使人地之间能更好地和谐发展。

2. **需适应自然环境**　我国地域广阔,东西南北经纬跨度很大,北方天寒,西部干燥,南方多火,东部多湿,地理位置南北高下不同,必然在一定程度上影响人体的气血阴阳变化,继而影响人们的生活习惯和饮食习惯(eating habits),故也就出现体质各有千秋。古人早已有"因时因地制宜"之说。《礼记·王制》中说:"五方之民,言语不同,嗜欲不同。"所以,不同的自然环境使人的体质呈现出各自的特性。在《素问·异法方宜论》中黄帝问岐伯:"医之治病也,一病而治各不同,皆愈何也?"回答是:"地势使然也。"他认为,东部的人因"喜食鱼而嗜咸",生病多为痈疡;而北方的人因地高寒冷,一般多是"脏寒生满病"。若长期居住在某地后一旦易居他地,身体则可能出现所谓"水土不服(non-acclimatization, environmental inadaptability)"的症状,甚至生病,需要相当长一段时间的重新适应,这也是因地而养的一种表现。同时随着社会的发展,人们旅行、移居的情况越来愈普遍,从养生保健的角度而言,每到一个新的地区或国度,都要根据当地的气候特点、环境状况调适自己的生活方式,顺应环境,从而达到保养生命的目的。

3. **需顺应自然环境**　自然环境对人类健康和疾病的作用与影响是永恒的。自然环境影响人类的生存和生活方式,与人类健康和寿命息息相关。人类所处的地理位置不同,与之相联系的各种自然条件如土壤、地形、海拔、降水、气候等要素也不相同,故有高山、河流、沙漠、湖泊、森林、海洋、丘陵、盆地之别。因此不同地域的人,无论在出生性别比、体形特征、体质特点、身体素质,还是性格、生活饮食、起居习惯等都有不同的地域特点,即所谓"一方水土养一方人"。顺应自然环境就是根据自然界的四时气候等变化以及人们生存环境的改变,坚持尊重和顺应,积极地、有针对性地合理应对,与自然界保持和谐统一。《灵枢·邪客》所说的"人与天地相应",就是强调人要与自然和谐相处。同时还当认识自然、利用自然,充分发挥人类的万物之灵优势,巧借自然之力为人类身心健康服务。正如《抱朴子内篇·黄白》所说,"我命在我不在天",顺应自然,利用自然,改造自然。中医养生学主张顺应地域不同的差异而顺境养生,在条件允许的情况下择境养生。

4. **需顺应社会环境**　人与自然环境一体,也与社会环境一体。人与社会是密不可分的整体。社会环境包括生活环境、生产环境(production environments)、交通环境(traffic environments)、宗教信仰(religious belief)和其他社会环境,也包含了政治、经济、文化、教育、卫生条件、生活方式、人文特点、风俗习惯以及家庭结构等各种社会因素(social factors)。社会环境一方面为人们提供所需的物质生活资料,以满足人们的生理需要;另一方面又制约人的心理活动,影响着人们的生理和心理活动。如果人体和社会稳态失调,就可以导致疾病。一般而言,良好的社会环境,会使人精神振奋,勇于进取,有利于身心健康。不良的社会环境,如工业发展带来的环境污染、生态环境的破坏、日益激烈的社会竞争、过度紧张的生活节奏等,都会使人长期处于紧张、焦虑、忧郁、烦恼、气愤、恐惧等心境之中,势必会危害身心健康。研究社会因素对人体健康和疾病的影响,寻求行之有效的养生保健方法,也是健康养生学的内容之一。

因地养生就是遵循天人相应(correspondence between man and nature,correspondence between man and universe,relevant adaptation of the human body to natural environment)的原则,顺应自然环境的变化规律和人体自身生长发育的规律,节制各种欲望,保持心境平和,使自己适应所处的各种环境而保养健康。营造协调平衡,优雅健康的居住环境,通过环境的外在平衡,促使人体内在的平衡,从而达到养生保健的效果。

二、因地养生

我国幅员辽阔,地形复杂,因此各地域的地理环境各不相同。地理环境不同,受水土性质(water and soil properties)、气候类型(climate types)、饮食习惯等影响,形成了不同的体质。一般而言,舒适的气候环境造就人较弱的体质和温顺的性格,而恶劣的气候环境则造就人健壮的体魄和强悍的性格。东南方人,体质多瘦弱,腠理多稀疏,阴虚内热多见,易感受风、湿、热之邪气;西北方人,形体多壮实,腠理偏致密,阳虚内寒体质多见,易受风、寒、燥之邪气。所以因地养生,就是要因地制宜,利用有利于个体健康的外部地理环境条件,避开不利于个体健康的外部地理环境条件,根据所处地域的不同,采取相应的预防和保健措施,使人体与所处的地理环境相适应,以保证健康和长寿。

在我国古代及有关医籍中,通常将地理方位和地形特点相结合,分为东、西、南、北、中五方。《素问·阴阳应象大论》即记载了我国五方气候的基本特点:"东方生风""南方生热""中央生湿""西方生燥""北方生寒"。即论述了我国五方地理环境、自然气候与人们生活方式、风俗习惯的差异,以及由此对人体体质的影响。而现代地域的划分,以自然地理为主要分类基础,划分为东部、中部和西部三大地带。我国地形复杂,气候类型多样,地形方位很难一以概之。目前一般分为山地高原、平原丘陵及海滨海岛等3个部分。

(一)山地高原

一般认为,山地(mountainous region)的海拔高度在500m以上,具有起伏大、坡度陡、沟谷深、多呈脉状分布的特点;高原(plateau,highland)的海拔高度在1 000m以上(也有海拔500m左右的),地面平缓、起伏较小、面积比较辽阔。我国的高原、山地分布较为广泛,约占全国总面积的2/3。由于海拔较高,终年低温,形成了独特的高原山地气候。

1. 西南地区　中国西南地区的地貌(landforms of southwest China):我国的西南地区主要包括云南、贵州、四川、重庆等。区内河流纵横,峡谷广布,地貌以高原和山地为主,还有广泛分布的喀斯特地貌、河谷地貌和盆地地貌等。地势起伏大,海拔5 000~6 000m的高峰众多,最高峰为贡嘎山,海拔7 556m;海拔最低点只有76.4m。气候属亚热带季风气候(subtropical monsoon climate),年温差小,年均温分布极不均匀;雨量丰富,平均约1 000~1 300mm,少雨和多雨地区雨量相差可达5倍。这些复杂的地理环境和气候条件造就了这里独特的环境多样性、民族多样性以及文化多样性。

(1)环境特点:中国西南地区的环境特点(environmental characteristics of southwest China)如下:

1)气温较高,温差较小:四川境内气候温暖湿润,冬暖夏热。地域气候差异较大,从南亚热带到寒温带的各种气候带都有。气温高于同纬度其他地区,尤其是冬季平均温度比长江中下游地区高许多,霜雪少见。云贵地区由于纬度低、海拔高,又受季风气候制约的综合影响,气温季节变化较小,故云贵高原的很多地方大部分地区冬暖夏凉,四季如春,如云南省昆明市素有"春城"之称。

2)气候湿润,多阴雨天气:四川地区气候比较柔和,湿度较大,且多云雾,夏季闷热潮湿,冬季阴冷多雨,春秋季多云多雾,一年四季难有晴朗天气,是我国日照时间最短、光照强度最差的地区,故有"蜀犬吠日"之说。云贵高原属亚热带湿润区,为亚热带季风气候,在地形上虽说是一个高原,但由于海拔高度、大气环流条件不同,不同的地方气候差别显著。其中云南地区冬春季节气候偏干燥,特别是春旱十分严重;夏季主要受西南季风影响,降水丰富,雨日多,一年中干湿两季分明。而贵州境内海拔一般在1000m左右,经常受到北方冷空气影响,冷空气与暖空气相接触,阴雨天气特别多,素有"天无三日晴"之说。

(2)利用有利因素进行养生保健:西南地区利用有利因素的养生保健(health care with favorable factors in southwest China)如下:

1)气候温和:特殊的地理环境造就了西南地区得天独厚的气候条件,使其具有冬无严寒、夏无酷暑、雨量充沛、热量丰富、雨热同季的气候特点,不但适宜人类居住,并且是理想的旅游、休闲胜地。

2)空气洁净:西南地区的很多地方生态环境良好,置身其中,有助于身心健康;山林中局部区域阴离子富集,格外清新的空气有助于改善肺的换气功能;山间环境静谧,林中植物丰富,空气清新洁净,被誉为"天然氧吧",树木还可以调节温度,阻挡风沙,消灭细菌,吸收噪声,在那里居住有助于调节和稳定情绪。古人云:"长寿老人多居于山林。"在这些因素的综合作用下,有助于呼吸、造血、心血管、免疫等系统功能的改善和提高,对多种疾病都有良好的预防和缓解作用。可以充分利用这些地方独特的气候、地理环境特点,进行养生保健活动。

(3)针对不良因素进行预防保健:西南地区针对不良因素进行的预防保健(prevention and health care for adverse factors in southwest China)如下:

1)崩滑流灾害:崩滑流灾害(collapse,landslide and debris flow disasters),是崩塌(collapse)、滑坡(landslide)、泥石流(debris flow)的统称。崩滑流灾害在我国分布范围较广,约占全国总面积的44.8%,其中又以西南、西北山区最为严重。在大雨后或阴雨连绵时、建筑施工和地震期间、每年春季融雪期等时间段,尤其是山体已有裂缝时,崩滑流高发地区要特别注意监测和预警,不可掉以轻心。

2)碘缺乏病:碘缺乏不仅引起甲状腺肿、克汀病,还可导致亚临床克汀病、儿童智力低下,故现在用"碘缺乏病(iodine deficiency disorders,IDDs)"代替过去的"地方性甲状腺肿"。碘缺乏病主要因土壤、饮水、食物中缺碘引起,有明显的地方性特点。甲状腺肿以甲状腺增生肥大为主要临床表现,俗称"大脖子病"。该病主要流行于山区、半山区、丘陵地带。严重的病区几乎都是偏远、经济不发达和生活水平低下的山区。因此,碘缺乏病是严重危害山区群众健康的疾病之一。在流行地区供应碘化食盐是碘缺乏病流行区应用最广泛、最简便、最有效的措施。

2. **西北地区** 中国西北地区的地貌(land features of northwest China)以高原和盆地为主,因距离海洋遥远,海洋气流势力大大削弱,加上西北地区南有青藏高原、西有帕米尔高原等分别阻挡南来和北来的湿润气流,故干旱是西北地区的主要气候特征。此外,气温偏低、变化幅度大也是西北地区的气候特点,主要是由于西北地区海拔普遍较高造成的。

(1)环境特点:中国西北地区的环境特点(environmental characteristics of northwest China)如下。

1)气压和氧分压较低:海拔越高,空气越稀薄,大气中的含氧量和氧分压越低。大气中含氧量和氧分压的降低,可导致人体供氧不足,从而引起高原地区生活人群生理功能的一系列改变。但气压低,有助于增强呼吸功能;且在地势较高的山区,周围山峦形成天然屏障,地理位置相对封闭,环境宁静,常年保持较为稳定的气候,避免了人体频繁处于应激状态进行体温和生理调节,有利于延年益寿。

2)气温较低,冷暖无常,昼夜温差大:气温的高低与海拔高度成反比,随着海拔高度增加,气温下降明显。因此,高原山地的气温一般都较低,并且山上和山下的气温差距明显。因此白天炎热,夜晚寒冷,昼夜温差的急剧变化,易引发高原疾患。但在地势较高的山区中,气温随季节变化较小,四季冷暖适中,云雨多,植被丰富,空气清新,能有效地促进人体新陈代谢、调节神经系统功能、提高免疫能力。

3)太阳辐射强烈:随着海拔高度升高,空气渐趋稀薄,大气层对太阳光的吸收减弱;同时云量减少,空气中的尘埃也少,对太阳光的反射减弱,故太阳辐射的强度与海拔高度成正比。虽然适量的紫外线对人体有益,但大剂量的紫外线照射则对人体有害,可引起皮肤、眼,甚至全身性的损害。

4)降水量少、气候干燥:西北地区地处内陆,远离海洋,降水稀少,植被不足,风沙较大,气候干燥。高原山地极易出现极端恶劣天气,会严重影响人体健康。

(2)利用有利因素进行养生保健:西北地区利用有利因素的养生保健(health care with favorable factors in northwest China)如下:

1)空气干燥:西北高原山地气温低而空气干燥,蚊虫、细菌的繁殖受到抑制,不利于以蚊虫为媒介的传染病的发生,加之人口密度低,也不利于传染病的流行,因此传染病较少。

2)自然饮食:由于高原地区居民的生活水平低,以自然饮食为主,摄入纤维素、维生素较多而脂肪较少,加之辛勤的体力劳动使能量消耗加大,故心脑血管疾病的发病率大大降低。

3)空气新鲜:西北地区空气新鲜,受现代工业污染和噪声危害小,环境清洁;因交通不便,与外界接触较少,因此居民心境平和、精神生活宁静,这些都有利于延年益寿。

(3)针对不良因素进行预防保健:西北地区针对不良因素进行的预防保健(prevention and health care for adverse factors in northwest China)如下:

1)低压缺氧和高山病:由于空气中的含氧量随海拔高度增加而减少,海拔3 000m以上的高原地区,空气中的氧含量不能满足人体生理需要而导致的低氧血症,称为高山病(mountain sickness),又称为高原病(high altitude disease)或高原适应不全症(syndrome of insufficient altitude adaptation,high altitude acclimatization insufficiency)。轻者出现头晕头痛、心慌气短、呼吸困难、恶心呕吐、腹胀腹痛、鼻衄、手足麻木或抽搐等,一般会逐渐减轻,几天后消失;严重者还可出现高原肺水肿和高山脑病而危及生命。海拔愈高,反应越重,发病率越高;在剧烈气候变化如暴风雪、雷雨之际,极易诱发;冬季比夏季多发;精神过度紧张、登高速度过快、体力负荷过大、营养状况不良、体质较差以及素有慢性心肺疾病者,更易患高原病。患者多为初入高原或重返高原者,也有从高原登入更高高原者。初次进入高原者,应循序渐进逐步适应,同时可辅以呼吸体操及气功锻炼,以加快适应过程。对低氧易感者,走台阶式地徐缓进入高原,是预防高原病最可行、最稳妥、最安全的方法。在高原工作者,应加强营养,保证足够的碳水化合物、脂肪、蛋白质和新鲜蔬菜供给,体力负荷不宜过重,要有充足的休息。

2)沙尘暴灾害:沙尘暴(sand-dust storms),是沙暴(sand storm)和尘暴(dust storm)两者兼有的总称,是由特殊的地理环境和气象条件所致的一种较为常见的自然现象,主要发生在沙漠及其邻近的干旱与半干旱地区。沙尘暴可使烟尘(smoke,smoke dust)与粉尘(dust,powder dust,stive)携带细菌侵入人体呼吸道,引起感染和粉尘沉积,长期积累会引起肺组织慢性纤维化,影响健康。久居沙尘环境的居民,如发生慢性咳嗽伴咳痰或气短、发作性喘憋及胸痛时,应及时进行诊治。平时应多饮水,在沙尘天气时应减少外出,并及时关闭门窗;在室外活动时,要佩戴防尘、滤尘口罩,也可用湿毛巾、纱巾等保护眼、口、鼻。

(二)平原丘陵

平原(plain,flatland),是指陆地上海拔高度在200m以下,地面宽广、平坦或有轻微波状起伏的地区,如华北平原、长江中下游平原。丘陵(hilly land),是指陆地上起伏不大,坡度较缓,地面崎岖不平,由连绵不断的低矮山丘组成的地区。海拔一般在200~500m,孤立存在的称丘,群丘相连的称丘陵地区(hilly area)。

1. **东北地区** 中国东北地区的地貌（land features of northeast China）：我国东北地区的大部分地方处在中温带,仅大兴安岭的北部为北温带。东北地区以平原和丘陵地形为主,平原包括松嫩平原、辽河平原和三江平原3大平原,是我国主要的粮食生产基地;丘陵主要是位于辽宁省西部的辽西丘陵,分布相对较小。

（1）环境特点:中国东北地区的环境特点（environmental characteristics of northeast China）如下:

1）气温较低,年际波动较大:东北地区具有寒冷干燥而漫长的冬季,温暖湿润而短促的夏季。冬季寒冷漫长,热量不足,并且年际波动较大,冻害平均3~4年发生一次。

2）某些地球化学元素富集:东北地区的平原与山地或丘陵相连处地形缓倾,盆地四周的山麓也往往形成缓倾的山前平原;平原、盆地皆由来自高原、山区河流泥沙的长期沉积而成,这些影响地球化学元素分布的地理因素使平原、盆地某些元素富集,成为一些地方病（endemics,endemic diseases）,如地方性氟中毒（endemic fluorosis,endemic fluorine poisoning）的发病条件。

（2）利用有利因素进行养生保健:东北地区利用有利因素的养生保健（health care with favorable factors in northeast China）如下:

1）丰富的温泉资源:东北地区虽然气候较为寒冷,但有丰富的温泉资源（hot spring resources）,温泉水（hot spring water,thermal spring water）中含有20多种矿物元素,可舒筋活血,散寒祛痛,对神经和心血管以及消化等系统的多种疾病具有良好的治疗作用,特别是对于关节炎、皮肤病等疾病的防治,都有很好的效果。

2）夏季避暑:东北地区是我国夏季养生适宜的地方,夏季最高温度在30℃左右,全年四季分明,空气相对湿度也不高,且时间不长,降雨量适中。东北地区夏季气候宜人,有许多避暑胜地（summer resorts）,是国内夏季避暑（keeping cool in summer）的好地方。如位于黑龙江大兴安岭地区的漠河,是难得的清凉之地。

（3）针对不良因素进行预防保健:东北地区针对不良因素进行的预防保健（prevention and health care for adverse factors in northeast China）如下:

1）地方性疾病:由于环境中的化学元素过剩或不足而引起的地方病在东北地区较为普遍,主要有克山病、大骨节病、地方性氟中毒、地方性甲状腺肿等,这些疾病又称生物地球化学性疾病（biogeochemical diseases）。克山病是一种地方性心肌病,主要分布在长白山区、嫩江流域;大骨节病流行区大体与克山病分布区重叠,另外在松嫩平原西南部也有分布。据研究,克山病及大骨节病与环境中的硒、钼不足和腐殖酸含量过高有关。

2）氟中毒:氟中毒是一种与地理环境密切相关的地方病,危害严重。长期生活在高氟环境中,通过饮用含氟量高的饮水、摄入含氟量高的食物,可致人体中的氟含量超标,严重的还会出现氟中毒症状,早期可有头痛、头晕、困倦、乏力等,过量的氟进入人体后,主要沉积在牙齿和骨骼上,时间长了可致氟斑牙、氟骨症等。摄入过量的氟后,大量的氟化物能增加骨骼密度,但也使骨质脆弱,可能导致氟骨症。氟中毒没有特效药治疗,最好的防治措施是改善水源。另外,可服有促进机体排氟作用的药物,有针对性地防治地方性氟中毒。

3）寒潮:寒潮（cold wave,cold spell,cold snap）是极地或寒带的冷空气大规模地向中、低纬度地区侵袭的活动,使气温迅速下降。受其影响,常会出现大范围强烈降温、大风天气,并常伴有雨、雪。为了预防寒潮对人体的不利影响,在冬季应随时关注最新的天气预报,在寒潮来临时,应做到各种预防工作。老弱患者,特别是心血管患者、哮喘患者等对气温变化敏感的人群尽量不要外出。

2. **中部地区** 中国中部地区（Chinese middle-area,central China）包括北京、山西、安徽、江西、河南,湖北和湖南大部以及河北、山东、江苏、浙江、福建等沿海省市的内陆地区。中部地区人口密度大,经济、文化较发达。中部平原地区对人体健康的促进作用是多方面的。新鲜的瓜果蔬菜、丰富的水产食品、各种粮棉油料作物,为人们的衣食提供了丰富的来源。开放的经济、发达的交通、悠久的文化传统,从不同角度满足着人们的物质和精神生活需求。

（1）环境特点:中国中部地区的环境特点(environmental characteristics of central China)如下:

1）地势低平,气候温暖:我国中部地区的地形以平原为主,多为江河冲积而成,地势平坦,土层肥厚,一望无际。中部平原地区多属于温带大陆性季风气候,其特征为夏季高温多雨,冬季寒冷干燥,气候的大陆性较显著。

2）雨量充沛,水域发达:我国中部平原地区邻近海洋,易受海洋气候的影响,每到夏季,从海洋吹来的东南风带来大量雨水,雨量非常充沛。平原地区地势平坦,地上水位较高,许多地区矿泉蕴藏丰富,再加上充沛的雨量,使平原水域发达,江河支流及湖泊密布,水源十分充足。这种环境特点在给当地的生产及生活带来极大便利的同时也容易发生灾难。如夏季长江中下游平原易发生洪涝灾害(flood disaster);湖港沟汊水流缓慢,易发生某些动物源性传染病,因此也成为某些传染病的自然疫源地(natural focus of infectious disease)。

（2）利用有利因素进行养生保健:中部地区利用有利因素的养生保健(health care with favorable factors in central China)如下:

矿泉疗法(crenotherapy)是利用矿泉水的化学和物理综合作用,达到防治疾病目的的一种疗法。

1）丰富的矿泉资源:我国著名的矿泉疗养地(mineral spring resort,Spa)大部分位于内陆平原或丘陵地带,矿泉(mineral spring)中含多种化学微粒、气体及放射性物质,对人体都有一定的生理作用,并能防治某些疾病。

2）优美宜人的风景和气候疗养地:我国的湖滨气候疗养地(lakeside climate resort)主要分布在中部地区的长江中下游平原,这类疗养地的特点为空气清新、气候湿润宜人。优美的环境作为良性刺激,能使人心情舒畅,精神振奋。因此,在风景胜地和湖(江)滨环境休养生息,对神经系统、心血管系统和消化系统慢性疾病,都有较好的防治作用。平原盆地气候宜人,既不潮湿也不干燥,对神经、心血管、消化系统都有良好的养生保健效果。

3）较丰富的矿泉水资源:天然矿泉水(natural mineral water)是指在特定地质条件下形成,并赋存在特定地质构造岩层中的地下矿水,含有特殊的化学成分或具有特殊的物理性质。从地下深处自然涌出或经钻井采集,含有一定量的矿物质、微量元素或其他成分,通常情况下,其化学成分、流量、水温等动态指标在天然周期波动范围内相对稳定。

饮用含镁的天然矿泉水,有降低血压、降低胆固醇、缓解脑血管痉挛和脑出血后遗症的作用;重碳酸盐天然矿泉水能增进食欲,改善胃肠道消化功能,促进胆汁分泌和胆结石排出,通便利尿,并对糖尿病患者降低血糖有良好的效果。

（3）针对不良因素进行预防保健:中部地区针对不良因素进行的预防保健(prevention and health care for adverse factors in central China)如下:

1）环境污染:中部地区经济较为发达,环境污染较为严重。环境污染(environment pollution, environmental contamination)会对人体健康造成急性、慢性、远期危害,包括致癌、致畸、致突变作用。水污染(water pollution)对人体健康有显著影响,通过饮水或食物链,污染物进入人体,除了引起急性或慢性中毒,甚至诱发癌症外,还会引起多种传染病和寄生虫病。大气污染(atmospheric pollution,atmospheric contamination)对人体健康也有显著影响。人体长期暴露在大气污染严重的环境中,呼吸系统疾病的发病率会显著增高。土壤污染(soil pollution)除了降低作物的产量和质量,还通过粮食、蔬菜、水果等间接影响人体健康。因此要通过绿化美化居室环境、搞好环境卫生、加强居室通风、加强个人防护,努力营造有利于生活、工作和学习的外部条件,逐步增强适应环境变化的能力,达到与变化着的环境之间的平衡与和谐。

2）血吸虫病:血吸虫病(schistosomiasis)主要分布在长江中下游平原等雨量充足、水网稠密、水流缓慢、气候温和、地势低洼、易孳生钉螺(oncomelania)的地区。注意不要在疫区(epidemic ar-ea,infected area)的江河湖塘中洗澡、游泳、洗衣、洗菜等。与疫水(infested water)接触者,应采取各种防护措施,如在皮肤上涂搽邻苯二甲酸丁酯乳剂等,以驱避尾蚴;在疫区改用井水,或加漂白粉,不饮生水,以避免感染血吸虫。

(三)海滨海岛

我国东南沿海地区(southeast coastal areas of China),是指从辽东半岛以南到广西一线的沿海地区。漫长的海岸线,众多的海湾和星罗棋布的岛屿,为人们提供了不同于内陆高山和平原地区的生活环境。

1. 环境特点 中国东南沿海地区的环境特点(environmental characteristics of China's south-east coastal areas)如下:

(1)气候暖和:海滨(seashore,seastrand)邻近海洋,海岛(sea island)被海洋所环绕,由于海洋的调节作用,气候较内陆温和,而且昼夜、冬夏的温差比内陆小。

(2)空气清新:海滨的风向具有明显的昼夜变化规律,使海滨海岛的空气清新、洁净,负离子含量高,尘埃及有害化学气体少,有益于健康。

(3)日照充足:海滨、海岛面临海洋,日照十分充足。海滨、海岛绵延曲折的海岸线多为沙质结构,形成了许多松软的海滩(coastal beach,beach,seabeach)。海滨岛屿地区均属海洋气候,年降雨量十分丰富。

2. 利用有利因素进行养生保健 东南沿海地区利用有利因素的养生保健(health care with favorable factors in China's southeast coastal areas)如下:

(1)自然浴资源丰富:海滨海岛特殊的地理环境使其冬无严寒,夏无酷暑,气候四季宜人,且冬暖夏凉。海洋性气候比大陆性气候变化缓和,有利于养生保健。沿海地带昼夜有规律变化的海陆风,使空气很洁净,加之阳光充足,是进行"空气浴(air bath)""日光浴(sun bath)"的良好地方,有助于调节人的神经、心血管及呼吸系统功能。海滨地区日照充足,日光散射的紫外线也较多,为疗养者进行日光浴提供了优越的条件。沿海海滩是进行海水浴(seawater bath)的良好场所。在海滨平坦的沙滩上,还可进行"沙疗法(sand therapy)"防病治病。

(2)海产品丰富:沿海区域及海岛的物产十分丰富,既是海产品(sea foods,sea products)生产的主要基地,也是粮食、经济作物的主产地。海洋食品(marine food)富含蛋白质、脂肪,并富含矿物质(minerals),最有利于满足人体对各种必需元素的需要。沿海及海岛居民,既吃丰富的海鲜产品(seafood products),又吃陆地产品及大量的水果、蔬菜,营养比较全面,十分有利于养生保健。

3. 针对不良因素进行预防保健 东南沿海地区针对不良因素进行的预防保健(prevention and health care for adverse factors in China's southeast coastal areas)如下。

(1)台风海啸:台风(typhoon)和海啸(tsunami,tidal wave,seaquake)是海滨海岛地区影响极大的灾害性气象变化,严重威胁沿海居民的生命财产安全。海滨海岛地区的民宅建筑应在高埠背风处选址,材料要坚固;日常应注意收听气象台的天气海浪预报(weather and sea wave fore-cast),特别是海区天气预报(sea area weather forecast),避免在灾害性天气出海航行(sailing on the sea,go to sea)或行海水浴,做好抗灾准备。

(2)高碘与地方性甲状腺肿:缺碘引起的地方性甲状腺肿,人们已经很熟悉。但近些年来时有报道因高碘引起的地方性甲状腺肿。海滨地区的水体及地壳中含碘量高,海滨高碘地区发生的甲状腺肿与长期饮用高碘水、食用高碘食物有密切的关系。生活在海滨海岛高碘地区的居民应限制或减少碘的摄入量,以预防高碘地方性甲状腺肿(high iodine endemic goiter,endemic goiter with excessive iodine)发生。对于已经出现地方性甲状腺肿的人们,要查明携带高碘的媒介,采取有针对性的除碘措施,以防疾病发展和使疾病向愈。

(3)海洋污染:海洋污染(marine pollution)是指人类改变了海洋原来的状态,使海洋生态系统(marine ecosystem)遭到破坏。难以遏制的污染物排放,长期过量滥捕,使我国沿海海域面临着严重的海洋污染危机(marine pollution crisis)。海洋中受污染的鱼虾等海产品被人体摄入后会影响食用者的健康。但是对海洋污染的处理,是一项错综复杂的浩大工程,需要所有相关部门通力协作。

(4) 国外常见及新发传染病:随着国际交往不断增多,尤其在沿海开放城市,国外传染病传入中国的可能性及风险性增大,如疟疾(malaria)、艾滋病(acquired immunodeficiency syndrome,AIDS)、梅毒(syphilis)、登革热(dengue fever)等,以及一些新发传染病(emerging infectious diseases,emerging communicable diseases),如甲型 H_1N_1 流感(influenza A/H_1N_1)、疯牛病(mad cow disease,bovine spongiform encephalopathy,BSE)等,在近些年来有逐渐增多的趋势,必须高度警惕和严加防范。这些常见或者新发传染病,或传染性强,或传播速度快,或病死率高,一旦传入中国并导致疾病流行,将严重影响社会稳定、经济发展、国家安全和人民的生命健康。防范国外常见及新发传染病流入我国,主要应加强对这类疾病的诊断技术、防治措施等工作的研究。一旦传入,应及时发现,合理地采取对策,防止扩散。

另外,科学技术的进步在使人类社会快速发展的同时,也使生态环境遭到了严重的破坏,如耕地面积减少、森林覆盖率降低、草原退化、水土流失、大气污染、水源污染等,使整个生存环境质量下降。健康养生学应与时俱进,从人类生命的长远利益出发,提出因地制宜、改良生存环境的养生法则(principles of health cultivation)。

综上所述,环境和人类健康关系密切,它直接或间接地影响着人体的健康。人地和谐,因地健康养生至关重要。

三、居住环境养生

居住环境(dwelling environment,residential environment)一般是指围绕居住场所的自然环境。居住环境可分为居住外环境和居住内环境。另外,人文环境也属于居住环境的范畴。重视居住环境养生(health cultivation in residential environment)可促进人的健康长寿。

(一)住宅自然环境

居住外环境(external environment of residence,outdoor environment)的水土绿化、阳光方位都将直接或间接地对人体健康产生影响。居住内环境(internal environment of residence,indoor environment)即居室环境(room environment,house environment),是屋顶、地面、墙壁及门窗等建筑结构从自然环境中分割而成的小环境。人的一生中大约有一半以上的时光是在居室环境中度过的。因此科学合理、舒适清静的居室环境,对保障身心健康非常重要。住宅自然环境的合理利用(rational use of natural environments of residence)包括以下内容:

1. **合理使用居住外环境**   古代环境养生理论认为,山川可藏纳天地之气,但现代社会要想都依山傍水是不切实际的。因此在选择居住外环境时,要注意因地制宜。

(1) 关注绿化,寻求运动环境:居住在绿色覆盖率大,建有公园、花园,或有假山、花坛等人文景观的小区之中,可吸收更多新鲜空气,养心养目;居处周边最好有运动场所或公园,既可在充分享受户外阳光的同时,又能通过适当运动锻炼增强体质,以及通过适当的文娱活动陶冶情操。适当的运动,不但能缓解疲劳,放松身心,提高身体免疫力,增强身体机能,还能通过激发身体潜能治疗某些慢性病。

(2) 避免环境污染:空气污染对健康的危害是严重的。首先是对呼吸道的影响,引起呼吸系统疾病;被污染的水和食物,不但对消化系统造成危害,还会带来一些间接的危害,可能诱发多种癌症等。因此选择居住环境应尽量远离工矿企业,尽可能降低环境污染带来的风险。

(3) 保持环境安宁:居住外环境的安宁也是健康长寿的主要因素。生活中的声音有的对人体有益,使人精神愉悦,心情轻松。但是,声音可以养耳,亦可以病耳,噪声会对人体产生一定的损伤。如干扰睡眠,损伤听力,甚至高分贝的噪声可导致人鼓膜破裂,出现耳聋。而噪声长时间反复的刺激,超过人的生理承受能力时,则可出现诸如神经衰弱等证候,如烦躁、疲劳、记忆力下降等,甚至引发多种严重的心血管系统疾病。

（4）避开光污染:目前光污染(light pollution)与水污染、大气污染、噪声污染、电磁污染(electromagnetic pollution)并列,称为五大污染。其中光污染逐渐受到国际社会的重视。光污染以各种方式对人们的生理和心理产生无形的危害,降低人们的睡眠质量,损伤视觉器官,干扰中枢神经系统功能。

（5）远离辐射环境:不要居住在居室外有高压、高电磁、高放射的地方。尤其是电磁辐射,可造成广泛的生物学效应,长时间生活在有电磁辐射区域的人们,可出现记忆力下降、失眠多梦、头昏乏力等症状,影响人体组织结构,导致神经系统、内分泌系统、免疫系统功能紊乱。

（6）住宅朝向:是指居室大门正对的方位,相反方向为坐向。古人主张最佳的居室朝向是坐北朝南。居室的朝向对居住者的健康有影响,是因为我国地处北半球,背靠欧亚大陆,面向太平洋,太阳的位置多偏南,夏季太阳光与南墙的夹角小,墙面与窗户接受太阳的辐射热少,尤其是中午前后,阳光几乎直射地面,照不进屋,避免了室内高温,而冬季太阳位置低,阳光从南面直射,大门朝南,阳光直接照进屋内的时间比较长,提高了室温,所以坐北朝南的房屋具有冬暖夏凉的特点。同时屋内的光线无论冬夏,太阳光直接提供光照时间均较长,保证了良好的日照(sunlight)和充足的自然采光(natural lighting)。

2. 合理使用居住内环境　居住内环境是人类生存活动的基本场所。良好的居室内环境对人体健康和精神情志都有直接的影响。古代养生家非常重视居室整洁、舒适、典雅对养生产生的积极作用。《吕氏春秋·开春》云:"饮食居处适,则九窍百节千脉皆通利矣。"

（1）居室结构合理:居住内环境,包括居室配置、日照、采光、空气清洁度等。良好的居住内环境能有效地将不良的自然环境规避在外,且利用人为环境的优势,创造出休闲娱乐的局部小环境。居室的容积、高度在农村一些地方可以达到自己理想的标准,城市里建筑的修建则有一定的标准,我国大部分地区规定居室高度的标准是 2.6~2.8m,适宜的人居面积为人均 10m^2 左右。一个人如果拥有约 30m^3 的居室容积,其温热感觉及心脏活动将处于最良好的状态。过大过高的居室不利于保温,因过于空旷,易产生不安全感;而过于狭小或潮湿阴暗的居室则令人压抑或焦躁不安。因而,需要改良不合理的结构。

（2）室内采光通风良好:房屋朝向决定了居室的采光(lighting)和通风(ventilating)。为保证充足且适度的采光和良好的通风,应根据不同区域的地理位置灵活选择。北方光照时间短,居室宜南向,光照时间长的地区则不必拘泥,保证室内气流通畅即为最佳。适当的阳光照射,能改善人的精神状态,且能有效杀灭细菌或对细菌有抑制作用。

（3）室内装饰:房屋的装饰也是居住环境养生的重要组成部分,尤其是装修材料;最好选用绿色环保的装修材料,在居室装修时减少使用油漆和涂料类化工产品;购买家具时选用正规厂家的产品且注意其甲醛的释放量。经常打开门窗通风换气,如发现异味重,可养殖绿色植物或在室内放置活性炭颗粒等,吸附有害气体。

（4）室内整洁美化:室内作为业余休闲及休息的区域,应整洁,美观雅致,使人赏心悦目,充分放松。阳台窗户摆放绿色植物、多肉植物盆栽、墙壁、桌案放置字画、工艺品、照片、插花等,在自然环境无法满足养生需求的情况下,适当改造居室内环境,既可增加居室的情趣和家庭的温馨感,也可以达到养生调神的目的。

（二）人文环境

人文环境(humanistic environment)包括政治、社会、历史、教育、民俗等因素。人文环境的合理利用(rational use of humanistic environments of residence)包括以下内容:

1. 安宁稳定　安宁的人文环境是一切养生方式方法的基础。人文环境对人们的修养、健康、生活产生重要影响。如果身处颠沛流离或焦虑不安的生活状态中,缺乏营养以及作息不规律,就无法满足人体正常的生理需求,恐惧、忧伤、焦虑的情绪还会刺激人的精神神经,导致机体长时间处于应激状态之下,使人免疫力下降,疾病丛生。同时人文环境的恶劣还会导致人们缺乏安全感,也不利于养生。人只有生处安稳的人文环境中,才能心境平和,颐养天年,长寿而终。

2. 和睦恬淡　人类族群而居,当与邻里融合,友善相处。所谓"入乡随俗",是指到一个地方,就应顺从当地的习俗,也就是尊重、适应和主动融入所生活的环境中,接受当地的风俗、文化,多与人进行和谐友善的交往,保持心情的舒畅,避免被邻里排斥、疏离而影响日常生活。古有"孟母三迁"之典故,说明选择居住环境应尽可能选择与人生观、价值观相近的人毗邻而居。同时避免相互排挤、攀比,民风淳朴非常重要。如整日处于被人评议或排斥的状态中,更会扰人心志,于养生无益。《道德经》(*Moral Classics*)劝人"居善地",《孟子·尽心上》曰:"居移气,养移体",即是说环境可以改变人的气质,奉养可以改变人的体质。

人文环境属于社会环境的范畴。社会环境的各种因素都可以通过影响人的情绪和机体功能而引起疾病。因为人生活在社会之中,道德观念、经济状况、生活水平、生活方式、饮食起居、政治地位、人际关系,都会对人的精神状态和身体素质产生直接影响。可见,养生保健并非单纯医学本身的问题,还需要根据社会学(sociology, social sciences)的基本理论结合医学全面认识疾病,防治疾病,才能从根本上提高人类的健康水平。

(王琼芬)

 思考题

1. 不同体质的调养原则是什么?
2. 女性保健的基本内容是什么?
3. 老年养生的基本内容是什么?
4. 因季养生的基本内容是什么?

第七章 健康养生避忌

本章要点

1. **掌握** 滥用中药,盲目进补;过度治疗;轻视心理;避饮食无节;忌起居无节;避劳逸失度;避情志失调;戒不良嗜好。
2. **熟悉** 起居不节;青年轻视养生,老年过度养生;避四时不正之气;避疫气雾露。
3. **了解** 滥用保健品。

养生(health maintenance,health preservation),就是采用有效的措施保养生命,是人类本能的保护措施。西汉董仲舒曰:"循天之道,以养其身",即顺应天道,才能健康养生。在健康养生的实践中,除了必须明了基本养生知识、理论和方法外,还应重视各种健康养生避忌。

第一节 常见健康养生误区

在医疗卫生保健理念下,追求心理、生理、社会、环境的完全健康,达到保养天年的健康科学养生已成为现代医学广为关注的领域。但由于受个人认识、理念及其他因素的制约和影响,人们往往不能正确地选择和应用健康的养生方法,出现诸多健康养生误区,甚至采用错误的养生之法,导致养生效果不佳或出现不良后果,造成对身心健康的严重损害。本节主要介绍常见健康养生误区(common mistakes in health cultivation,common misunderstandings of health cultivation)。

一、盲目进补,滥用药物

人体每日劳作,高效运转,健康及养生则有赖于平日珍养。人们虽然勤于保养,但若养不得法,终将收效甚微。目前滥用补药(tonics,invigorators,restoratives)、过度进补等错误之法大肆流行。

（一）盲目进补

用中药调理,历来为各传统医家所倡导。通过服用药物,可以促使人体气血旺盛,阴阳协调,脏腑功能健全,从而增强机体的抗病能力,焕发生机,达到延缓衰老、强身健体的目的。现代社会,在工作压力及环境变化等诸多因素的影响下,人身体机能常处于亚健康状态(sub-health status),促使人们对养生需求逐渐迫切。人们总将亚健康归之于诸虚劳损,同时传统的肾虚、阳虚、气血亏虚等观念深入人心,故诸如鹿茸、虫草、西洋参等药材,常作为大补必备之佳品。而出于对传统医药的信赖,在"以补为养"片面的养生观念(one-sided concept of health cultivation)误导下,有些人以为,凡补药总有益而无害,无需经诊治,皆可自行使用。他们往往忽略了身体是否真正需要,甚至有医者投患者所好,滥用补药,谋取财物,最终导致虚实不分,补不对症,出现全民皆虚的养生乱象。

人体虚弱,不外气血阴阳诸虚,根据中药的作用不同,补药亦相应分为补气(tonifying qi)、补血（replenishing blood）、补阴（invigorating yin）和补阳（tonifying yang）等不同类别。用中药疗虚养生，如运用得当，对消除体虚症状，提升机体活力，增强体质，延缓衰老，确有良好的作用，但若唯虚是补，偏执一端，盲目滥补，则反而对机体有害。如补阴药甘寒滋腻，多服易伤阳气；补阳药性偏温燥，常用则助火劫阴；补血药性多粘腻，过服会损伤脾胃；补气药壅滞者多，多用则会导致腹胀纳差，胸闷不适。有些青壮年，形神俱旺，生机蓬勃，本无虚候，亦常服用鹿茸、人参之品壮阳，最终因药性偏燥，导致生风动火，鼻干咽燥，口舌生疮，养生不成反而出现诸多坏证。

"春夏养阳，秋冬养阴（nourishing yang in spring and summer, nourishing yin in autumn and winter）"之说指出，养生进补补益之品还需根据四时阴阳变化和脏腑功能活动特点，适时用药，规范进行。如初春阳气初动而未发，进补需偏温类之品；春季患温病，津伤液亏，当滋阴生津，且不提倡春季过用补药扶正。夏季暑热汗出津伤，扶正当以甘凉、甘平补益气阴、气津之品为主。秋季秋燥伤津，应注重滋润养阴，忌用耗散伤津之品。冬季应注重性温助阳，入肾补精，同时注意不可过服温热之品，以免太过伤阴。而人们却往往不问季节变化，不分阴阳殊异。须知千人千症，要以中医辨证施治（treatment based on syndrome differentiation）的原则为指导。

滥用补药已不再拘囿于老弱体虚之人。如少年儿童，生机旺盛，但气血尚未充盛，脏腑娇嫩，总有人认为其虚弱，不恰当进补，结果不胜补药，出现拔苗助长之虑。故时有儿童滥服补药，如人参奶粉，鹿茸糖等。人参可促进性腺激素分泌，鹿茸用于治疗阳痿，随意服用会出现性早熟等现象。又如妇女有经带胎产特点，常耗血过多，补宜当以滋阴养血为主，如果滥用补药，则会出现经期紊乱、宫寒血瘀，不易孕育子嗣；而男子常肾精易虚，尤其是纵欲过度，治当以补肾填精为宜，滥用壮阳为主的补药，则会因助火劫阴出现头晕目眩、口干咽燥、失眠烦躁等症状。故使用补益之品还当根据各自的年龄、性别等不同特点进行考虑。

食疗（dietetic therapy）是华夏民族悠久的养生行为。中医历来强调"药疗不如食疗（food therapy is better than medicine therapy）"，主张"药食同源（homology of medicine and food, food and medicine coming from the same source, affinal drug and diet）"。现如今，人们崇尚健康天然的养生方法，食疗成为首选。但食疗误区当注意，如食疗养生不管药膳、食疗的区别，多喜用阿胶、熟地、龙眼肉等滋腻之品，导致脾胃消化能力下降，腹胀腹泻，进食减少；或用党参、熟地等平补药物简单拼凑，出现重花样而轻效果之局面。人有老幼之别，禀赋有强弱之分，性别有男女之异，所以无论是需要使用补益药物的人群还是需要进行食疗的人群，要根据食用者的体质进行配伍（concerted application, compatibility），有针对性地选择相应的补益品，做到"辨证施养（cultivating health based on syndrome differentiation）"。另外，在进服补益品期间，也要遵从专业人员的指导，按需使用，避免滥用，这样才能取得预期的效果。

（二）滥用中药

中药养生方法（Chinese herbal medicine regimens）用之得当，确可强身健体，调理虚弱，延缓衰老。若滥服误补，则将适得其反，虚者愈虚，实者愈实，甚至酿增他疾。出于对传统医学的信任，人们存在根深蒂固的观念，认为中药安全可靠，无不良反应，有病治病，无病强身，而西药不良反应多，西医治不好则找中医。加之当下存在看病难看病贵的问题，对诸多小疾患人们都不愿及时就诊而自行调理。但事实远非如此。药物具有一定的偏性，中药治病，就是运用其偏性来调整人体功能的偏差。俗语说："是药三分毒""大黄救人无功，人参杀人无过。"人参是强身健体和延缓衰老的大补之品，但随意乱用则有害无益。有资料显示，长期大量服用人参会导致血压增高、头痛、皮肤发痒，严重时还会出现烦躁不安、兴奋、抽搐等症状。曾有老年人口服人参致频发室性期前收缩。阿胶虽然既滋阴补血又养颜，但有人在服用阿胶之后，却有火气亢盛的表现，如眼睛干涩、发红，食欲缺乏、胃部饱胀等，甚至出现喉咙干痛及大便秘结或大便带血等症状。近年来因滥服中草药（overuse of Chinese herbal medicines）导致肾功能衰竭的病例日趋增多，如雷公藤、马兜铃、木通等；在治疗风湿性关节炎的药酒制剂中使用生草乌、川乌、附子等引起中毒的事件也时有发生;长期大剂量或超剂量服用桑寄生、山慈姑、川楝子等,也可导致肝损害。故在使用中药及中药制剂时,应当就诊于专业人员审证论治,慎重处方,注意剂量是否恰当,以及使用时间的长短及中药配伍等。

民间常有某些秘诀验方,确有良效,但不能一概而论,"偏方""验方"中的药物组成时有毒性虎狼之药,切忌以偏概全,对"偏方治大病"深信不疑,或奉其为包治百病的"神奇妙方",胡乱使用,招致祸端。一定要冷静分析,而不要偏信误用。

（三）滥用保健品

保健品常是人们对保健食品的通俗称呼。但保健食品并不等同于保健品。保健品尚无法定的定义,大体可以分为保健食品、保健药品、保健化妆品、保健用品等。而保健食品有严格的法律定义,是食品的一个特殊种类,属于特殊食品。《食品安全国家标准 保健食品》(GB16740—2014)对保健食品的定义是:保健食品(health food)是指声称并具有特定保健功能或者以补充维生素、矿物质为目的的食品。即适宜于特定人群食用,具有调节机体功能,不以治疗疾病为目的,并且对人体不产生任何急性、亚急性或者慢性危害的食品。目前我国批准生产的保健食品分为营养素补充剂和具有保健功能的保健食品。营养素补充剂是指以补充维生素、矿物质而不以提供能量为目的的产品。国家规定可以声称的保健食品功能(functions of health food that can be claimed by national regulations)有 27 项,包括增强免疫力、辅助降血脂、辅助降血糖、抗氧化、辅助改善记忆力、缓解视疲劳、促进排铅、清咽、辅助降血压、改善睡眠、促进泌乳、缓解体力疲劳、提高缺氧耐受力、对辐射危害有辅助保护功能、减肥、改善生长发育、增加骨密度、改善营养性贫血、对化学性肝损伤有辅助保护功能、祛痤疮、祛黄褐斑、改善皮肤水分、改善皮肤油分、通便、对胃黏膜有辅助保护作用、调节肠道菌群、促进消化。保健食品是针对特定人群设计的,以调节机体功能为目的,不得明示或暗示保健食品具有疾病预防和治疗作用。

保健品的保健作用,尤其是其中的保健食品,在当今的社会正在逐步被广大群众所接受。但是也出现了夸大保健食品的功效,宣传保健食品可以治疗疾病,甚至可以包医百病,误导消费者等诸多乱象。许多中老年患者在慢性疾病如高血压病、糖尿病等治疗的漫长过程中逐渐失去信心,难以坚持,在错误的宣传或引导下认为保健食品可以治疗甚至可以治愈疾病,不再遵医服用药物,常导致病情加重,甚至危及生命。还有患者认为,保健食品可以替代日常生活中的食物,如使用复合维生素则无需再吃蔬菜,最终导致营养失去均衡。还有人认为,要延年益寿,可食用一种甚至多种保健食品,多多益善,且食用的保健食品越贵越好,最后出现过量食用,不仅加重胃肠负担,还会引发不良反应(adverse reactions, untoward effects),更加重经济负担。要正确认识保健食品,保健食品不是药品,它能调节机体的生理功能,但是对治疗疾病效果不大,只能用来进行辅助治疗,不能代替药物治疗。所以,应该按照产品标签或说明书来选择保健食品具体的品种,如果盲目服用,不仅无益而且有害。

二、过度治疗,忽视预防

由于环境的变化,疾病谱(disease spectrum)的变迁,人类对疾病的认识总是有限的。在现有的医疗活动中,存在着诸多误区。

人们总是期待疾病能治愈。其实有史以来,有文字记载的疾病上千种,真正有确凿证据治愈的疾病仅仅数十余种。由于认识和方法上的局限性,人们期待患病以后能够治愈,因此过度依赖治疗和过度用药的现象普遍存在。

人们认为所有的疾病或症状都需要治疗。而实际上有些病症没有必要干预,也许不治疗就是最好的办法,可能大自然给生物体预备的一些所谓的"症状"是保护性的。但是人们总把疾病看成是一个完全有害的生物过程。当身体微恙或面临疾病时,会出现过度关注与过度治疗(excess treatment, over treatment),并认为对生命的保护再多也不为过。没有医生指导而自我用药,超越医疗范围和药物治疗使用标准的现象并不少见,甚至对某些药物严重依赖而不能自拔并有强迫性行为,如大多数人对活血化瘀类药(drug for invigorating blood circulation and eliminating stasis)的盲目依赖和过度迷信;长时间不合理地滥用抗生素等。

人们对目前的医学过度依赖,技术至上,医学与人文分离,导致医患距离增大。其实医学从来没有与文化隔离。宗教、教育、社会、经济等任何能决定一个人生活态度的方面都会对其个人的疾病倾向产生巨大影响。威廉·奥斯勒说:"医学实践的弊端在于历史洞察的贫乏,科学与人文的断裂,技术进步与人道主义的疏离。"或许观念的问题,或许医疗市场的问题,在医学发展的今天,附带着诸多的过度医疗(excess medical care)。有些人常年用药不断,吃药如吃饭,小病如同大病对待,反复检查,过度治疗,不仅对自身的精神和身体造成伤害,甚至造成社会危害。

人们把疾病看成是一个完全有害的生物过程。其实疾病应该是生物体对异常刺激做出的异常反应的总和,它是进化适应的一种显现。疾病,特别是一些慢性疾病,对人类的延续或许是有益的。所以,疾病是人体健康的监测站或预警警报系统。人体有很强的自我恢复能力,如过度治疗可能疾病与健康同时遭到攻击,频繁吃药可能降低人体自身的修复能力。

人们在享受现代文明成果的同时,却不重视正确的养生与疾病的预防,致使心脑血管疾病(cardio-cerebrovascular diseases, cardiovascular and cerebrovascular diseases)等慢性非传染性疾病(non-communicable chronic diseases, NCDs)的发生率大大增加,如高血压、冠心病、糖尿病、肥胖、癌症等,严重威胁着人们的健康和生命。究其因,一是没有"未病先防(prevention before disease onset)"意识。在日常饮食、起居、情志、欲望等方面,恣意放纵,暴饮暴食(craputence, binge eating),肥甘厚味,喜怒无常,放纵欲望,昼伏夜出,劳逸失度,弛张无序。二是不能及时把疾病消灭在萌芽状态而错失先机;在疾病刚露出苗头的时候,或在已病之初不予以重视,不尽早诊断、治疗,导致疾病迁延难治或明显加重或恶化。三是不认真对待疾病,或已确诊且了解了疾病可能的传变规律,但未有既病防变(guarding against pathological changes when falling sick, preventing the development of the occured disease, preventing disease from exacerbating)的思想,不认真对待治疗,或仅进行间断治疗,最终导致病情迁延、恶化,从而延误治疗的最佳时机。四是无"瘥后防复(protecting recovering patients from relapse, prevention of the recrudescence of diease)"意识。在病情尚未稳定或在疾病的间歇期即自行终止治疗或擅自改变治法,拒绝采取巩固性治疗(consolidation treatment)或预防性治疗(prophylactic treatment)措施,导致疾病复发。五是在预防阶段没有足够的毅力,半途而废。任何一种能够预防疾病、有益身心健康的养生方法,都需要有足够的毅力,长期的坚持才可能达到预期效果。故《素问·四气调神大论》云:"是故圣人不治已病治未病,不治已乱治未乱……乱已成而后治之,譬犹渴而穿井,斗而铸锥,不亦晚乎。"提出了"治未病"的思想,阐明了"治未病"的重要性。

三、侧重躯体,轻视心理

WHO 认为,健康(health)是指生理、心理及社会适应的一种完美状态,而不仅仅是没有疾病或身体虚弱。有健康的体质,更应该有健康的心理与精神状态,才能够适应瞬息万变的自然环境(natural environment)与复杂的社会环境(social environments)。

对于躯体的健康,人们关注的程度是比较高的。人欲健康长寿,经常性的躯体运动锻炼必不可少。《吕氏春秋·尽数》说:"流水不腐,户枢不蠹,动也。行气亦然,形不动则精不流,精不流则气郁。"运动锻炼(physical exercises)需参照中医的治疗原则,因人制宜(treatment in accordance with the patient's individuality)、因时制宜(treatment in accordance with seasonal conditions),循序渐进,持之以恒。同时,运动亦不能太过,太过伤身,孔子在《礼记·杂记下》中曰:"文武之道,一张一弛",劳逸结合,十分必要。但是对于心理精神层面的问题,人们却总是讳莫如深,或讳疾忌医。有人总喜怒不定,激动兴奋,愤慨不满;有人总争名逐利,或随波逐流;还有人常嫉妒心过重,或迷信，或牢骚满腹，或热衷八卦隐私等。长此以往，必然导致心理产生不良变化，诱发各种心理疾病（mental diseases）。在我国，受传统观念的影响，患有心理疾病的人多不能坦然面对，自我漠视，不以为然，或家人为其遮掩和逃避，导致各种心理疾病不能及时有效地得到治疗和缓解。同时，国人普遍对心理健康（mental health）缺乏足够的认识和理解，故时有心理疾患酿成惨案。来自北京心理危机研究与干预中心的调查数据显示：我国每年约有28.7万人因自杀（suicide）死亡，另外还有约200万自杀未遂者（suicide attempter），即他们企图自杀（attempted suicide），可见我国现在各阶层群体的心理健康状况（mental health status）不容乐观。人在受到压力、情绪处于激越状态（agitation），一旦未能自行纾解，可能出现毁灭他人杀人或者自我毁灭两种情况，出现严重的心理社会问题。性格外向的人会将怨气、戾气投射在他人身上；性格内向的人则习惯把怨气、戾气内化，最后走上自毁一途。心理健康对人的一生的影响非常明显，如长期处于不良的心境与负性情绪（negative emotions）之中，心理疾病的发病率会持续上升，必须给予足够的重视。因此，在进行躯体养生的同时，必须兼顾心理的疏导，避免因不良心理情绪的影响而导致心理疾病的产生。所以，乐观开朗、心情愉快、保持平和的心态，避免焦虑、紧张、激动、暴怒；保持家庭和睦；增强人际交往，与人为善，对增进身心健康都是非常重要的。

四、起居不节，作息紊乱

起居（daily life）一般指生活作息（daily routine）和居住环境（dwelling environment, residential environment）。古人认为，合理规律的生活作息对人体保健有重要的作用，起居有常，睡卧有方，谨防劳伤，居处与衣着适宜，才能调养神气，否则早衰与损寿。故孔子曰："寝处不适，饮食不节，劳逸失度者，疾苦杀之。"不良的生活作息会损害人的健康。暴饮暴食、纵情声色、夜起昼伏等起居无节、作息紊乱的生活方式已成为现代一些年轻人的常态。他们认为，人生就是享乐，热衷于频繁进出酒吧、娱乐通宵或吸烟酗酒等。虽然这样可以有一时的刺激，但严重地损害身体健康。人体进入成熟期以后，随着年龄的增长，身体的形态、结构及其功能开始出现一系列退行性变化，如适应能力减退、抵抗能力下降、发病率增加等，并逐渐进入衰老。衰老（aging, senescence）是一个比较漫长的过程，生理性衰老（physiological aging）是生命过程的必然，但可通过养生延缓衰老；病理性衰老（pathological aging）则可结合保健防病加以控制。若饮食起居不节，作息规律紊乱，起居无常，恣意妄行，贪图一时舒适，四体不勤，放纵淫欲，就会引起早衰（premature aging），以致加速老化，损伤寿命进而导致死亡。生活、饮食、起卧与自然界阴阳消长的变化规律相适应，才能有益于健康。每日定时睡眠、定时起卧、定时用餐、定时锻炼，生活有序，机体才能生机勃勃；保持良好的生活习惯（good living habits），才能提高人体对自然环境的适应能力，从而避免疾病发生，达到延缓衰老、健康长寿的目的。

五、青年轻视养生，老年过度养生

现在有一些年轻人认为，养生就是为了长寿，那是老年人应该考虑的事情。其实，养生在于调和阴阳，使身体达到阴平阳秘（relative equilibrium of Yin-Yang）的状态，增强心理的调适能力，使身体健康，对任何年龄的人来说，养生都是必需的功课。养生不能到中老年阶段才开始重视，应该从青少年时期起步。现代科技昌明，人们往往偏重技术、学术等外在的东西，而忽略了对生命本源的保养。青壮年正处于人生的黄金阶段，是成就事业的最佳时期，同时也是生理上最旺盛的时期，身体强壮，为工作、生活和家庭而努力拼搏，但常缺乏养生保健知识，忽略身体的承受力已超出负荷，生理性透支成为常态，或已意识到身体出现问题，或疾病已明显加重，依然带病坚持工作，并时常熬夜，不可避免地出现五脏精气损耗、气血阴阳失调等积损正衰的情况，引发心脑血管等疾病，如高血压、糖尿病、脑梗死、冠心病等，长此以往还会导致各种疾病加重或猝死的发生。另外，当下年轻人所承受的压力普遍较大，使他们当中有70%的人处于亚健康状态，有近80%的人有不同程度的忧郁、焦虑、烦躁等不良心理现象(unhealthy psychological phenomena)。而科技的发展,使现代人的体力劳动日趋减少,劳动强度降低,但体育运动并未有相应地增加。在现实生活中,至少有60%的人平时很少锻炼,更无养生保健的意识。老年人虽然养生意识明显增强,却易盲目跟风,寄希望于保健品能解决自身的问题,或轻信民间养生偏方,结果养生变成养病。养生是一项长期的系统性工程,需要贯穿于生命的始终。逐步地改变不健康生活习惯(unhealthy life habits),一点一滴地向着正确的方向迈进,从而促使生活行为发生改变,需要在生活中长期坚持才能得以实现。

从上面常见养生误区的分析不难发现,健康养生在目前还缺乏理性和系统性的指引,人们的养生知识相对贫乏,错误的养生"知识"在现实生活中泛滥,养生行为多为盲从。当然,养身不必千人一面,每人禀赋各异,时机各异,应顺其自然,使人们广泛受益即可。

(王琼芬)

第二节　健康养生避忌

养生就是保养人体生命,尽终天年是人类的理想。在顺应自然养生之下,健康养生亦需要注意避忌。历代养生家对健康养生避忌(health cultivation taboos)积累了丰富的经验,可为科学健康养生提供借鉴。

一、避饮食无节

"食饮有节(eating a moderate diet,eating and drinking in moderation)"首见于《素问·上古天真论》,是指人每日的进食要有节制、有规律,宜根据各人的实际情况做到定时定量、多样化、不偏食、不挑食。俗话说"养生之道,莫先于食"。饮食有节与人体健康密切相关。历代医学家、养生家对饮食养生(dietary health cultivation,dietetic life-nourishing,life cultivation of food)都非常重视。

(一)饮食当定量

饮食定量(dietary ration,diet quantification)是指进食宜饥饱适中,饮食量要根据个人的具体情况而定。饮食的消化、吸收,均有赖于中医所说的脾胃来完成。饮食定量,进食饥饱适中,饮食量在脾胃能够承受的范围内,则脾胃的功能才能够得以正常运行,摄入的食物方能有效地转化成人体所需要的营养物质,从而保证人体的各种生理活动正常地进行。所以,要求饮食要有限度,不宜过饥过饱,尤其不能暴饮暴食。饮食适度,近则可保脾胃运化功能正常,提高对摄取食物的消化、吸收率,远则无营养缺乏或过剩,到了老年,还可减少患肥胖、高脂血症及冠心病的可能性。如果过分饥饿,则机体的营养来源就会不足,就无以保证营养供给;长期消耗大于补充,不仅会使机体的功能逐渐衰弱,还会出现体重减轻,甚至消瘦,除了易患营养缺乏病,也会因机体的免疫力降低,易患各种感染性疾病,势必影响健康。如果饮食过量,在短时间内突然进食大量食物,势必加重胃肠负担,食物停滞于肠胃,不能及时消化,就会影响营养的吸收和输布;长期补充大于消耗,就会导致营养过剩(overnutrition),不仅会出现超重(overweight)或肥胖(obesity),还会增加疾病发生的风险。《素问·痹论》指出:"饮食自倍,肠胃乃伤",即饮食一旦超出正常量,必然损伤肠胃的功能活动,导致疾病发生,无益于健康。人在大饥大渴时,最容易过饮过食,急食暴饮。《千金要方·养性序》指出:"不欲极饥而食,食不可过饱;不欲极渴而饮,饮不可过多。"所以,即使在饥渴难耐之时,亦应缓缓进食,避免身体受到伤害。当然,在没有食欲时,也不应勉强进食,过分强食,脾胃也会受伤。梁代陶弘景在《养性延命录》也指出:"不渴强饮则胃胀,不饥强食则脾劳。"这些论述都说明了饮食节制定量的重要养生意义。

食物的种类多种多样,所含的营养成分各不相同,各种食物所含的营养成分并非样样俱全,而人体所需营养成分的种类十分庞杂,任何一种食物都不能提供人体所需的全部营养成分,必须从众多的食物中获取,才能满足机体的需要。偏食(food preference,diet partiality,monophagia)是指常吃少数喜欢吃的食物,不吃不喜欢的食物,长此以往,机体会因某些营养成分的摄入量不够而出现营养缺乏病,还会因某些营养成分摄入过量而引起胃肠功能紊乱,甚至引发癌症;而饮食偏嗜(food partiality),是指过于嗜好某种食物或调味品,如果摄入量超过了机体的承受能力,就会给机体带来损害。因此,应该科学进食、合理搭配,使食物多样化,使各种食物中的营养成分彼此取长补短,相互补充。

（二）进食宜定时

进食定时(timing of eating,regular time for meals),是指进食宜有较为固定的时间。有规律地定时进食,可以保证脾胃相互协调配合,有张有弛,人体的消化、吸收功能能有节奏地进行。我国传统的进食方法是一日三餐,间隔的时间约为4~6h,认为这样的进食方法与饮食物在胃肠停留和传递的时间相适应。现代研究也证实,在这3个时间段里,人体内的消化系统特别活跃,故若能养成按时进餐的饮食习惯,则人体的消化功能健旺,对身体的健康大有裨益。"早餐要吃好,中餐要吃饱,晚餐要吃少。"早餐要吃好(to eat well for breakfast)是指早餐的质量和营养价值要高,能够提供充足的能量。午餐要吃饱(to eat enough for lunch)是指午餐可以吃得稍饱一点,因为上午的活动较多,消耗的能量较大,需要多吃富含蛋白质和脂肪的食物,当然不宜过饱。晚餐要吃少(to eat less for supper)是指晚餐不宜多食,因为晚上接近睡眠,活动量小,建议进食低能量、易消化的食物。如果晚餐进食过饱,易使饮食停滞,增加胃肠的负担,引起消化不良,影响睡眠。另外,也不可食后即睡,而宜小有活动之后入寝。"要想寿而安,须减夜来餐(people want to live a long life,they need to eat less at night)。"晚餐吃得过多或摄入过多高蛋白、高脂肪、高能量食物,会使血液的黏稠度增加,大量脂类不能及时代谢而沉积在血管壁上,不仅会引起动脉粥样硬化,还可以诱发心脑血管疾病,甚至引起猝死。

若饮食不定时而随意进食,或忍饥不食,特别是儿童,零食过多,会使肠胃始终处于充盈状态,得不到相对的休息,导致消化功能失调,长期如此,则会使消化功能逐渐减弱,食欲逐渐减退,损害健康。大病初愈,胃肠道的功能下降,也不可多食不易消化的食物,以免使病情反复或加重,危及生命。同时进食宜缓,即吃饭时应该从容缓和、细嚼慢咽。

（三）需因人而异

不同的人,体质特点各异,要针对其体质特点给予相应的膳食。中医认为,阴虚内热者,宜食用性质甘凉、生津的食物,如大多数的蔬菜、瓜果等,不宜多食温燥辛辣之品;阳虚怕冷之人,则宜食用性质偏甘温的食物,如鸡肉、羊肉之类,不宜多食生冷寒凉食物;形体肥胖之人多痰湿,宜多食吃清淡化痰的食物。不同年龄阶段,生理状况不尽相同,饮食自然也不能千篇一律。如少年儿童正处于生长发育阶段,必须保证充足的营养供应,要有足够的蛋白质、维生素、矿物质,膳食中应多一些鱼、肉、蛋等动物性食物(animal-based foods,foods of animal origin),以利于大脑及身体各器官的发育与成熟。但也不应走向另一极端,膳食中动物性食物过多,而蔬菜水果等植物性食物(plant-based foods,foods of plant origin)偏少,不仅会导致肥胖,对身体也是有百害而无一利。老年人的脾胃功能差,消化吸收能力减退,则宜食清淡、温热、熟软的食物。在性别方面,因男性的体力消耗大于女性,能量供应应多于女性。女性有经带胎产等特殊生理时期,每个时期对饮食都有一定的特殊要求。另外,饮食养生还要考虑到季节气候特点,即所谓的因时用膳(eating in accordance with seasonal conditions)。春季应多食清淡之蔬菜、豆类及豆制品;夏季宜多食甘寒、清淡、少油的食物;秋季宜多食滋润性质的食物;冬季宜多食温热御寒之品。

（四）寒温宜适度

饮食寒温适度(diet should be moderately cold and warm in properties)系指饮食的阴阳寒热属性和寒热温度,均应适合相应的人体。食物有酸、苦、甘、辛、寒五味,还有淡味、涩味以及寒热温凉四气。食物的四气五味不同,对不同体质的人体作用也各异。饮食调养(diet aftercare)之所以强调要寒温适度,因寒饮食易损胃阳,使胃阳不足,热饮食则易伤胃阴,致胃阴虚耗。寒温不当,除会损伤胃之阴阳外,也会伤及其他脏器,如"形寒,寒饮则伤肺"。故寒饮伏肺、哮喘者,切忌生冷之品。春夏季气候虽偏温热,但亦不能饮食冷物太过,否则不仅会导致消化不良,还易引发胃肠道疾病;秋冬季虽偏寒,但也不宜食用辛温燥热的食物太过,以致胃肠积热,引起便秘、痔疮,年老之人,尤宜注意。人到老年时内脏功能大多衰退,对黏滞生冷或油腻厚味之品,消化更为困难,故饮食宜清淡温软,多食易于消化之品为佳;而儿童脏腑娇嫩,形气未充,属稚阴稚阳之体,脾胃功能脆弱,饮食也需易消化,且食物应富含营养而多样化,以利于呵护脾胃。

　　唐代医家孙思邈指出:"热无灼唇,冷无冰齿",意指吃热的食物时,口唇不应该有灼热感;吃冷的食物时,牙齿不应该感觉到寒凉。过食温热的食物,容易损伤脾胃阴液;而寒凉的食物,容易耗损脾胃阳气。这样易导致人体阴阳失调,出现畏寒肢冷、腹痛口干、口有异味、便秘等。

　　还需指出的是,大渴切忌冷饮,"大渴而饮宜温"。大渴多在暑天,或因劳热过度而出汗过多所致,此时骤进冷饮,往往会引起胃肠损伤,出现胃肠道疾病,引起消化功能紊乱;且大渴时咽喉也必然缺少津液,咽喉部充血,突然受冷饮刺激,往往会引起咽痛、声音嘶哑,甚至会引发咽喉炎。大渴时若多食或久食过热之饮食,亦会引发多种疾病。如《济生方》中介绍,多吃热食物,多饮热酒,一方面能产生热毒,另一方面又能热伤津液,从而会引发咽喉诸病和噎膈疾病,与现代研究的观点过食热食是食管癌诱发因素之一是一致的。且冷饮热饮也不宜替换饮用,冷热突然改变可使牙齿受到不良影响而患牙病。有研究证实,给予牙齿低于15℃以下的冷刺激不仅会导致牙髓痉挛,甚至会引起牙髓炎及牙质过敏症,同时还会引起消化道功能紊乱,损害人体健康。因此建议冷饮、热饮应分开饮用,至少应间隔30min左右。

　　寒温适宜不仅指食物本身的阴阳寒热属性,同时也指入腹的食物冷热、生熟温度要适宜。现代医学证明,胃肠道中食物的温度过高或者过低,都不利于食物中营养成分的消化吸收。

（五）勿犯禁忌口

　　饮食禁忌(dietetic contraindication)又称"忌口(dietetic restraints,dietary restrictions)",是指人们不该吃某些食物。若吃了这些食物,就会对健康不利。传统医学是非常重视忌口的,一般地说,中医的"忌口"主要是针对患者的。对此需因时因地因人制宜。地域有东西南北,环境有暑湿燥凉,水土不同,风俗习惯各异,体质各殊,因此应具体问题具体分析。对于患者的饮食宜忌,《素问·五藏生成篇》有"五味之所伤"等记载。五脏病变各有所忌:心病忌咸,肝病忌辛,脾病忌酸,肺病忌苦,肾病忌甘。相适宜的食味能治病养病,不相宜的食味则反成祸害导致疾病。因此,在饮食调养过程中应注意饮食宜忌。病证的饮食禁忌是根据病证的寒热虚实,结合食物的四气、五味、升降浮沉及归经等特性来确定的。如寒证宜用温热之品,忌用寒凉生冷之物;热证宜用寒凉之品,忌用温燥之物。虚证宜补,实证宜泻等,勿犯虚虚实实之戒。细而言之,如虚证患者忌用耗气伤津、腻滞难化的食物,其中阳虚患者不宜过食生冷瓜果等寒凉食物,阴虚患者则不宜食用辛辣刺激性食物。饮食禁忌在运用过程中也要具体情况具体分析,如水肿忌盐,若长期忌盐有时也会引起体倦乏力,进而引起低钠血症,使疾病难以好转,故水肿轻症不宜绝对忌盐。妇女特殊时期也应注意饮食禁忌。因此,对饮食禁忌临床上应灵活掌握。

　　综上,正常情况下,应注意谨和五味、食合四时、饮食有节、进食有法、饮食必洁,使营养物质全面、合理、稳定、卫生地进入人体发挥滋养作用,保持体内营养均衡、脏腑功能稳定的健康状态。一旦出现体内营养失衡、脏腑功能失调,应立即采取相应的调节手段,或选择恰当的膳食模式(dietary pattern),或选择恰当的进食节律,或运用恰当的进食方法,及时恢复健康状态。

二、忌起居无常

　　《黄帝内经》所说的"起居有常",是指人的起卧作息和日常生活的各个方面应遵循一定的规律,使其符合自然界阴阳消长规律和人体的生理规律。在日常生活中要养成良好的起居习惯,按时作息,"顺四时而适寒暑(abidance to the changes of the four seasons, active adaptation to cold and heat)",只有这样才能使人体阴阳气血与天地阴阳变化保持一致,从而身体才会充满生机活力。切不可"起居无常(daily life impermanence, irregular living, inconstant living)",昼夜颠倒。

(一)起居需有常

起居有常(liveing a regular life with certain rules, maintaining a regular daily life),作息有规律,保持良好的生活习惯,能提高人体对自然环境的适应能力,从而避免疾病发生,达到延缓衰老、健康长寿的目的。人体存在着一定的生命节律(life rhythm),如季节律(seasonal rhythm)、昼夜节律(diurnal rhythm)等,是正确安排养生的依据。现代医学认为,起居作息与衰老有关。人们若能起居有常,合理作息,就能保养神气,使人体精力充沛,生命力旺盛。反之,若起居无常,不能合乎自然规律和人体常度来安排作息,天长日久则神气衰败,就会精神萎靡,面色不华,目光呆滞无神,生命力衰退。特别是年老体弱者,生活作息失常对身体的损害更为明显。若生活、饮食不节,作息规律紊乱,起居无常,肆意妄行,贪图一时舒适,四体不勤,放纵淫欲,就会加速老化和早衰,甚至早逝。而生活规律有序,可以保证精神饱满地投入工作和学习之中,从而保障健康长寿。

(二)睡卧当有方

睡眠(sleep)由人体昼夜节律控制,是人体的一种生理需要。高质量睡眠(high quality sleep)是消除疲劳、恢复精力的最佳方法,并能达到防病治病、强身健体延寿的目的。改善睡眠质量的方法(ways to improve sleep quality)如下:

1. 睡前调神　睡前调摄精神(regulating spirit before sleep),就是使情志平稳,心思宁静,摒除一切杂念,创造良好的睡眠意境。足够的睡眠是健康长寿的保证。为了保证获得高质量的睡眠,除了应养成定时就寝的良好习惯、合理安排睡眠时间的长短和时段外,还须注意睡前的精神、形体调摄,比如避免喜怒过激、思虑过度、活动过于剧烈,以及不喝浓茶、咖啡,不过量吸烟喝酒等。

2. 健康睡眠　健康睡眠(healthy sleep)不仅要保证睡眠时间长短和时段适宜,还要保证睡眠质量。要根据不同的身体状况因人而异地合理安排睡眠时间的长短。一般刚出生的婴儿睡眠时间可长达18~20h。以后随着年龄的增长,睡眠时间渐短,到学龄儿童只需9~10h。进入青年时期,每天有8h左右的睡眠即可。人至老年,睡眠时间可适当延长,每天可达9~10h。适宜的睡眠时间有个体差异,不能一概而论,以醒后感到周身舒适、轻松,头脑清晰,精力充沛为宜。至于睡眠时段,由于早晨5~6点是人体生物钟(bioclock)的高潮期,晚上10~11点体温下降,呼吸减慢,激素分泌水平降低,是生物钟的低潮期,通常认为早晨5~6点起床,晚上10点左右就寝较合适,最迟也不要超过11点。另外午睡,睡"子午觉",也是古代养生家的睡眠养生法之一。临床统计表明,老年人睡"子午觉"可降低心脑血管病的发病率,有防病保健意义。因为子、午之时,阴阳交接,极盛及衰,体内气血阴阳极不平衡,必欲静卧,以候气复。不过,午睡时间不宜太长,睡眠久了反而更疲倦,一般以30min至1h为宜。健康睡眠能促进大脑生长发育,消除疲劳,恢复精力、体力,对记忆力有明显的保护作用,而睡眠不足(lack of sleep, sleep deprivation)则会扰乱生物钟,使人精神不稳定、对人体器官和组织的生理功能会造成损害,使身体的机能下降,出现皮肤干燥、晦暗无光、听力减退、耳鸣、食欲缺乏、肥胖,胃黏膜糜烂溃疡、心脏病、感冒等疾病的发生率都会升高。睡眠过多会引起记忆损伤,出现记忆衰退的现象。据调查,人的睡眠时间与寿命长短关系密切,日平均睡眠7~8h的人寿命最长。睡眠不到4h的人,死亡率是前者的两倍。而每天睡眠10h以上的人,其中有80%可能是短寿的。所以睡眠时间少了不行,多了也不好。

3. 就寝定时　定时就寝(sleep regularly, regular bedtime)是提高睡眠质量的重要因素。古人认为,春天应晚睡早起;夏天应晚睡早起;秋季应早睡早起;冬季应早睡晚起。古人这种根据四时自然变化而制订的起卧时间是符合人体生理变化规律的。如上所述,在我国,最适宜的睡眠时间是晚上9~10时,一般不要超过11时,早晨5~6时起床为好。只要坚持按时上床,按时起床,久之就会形成条件反射,养成良好的睡眠习惯。

另外,在可能的情况下,应尽量保证寝具舒适,被褥、枕头应清洁、松软,厚薄适中,高低适宜;维持睡眠环境的清洁、宁静和温湿度适宜;讲究睡眠时的卧向、姿势,以及睡卧避风、卧需露首,提倡独卧等。

三、避劳逸失度

养生的"劳逸适度(moderation of work and rest,balanced labor and rest)"是指工作和休闲娱乐应量力而行、交替进行、相互调节,从而保证二者均不超过人体的承受能力,使健康得以长久维持。劳逸适度的标准(standard of moderate work and rest)是"中和(balanced harmony,mean and harmony)",有常有节,不偏不过。只有劳逸适度,才能保持生命活力的旺盛,才能增强人的体质,使人精力充沛,精神振奋,工作积极。

(一)避免过劳

过度疲劳(defatigation,over fatigue,overtiredness,excessive tiredness),即劳累过度(overwork),简称过劳,由于劳动强度过强,工作时间过长,心理压力过大,而处于精疲力竭的亚健康状态,也称劳倦(overstrain)、劳倦所伤,包括劳力过度(excessive fatigue,physical exhaustion)或称体劳过度、劳神过度(excessive mental labour,mental overstrain)或称神劳过度、房劳过度(excess of sexual intercourse,indulgence in sexual activities)简称房劳(sexual exhaustion)。劳动本来是人类的"第一需要",但劳累过度则可内伤脏腑,成为致病原因。古人主张劳逸"中和",有常有节。孙思邈在《备急千金要方·道林养性》中说:"养生之道,常欲小劳,但莫疲及强所不能堪尔。"李东垣在《脾胃论》(Treatise on Spleen and Stomach)中指出,劳役过度可致脾胃内伤,百病由生。叶天士医案也记载,过度劳形奔走,驰骑习武,可致百脉震动、劳伤失血或血络瘀痹,诸疾丛集。

1. **戒劳力过度**　"流水不腐,户枢不蠹"。适当的劳动及体育运动,有助于气血流通,增进食欲,增强体质,是人类生存和保持健康的必要条件。但如劳动或运动的时间过长,负担过重,不注意适当休息,超过了机体的耐受能力,久之,就有可能使无病者积劳成疾,有病者疾病加重。各种伤残和慢性病患者,虽然亟需参加力所能及的劳动及运动,并持之以恒,但这类患者对劳动和体育运动的耐受能力一般比健康人低,很容易因劳力过度而使病情加重或恶化。为了让患者既坚持劳动或运动锻炼而又避免劳力过度,必须对下述问题予以充分的注意:一是对劳动或运动的量,应严格遵照医嘱执行。一般应从小到大,循序渐进,逐步增加。二是在劳动或运动的种类、时间、强度、频率的确定方面,应以科学的态度,在医护人员的指导下确定。一般在运动的种类方面,要求科学性与趣味性相结合;运动的时间以清晨或早饭后1~2h为好;运动强度以运动时感到发热,微微出汗,运动后感到轻松、舒适,食欲及睡眠均好为度。三是对劳动或运动过程中出现的异常感觉,如头痛、头晕、心慌、食欲减退、睡眠不好等,应予以充分的注意,及时向医护人员汇报,定期做健康检查,必要时,根据病情随时修改锻炼计划。劳力过度,力所不胜而极举之,则会引起劳伤(internal lesion caused by overexertion)。《素问·举痛论》说:"劳则喘息汗出,外内皆越,故气耗矣。"认为"劳则气耗",劳力过度主要伤及脾肺的生理功能,导致脾失健运(dysfunction of spleen in transportation),肺气不充。不仅如此,劳力过度还会累及筋骨肌肉等组织,与劳伤密切相关,如《素问·宣明五气篇》所言:"五劳所伤,久视伤血,久卧伤气,久坐伤肉,久立伤骨,久行伤筋,是谓五劳所伤。"为防止五劳所伤,必需掌循序渐进,量力而行的原则,不逞强斗胜。

2. **戒劳神过度**　劳神过度,即用脑过度,精神过度疲劳。在日常的学习和工作中过于辛苦,不注意适当地休息,是导致劳神过度的主要原因;对生活中的某些事物或现象缺乏正确的认识,所欲不遂,思虑不解,或对外界各种刺激的适应能力较低,常因此而感到焦虑不安等,久之也可导致劳神过度。临床实践证明,长期的精神紧张,用脑过度,对冠心病、高血压、脑血管意外、癌症、溃疡病等疾病的康复极为不利,而且这些疾病的加重或恶化,与繁重的脑力劳动、经常性的焦虑不安、思虑过度有着密切的关系。戒劳神过度,一是要避免工作和学习过程中的用脑过度,让大脑得到充分的休息,降低、缩减工作和学习的强度、时间,注意休息,并做一些健身运动。二是要正确对待所患的疾病。有些患者面对终身性的或危害性大的疾病(如外伤性截瘫、癌症等),承受不住病残的打击,心理严重失衡,长时间处于焦虑、痛苦的心境之中,结果常使疾病加重。对这类患者,医护人员应给予积极的开导,有针对性地进行心理治疗。三是要正确对待生活中可能发生的各种不愉快的事情,凡事从长远着想,清心寡欲,不斤斤计较个人得失。另外,要合理安排各种用脑的娱乐活动,既不能因此而影响到休息,更不能过于计较输赢。

3. 戒房劳过度 房劳过度,即性生活过度。戒房劳过度,既是养生防病的重要措施,也是病后康复的客观要求。性行为(sexual behavior)是人类的一种本能,是生活的重要组成部分。"孤阴不生,独阳不长"。从医学的观点看,适当的性生活是人体生理和心理的需要,独身或禁欲并不利于健康长寿。但是,"房中之事,能生人,能煞人。"性生活不应禁绝,也不可纵欲无度。避免房劳过度,利于保精,房事不节制,或不注意入房禁忌,不讲究方法,必然耗伤肾精,损及元气,给人体健康带来损害。若恣情纵欲、房事不节,更耗其精,则有可能使疾病发展到无法挽救的地步,即所谓"精少则病,精尽则死"。若痨病已成,性生活仍不节制,反复泄其精,极易导致病情恶化。性生活过度,必然使患者的基础疾患病情加重,甚至出现生命危象。所以,在康复治疗(rehabilitation therapy)中,病情一般者,应节制性生活;病情较重者,则应暂停性生活。古人认为,节制房事的有效方法(effective way to avoid sexual strain, temperance in sexual life)是婚后独宿,心神安定,耳目不染,易于控制情欲。醉酒、大病、体虚或妇女经产妊娠期间,应该绝对禁止性生活。

（二）避免过逸

中医所称的过逸(excessive rest),即过度安逸(excessive leisure)。过逸同样可以致病。《素问·宣明五气篇黄帝内经》所说的"久卧伤气,久坐伤肉",也是对过度安逸而言。缺乏劳动和体育运动的人,易出现气机不畅,升降出入失常。升降出入(ascending, descending, exiting and entering)是人体气机运动的基本形式。人体脏腑经络气血阴阳的运动变化,无不依赖于气机的升降出入。过度贪图安逸,不进行适当的活动,气机的升降出入就会呆滞不畅。气机失常可影响到五脏六腑、表里内外、四肢九窍,而发生种种病理变化。根据生物进化理论,用则进废则退,若过逸不劳,则气机不畅,人体功能活动衰退,气机运动一旦停止,生命活动也就终止。可见贪逸不劳也会损害人体健康,甚至危及生命。随着社会的发展,现代人的体力劳动日趋减少,劳动强度亦大大降低。由于安逸少动,缺乏劳动和体育运动,易使人体产生种种病理变化,导致常见病(common diseases)的发病率和患病率逐年增高,且呈年轻化的趋势。

适度的劳作和适当的休息,二者有机结合、协调统一是人体生理功能得以正常进行的需要。应劳与逸穿插交替进行,或劳与逸互相包含,劳中有逸,逸中有劳。只有劳逸协调适度,才会对人体有益。长期以来的实践证明,劳逸适度对人体养生保健起着重要的作用。

四、避情志失调

情志(emotions)是人对其所感受的客观事物是否符合自身需求而产生的内心体验与意志过程。情志活动(emotional activities)以感知觉为基础,受禀赋、年龄、文化修养以及健康状况影响。"人有五脏化五气,以生喜怒悲忧恐",故有"七情""五志"。七情(seven emotions)包括怒(anger)、喜(joy)、忧(anxiety)、思(worry)、悲(sadness)、恐(fear)、惊(surprise);五志(five emotions)则指喜(joy)、怒(anger)、思(worry)、忧(anxiety)、恐(fear)。脏腑精气是情志活动产生的内在生理学基础。一般情况下,正常的情志活动,是机体对外界刺激因素的保护性反应,有利于调节脏腑的功能活动。但若情志失调,过于剧烈或持续不解,会使脏腑功能失常,气血运行失调,导致疾病发生或加重。《素问·阳应象大论》就有"怒伤肝,悲胜怒""喜伤心,恐胜喜""思伤脾、怒胜思""忧伤肺,喜胜忧""恐伤肾,思胜悲"的论述。

常见的情志失调致病因素（common pathogenic factors of emotional disorders）主要有两个方面：一是情绪波动太大、过于激烈，如狂喜、盛怒、骤惊、大恐等，往往会很快致病伤人，如突然遭受精神创伤引起的精神病，大怒伤肝致突发卒中等。二是情绪波动虽然不甚，但持续时间久长，如积忧、久悲或思虑过度，人长期处于不良的心境中，很容易致病成疾。例如，神经衰弱、溃疡病、高血压病、癌症等疾病的发生和发展，与长期不良精神刺激有关。现代医学认为，情志刺激对疾病的发生有很大影响，巴甫洛夫曾说过："一切顽固沉重的忧悒和焦虑，足以给各种疾病大开方便之门。"之所以引起各种疾病，是因为持续的情志刺激超过一定限度，就会引起中枢神经系统功能的紊乱，从而引起体内神经对所支配的器官调节出现障碍，使机体出现一系列的功能失调和代谢改变。大怒可使人的交感神经兴奋，体内的儿茶酚胺等血管活性物质增加，进而使心跳加快，血压升高，心肌耗氧量增加，冠状动脉痉挛甚至闭塞不通，因而是冠心病、高血压、心肌梗死及脑出血发生的重要诱因。过度忧愁和恼怒，还可导致大脑皮质功能紊乱，使迷走神经兴奋性增高，胃酸和胃蛋白酶分泌增多，胃平滑肌痉挛，胃黏膜抵抗力减弱，加速溃疡病的恶化。

总之，脏腑功能与情志活动密切相关，情志失调不仅影响人体的生理活动，还影响人的健康状况及衰老进程，因而，有效地控制和克服过激或长久的不良情志刺激，在康复养生中具有重要的意义。在生活及临床实践中，可通过各种轻松愉悦、健康且富有情趣的活动，如音乐（music）、书法（handwriting，chirography）、绘画（painting）、下棋（playing chess）、种花（planting flowers）、垂钓（fishing）和旅游（travelling，tourism）等来陶冶情操、怡养心神、修身养性，对内心世界自我调节，克制贪念和无尽的欲望，养成豁达的心性，化解不良的情绪，保持心态的平和，达到形神共养的目的。

五、戒不良嗜好

（一）戒烟

吸烟（smoking）对人体有害，几乎人人皆知。吸烟可影响机体呼吸、消化、心血管、神经等系统的功能活动，降低人体抗御疾病的能力，导致原有疾病加重，难以康复。现代科学研究发现，烟草燃烧产生的烟雾中至少含有69种已知的致癌物。香烟烟雾对呼吸道黏膜有刺激作用，吸烟可使咳喘患者症状常发。对于冠心病、高血压患者来说，香烟中的有害物质对其冠状动脉血管壁和心肌细胞的毒性和致炎作用更大；又可使动脉壁缺氧，血清胆固醇含量升高，加速动脉粥样硬化斑块的形成，势必促使冠心病及高血压患者病情的恶化。还有非志愿性吸烟即吸二手烟（second hand smoke），是被动吸烟（passive smoking）的俗称，即不抽烟的人吸入其他吸烟者喷吐的烟雾，又称"强迫吸烟"或"间接吸烟"。2007年5月29日，卫生部发布的《2007年中国控制吸烟报告》指出，中国有5.4亿人遭受被动吸烟之害，其中15岁以下儿童有1.8亿，每年死于被动吸烟的人数超过10万，而被动吸烟危害的知晓率却只有35%。为了使吸烟者（smokers）能有效地戒烟（smoking cessation，quitting smoking），在强调其必须树立坚定的决心和信心的基础上，还应给予一些方法上的指导，使其逐步戒除。

（二）戒酒

在中医学领域，酒（alcoholic drink，wine，liquor）还被当作一种药物来使用。饮少量酒，可以通经活络，促进气血的运行，有助于食物的消化吸收。但是若饮酒过多，嗜酒成瘾，则会变利为害，导致多种疾病产生或使原有疾患加重。酗酒（alcoholic intemperance，excessive drinking）是指没有节制地超量饮酒。酗酒有一定的社会危害性，能使人不同程度地降低甚至丧失自控能力，实施某种有伤风化或违法犯罪的行为。长期酗酒者可出现酒依赖综合征（alcohol dependence syndrome），包括耐受性、戒断症状（withdrawal symptoms）和冲动性觅酒行为（impulsive ethanol-seeking behavior）。酗酒涵盖了"酒精滥用"及"酒精依赖"。酒精滥用、酒精成瘾（alcohol addiction）均是失控且紊乱的饮酒行为，是对一个人的生活造成明显伤害的不正确的饮酒方式，包括引起健康、法律、职业等问题或导致社会、家庭功能破坏等方面的伤害。如果一个人过度使用酒精而无法自我节制，导致认知上、行为上、身体上、社会功能或人际关系上的障碍或影响，且明知故犯，无法克制，就达到了"酒精滥用"的程度。若进一步恶化，把饮酒看成比其他任何事都重要的事情，必须花许多时间或精力去喝酒或戒酒，或必须喝酒才感到舒服（心理依赖），或必须增加酒精摄取才能达到预期效果（耐受性），或产生酒精戒断综合征，就达到了"酒精依赖"的程度。按照《精神疾病诊断与统计手册》（第五版）（*The Diagnostic and Statistical Manual of Mental Disorders Fifth Edition*，*DSM-V*）诊断标准，酒精滥用（alcohol abuse）是指由于饮酒已导致对健康或身体的损害和危险，但还不能满足酒依赖的诊断标准，其表现至少有下述一项，并且总是发生于近 12 个月内：①反复饮酒导致不能履行工作、学习或家庭中的主要职责（例如多次旷工或工作质量低下，引起旷课、停学或被开除，忽视照顾子女或家务）。②反复在对躯体有危险的情况下仍继续饮酒（如知道饮酒有损害时还驾车或操作机器）。③反复因饮酒发生法律问题（如妨碍治安而受拘）。④因饮酒引起持久的或反复发生的社交或人际关系问题或使这些问题加重（如为醉酒而与配偶经常争吵、打架），但仍继续饮用。酒精依赖（alcohol dependence）是一种更加严重的伤害，表现为以下特征中的 3 项或 3 项以上：①对酒精耐受；②有酒精戒断症状；③饮酒过多；④长期期望或试图戒酒，但未成功；⑤大量的时间花费在获取酒精或从醉酒中恢复过来；⑥对重要的社会、职业或娱乐活动缺乏兴趣；⑦不顾酒精对人体的危害而不断地饮酒。长期酗酒会引起营养不良、脂肪肝和肝硬化，促使血管硬化和脑血管发生意外。慢性肝病、慢性支气管炎、支气管哮喘、肺气肿、慢性胃炎等病患者大量饮酒，可加重原发病，甚至使病情恶化，不利于疾病的康复。年轻人正在发育成长阶段，如经常喝酒，除上述害处外，还能使脑智力和记忆力减退，使肌肉无力，性发育早熟和未老先衰。健康养生，应拒绝酗酒这一不良习惯，积极引导酗酒者认识到酒精滥用及酒精依赖的危害，通过各种方法激发其毅力和决心，选择理想的方法戒酒（alcohol temperance，quitting drinking），脱瘾、康复、回归社会及家庭。

（三）戒药物成瘾

药物滥用（drug abuse）是指非以医疗为目的，在不经医师处方或指示的情况下，过量或经常使用某种药物（不含烟、酒、非麻醉性止痛剂），其滥用程度足以损害个人健康，影响其社会与职业适应能力，或危害社会秩序。因心理调适（psychological adjustment）困难，部分自我控制能力低的人，遇事多悲观、消极、漠视或自我攻击，满怀仇视、怨恨心理，却无法有效宣泄，在面临挫折、压力或空虚时，为避免紧张、焦虑、忧郁等不适感，习惯以药物麻醉自我，以此宣泄内心的痛苦或逃避现实责任，视药物为解决内在问题（忧郁、压力、挫折、无价值感）和外在问题（成绩差、家庭不睦、家庭暴力）的救星；或受好奇心驱使误用但缺乏冲动控制力而成瘾，以及滥用抗生药、使用毒品、滥用精神药物等，都是导致药物成瘾的原因。因疾病困扰，如病痛使用药物，易导致成瘾。失眠后长期使用药物也易成瘾。特别是滥用对思维、情感、意志行为等心理过程产生影响且具有依赖性的药物，如阿片类、可卡因类、大麻类麻醉药品，中枢兴奋剂咖啡因、中枢抑制剂、镇静催眠药等精神药品，目的是为了获得某种特殊的愉悦感（快感），避免不愉快的感觉（戒断症状），滥用的后果是反复强迫性使用，欲罢不能，形成药瘾（drug dependence，drug addiction）。对药物成瘾应当予以足够的重视，需要全社会参与治理，戒除药物滥用（abstain from drug abuse），防止造成积重难返的困局。

（四）忌多个性伴侣

性伴侣（sex partner）一词在 20 世纪后期出现，随着社会的社交观念、婚姻观念与性观念逐渐开放，多个性伴侣（multiple sexual partners）渐趋普遍。很多宗教团体基于反对婚前性行为（premarital sexual behavior，premarital intercourse）和抑制性病（venereal diseases）传播的立场，视寻找性伴侣的行为为严重的道德问题。医学界基于防止性病传播为目的，普遍主张"固定性伴侣，避免多个性伴侣。"认为要有效地防治性病的传染，需"别爱陌生人"。

六、避四时不正之气

一般情况下,自然界木(wood)、火(fire)、土(earth)、金(metal)、水(water)五行的更替(replacement of five elements),风(wind)、寒(cold)、暑(summer-heat)、湿(dampness)、燥(dryness)、火(fire)六气的转移(transformation of six factors in nature,transfer of six climatic factors)以及春温(warm in spring)、夏热(hot in summer)、秋凉(cool in autumn)、冬寒(cold in winter)四季气候的变化(change of climates in four seasons),都有其规律。人类必须主动地适应自然界变化的规律,"顺四时而适寒暑(abidance to the changes of the four seasons,active adaptation to cold and heat)"。否则,"逆之则灾害生(if one is disobedient to this,disasters will ensue)"。然而,自然界气候的变化有时会出现异常,如不当寒反寒,不当热反热;或出现严寒、酷暑、大旱等非正常的气候变化,此即四时不正之气(abnormal seasonal climates,abnormal weather in four seasons)。如冬天应寒而反暖,春天应暖而反寒等。这样,对生物的生长发育是不利的。当人体不能适应这些气候时,就可能引起疾病。避免四时不正之气危害的方法(methods to avoid the harm of abnormal weather in four seasons)是:一方面要经常保养精神,锻炼身体,增强体质,提高机体的适应能力和抵御能力;另一方面则应适时回避,这样才能保持健康。否则,即使是体质强壮者,有时也难幸免。故善于养生者应注意"避之有时"。

（一）酷暑

夏季(summer)是一年中气温最高的季节,气候炎热。夏季的天气到了非常炎热的盛暑阶段(三伏节气),称为酷暑(intense heat of summer,midsummer,sweltering summer heat)。夏季养生方法(summer regimens,summer health cultivation methods):在夏季,尤其是酷暑,顺应自然保养机体阳气,对延年益寿是大有裨益的。因夏季火热,内应于心,火热炎上,易扰心神,因此,在这一季节精神调摄,重在调畅情志、静心宁神。在夏季,人的情绪要有节制,以利于气机的宣畅,遇事戒怒,以免伤及心神。夏季的饮食调养,应以清解暑热、补充阴津为原则。夏季,人体阳气在外,阴气内伏,胃液分泌相对减少,消化功能低下,若暑热夹湿,更易伤脾胃,切忌因贪凉而暴食冷饮。在起居调养方面,因夏季气候炎热,应注意防暑降温,忌汗出当风。夏季睡觉时不可过于避热趋凉,忌室外露宿或久卧潮湿冷凉之处,忌袒胸露腹、忌彻夜不停扇。在运动调养方面,运动量不宜过大,因运动后出汗较多,切勿用冷水冲头洗澡。剧烈运动后感到口渴时,不宜过量、过快地进食冷饮,以防胃肠血管急骤收缩,引起消化功能紊乱而出现腹痛、腹泻。苦夏(loss of appetite and weight in summer)是指在进入夏季后由于气温升高,出现胃口下降,不思饮食,进食量较其他季节明显减少,并伴有身体乏力、疲倦、精神不振,工作效率降低和体重减轻的现象,可服用"藿香正气水""六一散"等芳香化湿、振奋中焦阳气的药物。夏季气温高、空气湿度大,在强烈的阳光下照射过久,容易发生中暑(heatstroke,sunstroke)。在防病保健方面,夏季阳气旺盛,尤其是三伏天(dog days,three ten-day periods of the hot season),腠理开泄,选取穴位敷贴,药物最容易由皮肤渗入穴位经络,通过经络气血直达病灶,所以有"冬病夏治(winter disease being cured in summer)"的说法,如哮喘或过敏性鼻炎等疾患,可以收到较好的疗效。

（二）严寒

寒为冬季主气。冬季是一年四季中最冷的季节,大地冰封,万里雪飘,草木凋零,昆虫蛰伏,自然界万物生机处于"闭藏"状态,阳气潜伏,阴气盛极,人体的新陈代谢也处于相对缓慢的水平。冬季天气的寒冷程度,以温度来衡量。为了准确地描述天气的寒冷程度,气象专业制定了"寒冷程度等级表(cold degree scale)",把气温从-40℃~9.9℃,由低到高共分为8级。一级为"极寒",-40℃以下;二级为"酷寒",-39.9℃~-30℃;三级为"严寒",-29.9℃~-20℃;四级为"大寒",-19.9℃~-10℃;五级为"小寒",-9.9℃~-5℃;六级为"轻寒",-4.9℃~0℃;七级为"微寒",0℃~4.9℃;八级为"凉",5℃~9.9℃。在我国北方的冬季严寒天气较为常见。严寒天气的危害

（hazards of severe cold weather, hazards of frost）；严寒天气下若不注意养生防寒，则很易为寒邪所伤，因寒邪具有阴凝收引之性，最易使潜藏于内的阳气受损，凝滞血脉，伤及心阳。而冬季为肾旺之时，肾为封藏之本，若受寒邪袭击，易损及封藏之本。冬季养生方法（winter regimens, winter health cultivation methods）：应当趋温避寒，敛阴护阳，以顺应"养藏"之道。在精神调理方面：要求人们在冬季要精神内守（keeping the spirit in the interior, keeping a sound mind），安静自如，含而不露，避免烦恼，使体内阳气得以潜藏。在饮食调养方面：冬季是饮食补养的最好季节，因为冬季万物潜藏，人体的阴精、阳气也趋于潜藏。此时补益阴精阳气，易于吸收而藏于体内，使体质增强，起到扶正固本（strengthening body resistance）的作用。应根据不同的体质，辨证施膳（giving diet with syndrome differentiation, applying medicined diet based on syndrome differentiation）。在起居调养方面：冬季日落早而日出迟，入夜寒邪（cold evil）尤甚，故宜早卧晚起。对于年轻健康机体而言，冬季是进行人体健康投资的黄金季节。坚持冬季室外锻炼可以增强人体糖类、脂类及蛋白质的分解代谢，改善组织与器官的供养情况，提高机体的抗寒能力。此外，老年人冬季出行也要注意避免受凉而生病，避免跌伤致残。随着气温的下降，除癌症外，不少慢性疾病的死亡率均有所增加。凡患慢性病及残损者要随时注意保暖，尤其要注意预防流感的发生。

七、避疫气雾露

（一）避疫气

疫气（pestilential pathogen, pestilential qi）又称"戾气""乖戾之气"等，是一类具有强烈传染性的病邪，是瘟疫（pestilence, epidemic infectious disease）和某些外科感染的病因。人感疫气发病，具有发病急骤，病情危重，症状相似等特点。正如《温疫论·原病》所说："疫者，感天地之疠气……此气之来，无论老少强弱，触之者即病，邪从口鼻而入。"古人不仅指出了疫气之病邪的传染性和对人类危害的严重性及发病的相似性，同时还指出了人体感染疫气病邪的途径：空气传播和饮食传播。在某种意义上也说明对疫气病邪重在预防。一些新发传染病（emerging infectious diseases, emerging communicable diseases）的出现甚至对人类的健康形成了严重的威胁，这充分表明人类与传染病的斗争形势依然十分严峻。规避疫气的方法（methods of evading pestilential pathogen）：应根据疫邪致病的特点，采取多种措施。疫病的发生与流行往往与气候、地域等因素有关。因此，当自然气候发生反常变化，如久旱、酷热、水灾、雾瘴等，均可滋生疫气而导致疫病发生和流行。对疫病，应立足于防、防治结合，尤其是注重于防，防止疫气污染环境。疫气通过空气、水源、食物传播，使人患病，故应当对环境进行消毒处理，搞好饮食卫生，并做好患者或疑似患者的隔离、治疗工作；要加强有关传染病方面的立法和宣传教育工作，加强医务人员的专业知识培训，提高全民对传染病的认识，使全民掌握传染病的防治知识；杜绝不健康的生活方式（unhealthy life styles）和不良饮食习惯（unhealthy eating habits, improper eating habits），养成良好的卫生习惯（good health habits）；加强自我防护意识，注意隔离，避免交叉感染；加强运动锻炼（physical exercises）提高对疫气的抵抗力；完善疫情监测网络，建立通畅的信息通道和预警机制。

（二）避雾露、避雾霾、避沙尘暴

1. 避雾露　雾露四季皆有，尤在春季较多。雾露（fog and dew）对人体健康有害，亦当注意回避。雾露的危害（harms of fog and dew）：对于雾露，古代医家多有记载：人若受雾露之侵，则易出现呕吐、叹息、心胸胁痛、不能转侧，甚至咽干面垢如积尘，腠理皮肤干枯无泽，足心发热。所以，后世养生家都十分重视避躲雾露。雾露伤人致病之理（causes of fog and dew endangering human health）：雾露使空气湿度增大，人若不避，易为湿邪（wetness evil）所伤。雾露含毒气者，谓之毒雾（poisonous fog）。古人认为，山岚气即属毒雾，毒雾之伤人，则其病尤甚。现代认为，清晨大雾之中，悬浮着地面气层中被凝结的大量小水滴，小水滴中含有苯、酚、胺等工业废物，无雾露之时，它们散向空中，对人体健康影响不大，但在出现大雾时，这些有害物质便不易畅快散开，附着在雾的沫粒中,弥漫于地面上,对人体健康产生危害。一些病原微生物也会附在雾露的沫粒中,使人发病。有些有害物质甚至能直接到达人体的肺细胞沉积下来,使肺动脉压升高;有些有害物质通过人的呼吸,会刺激呼吸道而使人发生气管炎、雾霾、鼻炎、哮喘等一些过敏性疾病。

2. **避雾霾**　在现代社会,雾霾(fog and haze)天气是秋冬季常见的天气现象。雾和霾虽同为视程障碍物,但雾是空气中的水汽凝结现象,是自然的天气现象,和人为污染没有必然联系;霾则是排放到空气中的尘粒、烟粒或盐粒等气溶胶的集合体,是大气污染所致。两者可从空气湿度上作出大致判断,通常在相对湿度大于90%时为雾,小于80%时为霾,80%~90%之间则为雾霾混合物。雾霾的危害(harms of fog and haze):雾霾天气导致空气质量和能见度下降,使呼吸系统疾病和过敏等疾病的发病率增加,高速公路封闭,航班延误或取消,给人民群众的身体健康和生活造成严重影响。

雾霾作为有害物质的载体,影响空气质量的主要污染物成分是 PM2.5。PM2.5 为直径≤2.5μm 的颗粒物,又称细粒、细颗粒。2013 年 2 月,全国科学技术名词审定委员会将 PM2.5 的中文名称命名为细颗粒物(fine particulate matter)。PM2.5 的粒径小,面积大,活性强,主要来源于人为污染,易附带有毒、有害物质(例如重金属、微生物等),在大气中的停留时间长、传输距离远;进入人体后主要沉积在气管、支气管,甚至进入肺泡中,对人体健康影响很大。

3. **避沙尘暴**　沙尘暴天气(sand and dust storm weather)是多发生于我国西北地区和华北北部地区的强灾害性天气。沙尘暴的危害(hazards of sand and dust storms):可造成房屋倒塌、交通供电受阻或中断、火灾、人畜伤亡等,污染自然环境,破坏作物生长,给国民经济建设和人民生命财产安全造成严重的损失和极大的危害。沙尘暴携带的大量沙尘蔽日遮光,使天气阴沉,太阳辐射减少,几小时到十几个小时内能见度特别低(小于 1 000m,甚至小于 500m),容易使人心情沉闷,工作学习效率降低。轻者可使大量牲畜患呼吸道及肠胃疾病,严重时将导致大量牲畜死亡,刮走农田沃土、种子和幼苗。沙尘暴还会使地表层土壤风蚀、沙漠化加剧,在植物叶面上覆盖厚厚的沙尘,影响正常的光合作用,造成作物减产。

（三）避雾露、避雾霾、避沙尘暴的措施

避雾露、避雾霾、避沙尘暴的措施(measures to avoid fog,dew,haze,and and dust storms):在雾露、雾霾或沙尘暴弥漫的早晨和黄昏,不要远行、运动、劳作,雾霾发生时最好避免长时间在室外逗留,如果需要外出最好能够佩戴口罩;要少开窗户,保持室内湿润和清洁,防止"大雾"进入屋内;患有慢性疾病和过敏体质(allergic constitution)者,更要注意躲避,多休息,同时可在室内作适当运动;食物要加盖,防止被雾露、雾霾或沙尘暴污染。

八、避其他有害因素

（一）噪声污染

噪声(noise)是危害人体健康的重要环境因素之一。生物学家认为,凡是使人不适和厌恶的声音都是噪声。其衡量的尺度主要是以主观感觉为主,而不是以其频率或强度来衡量。只要声音发出不是在适当的场合,影响工作、学习和睡眠,都可视为噪声。

噪声的来源(sources of noise):人类进入工业化社会以来,噪声越来越多,来源越来越广。车、船、飞机等交通工具在运行时发出的声音,喇叭、汽笛、刹车等产生的声音,工业生产中机器轰鸣、撞击产生的声音,公共和家庭生活中音响、收录机、电视机音量过大和洗衣机等各种家电发出的声音以及闹市区的人声等,皆是噪声的来源。噪声的危害(hazards of noise):噪声不仅严重干扰睡眠,影响休息,使人思想不集中,工作效率降低,听力下降,有实验研究发现,噪声还可使动脉收缩,心跳加快,肌肉收缩,瞳孔散大,血糖升高,肾上腺分泌增加,出现头痛、头昏、眼花、饮食减退等,甚至可以引起心绞痛发作,增加脑出血和心肌梗死、溃疡病、神经衰弱、精神分裂症等疾病发生、发作的机会。避噪声危害的措施(measures to avoid noise hazards):为了减少和消除噪声对人类生活环境的干扰,避免其危害,必须积极贯彻预防为主(prevention first,giving priority to prevention)的方针,对噪声污染采取综合性的预防措施,如控制、消除和封闭噪声声源,减少噪声产生,控制噪声传播,减少噪声环境内的工作时长,加强个人防护,使用耳塞、耳罩等,以及选择优雅安静的环境而居。

(二)空气污染

空气是人类生存不可缺少的条件。一个人不饮食或不饮水尚可生存数日,但不呼吸空气数分钟即有生命危险。空气是否被污染,将直接影响空气的质量,而空气质量的高低则又直接影响到人体的健康。空气污染的来源(sources of air pollution)有自然污染和人为污染两种。自然污染如火山爆发、森林大火、大风暴等,多是一时性的;人为污染则是经常性的,包括生产性污染(production pollution)、生活性污染(living pollution)和交通运输性污染(transportation pollution)。随着现代化工业和交通运输业的发展,工矿企业和交通运输工具向人类生活的空间排放了大量的含有烟尘、二氧化硫、一氧化碳、氮氧化合物、烃类及铝化合物等多种有害物质的气体;同时生活中使用的炉灶和取暖锅炉排放的有害烟尘和废气也在增加,造成了严重的空气污染。空气污染的危害(harms of air pollution):空气污染对人体的危害是多方面的,直接危害包括急性中毒,慢性呼吸系统和消化系统乃至心血管系统的疾病等。被污染的空气中含有的逐年增加的各种致癌物质如多环芳烃、砷、镍、石棉等,能诱发多种癌症。因此减少污染源,控制空气污染,净化人类生存环境,势在必行。

(三)水源污染

水是维持人体健康和生命活动不可缺少的物质,是构成人体组织的重要成分,人体内的一切生理活动都离不开水。现代研究认为,水环境污染对人类健康的影响(impacts of water environment pollution on human health)大致分为三类:第一,由水传播的传染病,也称水质的生物性污染(biological contamination of water quality),人饮用了被病原微生物污染的水或食用、饮用了以被污染的水作为原料生产的食品或饮料时,就可能感染发病,这类疾病中主要有传染性肝炎(infectious hepatitis)、痢疾(diarrhea)、伤寒(typhoid)、霍乱(cholera)等各种传染病(infectious diseases)及各种细菌性食物中毒(food poisoning)等。第二,因水质化学污染引起的急慢性中毒,特别是工业废水中含有的有害重金属、有毒的有机物以及农业生产中大量使用农药后,污染饮用水,是现代人类水源污染(water resource pollution)的重要因素。第三,因天然的水中微量元素(microelements)含量过多或过少而引起的地方病(endemics,endemic diseases)。人体每天从水和食物中摄取一定量的微量元素,如果水中所含的微量元素异常,不符合人体的生理之需,便会使人生病,这有一定的地方性,如饮水中长期缺乏碘,就可能发生地方性甲状腺肿(endemic goiter)。

防止水环境污染对人类健康影响的措施(measures to prevent water pollution from affecting human health):对水质的优劣必须细加甄别,避免选用水质恶劣的表层、浅层地下水,以及自净能力较差的湖水、水库水及塘水。同时,要重视饮水卫生。为防止饮用水的生物性污染,一方面要控制生物性污染源,另一方面要做好水源的消毒工作,饮用前要煮沸。防止化学性污染,则要做好工业"三废"的回收利用和农药的使用管理,控制其流入水体。为防止地方病的发生,不要饮用微量元素含量异常的水。总之对水源污染要综合治理。

(王琼芬)

思考题

1. 养生误区是什么?
2. 常见健康养生误区是什么?
3. 养生避忌有哪些?

第八章 中外名人健康养生法

 本章要点

1. **熟悉** 古今中外名人的养生经验;中医养生原则。
2. **了解** 不同时代,不同民族国家养生的具体方法。

本章介绍中外名人健康养生法(health regimens of Chinese and foreign celebrities,health cultivation methods of celebrities at home and abroad),选取了古今中外14位名人,他们在各自领域做出了巨大的贡献,而且在养生方面也有独到之处。就健康养生(health cultivation)而言,名人的选择标准(selection criteria for celebrities),其寿命大大高于同时代人的平均水平,古人一般在80岁以上;现代人物一般在90岁以上。

第一节 中国名人健康养生法

本节介绍中国名人健康养生法(health regimens of Chinese celebrities)。

一、老子

老子(Lao-zi,Lao-tzu,约公元前580年—公元前500年),春秋时期思想家,道家学派的创始人(founder of Taoist school),被列为对世界有影响的一百名人物之一。美国学者迈克尔·哈特对老子的评价是:"假如老子的确是《道德经》(*Moral Classics*)的作者,那么他的影响确实很大。这本书虽然不到6 000字,却提供了许多精神食粮。在西方,《道德经》比孔子或任何儒家的作品都更流行。"

老子的哲学思想(Lao-tzu's thought of philosophy),概括起来就是"道法自然(Tao follows nature,the essence is consistent with the nature,man should observe the law of the nature)"和"无为而治(control by doing nothing that goes against nature,govern by doing nothing that is against nature;govern by non-interference)"。老子哲学思想在养生上的体现(embodiments of Lao-tzu's philosophy in health cultivation):一是虚静守中。《道德经》第五章云:"天地之间,其犹橐迭乎? 虚而不屈,动而愈出。多言数穷,不如守中。"意思是说,天地之间,岂不像风箱一样,空虚而不枯竭,越鼓动风就越多,生生不息。所以,做人也要像风箱那样,保持虚静守中的状态。二是寡欲无为。老子认为,精(essence)、气(qi,vital energy)、神(spirit)为人之三宝,精能养气(essence can nourish qi),气能养神(qi can nourish spirit)。过多的欲望会伤精、耗气、劳神。《道德经》第十二章曰:"五色令人目盲,五音令人耳聋,五味令人口爽,驰骋畋猎令人心发狂,难得之货令人行妨。是以圣人为腹不为目,故去彼取此。"大意是,纷繁的色彩,使人眼花缭乱;杂乱的声音,使人听觉失灵;丰美的食物,使人舌不知味;纵情狩猎,使人心花怒放;珍稀的东西,使人行为不轨。因此,圣人只求填饱肚子而不追求声色之乐,所以抛弃物欲的诱惑而保持恬淡虚无的生活方式。只有这样才能"虚其心,实其腹,弱其志,强其骨。"

在饮食上,老子提倡清淡饮食,即"味无味"(《道德经》第六十三章),吃那些没有味道的食物,也就是吃原汁原味的天然的食物,不追求"重口味",也就是"损滋味"(《道德经》第三章)。

晋代道家养生学家葛洪在《抱朴子养生论》中写道:"且夫善养生者,先除六害,然后可以延驻於百年。何者是耶? 一曰薄名利,二曰禁声色,三曰廉货财,四曰损滋味,五曰除佞妄,六曰去沮嫉。六者不除,修养之道徒设尔。"葛洪的养生理念与老子一脉相承,"除六害"是对老子养生理论的总结。

二、孔子

孔子(Confucius,约公元前 551 年—公元前 479 年),我国春秋时期著名的思想家和教育家,儒家学派创始人(founder of Confucian school),是影响世界百名人物之一。孔子的健康养生方法(Confucius's health regimens)有以下几个方面。

(一)提倡"三戒"

孔子在《论语·季氏篇》(The Analects)中说:"君子有三戒:少之时,血气未定,戒之在色;及其壮也,血气方刚,戒之在斗;及其老也,血气既衰,戒之在得。"大意是说,君子有 3 种事情应引以为戒:年少的时候,血气还不成熟,要戒除对女色的迷恋;等到身体成熟了,血气方刚,要戒除与人争斗;等到老年,血气已经衰弱了,要戒除贪得无厌。人应根据一生中不同时期的特性(包括体质、心理与生理),采用不同的养生方法。

(二)宅心仁厚,不怨不伤

孔子提倡仁德,"仁者,爱人",保持宽阔的胸怀,体谅他人,"己所不欲,勿施于人"。孔子终生为实现自己的主张而忙碌奔波,但很少有人采纳他的政治主张,可谓一生不得志,但始终"不怨天,不尤人"(《论语·宪问》)。他倡导"在邦无怨,在家无怨"(《论语·颜渊篇》),也就是在诸侯国做官不怨天尤人,在卿大夫家做官也不怨天尤人。

遇到伤心的事,他主张要控制情绪,做到有礼有节,"哀而不伤",以不伤身体为宜。这种良好的心理素质,是孔圣人健康长寿的一个重要原因。

(三)讲究饮食卫生

在饮食上,孔子主张"食无过饱",就是饭不可吃得过饱。进食过多,容易损伤脾胃,一来影响食物的消化吸收,也使食物残渣难以排泄;二来引起脾胃本身的疼痛不适等。《素问·痹论》(Plain Questions)说:"饮食自倍,肠胃乃伤(stomach and intestine being damaged by eating twice as usual)。"意思是说,饮食超过正常的限度,胃肠会受到损伤。孔子很注意饮食卫生(dietetic hygiene),《论语·乡党》有"七不吃":粮食霉烂发臭不吃;鱼和肉腐烂不吃;食物颜色难看不吃;气味难闻不吃;不到吃饭时不吃;买来的酒和干肉不吃;祭祀的肉放过 3 天也不吃。他还有一些良好的饮食习惯(good eating habits),比如"食不语(eating without words)",吃饭的时候不说话;又如,他主张"食不厌精,脍不厌细",粮食越精致越好,肉类切得越细越好。孔子一辈子很少生病,与他非常讲究饮食卫生也有极大关系。

(四)注重体育运动

孔子兴趣广泛,爱好体育运动(physical exercises),喜欢射箭(archery)、打猎(hunting)、钓鱼(fishing)、游泳(swimming)等各种活动。孔子经常带领他的弟子们在沂水中游泳。他喜欢逆流而上,以此来锻炼自己的体力,磨炼自己的意志。孔子的射箭技艺高超,《礼记》记载:"子射于矍相之圃,盖观者如堵墙。"大意是,孔子在曲阜县城内射箭时,围观者形成一堵人墙。孔子的捕猎水平也很高,《论语·述而》中说他"子钓而不纲,弋不射宿",他用渔竿钓鱼而不用网捕鱼,爱射天上飞着的鸟而不射栖息的鸟。可见,孔子狩猎达到如此水平,绝非一日之功。

三、孙思邈

孙思邈(Sun Simiao,581—682 年),唐代著名医学家、养生学家,被后世尊称为"药王(king of medicine)",代表作有《备急千金要方》(*Valuable Prescriptions for Emergencies*)和《千金翼方》(*Supplement to Valuable Prescriptions*)等。他将中医理论(theories of traditional Chinese medicine)与儒家思想(Confucian thought)、道家思想(Taoist thought)、佛家思想(Buddhist thought)融为一体,形成了个人独特的养生"十要"。《千金翼方》强调养性的"大要"是:"故其大要,一曰啬神,二曰爱气,三曰养形,四曰导引,五曰言论,六曰饮食,七曰房室,八曰反俗,九曰医药,十曰禁忌。"孙思邈的养生"十要"("Ten Essentials" of Sun Simiao's health cultivation,Sun Simiao's "Ten Things" of health cultivation)如下:

1. 啬神　少费即谓啬,啬神即是爱惜精神。孙思邈认为,啬神为养生第一要义,过多的思虑不但不益于健康,反而会导致心气郁结,引发疾病。他说:"心有所爱,不用深爱,心有所憎,不用深憎,并皆损性伤神。"

孙思邈的"十二少"养生法(Sun Simiao's "twelve less" regimens),在《千金要方·道林养性》中体现:"故善摄生者,常少思,少念、少欲、少事、少语、少笑、少愁、少乐、少喜、少怒、少好、少恶,行此十二少者,养性之都契也。"他反对"十二多",即"多思则神殆,多念则志散,多欲则志昏,多事则形劳,多语则气乏,多笑则脏伤,多愁则心摄,多乐则意溢,多喜则忘错昏乱,多怒则百脉不定,多好则专迷不理,多恶则憔悴无欢。"十二多不除,皆能伤神夺志,使营卫失度,气血妄行,百病由生。

2. 爱气　气者,身之本也,保护精气乃重中之重。孙思邈坚持"人之寿夭,在于撙节"的观点。撙节,节省、节护的意思。他把人身的节护与否,喻作焚"膏用小炷之于大炷",认为人的精气神是有限的,只有尽可能减少消耗,才能获享高寿。他把爱气的观念落实到日常生活之中,在《千金要方·养性序第一》中特别强调老年人要"唾不至远,行不疾步,耳不极听,目不极视,坐不久处,立不至疲,卧不至懵。"

爱气养生须依时摄养(keep fit according to seasons,conserveing one's health according to seasons),在不同的季节里,应有不同的生活方式以养其气,遵循的重要原则就是"春夏养阳,秋冬养阴(nourishing yang in spring and summer,nourishing yin in autumn and winter)"。孙思邈指出:"衣食寝处皆适,能顺时气者,始尽养生之道。故善摄生者,无犯日月之忌,毋失岁时之和。"若遇非时之气,如冬令忽转大暖,夏月忽生大凉,须避之有时。所以爱气又须行吐纳调气,以保气和充沛,强身延年。

3. 养形　养形(nourishing form,fitness keeping),即保养形体。中医认为,形乃神之宅,神乃形之主,形和神不能分离。形神合一(unity of body and soul),是养生的最高境界。养形的要妙在于"常欲小劳,但莫大疲及强所不能堪耳",就是要注意使身体保持适度的活动,不太过亦无不及,否则就会有害身体,"久听伤神,久视伤血,久卧伤气,久立伤骨,久坐伤肉,久行伤筋。"

养形即治身,治身如治国。治国须量力而行,不可耗伤国力。治身也须节用能力。人能力总是有一定限度的。能力不能不用,不用则废退,又不能过用,过犹不及。

4. 导引　导引(physical and breathing exercise),亦作"道引"。导气令和,引体令柔的意思。广义的导引还包括按摩(chirapsia,massage)、吐纳(expiration and inspiration)等。

孙氏所传授下来的导引按摩法主要是老子按摩五十法和天竺国按摩十八势。老人最宜按擦,每日各做 3 遍,1 个月之后可见功效,百病皆除。凡欲养生者,不问有病无病,有事无事,都应每日按摩脊背四肢各一遍。

吐纳 3 大要领,一曰调身,二曰调息,三曰调心。孙思邈传授了黄帝内视法,即心存思念,如目见五脏如悬钟,心赤,肺白,肝青,脾黄,肾黑,五色了然分明,久久行之,勿令中断。还独创了呼气六字诀(six healing sounds,six syllable formula Qigong,six-word Qigong,medical exercise based on the six-charactered formula),用即"吹、呼、唏、呵、嘘、呬"6种不同形式的呼气分别治疗五脏之病。凡五脏有病,可依此法安心调气,恭敬用心,无有不愈者。

5. **言论**　孙思邈主张慎言语(cautious speech,careful words)。养生须"从四正",四正者,言行坐立,言为四正之首。言为心声,心正则言正。所以孙思邈强调"言最不得浮思妄想"。

慎言语要防止多语伤气。凡言语发声于喉间,而根源于气海。他要求人们"莫多言""多言则气乏"。倡导言语养气法,即"凡言语读诵,宜常想声在气海中。"气海(丹田),是元气会聚之处。言语本能伤气,若同时能意守丹田,反把言谈诵读,变成了吐纳养气。

另外,还有进食时不可言语,寝卧后不可言谈笑语。在冬季尤须慎言语,不可"触冷而开口大语"。

6. **饮食**　民以食为天,所以饮食对人至关重要,孙思邈指出:"安身之本,必资于食。""不知食宜者,不足以存生也。"饮食的养生功能非常强大,孙思邈说:"食能排邪而安脏腑,悦神爽志,以资血气。"饮食要求多样化,更有利于身体健康,他说:"人子养老之道,虽有水陆百品珍馐,每食必忌于杂,杂则五味相扰,食之不已,为人作患。"

孙思邈主张:"非其食不食。非其食者,所谓猪豚、鸡鱼、蒜鲙、生肉、生菜、白酒、大酢大咸也。常学淡食。"他还特别强调不能暴饮暴食(craputence,binge eating),保持"不饥不饱之间"最为适合,他说:"善养性者,先饥而食,先渴而饮,食欲数而少,不欲顿而多,则难消也,常欲令如饱中饥,饥中饱耳。"进食完毕,还须适当运动,以助消化,"饱食即卧,乃生百病"。

饮食以节俭为要。他说:"厨膳勿令脯肉丰盈,常令节约为佳。"日常饮食,"每令节俭"。提倡淡食,是指食宜清淡,少用炙煿厚味辛辣油腻甘肥之物,如"肥腻酥油之属……鱼鲙诸腥冷之物,多损于人。"

7. **房室**　房室主要属于房事养生(health cultivation through sex life,sexual health cultivation,restraining sex to preserve health,health cultivation through sexuality),即性保健(sexual health care)的范畴,要求性生活有规律,不可太多,也不可太少,目的是惜精,保养生身之本,即肾精。对待房事(sexual intercourse between a married couple),务必做到适度和节制。孙思邈说:"男不可无女,女不可无男,无女则意动,意动则神劳,神劳则损寿。"

孙思邈根据年龄大小约定性交频度。如"人年二十者,四日一泄;年三十者,八日一泄,年四十者,十六日一泄;年五十者,二十日一泄;年六十者,闭精勿泄。"在房室方面,须"凡新沐、远行、乏疲、饱食、醉酒,大喜、大悲、男女热病未痉、女子月血、新产者,皆不可合阴阳。"又须避忌"大风、大雨、大雾、大寒、大暑、雷电霹雳,天地晦冥、日月薄蚀、虹蜺地动。"

8. **反俗**　所谓反俗,即反世俗而为之。孙思邈提出了与世俗不同的养生方法,"众人大言而我小语,众人多繁而我小记,众人悖暴而我不怒,不以事累意,不临时俗之仪,淡然无为,神气自满,以此为不死之药,天下莫我知也。"

西晋嵇康在《答难养生论》中曰:"养生有五难:名利不灭,此一难也;喜怒不除,此二难也;声色不去,此三难也;滋味不绝,此四难也;神虑转发,此五难也。"孙思邈最为赞同。这五难就最能说明反俗对于养生的重要性。

9. **医药**　他强调无病早防,有病早治。他说:"凡人有不少苦似不如平常,即须早道,若隐忍不治,希望自差,须臾之间,以成痼疾。"无病之时,应注意饮食起居,导引按摩。有病时,最好先采用食物进行治疗,效果不好才使用药物,"凡欲治疗,先以食疗,既食疗不愈,后乃用药尔。"治病用药,剂量不可太大,先使用小剂量,再逐步加大用量,病去即停止服药,哪怕是补药(tonics,invigorators,restoratives),也不要过多服用。

10. **禁忌**　禁忌是对有悖于养生的行为做出明确规定,使人严格遵守不致违反。孙思邈说:

"善摄生者,常须慎于忌讳,勤于服食,则百年之内,不惧于夭伤也。"

健康养生避忌(health cultivation taboos)是多方面的。在德行方面,要"常念善勿念恶""常念生勿念杀""常念信勿念欺"。在起居方面,"卒逢大风暴雨雷电雾露冰雹,宜入室闭户以避之。""冬不宜极温,夏不宜穷凉。"在饮食方面,食物不宜过冷过热,热能伤骨,冷能伤肺。提醒饮酒不宜多,"久饮酒者,腐烂肠胃,渍髓蒸筋,伤神损寿。"

养生须慎于忌讳,"善摄生者,无犯日月之忌,毋失岁时之和。"一日、一月、一岁乃至终身皆有避忌,所谓"一日之忌者,暮无饱食,一月之忌者,暮无大醉,一岁之忌者,暮须远内;终身之忌者,暮常护气。"

四、乾隆

乾隆皇帝(Emperor Qianlong,1711—1799 年),清朝第四任皇帝。有人做过统计,历代皇帝有确切生卒年月可考者共有 2 039 人,平均寿命仅为 39 岁多,而乾隆享年 88 岁,为最长寿的皇帝。乾隆皇帝的健康养生方法(Emperor Qianlong's health regimens)总结为以下几个方面。

(一)作息规律

乾隆 25 岁登基,在位 61 年,始终保持着早起的习惯。赵翼的《檐曝杂记·圣躬勤政》记载:"上(指乾隆)每晨起必以卯刻,长夏时天已向明,至冬月才五更尽也。"即乾隆皇帝每天早晨一定在卯时(5~7 时)起床,若是在长夏,天已经明亮起来,而到冬季在五更(3~5 时)末起床。也就是说,乾隆每天大概在早上 5 点已经起床了。《素问·四气调神大论》强调春、夏、秋三季要早起,而冬季要"必待日光"而起。良好的起居习惯对乾隆皇帝的健康长寿起到了重要的作用。

(二)作诗品茗

乾隆喜欢作诗(writing poems)、吟诗(reciting poems)、绘画(painting)。他曾说:"几务之暇,无他可娱,往往做诗。"他又说:"每余时,或作书,或作画,而作诗最为常事,每天必作数首。"他一生作诗 41 863 首,而《全唐诗》收录 2 200 多位唐朝诗人的唐诗才 48 000 余首。所以,乾隆是最多产的诗人,又是作诗最多的皇帝。他还喜欢书法(handwriting,chirography)、绘画等,不仅消除了案牍之劳形(处理公文给身体带来的劳累),而且锻炼了脑力,陶冶了情操。同时,运笔过程中不仅需要指力、腕力、臂力的综合协调,还需要精神的高度集中。此外,他通晓音律,擅长多种乐器。在每年祭祀时,乾隆常亲自奏乐,吟唱《访贤曲》等。这样,就做到了身心双修(physical and spiritual cultivation),形神合一(harmonization between soma and spirit)。

乾隆也喜欢饮茶(drinking tea)。"茶茗性苦,热渴能济,上清头目,下消食气。"皇帝不仅日理万机,还长期膏粱厚味,饮茶不仅可以消除疲劳,保持清醒的头脑,同时还可以消除体内的积滞,保持肠道的通畅,是非常有必要的。

(三)经常运动

乾隆喜欢骑马(riding)、习武(practicing Wushu,practicing martial arts)等运动。乾隆天生擅长运动,敏捷性与平衡性极佳,各种兵器,上手很快,武功骑射,在清代诸帝中首屈一指。他终生好动,不乐安居,四处巡游,有"马上皇帝"之称。乾隆一生 6 次下江南,5 次上五台山,3 次登泰山。每次巡游多在数月之久。在巡游过程中,他不仅领略了万里河山壮丽的自然风光,而且还抒发了胸怀,开阔了眼界,锻炼了意志,增强了体力,对身体有很好的调节和改善作用。

五、齐白石

齐白石(Qi Baishi,1864—1957 年),中国绘画大师,世界文化名人。2017 年 12 月,他的作品《山水十二条屏》以 9. 315 亿元人民币拍卖成交,成为目前最贵的中国艺术品。毕加索评价他:"齐白石真是中国了不起的一位画家! 中国画师多神奇呀! 齐白石用水墨画的鱼儿没有上色,却使人看到长河与游鱼。"

齐白石出身贫寒,到了耄耋之年,仍然精力充沛,挥毫不止。齐白石的养生经验(Qi Bai-shi's experiences in health cultivation),概括起来就是"五绝"。

（一）一绝

齐白石的第一绝是七戒:戒饮酒;戒空度;戒吸烟;戒懒惰;戒狂喜;戒空思;戒悲愤。

（二）二绝

齐白石的第二绝是八不:不贪色;不贪肉;不贪精;不贪咸;不贪甜;不贪饱;不贪热;不贪凉。

（三）三绝

齐白石的第三绝是喝茶。自古茶就是人们钟爱的饮品,苏轼的《浣溪沙·徐门石潭谢雨道上作五首》其四《浣溪沙·籟籟衣巾落枣花》曰:"酒困路长惟欲睡,日高人渴漫思茶。"茶能解渴提神,它的生津止渴(promoting fluid production to quench thirst)功能是目前任何饮料无法相比的。茶不仅含有人体所必需的丰富营养成分,还有抗衰老(antiaging)、抗癌(anticancer)、防癌(cancer prevention)等多种功能,可防治多种疾病。饮茶尚能陶冶情操,使人身心更健康。唐朝卢全在《七碗茶歌》中写道:"一碗喉吻润,二碗破孤闷,三碗搜枯肠,惟有文字五千卷。四碗发轻汗,平生不平事,尽向毛孔散。五碗肌骨清,六碗通仙灵。七碗吃不得也,唯觉两腋习习清风生。"

齐白石对饮茶有很高的见解。他认为,喝茶过量易伤胃及失眠(insomnia),更会尿频,因此饮用量要控制好,并且最好在睡前2h左右不要喝茶。养生茶(health cultivation tea)每天喝一次就够了,不必太多。

（四）四绝

齐白石的第四绝是"十五食",包括以下内容:

1. **杂食**　杂食(omnivorous),即吃杂食(eating an omnivorous diet)是获得均衡营养的必要保证,符合《黄帝内经》"五谷为养,五果为助,五畜为益,五菜为充(five cereals for raising,five fruits for help,five livestocks for benefit,five dishes for filling)"的理论。

2. **慢食**　一口饭嚼30次,一顿饭吃0.5h。

3. **素食**　以吃素为主,多素少荤。

4. **早食**　包括"三早",早餐、中餐、晚餐进食宜早。

5. **淡食**　最主要的特点是"三少",即少盐、少油、少糖。

6. **冷食**　少量的冷食可增进食欲、刺激消耗。

7. **鲜食**　食物以新鲜为好,提倡"鲜做鲜吃""不吃剩"。

8. **洁食**　吃洁净的食物。

9. **生食**　适合生食的尽量生食。

10. **定食**　定时定量进食。

11. **稀食**　食粥,还进食包括牛奶、豆浆等流食。

12. **小食**　即零食,三餐以外吃一些零食,临时充饥。

13. **选食**　择食,选择与自己体质相符合的食物。

14. **断食**　如辟谷(inedia,breatharianism,refraining from eating grain,abstinense from cereals),一顿或一天不进食,以彻底地排除体内毒素。

15. **干食**　即硬食,通过不断地咀嚼,刺激唾液分泌,养护肠胃,还有健脑作用。

（五）五绝

齐白石的第五绝是拉二胡。拉二胡(playing erhu,a kind of Chinese musical instrument)不仅可以娱情、畅意、益智,还可以宽心、健身、养生、疗病。

六、马寅初

马寅初(Ma Yinchu,1882—1982年),我国著名的人口学家、教育学家和经济学家,有"中国人口学第一人"之誉。1972年,在直肠癌手术后他的下半身截瘫,于1982年5月去世,享年101岁。

马寅初在20世纪50年代因提出"新人口论",遭到了无情的错误批判,晚年又身患癌症,竟然寿至期颐。马寅初的养生方法(Ma Yin-chu's Health cultivation methods)主要有以下几点。

（一）心胸豁达

马寅初一生为人正直,襟怀坦荡,遇到艰难险阻,总是从容应对,真正做到了"卒然临之而不惊,无故加之而不怒",即遇到突发的情形毫不惊慌,无缘无故被侵犯也不动怒。他常以对联"宠辱不惊,闲看庭前花开花落;去留无意,漫随天外云卷云舒"来自勉。他非常仁慈宽厚,对周围的同志、学生和家人从不呵斥、发脾气,他说:"愈是在个人遇到挫折和不幸时,愈应该冷静和乐观,体谅和关心别人。"

（二）冷热水浴

在美国耶鲁大学求学时,马寅初学到了"冷热水浴"的方法。冷热水浴(hot and cold water bath),又称"温冷浴",是冷热水交替浴(contrast bath)的简称。冷热水交替浴的方法(method of contrast bath):先洗一刻钟的热水澡,让周身经络通畅,然后擦干身体,休息数分钟,再迅速进行几分钟的冷水浴。这样做可以促进血液循环,加快各组织器官的新陈代谢,提高机体适应寒温变化的能力。此后的几十年,他一直坚持不辍。马寅初在遭到政治批判时,幽默地说:"泼冷水是不好的,但对我倒很有好处。我最不怕的是冷水,因为我洗惯了冷水澡,已经洗了50年了,天天洗,夜夜洗,一天洗两次,冬夏不断。因此,对我泼冷水,是我最欢迎的!"此外,他还经常参加体育运动,喜爱的项目多种多样,如太极拳(Taijiquan,shadow boxing)、太极剑(Taiji sword)、骑马、游泳、登山(mountain-climbing,mountaineering)、跑步(running)等。

（三）生活规律

他每天按时工作、锻炼和休息。一日三餐按时进食,注意适量的营养,不吃什么贵重的营养滋补品,从不吃零食(snack)。他不抽烟,不饮酒,不喝茶,不吃热汤热饭。每顿饭吃到八九分饱就停筷。马寅初自信地说:"若无他故,我必活百年。"

七、冰心

冰心(Bing Xin,1900—1999年),现代著名诗人、作家、翻译家、儿童文学家,被称为"世纪老人"。冰心的养生秘诀(Bing Xin's health cultivation tips)有以下几点。

（一）淡泊宁静

冰心在晚年,对探寻长寿秘诀的人这样说:"我确实没有特别的养生之道,就是性情豁达一点,从不跟人计较。生命的每一天都是新的,十几年前,我说过,生命从80岁开始。"她从小就有吐血的毛病,秉持淡泊宁静的信念,活到了白寿之年(即99岁)。她在《冰心作品集·1982年》中写道:"我最喜欢诸葛亮说过的两句话:'非淡泊无以明志,非宁静无以致远'。所谓淡泊,我理解就是一个人对于物质生活不要过分奢求,安于过得清简、朴素一些;宁静则是心里尽可能排除掉个人的杂念,少些私心。这样,人生在世,不为个人私利操劳所累,把自己的志向同革命的事业融合在一起,他的心胸就会宏大起来,精神就会充实起来,心情自然就可以乐观,情绪自然就会昂奋。一个性格爽朗,心静总是愉快的人,是不会因伤神而伤身的,再加上适合自己情况的经常性锻炼,起居饮食养成一定的规律,他(她)终会健康长寿。"

（二）心态年轻

冰心始终保持一种年轻的心态,笔耕不辍。她说:"对我来说,保持健康的方法,不是讲营养、吃补药,而是一句话:在微笑中写作。我写了一辈子,虽年纪大了,但未停笔,心情总是乐观的,写作使我增加了旺盛的活力。"到了晚年,她写道:"我自己从来没觉得'老',一天又一天地忙忙碌碌地过去。但我毕竟是九十多岁的人了,说不定哪一天就忽然死去。至圣先师孔子说过:'自古皆有死',我现在是毫无牵挂地学陶渊明那样'聊乘化以归尽,乐夫天命复奚疑'。"冰心将生死看淡,认为死是一种解脱,带病延年,反而痛苦。

（三）夫妻恩爱

1929年6月,冰心与吴文藻先生结成佳偶,到1985年9月吴文藻离开人世,在长达50多年的岁月里,这对学者爱侣,携手扶掖,互慰互勉,相濡以沫,无论是花好月圆,亦或是荆棘遍地,他们生死相依,两颗心充分地享受着琴瑟和鸣之音,共同守望着忠贞而精诚的爱情。"婚姻不是爱情的坟墓,而是更亲密的灵肉合一的爱情的开始。"冰心在写给吴文藻的传记中如是说道。在谈及她的养生之道时,冰心深情地说:"我不是依靠营养,吃补药,而是夫妻恩爱,家庭和睦,知足常乐,我一直是在微笑中写作而长寿的。"

八、季羡林

季羡林(Ji Xianlin,1911—2009年),北京大学教授、著名古文字学家、历史学家、国学家、语言学家、文学家、佛学家、教育家和社会活动家,被称为"国学大师"。季羡林的养生经验(Ji Xianlin's health cultivation experiences)有以下几点。

（一）不过度运动

"过犹不及",体育运动要适可而止。季羡林每天很难抽出2~3h用于运动,也不愿挤占写作、读书的时间去锻炼身体。季老解释道:"我没有时间去探索养生、长寿之道,也从不刻意去追求锻炼,我并不是反对体育锻炼,而是反对那种'锻炼主义'"。锻炼主义大约是指"活着是为了锻炼"的极端做法,为了锻炼而锻炼,把锻炼身体看得过分重要,这样无疑会增加心理负担。他认为,人上了年纪,会出现生理上的老化(或者说退化),是一种正常现象,不能看作是病态,更不要大惊小怪。生老病死是自然规律,谁也违背不了,也逃避不了,只要看得开,心里就没负担,身体自然好。

（二）不挑食

季羡林说:"常见有人年才逾不惑,就开始挑食,蛋黄不吃,动物内脏不吃,每到吃饭,战战兢兢,如履薄冰,窘态可掬,看了令人失笑。以这种心态而欲求长寿,岂非南辕而北辙!"凡是他觉得好吃的东西,他都吃;不好吃的东西,就少吃或不吃。这就是他的饮食长寿秘诀。这种养生观与中医"胃以喜为补"(叶天士语)的观点不谋而合。他说:"心里没负担,胃口自然就好,吃进去的东西就能很好地消化,再辅之以腿勤、手勤、脑勤,自然百病不生了。"

（三）不嘀咕

季羡林在《长寿之道》中说:"凡事都不嘀咕,不猜忌、不抱怨,心胸开朗,乐观愉快,吃也吃得下,睡也睡得着,有问题则设法解决之,有困难则努力克服之,决不视芝麻绿豆大的窘境如苏迷庐山般大,也决不毫无原则随遇而安,决不玩世不恭。"境随心转,病由心生。良好的情绪,带来健康的心态,健康的心态可以带来健康的身体。

此外,他的饮食也十分简单:早餐一杯牛奶、一块儿面包、一把炒花生米;午餐和晚餐则多以素菜(vegetable dish,vegetable plate)为主。

九、干祖望

干祖望(Gan Zuwang,1912—2015年),我国著名中医耳鼻喉科学家,中医现代耳鼻喉学科奠基人之一,南京中医药大学教授,被授予第二届"国医大师"称号,享年104岁。干祖望的养生长寿八字诀(Gan Zu-wang's eight character formula of health preservation and longevity):童心,蚁食,龟欲,猴行。

（一）童心

童心(childlike innocence,childishness),也就是赤子之心(the innocent heart of a child,utter innocence)。《道德经》曰:"含德之厚,比于赤子。毒虫不螫,猛兽不据,攫鸟不搏。骨弱筋柔而握固,未知牝牡之合而朘作,精之至也。终日号而不嗄,和之至也。"意思是说,道德修养深厚的人,就像"赤子"一样,毒虫不螫他,猛兽不伤害他,鹰隼不搏击他。他虽然筋骨柔弱,但是两只小拳头却能握得紧紧的;他虽然不懂得男女交合的事情,但是他的生殖器却勃然举起,这都是因为他精气充沛的缘故。整天号哭嗓子却不会嘶哑,这都是因为他和气醇厚的缘故。

随着年龄的增长,妄心的增多,童心逐渐泯灭。因此,干祖望认为,童心的 3 个内涵(three connotations of childlike innocence):一是天真,不心怀怨恨,不忧患未来,不深究世事,不追求名利,应让大脑充分休息,蓄有余力做好本职工作;二是无邪,绝无欺诈、撞骗、陷害、贪图等邪念,应具有纯洁的心;三是单纯,思想充满美好、愉快,不妄自奢求,应知足而常乐。正如明代李贽在《童心说》所言:"夫童心者,绝非假纯真,最初一念之本心也。"所以善养生者,先养心,养一颗童心,身体才会强健,就会"百毒不侵",像老子所说的"毒虫不螫,猛兽不据,攫鸟不搏。"

（二）蚁食

蚁食(ant-like eating)就是如同蚂蚁那样的食欲和食量。蚁食的两个内涵(two connotations of ant-like eating):一是像蚂蚁那样,饮少食微,即吃得少;二是像蚂蚁一样,什么都吃一点,即吃得杂。也就是一不求多,二不求精,像蚂蚁那样来安排自己的食谱(recipe),不贪食、不偏食、不饱食、少食多餐。

"饮食自倍,肠胃乃伤。"不仅人体要劳逸结合,胃肠道也是如此。人体需要许多营养物质,它们来自不同的食物,靠胃肠道来摄入,饱食(overeating, repletion, satiation)、偏食(food preference, diet partiality, monophagia)、挑食(picky eating, particular about food)则会影响人体对营养物质的均衡摄取,进而影响健康。

（三）龟欲

《庄子·秋水篇》说:"吾闻楚有神龟,死已三千岁矣。"龟的长寿,与其心跳每分钟只有 20~30次有关。研究显示,心跳越快寿命越短,心跳越慢寿命越长。在动物界像鲸鱼、大象、海龟等都很长寿。心动少,欲望少,恬淡虚无,精神内守(keeping the spirit in the interior, keeping a sound mind),百病不生。因此,干教授提倡龟欲(tortoise-like desire, turtle desire),做人做事要淡泊名利、心无私欲、安分守己、以静制动。

（四）猴行

猴行(monkey-like activity),是告诉养生者,要像最具朝气与活力的猴子一样,无忧无虑,多动多思。简而言之,就是像猴子一样善于运动,喜欢运动。猴子是行动敏捷、善于攀爬、机警灵敏的灵长类动物,机体的功能与人类最为相似,其强劲的运动力正是来源于超强度的活动锻炼。运动可以使身心两健、行动灵敏,华佗在养生五禽戏(Wuqinxi, five mimic-animal exercise)中将猿列为五禽之首,猿功即模仿猴子的各种动作。

干祖望到了耄耋之年,尚能像年轻人一样跳跃攀爬,步履轻盈,能独自上下十多层高楼,确实难能可贵。主要得益于他养成锻炼的好习惯,像猴子那样机灵敏捷、多动多跳,坚持不懈,正所谓"流水不腐,户枢不蠹。"

十、邓铁涛

邓铁涛(Deng Tietao, 1916—2019 年),广州中医药大学终身教授,博士生导师,广东省名老中医,内科专家,2009 年被评定为首届"国医大师"。邓铁涛的长寿秘诀(Deng Tietao's secrets of longevity)有以下几点。

（一）养心

邓铁涛说,养生最重要的是养心(nourishing heart),养心必先养德(cultivating morals, cultivating virtue),"一生淡泊养心机",这是一个很高的精神境界。人有七情(seven emotions),即喜

（joy）、怒（anger）、忧（sorrow）、思（think）、悲（sadness）、恐（fear）、惊（surprise），这七种情志（emotions），是五脏六腑对外界客观事物的不同反应，是生命活动的正常现象。但是情志太过或不及，超出了正常的生理活动范围，而又不能及时加以调节，脏腑的气血功能就会紊乱，就会导致"七情内伤（internal injury due to emotional disorder，internal injuries caused by seven emotions，internal injury caused by excess of seven emotions，seven emotions stimulating）"，正如《素问·阴阳应象大论》中所说："人有五脏化五气，以生喜怒悲忧恐……怒伤肝、喜伤心、思伤脾、忧伤肺、恐伤肾。"

邓铁涛说，现在人精神压力、工作压力大，精神、身体出现很多毛病，不少青年才俊风华先绝，尤其是互联网行业，更多见年轻人猝死的现象。清代郑官应在《中外卫生要旨》中说："常观天下之人，凡气之温和者寿，质之慈良者寿，量之宽宏者寿，言之简默者寿。盖四者，仁之端也，故曰仁者寿。"仁（benevolence）就是要做到温和、慈善、宽宏、幽默。养生首先要做到一个"仁"字，其次就是做到一个"淡"字。《素问·上古天真论》说："恬惔虚无，真气从之，精神内守，病安从来。"惟其如此，才能养心，这是健康的内在要素。

（二）杂食

脾胃为后天之本，饮食物通过胃纳脾磨，吸收人体所需的营养物质，并排泄其糟粕。脾胃一伤，运化失调，诸病丛生。《素问·本病论》曰："人饮食劳倦即伤脾。"因此，饮食不当最易伤脾胃，或过饥过饱，或寒热不调，或食无定时，或五味不和。甘淡入脾，清淡饮食最养脾胃。正合老子的饮食要求"味无味"（《道德经》第六十三章）。

邓铁涛一周有两餐吃粥、馒头；一餐吃南瓜、番薯，既清淡又润肠，可谓一举两得。中医的最大特色是"治未病（preventative treatment of disease）"。罕有人身体处于"阴平阳秘（relative equilibrium of yin-yang）"的状态，或多或少有失偏的状况，及早用药食之性味加以纠正。邓铁涛偶尔会炖服中药（Chinese material medica，Chinese medicinal herb），如人参10g、陈皮1g，或加田七片5~10g，补而不腻，疏通血脉。

邓铁涛还养成了喝早茶（morning tea）的习惯。他患有高血压，常用平肝凉肝的龙井茶或用能助消化的普洱茶，稍加少量活血行气的玫瑰花或菊花，作为早茶。喝茶可以添寿，所以有茶寿之说。"茶"字拆分开来是"二十加八十八等于108，茶寿为108岁"。

邓铁涛的饮食养生秘诀（Deng Tie-tao's dietary health cultivation tips）只有两个字：杂食。杂食就是不忌口，不养成饮食依赖，什么东西都吃。在不忌口的同时也要注意不偏食，偏食会导致营养不均衡。除了杂食，也要注意适量的运动，让所有吸收的东西都消耗掉，营养充分吸收，不能只吸收不运动，这样就与杂食养生相背离。

在选择饮食时，每个人要根据自己的体质（physique，constitution）进行选择。饮食要让身体感到舒适，夏季可以选择西瓜之类的应季瓜果蔬菜，吃西瓜祛暑就是这个道理。过敏体质（allergic constitution）的人就要远离那些容易过敏的食物。

（三）运动

运动是养生的重要组成部分，《后汉书·华佗传》说："人体欲得劳动，但不当使极耳。动摇则谷气得销，血脉流通，病不得生，譬犹户枢，终不朽也。""不当使极"，即不恰当地使其达到极限，则为太过，过犹不及。凡中老年人，不宜选择跑步、球类运动（ball games）等剧烈运动（strenuous exercises），以免伤筋动骨、耗气损血。最好采用太极拳、八段锦（Baduanjin，eight-sectioned exercise，eight-section exercise）等内功，用意不用力，以意为主，以意为引，以气运肢体，不偏不倚，不会伤气耗血。邓老每天都坚持做八段锦，不但舒展筋骨，而且对脏腑有很好的调理作用。

（四）养精

房事指夫妻性生活。房事养生（health cultivation through sex life，sexual health cultivation，restraining sex to preserve health，health cultivation through sexuality），就是指性保健（sexual health care），性生活养生。房事养生主要是养肾精（nourishing kidney essence）。《素问·金匮真言论》

说:"夫精者,生之本也。"肾所藏的精包括"先天之精"和"后天之精"。"先天之精(prenatal essence)"禀受于父母的生殖之精,它是与生俱来的,是构成胚胎发育的原始物质。"后天之精(postnatal essence)"是指人出生以后,摄入的饮食物通过脾胃运化功能生成的水谷精微(cereal essence,essence of water and food,nutrients of water and food),以及脏腑运化后剩余部分,藏之于肾。肾为封藏之本,《素问·六节藏象论》说:"肾者,主蛰,封藏之本,精之处也。"

邓铁涛说,现在个别年轻人,因为性生活紊乱、无度,罹患性病(venereal diseases),不仅如此,还会导致肾精不足(kidney essence insufficiency),伤精耗气(damage of essence and consumption of qi),导致精脱(depletion of essence),严重破坏身体阴阳平衡(yin and yang in equilibrium)。《管子·内业》说:"人之生也,天出其精,地出其形,合此以为人。"纵欲会耗伤人体生命之精,出现早老早衰的迹象,养精可让人延年益寿。

(曹亦菲)

第二节 外国名人健康养生法

本节介绍外国名人健康养生方法(healthy regimens of foreign celebrities)。

一、艾萨克·牛顿

艾萨克·牛顿(Isaac Newton,1643—1727 年),英国数学家、物理学家、天文学家和哲学家,经典力学体系的奠基人,被誉为"物理学之父""近代科学的鼻祖"。

牛顿是早产儿,出生时孱弱不堪,在当时人均寿命不足 40 岁的英国来说,他活到了 85 岁,不得不令人惊叹。牛顿能长寿的原因(reasons of Newton's longevity)有以下几个方面。

(一)动脑筋

牛顿从小就非常爱动脑筋,思考各种问题,喜欢制作各种"小玩意",而且终生如此。手与脑并用,可延缓大脑衰老,脑子越用越灵。生理学家认为,牛顿经常沉浸在"思想的宇宙中",这是他到了晚年还保持敏捷思维的重要原因。

(二)爱散步

牛顿有散步(walking)的习惯,更是边牵着马,边哼着英格兰民歌小调,在田野树林、河边池畔散步。这样不仅让身体得到了温和舒适的锻炼,而且让头脑得到放松,心灵在大自然中陶冶。

(三)爱放风筝

牛顿自幼爱好放风筝,这种兴趣伴随其一生。中医认为,放风筝者沐浴着和煦的阳光和春风,有"疏泄内热,增强体质"之益。宋代李石的《续博物志》就有"放风筝,张口仰视,可以泄热"之说。放风筝能活动四肢百骸(moving all the limbs and bones),疏通气血(promoting circulation of qi and blood)、祛病(disease-curing)、健身(bodybuilding),可以调节和改善视力、预防近视和弱视。

(四)爱养宠物

牛顿一生爱马,不但骑马、遛马、风驰草原、田野、森林,还把马当作挚友,闲时常去马厩与马"亲密交谈",并给马洗澡、喂料,他自觉其乐无穷,心情舒畅。这样培养了人的爱心,而且身心得到放松。

二、丘吉尔

温斯顿·伦纳德·斯宾塞·丘吉尔(Winston Leonard Spencer Churchill,1874—1965 年),英国前首相,世界著名的政治家,诺贝尔文学奖获得者。

丘吉尔是个先天不足的早产儿(premature infant),到了 3 岁时,还不大会说话,经历了战火纷飞的洗礼,竟然活到了91岁,与他养生有方不无关系。丘吉尔的养生方法(Churchill's regimens)如下。

(一)性格开朗

丘吉尔性格非常开朗乐观,他说:"在我的字典里,不存在'忧愁'这个词。"丘吉尔被英国人称为"快乐的首相"。无论在公共场合,还是与家人在一起,他说话风趣幽默。在丘吉尔75岁生日的茶会上,一名年轻的新闻记者对他说:"真希望明年还能来祝贺您的生日。"丘吉尔拍拍年轻人的肩膀说:"我看你身体这么壮,应该没有问题。"甚至在临危之际,他也不忘幽默。当时有人问他怕死不? 他回答:"当酒吧间关门的时候,我就要走了,再见吧,朋友!"

(二)兴趣广泛

丘吉尔的兴趣相当广泛,音乐、美术、文学、军事、政治等,无所不通。他举办过个人画展;他写作反映第一次、第二次世界大战的作品《世界危机》《第二次世界大战》荣获了1953年度诺贝尔文学奖。《星期日泰晤士报》曾断言:"20世纪很少有人比丘吉尔拿的稿费还要多。"他说:"兴趣的选择和培养是一个很长的过程。为了在一旦需要的时候,这些能使痉挛的神经恢复常态的果实可以信手拈来,种子就必须仔细地加以挑选,必须撒在良好的土壤上,必须小心周到地加以照料。一个人要享有真正幸福与平安的人生,至少应该有2个以上的爱好。"

(三)善于休息

丘吉尔注重劳逸结合,忙里偷闲,非常善于休息。他曾说:"如果有地方坐,我绝不站着;如果有地方躺着,我绝不坐着。"在第二次世界大战艰苦卓绝的岁月里,他一天只能睡三四个小时,乘车时一上汽车他就闭目养神乃至酣睡。他诙谐地说:"我的觉有一半是在车上睡的。"丘吉尔很重视午睡。每天例行午睡1h,要求侍卫无论如何也不要打扰他。

丘吉尔还有泡澡的习惯,无论什么时候,只要一停下工作就爬进热气腾腾的浴缸中去泡澡,然后在浴室里来回踱步,以此来放松和休息。

(四)热爱运动

丘吉尔自幼就迷恋军事游戏(military games),他拥有1 500个玩具士兵,时常将它们摆开阵势,交锋对垒,这很好地运动了他的全身。对军事的浓厚兴趣,促使他参加了学校的特别陆军班,学会并迷上了击剑(swordplay,fencing)、游泳、骑马。他还喜欢打猎、打马球(playing polo)、园艺(gardening)、驾车(driving)、开飞机(flying plane)以及旅游(travelling,tourism)等项目,晚年还参加砌墙等体力劳动。

此外,丘吉尔喜欢吃新鲜蔬菜,但饮酒、食肉却从不过量。

三、曼德拉

纳尔逊·罗利赫拉赫拉·曼德拉(Nelson Rolihlahla Mandela,1918—2013年),1994年至1999年间任南非总统,是南非首位黑人总统,被尊称为"南非国父"。

从1962年8月被捕入狱,到1990年2月重获自由,这位饱尝27年牢狱之苦的老人,享年95岁,算得上养生有术。曼德拉的养生术(Mandela's regimens)如下所述。

(一)心胸开阔

曼德拉早年因领导反对白人种族隔离政策,被囚禁在罗本岛。平时看管他的看守有3个人,总是刁难他。1990年,曼德拉被"无罪"释放,1994年他当选为南非历史上第一位黑人总统。在就职典礼上,年迈的曼德拉站了起来,恭敬地向这3位看守致敬。他的这一举动令所有在场的人肃然起敬,也令全世界为他的宽阔胸怀所动容。

2000年,南非全国警察总署发生了一起严重的种族歧视事件。在总部大楼的一间办公室里,工作人员发现电脑屏幕上的曼德拉头像变成了"大猩猩"。消息传到曼德拉那里,他平静地说:"我的尊严并不会因此而受到损害。"几天后,在南非地方选举投票时,当投票站的工作人员例行公事地将曼德拉身份证上的照片与他本人对比,曼德拉微笑地说:"你看我像大猩猩吗?"逗得在场的人笑得合不拢嘴。

曼德拉对长寿的见解是:"人的寿命取决于吃什么和做什么,取决于哪些事件你能够避免和哪些事件你无法避免。我回避不健康的事情,比如我已经失去练习拳击的勇气了,尽管我年轻时喜欢过,但是现在,那种技能使我深感恐惧,我再也不会去练习拳击了。"面对死亡,曼德拉很坦然:"谁也不知道自己什么时候会死,即使我是一位老人,我也不去多想死的可能性。死亡是有备而来的。"

（二）坚持锻炼

运动是曼德拉最主要的养生方法。他养成了热爱运动的良好习惯。即使身陷囹圄,也未曾放弃锻炼。身高 1.83m 的曼德拉被关押在不足 $4.5m^2$ 的牢房内,一般人会感到压抑得喘不过气来,但他制订了严格的锻炼计划,每天早晨在牢房里原地跑步 45min,然后做 100 次俯卧撑(push-ups)、200 次仰卧起坐(sit-ups)和 50 次下蹲运动(squat exercise)。他利用每天放风的半小时,在院子里跑步、做操(doing exercises)。他喜欢打网球(playing tennis),曾为救球摔跤,造成右膝粉碎性骨折,落下来腿疾。他在年事很高时,坚持每天散步、做老年操(doing geriatric exercises)。

曼德拉是个地道的足球迷(football fan)。2003 年 5 月,英格兰足球队到南非访问,他在接见全体队员时,认出著名的球星贝克汉姆,指着他说:"这就是著名的大卫·贝克汉姆?"并在就座时,将自己左边的椅子留给了贝克汉姆。曼德拉谦虚地说:"请允许我做一个自我介绍,我叫纳尔逊·曼德拉,作为东道主和你们的朋友,热烈欢迎你们来到南非。"贝克汉姆说:"作为英格兰队长,我很高兴能在这里得到像您这样的伟大人物的接见,对我、对教练、对全体队员来说,这都是巨大的荣誉。"

（三）生活规律

曼德拉的生活非常有规律,早睡早起,常喝蜂蜜。监狱里开饭时间相对固定,饭菜常常少糖缺油,曼德拉养成了不爱吃油腻食物与甜食的习惯,但他喜欢喝茶(drinking tea)和喝咖啡(drinking coffee),喝咖啡时一定要加上蜂蜜。曼德拉说:"我的食欲很好,从不节食。"

四、萨马兰奇

胡安·安东尼奥·萨马兰奇(Juan Antonio Samaranch,1920—2010 年),国际奥林匹克委员会第 7 任主席、终身荣誉主席,奥林匹克历史上最有智慧和决断力的领导人。萨马兰奇的养生方法(Samaranch's regimens)如下所述。

（一）坚持锻炼

萨马兰奇从小就喜欢足球(football)、拳击(boxing)、旱冰球(roller hockey),成为闻名遐迩的旱冰球手。1942 年他创建了西班牙第一支旱冰球队,次年,被推选为旱冰球教练。1951 年,他领导队员获得了旱冰球世界锦标赛冠军,这是西班牙在内战结束后获得的第一个世界冠军,也因此破格提升他为西班牙全国体育运动委员会委员,开始涉足政坛,为日后当选西班牙奥委会主席和国际奥委会主席奠定了基础。

萨马兰奇无论走到哪里,都坚持每天运动 45min,绝无一日偷闲。他随身携带的 3 件宝贝:跳绳、哑铃和橡皮条,是每天必用到的简单锻炼器材。在所有的体育运动中,滑雪是他最喜爱、并坚持一生的运动。1998 年 2 月,萨马兰奇因膝盖受伤,不能亲身参与日本长野冬奥会。但 2 个月后,他飞到了美国科罗拉多州的阿斯彭滑雪场,以一记大跨越,在滑雪场上划出了完美的弧线。

（二）足够睡眠

为了提高睡眠质量,保证足够的睡眠时间,萨马兰奇多年来一直有午睡的习惯,这也是西班牙人获得健康长寿的传统习俗。午睡(afternoon nap)是萨马兰奇的健康法宝之一。在北京申办2008 年奥运期间,每逢他到来,北京奥申委拟定的下午会议议程通常都会延后 2h,为的是尊重这位西班牙老朋友的午睡习惯。午睡对健康有益,它不仅可以消除紧张,还有利于预防疾病、延年益寿。

（三）节制饮食

西班牙人素来崇尚地中海饮食,并以此获得长寿而著称于世。所谓地中海饮食（Mediterranean diet）,就是希腊、西班牙、意大利南部等地处地中海沿岸的各国和地区,以蔬菜、水果、鱼类、五谷杂粮、豆类和橄榄油为主的一种饮食风格。萨马兰奇最爱吃的一种美食,就是母亲亲手做的海鲜饭（seafood risotto）,属于典型的地中海饮食,由新鲜的贻贝、墨鱼、海虾、肥美的鸡肉、青红甜椒、豌豆、番茄、洋葱等组成,碗底则是铺好后就绝对不能翻动的一层米饭,最后再挤入鲜柠檬汁。萨马兰奇每周吃上一两顿,这样既能保证身体必需的营养物质,也能保持良好的身材。西班牙饮食中每餐必用的橄榄油（olive oil）,具有促进血液循环、保护心脑血管及抗衰老等功效,这也是萨马兰奇长寿的原因之一。

（四）温馨爱情

萨马兰奇与玛丽亚于1955年结婚,2000年玛丽亚去世时,他们近半个世纪琴瑟和鸣的爱情早被传为佳话。玛丽亚曾是巴塞罗那的社交名媛,会5种语言,擅长钢琴、绘画。婚后的玛丽亚亲自为萨马兰奇准备他最爱吃的海鲜饭、清汤、酸奶和水果,更是全心全意地支持丈夫的工作和事业。

萨马兰奇对妻子情真意切。1953年的一天,在他乘机从马德里回巴塞罗那的途中,飞机发动机突发异常情况,他在危难之际写了一张便条:"玛丽亚,我亲爱的,我爱你。任何力量都不能把我们分开。"

2000年9月,在参加完悉尼奥运会的开幕式赶往巴塞罗那途中,得知妻子去世的消息,萨马兰奇悲痛欲绝。萨马兰奇与夫人相濡以沫近半个世纪,让他身心得到极大的安慰,得到了宝贵的精神养料。

（曹亦菲）

思考题

1. 运动对健康长寿有何积极的意义?
2. 谈一谈良好的心态对健康的影响。
3. 合理的饮食对身体健康有多大促进作用?

第九章 中医经典养生名篇精选

本章要点

1. **掌握** 中医养生的基本内容以及顺应自然、天人合一的健康理念。
2. **熟悉** 不同名人的养生方法,结合个人的实际情况,选择适合自己的养生方式。
3. **了解** 了解历代中医养生的不同特点。

东晋养生学家张湛在《养生集叙》中提出:"养生大要:一曰啬神,二曰爱气,三曰养形,四曰导引,五曰言语,六曰饮食,七曰房事,八曰反俗,九曰医药,十曰禁忌,过此以往义可略焉。"虽如此,根据今人的特点,本章将中医经典养生名篇精选(selection of classic masterpieces about health cultivation in traditional Chinese medicine)分为综合、情志、运动、饮食和房事五大类。

第一节 综合养生类

中医综合养生类经典名篇精选(selected classics of comprehensive health cultivation of traditional Chinese medicine)如下。

一、《马王堆汉墓医书·十问》精选

君若欲寿,则顺察天地之道。天气月尽月盈,故能长生。地气岁有寒暑,险易相取,故地久而不腐。君必察天地之请(情),而行之以身。有徵可智(知),间虽圣人,非其所能,唯道者智(知)之。天地之至精,生于无徵,长于无形,成于无(体),得者寿长,失者夭死。故善治气槫(抟)精者,以无徵为积,精神泉益(溢),翕(吸)甘潞(露)以为积,饮榣(瑶)泉灵尊以为经,去恶好俗,神乃溜刑。

译注:你若要长寿,那么就要顺应洞察自然界的变化规律。天空的气象变化如月有盈亏,所以能长存。地理气候的变化则令一年有寒暑之分,地势有崎岖与平坦而相辅相成,所以大地能悠久而不朽。你一定要仔细观察天地的变化规律,并身体力行。天地之道本有征兆,是能够认识的,但有的时候,即使是博闻多识的圣人,也不一定能掌握,只有通晓自然规律的人才能知道。世间最精微的事物,都是悄然发生,在无形中长大,在无体中形成,掌握规律者就长寿,违背规律的人就短命夭折。因此善于调气藏精者,都是在没有亏损之前就去蓄积,精神健旺犹如泉水溢泻,经常饮用清泉和美酒,力戒恶行,多行善事,培养好习惯,形体就显得很有精神。

二、《素问·四气调神大论》精选(1)

春三月,此谓发陈。天地俱生,万物以荣,夜卧早起,广步于庭,被发缓形,以使志生,生而勿杀,予而勿夺,赏而勿罚,此春气之应,养生之道也。

夏三月,此谓蕃秀。天地气交,万物华实,夜卧早起,无厌于日,使志无怒,使华英成秀,使气

得泄,若所爱在外,此夏气之应,养长之道也。

秋三月,此谓容平。天气以急,地气以明,早卧早起,与鸡俱兴,使志安宁,以缓秋刑,收敛神气,使秋气平,无外其志,使肺气清,此秋气之应,养收之道也。

冬三月,此谓闭藏。水冰地坼,无扰乎阳,早卧晚起,必待日光,使志若伏若匿,若有私意,若已有得,去寒就温,无泄皮肤,使气亟夺。此冬气之应,养藏之道也。

译注:春季的3个月,称为发陈。天地开始生发,万物显得欣欣向荣。人们应该晚卧早起,披头散发,宽衣解带,使形体放松,在庭院中散步,使精神昂扬。不要滥行杀伐,多施与,少敛夺,多奖励,少惩罚,这是适应春季的时令,保养生发之气的方法。

夏季的3个月,称为蕃秀。天气下降,地气上腾,天地之气相交,植物开花结实,人们应该夜卧早起,不要厌恶长日,切勿发怒,要气色成其秀美,汗液发出,对外界事物有浓厚的兴趣。这是适应夏季的气候,保护长养之气的方法。

秋季的3个月,称为容平。天高风急,地气清肃,人们应早睡早起,和鸡的活动规律相仿,以保持神志安宁,减缓秋气对人体的影响;收敛神气,以适应秋季容平的特征,不使神思外驰,这就是适应秋令的特点而保养人体收敛之气的方法。

冬天的3个月,谓之闭藏。水寒成冰,大地开裂,人们应该早睡晚起,待到日光照耀时才起床,不要轻易地扰动体内的阳气,要使神志深藏于内,似有隐秘,严守而不外泄;要躲避寒冷,求取温暖,不要使皮肤开泄而令阳气不断地损失,这是适应冬季的气候而保养人体闭藏机能的方法。

三、《素问·四气调神大论》精选（2）

夫四时阴阳者,万物之根本也。所以圣人春夏养阳,秋冬养阴,以从其根,故与万物沉浮于生长之门。逆其根,则伐其本,坏其真矣。故阴阳四时者,万物之终始也,死生之本也,逆之则灾害生,从之则苛疾不起,是谓得道。道者,圣人行之,愚者佩之。从阴阳则生,逆之则死;从之则治,逆之则乱。

译注:四时阴阳的变化,是万物生发、滋长、收敛、闭藏并赖以生存的根本,所以懂得养生之道的人在春夏季节保养阳气以适应人体之气生长的需要,在秋冬季节保养阴气以适应人体之气收藏的需要,顺应了自然界阴阳变化的规律,就与能够与万物在生发、滋长、收敛、闭藏方面保持一致。如果违背这个规律,就会消耗人的元气,毁坏人的身体。因此,四季的阴阳变化,是万物的起点与终点,是生死的根本。违逆了它,就会导致灾害,顺从了它,就不会发生重病,这样就称得上修得了养生之道。对于养生之道,明智的人能够践行,愚笨的人总在违背。顺从阴阳的消长,人就能生存;违逆了阴阳的消长,人就会死亡。顺从了它,身体就会功能正常;违背了它,身体就会功能紊乱。

四、《素问·上古天真论》精选

夫上古圣人之教下也,皆谓之虚邪贼风,避之有时,恬惔虚无,真气从之,精神内守,病安从来。是以志闲而少欲,心安而不惧,形劳而不倦,气从以顺,各从其欲,皆得所愿。故美其食,任其服,乐其俗,高下不相慕,其民故曰朴。是以嗜欲不能劳其目,淫邪不能惑其心,愚智贤不肖,不惧于物,故合于道。所以能年皆度百岁而动作不衰者,以其德全不危也。

译注:远古的时候,懂得养生之道的人的教诲沿袭下来,总是说对虚邪贼风应及时避开,内心要保持恬淡安闲,摒除杂念妄想,以使真气顺从,精神内守,这样疾病就无从发生。因此,人们就可以神志闲逸,少有欲望,心情平静而没有忧虑,身体劳作而不会感到疲倦,元气因而通顺,各人都能随心所欲而满足自己的愿望。所以,人们无论吃什么食物都觉得甘美,无论穿什么衣服都感到得体,大家喜爱自己的风俗习尚,愉快地生活。他们对于社会地位高的人,也不羡慕,所以这些人称得上朴实无华。因而任何色欲都不会引起他们注意,淫邪也都不能惑乱他们的心志。无论愚笨

的、睿智的、低能的、高能的人,都不会受外界事物的影响,所以符合养生之道。他们之所以能够年过百岁而动作不显得老态龙钟,正是由于领会和掌握了养生之道而使身体不被内外邪干扰。

五、元代忽思慧《饮膳正要·养生避忌》精选

夫上古之人,其知道者,法于阴阳,和于术数,食饮有节,起居有常,不妄作劳,故能而寿。今时之人不然也,起居无常,饮食不知忌避,亦不慎节,多嗜欲,浓滋味,不能守中,不知持满,故半百衰者多矣。夫安乐之道,在乎保养,保养之道,莫若守中,守中则无过与不及之病。春秋冬夏,四时阴阳,生病起于过与,盖不适其性而强。故养生者,既无过耗之弊,又能保守真元,何患乎外邪所中也。

译注:上古时代的人,那些懂得养生之道的,能够适应四季气候的阴阳变化规律,一切起居日常活动都以阴阳为法度,用正确的养生保健方法加以调养身心,饮食有节制,作息有规律,劳逸适度,所以能够长寿。现在的人却不是这样,作息没有规律,饮食上不知道禁忌,也不加以节制。大多追求贪欲,重口味,不能保守中气,不知道让精气充满,所以到 50 岁就衰老的人很多。健康快乐的方法,在于保养。保养的方法,最重要的是保守中气。保守中气,就不生太过与不及的疾病。春夏秋冬,四季阴阳变化,生病就是因为阴阳太过或不及,人体不能适应阴阳的变化。所以,养生就是不犯太过的弊病,又能保住元气,如此还会担心外邪侵犯人体而生病吗?

六、元代忽思慧《饮膳正要·妊娠食忌》精选

上古圣人有胎教之法,古者妇人妊子,寝不侧,坐不边,立不跸。不食邪味,割不正不食,席不正不坐,目不视邪色,耳不听淫声,夜则令瞽诵诗,道正事,如此则生子形容端正,才过人矣。

译注:上古时候的圣人,留有胎教的方法,就是古代妇女怀孕时,不侧身睡觉,不偏向一边坐着,站立时不用一只脚支撑身体,不吃气味不正的食物,不吃切割方式不对的食物,坐席摆得不端正不坐,眼睛不看不正的颜色,耳朵不听淫乱的声音,夜晚让盲人朗读诗词,讲述符合正道的事情。这样生下的孩子就会形体容貌端正,德才一定超过常人。

（曹亦菲）

第二节　情志养生类

中医情志养生类经典名篇精选(selected classic articles of traditional Chinese medicine emotional health cultivation)如下。

一、《素问·阴阳应象大论》精选

人有五藏化五气,以生喜怒悲忧恐。故喜怒伤气,寒暑伤形。暴怒伤阴,暴喜伤阳。厥气上行,满脉去形。喜怒不节,寒暑过度,生乃不固。

译注:人有肝、心、脾、肺、肾五脏,五脏之气化生五志,产生了喜、怒、悲、忧、恐 5 种不同的情志活动。喜怒等情志(emotions)变化都可以伤气,寒暑外侵则会损伤形体。突然大怒,会损伤阴气,突然大喜,会损伤阳气。气逆上行,充满经脉,则神气浮越,离去形体。所以喜怒不加以节制,寒暑不善于调适,生命就不能牢固。

二、《素问·举痛论》精选

帝曰:"善! 余知百病生于气也。怒则气上,喜则气缓,悲则气消,恐则气下,寒则气收,炅则气泄,惊则气乱,劳则气耗,思则气结,九气不同,何病之生?"

岐伯曰："怒则气逆,甚则呕血及飧泄,故气上矣。喜则气和志达,荣卫通利,故气缓矣。悲则心系急,肺布叶举,而上焦不通,荣卫不散,热气在中,故气消矣。恐则精却,却则上焦闭,闭则气还,还则下焦胀,故气不行矣。寒则腠理闭,气不行,故气收矣。炅则腠理开,荣卫通,汗大泄,故气泄。惊则心无所倚,神无所归,虑无所定,故气乱矣。劳则喘息汗出,外内皆越,故气耗矣。思则心有所存,神有所归,正气留而不行,故气结矣。"

译注:黄帝说:"讲得好! 我知道许多疾病都是由于气机失调引起的。如发怒则气上逆,高兴则气缓慢,悲哀则气消散,恐惧则气下陷,遇寒则气收聚,受热则气外泄,惊恐则气混乱,过劳则气耗损,思虑则气郁结,这9种气,各不相同,它们又分别会导致什么疾病呢?"

岐伯说:"人大怒时则气上逆,严重的,可以引起呕血和飧泄,所以说是气逆。人高兴时气就和顺,营卫之气通利,所以说是气缓。悲哀过甚则心系急,肺叶胀起,上焦不通,营卫之气不散,热气郁结在内,所以说是气消。恐惧就会使精气衰退,精气衰退就会使上焦闭塞,上焦不通,还于下焦,气郁下焦,就会胀满,所以说是气下。寒冷之气,能使腠理闭塞,营卫之气不得流行,所以说是气收。热则腠理开放,营卫之气过于疏泄,汗大出,以致气随津泄,所以说是气泄。惊恐则使人心悸动无所依附,神志无所归宿,心中疑虑不定,所以说是气乱。人过劳则会气喘、出汗甚多,大喘消耗内气,流汗过多消耗外气,内外之气皆消耗,因此说是气耗。思虑太多心就要受伤,精神呆滞,气就会凝滞而不能运行,因此说是气结。"

三、明代高濂《遵生八笺·清修妙论笺》精选

福生于清俭,德生于卑退,道生于安静,命生于和畅;患生于多欲,祸生于多贪,过生于轻慢,罪生于不仁。

戒眼莫视他非,戒口莫谈他短,戒念莫入贪淫,戒身莫随恶伴。无益之言莫妄说,不干己事莫妄为。默,默,默,无限神仙从此得;饶,饶,饶,千灾万祸一齐消;忍,忍,忍,债主冤家从此隐;休,休,休,盖世功名不自由。

尊君王,孝父母,礼贤能,奉有德,别贤愚,恕无识。物顺来而勿拒,物既去而不追。身未遇而勿望,事已过而勿思。聪明多暗昧,算计失便宜,损人终有失,倚势祸相随。

戒之在心,守之在志。为不节而亡家,因不廉而失位。劝君自警于生平,可叹可警而可畏。上临之以天神,下察之以地祇,明有王法相继,暗有鬼神相随,惟正可守,心不可欺。

译注:福祉来自清廉勤俭,美德来自卑微退让,正道来自心安宁静,命运来自平和顺畅。患难来自过多欲望,灾祸来自于过多贪婪,过错来自轻忽怠慢,罪恶来自于缺乏爱心。

戒眼,不看他人的过失;戒口,不谈论他人的不足;戒念,不要陷入贪恋;戒身,不要与邪恶相伴。无益的话不要随便说,与己无关的事不要轻易妄为。沉默、沉默、沉默,无数神仙由此修成;饶恕、饶恕、饶恕,千万灾祸一齐消除;忍让、忍让、忍让,债主冤家从此消失无踪;放下、放下、放下,追求盖世功名只会让你行动受限。

尊敬君王,孝敬父母,尊重贤惠能干的人,崇尚有品德之人,甄别贤人与愚者,宽恕无见识之人。事情发生了就不要回避,事情过去了也不要追悔。自己没有遇到的事不要奢望,事情已经过去就不要再去想。聪明的人大多看起来笨拙,精于算计会失去好的东西。损害他人终究会给自己带来缺失,依仗强势祸害会相随而至。

戒除不良的东西靠内心的分辨,保守良好的习惯靠内心的坚持。因为不加节制会失去家庭,因为不顾廉洁会丢失职位。奉劝大家,一生要警惕,可叹、可警、可畏。上有天神照临,下有地祇巡察。在明处,有法律警示;在暗处,有鬼神跟随。只有守持正道,内心才不可欺诈。

四、梁代陶弘景《养性延命录·小有经》精选

少思、少念、少欲、少事、少语、少笑、少愁、少乐、少喜、少怒、少好、少恶,行此十二少,养生之

都契也。多思则神殆，多念则志散，多欲则损智，多事则形疲，多语则气争，多笑则伤脏藏，多愁则心慑，多乐则意溢，多喜则忘错昏乱，多怒则百脉不定，多好则专迷不治，多恶则焦煎无欢。此十二多不除，丧生之本也。

译注：少思考、少想念、少欲望、少做事、少说话、少欢笑、少忧愁、少快乐、少喜欢、少愤怒、少爱好、少憎恨，做到这"十二少"，就是得到了养生的要义。多思就会精神懈怠，多念就会神志散乱，多欲就会损害心智，多事就会身体劳倦，多语就会气力不支，多笑就会伤及内藏，多愁就会心生恐惧，多乐就会意气张扬，多喜就会善忘昏沉、错乱不堪，多怒就会使周身血脉不得安宁，多好就会执迷不悟，多恶就会面容憔悴、郁郁寡欢。此十二多不除，就丧失了生命存在的根本。

五、《灵枢·本神》精选

心怵惕思虑则伤神，神伤则恐惧自失，破䐃脱肉，毛悴色夭，死于冬。脾愁忧而不解则伤意，意伤则悗乱，四肢不举，毛悴色夭，死于春。肝悲哀动中则伤魂，魂伤则狂忘不精，不精则不正当人，阴缩而挛筋，两胁骨不举，毛悴色夭，死于秋。肺喜乐无极则伤魄，魄伤则狂，狂者意不存人，皮革焦，毛悴色夭，死于夏。肾盛怒而不止则伤志，志伤则喜忘其前言，腰脊不可以俯仰屈伸，毛悴色夭，死于季夏。

译注：心藏神（heart storing spirit），恐惧、惊惕、思考、焦虑太过就会伤神，使人感到惊恐不安，不能自已，出现肌肉消瘦、毛发憔悴，皮色无华，到冬季水旺时而死亡。脾藏意（spleen storing consciousness），忧愁太过就会伤意，使人感到苦闷烦乱，手足无力、毛发憔悴、皮色无华的，到春季木旺而死亡。肝藏魂（liver storing ethereal soul），悲哀太过就会伤魂，使人颠狂迷忘，异于常人，阴器萎缩，筋脉挛急，两胁活动不利，毛发憔凋零，皮色无华，到秋季金旺时而死。肺藏魄（lung storing corporeal soul），喜乐太过就会伤魄，使人神乱发狂，旁若无人；皮肤枯焦、毛发憔悴、皮色无华，到夏季火旺时而死亡。肾藏志（kidney storing will，kidney controlling aspiration），大怒就会伤志，使人记忆力衰退健忘、健忘，腰脊转动困难、不能随意俯仰屈伸，毛发憔悴、皮色无华，到季夏土旺时而死亡。

六、《灵枢·本藏》精选

志意者，所以御精神，收魂魄，适寒温，和喜怒者也……志意和则精神专直，魂魄不散，悔怒不起，五藏不受邪矣。

译注：人的志意具有统领精神活动，控制魂魄，调节人体机能以适应寒暑的变化，调和喜怒等情绪的作用。志意和顺就会使精神集中，思维正常，魂魄内守而不散，愤恨不致发作，如此则五脏不受外邪侵扰。

（曹亦菲）

第三节　运动养生类

中医运动养生类经典名篇精选（selected classic articles on sports for health cultivation of traditional Chinese medicine）如下。

一、梁代陶弘景《养性延命录·教诫》精选

动胜寒，静胜热，能动能静所以长生，精气清静，乃与道合。

译注：动能生阳，胜过寒冷；静能生阴，胜过温热。一个人做到能动能静，因此健康长寿。保持体内的精气处于清静无为的状态，这符合养生之道。

二、清代陈梦雷《古今图书集成》精选

老人血气多滞,拜则肢体屈伸,气血流畅,可终身无手足之疾。

译注:老年人的气血多有涩滞,"拜"这个动作就可使身体不断地屈曲或伸张,让气血得以流通、顺畅,能够让整个身体健康起来,不会产生手足不利之类的疾病。

三、清代梁章钜《退庵随笔》精选

人勤于体者,神不外驰,可以集神;人勤于智,精不外移,可以摄精。

译注:人经常活动自己的身体,心神就不会向外旁逸,能够集中起来;人经常开动脑筋,肾精就不会向外流失,能够储藏起来。

四、宋代蒲虔贯《宝生要录》精选

夫人夜卧,欲自以手摩四肢胸腹十数遍,名曰干沐浴。

译注:人在夜晚睡觉之前,习惯自己用手按摩四肢和胸腹十多遍,这种养生的方法叫作干沐浴,或者干洗澡。

五、梁代陶弘景《养性延命录》精选

体欲常劳,食欲常少,劳无过极,少无过虚。

译注:身体需要经常劳动,饮食需要经常减少,劳动不要过于疲劳,饮食不能少到空着肚子。

六、明代胡文焕《养生要诀》精选

春夏宜早起,秋冬任晏眠。晏忌日出后,早忌鸡鸣前。

译注:春夏两季,应该早起床;秋冬两季,可任由你睡得晚些,起床也晚些。起床不宜太早也不宜太晚,迟起忌讳在日出之后,早起忌讳在鸡鸣之前。

七、《素问·宣明五气》精选

五劳所伤:久视伤血,久卧伤气,久坐伤肉,久立伤骨,久行伤筋,是谓五劳所伤。

译注:5 种过度疲劳可以伤耗五脏的精气:如久视则劳于精气而伤血,久卧则阳气不伸而伤气,久坐(sedentariness)则血脉灌输不畅而伤肉,久立则劳于肾及腰、膝、胫等而伤骨,久行则劳于筋脉而伤筋;这就是五劳所伤。

八、梁代陶弘景《养性延命录·名医论》精选

疾之所起,自生五劳,五劳既用,二藏先损,心肾受邪,腑脏俱病。五劳者:一曰志劳,二曰思劳,三曰心劳,四曰忧劳,五曰疲劳。五劳则生六极:一曰气极,二曰血极,三曰筋极,四曰骨极,五曰精极,六曰髓极。六极即为七伤,七伤故变为七痛,七痛为病,令人邪气多正气少,忽忽喜怒悲伤,不乐饮食,不生肌肤,颜色无泽,发白枯槁,甚者令人得大风偏枯筋缩,四肢拘急挛缩,百关隔塞,羸瘦短气,腰脚疼痛。此由早娶,用精过差,血气不足,极劳之所致也。

译注:疾病之所以发生,是由五劳引起的。五劳发生作用时,心脏和肾脏首先受到伤害;心和肾受邪气侵犯,全部脏腑器官都会患病。所谓五劳,就是五方面过分劳累:第一叫意志劳累,第二叫思想劳累,第三叫心情劳累,第四叫忧愁劳累,第五叫身心疲劳。五劳不治,就发展成六极,即 6 方面的枯竭:第一叫元气枯竭,第二叫血液枯竭,第三叫筋肉枯竭,第四叫骨骼枯竭,第五叫精气枯竭,第六叫骨髓枯竭。六极不治,又会发展成七伤,七伤再不治,就会变成七痛。七痛成病,使人邪气多,正气少,转眼之间,忽喜忽怒或忽然悲伤,不思饮食,不生肌肤,脸色暗无光泽,头发变

白,形貌憔悴。更加严重的,会使人半身不遂,四肢筋肉紧缩,周身关节阻塞不通,身体枯瘦,呼吸短促,腰脚疼痛等。这些都是由于结婚过早,血气不足,极度劳损所造成。

(曹亦菲)

第四节　饮食养生类

中医饮食养生类经典名篇精选(selected classic articles of dietary health cultivation in traditional Chinese medicine)如下。

一、《素问·生气通天论》精选

阴之所生,本在五味,阴之五宫,伤在五味。是故味过于酸,肝气以津,脾气乃绝。味过于咸,大骨气劳,短肌,心气抑。味过于甘,心气喘满,色黑,肾气不衡。味过于苦,脾气不濡,胃气乃厚。味过于辛,筋脉沮弛,精神乃央。是故谨和五味,骨正筋柔,气血以流,腠理以密,如是则骨气以精。谨道如法,长有天命。

译注:阴精的产生,来源于饮食五味。储藏阴精的五脏,也会因五味太过而受伤。过食酸味,会使肝气淫溢而亢盛,从而导致脾气的衰竭;过食咸味,会使骨骼损伤,肌肉短缩,心气抑郁;过食甜味,会使心气满闷,气逆作喘,颜面发黑,肾气失于平衡;过食苦味,会使脾气过燥而不濡润,从而使胃气壅滞;过食辛味,会使筋脉败坏,发生弛纵,精神受损。因此谨慎地调和五味,会使骨骼强健,筋脉柔和,气血通畅,腠理致密,这样,骨气就精强有力。所以重视养生之道,并且依照正确的方法加以实行,就会长期保有天赋的生命力。

二、《素问·宣明五气》精选

五味所入:酸入肝,辛入肺,苦入心,咸入肾,甘入脾,是谓五入……五味所禁:辛走气,气病无多食辛;咸走血,血病无多食咸;苦走骨,骨病无多食苦;甘走肉,肉病无多食甘;酸走筋,筋病无多食酸;是谓五禁,无令多食。

译注:五味酸、辛、苦、咸、甘所入的分别是肝、肺、心、肾、脾。五味所禁:辛味走气,气病不可多食辛味;咸味走血,血病不可多食咸味;苦味走骨,骨病不可多食苦味;甜味走肉,肉病不可多食甜味;酸味走筋,筋病不可多食酸味。这就是五味的禁忌,不可使之多食。

三、明代吴正伦《养生类要·饮食论》精选

养生之道,不宜食后便卧及终日稳坐,皆能凝结气血,久则损寿。食后常以手摩腹数百遍,仰面呵气数百口,趑趄缓行数百步,谓之消食。食后便卧,令人患肺气、头风、中痞之疾,盖荣卫不通,气血凝滞故尔。是以食讫当行步踌躇,有作修为乃佳。

译注:养生的原则,不应当进食后就躺下以及整天稳稳地坐着不动,这样都能使气血凝滞郁结,长期如此会缩短寿命。进食后常常用手按摩腹部几百遍,抬起头呼气几百口,缓慢步行几百步,称消食的方法。进食后便躺下不动,会使人患上肺气、头风、中痞等方面的疾病,这些都是营卫不通、气血凝滞造成的结果。因此,进食完毕,当行动起来,步履缓慢,动作轻柔才最好。

四、《素问·藏气法时论》精选

五谷为养,五果为助,五畜为益,五菜为充,气味合则服之,以补精益气。

译注:五谷:麦(包括大麦、小麦)、黍(黄米)、稷(又称粟,包括各种颜色的小米和黏性小米)、麻(在北方,为可以吃的麻子,南方则以"稻"代替"麻")、菽(大豆)。五菜:韭、薤、葵、葱、藿。五

畜:牛、犬、羊、猪、鸡。五果:李、杏、枣、桃、栗。

这句话的意思就是谷物是主食(staple foods,staples),是人们赖以生存的根本,而水果(fruits)、蔬菜(vegetables)和肉类(meats)等都是副食(subsidiary foods,non-staple foodstuffs),作为主食的辅助、补益和补充。食物的气味与人体相适应,才食用,以便达到补益人体精气的作用。

五、明代吴正伦《养生类要·诸病所忌所宜》精选

凡伤寒及时气病后百日之内,忌食猪羊肉并肠血、肥腻、鱼腥诸糟物。犯者,必再发,或大下痢,不可复救。五十日内忌食炙面及胡荽、蒜、韭、薤、生虾、蟹等物,多致内伤复发,难治。

译注:在患各种伤寒(cold pathogenic diseases)或时气病后的100d 内,禁忌食用猪肉、羊肉,包括各种动物的肠子、血、肥腻食物、鱼类、酒糟之类。违犯了禁忌,会再次发作,或者发生严重痢疾,不可救治。病愈50d 以内,忌食烤面点以及香菜、大蒜、韭菜、薤白、生虾、螃蟹等,这些食物很可能导致内伤复发,难以治疗。

六、明代吴正伦《养生类要·服药所忌》精选

凡服一切药,皆忌胡荽、蒜、生冷、炙煿、犬肉、鱼鲙、腥臊、酸臭、陈腐、粘滑、肥腻之物。

译注:凡是服用一切中药,都要禁忌食用香菜、大蒜、生冷食物、熏烤食物、狗肉、生鱼片、有腥臊、酸臭气味的食物、陈腐的食物以及黏滑、肥腻的食物。

七、元代忽思慧《饮膳正要·四时所宜》精选

春气温,宜食麦以凉之,不可一于温也,禁温饮食及热衣服。夏气热,宜食菽以寒之,不可一于热也,禁温饮食,饱食,温地濡衣服。秋气燥,宜食麻以润真燥,禁寒饮食,寒衣服。冬之寒,宜食黍以热性治其寒,禁热饮食,温炙衣服。

译注:春季气候温和,应该吃小麦,以便使温气变凉,不可以全部处于温气之中。禁忌温热的饮食和衣服。夏季气候炎热,应该吃大豆,以使热气降温,不可以全部处于热气之中。禁忌饮食温热,吃得过饱,潮湿的地面和衣服。秋季气候干燥,应该吃麻子,以便湿润它的燥气。禁忌冰冷的饮食和衣服。冬季气候寒冷,应该吃黄米,用热性治理它的寒气。禁忌过热的饮食,用火烤过的衣服。

八、《养性延命录·食诫篇》精选

凡食,先欲得食热食,次食温暖食,次冷食。食热暖食讫,如无冷食者,即吃冷水一两咽,甚妙。若能恒记,即是养性之要法也。凡食,欲得先微吸取气,咽一两咽,乃食,主无病。

译注:大凡进食,首先要吃热食,其次吃温食,再次吃冷食。吃完温热食物后,如果没有冷食可吃,就喝冷水,慢慢咽下一两口就很好了。倘若经常记得如此,就掌握了养性的重要法则。平常进食之前,要先轻轻吸气,咽下一两口,才进食,能够让人不生病。

(曹亦菲)

第五节 房事养生类

中医房事养生类经典名篇精选(selected classic articles of traditional Chinese medicine on health cultivation of sexual activities)如下。

一、《马王堆汉墓医书·天下至道谈》精选(1)

人产而所不学者二,一曰息,二曰食。非此二者,无非学与服。故贰生者食也,损生者色也,

是以圣人合男女必有则也。

译注:人出生以后,有两件事是不学就会的,一是呼吸,二是吃东西。此外,就没有不通过学习与实践就会的事了。由于补益身体的是饮食,损害年寿的是色欲,所以懂得养生之道的人对待性生活必定是有一定原则的。

二、《马王堆汉墓医书·天下至道谈》精选（2）

神明之事,在于所闭,审操玉闭,神明将至。凡彼治身,务在积精。精赢必舍,精缺必补,补之舍时,精缺为之。

译注:那神明的房事(sexual intercourse between a married couple),关键在于闭精勿泄。如果能谨守闭精之道,神明的境界就会到来。凡是要保养身体,一定要积累精气。精气充盈时,一定要泄泻,精气亏损时一定要滋补。如果补精不及时,就会造成肾精不足。

三、《马王堆汉墓医书·天下至道谈》精选（3）

八益:一曰治气,二曰致沫,三曰知时,四曰畜气,五曰和沫,六曰窃积气,七曰待赢,八曰定倾。

七损:为之而疾痛,曰内闭;为之出汗,曰外泄;为之不已,曰竭;臻欲之而不能,曰弗;为之喘息中乱,曰烦;弗欲强之,曰绝;为之臻疾,曰费,此谓七损。故善用八益,去七损,耳目聪明,身体轻利,阴气益强,延年益寿,居处乐长。

译注:所谓八益,一是调治精气,二是产生津液,三是知道交合的最佳时机,四是蓄养精气,五是调和阴液,六是聚积精气,七是保持气血满盈,八是防止阳痿。

所谓七损是说:性交时阴茎或阴户疼痛,叫内闭;性交时出汗多,叫走泄精气;房事没有节制,叫精气耗竭;想要进行性交时却不能,叫阳痿;性交时喘息并心烦意乱,叫烦;女方无性交要求时,男方勉强她,对女方的身心健康很有害,叫绝;性交过于急速,这就浪费精力。以上就是七损。所以善于用八益而除七损的人会耳聪目明,身体灵活轻便,生理功能日益增强,就能延年益寿,生活快乐长久。

四、《素问·阴阳应象大论篇》精选

能知七损八益,则二者可调;不知用此,则早衰之节也。年四十,而阴气自半也。起居衰矣;年五十,体重,耳目不聪明矣;年六十,阴痿,气大衰,九窍不利,下虚上实,涕泣俱出矣。

故曰:知之则强,不知则老,故同出而异名耳。智者察同,愚者察异,愚者不足,智者有余。有余则耳目聪明,身体轻强,老者复壮,壮者益治。是以圣人为无为之事,乐恬憺之能,从欲快志于虚无之守,故寿命无穷,与天地终,此圣人之治身也。

译注:如果懂得了七损八益的房事养生之道,则人体的阴阳就可以调摄;如果不懂得这些道理,就会出现早衰现象。通常,人到了40岁,阴气自然而然地减少了一半,其起居动作亦渐渐显得衰老;到了50岁,感觉身体沉重起来,耳目也不够聪明了;到了60岁,阴茎(道)痿软,肾气大衰,九窍不能通利,出现下虚上实的现象,眼泪鼻涕也会流淌下来。

所以说:懂得养生的人身体就强健,不懂养生的人身体就容易衰老。本来是同等的身体,却有强弱不同的结局。懂得养生的人,能观察到长寿者的共性;而不懂得养生的人,则只看到早衰者的不同。不懂得养生的人,常感到精力不足;懂得养生的人,则感到精力有余。精力有余则耳目聪明,身体矫健,到了年老时,身体仍然强壮,强壮者更加注重养生。懂得养生的人顺其自然,不勉强做事,不胡思乱想,保持天真快乐,守住肾精,所以能够寿命长久,尽享天年。这是圣人保养身体的方法。

五、《素女经》精选（1）

爱精养神,服食众药,可得长生,然不知交接之道,虽服药无益也。男女相成,犹天地相生也,天地得交会之道,故无终竟之限。人失交接之道,故有夭折之渐。能避渐伤之事而得阴阳之术,则不死之道也。

译注:爱惜肾精、养足心神、服食众药,能够做到长生不老,然而,不懂得性爱的技巧,即使服药也没有好处。男女之间相爱成婚,犹如天地之间相互滋生。天地之间合乎阴阳交济的法则,所以没有寿命的限制。人们不懂得性爱的道理,会因此招致夭折。如果能够避免房事劳伤,知晓男女性爱的方法,就算掌握了不死的奥妙。

六、《素女经》精选（2）

人年廿者,四日一泄;年卅者,八日一泄;年四十者,十六日一泄;年五十者,廿一日一泄;年六十者,即毕,闭精勿复更泄也,若体力犹壮者,一月一泄。凡人气力,自相有强盛过人者,亦不可抑忍,久而不泄,致生痈疽;若年过六十,而有数旬不得交接,意中平平者,可闭精勿泄也。

译注:男人20岁时,4天射精一次;30岁时,8天射精一次;40岁时,16天射精一次;50岁时,21天射精一次。60岁时,就不再行房事,闭住精关,不再使精液外泄。大凡精力强盛,超过一般人的人,也不可压抑强忍自己的欲望,长久得不到发泄,会导致痈疽。如果是年纪在60岁以上,有数十天没有性交,欲望平平,也就能闭精不射了。

七、《素女经》精选（3）

房中禁忌:日月晦朔,上下弦望,六丁六丙日,破日,月廿八,日月蚀,大风甚雨,地动,雷电霹雳,大寒大暑,春夏秋冬节变之日,送迎五日之中不行阴阳……本命行年禁之重者:夏至后丙子丁丑,冬至后庚申辛酉,及新沐头、新远行、疲倦、大喜怒,皆不可合阴阳,至丈夫衰忌之年,皆不可妄施精。

译注:房事中的禁忌,阴历每月末的一天和月初的一天;每月的初七、初八、廿二、廿三,大月的十五日、小月的十六日;六丁(丁卯、丁巳、丁未、丁酉、丁亥、丁丑)、六丙(丙寅、丙子、丙戌、丙申、丙午、丙辰);黑道凶日;每个月的二十八日;有日食、月食、大风大雨的日子;地震、闪电、打雷时;二十四节气里的大寒日、大暑日;春夏秋冬节令转换的日子;还有迎送神灵的岁终五日,均不要交合……本命年中尤其忌讳的:夏至后的丙日、子日、丁日、丑日,冬至后的庚日、申日、辛日、酉日,以及刚刚沐浴、洗头,长途行走、疲倦、大喜大怒时,都不可进行交合。男人在其衰老或禁忌之年,都不能随意地射精。

（曹亦菲）

思考题

1. 古人提倡"日出而作,日落而息",在养生上有何意义?

2. 为什么说百病生于气?

3. "饭后百步走,活到九十九",这句话从养生角度讲对不对?为什么?

推荐阅读

[1] 刘占文.中医养生学[M].北京:人民卫生出版社,2007.

[2] 王小平.内经:关于对生命起源的认识探微[J].中医药学刊,2004,22(2):307-308.

[3] 刘霁堂,曹思标.近代西方生命起源学说的演进及启示[J].探求,2017,240(2):115-120.

[4] LUTTER CK,LUTTER R. Fetal and early childhood undernutrition,mortality,and lifelong health[J]. Science,2012,337:1495-1499.

[5] 宋新明.全生命周期健康:健康中国建设的战略思想[J].人口与发展,2018,1:3-6.

[6] 王庭槐.生理学[M].9版.北京:人民卫生出版社,2018.

[7] 唐农,黎军宏,翟阳,等.从体、相、用维度论人体健康标准及其临床意义[J].中医杂志,2017,58(19):1698-1700.

[8] 高志平,荣瑞芬."阴平阳秘"阐析[J].中华中医药杂志,2017,32(7):2975-2977.

[9] 世界卫生组织.改善儿童健康项目管理[R].日内瓦:世界卫生组织,2009.

[10] 朱素蓉,王娟娟,卢伟.再谈健康定义的演变及认识[J].中国卫生资源,2018,21(2):180-184.

[11] ENGEL G L. The need for a new medical model:a challenge for biomedicine[J]. Science,1977,196(4286:129-136.

[12] LWA I,WIDDOWS H. Conceptualising health:insights from the capability approach[J]. Health Care Anal,2008,16(4):303-314.

[13] BIRCHER J,HHAHN E G. Understanding the nature of health:New perspectives for medicine and public health. Improved wellbeing at lower costs[J]. F1000Res,2016,5:167.

[14] 陈青山,王声勇,荆春霞,等.应用Delphi法评价亚健康的诊断标准[J].中国公共卫生,2003,19(12):1467-1468.

[15] 卢伟成,陈国章.用海尔弗列克极限解释人类的寿命[J].中国老年医学杂志,1982,(2):56-58.

[16] 乔晓春.健康寿命研究的介绍与评述[J].人口与发展,2009,15(2):53-66.

[17] 刘树林,凌燕.内经:对延缓衰老的认识[J].中国中医基础医学杂志,2014,20(1):7-8.

[18] 曹森,何清湖,孙贵香,等.亚健康学的学科属性及其与中西医结合的关系[J].中华中医药杂志,2018,33(6):2237-2239.

[19] 赵凯维,张玉辉,徐雯洁,等.龚廷贤养生思想探析[J].中国中医药导报,2018,15(21):126-128.

[20] 向浩,毛宗福,秦欢.美国大学全球健康学本科人才培养概述[J].现代预防医学,2015,42(1):190-192.

[21] 王亚萍,年莉.明代养生学发展成就与特点[J].浙江中医药大学学报,2014,4(38):394-397.

[22] 朱启星,杨永坚.预防保健学[M].3版.合肥:安徽大学出版社,2016.

[23] 施榕.预防医学[M].3版.北京:高等教育出版社,2016.

[24] 路孝琴,席彪.预防医学[M].北京:中国医药科技出版社,2016.

[25] 凌文华,许能锋.预防医学[M].4版.北京:人民卫生出版社,2017.

[26] 杨克敌.环境卫生学[M].8版.北京:人民卫生出版社,2017.

[27] 陶芳标.儿童少年卫生学[M].8版.北京:人民卫生出版社,2017.

[28] 张欣,马军.儿童少年卫生学[M].2版.北京:科学出版社,2017.

[29] 国家卫生计生委.国家基本公共卫生服务规范(第三版)[R/OL].(2017-03-28).http://www.nhc.gov.cn/jws/s3578/201703/d20c37e23e1f4c7db7b8e25f34473e1b.shtml.

［30］马烈光,蒋力生.中医养生学［M］.3 版.北京:中国中医药出版社,2016.

［31］章文春,郭海英.中医养生康复学［M］.2 版.北京:人民卫生出版社,2016.

［32］吕立江,邰先桃.中医养生保健学［M］.北京:中国中医药出版社,2016.

［33］金荣疆,唐巍.中医养生康复学［M］.北京:中国医药科技出版社,2017.

［34］郭霞珍,王键.中医基础理论专论［M］.2 版.北京:人民卫生出版社,2018.

［35］王庆奇.内经选读［M］.2 版.北京:中国中医药出版社,2005.

［36］杜治政.论医疗卫生保健服务体系的合理结构［J］.医学与哲学,2018,39(9A):1-6.

［37］孙贵范.预防医学［M］.北京:人民卫生出版社,2014.

［38］秦晴.我国基本医疗卫生保健规制研究［D］.南京:南京中医药大学,2011.

［39］苏芮,孙鹏,张子隽,等.促进传统医学发挥初级卫生保健服务作用相关政策研究［J］.中国中医药信息杂志,
2018,25(9):1-4.

［40］徐俊芳,梁强,黄争春.预防医学［M］.吉林:延边大学出版社,2017.

［41］高汉林.方剂学［M］.长沙:湖南科学技术出版社,2004,5.

［42］施旭光.中华养生药酒 600 款［M］.广州:广东科技出版社,2009,3.

［43］马烈光.中医养生学［M］.北京:中国中医药出版社,2012,8.

［44］黄兆胜.中华养生靓汤 1 000 款［M］.广州:广东科技出版社,2008,6.

［45］高汉林.百种中药防老食谱［M］.广州:广东科技出版社,2003,10.

［46］关晓光,王丹,刘艳英,等.黄帝内经:音乐治疗和音乐养生思想初探［J］.中医药管理杂志,2017,25(13):
47-48.

［47］董博,王宏利.黄帝内经:中情志养生思想［J］.辽宁中医药大学学报,2018,20(10):190-193.

［48］王旭东.中医养生康复学［M］.北京:中国中医药出版社,2017.

［49］肖荣.预防医学［M］.北京:人民卫生出版社,2019.

［50］傅华.预防医学［M］.7 版.北京:人民卫生出版社,2018.

［51］王玉川.中医养生学［M］.上海:上海科学技术出版社,2018.

［52］戚林.卫生保健［M］.北京:科学出版社,2012.

［53］傅华.健康教育学［M］.3 版.北京:人民卫生出版社,2017.

［54］孟景春.中医养生康复学概论［M］.上海:上海科学技术出版社,1992.

［55］黄晓琳,燕铁斌.康复医学［M］.6 版.北京:人民卫生出版社,2018.

［56］程士德.内经讲义［M］.上海:上海科学技术出版社,1984.

［57］何清湖.中华医书集成(养生类)［M］.北京:中医古籍出版社,1999.

中英文名词对照索引

C

D

G

Note

J

Note

R

S

Note

Note

Note

W

Note

X

Note

Note

Note

Note